Win-Q

기계가공
기능장 필기

SD에듀
(주)시대고시기획

기계가공기능장 필기

Always with you

사람이 길에서 우연하게 만나거나 함께 살아가는 것만이 인연은 아니라고 생각합니다.
책을 펴내는 출판사와 그 책을 읽는 독자의 만남도 소중한 인연입니다.
SD에듀는 항상 독자의 마음을 헤아리기 위해 노력하고 있습니다.
늘 독자와 함께하겠습니다.

머리말

기계가공 분야의 전문가를 향한 첫 발걸음!

기계가공기능장은 선반, 연삭, 밀링, 기어절삭 등 기계가공에 관한 최상급 숙련기능을 가지고 산업현장에서 작업관리, 소속 기능자의 지도 및 감독 현장훈련, 경영층과 생산계획을 유기적으로 결합시켜 주는 현장전문가에게 필요한 자격증이다.

본 교재는 타 출판사의 두꺼운 교재의 비효율성을 파악하고 기계가공기능장을 취득하고자 하는 수험생들이 관련 서적을 참고하지 않아도 필기시험에 합격할 수 있도록 구성되었다. 기계가공기능장을 준비하는 수험자들은 이미 사회 및 회사에서 중추적인 역할을 하는 현장전문가이다. 그만큼 시험을 준비하는 시간이 부족하기 때문에 이론이 많은 두꺼운 교재보다는 쉽게 접근하고 이해할 수 있는 교재가 필요하다. 따라서 본 교재는 수험생들이 공부하기 편하도록 구성하였다.

기계가공기능장 필기시험의 출제영역은 크게 절삭기계가공법, 절삭재료, 공유압, 치공구, CAD/CAM, 자동화 시스템, 측정, 공업경영으로 구성되어 있다. 한국산업인력공단의 출제 기준과 최근 12년간의 기출문제를 철저히 분석하여 핵심이론을 구성하였고, 기출문제도 수험생이 혼자 충분히 해결할 수 있도록 해설을 상세하게 실었다. 문제은행 방식으로 출제되는 국가기술자격 필기시험은 기출문제가 반복적으로 출제되기 때문에 기출문제를 분석해서 풀어보고, 이와 관련된 이론들을 학습하는 것이 효과적인 학습방법이다.

본 교재를 통해서 한 번에 기계가공기능장 필기시험에 합격하고자 한다면 다음과 같이 활용하기 바란다.

첫째, 자주 출제되는 핵심이론 부분을 반드시 암기한다.

(국가기술자격 필기시험은 60문제 중에서 최소 36문제를 맞히면 합격하므로 자주 출제되는 핵심이론을 반드시 암기할 필요가 있다.)

둘째, 기출문제를 빠른 속도로 여러 번 반복 학습한다.

(형광펜으로 정답에 밑줄을 쳐서 빠른 시간에 정답과 문제를 반복 학습한다. 기출문제를 완벽하게 암기하면 합격이 다가온다.)

셋째, 자주 출제되는 공유압 기호와 CNC 선반 · 머시닝센터 G코드/M코드는 반드시 암기한다.

위와 같은 방법으로 본 교재를 활용한다면 단기간에 기계가공기능장 필기시험에 합격할 수 있다고 자신한다. 본 교재가 수험생 여러분의 자격증 취득으로 가는 길에 길잡이가 되길 희망한다. 마지막으로 본 교재를 출간할 수 있도록 도움을 준 아내와 가족에게 깊은 감사를 전하며, 인천기계공업고등학교 홍순규 선생님과 SD에듀에도 감사의 마음을 전한다.

편저자 씀

개요

기존 중화학공업의 육성책에 따라 기계가공을 비롯한 기계 관련 산업은 괄목할만한 성장을 이루었다. 기계가공은 기계제조 전반에 걸친 매우 중요한 공정으로, 생산시설이 자동화됨에 따라 더 많은 숙련기능인력이 필요하게 되었다. 이에 따라 기계가공 분야의 발전을 도모하기 위한 제반 환경 조성과 최상급의 숙련기능인력을 양성하기 위하여 자격을 제정하였다.

수행직무

선반, 연삭, 밀링, 기어 절삭 등 기계가공에 관한 최상급 숙련기능을 가지고 산업현장에서 작업관리, 소속 기능자의 지도 및 감독, 현장훈련, 경영층과 생산계층을 유기적으로 결합시켜 주는 현장의 중간관리 등의 업무를 수행한다.

시험일정

구 분	필기원서접수 (인터넷)	필기시험	필기합격 (예정자)발표	실기원서접수	실기시험	최종 합격자 발표일
제75회	1월 초순	1월 하순	2월 초순	2월 중순	3월 하순	4월 중순
제76회	5월 하순	6월 하순	7월 초순	7월 중순	8월 중순	9월 중순

※ 상기 시험일정은 시행처의 사정에 따라 변경될 수 있으니, www.q-net.or.kr에서 확인하시기 바랍니다.

시험요강

❶ 시행처 : 한국산업인력공단
❷ 관련 학과 : 실업계 고등학교의 기계 관련 학과
❸ 시험과목
　㉠ 필기 : 절삭기계가공법, 공유압, 치공구, CAD/CAM, 절삭재료, 자동화 생산시스템 및 측정, 공업경영에 관한 사항
　㉡ 실기 : 기계가공 실무
❹ 검정방법
　㉠ 필기 : 객관식 60문항(60분)
　㉡ 실기 : 작업형(7시간 정도)
❺ 합격기준(필기 · 실기) : 100점을 만점으로 하여 60점 이상

검정현황

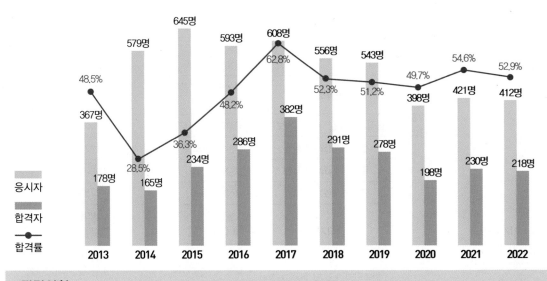

응시자
합격자
합격률

필기시험

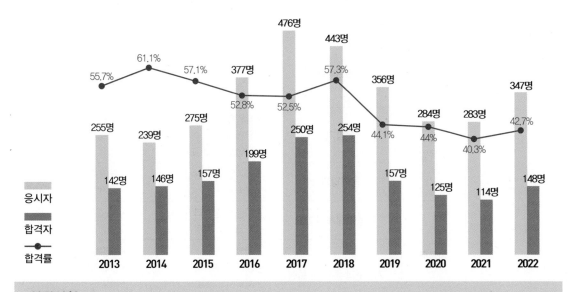

응시자
합격자
합격률

실기시험

출제기준(필기)

필기과목명	주요항목	세부항목	세세항목	
절삭기계가공법, 공유압, 치공구, CAD/CAM, 절삭재료, 자동화 생산시스템 및 측정, 공업경영에 관한 사항	절삭기계 가공법	공작기계의 기본운동과 절삭이론	• 공작기계의 기본운동	• 절삭이론
		칩의 형상과 구성인선	• 칩의 종류 및 특성	• 구성인선의 발생 및 방지법
		절삭공구 및 공구수명	• 절삭공구의 종류 및 특징 • 표면거칠기	• 공구재료 및 공구수명 • 공구 파손 등
		절삭온도와 절삭유	• 절삭온도 • 급유방법	• 절삭유의 종류 및 특성
		절삭조건	• 절삭력과 절삭동력 • 이송(Feed)	• 절삭속도 • 절삭깊이
		공작기계의 검사 및 유지보수	• 공작기계 검사	• 공작기계 유지보수
		선반의 개요 및 작업	• 선반의 개요	• 선반가공
		밀링의 개요 및 작업	• 밀링의 개요	• 밀링가공
		연삭의 개요 및 작업	• 연삭의 개요	• 연삭가공
		기타 공작기계 작업	• 드릴링머신 • 기어가공머신 • 고속가공기 등	• 보링머신 • 브로칭머신
		정밀입자가공 및 특수가공	• 래핑 및 배럴가공 • 전기 및 화학가공법	• 호닝 및 슈퍼피니싱 • 기타 특수가공
	절삭재료	철강재료	• 탄소강의 특성 및 용도 • 주철의 특성 및 용도	• 특수강의 특성 및 용도 • 기계재료 시험법
		탄소강	• 열처리	• 표면처리
		비철금속재료	• 구리(銅)와 그 합금의 특성과 용도 • 알루미늄과 그 합금의 용도 • 타이타늄과 그 합금 • 기타 비철금속재료와 그 합금	• 마그네슘과 그 합금 • 니켈과 그 합금
	공유압	유압기기	• 유압펌프의 종류와 특징 • 유압작동유 • 유압회로 및 표시법	• 유압제어밸브의 종류와 특징 • 부속기기
		공기압기기	• 공기압 발생장치 • 부속기기	• 제어밸브 • 공기압회로 및 표시법
	치공구	치공구 설계의 개요	• 치공구 설계의 목적 • 치공구의 경제성	• 치공구의 기능
		치공구의 종류 및 특징	• 지그고정구 • 템플레이트 지그 • 채널지그 및 박스지그 • 특수형의 치공구	• 드릴부시 • 플레이트 지그 • 바이스조지그 및 고정구

필기과목명	주요항목	세부항목	세세항목
절삭기계가공법, 공유압, 치공구, CAD/CAM, 절삭재료, 자동화 생산시스템 및 측정, 공업경영에 관한 사항	CAD/CAM	CAD	• 그래픽 입력장치, 출력장치 • CAD 시스템의 구성방식 • CAD 시스템에 의한 도형처리 및 정의 • CAD/CAM 인터페이스
		CAM	• CNC 공작기계 • CNC 선반 프로그래밍 • 머시닝센터 프로그래밍 • CNC 가공
	자동화 시스템	자동화 시스템	• 자동화 시스템의 개요 • 제어시스템의 개요 • 센서 • 자동화 시스템 보수유지
	측정	길이 측정	• 측정단위 및 오차 • 버니어캘리퍼스 및 마이크로미터 • 치수공차와 끼워맞춤 • 다이얼게이지 • 기타 게이지
		각도 측정	• 각도의 종류와 기준게이지 • 각도기 • 수준기 • 오토콜리메이터 • 공구현미경과 투영기 • 사인바(Sine Bar) • 테이퍼(Taper) 측정법
		기타 측정	• 표면거칠기 측정 • 나사 측정 • 기어 측정 및 형상공차
	공업경영	품질관리	• 통계적 방법의 기초 • 샘플링 검사 • 관리도
		생산관리	• 생산계획 • 생산통제
		작업관리	• 작업방법연구 • 작업시간연구 • 작업안전
		기타 공업경영에 관한 사항	• 기타 공업경영에 관한 사항

출제비율

절삭기계가공법	절삭재료	공유압	치공구	CAD/CAM	자동화 시스템	측정	공업 경영
45%	10%	10%	10%	10%	5%	5%	5%

이 책의 구성과 특징

핵심이론

필수적으로 학습해야 하는 중요한 이론들을 각 과목별로 분류하여 수록하였습니다.
시험과 관계없는 두꺼운 기본서의 복잡한 이론은 이제 그만!
시험에 꼭 나오는 이론을 중심으로 효과적으로 공부하십시오.

핵심예제

출제기준을 중심으로 출제빈도가 높은 기출문제와 필수적으로 풀어보아야 할 문제를 핵심이론당 1~2문제씩 선정했습니다.
각 문제마다 핵심을 찌르는 명쾌한 해설이 수록되어 있습니다.

PART 02 | 과년도 · 최근 기출복원문제

2012년 제51회 과년도 기출문제

01 릴리프 밸브 등에서 밸브시트를 두들겨서 비교적 높은 음을 발생시키는 일종의 자려진동현상을 의미하는 용어는?

① 서지압력현상 ② 캐비테이션 현상
③ 맥동현상 ④ 채터링 현상

해설
채터링(Chattering) 현상 : 스프링에 의해 작동하는 릴리프 밸브에 발생하기 쉬우며 밸브시트를 두들겨서 비교적 높은 음을 발생시키는 일종의 자려진동현상
※ 서지압력(Surge Pressure) : 계통 내 흐름의 과도적인 변동으로 인해 발생하는 압력

02 유압모터에서 가장 효율이 높고 최대 압력이 높은 유압펌프는?

① 피스톤 펌프 ② 기어펌프
③ 베인펌프 ④ 나사펌프

해설
피스톤 펌프 : 다른 유압펌프에 비해 효율이 가장 좋다. 피스톤을 구동축에 대해 동일 원주상의 축 방향으로 평행하게 배열한 액시얼형과 구동축에 대하여 배열한 레이디얼형 펌프가 있다. 특징은 다음과 같다.
· 고속 및 고압의 유압장치에 적합하다.
· 가변용량을 펌프로 많이 사용된다.
· 다른 유압펌프에 비해 효율이 가장 좋다.
· 구조가 복잡하고 가격이 고가이다.
· 흡입능력이 가장 낮다.
③ 기어펌프 : 구조가 간단하고 값이 저렴하여 차량, 건설기계, 운반기계 등에 널리 사용된다.
③ 베인펌프 : 공작기계, 프레스기계, 사출성형기 등의 산업기계 장치, 차량용에 많이 사용되며 유압펌프로서 정토출량형과 가변토출량형이 있다.

03 공압 캐스케이드 회로의 특성에 대한 설명으로 옳은 것은?

① 방향성 리밋 밸브를 사용하므로 신뢰성이 보장된다.
② 복잡한 작동 시퀀스도 배선이 간단하다.
③ 캐스케이드 밸브가 많아지게 되면, 제어에너지의 압력 강하가 발생한다.
④ 캐스케이드 밸브가 많아질수록 스위칭 시간이 짧아진다.

해설
공압 캐스케이드 회로의 캐스케이드 밸브가 많아지면, 제어에너지의 압력 강하가 발생한다.

04 2개의 복동 실린더가 1개의 실린더 형태로 조립되어 있고 길이 방향으로 연결된 복수 실린더를 갖고 있으므로 실린더의 직경이 한정되는 반면에 출력이 거의 2배로 큰 힘을 얻는 데 가장 적합한 공압 실린더는?

① 충격 실린더
② 케이블 실린더
③ 탠덤 실린더
④ 다위치형 실린더

해설
탠덤 실린더(Tandem-cylinder) : 같은 크기의 복동 실린더에 의해 2배의 힘을 낼 수 있다. 2개의 복동 실린더가 서로 나란히 연결된 복수의 피스톤을 갖는 공압 실린더이다. 2개의 피스톤에 압축공기가 공급되기 때문에 피스톤 로드가 낼 수 있는 출력은 2배가 된다. 탠덤 실린더는 공압 실린더의 사용압력이 낮아 출력이 작기 때문에 실린더의 직경이 한정되고 큰 힘을 필요로 하는 곳에 사용된다.
· 충격 실린더 : 빠른 속도(7~10m/s)를 얻을 때 사용한다.
· 다위치형 실린더 : 정확한 위치를 제어할 수 있다.
· 양로드형 실린더 : 양 방향 같은 힘을 낼 수 있다.

PART 02 | 과년도 · 최근 기출복원문제

2023년 최근 기출복원문제

01 공압시스템 고장의 원인이 아닌 것은?

① 이물질로 인한 고장
② 수분으로 인한 고장
③ 공압밸브의 고장
④ 유압유의 변질

해설
유압유의 변질은 유압시스템 고장의 원인이다.
공압시스템 고장의 원인
· 공급 유량 부족으로 인한 고장
· 수분으로 인한 고장
· 이물질로 인한 고장
· 공압 타이머의 고장
· 솔레노이드 밸브에서의 고장
· 공압밸브에서의 고장
· 슬라이드 밸브에서의 고장
· 실린더에서의 고장

02 다음 그림과 같이 실린더의 속도를 제어하기 위한 회로로서 유량제어밸브를 실린더의 입구측에 설치한 회로는?

전진
유량조정밸브
릴리프 밸브
4포트 2위치 밸브
M

① 무부하 회로
② 블리드 오프 회로
③ 미터 아웃 회로
④ 미터 인 회로

해설
문제의 회로도는 미터 인 방식의 속도제어회로이다. 유압 실린더나 유압모터의 속도는 액추에이터에 공급하는 유량으로 제어하므로 액추에이터의 속도를 제어하기 위해서는 유량제어밸브가 사용된다. 유량제어방식에는 미터 인 방식, 미터 아웃 방식, 블리드 오프 방식이 있다. 미터 인 방식 회로도에서 액추에이터 입구측 관로에 유량제어밸브를 직렬로 부착하고, 액추에이터로 공급되는 유량을 제어하여 속도를 제어한다.
유량제어방식
· 미터 인 방식
· 미터 아웃 방식
· 블리드 오프 방식

과년도 기출문제

지금까지 출제된 과년도 기출문제를 수록하였습니다. 각 문제에는 자세한 해설이 추가되어 핵심이론만으로는 아쉬운 내용을 보충 학습하고 출제경향의 변화를 확인할 수 있습니다.

최근 기출복원문제

최근에 출제된 기출문제를 복원하여 가장 최신의 출제경향을 파악하고 새롭게 출제된 문제의 유형을 익혀 처음 보는 문제들도 모두 맞힐 수 있도록 하였습니다.

최신 기출문제 출제경향

- 공유압 기호(브레이크밸브)
- 피스톤펌프 특징
- 용량형 근접센서
- 센서(Sensor) 선정 시 고려사항
- 가공면의 표면거칠기 이론값
- 래핑가공의 장단점
- 맨드릴의 종류와 사용 예
- 센터리스 연삭기 이송방법
- 밀링머신의 크기(호칭번호)
- 빌트업에지(Built-up Edge/구성인선)의
  방지대책

- 공압시스템 고장의 원인
- 베인펌프의 특징
- 서보제어의 특징
- 모방절삭장치
- 밀링작업 안전사항
- 연삭숫돌의 회전수
- 방전가공의 전극 재질
- 선반가공 절삭률
- 연삭숫돌 검사방법
- 슈퍼피니싱에서 숫돌 길이
- 공작기계의 운전시험
- 공작기계의 구비조건

| 2020년 | 2020년 | 2021년 | 2021년 |
| 67회 | 68회 | 69회 | 70회 |

- 드릴링머신의 종류
- 상향 절삭과 하향 절삭의 특징
- 금속침투법
- 쇼어 경도시험(HS ; Shore Hardness Test)
- 오스템퍼링(Austempering)
- NPL식 각도게이지
- 아베(Abbe)의 원리
- 나사의 측정요소
- 내경법의 여유율
- 층별 샘플링

- 절삭열 발생
- 쾌삭황동
- 마우러 조직도
- Y합금
- 열처리(풀림)
- 중간 끼워맞춤
- 나사의 유효지름 측정
- CNC 공작기계 M코드
- CNC 선반 일시 정지 시간 계산
- 스톱워치법

- 구성인선
- 공구 마멸 형태
- 절삭유의 사용목적
- 절삭공구 수명식
- 고속가공의 특징
- 선반의 정적 정밀도 검사사항
- 센터리스 연삭기 통과이송법
- 래핑의 특징
- 배럴가공
- 액체호닝
- 쇼트피닝
- 전주가공
- 레이저가공의 종류

- 공압시스템 고장의 원인
- 미터 인 회로
- 외부 파일럿 조작기호
- 메모리 제어
- 용량형 근접센서
- 연삭숫돌 입자
- 너트의 풀림방지법
- 선반 베드 시즈닝의 목적
- 선반과 밀링의 부속품
- 선반과 밀링의 크기 표시
- 밀링작업 안전사항
- 연삭작업 시 테리모션
- 가공물의 재질과 드릴의 각도
- 절삭면적 계산

2022년 71회

2022년 72회

2023년 73회

2023년 74회

- 전해연마
- 오스템퍼링
- 금속침투법
- 실루민
- 구상화 풀림
- 감압밸브
- 훅 클램프, 토글 클램프
- G99 : 고정 사이클 R점 복귀
- 공구지름 보정
- CAM 가공 작업과정
- 센서 선정 시 고려사항
- OR 회로
- 계량값 관리도
- 최빈값(Mode)

- 초음파가공
- 드릴가공의 종류
- 주조경질합금
- 초경합금
- 알루미늄
- 측정오차의 종류
- 리시버 게이지
- 샌드위치 지그
- 드릴부시의 설계 순서
- 머시닝센터 공구지름 보정
- G코드 및 M코드
- 휴지(Dwell)
- 관리 사이클의 순서
- 검사특성곡선

빨리보는 **간**단한 **키**워드

빨 간 키

당신의 시험에 빨간불이 들어왔다면!
최다빈출키워드만 쏙쏙! 모아놓은
합격비법 핵심 요약집 "빨간키"와 함께하세요!
당신을 합격의 문으로 안내합니다.

■ 공작기계 기본운동
- 절삭운동
- 이송운동
- 위치조정운동

■ 칩의 종류
- 유동형 칩 : 칩이 경사면 위를 연속적으로 원활하게 흘러나가는 모양으로 연속형 칩이다.
- 전단형 칩 : 칩이 경사면 위를 원활하게 흐르지 못해 절삭공구가 칩을 밀어내는 압축력이 커지면서 발생하여 칩이 연속적으로 가공되기는 하나 분자 사이에 전단이 일어나는 형태의 칩이다.
- 경작형(열단형) 칩 : 점성이 큰 가공물을 경사각이 작은 절삭공구로 가공할 때, 절삭깊이가 클 때 발생하기 쉬운 칩의 형태이다.
- 균열형 칩 : 주철과 같이 메진재료를 저속으로 절삭할 때 발생하는 칩의 형태로서 순간적인 균열이 발생하여 생기는 칩이다.

유동형 칩	전단형 칩	경작형(열단형) 칩	균열형 칩

■ 구성인선 정의 및 방지대책
- 구성인선(빌트업 에지) : 연성 가공물을 절삭할 때 절삭공구에 절삭력과 절삭열에 의한 고온·고압이 작용하여 절삭공구인선에 대단히 경하고 미소한 입자가 압착 또는 융착되어 나타나는 현상이다.
- 빌트업 에지(구성인선)의 방지대책
  - 절삭깊이를 작게 할 것
  - 경사각을 크게 할 것
  - 절삭공구의 인선을 예리하게(날카롭게) 할 것
  - 윤활성이 좋은 절삭유제를 사용할 것
  - 절삭속도를 크게 할 것
- 빌트업 에지(Built-up Edge) 발생과정
  발생 → 성장 → 최대 성장 → 분열 → 탈락

■ 절삭공구 재료의 구비조건

- 피절삭제보다는 경도와 인성이 클 것
- 고온에서 경도가 감소되지 않을 것
- 내마모성, 내충격성이 클 것
- 절삭저항을 받으므로 강도가 클 것
- 형상을 만들기 용이하고 가격이 쌀 것

■ 가장 일반적인 공구 수명 판정 기준

- 가공면에 광택이 있는 색조 또는 반점이 생길 때
- 공구인선의 마모가 일정량에 달했을 때
- 절삭저항의 주분력에는 변화가 적어도 이송분력이나 배분력이 급격히 증가할 때
- 완성 치수의 변화량이 일정량에 달했을 때

■ 공구 마멸의 종류

- 크레이터 마모(Crater Wear) : 칩이 처음으로 바이트 경사면에 접촉하는 접촉점은 절삭공구의 인선에서 약간 떨어져서 나타나며, 이 접촉점에서 마찰력이 작용하여 절삭공구의 상면 경사면이 오목하게 파이는 현상이다.
- 플랭크 마모(Flank Wear) : 절삭공구의 절삭면에 평행하게 마모되는 것을 의미하며, 측면과 절삭면과의 마찰에 의하여 발생한다.
- 치핑(Chipping) : 절삭공구인선의 일부가 미세하게 탈락되는 현상

■ 절삭온도 측정법

- 칩의 색깔에 의한 방법
- 칼로리미터에 의한 방법
- 공구에 열전대를 삽입하는 방법
- 시온도료를 사용하는 방법
- 공구와 일감을 열전대로 사용하는 방법
- 복사고온계에 의한 방법

■ 절삭공구의 수명식

$$VT^n = C \rightarrow T^n = \frac{C}{V}$$

■ 선반의 가공시간

$$T = \frac{L}{ns} \times i$$

여기서, T : 가공시간(min)
L : 절삭가공 길이(가공물 길이)
n : 회전수(rpm)
s : 이송(mm/rev)
i : 가공 횟수
V : 절삭속도(m/min)

■ 선반의 종류
- 수직선반 : 대형의 공작물이나 불규칙한 가공물을 가공, 주축은 수직
- 정면선반 : 기차바퀴
- 차륜선반 : 주축대 2개를 마주 세운 구조
- 공구선반 : 보통선반과 같은 구조이나 정밀한 형식

■ 선반의 부속품
- 심봉(Mandrel) : 가늘고 긴 공작물 가공에 사용하는 부속장치가 아니다. 기어, 벨트 풀리 등과 같이 구멍과 외경이 동심원이고, 직각이 필요한 경우에 구멍을 먼저 가공하고 구멍에 심봉을 끼워 양센터로 지지하여, 외경과 측면을 가공하여 부품을 완성하는 선반의 부속장치이다.
- 방진구(Work Rest) : 선반에서 가늘고 긴 가공물의 휨이나 떨림을 방지하기 위해 선반 베드 위에 고정하여 사용하는 고정식 방진구와 왕복대의 새들에 고정하여 사용하는 이동식 방진구가 있다.
- 돌림판과 돌리개 : 주축의 회전을 공작물에 전달하기 위해 사용하는 선반의 부속품이다.

■ 밀링에서 테이블의 이송 및 테이블 이송 길이

$$테이블 \ 이송속도(f) = f_z \times z \times n$$

여기서, f : 테이블 이송속도(mm/min)　　　　f_z : 1날당 이송량(mm)

　　　　n : 회전수(rpm)　　　　　　　　　　z : 커터의 날수

■ 상향 절삭과 하향 절삭의 차이점

구 분	상향 절삭	하향 절삭
백래시	절삭에 별 지장이 없다.	백래시를 제거해야 한다.
기계의 강성	강성이 낮아도 무관하다.	가공할 때 충격이 있어 높은 강성이 필요하다.
가공물의 고정	절삭력이 상향으로 작용하여 고정이 불리하다.	절삭력이 하향으로 작용하여 가공물 고정이 유리하다.
인선의 수명	절입할 때 마찰열로 마모가 빠르고 공구 수명이 짧다.	상향 절삭에 비하여 공구 수명이 길다.
마찰저항	마찰저항이 커서 절삭공구를 위로 들어 올리는 힘이 작용한다.	절입할 때, 마찰력은 적으나 하향으로 충격력이 작용한다.
가공면의 표면거칠기	광택은 있으나, 상향에 의한 회전저항으로 전체적으로 하향 절삭보다 나쁘다.	가공 표면에 광택은 적으나, 저속 이송에서는 회전저항이 발생하지 않아 표면거칠기가 좋다.

■ 밀링머신에서 분할가공 방법

• 직접분할법 : 분할대 주축 앞면에 있는 24구멍의 직접분할판을 이용하여 단순분할(24의 약수, 즉 24, 12, 8, 6, 4, 3, 2등분 가능)

• 단식분할법 : 직접분할법으로 불가능하거나 분할이 정밀해야 할 경우(2~60 사이의 모든 정수, 60~120 사이의 2와 5의 배수 등)

• 차동분할법 : 직접·단식분할법으로 분할할 수 없는 분할(단식분할법으로 분할할 수 없는 61 이상의 소수나 특수한 수의 분할을 2종 운동의 복합운동으로 분할하는 방법이다. 127은 차동분할법으로 분할 가능)

■ 센터리스 연삭의 특징

• 센터가 필요하지 않아 센터 구멍을 가공할 필요가 없다.

• 중공(中空, 속이 빈 축)의 가공물을 연삭할 때 편리하다.

• 연삭 여유가 작아도 된다.

• 가늘고 긴 가공물의 연삭에 적합하다.

• 긴 홈이 있는 가공물의 연삭은 불가능하다.

• 대형이나 중량물의 연삭은 불가능하다.

• 연속 가공이 가능하며 대량 생산에 적합하다.

• 자생작용이 있다.

※ 센터리스 연삭기 : 센터, 척, 자석척 등을 사용하지 않고 가공물의 표면을 조정하는 조정숫돌과 지지대를 이용하여 가늘고 긴 가공물을 연삭하는 방법

5

■ 연삭숫돌의 검사

• 음향검사 : 나무해머나 고무해머 등으로 연삭숫돌의 상태를 검사하는 방법으로 가장 쉽고, 많이 사용하는 검사방법이다(정상 : 음향이 맑고, 울림이 있는 숫돌/균열 : 음향이 둔탁하고 울림이 없는 숫돌).

• 회전검사 : 사용할 원주속도의 1.5~2배로 원심력에 의한 파손 여부를 검사하여야 한다. 연삭 전에 3분 이상 공회전시켜 연삭숫돌의 이상 여부를 검사한 후 연삭을 진행한다.

• 균형검사 : 연삭숫돌이 두께나 조직 형상의 불균일로 인하여 회전 중 떨림이 발생하는 경우가 있는데 작업자의 안전과 연삭한 부품의 정밀도와 우수한 표면거칠기를 얻기 위해 균형검사를 한다.

■ 연삭숫돌 결합도에 따른 경도의 선정 기준

결합도가 높은 숫돌(단단한 숫돌)	결합도가 낮은 숫돌(연한 숫돌)
• 연질 가공물의 연삭 • 숫돌 차의 원주속도가 느릴 때 • 연삭 깊이가 작을 때 • 접촉 면적이 적을 때 • 가공면의 표면이 거칠 때	• 경도가 큰 가공물의 연삭 • 숫돌 차의 원주속도가 빠를 때 • 연삭 깊이가 클 때 • 접촉 면적이 클 때 • 가공물의 표면이 치밀할 때

■ 일반적인 연삭숫돌 표시방법

$$WA \cdot 60 \cdot K \cdot m \cdot V \rightarrow \text{연삭 숫돌입자} \cdot \text{입도} \cdot \text{결합도} \cdot \text{조직} \cdot \text{결합제}$$

■ 연삭숫돌의 수정

• 드레싱(Dressing) : 숫돌 표면에 무디어진 입자나 기공을 메우고 있는 칩을 제거하여 본래의 형태로 숫돌을 수정하는 방법

• 트루잉(Truing) : 연삭숫돌을 성형하거나 성형연삭으로 인하여 숫돌 형상이 변화된 것을 부품의 형상으로 바르게 고치는 가공

• 무딤(글레이징/Glazing) : 연삭숫돌의 결합도가 필요 이상으로 높으면 숫돌입자가 마모되어 예리하지 못할 때 탈락하지 않고 둔화되는 현상

• 눈메움(로딩/Loading) : 결합도가 높은 숫돌에서 알루미늄이나 구리 같이 연한 금속을 연삭하면 연삭숫돌 표면에 기공이 메워져서 칩을 처리하지 못하여 연삭 성능이 떨어지는 현상

■ 정밀입자 가공

• 배럴가공 : 회전하는 통 속에 가공물, 숫돌입자, 가공액, 콤파운드 등을 함께 넣고 회전시켜 서로 부딪치며 가공되어 매끈한 가공면을 얻는 가공법이다.

• 쇼트피닝(Shot Peening) : 표면을 타격하는 일종의 냉간가공으로 철강의 작은 볼(Shot)을 공작물 표면에 분사하여 강재의 화학 조성을 변화시키지 않고 표면을 매끈하게 하여 피로강도 및 기계적 성질을 향상시킨다.

• 액체호닝(Liquid Honing) : 연마제를 가공액과 혼합하여 가공물 표면에 압축공기를 이용하여 고압과 고속으로 분사시켜 가공물 표면과 충돌시켜 표면을 가공하는 방법이다.

• 버핑(Buffing) : 모(毛), 직물 등으로 원반을 만들고 이것을 여러 장 붙이거나 재봉으로 누벼 버핑바퀴를 만들고, 바퀴에 윤활제를 섞은 미세한 연삭입자의 연삭작용으로 가공물 표면을 매끈하게 광택 내는 가공방법이다.

• 슈퍼피니싱(Super Finishing) : 숫돌 폭은 가공물 지름의 60~70% 정도로 하며, 숫돌 길이는 가공물의 길이와 동일하게 하는 것이 일반적이다.

■ 탄소량 증가에 따른 물리적 성질과 기계적 성질의 변화

	탄소량 증가	
	증 가	감 소
물리적 성질	비열, 전기저항, 보자력	비중, 선팽창계수, 내식성
기계적 성질	강도, 경도	인성, 충격값

■ 주철의 성장원인

• 시멘타이트(Fe_3C)의 흑연화에 의한 팽창

• 페라이트 중에 고용되어 있는 규소(Si)의 산화에 의한 팽창

• A_1 변태점(723℃) 이상의 온도에서 부피 변화로 인한 팽창

• 불균일한 가열로 생기는 균열에 의한 팽창

• 흡수한 가스에 의한 팽창

■ 구리(Cu)의 성질

• 비중 : 8.96

• 용융점 : 1,083℃

• 비자성체, 내식성이 철강보다 우수

• 전기 및 열의 양도체(전기전도율과 열전도율은 금속 중 Ag 다음)

• 전연성이 좋아 가공이 용이하다.

• 결정격자 : 면심입방격자

■ **알루미늄 합금의 종류**

• 내열용 알루미늄 합금 : Y합금, 로엑스합금, 코비탈륨

• 단조용 알루미늄 합금 : 두랄루민

• 내식성 알루미늄 합금 : 하이드로날륨, 알민, 알드리, 알클래드

※ 두랄루민 : 단조용 알루미늄 합금으로 Al+Cu+Mg+Mn의 합금, 가벼워서 항공기나 자동차 등에 사용되는 고강도 Al합금

■ **조 작**

명 칭	외부 파일럿 조작	단동 솔레노이드 조작	내부 파일럿 조작	유압 파일럿 조작
기 호				
비 고	조작유로는 기기의 외부에 있음	1방향 조작	조작유로는 기기의 내부에 있음	외부 파일럿 1차 조작 없음

■ **베인펌프의 장단점**

베인펌프의 장점	베인펌프의 단점
• 기어펌프나 피스톤 펌프에 비해 토출압력의 맥동이 적다. • 베인의 마모에 의한 압력 저하가 발생하지 않는다. • 비교적 고장이 적고 수리 및 관리가 용이하다. • 펌프 출력에 비해 형상 치수가 작다. • 수명이 길고 장시간 안정된 성능을 발휘할 수 있다.	• 제작 시 높은 정도가 요구된다. • 작동유의 점도가 제한이 있다. • 기름의 오염에 주의하고 흡입 진공도가 허용 한도 이하이어야 한다.

■ **동력원**

유압모터	공압모터	전동기	원동기
		M	M

■ M코드

M코드	기 능	M코드	기 능
M00	프로그램 정지	M08	절삭유 ON
M01	프로그램 선택 정지	M09	절삭유 OFF
M02	프로그램 끝	M30	프로그램 끝 & 리셋
M03	주축 정회전	M98	보조 프로그램 호출
M04	주축 역회전	M99	보조 프로그램 종료
M05	주축 정지		

■ CNC 선반의 경우 공구 – T □□△△

- T : 공구기능
- □□ : 공구선택 번호(01~99번) → 기계 사양에 따라 지령 가능한 번호 결정
- △△ : 공구보정 번호(01~99번) → 00은 보정 취소기능임
- 공구보정 없이 보정 취소를 하려면 T0100으로 지령해야 한다.

■ 기어의 측정요소

- 피치 오차, 치형 오차, 잇줄 방향, 이 홈의 흔들림, 이 두께, 물림시험 등(KS B 1406에 측정 방법이 정해져 있다)

■ 각도 측정

- NPL식 각도게이지 : 길이는 약 90mm, 폭은 약 15mm의 측정면을 가진 쐐기형의 열처리된 블록으로 각각 6초, 18초, 30초, 1분, 9분, 27분, 1°, 3°, 9°, 27°, 41°의 각도를 가진 12개의 게이지를 한 조로 한다. 이들 게이지를 2개 이상 조합해서 6초부터 81° 사이를 임의로 6초 간격으로 만들 수 있다. 측정면이 요한슨식 각도게이지보다 크고 몇 개의 블록을 조합하여 임의의 각도를 만들 수 있고, 그 위에 밀착이 가능하여 현장에서도 많이 쓰인다.

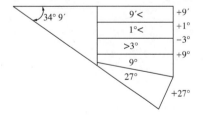

[NPL식 각도게이지 조합의 예]

- 오토콜리메이터(Auto Collimator) : 시준기와 망원경을 조합한 것으로 미소각도를 측정하는 광학적 측정기이다.

■ 사인바

- 사인바를 사용할 때 45°보다 큰 각을 쓰면 차가 커지기 때문에 사인바는 기준면에 대하여 45°보다 작게 사용한다. 즉, 45° 이하의 각도를 측정하는 데 유리하다.

- 사인바 각도 공식 : $\sin\alpha = \dfrac{H-h}{L}$ 🔺 반드시 암기(자주 출제)

- 사인바는 블록게이지와 같이 사용한다. 삼각함수의 사인을 이용하여 임의의 각도를 길이로 계산하여 간접적으로 각도를 구하는 방법으로, 크기는 롤러와 롤러 중심 간의 거리로 표시한다.

- 사인바 롤러의 중심거리는 계산을 쉽게 하도록 보통 100mm 또는 200mm로 만들어져 있다.

- 각도 측정에 사용되는 것 : 사인바, 각도게이지, 수준기, 오토콜리메이터 등

■ 나사의 유효지름 측정

- 나사마이크로미터에 의한 방법
- 삼침법
- 광학적인 방법(공구 현미경, 투영기 등)

※ 삼침법 : 나사의 골에 3개의 침을 끼우고 침의 외측을 외측 마이크로미터 등으로 측정하여 수나사의 유효지름을 계산하는 방법이다.

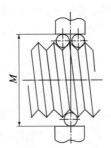

[삼침법에 의한 측정법]

교육이란 사람이 학교에서 배운 것을
잊어버린 후에 남은 것을 말한다.

-알버트 아인슈타인-

Win-Q

기계가공기능장

PART

1

핵심이론 + 핵심예제

절삭기계가공법

핵심이론 01 기계공작법의 분류

① 기계공작법 종류

기계공작법	비절삭가공	주조	목형, 주형, 주조, 특수주조, 플라스틱 몰딩, 분말야금
		소성가공	단조, 압연, 프레스 가공, 인발, 압출, 판금가공
		용접	납땜, 단접, 전기용접, 가스용접
		특수 비절삭가공	전조, 전해연마, 방전가공, 초음파 가공, 버니싱
	절삭가공	절삭공구가공	선삭, 평삭, 형삭, 브로칭, 줄작업, 밀링, 드릴링, 보링, 호빙
		연삭공구가공	연삭, 호닝, 슈퍼피니싱, 버핑, 래핑, 액체호닝, 배럴가공

② 공작기계의 구비조건

ㄱ 높은 정밀도를 가질 것

ㄴ 가공능력이 클 것

ㄷ 내구력이 크며 사용이 간편할 것

ㄹ 고장이 적고 기계효율이 좋을 것

ㅁ 가격이 싸고 운전비용이 저렴할 것

③ 공작기계의 특성

ㄱ 가공된 제품의 정밀도가 높아야 한다.

ㄴ 가공능률이 좋아야 한다.

ㄷ 융통성이 있어야 한다.

ㄹ 안전성이 있어야 한다.

ㅁ 강성이 있어야 한다.

④ 가공능률에 따른 공작기계의 분류

ㄱ 범용공작기계 : 가공할 수 있는 기능이 다양하고, 절삭 및 이송속도의 범위도 크기 때문에 제품에 맞추어 절삭조건을 선정하여 가공할 수 있다. 부속장치를 사용하면 가공범위를 더욱 넓게 사용할 수 있다.

ㄴ 전용공작기계 : 특정한 제품을 대량 생산할 때 적합한 공작기계로서 소량 생산에는 적합하지 않다. 사용범위가 한정되고 기계의 크기도 가공물에 적합한 크기로 되어 있으며, 구조가 간단하고 조작이 편리하다.

ㄷ 단능공작기계 : 단순한 기능의 공작기계로서 한 가지 공정만 가능하여, 생산성과 능률은 매우 높으나 융통성이 적다.

ㄹ 만능공작기계 : 여러 가지 종류의 공작기계에서 할 수 있는 가공을 1대의 공작기계에서 가능하도록 제작한 공작기계이다. 공작기계를 설치할 공간이 좁거나 여러 가지 기능은 필요하나 가공이 많지 않은 선박의 정비실 등에서 사용하면 매우 편리하다.

가공 능률에 따른 분류	공작기계
범용공작기계	선반, 드릴링머신, 밀링머신, 셰이퍼, 플레이너, 슬로터, 연삭기
전용공작기계	트랜스퍼머신, 차륜선반, 크랭크축 선반
단능공작기계	공구연삭기, 센터링머신
만능공작기계	선반, 드릴링, 밀링머신 등의 공작기계를 하나의 기계로 조합

⑤ 공구와 공작물의 상대 운동관계

종 류	상대 절삭운동	
	공작물	공 구
밀링작업	고정하고 이송	회전운동
연삭작업	회전, 고정하고 이송	회전운동
선반작업	회전운동	직선운동
드릴작업	고 정	회전운동

핵심예제

1-1. 같은 종류 제품의 대량 생산에는 적합하지만 모양과 치수가 다른 공작물의 가공에는 융통성이 없는 공작기계는?

[2013년 54회]

① 범용공작기계
② 전용공작기계
③ 단능공작기계
④ 만능공작기계

1-2. 공작기계의 구비조건 및 특성에 대한 설명으로 옳지 않은 것은?

[2014년 55회]

① 공작물의 잔류 응력은 공작 전에 충분히 제거해야 한다.
② 정밀도가 높은 공작기계는 고속 생산이 어려워 바람직하지 않다.
③ 정확한 기준면이 없는 공작방법은 정밀공작에 적합하지 않다.
④ 강성의 결핍과 진동은 정밀공작에 좋지 않다.

|해설|

1-1
단능공작기계
단순한 기능의 공작기계로서 한 가지 공정만 가능하여, 생산성과 능률은 매우 높으나 융통성이 적다.

1-2
정밀도가 높은 공작기계는 고속 생산이 가능하다.
공작기계의 구비조건
• 높은 정밀도를 가질 것
• 가공능력이 클 것
• 내구력이 크며 사용이 간편할 것
• 고장이 적고, 기계효율이 좋을 것
• 가격이 싸고 운전비용이 저렴할 것

정답 1-1 ③ 1-2 ②

핵심이론 02 공작기계의 기본운동

다음 그림과 같이 공작기계에서 가공물보다 경도가 높은 절삭공구를 가공물과 접촉시키면 칩이 발생하면서 필요한 형상과 치수로 제품을 가공한다. 절삭을 위해서는 절삭운동, 이송운동, 위치조정운동의 세 가지 기본운동을 한다.

드 릴 ⑦ 절삭운동
⑭ 이송운동
⑮ 위치조정운동
가공물   가공물

[공작기계의 기본운동]

① 절삭운동
　㉠ 절삭작용은 회전운동과 직선운동에 의하여 이루어진다. 칩이 흘러 나가는 반대 방향으로 작용하는데, 이것을 주운동이라 한다.
　㉡ 절삭공구를 일정한 위치에 고정하고 가공물을 운동시키는 절삭운동으로 밀링, 플레이너 등이 있다.
　㉢ 가공물을 일정 위치에 고정하고 공구를 운동시키는 절삭운동으로 셰이퍼, 드릴링, 선반, 브로칭 등이 있다.

② 이송운동
　㉠ 선반에서 절삭작용을 살펴보면, 가공물이 회전할 때 왕복대 윗부분에 설치된 바이트가 가공물의 길이 방향 또는 가공물의 지름 방향으로 조금씩 이동된다. 이렇게 절삭운동과 함께 절삭 위치를 바꾸는 운동으로 절삭공구나 가공물을 이송시키는 것을 이송운동이라 한다.
　㉡ 일반적인 이송운동의 원칙
　　• 1회 이송량은 절삭공구의 폭보다 작게 한다.
　　• 이송운동 방향은 절삭운동 방향과 직각으로 이루어지며, 가공면과 평행이나 직각으로 이루어진다.

• 이송운동은 절삭운동과 일정한 관계가 있고 규칙적으로 진행한다.

※ 단 위

회전운동을 하며 절삭	직선운동을 하며 절삭	왕복운동을 하며 절삭
mm/rev	mm/min	mm/stroke

③ 위치조정운동

㉠ 가공물과 절삭공구를 선정한 절삭조건으로 가공할 위치(가로 방향, 세로 방향, 절삭깊이 등)의 조정을 의미한다.

㉡ 기계의 운동중심과 가공물의 중심 또는 가공면의 상대 위치 거리를 조정한다.

㉢ 이송을 시작하는 위치와 이송이 끝나는 위치를 조정한다.

㉣ 절삭깊이와 이송 위치를 조정하여 필요한 부품으로 가공한다. 일반적으로 이송장치와 보완장치를 겸하여 사용한다. 절삭작용이 진행될 때는 위치조정운동을 하지 않는 것이 일반적이다.

핵심예제

다음은 공작기계 기본운동이다. 관계가 없는 것은?

[2012년 51회]

① 정적운동
② 절삭운동
③ 이송운동
④ 위치조정운동

|해설|

공작기계 기본운동
절삭운동, 이송운동, 위치조정운동

정답 ①

핵심이론 03 절삭조건

작업자가 공작기계를 조작하여 제품을 가공할 때 단위 시간에 가공되는 칩의 양에 관한 사항, 즉 절삭률(Rate of Metal Removal)에 영향을 미치는 여러 종류의 요소를 절삭조건(Cutting Condition)이라고 한다. 절삭공구의 재질 및 형상, 가공물의 재질, 절삭속도, 절삭깊이, 이송, 절삭유제의 사용 여부 등이 포함된다.

① 절삭속도

㉠ 가공물과 절삭공구 사이에 발생하는 상대적인 속도이며 단위시간에 가공물이 인선(바이트의 날 끝)을 통과하는 거리(m)로 표시한다.

㉡ 절삭속도는 가공물의 재질 및 지름, 절삭공구의 재질 및 형상, 절삭유제의 사용 유무에 따라 영향을 받는다.

㉢ 절삭속도는 가공물의 표면거칠기, 절삭능률, 절삭공구의 수명에 많은 영향을 주는 인자로 절삭조건에서 기본적인 변수이다.

㉣ 절삭속도(V)를 나타내는 식

$$V = \frac{\pi d n}{1,000} \text{(m/min)}$$

여기서, V : 절삭속도(m/min)

d : 공작물의 지름(mm)

n : 회전수(1분 동안 회전하는 수, rpm)

㉤ 절삭속도가 증가하면 가공물의 표면거칠기가 좋아지고 가공시간도 단축되지만 절삭공구와 가공물의 마찰력 증가로 인하여 절삭온도가 상승되어 절삭공구 수명이 단축된다.

㉥ 경제적 절삭속도는 60~120m/min이다.

ⓐ 회전수와 절삭속도의 관계

$$n = \frac{1,000\,V}{\pi d}\,(\text{rpm})$$

여기서, n : 회전수(1분 동안 회전하는 수, rpm)

V : 절삭속도(m/min)

d : 공작물의 지름(mm)

② 절삭깊이

⊙ 절삭공구로 가공물을 절삭하는 깊이이며 절삭공구의 형상과 관계없이 가공하는 방향에 수직으로 측정한다. 단위는 mm로 표시한다.

ⓒ 선반가공에서는 절삭깊이의 2배가 절삭된다.

ⓒ 절삭깊이가 커지면 절삭온도와 절삭저항의 상승으로 인해 절삭공구의 수명이 감소한다.

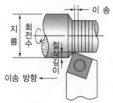
[원통형의 절삭깊이]

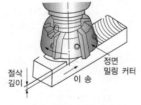
[평면형의 절삭깊이]

③ 절삭면적

⊙ 절삭깊이와 이송의 곱으로 표시한다. 절삭면적이 동일하여도 이송과 절삭깊이의 변화에 따라 절삭저항은 변한다.

ⓒ 절삭면적의 공식

$$F = s \times t\,(\text{mm}^2)$$

여기서, F : 절삭면적(mm^2)

s : 이송(mm/rev)

t : 절삭깊이(mm)

ⓒ 이송(Feed)에 따라 칩의 두께가 변하고, 절삭깊이에 따라 칩의 폭이 변화한다.

④ 이송속도

이송운동의 속도를 이송속도라 한다. 절삭공구와 가공물 사이에서 가로 방향(절삭 방향에 대하여)의 상대운동 크기를 의미한다.

구 분	특 징
선반 또는 드릴가공	주축 1회전당의 이송(mm/rev)
평삭가공	절삭공구 또는 가공물 1회 왕복마다의 이송(mm/stroke)
밀링가공	주로 mm/min를 적용하며, 경우에 따라서 mm/rev(커터 1회전에 대한 이송)으로도 표시한다.

※ 절삭률(분당 절삭량)

$$Q = v \times s \times t$$

여기서, v : 절삭속도(m/min)

s : 이송(mm/rev)

t : 절삭깊이(mm)

⑤ 절삭동력

절삭에 필요한 동력은 절삭저항의 크기로 계산할 수 있다.

$$H = \frac{P(\text{N}) \times V(\text{m/min})}{75 \times 9.81 \times 60 \times \eta}\,(\text{PS})$$

$$H = \frac{P(\text{N}) \times V(\text{m/min})}{1,000 \times 60 \times \eta}\,(\text{kW})$$

$$H = \frac{P(\text{kg}_\text{f}) \times V(\text{m/min})}{75 \times 60 \times \eta}\,(\text{PS})$$

$$H = \frac{P(\text{kg}_\text{f}) \times V(\text{m/min})}{102 \times 60 \times \eta}\,(\text{kW})$$

여기서, P : 주분력(N)

V : 절삭속도(m/min)

η : 기계적 효율

3-1. 일반적으로 공구 마모를 증가시켜 공구 수명에 가장 영향을 크게 미치는 절삭조건은?

[2016년 60회]

① 회전수
② 이송속도
③ 절삭깊이
④ 절삭속도

3-2. 공작물의 회전수가 1,000rpm이고 이송을 4mm/rev로 절삭할 때 절삭면적이 10mm²라면 절삭깊이는 몇 mm인가?

[2013년 54회]

① 2.5mm
② 5mm
③ 7.5mm
④ 10mm

3-3. 주분력이 1,000N이고, 절삭속도가 200m/min인 공작기계의 절삭동력은 약 몇 kW인가?(단, 기계적 효율은 1로 가정한다)

[2017년 62회]

① 3.33
② 4.53
③ 5.20
④ 6.57

3-4. 선삭에서 주분력이 9,800N, 절삭속도가 100m/min, 선반의 기계효율이 80%일 때 소비동력은 약 몇 PS인가?(단, 이송분력과 배분력은 극소하여 무시한다)

[2013년 54회]

① 1
② 2.8
③ 25
④ 27.7

|해설|

3-1

- 절삭속도는 공구 마모에 가장 큰 영향을 미치는 절삭조건이다.
- 절삭속도는 가공물의 표면거칠기, 절삭능률, 절삭공구의 수명에 많은 영향을 주는 인자로서 절삭조건에서 기본적인 변수이다.

3-2

절삭면적(Cutting Area)

절삭깊이와 이송의 곱으로 표시하며, 절삭면적이 동일하여도 이송과 절삭깊이의 변화에 따라 절삭저항은 변한다.

$$F = s \times t$$

$$t = \frac{F}{s} = \frac{10mm^2}{4mm/rev} = 2.5mm$$

$\therefore$ 절삭깊이$(t) = 2.5mm$

여기서, F : 절삭면적(mm^2)
　　　　s : 이송(mm/rev)
　　　　t : 절삭깊이(mm)

3-3

$$절삭동력(H) = \frac{P(N) \times V}{1,000 \times 60 \times \eta}$$

$$= \frac{1,000N \times 200m/min}{1,000 \times 60 \times 1} = 3.33kW$$

$\therefore$ 절삭동력$(H) = 3.33kW$

여기서, P : 주분력(N)
　　　　V : 절삭속도(m/min)
　　　　η : 기계적 효율

3-4

절삭에 필요한 동력은 절삭저항의 크기로 계산할 수 있다.

$$절삭동력(H) = \frac{P_1 \times V}{75 \times 9.81 \times 60 \times \eta}(PS)$$

$$= \frac{9,800N \times 100m/min}{75 \times 9.81 \times 60 \times 0.80} = 27.74PS$$

$\therefore$ 절삭동력$(H) = 27.7PS$

여기서, P_1 : 주분력(N)
　　　　V : 절삭속도(m/min)
　　　　η : 기계적 효율
　　　　n : 회전수(rpm)

정답 3-1 ④　3-2 ①　3-3 ①　3-4 ④

가공물을 절삭할 때 절삭공구는 가공물로부터 큰 저항을 받게 되는데 이때의 힘을 절삭저항이라 한다. 절삭저항의 크기는 절삭동력을 결정하는 매우 중요한 요소이다.

① 주분력(F_1) : 절삭 진행 방향과 평행하게 작용하는 절삭저항, 축 직각 방향

② 배분력(F_2) : 절삭깊이 방향에서 작용하는 절삭저항, 축 방향

③ 이송분력(F_3) : 이송 방향에서 작용하는 절삭저항

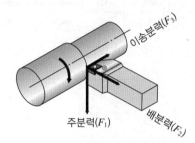

[선반가공에서 발생하는 절삭저항의 3분력]

④ 절삭저항의 크기 비교

주분력(F_1) > 배분력(F_2) > 이송분력(F_3)

※ 경사각이 감소하거나 절삭면적이 증가하면 절삭저항은 커지고, 절삭속도가 증가하면 일부 영역에서 다소 감소하는 경향이 있다.

4-1. 절삭저항의 3분력 중 주분력에 대한 내용으로 틀린 것은?
[2016년 60회]

① 축 방향으로 작용한다.

② 경사각이 클수록 감소한다.

③ 절삭동력의 계산에 이용된다.

④ 경도가 높은 소재일수록 크게 작용한다.

4-2. 선반으로 저탄소강재를 가공할 때 3분력 크기의 순서가 맞는 것은?
[2012년 51회]

① 주분력 > 이송분력 > 역분력

② 주분력 > 배분력 > 이송분력

③ 배분력 > 주분력 > 이송분력

④ 이송분력 > 주분력 > 배분력

|해설|

4-1
주분력은 절삭방향에 평행한 분력, 즉 축 방향 직각으로 작용한다.

4-2
절삭저항 크기 비교
주분력 > 배분력 > 이송분력
절삭저항 3분력(암기팁 : 주 > 배 > 횡)
• 주분력 : 절삭 방향에 평행
• 배분력 : 절삭깊이 방향에 평행
• 이송분력 : 이송 방향에 평행

정답 4-1 ① 4-2 ②

절삭가공에서 생성되는 칩의 형태는 절삭공구의 모양, 공작물의 재질, 절삭속도, 절삭깊이 등의 절삭조건에 따라 다르게 나타난다. 공작물의 재질, 즉 강, 구리 합금, 알루미늄과 같은 인성이 큰 재료를 절삭할 때에는 절삭조건에 따라 유동형, 전단형, 열단형의 칩이 생성된다. 반면에 주철과 같은 취성이 큰 재료는 상대적으로 쉽게 변형되지 않고 균열형 칩을 생성한다.

① 칩의 형태별 생성조건과 특성

칩의 형태		칩의 생성조건과 특성
연속형	유동형 칩	• 칩이 공구의 경사면을 연속적으로 흘러나가며 진동이 없고 칩 두께가 거의 일정한 형태이다. • 연한 재료를 윗면 경사각이 큰 공구로 고속 절삭할 때 발생한다. • 절삭저항이 작고 가공 표면이 깨끗하며 공구의 수명이 연장된다. • 유동형 칩이 발생하는 조건 　- 연성의 재료(연강, 구리, 알루미늄 등)를 가공할 때 　- 절삭깊이가 작을 때 　- 절삭속도가 클 때 　- 경사각이 클 때 　- 윤활성이 좋은 절삭유제를 사용할 때
불연속형	전단형 칩	• 공구의 진행에 따라 공작물이 압축되면서 변형되고 한계에 이르면 전단을 일으켜 분리되는 칩의 형태이다. • 연한 재료를 윗면 경사각이 작은 공구로 저속 절삭할 때 발생한다. • 칩의 두께가 변하고 진동을 일으켜 가공 표면이 거칠고 공구 손상도 일어나기 쉽다.
	열단형 칩	• 칩이 날 끝에 달라붙어 경사면을 따라 흘러나가지 못해 공구 날 끝부터 앞의 아래쪽 방향으로 균열이 생기고 가공 표면을 뜯어낸 것과 같은 자리를 남긴다. • 점성이 큰 재질을 윗면 경사각이 작은 공구로 저속 절삭할 때 발생한다. • 절삭저항이 크고 가공 표면이 불량하다.
	균열형 칩	• 공구가 절입되는 순간 날 끝 앞에서 소성변형 없이 공작물의 표면까지 균열이 발생하는 칩의 형태이다. • 주철과 같은 취성이 큰 재료를 저속으로 절삭할 때 발생한다. • 절삭저항이 크고 가공 표면이 매우 불량하다.

② 칩의 형태에 영향을 주는 절삭조건

　㉠ 공작물 재료의 변형능력이 클수록 유동형 칩이 생성된다.

　㉡ 윗면 경사각이 클수록 유동형 칩이 생성된다.

　㉢ 절삭속도가 클수록 유동형 칩이 생성된다.

　㉣ 절삭깊이가 클수록 균열형 칩이 생성된다.

칩 형태 절삭조건	유동형	전단형	균열형
재료의 변형능력	크다.	◄─────►	작다.
윗면 경사각	크다.	◄─────►	작다.
절삭속도	크다.	◄─────►	작다.
절삭깊이	작다.	◄─────►	크다.

③ 절삭조건에 따른 칩의 형태

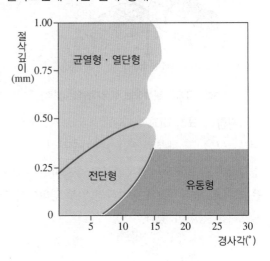

5-1. 칩이 공구의 경사면을 연속적으로 흘러나가는 모양으로 가장 바람직한 형태의 칩은? [2017년 62회]

① 경작형 칩 ② 균열형 칩
③ 유동형 칩 ④ 전단형 칩

5-2. 연성의 재료를 저속 절삭이나 절삭깊이가 클 때 많이 발생하는 칩(Chip)의 형태는 무엇인가? [2015년 57회]

① 전단형 칩 ② 열단형 칩
③ 유동형 칩 ④ 균열형 칩

5-3. 연성재료를 가공할 때 공구의 각도에 따라 유동형, 전단형, 열단형 등의 서로 다른 형태의 칩이 발생한다. 이때 각도의 정확한 명칭은 무엇인가? [2014년 56회]

① 윗면 경사각 ② 측면 경사각
③ 전면 여유각 ④ 측면 여유각

|해설|

5-1
유동형 칩
칩이 경사면 위를 연속적으로 원활하게 흘러나가는 모양으로 연속형 칩이다. 가장 바람직한 형태의 칩이다.

5-2
전단형 칩
연성재료를 저속절삭으로 절삭깊이가 클 때 많이 발생한다.

5-3
공구의 윗면 경사각의 각도에 따라 유동형, 전단형, 연단형 칩이 발생한다.

정답 5-1 ③ 5-2 ① 5-3 ①

핵심이론 06 구성인선(Built-up Edge)

① **구성인선의 발생**

연강, 스테인리스강, 알루미늄 등의 연성 가공물을 절삭할 때, 절삭공구에 절삭력과 절삭열에 의한 고온·고압이 작용하여 절삭공구인선에 대단히 경하고 미소한 입자가 압착 또는 융착되어 나타나는 현상이다. 이렇게 절삭공구인선에 부착된 경한 물질이 절삭공구인선을 대리하여 절삭하는 현상을 구성인선이라 한다.

② **구성인선의 방지대책** 반드시 암기(자주 출제)

㉠ 절삭깊이를 작게 할 것
㉡ 경사각을 크게 할 것
㉢ 절삭공구의 인선을 예리하게(날카롭게) 할 것
㉣ 윤활성이 좋은 절삭유제를 사용할 것
㉤ 절삭속도를 크게 할 것

③ **구성인선 임계속도**

일반적으로 구성인선이 발생하기 쉬운 절삭속도는 고속도강 절삭공구를 사용하여 저탄소강재를 절삭할 때 10~25m/min이고, 120m/min 이상이 되면 구성인선이 발생하지 않는다. 따라서 절삭속도 120m/min를 구성인선 임계속도라 한다.

④ **구성인선의 발생과정**

발생 → 성장 → 최대 성장 → 분열 → 탈락

발생	성장	최대 성장
분열	탈락	

⑤ 구성인선의 영향

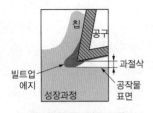

날 끝 길이의 증가효과로 과절삭이 이루어지고, 치수 정밀도를 불량하게 한다.

탈락된 입자가 칩과 공작물 표면에 압착되어 표면 거칠기를 불량하게 한다.

└─ 이 과정이 반복되어 진동이 발생하고, ─┘
공구의 파손도 따르게 된다.

핵심예제

6-1. 구성인선의 방지대책에 해당되지 않는 것은?

[2016년 60회]

① 절삭깊이를 크게 할 것
② 절삭속도를 빠르게 할 것
③ 공구의 인선을 예리하게 할 것
④ 경사각을 크게 할 것

6-2. 구성인선 방지대책을 설명한 것으로 틀린 것은?

[2014년 56회]

① 절삭깊이를 작게 한다.
② 경사각을 크게 한다.
③ 윤활성이 좋은 절삭제를 사용한다.
④ 절삭속도를 작게 한다.

6-3. 구성인선이 공작물에 미치는 영향이 잘못된 것은?

[2012년 51회]

① 절삭되는 정도를 나쁘게 한다.
② 다듬질 치수를 나쁘게 한다.
③ 표면조도를 나쁘게 한다.
④ 공구의 마모가 적고, 공구각을 일정하게 유지시킨다.

|해설|

6-1
구성인선(Built-up Edge)을 방지하기 위해서는 절삭깊이를 작게 해야 한다.

6-2
빌트업 에지(구성인선)를 방지하기 위해 절삭속도를 크게 해야 한다.

6-3
• 구성인선은 절삭공구 마모를 크게 하고 공구각을 변화시켜 가공면의 표면거칠기를 나쁘게 한다.
• 가공물의 표면거칠기를 나쁘게 하고 공구의 수명을 단축시키며 진동 발생의 원인이 된다.

정답 6-1 ① 6-2 ④ 6-3 ④

절삭공구는 가공물을 절삭할 때 물리적·화학적 반응으로 인하여 복합적인 마모가 발생하며 일반적으로 다음과 같이 분류한다.

① 크레이터 마모(Crater Wear) – 경사면 마멸

    ㉠ 칩이 처음으로 바이트 경사면에 접촉하는 접촉점은 절삭공구의 인선에서 약간 떨어져서 나타난다. 이 접촉점에서 마찰력이 작용하여 절삭공구의 상면 경사면이 오목하게 파이는 현상을 크레이터 마모라 한다.

    ㉡ 크레이터 마모는 유동형 칩에서 가장 뚜렷하게 나타난다. 크레이터 마모 자체는 크게 문제가 되지 않지만, 크레이터 마모가 커지면서 공구인선이 약화되어 파손될 수 있다.

    ㉢ 일반적으로 초경합금 공구의 공구 수명을 판정하는 크레이터의 깊이는 0.05~0.1mm 정도이다.

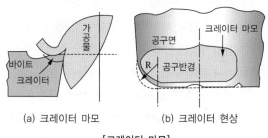

(a) 크레이터 마모　　(b) 크레이터 현상

[크레이터 마모]

    ㉣ 크레이터 마모를 줄이기 위한 방법

      • 절삭공구 경사면 위의 압력을 감소시킨다(경사각을 크게 한다).

      • 절삭공구 경사면 위의 마찰계수를 감소시킨다(경사면의 표면거칠기를 양호하게 하거나 윤활성이 좋은 냉각제를 사용한다).

② 플랭크 마모(Flank Wear) – 여유면 마멸

    ㉠ 절삭공구의 절삭면에 평행하게 마모되는 것을 의미하며, 측면(Flank)과 절삭면의 마찰에 의하여 발생한다. 주철과 같이 메진재료를 절삭할 때나 분말상 칩이 발생할 때는 다른 재료를 절삭하는 경우보다 뚜렷하게 나타난다.

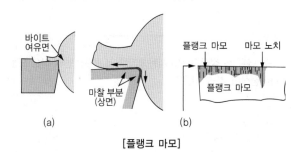

[플랭크 마모]

    ㉡ 초경합금 공구 수명을 결정하는 플랭크 마모의 폭

플랭크 면의 마모 폭(VB)	정밀절삭, 비철합금 등의 다듬질 절삭	0.2mm
	합금강 등의 절삭	0.4mm
	주철, 강 등의 일반 절삭	0.7mm
	보통 주철 등의 거친 절삭	1~1.5mm

    ㉢ 일반적으로 마모 폭(VB)은 공구 수명 판정의 기준으로 한다.

③ 치핑(Chipping)

    ㉠ 절삭공구인선의 일부가 미세하게 탈락되는 현상이다.

    ㉡ 치핑은 단속절삭과 같이 절삭공구인선에 충격을 받거나 충격에 약한 절삭공구를 사용할 때, 공작기계의 진동 등에 의해 절삭공구인선에 가해지는 절삭저항의 변화가 큰 경우에 많이 발생한다.

    ㉢ 초경공구, 세라믹 공구 등에 발생하기 쉽고, 고속도강 같이 점성이 큰 재질의 절삭공구에는 비교적 적게 발생한다. 크레이터 마모나 플랭크 마모는 서서히 진행되는 마모인데 비하여, 치핑은 충격적인 힘을 받을 때 발생한다.

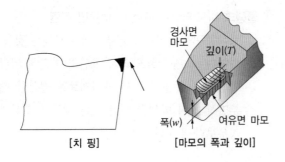

[치 핑]

[마모의 폭과 깊이]

경사면 마모

깊이(T)

폭(w)

여유면 마모

7-1. 다음 중 절삭공구의 사용에 있어서 공구인선의 마모 또는 파손현상이 아닌 것은? [2017년 62회]

① 버
② 치 핑
③ 플랭크 마모
④ 크레이터 마모

7-2. 공구 마멸의 형태가 잘못 표현된 것은? [2014년 56회]

① 크레이터 마멸
② 플랭크 마멸
③ 싱크 마멸
④ 치 핑

|해설|

7-1
버는 공구인선의 마모 또는 파손현상이 아니다.

7-2
싱크 마멸은 공구 마멸 형태가 아니다.

정답 7-1 ① 7-2 ③

핵심이론 08 절삭공구 수명식과 판정법

① 절삭공구의 수명식

테일러(Taylor)는 1907년도에 공구 수명과 절삭속도 사이의 관계를 다음 식으로 표시하였다.

$$VT^n = C$$

여기서, V : 절삭속도(m/min)
T : 공구 수명(min)
n : 지수
C : 상수

지수(n)는 절삭공구와 가공물에 의하여 변화하는 지수로서 고속도강은 0.05~0.2, 초경합금은 0.125~0.25, 세라믹은 0.4~0.55이다. 일반적으로 $n = \dfrac{1}{5} \sim \dfrac{1}{10}$이 많이 사용된다.

② 공구 수명의 판정 기준

㉠ 가공면에 광택이 있는 색조 또는 반점이 생길 때
㉡ 공구인선의 마모가 일정량에 달했을 때
㉢ 절삭저항의 주분력에는 변화가 적어도 이송분력이나 배분력이 급격히 증가할 때
㉣ 완성 치수의 변화량이 일정량에 달했을 때
㉤ 절삭저항의 주분력이 절삭을 시작했을 때와 비교하여 일정량이 증가할 경우 절삭공구의 수명이 종료된 것을 판정한다.

8-1. 절삭가공에서 공구 수명의 판정 기준에 해당되지 않는 것은? [2016년 60회]

① 가공면에 광택이 있는 색조 발생

② 공구인선의 마모가 거의 안 생길 때

③ 완성 치수 변화량이 일정량에 달했을 때

④ 절삭저항의 이송분력이나 배분력이 급격하게 증가할 때

8-2. 다음 중 절삭공구의 수명공식은?(단, V : 절삭속도(m/min), T : 공구 수명(min), n : 절삭공구와 가공물에 의해 변하는 지수, C : 공구 수명 상수이다) [2014년 55회]

① $(VT/n) = C$

② $VT^n = C$

③ $CT^n = C$

④ $TV^n = C$

8-3. 직경 50mm, 길이 150mm의 SM45C 강 소재를 절삭깊이 2.0mm, 이송 0.5mm/rev로 선삭할 때, $VT^{0.1} = 60$이 성립된다면 공구 수명을 3시간을 보장하는 절삭속도로 깎을 때 소요 가공시간은? [2012년 52회]

① 2.0min

② 2.0sec

③ 1.3min

④ 1.3sec

|해설|

8-1
공구인선의 마모가 일정량에 달했을 때 공구 수명을 판단한다.

8-2
• 절삭공구의 수명식 : $VT^n = C$
• Taylor는 1907년도에 공구 수명과 절삭속도 사이의 관계를 식으로 표시하였다.
• 지수(n) : 절삭공구와 가공물에 의하여 변화하는 지수

절삭공구 재료	지 수
고속도강	0.05~0.2
초경합금	0.125~0.25
세라믹	0.4~0.55

8-3
공구 수명을 3시간 보장하면 $T = 3 \times 60 = 180$min

회전수$(n) = \dfrac{1,000V}{\pi d}$ $VT^{0.1} = 60$에서 $V = \dfrac{60}{T^{0.1}}$

선반 소요 가공시간 공식 $t = \dfrac{L}{ns}$에서

$$t = \frac{L}{ns} = \frac{L}{\dfrac{1,000V}{\pi d} \times s}$$

$$= \frac{L \times \pi \times d}{1,000 \times V \times s} = \frac{L \times \pi \times d}{1,000 \times \dfrac{60}{T^{0.1}} \times s}$$

$$\frac{L \times \pi \times d \times T^{0.1}}{1,000 \times 60 \times s} = \frac{150\text{mm} \times \pi \times 50\text{mm} \times 180^{0.1}\text{min}}{1,000 \times 60 \times 0.5\text{mm/rev}}$$

$$\fallingdotseq 1.3\text{min}$$

∴ 소요 가공시간 = 1.3min

여기서, V : 절삭속도(m/min)
　　　　T : 공구 수명(min)
　　　　L : 공작물 길이(mm)
　　　　n : 회전수(rpm)
　　　　s : 이송(mm/rev)
　　　　d : 공작물 지름(mm)

정답 **8-1** ② **8-2** ② **8-3** ③

공구 수명에 영향을 미치는 요소로는 공구각, 절삭공구 재질, 절삭속도, 가공재료, 절삭유제 등이 있다.

① 공구각의 영향

   ㉠ 일반적으로 고속도강과 같이 열에 매우 민감한 절삭공구에서 경사각이 증가하면 절삭온도는 낮아지므로, 경사각이 공구 수명에 많은 영향을 미친다.

   ㉡ 고속도강은 인성이 크지만 경사각이 30°보다 커지면 공구인선의 강도가 부족하여 치핑의 원인이 되어 공구 수명이 짧아진다.

   ㉢ 절삭공구의 날 끝 반지름은 공구 수명과 가공면의 표면거칠기에 영향을 미친다. 노즈 반지름은 1.5mm까지는 다듬질면이 양호하지만 더 커지면 떨림과 진동이 발생하여 공구 수명이 짧아진다.

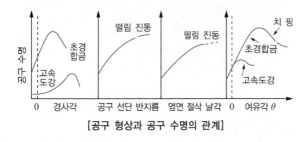

[공구 형상과 공구 수명의 관계]

② 절삭속도의 영향

   절삭속도가 어느 정도에서는 절삭열의 영향으로 마찰계수가 감소하고, 구성인선이 발생하지 않는다. 그러나 절삭속도가 필요 이상으로 커지면, 고온경도 및 크레이터 마모의 증가로 인하여 절삭공구의 수명이 짧아진다.

③ 절삭공구의 재료

   ㉠ 절삭공구의 재료는 고온경도, 경도, 인성, 내마모성, 열적 충격성 기타 여러 가지의 조건을 갖춘 것이 좋다.

   ㉡ 가공재료와 절삭공구 재료의 친화력이 적어지면 마모저항이 향상된다.

   ㉢ 고속도강은 고온경도가 낮아 절삭열이 낮은 상태에서 가공하는 것이 좋다.

   ㉣ 세라믹, CBN 공구 등은 특성상 비교적 절삭열이 높은 절삭속도로 가공하는 것이 좋다.

④ 가공재료의 영향

   가공재료는 절삭공구 수명에 영향을 미친다. 경도, 인성, 마모, 강도 등 재료의 성분이나 기계적 성질도 절삭공구 수명에 영향을 미치게 된다.

⑤ 절삭유제의 영향

   칩이 경사면 위에서 일으키는 마찰은 공구 수명에 영향을 미친다. 절삭유제는 절삭할 때 발생하는 절삭열과 마찰을 감소시켜 절삭공구 수명을 연장한다.

핵심예제

9-1. 일반적으로 공구 마모를 증가시켜 공구 수명에 가장 영향을 크게 미치는 절삭조건은?　　　　[2016년 60회]

① 회전수　　　　　　　② 이송속도
③ 절삭깊이　　　　　　④ 절삭속도

9-2. 공구 수명에 대한 설명으로 잘못된 것은?　[2013년 54회]

① 절삭속도가 필요 이상으로 커지면 경도의 저하로 인해 공구 수명은 감소한다.
② 절삭공구의 날 끝 반지름은 가공면의 표면거칠기 및 공구 수명에 미치는 영향이 없다.
③ 절삭유제를 사용하면 절삭열을 감소시켜 공구 수명을 연장시킬 수 있다.
④ 절삭공구재료 및 절삭재료는 공구 수명에 영향을 미친다.

|해설|

9-1
절삭속도
• 공구 마모에 가장 큰 영향을 미치는 절삭조건이다.
• 가공물의 표면거칠기, 절삭능률, 절삭공구의 수명에 많은 영향을 주는 인자로서 절삭조건에서 기본적인 변수이다.

9-2
절삭공구의 날 끝 반지름(Nose Radius)은 공구 수명과 가공면의 표면거칠기에 영향을 미친다. 날 끝 반지름은 1.5mm까지는 다듬질면이 양호하지만, 더 커지면 떨림과 진동이 발생하여 공구 수명이 짧아진다.

정답 9-1 ④　9-2 ②

절삭할 때 공급하는 에너지는 여러 가지 형태로 소비되며, 이때 소비되는 에너지는 대부분 열로 변화한다. 발생한 열은 칩과 가공물, 절삭공구 내부로 전달되며 일부는 대기 중에 방열되고 냉각제를 사용하면 냉각제에 의하여 억제된다.

① 절삭온도

  ㉠ 공구 영향 : 절삭온도가 높아지면 절삭공구인선의 온도가 상승하여 마모가 증가하고, 공구 수명이 감소한다.

  ㉡ 공작물 영향 : 가공물도 절삭온도의 상승으로 열팽창을 하므로 가공 치수가 변해 정밀도에 영향을 미친다.

  ㉢ 따라서 절삭할 때는 절삭온도가 높아지지 않는 절삭조건으로 선정하는 것이 바람직하다.

② 열의 형태

  ㉠ 전단면에서 전단 변형이 일어날 때 생기는 열 : 60%

  ㉡ 공구 경사면에서 칩과 마찰할 때 생기는 열 : 30%

  ㉢ 공구의 여유면과 공작물 표면이 마찰할 때 생기는 열 : 10%

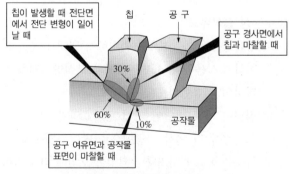

[절삭열의 발생원인과 분포]

  • 일반적으로 가공물의 경도가 높을수록 절삭온도는 높아진다.

  • 절삭온도가 높아지면 절삭공구 마모가 촉진되어 공구 수명이 단축된다.

  • 고온절삭(Hot Machining) : 가공물을 200~800℃로 가열하여 재료의 경도를 감소시키고, 절삭저항도 감소시키는 가공이다.

  • 저온절삭(Cold Machining) : 가공물을 -150~-20℃ 정도로 재료를 냉각시켜 절삭성이 향상되고 공구의 마모가 적어지는 특정한 재료를 가공하는 것이다.

③ 절삭온도 측정방법

  ㉠ 칩의 색깔에 의하여 측정하는 방법

  ㉡ 가공물과 절삭공구를 열전대(Thermo-couple)로 하는 방법

  ㉢ 삽입된 열전대(Inserted Thermo-couple)에 의한 방법

  ㉣ 칼로리미터(Calorimeter)에 의한 방법

  ㉤ 복사고온계에 의한 방법

  ㉥ 시온도료를 이용하는 방법

  ㉦ PbS 셀(Cell) 광전지를 이용하는 방법

④ 절삭열의 분산

절삭가공에서 발생되는 열은 칩, 공구, 공작물로 분산된다.

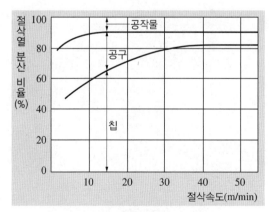

[절삭열의 분산]

절삭가공의 절삭온도를 측정하는 방법으로 거리가 먼 것은?

[2016년 59회]

① 칼로리미터에 의한 방법
② 정전 용량법에 의한 방법
③ 시온도료를 이용하는 방법
④ 삽입된 열전대에 의한 방법

|해설|

② 정전 용량법에 의한 방법은 절삭온도 측정방법이 아니다.
※ 절삭온도 측정방법 - 핵심이론 참고

정답 ②

핵심이론 11 절삭유

① 절삭유제의 사용목적
   ㉠ 공구의 인선을 냉각시켜 공구의 경도 저하를 방지한다.
   ㉡ 가공물을 냉각시켜 절삭열에 의한 정밀도 저하를 방지한다.
   ㉢ 공구의 마모를 줄이고 윤활 및 세척작용으로 가공표면을 양호하게 한다.
   ㉣ 칩을 씻고 절삭부를 깨끗이 닦아 절삭작용을 쉽게 한다.

② 절삭유의 작용
   ㉠ 냉각작용 : 절삭공구와 일감의 온도 상승을 방지한다.
   ㉡ 윤활작용 : 공구 날의 윗면과 칩 사이의 마찰을 감소시킨다.
   ㉢ 세척작용 : 칩을 씻어 버린다.

③ 절삭유 구비조건
   ㉠ 냉각성, 방청성, 방식성이 우수하여야 한다.
   ㉡ 감마성, 윤활성이 좋아야 한다.
   ㉢ 유동성이 좋고, 적하가 쉬워야 한다.
   ㉣ 인화점, 발화점이 높아야 한다.
   ㉤ 인체에 무해하며 변질되지 않아야 한다.

④ 수용성 절삭유
   ㉠ 광물성유를 화학적으로 처리하여 원액과 물을 혼합하여 사용하며, 표면활성제와 부식방지제를 첨가하여 사용한다.
   ㉡ 점성이 낮고 비열이 커서 냉각효과가 크다.
   ㉢ 고속절삭 및 연삭 가공액으로 많이 사용한다.
   ㉣ 금속을 녹슬게 하거나 윤활성이 오일에 비해 떨어지는 결점을 보완하기 위해 방청 첨가제나 계면활성제를 사용하여 윤활성을 높인다.

ⓜ 수용성 절삭유의 구분

종류	타입	특징
W1종	에멀션형	물로 희석하면 유백색, 광유 및 계면활성제가 주성분, 일반 절삭재에 사용
W2종	솔루블형	일부 용해되어 반투명하며, 연삭과 절삭 작업에 사용
W3종	솔루션형	완전 용해되어 투명하며, 연삭 작업에 사용

⑤ 비수용성 절삭유

ⓐ 비수용성 절삭유는 물을 사용하지 않고 절삭유 원액을 그대로 사용한다.

ⓑ 윤활성이 뛰어나고, 비철 금속 및 고장력강, 합금강의 가공에 사용한다.

ⓒ 정밀도가 요구되는 작업에는 유리하지만, 냉각성이 떨어지는 단점이 있다.

ⓓ 비수용성 절삭유의 구분

종류	타입	특징
1종	혼성형	광유, 광유와 지방유 혼합, 극압 첨가제 불포함, 혼성유
2종	불활성형	광유, 광유와 지방유 혼합, 염소, 유황계 및 기타 극압 첨가제 사용
3종	활성형	광유, 광유와 지방유 혼합

핵심예제

11-1. 절삭유제에 관한 설명으로 틀린 것은? [2017년 62회]

① 수용성 오일은 원액 그대로 사용한다.
② 절삭공구와 가공 금속 간의 마찰을 줄인다.
③ 성분은 크게 기유와 첨가제로 나뉜다.
④ 절삭온도를 낮출 수 있다.

11-2. 절삭유의 사용목적이 아닌 것은? [2016년 60회]

① 냉각작용　　　　② 마찰작용
③ 윤활작용　　　　④ 세척작용

11-3. 절삭유의 구비조건 중 잘못된 것은? [2013년 53회]

① 인화점, 발화점이 낮을 것
② 냉각성이 우수할 것
③ 장시간 사용 후에도 변질되지 않을 것
④ 방청 및 방식성이 좋을 것

|해설|

11-1

• 수용성 절삭유는 알칼리성 수용액이나 광물유를 화학적으로 처리하여 물에 용해한 유화제 등으로 다량의 물을 포함하기 때문에 냉각효과가 크고 고속절삭 연삭용 등에 적합하며 점성이 낮고 비열이 높으며 냉각작용이 우수하다.

• 비수용성 절삭유제는 광물성인 등유, 경유, 스핀들유, 기계유 등이 있으며 원액 그대로 또는 혼합하여 사용한다.

11-2

② 마찰작용은 절삭유의 사용목적이 아니다.
　절삭유의 사용목적 : 냉각작용, 윤활작용, 세척작용

절삭유의 작용

• 절삭공구와 칩 사이에 마찰을 감소시킨다.
• 절삭 시 열을 감소시켜 공구 수명을 연장시킨다.
• 절삭성능을 높여 준다.
• 칩을 유동형 칩으로 변화시킨다.
• 구성인선의 발생을 억제한다.

11-3

② 절삭유는 인화점, 발화점이 높아야 한다.

절삭유의 작용

• 냉각작용, 윤활작용, 세척작용을 한다.
• 절삭공구와 칩 사이에 마찰을 감소시킨다.
• 절삭 시 열을 감소시켜 공구 수명을 연장시킨다.
• 절삭성능을 높여 준다.
• 칩을 유동형 칩으로 변화시킨다.
• 구성인선의 발생을 억제한다.
• 표면거칠기를 향상시킨다.
※ 절삭유의 구비조건 - 핵심이론 참고

정답 11-1 ① 　11-2 ② 　11-3 ①

① 윤활제의 구비조건

  ㉠ 사용 상태에서 충분한 점도를 유지할 것

  ㉡ 한계 윤활 상태에서 견딜 수 있는 유성이 있을 것

  ㉢ 산화나 열에 대하여 안전성이 높을 것(열이나 산성에 강해야 한다)

  ㉣ 화학적으로 불활성이며 깨끗하고 균질한 것

  ㉤ 금속의 부식이 없어야 할 것

  ㉥ 카본 생성이 적어야 할 것

② 윤활의 목적

  윤활작용, 냉각작용, 밀폐작용, 청정작용, 방청작용 등

③ 윤활방법

  ㉠ 유체 윤활 : 완전 윤활 또는 후막 윤활이라고 한다. 슬라이딩면이 유막에 의해 완전히 분리되어 균형을 이루게 되는 윤활 상태이다.

  ㉡ 경계 윤활 : 불완전 윤활이라고도 한다. 유체 윤활 상태에서 하중이 증가하거나 윤활제의 온도가 상승하여 점도가 떨어지면서 유막으로는 하중을 지탱할 수 없는 상태를 뜻하며, 고하중 저속 상태에서 많이 발생한다.

  ㉢ 극압 윤활 : 고체 윤활이라고도 한다. 경계 윤활에서 하중이 더욱 증가하여 마찰온도가 높아지면 유막으로 하중을 지탱하지 못하고, 유막이 파괴되어 슬라이딩면이 접촉된 상태의 윤활이다.

④ 윤활제의 급유방법

  ㉠ 핸드 급유법 : 작업자가 급유 위치에 급유하는 방법이다.

  ㉡ 적하 급유법 : 마찰면이 넓거나 시동되는 횟수가 많을 때 급유하는 방법이다.

  ㉢ 오일 링 급유법 : 고속 주축에 급유를 균등하게 할 목적으로 사용한다.

  ㉣ 분무 급유법 : 액체 상태의 기름에 압축공기를 이용하여 분무시켜 공급하는 방법이다.

  ㉤ 강제 급유법 : 순환펌프를 이용하여 급유하는 방법으로, 고속회전을 할 때 베어링 냉각효과에 경제적인 방법이다.

  ㉥ 담금 급유법 : 마찰 부분 전체가 윤활유 속에 잠기도록 하여 급유하는 방법이다.

  ㉦ 패드 급유법 : 무명이나 털 등을 섞어 만든 패드 일부를 오일 통에 담가 저널의 아랫면에 모세관 현상으로 급유하는 방법이다.

  ㉧ 비말 급유법 : 커넥팅 로드 끝에 달려 있는 국자로부터 기름을 퍼서 올려 비산시키면서 급유하는 방법이다.

핵심예제

공작기계의 이송 및 회전정밀도 유지를 위해 사용되는 윤활제의 구비조건으로 틀린 것은?   [2016년 60회]

① 화학적으로 활성이며 균질이어야 한다.

② 산화나 열에 높은 안정성을 유지하여야 한다.

③ 사용 상태에서 충분한 점도를 유지하여야 한다.

④ 한계 윤활 상태에서 견딜 수 있는 유성이 있어야 한다.

|해설|

윤활제는 화학적으로 불활성이며 깨끗하고 균질해야 한다.

• 윤활의 목적 : 윤활작용, 냉각작용, 밀폐작용, 청정작용, 방청작용

※ 윤활제의 구비조건 – 핵심이론 참고

정답 ①

① **절삭공구 구비조건(공구재료의 조건)**

공구는 절삭가공 시 높은 압력과 열, 충격, 진동 등을 받으므로 이를 잘 견딜 수 있는 재료의 조건을 갖추어야 한다.

ⓐ 고온경도가 우수할 것

ⓑ 인장강도와 내마모성이 클 것

ⓒ 성형성이 좋을 것

ⓓ 내충격성이 클 것

ⓔ 내산화성이 클 것

ⓕ 취급이 편리하고 가격이 쌀 것

② **탄소공구강**

가장 오래된 공구재료이며, 300℃ 정도의 온도에서 경도가 급격히 낮아지기 때문에 줄, 펀치, 정, 쇠톱날 등의 저속절삭용도로 사용된다.

[줄]

③ **합금공구강**

탄소공구강에 크롬(Cr), 텅스텐(W), 니켈(Ni), 바나듐(V) 등을 첨가한 것으로, 450℃ 정도까지 연화되지 않으므로 탄소공구강보다 성능이 우수하다. 다이스, 띠톱, 탭 등으로 사용된다.

[다이스]

④ **고속도강**

ⓐ W, Cr, V, Co 등의 원소를 함유하는 합금강을 뜻하며, 담금질 및 뜨임을 하여 사용하면 600℃ 정도까지는 고온경도를 유지한다. 특징은 고온경도가 높고 내마모성이 우수하며, 1,250℃에서 담금질을 하고 550~600℃에서 뜨임을 하면 2차 경화가 발생한다.

ⓑ 표준 고속도강 : W(18%) – Cr(4%) – V(1%)를 함유하는 고속도강(18 – 4 – 1 고속도강)

[엔드밀]

⑤ **소결 초경합금**

ⓐ W, Ti, Ta, Mo, Zr 등의 경질합금 탄화물 분말을 Co, Ni을 결합제로 하여 1,400℃ 이상의 고온으로 가열하면서 프레스로 소결성형한 절삭공구이다.

ⓑ 비디아(독일), 카볼로이(미국), 미디아(영국), 텅갈로이(일본), 초경합금(우리나라)

[팁(인서트)]

⑥ **주조 경질합금**

ⓐ 대표적인 것으로는 스텔라이트가 있으며, 주성분은 W, Cr, Co, Fe이며 주조합금이다. 스텔라이트는 상온에서 고속도강보다 경도가 낮으나 고온에서는 오히려 경도가 높아지기 때문에 고속도강보다 고속절삭용으로 사용된다.

ⓛ 850℃까지 경도와 인성이 유지되며, 단조나 열처리가 되지 않는 특징이 있다.

⑦ 세라믹

ⓐ 산화알루미늄(Al_2O_3) 분말을 주성분으로 마그네슘, 규소 등의 산화물과 소량의 다른 원소를 첨가하여 소결한 절삭공구이다. 고온에서 경도가 높고, 내마모성이 좋아 초경합금보다 빠른 절삭속도로 절삭이 가능하다. 백색·분홍색·회색·흑색 등의 색이 있으며, 초경합금보다 매우 가볍다.

ⓑ 세라믹은 용접이 곤란하므로 고정용 홀더를 사용한다.

⑧ 서멧

ⓐ 세라믹과 메탈의 복합어로 세라믹의 취성을 보완하기 위하여 개발된 내화물과 금속 복합체의 총칭이다.

ⓑ 고속절삭에서 저속절삭까지 사용범위가 넓다. 크레이터 마모, 플랭크 마모 등이 적고 구성인선이 거의 발생하지 않아 공구 수명이 길다.

⑨ 입방정 질화붕소(CBN)

ⓐ 자연계에는 존재하지 않는 인공 합성재료로서 다이아몬드의 2/3배의 경도를 가지며, CBN 미소분말을 초고온(2,000℃), 초고압(5만 기압 이상)의 상태로 소결한 것이다. 현재 많이 사용되는 절삭공구 재료이다.

ⓑ 난삭재료, 고속도강, 담금질강, 내열강 등의 절삭에 많이 사용한다.

13-1. 절삭공구 재료로서 구비하여야 할 조건과 거리가 먼 것은?
[2013년 54회]
① 내마모성이 클 것
② 가공재료보다 경도가 클 것
③ 조형이 어렵고, 가격이 높을 것
④ 고온에서도 경도가 감소되지 않을 것

13-2. WC, TiC, TaC 등의 금속 탄화물을 미세한 분말상에서 결합제인 Co 분말과 결합하여 프레스로 성형·압축하고 용융점 이하로 가열하여 소결시켜 만든 합금강은?
[2017년 62회]
① 고속도강
② 초경합금
③ 다이스강
④ 주철공구강

13-3. Al_2O_3 분말 약 70%에 TiC 또는 TiN 분말을 30% 정도 혼합하여 분위기 가스 속에서 소결하여 제작하는 공구재료는?
[2017년 62회]

① 서멧
② 세라믹
③ 초경합금
④ 다이아몬드

13-4. 산화알루미늄을 주성분으로 하여 마그네슘, 규소 등의 산화물과 소량의 다른 원소를 첨가하여 소결한 절삭공구는?
[2016년 59회]

① 서멧
② 세라믹
③ 소결 초경합금
④ 주조 경질합금

13-1

절삭공구재료는 조형이 쉽고, 가격이 저렴해야 한다.

절삭공구재료의 구비조건

• 피절삭제보다는 경도와 인성이 클 것
• 고온에서 경도가 감소되지 않을 것
• 내마모성, 내충격성이 클 것
• 절삭저항을 받으므로 강도가 클 것
• 형상을 만들기 용이하고 가격이 쌀 것

13-2

② 초경합금 : 탄화텅스텐(WC), 타이타늄(Ti), 탄탈(Ta) 등의 분말을 코발트(Co) 또는 니켈(Ni) 분말과 혼합하여 프레스로 성형한 다음 약 1,400℃ 이상의 고온으로 가열하면서 소결한 것으로 고온·고속절삭에서도 높은 경도를 유지하지만 진동이나 충격을 받으면 부서지기 쉬운 절삭공구 재료이다.

13-3

① 서멧(Cermet) : 세라믹과 메탈의 복합어로 세라믹의 취성을 보완하기 위하여 개발된 내화물과 금속 복합체의 총칭이다. Al_2O_3 분말 약 70%에 TiC 또는 TiN 분말을 30% 정도 혼합하여 수소 분위기 속에서 소결하여 제작한다. 고속절삭에서 저속절삭까지 사용범위가 넓고 크레이터 마모, 플랭크 마모 등이 적고 구성인선이 거의 발생하지 않아 공구 수명이 길다.

13-4

② 세라믹(Ceramic) : 산화알루미늄(Al_2O_3) 분말을 주성분으로 마그네슘, 규소 등의 산화물과 소량의 다른 원소를 첨가하여 소결한 절삭공구이다. 고온에서 경도가 높고, 내마모성이 좋아 초경합금보다 빠른 절삭속도로 절삭이 가능하다. 백색·분홍색·회색·흑색 등의 색이 있으며, 초경합금보다 가볍다.

정답 13-1 ③ **13-2** ② **13-3** ① **13-4** ②

핵심이론 14 선반(1)

선반이란 기계가공 분야에서 가장 기본적인 공작기계로, 주로 둥근 환봉의 공작물을 가공한다.

① **선반가공의 종류** 🔔 밀링가공과 비교해서 암기

외경절삭, 단면절삭, 절단(홈)작업, 테이퍼 절삭, 드릴링, 보링, 수나사절삭, 암나사절삭, 정면절삭, 곡면절삭, 총형절삭, 널링작업

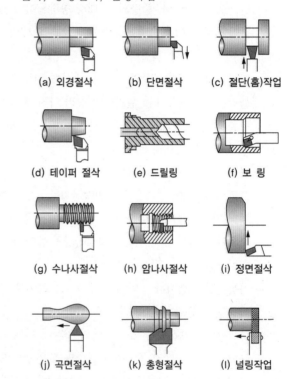

| (a) 외경절삭 | (b) 단면절삭 | (c) 절단(홈)작업 |

| (d) 테이퍼 절삭 | (e) 드릴링 | (f) 보 링 |

| (g) 수나사절삭 | (h) 암나사절삭 | (i) 정면절삭 |

| (j) 곡면절삭 | (k) 총형절삭 | (l) 널링작업 |

② **선반의 종류**

ㄱ 보통선반 : 보통선반은 주축대, 왕복대, 심압대, 베드, 이송기구 등으로 구성된다. 작업의 범위가 넓은 기본적인 구조와 기능을 가진 가장 많이 사용하는 대표적인 공작기계이다.

ㄴ 탁상선반 : 작업대 위에 설치해야 할 만큼의 소형 선반으로 베드의 길이 900mm 이하, 스윙 200mm 이하로서 주로 시계 부품, 재봉틀 부품 등의 소형 부품을 가공하는 선반이다.

ⓒ 정면선반 : 기차바퀴처럼 주축의 지름이 크며, 길이가 짧고 지름이 큰 공작물을 절삭하는 데 사용하는 선반이다. 베드의 길이가 짧고, 심압대가 없는 경우가 많다.

ⓔ 수직선반 : 주축이 수직으로 되어 있고 테이블이 수평으로 되어 있어 공작물을 설치하기 쉽고 작업하기 편리하며, 공구의 길이 방향 이송이 수직 방향으로 되어 있다. 중량의 큰 대형 공작물이나 지름이 크고 폭이 좁으며 불균형한 공작물 및 내면절삭 등의 가공에 적합하다.

ⓜ 터릿선반 : 보통선반의 심압대 대신에 터릿으로 불리는 회전공구대를 설치하여 여러 가지 절삭공구를 공정에 맞게 설치하여, 간단한 부품을 대량 생산하는 선반이다.

ⓗ 공구선반 : 보통선반과 같은 구조이나 정밀한 형식으로 되어 있어 주축은 기어변속장치를 이용하여 여러 가지의 회전수로 변환을 할 수 있다. 릴리빙 장치와 테이퍼 절삭장치, 모방절삭장치 등이 부속되어 있다.

ⓢ 자동선반 : 캠이나 유압기구 등을 이용하여 부품 가공을 자동화한 대량 생산용 선반이다.

ⓞ 모방선반 : 제품과 동일한 모양의 형판에 의해 공구대가 자동으로 이동하면서 형판과 같은 윤곽으로 절삭하는 선반이다. 형판 대신 모형이나 실물을 이용할 때도 있으며 유압식, 전기식, 전기 유압식이 있다.

ⓩ 차축선반 : 주로 기차의 차축을 가공하는 선반이다.

ⓧ 차륜선반 : 주로 기차의 바퀴를 가공하는 선반이다.

ⓚ 크랭크축 선반 : 크랭크축의 저널과 크랭크 핀을 가공하는 선반이다.

③ 선반의 크기 표시방법

선반의 크기를 나타내는 방법은 각종 선반에 따라 약간 다르지만, 보통 그림과 같이 베드 위에 공작물을 최대로 물릴 수 있는 공작물 지름의 스윙(B), 양센터 사이의 최대 거리(A), 왕복대 위의 높이 스윙(C)으로 선반의 크기를 나타낸다.

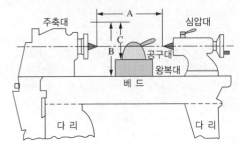

[선반의 크기]

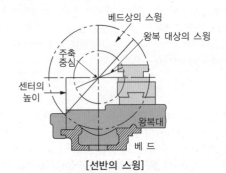

[선반의 스윙]

14-1. 작업대 위에 설치해야 할 만큼 소형으로 베드의 길이가 900mm 이하로 부시, 핀, 시계 부품 등을 가공하는 선반은?

[2016년 60회]

① 수직선반　　　　　② 정면선반
③ 터릿선반　　　　　④ 탁상선반

14-2. 선반작업에서 가공물의 형상과 같은 모형이나 형판에 의해 자동으로 절삭하는 장치는?

[2016년 59회]

① 정면절삭장치
② 기어절삭장치
③ 모방절삭장치
④ 외경절삭장치

14-3. 선반의 크기 표시방법으로 쓰이지 않는 것은?

[2014년 55회]

① 베드, 왕복대 위의 스윙
② 양센터 사이의 최대 거리
③ 심압대 위의 스윙
④ 가공할 수 있는 공작물의 최대 지름

|해설|

14-1

④ 탁상선반 : 작업대 위에 설치해야 할 만큼의 소형선반으로 베드의 길이 900mm 이하, 스윙 200mm 이하로서 주로 시계 부품, 재봉틀 부품 등의 소형 부품을 가공하는 선반
① 수직선반 : 주축이 수직으로 되어 있고 테이블이 수평으로 되어 있어 공작물을 설치하기 쉽고 작업하기 편리하며, 공구의 길이 방향 이송이 수직 방향으로 되어 있는 선반
② 정면선반 : 기차바퀴처럼 지름이 크고, 길이가 짧은 가공물을 절삭하기에 편리한 선반
③ 터릿선반 : 보통선반 심압대 대신에 터릿이라고 불리는 회전공구대를 설치하여 여러 가지 절삭공구를 공정에 맞게 설치하여 가공하는 선반

14-2

③ 모방절삭장치 : 가공물의 형상과 같은 모형이나 형판(Template)에 의해 자동으로 절삭하는 장치로 유압식, 전기식, 전기 유압식, 기계식 등이 있다.

모방선반(Copying Lathe) : 자동모방장치를 이용하여 모형이나 형판(Template) 외형에 트레이서(Tracer)가 설치되고, 트레이서가 움직이면 바이트가 함께 움직여 모형이나 형판의 외형과 동일한 형상의 부품을 자동으로 가공하는 선반

14-3

심압대 위의 스윙(Swing)은 선반의 크기를 나타내는 방법이 아니다.

선반의 크기 표시방법
• 공작물 지름의 스윙
• 양센터 사이의 최대 거리
• 왕복대 위의 높이 스윙

정답 **14-1** ④　**14-2** ③　**14-3** ③

① 선반의 구조(주축대, 왕복대, 심압대, 베드)

선반은 여러 가지 기계요소로 이루어져 있으며, 그림과 같이 주축대, 왕복대, 심압대, 베드 등의 주요 부분으로 구성되어 있다.

[선반의 구조와 명칭]

ㄱ 주축대 : 주축대는 상자형으로 공작물을 지지하여 회전을 주는 주축과 주축 속도변환장치 및 왕복대의 이송기구를 내장하고 있다. 주축은 중공축이며 내부는 모스테이퍼로 되어 있어 길이가 긴 봉재를 가공할 수 있다. 주축을 지지하는 베어링에 걸리는 하중을 감소시켜 센터와 콜릿척을 고정하는 데 편리하다.

ㄴ 왕복대 : 왕복대는 베드의 윗면에 위치하며 주축대와 심압대 사이에 있다. 왕복대는 베드의 안내면을 따라 좌우로 미끄러지면서 이동하는 새들, 공구를 고정하고 이송하는 공구대, 이송장치를 내장하고 있는 에이프런으로 구성되어 있다.

ㄷ 심압대 : 심압대는 베드 위의 주축 맞은편에 설치하여 센터로 공작물을 지지하거나 드릴과 리머, 탭 등의 공구를 심압축에 고정하여 작업한다. 조정나사로 심압대를 편위시켜 테이퍼를 절삭하는 데 사용한다.

ㄹ 베드 : 베드는 왕복대와 심압대의 이동을 정확하고 원활하게 하는 안내면 역할을 하고, 하중을 지지하며 절삭력에 쉽게 변형되지 않아야 한다. 베드는 형태에 따라 산형, 평형의 두 종류가 대표적이다.

• 산형 베드 : 베드 마멸 시 전후 진동이 없으며, 절삭칩의 처리가 쉬우며, 정밀절삭용으로 사용한다.

• 평형 베드 : 산형보다 면적이 커서 단위 면적당 마모가 적으며, 대형 선반이나 강력 절삭용으로 사용한다.

② 선반용 부속품 및 부속장치

ㄱ 센터(Center)

센터는 공작물을 지지하는 부속장치로, 주축 쪽의 센터와 심압대 쪽의 센터가 있다.

• 데드센터(Dead Center) : 공작물과 함께 회전하지 않고 정지 상태에서 공작물을 지지

• 라이브 센터(Live Center) : 공작물과 함께 회전하면서 공작물을 지지

• 센터 끝 : 보통(60°), 중량물 지지(75°, 90°)

• 하프센터(Half Center) : 보통 센터의 선단 일부를 가공하여 단면가공이 가능하도록 제작한 센터이다. 보통 센터의 원추형 부분을 축 방향으로 반을 제거하여 제작한 모양으로 정지센터에서 바이트와 가공물의 간섭이 생기지 않아 단면을 가공할 수 있는 센터이다.

ㄴ 센터드릴(Center Drill) : 센터를 지지할 수 있는 구멍을 가공하는 드릴이다.

ⓒ 면판(Face Plate) : 척으로 고정할 수 없는 대형 공작물이나 복잡한 형상의 공작물을 T볼트나 클램프 또는 앵글 플레이트 등을 사용하여 고정한다. 공작물이 중심에서 무게 균형이 맞지 않을 때에는 균형추를 설치하여 사용한다.

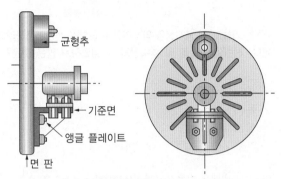

[면판과 공작물 고정]

ⓓ 돌림판과 돌리개(Driving Plate & Dog) : 주축의 회전력을 공작물에 전달하기 위해 사용하는 부속품이다.

[돌림판과 돌리개의 종류]

곧은 돌림판		곡형 돌림판
곧은 돌리개	굽은 돌리개	평행 돌리개

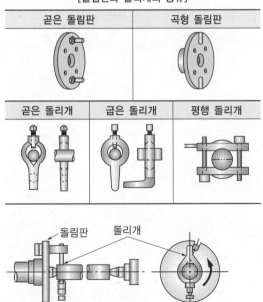

[돌림판과 돌리개의 공작물 고정]

ⓔ 방진구(Work Rest) : 선반에서 가늘고 긴 공작물을 가공할 때 자중과 절삭력에 의해 휘거나 회전 중 떨림현상을 방지하기 위해 사용한다. 보통 공작물 지름의 20배 이상의 공작물을 가공할 때 사용하는 부속장치이다. 🔔 반드시 암기(자주 출제)

[방진구 종류]

고정식 방진구	이동식 방진구
베드 위에 설치	왕복대 위에 설치

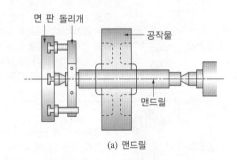

ⓕ 맨드릴(Mandrel) : 기어, 벨트 풀리 등과 같이 구멍과 외경이 동심원이고, 직각이 필요한 경우에 구멍을 먼저 가공하고 구멍에 맨드릴을 끼워 양센터로 지지하여, 외경과 측면을 가공하여 부품을 완성하는 선반의 부속품이다.

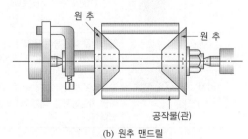

(a) 맨드릴

(b) 원추 맨드릴

[맨드릴을 이용한 공작물 고정]

Ⓢ 척(Chuck) : 선반에서 가공물을 고정하는 역할을 한다(연동척, 단동척, 유압척, 콜릿척 등).

[선반과 밀링의 부속품 비교]

선 반	밀 링
센터, 센터드릴, 돌림판과 돌리개, 방진구, 맨드릴, 척, 테이퍼 절삭장치	밀링바이스, 분할대, 회전테이블, 슬로팅 장치, 수직밀링장치, 래크절삭장치

[선반에서 사용하는 척의 종류]

종 류		특 징
연동척		3개의 조가 120° 간격으로 구성 배치되어 있으며 1개의 조를 돌리면 3개의 조가 함께 동일한 방향, 동일한 크기로 이동하기 때문에 원형 또는 3의 배수가 되는 단면의 가공물을 쉽고, 편하고, 빠르게 고정할 수 있다. 편심가공을 할 수 없으며, 단동척에 비하여 고정력이 약하다.
단동척		4개의 조가 90° 간격으로 구성 배치되어 있으며 4개의 조가 각각 단독으로 이동한다. 고정력이 크고 불규칙한 가공물, 편심, 중량의 가공물 등을 정밀하게 고정하여 가공할 수 있으며, 소량 생산에 적합하다.
유압척		유압을 이용한 척으로 CNC 선반에 주로 사용된다. 조는 소프트 조와 하드 조가 있으며 소프트 조는 가공물의 형상 또는 조의 마모에 따라 수시로 바이트로 가공하면서 사용하기 때문에 가공 정밀도를 높일 수 있다.
콜릿척		지름이 작은 가공물이나 각 봉재를 가공할 때 편리하며, 터릿선반이나 자동선반에 주로 사용한다.
마그네틱척		전자석을 이용하여 두께가 얇은 공작물을 변형시키지 않고 고정할 수 있으나, 절삭깊이를 작게 해야 한다. 공작물의 부착면이 평면이고 자성체이면 가능하지만, 대형 공작물은 부적당하다.

15-1. 선반에서 여러 가지 조립 구멍을 가지고 있어서 공작물을 직접 또는 간접적으로 볼트 또는 기타 고정구를 이용하여 공작물을 고정할 수 있는 선반 부속품은? [2017년 62회]

① 돌리개
② 심압대
③ 공구대
④ 면 판

15-2. 가늘고 긴 공작물을 양센터를 이용하여 선반가공하려고 한다. 선반의 부속품 및 부속장치 중 필요하지 않은 것은? [2013년 54회]

① 센터(Center)
② 돌리개(Dog)
③ 심봉(Mandrel)
④ 이동식 방진구(Follower Steady Rest)

15-3. 선반에서 리브(Rib)는 어디에 붙어 있는가? [2013년 54회]

① 주축대
② 심압대
③ 베 드
④ 왕복대

15-4. 다음 중 밀링머신의 부속품 및 부속장치가 아닌 것은? [2016년 59회]

① 아 버
② 심압대
③ 밀링 바이스
④ 회전 테이블

| 해설 |

15-1

④ 면판(Face Plate) : 척에 고정할 수 없는 불규칙하거나 대형의 가공물 또는 복잡한 가공물을 고정할 때 척을 떼어내고 면판을 주축에 고정하여 사용한다.

② 심압대(Tail Stock) : 주축대와 마주 보는 구조로서, 작업자를 기준으로 오른쪽 베드 위에 위치하며, 심압축을 포함한다.

15-2

심봉(Mandrel)은 가늘고 긴 공작물 가공에 사용하는 부속장치가 아니다. 기어, 벨트 풀리 등과 같이 구멍과 외경이 동심원이고, 직각이 필요한 경우에 구멍을 먼저 가공하고 구멍에 심봉을 끼워 양센터로 지지하여, 외경과 측면을 가공하여 부품을 완성하는 선반의 부속장치구가 있다.

15-3

베드(Bed)는 리브(Rib)가 있는 상자형의 주물(Cast)로서, 베드 위에 주축대, 왕복대, 심압대를 지지한다. 절삭운동의 응력과 왕복대, 심압대의 안내작용 등을 하는 구조이다.

※ 선반의 주요 부분 - 핵심이론 참고

15-4

심압대는 선반의 주요구조이다.

※ 선반과 밀링의 부속품 비교 - 핵심이론 참고

정답 15-1 ④ 15-2 ③ 15-3 ① 15-4 ②

핵심이론 16 선반(3)

① 선반의 절삭조건

선반가공에서 일반적으로 절삭조건은 크게 절삭속도, 이송속도(이송), 절삭깊이를 말하며 가공에 많은 영향을 준다.

㉠ 절삭속도 : 선반가공에서 절삭속도는 공작물의 원주속도이다. 공작물의 지름과 주축회전수에 따라 결정되며, 다음 식에 따라 계산한다.

$$V = \frac{\pi DN}{1,000} (\text{m/min})$$

$$N = \frac{1,000\,V}{\pi D} (\text{rpm})$$

여기서, V : 절삭속도(m/min)

N : 회전수(rpm)

D : 공작물 지름(mm)

※ 경제적 절삭속도 : 바이트의 수명이 60~120min 정도 되는 절삭속도

㉡ 이송 : 선반가공에서 이송속도는 공작물이 1회전 할 때마다 바이트가 공작물 표면을 따라 축 방향으로 이동하는 거리이다. 공작물 1회전당 바이트의 이동거리(mm/rev)로 나타낸다.

㉢ 절삭깊이 : 선반가공에서 절삭깊이는 공구가 공작물을 1회에 깎아 내는 깊이를 의미하며, 바이트로 공작물을 가공하는 깊이, 단위는 mm이다(선반에서 원통면 절삭 시 절삭깊이의 2배로 지름이 작아진다).

② 선반에서 테이퍼 절삭방법

㉠ 복식공구대를 경사시키는 방법 : 테이퍼 각이 크고 길이가 짧은 가공물

㉡ 심압대를 편위시키는 방법 : 테이퍼가 작고 길이가 긴 경우에 사용하는 방법

㉢ 테이퍼 절삭장치를 이용하는 방법 : 넓은 범위의 테이퍼를 가공

ⓐ 총형 바이트를 이용하는 방법

ⓜ 테이퍼 드릴 또는 테이퍼 리머를 이용하는 방법

③ 복식공구대 회전각(α)

$$\tan \alpha = \frac{D-d}{2l}, \quad \alpha = \tan^{-1}\left(\frac{D-d}{2l}\right)$$

여기서, α : 복식공구대 선회각

　　　 D : 테이퍼에서 큰 지름(mm)

　　　 d : 테이퍼에서 작은 지름(mm)

　　　 l : 테이퍼의 길이(mm)

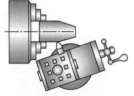

[복식공구대의 회전]

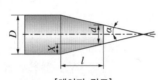

[테이퍼 각도]

④ 심압대 편위량(e)

$$e = \frac{L(D-d)}{2l}$$

여기서, e : 심압대 편위량

　　　 D : 테이퍼에서 큰 지름(mm)

　　　 d : 테이퍼에서 작은 지름(mm)

　　　 l : 테이퍼의 길이(mm)

　　　 L : 공작물 전체의 길이(mm)

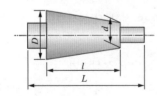

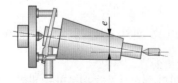

[심압대 편위에 의한 테이퍼 가공]

⑤ 테이퍼 절삭장치에 의한 가공

모방절삭의 일종으로 그림과 같이 안내장치를 왕복대와 연결하여 축 방향으로 이송할 때 안내판을 따라 세로 방향으로 이송하여 절삭할 수 있다. 공작물 길이에 관계없이 동일한 테이퍼를 가공할 수 있다.

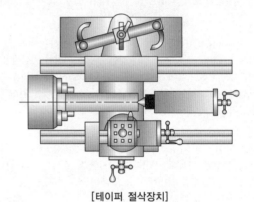

[테이퍼 절삭장치]

핵심예제

16-1. 선반가공에서 지름이 50mm인 공작물을 절삭속도 100m/min으로 가공하고자 할 때 주축의 회전속도는 약 몇 rpm인가?

[2017년 62회]

① 532　　　　　　② 637

③ 721　　　　　　④ 1,020

16-2. 절삭가공에서 공작물을 가공할 때 공작기계의 회전수가 일정하다고 가정한다면 공작물의 지름과 절삭속도의 관계를 바르게 설명한 것은?

[2014년 56회]

① 공작물의 지름이 크면 절삭속도는 느려진다.

② 공작물의 지름이 크면 절삭속도는 빨라진다.

③ 공작물의 지름이 작으면 절삭속도는 빨라진다.

④ 공작물의 지름과 관계없이 절삭속도는 일정하다.

16-3. 심압대를 편위시켜 그림과 같은 테이퍼를 가공할 때 심압대의 편위량은 몇 mm인가?(단, 그림의 치수 단위는 mm이다)

[2017년 62회]

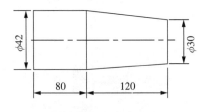

① 6
② 10
③ 12
④ 20

|해설|

16-1
회전수(n)

$= \dfrac{1,000v}{\pi d} = \dfrac{1,000 \times 100\text{m/min}}{\pi \times 50\text{mm}} = 636.6\text{rpm}$

∴ 주축의 회전수(n)=637rpm

여기서, v : 절삭속도(m/min), d : 공작물의 지름(mm)

16-2
$v = \dfrac{\pi dn}{1,000}$ 에서 회전수(n)가 일정하면 공작물의 지름(d)과 절삭속도(v)는 비례관계이다.

즉, 공작물의 지름(d)이 크면 절삭속도(v)는 빨라진다.

16-3
• 심압대를 편위시키는 방법(테이퍼가 작고 길이가 긴 경우에 사용하는 방법)
• 심압대 편위량 구하는 계산식

$e = \dfrac{(D-d) \times L}{2l} = \dfrac{(42-30) \times 200}{2 \times 120} = 10\text{mm}$

∴ $e = 10\text{mm}$

여기서, L : 가공물의 전체 길이
　　　 e : 심압대의 편위량
　　　 D : 테이퍼의 큰 지름
　　　 d : 테이퍼의 작은 지름
　　　 l : 테이퍼의 길이

정답 16-1 ② 16-2 ② 16-3 ②

핵심이론 17 선반(4)

① 선반의 가공시간

선반에서 제품을 가공하기 위해 소요되는 시간을 산출하는 것은 반드시 필요하다. 개당 생산제품의 시간이 산출되어야 가격 산출 및 수량에 따른 납기계획을 세울 수 있기 때문이다.

$$T = \frac{L}{ns} \times i \,(\min)$$

여기서, n : 회전수(rpm)
　　　 s : 이송(mm/rev)
　　　 i : 가공 횟수

② 표면거칠기

선반가공에서 공작물의 표면거칠기는 이론적으로 노즈 반지름과 이송의 영향만 받는다. 실제로는 절삭속도, 이송속도, 절삭깊이, 공구와 공작물의 재질, 절삭유의 사용 여부 등에 따라 표면거칠기가 크게 달라진다. 바이트 노즈 반지름과 이송에 따라 공작물의 이론적인 표면거칠기 값의 공식은 다음과 같다.

$$H_{\max} = \frac{s^2}{8r}$$

여기서, H : 표면거칠기(mm)
　　　 s : 이송(mm/rev)
　　　 r : 바이트 노즈 반지름

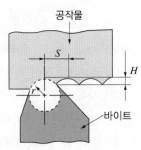

[바이트의 노즈 반지름과 이송]

위의 식에서 알 수 있듯이 노즈 반지름이 커질수록 표면거칠기는 작아진다. 실제 가공에서 노즈 반지름이 지나치게 커지면 절삭저항이 증가하여 바이트와 공작물의 떨림으로 공작물의 표면이 거칠어진다.

③ 바이트의 실용 표준각도

바이트의 주요각도는 가공물의 재질, 바이트의 재질, 절삭조건 등에 따라 변화하기 때문에 일정한 값을 정하기는 곤란하나 일반적으로 사용하는 실용 표준각도는 다음과 같다.

※ 바이트의 실용 표준각도

가공물 재질		고속도강 바이트				초경합금 바이트			
		r	r′	α	α′	r	r′	α	α′
주철	경	8	10	5	12	4~6	4~6	0~6	0~10
	연	8	10	5	12	4~10	4~10	0~6	0~12
탄소강	경	8	10	8~12	12~14	5~10	5~10	0~10	4~12
	연	8	12	12~16	14~22	6~12	6~12	0~15	8~15
쾌삭강		8	12	12~161	8~22	6~12	6~12	0~15	8~15
알루미늄		8	12	35	15	6~10	6~10	5~15	8~15

여기서, r : 앞면 절삭각

　　　　r′ : 옆면 절삭각

　　　　α : 윗면 경사각

　　　　α′ : 옆면 경사각

④ 바이트의 종류(구조에 따른 분류)

　㉠ 단체 바이트(Solid Bite) : 바이트의 인선과 자루가 같은 재질로 구성된 바이트(고속도강 바이트에 주로 적용됨)

　㉡ 팁 바이트(Welded Bite) : 섕크에서 날(인선) 부분에만 초경합금이나 용접이 가능한 바이트용 재질을 용접하여 사용하는 바이트이다. 초경합금에서는 일정한 모양과 크기를 가진 바이트 팁(Tip)이라 하며 용접 바이트를 팁 바이트라고도 한다.

　㉢ 클램프 바이트(Clamped Bite) : 팁(Tip)을 용접하지 않고 기계적인 방법으로 클램핑(Clamping)하여 사용하기 때문에 클램프 바이트라고 한다. 용접이 불가능한 세라믹 바이트도 클램핑하여 사용한다.

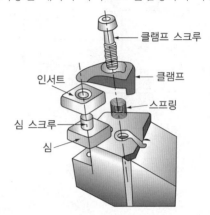

[클램프 바이트의 구조]

⑤ 칩 브레이커(Chip Breaker)

선반에서 칩이 끊어지지 않고 연속적으로 길게 이어져 나오는 유동형 칩은 공작물에 감겨 가공면을 흠집 내거나 바이트를 손상시킨다. 또한, 절삭유의 원활한 공급을 막고 작업자의 안전을 방해한다. 이러한 문제점을 해결하기 위해 칩을 적당한 길이로 잘라 배출이 잘될 수 있도록 바이트를 여러 형태로 만든 것을 칩 브레이커라고 한다.

[칩 브레이커의 형태]

⑥ 널 링

널링(Knurling)은 공작물의 표면에 널을 압입하여 사각형, 다이아몬드형 등의 요철을 만드는 가공이다. 미끄럼 방지를 위한 손잡이를 만들기 위한 소성가공이다. 널링 후에는 지름이 0.2~0.4mm$\left(\text{널 피치의 } \frac{1}{2} \sim \frac{1}{4}\right)$ 정도 커지므로 널링 전 치수를 고려하여 가공한다.

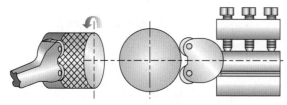

[널링 공구의 고정]

핵심예제

17-1. 주철을 초경합금 팁을 사용하여 선반가공할 때 공구홀더의 윗면 경사각은? [2014년 55회]

① 0~6°
② 7~10°
③ 11~12°
④ 13~15°

17-2. 선반작업에서 외경 60mm, 길이 100mm의 연강 환봉을 초경바이트로 1회 절삭할 때 걸리는 가공시간은 약 얼마인가? (단, 절삭속도 60m/min, 이송량은 0.2mm/rev이다)

[2016년 60회]

① 0.5분
② 1.6분
③ 3.2분
④ 5.5분

17-3. 선반에서 노즈 반지름(Nose Radius)이 0.2mm인 바이트를 사용하여 $H_{max} = 6.3\mu m$ 의 이론적 표면거칠기를 얻으려면 이송(Feed)을 약 얼마로 하여야 하는가? [2015년 58회]

① 0.1mm/rev
② 0.2mm/rev
③ 0.3mm/rev
④ 0.4mm/rev

17-4. 일반적으로 가공면의 표면거칠기에 영향을 가장 크게 미치는 절삭조건은? [2016년 60회]

① 이송속도
② 절삭깊이
③ 절삭동력
④ 절삭속도

|해설|

17-1

주철의 초경합금 윗면 경사각 : 0~6°

※ 바이트의 실용 표준각도 - 핵심이론 참고

17-2

선반의 가공시간

회전수$(n) = \dfrac{1,000v}{\pi d} = \dfrac{1,000 \times 60\text{m/min}}{\pi \times 60\text{mm}} = 318.3\text{rpm}$

$T = \dfrac{L}{ns} \times i = \dfrac{100\text{mm}}{318.3\text{rpm} \times 0.2\text{mm/rev}} \times 1$회$= 1.57$분

∴ 가공시간(T)=약 1.6분

여기서, T : 가공시간(min)

　　　　v : 절삭속도(m/min)

　　　　d : 공작물 지름(mm)

　　　　L : 절삭가공 길이(가공물 길이)

　　　　n : 회전수(rpm)

　　　　s : 이송(mm/rev)

17-3

가공면의 표면거칠기 이론값

$H_{max} = \dfrac{f^2}{8R}$ 에서

$f^2 = H_{max} \times 8R = 6.3 \times 10^{-3} \times 8 \times 0.2\text{mm} = 0.01$

$f^2 = 0.01 \rightarrow f = \sqrt{0.01} = 0.1\text{mm/rev}$

∴ 이송(f)=0.1mm/rev

여기서, H_{max} : 이론적인 표면거칠기 값

　　　　f : 이송

　　　　R : 노즈 반지름

• 표면거칠기를 양호하게 하려면, 노즈 반지름(R)은 크게, 이송(f)은 느리게 하는 것이 좋다. 그러나 노즈 반지름(R)이 너무 커지게 되면 절삭저항이 증대되고, 바이트와 가공물 사이에 떨림이 발생하여 가공 표면이 더 거칠어지므로 주의하는 것이 좋다.

17-4

• 표면거칠기에 가장 크게 영향을 미치는 절삭조건은 이송속도이다.

• 절삭속도는 공구 마모에 가장 큰 영향을 미친다.

정답 17-1 ① 17-2 ② 17-3 ① 17-4 ①

① 편심가공

선반에서 편심가공은 단동척에서 4개의 조 가운데 한 쪽을 편심량만큼 편위시켜 공작물을 고정시키는 것이다. 편심량과 같이 공작물이 1회전하는 동안 다이얼 게이지의 눈금이 편심량의 2배가 되도록 조정한 후 공작물을 고정하여 가공한다.

ㄱ 편심량 측정방법

- 벤치센터에 다이얼 게이지를 설치하여 측정한다.
- 다이얼 게이지의 이동량은 편심량의 2배로 한다.

ㄴ 편심을 가공할 때 바이트의 파손이나 진동을 유발할 수 있으므로 이송은 천천히 하고 절삭속도는 느리게 한다.

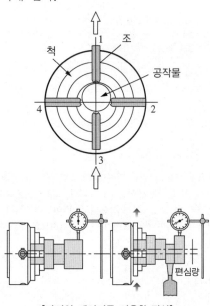

[다이얼 게이지를 이용한 편심]

② 선반작업의 안전사항

ㄱ 작업 전에 지켜야 할 안전사항

- 선반은 가동 전에 반드시 점검을 한다(각종 레버, 하프너트, 자동장치 등).
- 가동 전에 주유 부분에는 반드시 주유한다.
- 전기배선의 절연 상태를 점검하고, 누전 여부를 확인한다.
- 반드시 보안경을 착용한다.
- 장갑, 반지 등을 착용하지 않는다.
- 복장은 간편하고, 활동이 편하며, 청결하게 착용한다.
- 머리가 길 경우에는 모자를 착용하여 모발이 기계에 감기지 않도록 주의한다.

ㄴ 작업 중에 지켜야 할 안전사항

- 선반이 가동될 때는 자리를 이탈하지 않는다.
- 선반 주위에서 뛰거나 장난을 하지 않는다.
- 척의 회전을 손이나 공구로 정지시키지 않는다.
- 긴 가공물을 주축대 스핀들 구멍에 끼워 가공할 때는 반드시 안전장치 설치 후 가공한다.
- 드릴작업을 시작할 때와 드릴작업이 거의 끝날 때는 이송을 천천히 한다.
- 편심작업은 진동을 고려하여 가공물을 단단히 고정한다.
- 가공물이 길 때에는 심압대로 지지하고 가공한다.
- 항상 공구의 정리·정돈, 주변 정리를 깨끗이 한다.
- 칩은 손으로 제거하지 않고 칩 제거 전용도구를 사용한다.
- 주축속도의 변환은 반드시 기계를 정지시키고 한다.
- 나사를 절삭할 때는 회전수를 저속으로 하여, 바이트가 공작물과 충돌하거나 왕복대가 주축대나 심압대와 충돌하지 않도록 한다.
- 나사가공이 끝나면 반드시 하프너트를 풀어 놓아야 한다.
- 편심을 가공할 때는 충격적인 절삭(단속절삭)이 이루어지므로 가공물을 척에 단단하게 고정시키고 가공한다.

ㄷ 바이트를 사용할 때 주의할 안전사항

- 바이트를 교환할 때는 기계를 정지시킨다.
- 바이트는 가능한 한 짧고 단단하게 고정한다.
- 공구대를 회전시킬 때는 바이트에 유의한다.

ⓔ 측정 및 공구를 사용할 때 안전사항
- 측정할 때는 반드시 기계를 정지시킨다.
- 회전하는 가공물을 손으로 만져서는 안 된다.
- 척 핸들은 사용 후에 반드시 제거한다.
- 공구는 항상 정리·정돈하며 사용한다.

핵심예제

18-1. 편심을 측정하고자 편심측정기에 측정 부품과 다이얼 게이지를 설치하고 측정 부품을 1회전하여 측정하였다. 이때 다이얼 게이지의 최대 지시값과 최소 지시값의 차이(TIR)가 0.146mm이었다면 편심량은?　　　　　　[2017년 62회]

① 0.146mm　　　　② 0.073mm
③ 0.292mm　　　　④ 0.219mm

18-2. 선반에서 편심량 2mm를 가공하기 위한 다이얼 게이지 지시 변위량으로 옳은 것은?　　　　　　[2016년 59회]

① 1mm　　　　② 2mm
③ 3mm　　　　④ 4mm

18-3. 선반작업 중 지켜야 할 안전사항으로 틀린 것은?
　　　　　　[2017년 62회]

① 칩은 반드시 장갑을 끼고 손으로 제거한다.
② 척의 회전을 손이나 공구로 정지시키지 않는다.
③ 가공물이 길 때에는 심압대로 지지하고 가공한다.
④ 드릴작업이 거의 끝날 때는 이송을 천천히 한다.

|해설|

18-1
다이얼 게이지 눈금의 변위량 = 편심량×2배 →

$$편심량 = \frac{변위량}{2} = \frac{0.146}{2} = 0.073mm$$

18-2
다이얼 게이지 눈금의 변위량 = 편심량×2배 = 2mm × 2배 = 4mm

18-3
선반작업 중 안전을 위하여 장갑을 끼지 않으며, 칩은 칩 제거 전용 도구를 사용하여 제거한다.
※ "안전사항"에 관련된 문제는 출제 빈도가 높다.

정답 18-1 ②　18-2 ④　18-3 ①

핵심이론 19 밀링(1)

밀링머신은 주축에 고정된 밀링커터(Milling Cutter)를 회전시키고, 테이블에 고정한 공작물에 절삭깊이와 이송을 주어 가공물을 필요한 형상으로 절삭하는 공작기계이다. 주로 평면을 가공하는 공작기계이며 홈가공, 각도가공, T홈가공, 더브테일 가공, 총형가공, 드릴의 홈가공, 기어의 치형이나 분할가공, 키홈가공, 나사가공 등의 복잡한 가공을 할 수 있다.

① 밀링머신의 구조
ㄱ 칼럼(Column) : 밀링머신의 몸체로, 주축의 변속 장치가 내장되어 있으며, 앞면에 있는 니가 상하로 미끄럼 이동할 수 있도록 안내면 역할을 한다. 절삭저항에 잘 견디고, 진동이 작고, 충분한 강도를 갖는 구조로 설계되어 있다.
ㄴ 니(Knee) : 새들과 테이블을 지지하고 칼럼의 안내면을 따라 상하로 이동하며, 상부에는 새들의 안내면이 있다.
ㄷ 새들(Saddle) : 테이블을 지지하고, 니 위의 안내면을 따라 전후로 이동하며, 상부는 테이블의 안내면이 있다.
ㄹ 테이블(Table) : 공작물을 직접 고정하거나 바이스를 고정하는 부분으로, 새들 위의 안내면을 따라 좌우로 이동한다.
ㅁ 주축 : 칼럼 상부에 위치하며, 밀링커터를 장착하여 커터의 회전력을 전달하는 부분이다. 공구는 밀링머신과 공구의 종류에 따라 주축에 아버나 어댑터를 이용하여 설치한다.
ㅂ 오버 암(Over Arm) : 수평 밀링머신의 칼럼 윗부분에 위치한다. 아버(Arbor)가 구부러지는 것을 방지하기 위해 아버를 지지하는 데 사용한다.

[수직 밀링머신과 수평 밀링머신의 구조 비교]	
수직 밀링머신 (Vertical Milling Machine)의 주요 구조	칼럼(Column), 새들(Saddle), 테이블(Table), 니(Knee) 등
수평 밀링머신 (Horizontal Milling Machine)의 주요 구조	오버 암(Over Arm), 아버(Arbor), 칼럼(Column), 새들(Saddle), 테이블(Table), 니(Knee) 등

② 밀링머신의 종류

구조에 따라 니형, 플레이너형으로 분류하고, 주축 방향에 따라 수직 밀링머신, 수평 밀링머신, 만능 밀링머신, 생산형 밀링머신으로 분류한다.

㉠ 수직 밀링머신 : 주축이 테이블에 수직으로 되어 있으며, 정면 밀링커터, 엔드밀 등을 주축에 고정 회전하여 절삭하는 밀링머신이다.

㉡ 수평 밀링머신 : 주축이 수평으로 되어 있고, 주축에 아버와 밀링커터를 설치하여 절삭하는 기계이다. 칼럼 상부에 오버 암을 설치하여 주축과 평행 방향으로 이동, 아버 및 부속장치를 지지한다.

㉢ 만능 밀링머신 : 구조는 수평 밀링머신과 같지만 새들과 테이블 사이에 회전판이 있어 테이블을 회전시킬 수 있다. 비틀림 홈, 헬리컬 기어, 스플라인 축을 가공할 수 있어 수평 밀링머신보다 광범위한 가공을 할 수 있다. 래크절삭장치(Rack Cutting Attachment)를 칼럼에 부착하여 래크기어(Rack Gear)를 절삭할 때 사용한다.

※ 만능 밀링머신 가공범위 : 스플라인, 헬리컬 기어, 비틀림 홈가공 등

㉣ 생산형 밀링머신 : 대량 생산에 적합하도록 기능을 단순화하였고, 주축 수에 따라 단두형, 쌍두형, 다두형이 있다. 테이블은 상자형 베드 위에서 길이 방향으로만 움직이며, 베드형 밀링머신이라고도 한다.

③ 밀링머신의 규격

밀링머신의 규격은 테이블의 좌우 이동, 새들의 전후 이동, 니의 상하 최대 이동거리로 나타내는데, 크기에 따라 No.0~5의 번호를 붙여 호칭한다.

※ 밀링머신의 크기

호칭 번호		0호	1호	2호	3호	4호	5호
테이블의 이동거리 (mm)	전 후	150	200	250	300	350	400
	좌 우	450	550	700	850	1050	1250
	상 하	300	400	450	450	450	500

⌾ 선반의 크기를 나타내는 방법과 비교해서 암기할 것

19-1. 수직 밀링머신의 주요 구조로 거리가 먼 것은?

[2016년 59회]

① 새 들 ② 칼 럼

③ 테이블 ④ 오버 암

19-2. 일반적으로 밀링머신의 크기를 표시하는 것으로 옳은 것은?

[2016년 60회]

① 축의 크기 ② 칼럼의 크기

③ 밀링머신의 무게 ④ 테이블의 이동거리

19-3. 밀링머신의 크기를 나타낼 때 테이블 좌우 이송이 450mm, 새들 전후 이송이 150mm, 니 상하 이송이 300mm일 경우 밀링의 호칭 번호는?

[2015년 58회]

① No.0 ② No.1

③ No.2 ④ No.3

19-4. 밀링가공에서 래크절삭장치를 사용하는 것은?

[2015년 58회]

① 수평 밀링머신 ② 수직 밀링머신

③ 생산형 밀링머신 ④ 만능 밀링머신

|해설|

19-1

④ 오버 암(Over Arm)은 수평 밀링머신(Horizontal Milling Machine)의 구조이다.

• 수직 밀링머신 : 주축 헤드가 테이블면에 수직으로 되어 있으며, 주로 정밀 밀링커터와 엔드밀 등을 사용하여 평면가공이나 홈가공, T홈가공, 더브테일 등을 주로 가공한다.

• 수평 밀링머신 : 주축을 기둥 상부에 수평으로 설치하고, 주축에 아버를 고정하고 회전시켜 가공물을 절삭한다.

19-2, 19-3

밀링머신의 크기는 여러 가지가 있으나 니형 밀링머신의 크기는 일반적으로 Y축의 테이블 이동거리(mm)를 기준으로 호칭번호로 표시한다.

※ 밀링머신의 크기 - 핵심이론 참고

19-4

래크절삭장치(Rack Cutting Attachment)는 만능 밀링머신의 칼럼에 부착하여 사용하며, 래크기어(Rack Gear)를 절삭할 때 사용한다. 가공물의 고정은 특수 바이스로 하며, 테이블에 고정된 래크장치에는 각종 피치의 절삭이 가능하도록 기어변환장치가 있다. 기술의 발달로 근래에는 사용 빈도가 매우 적다.

정답 **19-1** ④ **19-2** ④ **19-3** ① **19-4** ④

핵심이론 20 밀링(2)

① 밀링가공의 종류

(a) 평면가공　(b) 단가공　(c) 홈가공　(d) 드 릴

(e) T홈가공　(f) 더브테일 가공　(g) 곡면절삭　(h) 보 링

※ 선반과 밀링가공의 종류 비교

선반가공 종류	밀링가공 종류
외경절삭, 단면절삭, 절단(홈) 작업, 테이퍼 절삭, 드릴링, 보링, 수나사절삭, 암나사절삭, 정면절삭, 곡면절삭, 총형절삭, 널링	평면가공, 단가공, 홈가공, 드릴, T홈가공, 더브테일 가공, 곡면절삭, 보링

② 밀링커터의 종류

㉠ 엔드밀 : 원주면과 단면에 날이 있는 형태이며, 일반적으로 가공물의 홈과 좁은 평면, 윤곽가공, 구멍가공 등에 사용한다.

㉡ 정면 밀링커터 : 외주와 정면에 절삭 날이 있는 커터로, 주로 수직 밀링에서 사용하고 평면가공에 이용된다.

㉢ T홈 밀링커터 : 주로 T홈을 가공할 때 사용하는 커터로, 바닥면과 측면을 가공하여 밀링 테이블 T홈, 원형 테이블의 T홈 등을 가공한다.

㉣ 더브테일 커터 : 선반의 가로 이송대 및 세로 이송대의 형상과 같은 더브테일 홈을 가공하는 커터이다. 원추면에 60°의 각을 가지고 있으며, 엔드밀과 사이드 커터로 홈을 가공하고, 바닥면과 양쪽 측면을 가공한다.

㉤ 메탈소 : 절단 및 홈가공에 사용된다.

③ 밀링머신의 부속장치
  ㉠ 밀링 바이스
    • T볼트를 이용하여 밀링 테이블면에 고정하고 소형 가공물을 고정하는 데 사용한다.
    • 수평 바이스 : 조의 방향을 테이블과 평형 또는 직각으로만 고정시킬 수 있다.
    • 회전 바이스 : 테이블과 수평면에서 360° 회전시켜 필요한 각도로 고정시킬 수 있다.
    • 만능 바이스 : 회전 바이스의 기능과 상하로 경사시킬 수 있다.
    • 유압 바이스 : 유압을 이용하여 가공물을 고정시킬 수 있다.
  ㉡ 분할대 : 테이블에 분할대와 심압대로 가공물을 지지하거나 분할대의 척에 가공물을 고정하여 사용한다. 필요한 등분이나 필요한 각도로 분할할 때 사용하는 밀링 부속품이다.
  ㉢ 회전 테이블 : 테이블 위에 설치한다. 수동 또는 자동으로 회전시킬 수 있어 밀링에서 바깥 부분을 원형이나 윤곽가공, 간단한 등분을 할 때 사용하는 밀링머신의 부속품이다(각도 분할 가능).
  ㉣ 슬로팅 장치 : 주축의 회전운동을 직선 왕복운동으로 변화시키고, 바이트를 사용하여 가공물의 안지름에 키홈, 스플라인, 세레이션 등을 가공할 수 있다.
  ㉤ 수직 밀링장치 : 수평 밀링머신이나 만능 밀링머신의 칼럼면에 설치하여, 수직 밀링가공을 할 수 있도록 하는 장치이다.
  ㉥ 래크절삭장치 : 만능 밀링머신의 칼럼에 부착하여 사용하며, 래크기어를 절삭할 때 사용한다.

[선반과 밀링의 부속품]

선반의 부속품	밀링의 부속품
방진구, 맨드릴, 센터, 면판, 돌림판과 돌리개, 척(Chuck) 등	분할대, 바이스, 회전 테이블, 슬로팅 장치, 아버 등

① 절삭조건

밀링머신으로 공작물을 가공할 때 절삭속도, 이송속도, 절삭깊이 등의 절삭조건은 가공 능률에 영향을 준다. 절삭조건은 기계의 성능, 공구와 공작물의 재질 및 가공면의 정밀도 등에 따라 결정된다.

㉠ 절삭속도

$$v = \frac{\pi dn}{1,000}(\text{m/min}), \quad n = \frac{1,000v}{\pi d}(\text{rpm})$$

여기서, v : 절삭속도(m/min)

d : 밀링커터의 지름(mm)

n : 커터의 회전수(rpm)

[밀링커터의 절삭속도(m/min)]

공작물 재질	고속도강	초경합금 (거친 절삭)	초경합금 (다듬질 절삭)
주 철	24	30~60	75~100
연 강	27	50~75	150
황 동	60	240	180
구 리	50	150~240	240~300
알루미늄	150	95~300	300~1,200

㉡ 이송속도 : 공구의 회전운동과 테이블의 직선운동에 따라 공작물을 가공한다. 밀링가공에서 테이블의 이송속도는 밀링커터 날 1개의 이송량을 기준으로 구할 수 있다.

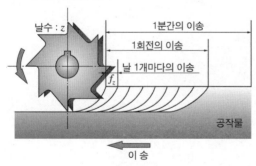

[밀링커터의 이송]

$$f = f_z \times z \times n(\text{mm/min})$$

$$f_z = \frac{f}{z \times n}(\text{mm})$$

여기서, f : 테이블 이송속도(mm/min)

f_z : 밀링커터 날 1개당 이송량(mm)

z : 밀링커터의 날수

n : 밀링커터의 회전수

㉢ 절삭깊이 : 밀링머신에서 공작물을 1회에 깎아 내는 깊이를 절삭깊이라 한다. 일반적으로 1회 절삭의 최대 깊이는 5mm 이하로 하고, 가공하려는 깊이가 5mm 이상일 때는 2회 이상으로 나누어 깎는 것이 좋다. 다듬질 절삭에서는 0.3~0.5mm 정도로 하는 것이 좋다.

② 밀링가공 칩의 체적

$$\text{절삭량}(Q) = \frac{b \times t \times f}{1,000}(\text{mm}^3/\text{min})$$

여기서, b : 절삭폭(mm)

t : 절삭깊이(mm)

f : 테이블 이송속도(mm/min)

③ 가공면의 표면거칠기

밀링커터로 가공한 공작물의 표면거칠기는 날자리의 높이에 의해 좌우되며, 날자리의 높이는 날 1개당 이송량과 밀링커터의 지름에 의해 결정된다.

㉠ 평면 밀링커터 날자리의 높이

$$h = \frac{f_z^2}{4d}(\text{mm})$$

여기서, h : 표면거칠기(날자리의 높이)

f_z : 날 1개당 이송량

d : 밀링커터의 지름

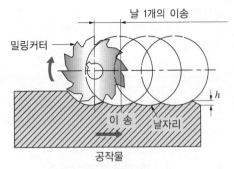

[밀링커터의 날자리 높이]

④ 밀링가공 시간

  ㉠ 평면 밀링커터에 의한 가공시간

$$T = \frac{L}{f}$$

  ㉡ 정면 밀링커터에 의한 가공시간

$$T = \frac{L}{f}, \quad L = l + D$$

  여기서, T : 밀링가공 시간(min)

    L : 테이블의 이송거리(mm)

    l : 가공물의 길이(mm)

    D : 커터의 지름(mm)

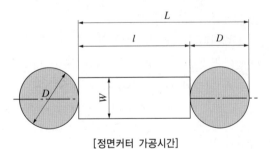

[정면커터 가공시간]

21-1. 커터의 지름이 100mm, 절삭 날수가 10개인 정면 밀링커터로 길이 400mm의 일감을 밀링가공하려 한다. 날 1개당 이송을 0.1mm로 하여 1회에 완성한다면 가공 소요시간은 약 몇 분인가?(단, 주축회전수는 1,000rpm이다)   [2017년 62회]

① 0.4분

② 0.5분

③ 1.0분

④ 1.5분

21-2. NC 밀링에서 지름이 80mm인 초경합금으로 만든 밀링커터로 가공물을 절삭할 때 커터의 적절한 회전수(rpm)는 약 얼마인가?(단, 절삭속도는 120m/min이다)   [2016년 60회]

① 400

② 480

③ 560

④ 640

21-3. 커터 날의 개수가 10개, 지름이 100mm, 날 하나에 대한 이송이 0.4mm이며, 절삭속도 90m/min로 연강재를 절삭하는 경우 밀링머신 테이블의 이송속도는?   [2014년 56회]

① 1.15m/min

② 3.54m/min

③ 11.46m/min

④ 25.46m/min

| 해설 |

21-1

정면 밀링커터에 의한 가공시간 $T = \dfrac{L}{f}$

테이블의 이송속도

$f = f_z \times z \times n = 0.1\text{mm} \times 10 \times 1,000\text{rpm} = 1,000\text{mm/min}$

$L = l + D = 400\text{mm} + 100\text{mm} = 500\text{mm}$

$T = \dfrac{L}{f} = \dfrac{500\text{mm}}{1,000\text{mm/min}} = 0.5\text{min}$

∴ 밀링가공 소요시간 = 0.5분

여기서, f : 테이블 이송속도(mm/min)

f_z : 1날당 이송(mm)

n : 주축회전수(rpm)

z : 날수

L : 테이블의 이송거리(mm)

l : 가공물의 길이(mm)

D : 커터의 지름(mm)

21-2

회전수$(n) = \dfrac{1,000v}{\pi d} = \dfrac{1,000 \times 120\text{m/min}}{\pi \times 80\text{mm}} = 477.5\text{rpm}$

∴ 커터의 적절한 회전수 = 약 480rpm

여기서, v : 절삭속도(m/min), d : 커터의 지름(mm)

21-3

회전수$(n) = \dfrac{1,000v}{\pi d} = \dfrac{1,000 \times 90\text{m/min}}{\pi \times 100\text{mm}} \fallingdotseq 286.48\text{rpm}$

테이블 이송속도

$f = f_z \times z \times n = 0.4\text{mm} \times 10 \times 286.48\text{rpm}$

$\fallingdotseq 1146\text{mm/min} = 1.146\text{m/min}$

∴ 테이블 이송속도$(f) = 1.146\text{m/min}$

여기서, f : 테이블 이송속도(mm/min)

f_z : 1날당 이송량(mm)

n : 회전수(rpm)

z : 커터의 날수

정답 21-1 ② 21-2 ② 21-3 ①

핵심이론 22 밀링(4)

① 상향 절삭과 하향 절삭

밀링머신의 절삭방식은 커터의 회전 방향과 공작물의 이송 방향에 따라 상향·하향 절삭방식이 있다.

㉠ 상향 절삭 : 커터의 회전 방향과 테이블의 이송 방향이 서로 반대 방향으로 커터가 아래에서부터 위로 절삭하는 방법이다.

• 상향 절삭의 특징

– 공작물을 들어 올리는 가공으로 기계에 무리를 주지 않는다.

– 칩의 두께는 얇게 시작하여 점점 두꺼워진다.

– 절삭력과 이송력이 반대로 작용하므로 백래시가 제거된다.

– 칩이 커터 날의 절삭을 방해하지 않고, 가공면에 쌓이지 않는다.

㉡ 하향 절삭 : 커터의 회전 방향과 테이블의 이송 방향이 같은 방향으로 커터가 위에서부터 아래로 절삭하는 방법이다.

• 하향 절삭의 특징

– 칩은 두껍게 시작하여 점점 얇게 발생한다.

– 절삭된 칩이 가공면에 쌓이므로 가공할 면이 잘 보인다.

– 칩이 커터 날을 방해하지 않는다.

– 절삭력과 이송력이 같은 방향으로 작용하여 백래시가 발생한다.

[상향 절삭]

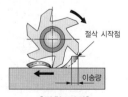
[하향 절삭]

ⓒ 상향 절삭과 하향 절삭의 장단점

구 분	상향 절삭	하향 절삭
장 점	• 칩이 절삭을 방해하지 않는다. • 백래시가 제거된다. • 날이 부러질 염려가 작다. • 기계에 무리를 주지 않는다.	• 공작물 고정이 단단하다. • 커터의 마모와 동력 소비가 적다. • 가공면이 깨끗하다. • 가공할 면을 잘 볼 수 있다.
단 점	• 공작물을 견고히 고정해야 한다. • 커터의 마모와 동력 소비가 많다. • 가공면이 매끈하지 못하다. • 가공할 면의 시야 확보가 좋지 않다.	• 칩이 절삭을 방해한다. • 백래시 제거장치가 없으면 가공이 어렵다. • 커터 날이 부러질 염려가 있다. • 기계에 무리를 줄 수 있다.

② 백래시(Backlash)

밀링머신의 테이블 나사 이송기구에서는 이송용 암나사와 이송나사의 플랭크면 사이에 뒤틈이 생기게 된다. 이 뒤틈을 백래시(Backlash)라고 한다.

㉠ 상향 절삭 시 백래시 : 절삭저항의 수평 분력은 테이블의 수평 이송력과 반대 방향이 되어 백래시가 절삭에 영향을 주지 않는다.

㉡ 하향 절삭 시 백래시 : 절삭저항의 수평 분력은 테이블의 수평 이송력과 같은 방향이 되어 공작물이 절삭력을 받으면 백래시만큼의 이송량 증가로 떨림이 나타나 공작물과 커터에 손상을 입히고, 절삭이 불안정해진다. 따라서 백래시를 제거해야 한다.

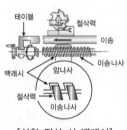
[상향 절삭 시 백래시]

[하향 절삭 시 백래시]

ⓒ 백래시 제거장치 : 고정 암나사와 백래시 제거용 조절나사가 이송나사축과 결합되어 있다. 최근에는 백래시가 거의 없는 볼나사를 이송기구에 사용한다.

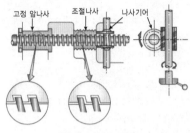
[백래시 제거장치]

③ 분할가공

밀링머신에 분할대를 이용하면, 원주면을 필요한 수로 등분하거나 원하는 각도로 분할할 수 있다. 예를 들면, 원통의 공작물을 부분적으로 3각형, 4각형, 5각형 등 다각형으로 등분하여 가공할 수 있고, 기어의 이(Tooth)수 분할, 리머의 홈, 각도의 변위, 밀링커터 제작에 이용할 수 있다.

㉠ 직접분할법(Direct Indexing Method) : 분할대 주축 앞면에 있는 직접분할판을 이용하여 정밀도를 요구하지 않는 볼트, 너트, 키홈 등의 단순한 분할을 할 때 사용하는 방법이다. 직접분할판의 구멍수가 24개이므로 24의 약수, 즉 24, 12, 8, 6, 4, 3, 2등분이 가능하다.

㉡ 단식분할법(Simple Indexing) : 직접분할법으로 불가능하거나 분할이 정밀해야 할 경우에 사용한다. 단식분할법은 분할 크랭크와 분할판을 사용하여 분할하는 방법으로 분할 크랭크를 40회전시키면 주축은 1회전하므로 주축을 회전시키려면 분할 크랭크를 40/N회전시키면 된다.

$$\frac{h}{H} = \frac{40}{N}$$

여기서, N : 가공물의 등분수

H : 분할판의 구멍수

h : 1회 분할에 필요한 구멍수

• 단식분할이 가능한 수 : 2~60 사이의 모든 정수, 60~120 사이의 2와 5의 배수, 120 이상의 수로서 40/N에서 이 분할판의 구멍수가 될 수 있는 수 등

[분할판 구멍수의 종류]

종 류	분할판	구멍수의 종류					
브라운 샤프형	No 1	15	16	17	18	19	20
	No 2	21	23	27	29	31	33
	No 3	37	39	41	43	47	49

예 원주를 2.7등분

$\dfrac{h}{H} = \dfrac{40}{N}$ 식에서 N이 2.7이므로

$\dfrac{40}{2.7} = \dfrac{h}{H} = \dfrac{10 \times 40}{2.7 \times 10} = \dfrac{400}{27} = 14\dfrac{22}{27}$

→ 브라운 샤프형 No 2판의 27구멍열에서 분할크랭크를 14회전시키고, 22구멍씩 전진하면서 가공한다.

예 원주를 27등분

$\dfrac{h}{H} = \dfrac{40}{N}$ 에서 N이 27이므로

$\dfrac{40}{27} = \dfrac{h}{H} = 1\dfrac{13}{27}$

→ 브라운 샤프형 No 2판의 27구멍열에서 분할 크랭크를 1회전시키고, 13구멍씩 전진하면서 가공한다.

• 분자와 분모에 10을 곱하는 이유는 H, 즉 분할판의 구멍 종류에 맞추기 위한 것이다. 가분수는 대분수로 바꾸어 분할 크랭크의 회전수와 구멍수로 분리하여야 한다.

ⓒ 차동분할법(Differential Indexing) : 직접분할법이나 단식분할법으로 분할할 수 없는 61 이상의 소수나 특수한 수의 분할을 2종 운동의 복합운동으로 분할하는 방법이다. 즉, 분할판은 인덱스 핸들의 회전에 따라 움직이고, 과부족한 양만큼을 차동 변환기어를 작동하여 조절하는 방법이다.

ⓒ 각도 분할 : 도면에 각도로 분할이 표시되어 있을 때는 등분수를 별도로 계산할 필요 없이 다음 식으로 각도를 분할하여 가공하면 편리하다.

도로 표시	도 및 분으로 표시	도 및 분, 초로 표시
$\dfrac{h}{H} = \dfrac{D^\circ}{9}$	$\dfrac{h}{H} = \dfrac{D'}{540}$	$\dfrac{h}{H} = \dfrac{D''}{32,400}$

예 원주를 $10°30'$ 분할

– 도로 분할하면

$\dfrac{h}{H} = \dfrac{D^\circ}{9} = \dfrac{10.5}{9} = \dfrac{2 \times 10.5}{2 \times 9}$

$= \dfrac{21}{18} = 1\dfrac{3}{18}$

→ 브라운 샤프형 No 1판의 18구멍열에서 분할 크랭크를 1회전시키고, 3구멍씩 전진하면서 가공한다.

– 초로 분할하면

$\dfrac{h}{H} = \dfrac{D'}{540} = \dfrac{630}{540} = \dfrac{630 \div 30}{540 \div 30} = \dfrac{21}{18}$

$= 1\dfrac{3}{18}$

→ 브라운 샤프형 No 1판의 18구멍열에서 분할 크랭크를 1회전시키고, 3구멍씩 전진하면서 가공한다.

22-1. 브라운 샤프형 분할대를 이용하여 원주를 9등분하고자 할 때 분할판 크랭크는 몇 회전시켜야 하는가? [2016년 59회]

① 18회전
② 9회전
③ 8회전
④ 4회전

22-2. 상향 절삭과 하향 절삭을 비교한 것 중 옳은 것은? [2017년 62회]

① 하향 절삭은 상향 절삭에 비해 공구 수명이 길다.
② 하향 절삭은 상향 절삭보다 공작물 고정이 불안정하다.
③ 상향 절삭은 가공면이 하향 절삭보다 거칠고 동력 소비가 적다.
④ 상향 절삭은 하향 절삭보다 칩이 원활하게 배출되지 않는다.

22-3. 밀링가공에서 차동분할법에 의해 $5\frac{1}{2}°$를 각도 분할할 때 옳은 방법은? [2016년 60회]

① 분할 크랭크 18구멍열에서 11구멍 이동시킨다.
② 분할 크랭크 18구멍열에서 15구멍 이동시킨다.
③ 분할 크랭크 21구멍열에서 11구멍 이동시킨다.
④ 분할 크랭크 21구멍열에서 15구멍 이동시킨다.

|해설|

22-1

단식분할법 : 분할 크랭크와 분할판을 사용하여 분할하는 방법으로 분할 크랭크를 40회전시키면 주축은 1회전하므로 주축을 회전시키려면 분할 크랭크를 40/N회전시키면 된다.

$$\frac{40}{N} = \frac{h}{H}$$

여기서, N : 가공물의 등분수
H : 분할판의 구멍수
h : 1회 분할에 필요한 분할판의 구멍수

문제에서 9등분했으므로 N은 9이다.

$$\frac{40}{9} = \frac{h}{H} = \frac{40 \times 2}{9 \times 2} = \frac{80}{18} = 4\frac{8}{18} \quad \therefore \ 4회전$$

따라서 브라운 샤프형 No 1판의 18구멍열에서 분할 크랭크를 4회전시키고, 8구멍씩 전진하면서 가공한다. 분자와 분모에 2를 곱하는 이유는 H, 즉 분할판의 구멍 종류에 맞추기 위한 것이며, 가분수는 대분수로 바꾸어 분할 크랭크의 회전수와 구멍수로 분리하여야 한다.

22-2

① 하향 절삭은 상향 절삭에 비해 공구 수명이 길다.

상향 절삭과 하향 절삭의 차이점

구 분	상향 절삭	하향 절삭
백래시	절삭에 별 지장이 없다.	백래시를 제거해야 한다.
기계의 강성	강성이 낮아도 무관하다.	가공할 때 충격이 있어 높은 강성이 필요하다.
가공물의 고정	절삭력이 상향으로 작용하여 고정이 불리하다.	절삭력이 하향으로 작용하여 가공물 고정이 유리하다.
인선의 수명	절입할 때 마찰열로 마모가 빠르고 공구 수명이 짧다.	상향 절삭에 비하여 공구 수명이 길다.
마찰저항	마찰저항이 커서 절삭공구를 위로 들어 올리는 힘이 작용한다.	절입할 때 마찰력은 적으나 하향으로 충격력이 작용한다.
가공면의 표면 거칠기	광택은 있으나 상향에 의한 회전저항으로 전체적으로 하향절삭보다 나쁘다.	가공 표면에 광택은 적으나, 저속 이송에서는 회전저항이 발생하지 않아 표면 거칠기가 좋다.

22-3

$$5\frac{1}{2}° = \frac{11}{2}° = D°$$

$$\frac{h}{H} = \frac{D°}{9} = \frac{\frac{11}{2}}{9} = \frac{11}{18} \rightarrow 분할 크랭크 18구멍열에서 11구멍씩$$

이동시킨다.

여기서, H : 분할판의 구멍수
h : 1회 분할에 필요한 분할판의 구멍수
D : 각도 분할수

정답 22-1 ④ **22-2** ① **22-3** ①

① 작업 전에 지켜야 할 안전사항

ㄱ 가동 전에 주유할 부분에는 주유를 한다.

ㄴ 칩이 비산하므로 반드시 보안경을 착용한다.

ㄷ 장갑이나 반지, 팔찌, 목걸이 등은 착용하지 않는다.

ㄹ 칩 커버를 설치한다.

ㅁ 전기의 누전 여부를 점검한다.

ㅂ 복장은 간편하고, 청결하며, 활동이 편한 작업복으로 한다.

② 작업 중에 지켜야 할 안전사항

ㄱ 기계가공 중에는 자리를 이탈하지 않는다.

ㄴ 테이블 위에 공구나 측정기 등을 올려놓지 않는다.

ㄷ 공작물의 거스러미는 매우 날카롭기 때문에 주의해서 제거한다.

ㄹ 주축속도를 변속시킬 때는 반드시 주축이 정지한 후에 변환한다.

ㅁ 절삭공구나 가공물을 설치할 때는 반드시 전원을 끈다.

ㅂ 더브테일 같이 날 끝이 날카롭고 예리한 절삭공구는 주의하여 취급한다.

③ 작업 후에 지켜야 할 안전사항

ㄱ 밀링으로 절삭한 칩은 날카로우므로 주의하여 청소한다.

ㄴ 습동면이나 주유해야 하는 부분에는 주유를 한다.

ㄷ 작업 중에 상처가 나지 않았는지 테이블 위를 살펴본다.

ㄹ 밀링 각 부분을 깨끗이 청소하고 정해진 위치(니, 새들, 테이블 등)에 위치시킨다.

🔔 "안전사항"은 1~2문제 반드시 출제된다. 해당 기출문제에서 안전사항 관련 잘못된 내용만 암기해도 두 문제를 획득할 수 있다.

핵심예제

다음 중 밀링작업의 안전사항에 대한 설명으로 위배되는 것은?
[2012년 51회]

① 일감은 기계가 정지한 상태에서 고정한다.

② 커터에 옷이 감기지 않도록 한다.

③ 보안경을 착용한다.

④ 절삭 중 측정기로 측정한다.

| 해설 |

밀링작업에서 제품을 바이스에서 풀어낼 때나 측정할 때는 반드시 운전을 정지시킨다.

밀링작업 시 안전사항 🔔 반드시 암기(자주 출제)

• 커터 날 끝과 같은 높이에서 절삭 상태를 관찰하지 않는다.

• 절삭공구나 가공물을 설치할 때는 반드시 전원을 끈다.

• 주축속도를 변속시킬 때는 반드시 주축이 정지한 후에 변환한다.

• 장갑이나 반지, 팔찌, 목걸이 등은 착용하지 않는다.

• 칩이 비산하므로 반드시 보안경을 착용한다.

정답 ④

① 연삭가공의 특징

연삭가공은 일반적으로 공작물 재료보다 단단한 미세입자를 결합하여 만든 숫돌바퀴를 고속회전시키고, 공작물의 표면에 접촉하여 공작물과의 상대운동을 통해 단단한 표면을 조금씩 깎아 내는 고속 절삭가공이다.

※ 연삭가공의 특징

- 경화된 강과 같은 단단한 재료를 가공할 수 있다.
- 칩이 미세하여 정밀도가 높고, 표면거칠기가 우수한 다듬질면을 가공할 수 있다.
- 연삭압력 및 연삭저항이 작아 전자석 척으로 가공물을 고정할 수 있다.
- 연삭점의 온도가 높다(연삭열에 의한 연삭 결함 – 연삭균열, 연삭 번(Burn)).
- 절삭속도가 대단히 빠르다(일반적으로 1,500mm/min).
- 자생작용이 있다.

※ 자생작용

연삭숫돌은 연삭할 때 입자가 둔화되어 절삭저항이 증가하면 입자가 탈락해 새로 예리한 입자가 생성되어 절삭을 계속할 수 있는데, 이러한 현상을 자생작용이라 한다.

② 연삭가공의 종류

[연삭가공과 연삭기의 종류]

연삭가공	연삭기의 종류
평면연삭	수평 평면연삭기, 수직 평면연삭기
원통연삭	바깥지름 연삭기, 안지름 연삭기, 센터리스 연삭기
공구연삭	드릴연삭기, 커터연삭기, 만능 공구연삭기
성형연삭	성형연삭기

㉠ 평면연삭 : 공작물의 평면을 연삭하는 것으로, 숫돌바퀴를 수평축에 끼워서 가공하는 수평 평면연삭과 숫돌바퀴를 수직 축에 끼워서 가공하는 수직 평면연삭이 있다.

[평면연삭방식]

종류	특징	연삭방식	비고
수평평면연삭	높은 정밀도를 얻을 수 있지만, 연삭깊이를 크게 하거나 이송을 빠르게 할 수 없어 비교적 소형의 정밀 연삭에 이용된다.	테이블 왕복형	
		테이블 회전형	
수직평면연삭	공작물과 숫돌바퀴가 면 접촉을 하기 때문에 동시에 많은 연삭을 할 수 있는 방법이다.	테이블 왕복형	
		테이블 회전형	

㉡ 원통연삭 : 공작물을 양센터로 지지하고 테이블을 좌우 이동하며 숫돌바퀴를 회전 및 전후 이동시키면서 공작물의 지름을 연삭하는 것이다.

- 바깥지름 연삭방식

원통형 공작물의 바깥지름을 정밀하게 가공하는 것으로, 공작물을 테이블 위의 주축대와 심압대의 양센터 사이에 고정하여 회전시키면서 연삭하는 것이다.

– 트래버스 연삭(Traverse Grinding) : 원통형 공작물의 축 방향으로 테이블이나 숫돌바퀴를 좌우로 왕복 이동시켜 가공하는 연삭방식으로 테이블 왕복형과 숫돌바퀴 왕복형이 있다. 테

이블 왕복형은 소형 공작물 연삭에, 숫돌바퀴 왕복형은 대형 공작물의 연삭에 적합하다.

- 플런지 컷 연삭(Plunge Cut Grinding) : 공작물은 그 자리에서 회전시키고, 숫돌바퀴를 공작물의 축에 직각 또는 경사 방향으로 이송하여 공작물의 바깥지름과 측면을 동시에 연삭하는 방법이다.

• 안지름 연삭방식

주축의 척에 공작물을 고정하여 회전시키고 동시에 구멍에 숫돌바퀴를 넣고 회전시키며 가공한다. 주로 실린더나 베어링 등의 구멍과 같이 안지름을 정밀하게 가공하는 데 이용한다.

- 숫돌바퀴 왕복형 : 공작물이 일정한 위치에서 회전하고 숫돌바퀴가 회전운동과 왕복운동을 동시에 하면서 가공한다. 공작물이 크거나 길 경우 운동 부분의 중량을 감소시키고, 테이블의 길이를 짧게 할 수 있어 유리하다.

공작물
숫돌바퀴

- 공작물 왕복형 : 숫돌바퀴가 일정한 위치에서 회전하고 공작물이 회전운동과 왕복운동을 동시에 하면서 가공한다.

공작물
숫돌바퀴

• 유성형 : 공작물을 고정시키고 숫돌바퀴가 회전 연삭운동과 공전운동을 동시에 하는 유성운동을 하면서 가공한다. 공작물이 대형이거나 공작물을 척에 고정하여 회전시키기 어려운 경우, 회전할 때 진동이 생길 경우에 이용한다.

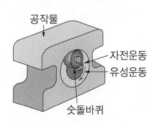
공작물
자전운동
유성운동
숫돌바퀴

24-1. 연삭가공에 대한 설명으로 틀린 것은?   [2016년 59회]

① 연삭점의 온도가 매우 낮다.
② 경화된 강과 같은 단단한 재료를 가공할 수 있다.
③ 표면거칠기가 우수한 다듬질면을 가공할 수 있다.
④ 연삭압력 및 연삭저항이 작아 전자석 척으로 가공물을 고정할 수 있다.

24-2. 가공물을 고정하고, 연삭숫돌이 회전운동 및 공전운동을 동시에 진행하는 내면 연삭방법은?   [2016년 59회]

① 보통형 연삭방법
② 유성형 연삭방법
③ 센터리스형 연삭방법
④ 플랜지 컷형 연삭방법

|해설|

24-1
① 연삭가공은 연삭점의 온도가 매우 높다.
연삭가공의 특징
• 절삭가공이 곤란한 열처리된 경화된 강과 같은 단단한 재료를 가공할 수 있다.
• 정밀도가 높고, 표면거칠기가 우수한 다듬질면을 가공할 수 있다.
• 연삭압력 및 연삭저항이 작아 전자석 척으로 가공물을 고정할 수 있다.
• 연삭점의 온도가 높다.
• 절삭속도가 대단히 빠르다.
• 자생작용이 있다.

24-2
② 유성형(Planetary Type) 연삭방법 : 가공물은 고정시키고, 연삭숫돌이 회전운동 및 공전운동을 동시에 진행하며 연삭하는 방식이다. 내연기관의 실린더 같이 대형이며 균형이 잡혀 있지 않은 가공물 연삭에 적합하다.
내면 연삭기의 내면 연삭방식(보통형, 센터리스형, 유성형)
• 보통형 : 가공물과 연삭숫돌에 회전운동을 주어 연삭하는 방식으로 축 방향의 연삭은 연삭숫돌대의 왕복운동으로 한다.
• 센터리스형 : 가공물을 고정하지 않고, 연삭하는 방법이다(소형 가공물 대량 생산).
• 유성형 : 가공물을 고정시키고, 연삭숫돌이 회전운동 및 공전운동을 동시에 진행하며 연삭하는 방식이다.

정답 **24-1** ① **24-2** ②

① 센터리스 연삭(Centerless Grinding)

원통형 공작물을 고정할 때 센터나 척을 사용하지 않고 숫돌바퀴와 조정숫돌 사이에 넣어 원통형 공작물의 바깥지름 또는 안지름을 연삭하는 것이다.

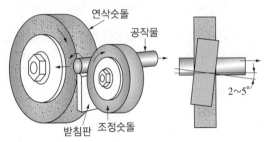

[센터리스 연삭의 원리]

• 센터리스 연삭기 3요소 : 숫돌바퀴, 조정숫돌바퀴, 지지대

② 센터리스 연삭방법

센터리스 바깥지름을 연삭할 때 공작물 이송방법은 통과 이송방법, 전후 이송방법, 단 이송방법으로 구분할 수 있다.

㉠ 통과 이송방법 : 안내판으로 지지한 공작물을 숫돌바퀴와 조정숫돌 사이에 넣고 숫돌바퀴의 축 방향으로 이송하는 것이다. 이는 지름이 같은 공작물을 한쪽에서 밀어 넣으면 연삭되면서 다른 쪽에서 자동으로 빠져 나오는 방법이다. 느린 속도로 회전하는 조정숫돌로 공작물을 회전시키면서 고속회전하는 숫돌바퀴로 가공한다.

• 조정숫돌바퀴 : 공작물에 회전과 이송을 준다.

[통과 이송방법의 공작물 이송속도(F)]

$$F = \pi dn \cdot \sin\alpha \,(\text{mm/min})$$

여기서, d : 조정숫돌바퀴의 지름(mm)

n : 조정숫돌의 회전수(rpm)

α : 경사각(°)

㉡ 전후 이송방법 : 숫돌바퀴의 폭보다 짧은 공작물에 턱이나 플랜지가 붙어 있어 통과 이송하지 못하는 경우에 이용한다. 공작물을 지지대 위에 올려놓은 상태에서 조정숫돌을 접근시키거나 수평으로 이송하여 연삭하는 방법이다.

㉢ 단 이송방법 : 공작물의 길이가 숫돌바퀴의 폭보다 짧고 턱이 있거나 테이퍼 또는 곡선 윤곽이 있는 경우에 이용한다. 공작물이 통과 이송하지 못할 때 일정한 위치에 정지봉을 설치하고, 이것에 닿을 때까지 이송하여 연삭한다.

[센터리스 연삭방법]

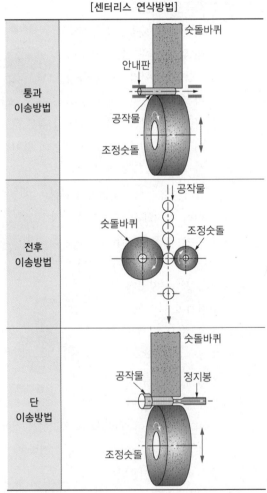

③ 센터리스 연삭의 장점

　　㉠ 센터가 필요하지 않아 센터 구멍을 가공할 필요가 없고 중공의 가공물을 연삭할 때 편리하다.

　　㉡ 센터리스 연삭은 숙련을 요구하지 않는다.

　　㉢ 연삭 여유가 작아도 된다.

　　㉣ 가늘고 긴 가공물의 연삭에 적합하다.

　　㉤ 연삭숫돌의 폭이 커 연삭숫돌 지름의 마멸이 적고, 수명이 길다.

④ 센터리스 연삭의 단점

　　㉠ 긴 홈이 있는 가공물의 연삭은 불가능하다.

　　㉡ 대형이나 중량물의 연삭은 불가능하다.

　　㉢ 연삭숫돌 폭보다 넓은 가공물을 플랜지 컷 방식으로 연삭할 수 없다.

핵심예제

25-1. 센터리스 연삭기의 장점에 대한 설명으로 틀린 것은?
　　　　　　　　　　　　　　　　　　　　　　[2015년 57회]

① 연속작업을 할 수 있다.
② 긴 축 재료의 연삭이 가능하다.
③ 연삭 여유가 작아도 된다.
④ 긴 홈이 있는 일감을 연삭할 수 있다.

25-2. 센터리스 연삭기의 작업특성에 대한 설명 중 옳은 것은?
　　　　　　　　　　　　　　　　　　　　　　[2014년 56회]

① 직경이 큰 공작물의 단면 연삭이 가능하다.
② 형상이 불규칙한 외경을 가진 제품 연삭이 가능하다.
③ 가늘고 긴 가공물의 연삭이 가능하다.
④ 축의 중앙 부위에 긴 홈이 있는 홈 연삭에 적합하다.

25-3. 센터리스 연삭기 통과 이송법에서 이송속도 F(mm/min)를 구하는 식은?(단, D : 조정숫돌의 지름(mm), N : 조정숫돌의 회전수(rpm), α : 경사각(°)이다)
　　　　　　　　　　　　　　　　　　　　　　[2013년 53회]

① $F = \pi DN \times \sin\alpha$
② $F = DN \times \sin\alpha$
③ $F = \pi DN \times \tan\alpha$
④ $F = \pi DN \times \cos\alpha$

| 해설 |

25-1, 25-2

④ 센터리스 연삭기는 긴 홈이 있는 가공물의 연삭은 불가능하다.

센터리스 연삭의 특징

• 센터가 필요하지 않아 센터 구멍을 가공할 필요가 없다.
• 중공의 가공물을 연삭할 때 편리하다.
　※ 중공(中空) : 속이 빈 축
• 연삭 여유가 작아도 된다.
• 가늘고 긴 가공물의 연삭에 적합하다.
• 긴 홈이 있는 가공물의 연삭은 불가능하다.
• 대형이나 중량물의 연삭은 불가능하다.
• 연속가공이 가능하며 대량 생산에 적합하다.
• 자생작용이 있다.
※ 센터리스 연삭기 : 센터, 척, 자석척 등을 사용하지 않고 가공물의 표면을 조정하는 조정숫돌과 지지대를 이용하여 가늘고 긴 가공물을 연삭하는 방법

25-3

가공물의 이송속도 $F = \pi DN \times \sin\alpha$(mm/min)

여기서, d : 조정숫돌의 지름(mm)

　　　　n : 조정숫돌의 회전수(rpm)

　　　　α : 경사각(°)

정답 25-1 ④ 　25-2 ③ 　25-3 ①

① 연삭숫돌의 구성요소

금속재료에 비해 경도가 높은 입자를 결합제로 결합하여 만든 것으로, 이 숫돌입자가 절삭 날 역할을 하여 공작물을 연삭가공하는 것이다. 연삭숫돌과 일반 절삭공구의 차이점은 절삭공구는 마모가 되면 절삭을 계속 진행할 수 없지만, 연삭숫돌은 숫돌이 마모되어도 연삭을 계속할 수 있다는 점이다. 연삭숫돌은 연삭이 계속 진행되면, 날 끝이 마모되어 연삭저항이 증가하고 결합제의 결합도가 증가한 절삭저항을 견디지 못하고 파손되면서 입자가 탈락하고, 새로운 예리한 입자가 연삭을 계속하게 된다.

• 연삭숫돌 구성요소
  - 숫돌입자 : 절삭공구 날 역할을 하는 입자
  - 결합제 : 입자와 입자를 결합시키는 것
  - 기공 : 입자와 결합제 사이의 빈 공간

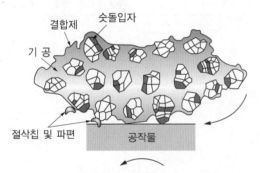

[연삭숫돌의 구성요소]

• 연삭숫돌의 성능 : 숫돌입자, 입도, 조직, 결합도, 결합제

㉠ 숫돌입자(Wheel Abrasive) : 인조 숫돌입자는 산화알루미늄이 주성분인 알루미나(Al₂O₃)계와 저항식 전기로에 탄소와 규소를 화합시켜 만든 탄화규소(SiC)계를 주로 사용한다. 특수한 연삭일 경우 다이아몬드 숫돌입자, CBN 숫돌입자를 사용한다.

천연입자	인조입자
• 사암(Sandstone)이나 석영 (Quartz) • 에머리(Emery) • 커런덤(Corundum) • 다이아몬드(Diamond) 등	• 탄화규소(SiC) • 산화알루미늄(Al₂O₃) • 탄화붕소(B₄C) • 지르코늄옥사이드(ZrO₂)

[숫돌입자의 종류와 용도(가장 많이 사용하는 인조입자)]

종류	기호	용도	순도
알루미나계	A	• 인성이 큰 재료 연삭 • 절단작업용 • 강재 연삭	1~2A
	WA	• 정밀연삭용 • 담금질강, 특수강, 고속도강	3~4A
탄화규소계	C	• 인장강도가 작고, 취성이 있는 재료 • 경합금, 비철금속, 비금속	1~2C
	GC	• 경도가 매우 큰 재료 • 발열을 억제해야 하는 재료 • 초경합금, 특수주철, 칠드 주철, 유리	3~4C

㉡ 입도(Grain Size) : 숫돌입자의 크기를 번호로 나타낸 것이다. 입도의 범위는 10~8,000번이며, 번호가 커질수록 입도는 고와진다. 입도는 연삭가공면의 표면거칠기와 연삭효율을 결정하는 중요한 요소이다.

[연삭숫돌의 입도]

호칭	거친 눈	중간 눈	고운 눈	아주 고운 눈
입도 (번호)	10, 12, 14, 16, 20, 24	30, 36, 46, 54, 60	70, 80, 90, 100, 120, 150, 180, 220	240, 280, 320, 400, 500, 600, 700, 800

[연삭조건에 따른 입도의 선정방법]

거친 입도의 연삭숫돌	고운 입도의 연삭숫돌
• 거친 연삭, 절삭깊이와 이송량이 클 때 • 숫돌과 가공물의 접촉 면적이 클 때 • 연하고 연성이 있는 재료의 연삭	• 다듬질 연삭, 공구연삭 • 숫돌과 가공물의 접촉 면적이 적을 때 • 경도가 크고 메진 가공물의 연삭

ⓒ 결합도(Grade) : 결합제가 연삭입자를 결합하고 있는 강도를 알파벳으로 표시한 것이다. 이것은 연삭 도중 숫돌입자에 걸리는 연삭저항에 대하여 숫돌입자를 유지하는 힘의 크고 작음을 나타낸 것이다. 숫돌입자가 숫돌 표면에서 쉽게 탈락하면 연한 숫돌(결합도가 낮은 숫돌)이라고 하고, 이와 반대인 숫돌은 단단한 숫돌(결합도가 높은 숫돌)이라고 한다.

[연삭숫돌의 결합도]

결합도	E, F, G	H, I, J, K	L, M, N, O	P, Q, R, S	T, U, V, W, X, Y, Z
호 칭	매우 연한 것	연한 것	중간 것	단단한 것	매우 단단한 것
	← 결합도가 낮은 숫돌			결합도가 높은 숫돌 →	

[결합도에 따른 경도의 선정 기준]

결합도가 높은 숫돌 (단단한 숫돌)	결합도가 낮은 숫돌 (연한 숫돌)
• 연한 공작물의 연삭	• 단단한 공작물의 연삭
• 숫돌바퀴의 원주속도가 느릴 때	• 숫돌바퀴의 원주 속도가 빠를 때
• 연삭 깊이가 작을 때	• 연삭 깊이가 클 때
• 접촉 면적이 적을 때	• 접촉 면적이 클 때
• 공작물의 표면이 거칠 때	• 공작물의 표면이 치밀할 때

ⓓ 조직(Structure) : 숫돌의 단위 체적당 입자의 양을 밀도라고 한다. 숫돌입자의 조직은 밀도가 큰 치밀한 조직, 밀도가 중간 정도인 중간 조직, 밀도가 작은 거친 조직으로 나뉜다. 연삭숫돌의 전체 부피에 대한 숫돌입자 부피의 비율은 숫돌입자율이라고 한다. 숫돌 조직 번호는 입자율이 62%인 것을 0으로 하고, 입자율이 2%씩 감소할 때마다 조직 번호가 1씩 증가한다.

[연삭숫돌의 조직과 숫돌입자율]

입자의 밀도	치밀한 것	중간 것	거친 것
기 호	C	M	W
조직 번호	0, 1, 2, 3	4, 5, 6	7, 8, 9, 10, 11, 12
숫돌 입자율(%)	50 이상	42~50	42 이하

[조직에 따른 연삭숫돌의 선택]

조직이 거친 연삭숫돌	조직이 치밀한 연삭숫돌
• 연직이고 연석이 큰 재료	• 굳고 메진재료
• 거친 연삭	• 다듬질 연삭, 총형연삭
• 접촉 면적이 클 때	• 접촉 면적이 작을 때

ⓔ 결합제(Bond) : 숫돌입자를 서로 결합시켜서 숫돌의 모양을 만드는 재료이다. 결합제는 열이나 연삭액에 대하여 안정되어야 하고, 숫돌의 성형을 좋게 해야 한다. 숫돌입자의 지지력은 결합제의 종류에 따라 다르므로 공작물의 재질, 연삭방법에 따라 적절한 결합제를 선택해야 한다.

• 결합제의 구비조건
  – 입자 간에 기공이 생겨야 한다.
  – 균일한 조직으로 필요한 형상과 크기로 가공할 수 있어야 한다.
  – 고속회전에서도 파손되지 않아야 한다.
  – 연삭열과 연삭액에 대하여 안전성이 있어야 한다.
  – 필요에 따라 결합능력을 조절할 수 있어야 한다.

[결합제에 따른 연삭숫돌의 선택]

결합제 종류		기 호	재 질	용 도
비트리파이드		V	장석, 점토	• 숫돌 전체의 80%를 차지 • 거의 모든 재료의 연삭
실리케이트		S	규산 소다	• 대형 숫돌, 발열을 피해야 할 경우 • 균열이 생기기 쉬운 재료
탄성숫돌	고 무	R	고 무	얇은 숫돌, 절단용
	레지노이드	B	합성 수지	절단용, 석재의 연삭
	셸 락	E	천연 셸락	유리면의 다듬질
금속 결합제		M	연강, 활동, 니켈	• 다이아몬드 숫돌의 결합제 • 초경합금, 세라믹 등의 다듬질 연삭

26-1. 다음 중 인조 숫돌입자인 녹색 탄화규소의 기호로 옳은 것은?

[2016년 59회]

① GC
② WA
③ SiC
④ CBN

26-2. 피삭재의 재질이 연할 때 연삭숫돌의 선정요령으로 옳은 것은?

[2015년 57회]

① 거친 입도이며, 결합도가 높은 숫돌
② 거친 입도이며, 결합도가 낮은 숫돌
③ 고운 입도이며, 결합도가 높은 숫돌
④ 고운 입도이며, 결합도가 낮은 숫돌

26-3. 규산나트륨(Na_2SiO_3)을 연삭입자와 혼합·성형하여 제작하며 공구의 절삭 날을 연삭하는 데 적합하고, 대형 숫돌에 적합한 연삭숫돌의 결합제는?

[2017년 62회]

① 셸락 결합제
② 레지노이드 결합제
③ 실리케이트 결합제
④ 비트리파이드 결합제

26-4. 연삭작업에서 숫돌결합제의 구비조건으로 틀린 것은?

[2015년 58회]

① 입자 간에는 기공 없이 치밀해야 한다.
② 결합력의 조절범위가 넓어야 한다.
③ 성형성이 좋아야 한다.
④ 열에 잘 견뎌야 한다.

|해설|

26-1

인조 숫돌입자의 종류

종 류	기 호	적용범위
갈색 알루미나	A	보통 탄소강, 합금강, 스테인리스강 등
백색 알루미나	WA	인장강도가 큰 강 계통의 연삭에 적합, 특히 접촉 면적이 큰 연삭이나 발열을 피해야 하는 연삭에 사용
탄화규소	C	알루미나보다 단단하나 취성이 커서 인장강도가 낮은 재료 연삭에 적합
녹색 탄화규소	GC	주철, 황동, 경합금, 초경합금 등을 연삭하는 데 적합

26-2

• 피삭재의 재질이 연할 때 거친 입도와 결합도가 높은 연삭숫돌을 선정한다.
• 연하고 연성이 있는 재료의 연삭에는 거친 입도의 연삭숫돌을 사용한다.

26-3

③ 실리케이트 결합제(S : Silicate Bond) : 규산나트륨을 입자와 혼합·성형하여 제작한 숫돌로 대형 숫돌에 적합하다. 실리케이트 결합제로 만든 숫돌은 다른 방법으로 만든 연삭숫돌보다 결합도가 약해, 마멸이 빠르다. 고속도강과 같이 연삭할 때 균열이 발생하기 쉬운 가공물의 연삭이나 연삭할 때 발열이 적어야 하는 경우에 적합하다.

결합제의 종류

• 비트리파이드(V) : 주성분 점토와 장석, 무기질 결합제
• 실리케이트(S) : 대형 숫돌 적합, 무기질 결합제
• 셸락(E) : 절단용, 유기질 결합제
• 레지노이드(B) : 절단용, 유기질 결합제
• 고무(R) : 절단용, 센터리스 연삭기의 조정숫돌 결합제
• 금속결합제(M)

26-4

입자 간에 기공이 생겨야 한다.

※ 무기질 결합제(비트리파이드, 실리케이트), 유기질 결합제(셸락, 고무, 레지노이드)

정답 26-1 ① 26-2 ① 26-3 ③ 26-4 ①

① 연삭숫돌의 표시

호칭기호를 붙이는 방법은 KS에 규정되어 있다. 숫돌 입자의 종류, 입도, 결합도, 조직, 결합제의 종류 순서대로 기입한다. 그다음 모양, 치수(바깥지름×두께×구멍지름), 최고 사용 원주속도, 제조 번호, 제조 연월일 등을 순서대로 기재한다.

※ 연삭숫돌의 표시 예

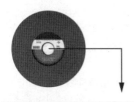

A	24	P	4	B	3,000(m/min)
숫돌입자	입 도	결합도	조 직	결합제	최고 사용 원주 속도

1호	405	×	50	×	38,10
형 상	바깥지름		두 께		구멍지름

② 연삭숫돌의 취급과 보관방법

㉠ 숫돌 위에 무거운 것을 올려놓지 않으며, 두께가 얇은 숫돌은 평평하게 쌓아 올린다.

㉡ 숫돌이 너무 높아 심한 하중을 받지 않도록 한다.

㉢ 숫돌을 떨어뜨리거나 굴려서 깨지거나 모서리가 떨어지지 않도록 한다.

㉣ 크거나 무거운 숫돌을 운반할 때 충격을 주지 않도록 운반구를 이용한다.

㉤ 장거리 운반을 할 때에는 목재 또는 두꺼운 종이 상자로 포장하여 숫돌에 이상이 생기지 않도록 한다.

㉥ 숫돌의 보관방법은 보관대를 만들어 가능하면 평면으로 쌓지 않고 세워서 보관한다.

③ 연삭숫돌의 검사

연삭숫돌의 검사는 먼저 눈으로 외관을 살펴 표면에 균열과 흠 등의 결함 유무를 확인한다. 외관에 이상이 없으면 음향검사, 균형검사, 회전검사를 한다.

㉠ 음향검사 : 숫돌을 나무 해머로 가볍게 두드렸을 때 들리는 소리로 떨림 및 균열 여부를 판정한다. 결함이 없는 비트리파이드, 실리케이트 연삭숫돌은 맑은 소리가 나지만, 결함이 있는 연삭숫돌은 탁한 소리가 난다. 연삭숫돌을 돌려 위치를 바꾸면서 같은 방법으로 음향검사를 실시한다. 가장 쉽고, 많이 사용하는 검사방법이다.

㉡ 균형검사

• 연삭숫돌의 두께나 조직이 불균일하여 연삭가공을 할 때 균형이 맞지 않으면 진동이 발생하고 가공면에 떨림자리가 나타난다. 연삭숫돌의 균형을 알아보는 방법은 균형용 평행대에 조립된 연삭숫돌을 올려놓고 손으로 살며시 굴려 정지 상태의 숫돌 위치를 알아본다. 숫돌의 균형이 맞지 않으면 숫돌이 회전하다가 무거운 부분이 맨 아래로 올 때 정지한다.

• 다음 그림 (a)와 같이 정지된 상태에서 무거운 곳을 표시하고, (b)와 같이 무거운 곳의 조정 추를 풀어 가벼운 곳으로 원형 홈을 따라 이동시켜 숫돌의 무게중심과 회전중심이 일치하도록 균형을 잡는다. 조정 추의 위치는 연삭숫돌이 평행대 위의 어느 위치에서나 정지할 수 있을 때까지 반복하여 균형을 이루면 고정시킨다.

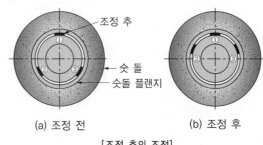

(a) 조정 전   (b) 조정 후

[조정 추의 조정]

ⓒ 회전검사 : 연삭숫돌 검사는 외관과 음향검사, 균형검사로 충분하지 않기 때문에 최종적으로 회전검사에 의해 결함 유무를 확인해야 한다. 사용하던 숫돌이라도 반드시 회전검사를 해야 한다. 검사는 최대 사용 원주속도의 1.5배에서 3~5분 동안 회전시험을 한다. 회전검사를 할 때 결함이 있는 숫돌은 원심력에 의해 파괴될 수 있으므로 연삭숫돌의 정면에 서 있지 않는다.

④ 테리모션(Tarry Motion)

연삭작업 시 세로 이송을 잠시 동안 정지시킨 후 역전시켜 연삭하는 것으로, 테이블 행정의 밑단에서 역적으로 작용하기까지의 여유시간, 트래버스(Traverse Cut) 연삭에서 잠시 테이블을 양 끝의 반환점에서 정지시키는 것이다.

⑤ 연삭숫돌의 덮개

연삭숫돌이 회전이나 연삭 중에 파손되었을 경우 안전을 위하여 연삭기의 종류, 연삭숫돌의 형상, 연삭숫돌의 크기에 따라 적당한 덮개를 설치하여 안전하게 사용해야 한다.

27-1. 연삭숫돌의 파손 방지를 위하여 숫돌을 검사하는 방법이 아닌 것은?
[2012년 52회]

① 음향검사
② 회전검사
③ X-ray 검사
④ 균형검사

27-2. 연삭작업 시 테리모션(Tarry Motion)이라 함은?
[2012년 52회]

① 일감의 이송을 양 끝에서는 빨리 하고 중간에서는 늦게 하는 것
② 거친 일감의 연삭 시 원주속도를 크게 하는 것
③ 최종 다듬질 연삭 시 불꽃이 없어질 때까지 연삭하는 것
④ 세로 이송을 잠시 동안 정지시킨 후 역전시켜 연삭하는 것

27-3. 다음 연삭숫돌의 표시방법에서 "V"의 의미는?
[2016년 59회]

WA 60 K 5 V

① 입 도
② 조 직
③ 결합도
④ 결합제

| 해설 |

27-1
X-ray 검사는 연삭숫돌을 검사하는 방법이 아니다.
연삭숫돌의 검사
• 음향검사 : 나무 해머나 고무 해머 등으로 연삭숫돌의 상태를 검사하는 방법으로 가장 쉽고, 많이 사용하는 검사방법이다(정상-음향이 맑고, 울림이 있는 숫돌/균열-음향이 둔탁하고 울림이 없는 숫돌).
• 회전검사 : 사용할 원주속도의 1.5~2배에서 원심력에 의한 파손 여부를 검사하여야 한다. 연삭 전에 3분 이상 공회전시켜 연삭숫돌의 이상 여부를 검사한 후 연삭을 진행한다.
• 균형검사 : 연삭숫돌이 두께나 조직 형상의 불균일로 인하여 회전 중 떨림이 발생하는 경우가 있는데 작업자의 안전과 연삭한 부품의 정밀도와 우수한 표면거칠기를 얻기 위해 균형검사를 한다.

27-2
테리모션(Tarry Motion) : 연삭작업 시 세로 이송을 잠시 동안 정지시킨 후 역전시켜 연삭하는 것

27-3
일반적인 연삭숫돌 표시방법

WA	60	K	m	V
연삭숫돌입자	입 도	결합도	조 직	결합제

정답 27-1 ③ 27-2 ④ 27-3 ④

① 연삭숫돌의 원주속도

원주속도는 연삭 능률에 영향을 준다. 숫돌의 원주속도가 빠르면 연삭 능률이 높고, 원주속도가 느리면 연삭 능률이 낮다. 그러나 숫돌의 원주속도가 빠르면 숫돌의 절삭성이 떨어져 원심력에 의해 파괴될 위험이 있으며, 반대로 숫돌의 원주속도가 너무 느리면 심하게 마멸된다. 따라서 연삭숫돌의 원주속도는 숫돌에 표시되어 있는 범위 내에서 회전시켜야 한다.

[연삭숫돌의 원주속도]

$$v = \frac{\pi d n}{1,000} (\text{m/min})$$

여기서, v : 연삭숫돌의 원주속도(m/min)

d : 연삭숫돌의 지름(mm)

n : 연삭숫돌의 회전수(rpm)

[연삭숫돌의 원주속도]

작업의 종류	원통 연삭	내면 연삭	평면 연삭	공구 연삭	초경합금 연삭
원주 속도 범위 (m/min)	1,700 ~2,000	600 ~1,800	1,200 ~1,800	1,400 ~1,800	1,400 ~1,650

② 공작물의 원주속도

일반적으로 원통연삭을 할 때 공작물의 원주속도는 연삭숫돌 원주속도의 $\frac{1}{100}$ 정도로 한다. 공작물의 원주속도는 공작물 재질 또는 연삭방법에 따라 다르게 적용해야 한다.

[공작물의 원주속도]

(단위 : m/min)

재 질	바깥지름 연삭		안지름 연삭
	거친 연삭	다듬질 연삭	
강	9~12	8~10	12~18
합금강	10~13	9~12	20~25
주 철	15~18	10~12	20
알루미늄	20~30	18~25	35

③ 연삭유

연삭 시 숫돌바퀴와 공작물 사이에서 발생되는 열을 냉각시키고, 윤활작용 및 칩을 씻어 내리기 위해 연삭유를 사용한다.

㉠ 연삭유의 작용

• 냉각작용 : 공작물과 연삭숫돌 사이에서 발생하는 연삭열로 인한 온도 상승을 방지하여 다듬질면의 치수 정밀도를 유지하고, 연삭효율을 높인다.

• 윤활작용 : 연삭숫돌과 공작물 사이에 윤활작용을 하며, 마찰력에 의한 열의 발생을 억제한다.

• 청정작용 : 칩과 탈락한 연삭입자를 씻어 내어 눈메움을 막아 준다.

㉡ 연삭유의 구비조건

• 환경오염을 발생시키지 않아야 한다.

• 기계나 공작물을 부식시키지 않아야 한다.

• 변질이나 연삭열에 의해 증발하지 않아야 한다.

• 다른 기름과 화학반응을 하지 않아야 한다.

• 악취가 나거나 피부를 자극하지 않아야 한다.

• 냉각성, 윤활성, 유동성이 좋아야 한다.

㉢ 수용성 연삭유 : 붕사, 탄산염, 규산염 등을 70~100배의 물에 녹인 것으로, 냉각성과 윤활성이 우수하다. 연삭숫돌의 눈메움을 적게 하고, 연삭능력도 우수하여 주철·주강 등의 정밀연삭에 사용된다.

㉣ 비수용성 연삭유 : 물을 섞지 않은 연삭유로, 지방유와 광유에 지방유를 적당히 배합한 혼합유가 있다. 비수용성은 냉각성은 좋지 않지만 윤활성이 우수하다. 일반적으로 나사연삭이나 기어연삭과 같이 형상 정밀도가 중요시되는 연삭가공에 사용된다.

외경이 150mm인 연삭숫돌을 이용하여 1,500m/min의 속도로 연삭하고자 한다. 연삭숫돌의 회전수는 약 몇 rpm인가?

[2012년 51회]

① 2,000rpm
② 2,600rpm
③ 3,200rpm
④ 4,000rpm

|해설|

연삭숫돌의 회전수(rpm)

$$n = \frac{1,000v}{\pi d} = \frac{1,000 \times 1,500m/min}{\pi \times 150mm} \fallingdotseq 3,183.10rpm$$

∴ 연삭숫돌 회전수(n) ≒ 3,200rpm

여기서, n : 연삭숫돌 회전수(rpm)

v : 절삭속도(m/min)

d : 연삭숫돌 지름(mm)

정답 ③

핵심이론 29 연삭(6)

① 연삭숫돌의 수정

연삭숫돌의 특성, 공작물의 재질, 연삭조건에 따라 자생작용이 원활하지 않고 눈메움, 무딤, 입자 탈락이 발생하여 연삭 상태가 불량해지기도 한다. 이와 같은 현상이 발생하면 그 요인을 찾아 드레싱, 트루잉 등을 하여 연삭숫돌을 수정해야 한다.

㉠ 눈메움(로딩/Loading) : 숫돌 표면의 기공에 칩이 용착되어 메워지는 현상을 말한다. 이 현상은 연

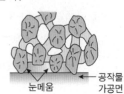

삭숫돌의 입자가 너무 작거나 결합도가 단단하여 자생작용이 어렵거나 알루미늄, 구리 등과 같이 연성이 큰 재료를 연삭할 때 발생한다. 이러한 경우에는 가공면이 거칠어지고, 절삭성이 감소된다.

㉡ 무딤(글레이징/Glazing) : 연삭입자가 자생작용이 일어나지 않고 무뎌지는 현상을 말한다. 연삭숫돌 결합도가 지나치게 단단하면 입자의

날이 닳아서 절삭저항이 커져도 입자는 떨어져 나가지 않는다. 이 경우에는 무뎌진 연삭입자가 공작물 표면을 고속으로 마찰하게 되어 연삭 성능이 떨어지고, 과열로 인하여 가공면이 변색된다. 무딤이 심하면 연삭숫돌의 표면에 광택이 나타난다.

㉢ 입자 탈락(Shedding) : 연삭숫돌의 결합도가 약할 때 발생한다. 입자 탈락은 숫돌입자의 파쇄가 충분하게 일어나기 전 결합제가 파쇄

되어 숫돌입자가 떨어져 나가는 현상을 말한다. 이 경우에는 공작물을 깎아 내는 양에 비해 숫돌의 마모가 심해지며, 항상 새롭게 생성된 날 끝이 연삭을 하게 되어 가공면이 거칠어진다.

② 연삭숫돌의 수정방법

㉠ 드레싱(Dressing) : 연삭숫돌은 눈메움(Loading)이나 무딤(Glazing)이 발생하면 절삭성이 나빠진다. 눈메움이나 무딤이 발생한 숫돌입자를 제거하고, 새로운 예리한 절삭 날을 숫돌 표면에 새롭게 생성하여 절삭성을 회복시키는 것을 드레싱이라고 한다. 이때 사용하는 공구를 드레서라고 하며, 다이아몬드 드레서를 가장 많이 사용한다.

[드레서의 종류]

성형 드레서	정밀한 드레싱은 곤란	
강철 드레서	다이아몬드 대용품으로 정밀연삭에 사용되었으나 근래 사용하지 않음	
입자봉 드레서	얇은 숫돌의 드레싱 또는 트루잉에 사용	
다이아몬드 드레서	가장 많이 사용하는 드레서	다이아몬드가 압입되어 있다.

[드레서 고정방법]

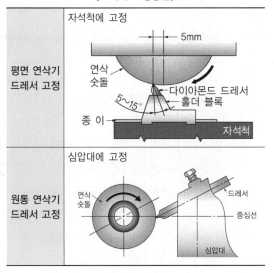

평면 연삭기 드레서 고정	자석척에 고정
원통 연삭기 드레서 고정	심압대에 고정

㉡ 트루잉(Truing) : 연삭작업 도중 연삭숫돌이 균질하지 못하거나 입자가 떨어져 나가서 연삭숫돌의 모양이 점차 변한다. 이때 숫돌 형태를 수정하는 것을 트루잉이라고 한다. 특히, 성형연삭을 가공할 때에는 정확한 숫돌 모양이 요구되므로 트루잉을 해야 한다. 트루잉은 드레서를 사용하므로 트루잉을 하면 동시에 드레싱도 이루어진다.

핵심예제

29-1. 성형연삭에서 연삭하려는 부품의 형상으로 숫돌을 성형하는 작업은?   [2017년 62회]

① 트루잉(Truing)
② 드레싱(Dressing)
③ 로딩(Loading)
④ 글레이징(Glazing)

29-2. 공작물의 재질이 연하여 숫돌입자의 표면이나 기공에 연삭칩이 메우는 현상은 무엇인가?   [2014년 56회]

① 드레싱(Dressing)
② 트루잉(Truing)
③ 로딩(Loading)
④ 글레이징(Glazing)

|해설|

29-1
트루잉(Truing) : 연삭숫돌을 성형하거나 성형연삭으로 인하여 숫돌 형상이 변화된 것을 부품의 형상으로 바르게 고치는 가공

29-2
눈메움(로딩/Loading) : 결합도가 높은 숫돌에서 알루미늄이나 구리와 같이 연한 금속을 연삭하게 되면 연삭숫돌 표면에 기공이 메워져서 칩을 처리하지 못하여 연삭 성능이 떨어지는 현상

정답 29-1 ① 29-2 ③

① 드릴링머신의 종류와 구조

[드릴링머신의 종류 및 용도]

종 류	설 명	용 도	비 고
탁상 드릴링 머신	드릴머신을 작업대 위에 설치하여 사용하는 소형의 드릴링머신	소형 부품 가공에 적합	ϕ13mm 이하의 작은 구멍 뚫기
직립 드릴링 머신	탁상 드릴링머신과 유사	비교적 대형 가공물 가공	주축 역회전 장치로 탭가공 가능
레이디얼 드릴링 머신	구멍가공을 하기 위해 가공물은 고정시키고, 드릴이 가공 위치로 이동할 수 있는 머신(드릴을 필요한 위치로 이동 가능)	대형 제품이나 무거운 제품에 구멍가공	암(Arm)을 회전, 주축 헤드 암을 따라 수평 이동
다축 드릴링 머신	1대의 드릴링머신에 다수의 스핀들을 설치하고 여러 개의 구멍을 동시에 가공	1회에 여러 개의 구멍 동시 가공	
다두 드릴링 머신	직립 드릴링머신의 상부 기구를 한 대의 드릴 머신 베드 위에 여러 개를 설치한 형태	드릴가공, 탭가공, 리머가공 등의 여러 가지 가공을 순서에 따라 연속 가공	
심공 드릴링 머신	깊은 구멍 가공에 적합한 드릴링머신	총신, 긴 축, 커넥팅 로드 등과 같이 깊은 구멍 가공	

② 드릴작업의 절삭조건

절삭속도와 이송속도는 드릴과 공작물의 재질, 절삭유의 사용 유무에 따라 정해진다.

$$n = \frac{1,000v}{\pi d}$$

여기서, v : 절삭속도(m/min)

d : 드릴의 지름(mm)

n : 드릴의 회전수(rpm)

③ 드릴가공의 종류

ⓐ 드릴링(Drilling) : 드릴에 회전을 주고 축 방향으로 이송하면서 구멍을 뚫는 절삭방법

ⓑ 리밍(Reaming) : 뚫려 있는 구멍을 정밀도가 높고, 가공 표면의 표면거칠기를 좋게 하기 위한 가공

ⓒ 탭가공(Tapping) : 드릴로 뚫은 구멍에 탭을 이용하여 암나사를 가공하는 방법

ⓓ 보링(Boring) : 이미 뚫려 있는 구멍을 필요한 크기로 넓히거나 정밀도를 높이기 위한 가공

ⓔ 카운터 보링(Counter Boring) : 볼트 또는 너트의 머리 부분이 가공물 안으로 묻히도록 드릴과 동심원의 2단 구멍을 절삭하는 방법

ⓕ 카운터 싱킹(Counter Sinking) : 나사머리가 접시 모양일 때 테이퍼 원통형으로 절삭하는 가공

ⓖ 스폿 페이싱(Spot Facing) : 볼트나 너트가 닿는 구멍 주위의 부분만 평탄하게 가공하여 체결이 잘 되도록 하는 가공

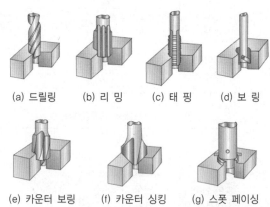

(a) 드릴링 (b) 리 밍 (c) 태 핑 (d) 보 링

(e) 카운터 보링 (f) 카운터 싱킹 (g) 스폿 페이싱

[드릴가공의 종류]

④ 드릴 파손의 원인

ⓐ 절삭 날이 규정된 각도와 형상으로 연삭되지 않아 한쪽 부분으로 과대한 절삭력이 작용할 때

ⓑ 드릴가공 중에 드릴이 외력에 의해 구부러진 상태로 계속 가공할 때

ⓒ 시닝이 너무 커서 드릴이 약해졌을 때

ⓓ 구멍에 절삭칩이 배출되지 못하고 가득 차 있을 때

ⓔ 이송이 너무 커서 절삭저항이 증가할 때

ⓕ 드릴이 필요 이상으로 너무 길게 고정되어 이송 중에 드릴이 휘어질 때

⑤ 드릴의 각도

　㉠ 드릴의 표준각 : 118°

　㉡ 가공물의 재질과 드릴의 각도

금속재료	드릴의 선단각도(θ)	여유각(α)
크랭크축 및 심공작업	120~170°	9°
레일 및 경강	150°	10°
열처리강 및 단조강	125°	12°
주 철	90°	12°
동 및 동합금	100~120°	12°
목재 및 파이프	60°	12°

핵심예제

30-1. 대형이고 무거운 가공물이어서 가공물을 이동시키면서 가공하기 곤란할 때 사용하기 적합한 드릴링머신은?

[2015년 58회]

① 직접 드릴링머신　　② 레이디얼 드릴링머신
③ 다축 드릴링머신　　④ 다두 드릴링머신

30-2. 기계의 부품을 조립할 때 볼트의 머리 부분이 돌출되면 곤란한 부분이 있다. 이러한 경우에 볼트 또는 너트의 머리 부분이 가공물 안으로 묻히도록 드릴과 동심원의 2단 구멍을 절삭하는 방법은?

[2017년 62회]

① 카운터 보링　　② 스폿 페이싱
③ 탭가공　　④ 리 밍

30-3. 가공물의 재질에 따른 드릴의 날 끝각의 범위가 적절하지 못한 것은?

[2015년 58회]

① 일반재료 : 118°
② 주철 : 90~118°
③ 스테인리스강 : 60~70°
④ 구리, 구리합금 : 110~130°

30-4. 드릴 파손의 원인으로 틀린 것은?

[2015년 58회]

① 이송이 작아 절삭저항이 감소할 때
② 절삭칩이 배출되지 못하고 가득 차 있을 때
③ 드릴이 길게 고정되어 이송 중 휘어질 때
④ 시닝(Thinning)이 너무 큰 경우

|해설|

30-1
레이디얼 드릴링머신 : 대형 제품이나 무거운 제품에 구멍가공을 하기 위해 가공물은 고정시키고, 드릴링 헤드를 수평 방향으로 이동하여 가공할 수 있는 머신(드릴을 필요한 위치로 이동 가능)

30-2
카운터 보링(Counter Boring) : 볼트 또는 너트의 머리 부분이 가공물 안으로 묻히도록 드릴과 동심원의 2단 구멍을 절삭하는 방법

30-3
③ 스테인리스강 : 150°
※ 가공물의 재질과 드릴의 각도 – 핵심이론 참고

30-4
드릴은 이송이 너무 커서 절삭저항이 증가할 때 파손된다.
※ 드릴의 파손원인 – 핵심이론 참고

정답 **30-1** ②　**30-2** ①　**30-3** ③　**30-4** ①

① 드릴 구멍가공 시간

$$T = \frac{t+h}{nf} = \frac{\pi D(t+h)}{1,000\,Vf}$$

f : 드릴의 이송(mm/rev)

h : 드릴의 원추 높이(mm)

t : 구멍의 깊이(mm)

D : 드릴의 지름(mm)

V : 드릴의 절삭속도(m/min)

② 탭(Tap)가공 시 드릴의 지름

$$d = D - p$$

d : 탭가공 시 드릴의 지름(mm)

D : 수나사의 지름(mm)

p : 나사피치

③ 특수 드릴가공

　㉠ 박판에 비교적 지름이 큰 드릴로 구멍을 가공할
　　경우 판이 심하게 움직여 진원이 되기 어렵다. 박판
　　의 드릴가공은 아래 그림과 같이 Flat Drill, Saw
　　Cutter, Fly Cutter 등을 사용한다.

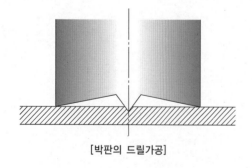

[박판의 드릴가공]

　㉡ 경사면이나 뾰족한 부분에 드릴가공을 할 경우에
　　는 다음 그림과 같이 캡(Cap)을 붙이거나 엔드밀,
　　센터드릴 등을 이용하여 드릴가공의 위치를 정확
　　히 설정하고 드릴링한다.

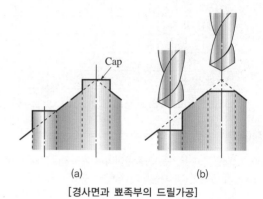

[경사면과 뾰족부의 드릴가공]

　㉢ 겹쳐진 구멍을 드릴링할 때는 다음 그림과 같이
　　먼저 뚫은 구멍을 동일 재질로 메운 후에 드릴가공
　　을 하고 메운 재료를 뽑아내어 완성한다.

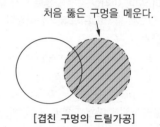

[겹친 구멍의 드릴가공]

④ 드릴링머신의 안전

　㉠ 회전하고 있는 주축이나 드릴에 옷자락이나 머리
　　카락이 말려들지 않도록 주의한다.

　㉡ 드릴을 고정하거나 풀 때는 주축이 완전히 정지한
　　후에 한다.

　㉢ 시동 전에 드릴이 바른 위치에 안전하게 고정되어
　　있는가를 확인하여야 한다.

　㉣ 드릴이나 드릴 소켓 등을 뽑을 때에는 드릴 뽑기를
　　사용하며, 해머 등으로 두들겨 뽑지 않는다.

　㉤ 얇은 판의 구멍 뚫기에는 보조판 나무를 사용하는
　　것이 좋다.

　㉥ 구멍 뚫기가 끝날 무렵에는 이송을 천천히 한다.

ⓧ 장갑을 끼고 작업하지 않는다.

ⓞ 가공물을 손으로 잡고 드릴링하지 않는다.

핵심예제

31-1. 3/8-16 UNC로 표시되어 있는 태핑을 위하여 드릴링하려면 약 몇 mm의 드릴이 적당한가?(단, 3/8-16 UNC의 피치는 1.5875mm이고, 암나사의 골지름은 9.525mm이다)

[2015년 58회]

① 6   ② 8
③ 10   ④ 12

31-2. 다음 중 경사면에 드릴가공할 때의 작업방법으로 가장 적합한 것은?

[2016년 60회]

① 건드릴을 이용하여 드릴링한다.
② 날 끝각이 180° 이상 큰 드릴을 사용한다.
③ 엔드밀로 자리파기를 한 후에 드릴링한다.
④ 작은 드릴로 드릴링 후 규격에 맞는 드릴로 드릴링한다.

|해설|

31-1
$d = D - p = 9.525\text{mm} - 1.5875\text{mm} = 7.9375\text{mm}$로 8mm 드릴이 적당하다.
※ 탭가공 시 드릴의 지름 $d = D - p$(D : 수나사 지름, p : 나사피치)

31-2
경사면이나 뾰족한 부분에 드릴가공을 할 경우에는 캡(Cap)을 붙이거나 엔드밀, 센터드릴 등을 이용하여 자리파기를 한 후에 드릴링한다.

정답 31-1 ②   31-2 ③

핵심이론 32 보링머신

① 보링머신(Boring Machine)의 개요

보링이란 드릴가공, 단조가공, 주조가공 등에 의하여 이미 뚫려 있는 구멍을 좀 더 크게 확대하거나 표면거칠기가 높고, 정밀도가 높은 제품으로 가공하는 것이다. 보링머신은 가공물을 회전시키는 데 복잡한 형상이나 대형인 가공물, 중량이 커서 편심으로 가공될 우려가 있는 제품의 가공에 적합하다.

※ 보링머신 작업 종류 : 보링, 드릴링, 리밍, 태핑, 밀링가공의 일부분 등

② 보링머신의 종류

㉠ 보통 보링머신(수평식 보링머신) : 상하로 이송되는 수평인 주축을 가지고 있으며, 2개의 기둥 사이에 가로 및 세로 방향으로 이송되는 테이블, 보링바를 지지하는 칼럼으로 구성된다. 구조에 따라 테이블형, 플로어형, 플레이너형으로 구분한다.

• 테이블형(Table Type) : 새들(Saddle)면 상에서 테이블이 평행 및 직각으로 이송한다. 보링머신 중 가장 많이 사용되며, 보링 외에 일반적인 가공도 한다.

• 플레이너형(Planer Type) : 테이블형과 유사하나 새들(Saddle)이 없고, 길이 방향의 이송은 베드를 따라 칼럼이 이송된다. 중량이 큰 가공물의 가공에 적합하다.

• 플로어형(Floor Type) : 가공물을 T홈이 있는 플로어 플레이트(Floor Plate)에 고정하고, 주축은 칼럼을 따라 상하로 이송하며, 칼럼은 베드를 따라 이송한다. 테이블형에서 가공하기 어려운 공작물을 가공할 때 적합하다.

㉡ 수직 보링머신 : 스핀들이 수직으로 이루어진 구조로, 주축의 스핀들은 안내면을 따라 이송된다. 절삭공구의 위치는 크로스 레일(Cross Rail)의 공구대에 의하여 조절된다.

ⓒ 정밀 보링머신 : 고속회전 및 정밀한 이송기구를 갖추고 있으며, 다이아몬드 또는 초경합금의 절삭공구로 가공한다. 정밀도가 높고 표면거칠기가 우수한 실린더나 커넥팅 로드, 베어링면 등을 가공한다. 주축의 방향에 따라 수평식과 수직식이 있으며, 진원도 및 진직도가 높은 제품을 가공할 수 있다.

ⓓ 지그 보링머신 : 높은 정밀도를 요구하는 가공물, 각종 기구, 정밀기계의 구멍가공 등에 사용하는 보링머신이다. 가공물의 오차가 ±2~5μm 정도이며, 온도 변화에 따른 영향을 받지 않도록 항온·항습실에 설치하여야 한다. 주축의 위치를 정밀하게 하기 위하여 나사식 측정 장치 및 표준 봉게이지, 다이얼 게이지, 현미경에 의한 광학적 측정장치를 가지고 있다.

ⓔ 코어 보링머신 : 가공할 구멍이 매우 클 때 구멍 전체를 절삭하지 않고 내부에 심재가 남도록 환형의 홈으로 가공하여, 시간을 절약하고 심재(Core)로 남은 부분을 다른 용도의 재료로 사용할 수 있는 보링머신이다(판재에 큰 구멍을 가공하거나 포신 등의 가공에 적합하다).

③ 보링공구와 부속장치

ⓐ 보링 바이트(Boring Bite) : 선반작업의 바이트와 같은 역할을 하며, 일반적으로 다이아몬드 바이트, 초경 바이트를 사용한다. 보링 바이트는 구멍의 크기, 가공 위치에 따라 바이트를 직접 보링 바(Boring Bar)에 고정하는 방법과 보링 주축단에 고정하는 방법이 있다.

ⓑ 보링 바(Boring Bar) : 보링 바의 한쪽 끝은 주축구멍과 체결하기 위하여 테이퍼로 된 형상과 유니버설 조인트로 주축에 연결하는 것이 있다.

ⓒ 보링 공구대 : 보링할 구멍이 커서 보링 바를 사용하기 곤란한 경우에 사용한다. 바이트는 일반적으로 2개를 사용하며, 경우에 따라서는 3개 이상을 사용하는 경우도 있다.

32-1. 보링머신(Boring Machine)에서 일반적으로 할 수 없는 작업은?
[2013년 54회]

① 탭작업
② 드릴링 작업
③ 리밍작업
④ 기어 가공작업

32-2. 다음 보링공구와 부속장치에 속하지 않는 것은?
[2013년 54회]

① 보링 바
② 보링 바이트
③ 보링 공구대
④ 보링 슬롯팅 장치

32-3. 지그보링기의 작업조건을 설명한 것 중 가장 거리가 먼 것은?
[2013년 53회]

① 작업장 내의 온도는 상온의 ±1° 이내로 유지시키는 것이 좋다.
② 외부로부터의 진동이 전달되지 않도록 방진처리한다.
③ 햇빛이 닿는 밝은 쪽이 좋다.
④ 공기 필터를 통하여 바깥 공기를 빨아들이는 환기방식이 좋다.

|해설|

32-1
• 기어 가공작업은 보링머신에서 할 수 없다.
• 보링머신에서는 보링, 드릴링, 리밍, 태핑, 밀링가공의 일부분까지도 가능하다.
※ 보링 : 드릴가공, 단조가공, 주조가공 등에 의하여 이미 뚫려 있는 구멍을 좀 더 크게 확대하거나 표면거칠기가 높고, 정밀도가 높은 제품으로 가공하는 것이다.

32-2
④ 보링 슬롯팅 장치는 보링공구와 부속장치가 아니다.
보링공구와 부속장치 : 보링 바이트, 보링 바, 보링 공구대 등

32-3
지그보링머신(Jig Boring Machine)은 높은 정밀도를 요구하는 가공물 가공에 사용되는 보링머신으로, 온도 변화에 따른 영향을 받지 않도록 해야 하므로 햇빛이 닿는 쪽은 작업조건으로 적합하지 않다.

정답 32-1 ④ 32-2 ④ 32-3 ③

① 브로칭(Broaching) 가공

가늘고 긴 일정한 모양을 가진 공구에 많은 날을 가진 브로치(Broach)라는 절삭공구를 사용하여 공작물의 내면이나 외경에 필요한 형상의 부품을 가공하는 절삭방법이다.

ㄱ 가공방법
- 내면 브로칭 머신 : 키홈, 스플라인 홈, 원형 구멍, 다각형 구멍 등 가공
- 외경 브로칭 머신 : 세그먼트 기어홈, 특수한 외면의 형상 등 가공

ㄴ 특 징
- 공작물의 재질과 치수가 같을 경우에만 사용이 가능하다.
- 제품의 형상과 모양, 크기, 재질에 따라 각각의 브로치가 필요하다.
- 브로치의 설계나 제작에 시간이 많이 걸리고 비용이 많아 일정 수량 이상의 대량 생산에만 적용한다.
- 브로치를 인발 또는 압입하는 방법에는 나사식, 기어식, 유압식 등이 있으며 최근에는 유압식을 가장 많이 사용한다.

ㄷ 브로칭 머신의 종류
- 수평 브로칭 머신
- 직립형 브로칭 머신

② 플레이너(Planer)

ㄱ 테이블의 수평 길이 방향 왕복운동과 공구는 테이블의 가로 방향으로 이송하며, 주로 평면을 가공하는 공작기계이다. 선반의 베드, 대형 정반 등의 대형물 가공에 적합하다. 플레이너의 크기는 테이블의 크기(길이×폭), 공구대의 이송거리, 테이블의 윗면에서 공구대 사이의 최대 높이로 표시한다.

ㄴ 플레이너의 종류
- 쌍주식 플레이너
- 단주식 플레이너
- 피트 플레이너

③ 셰이퍼(Shaper)

구조가 간단하고, 사용이 편리하여 평면을 가공하는 공작기계이다. 절삭 능률이 나빠 최근에는 많이 사용하지 않는다. 셰이퍼의 크기는 일반적으로 램의 최대 행정으로 표시한다.

ㄱ 셰이퍼의 종류
- 수평식 보통형 셰이퍼
- 트래버스 셰이퍼

ㄴ 셰이퍼의 운동기구
- 래크와 피니언에 의한 방법
- 유압기구에 의한 방법
- 스크루와 너트에 의한 방법
- 크랭크와 로커 암에 의한 방법

④ 슬로터(Slotter)

직립 셰이퍼라고도 하며, 공구는 상하 직선 왕복운동을 한다. 테이블은 수평면에서 직선운동과 회전운동을 하여 키홈, 스플라인, 세레이션 등의 내경가공을 주로 하는 공작기계이다.

다음 중 브로치 가공법에 대한 설명 중 틀린 것은?

[2016년 60회]

① 키홈, 스플라인 홈을 가공할 수 있다.
② 내면 또는 외면을 브로칭 가공할 수 있다.
③ 브로치의 비용이 저가이므로 소량 생산에 적합하다.
④ 제품의 형상, 모양, 크기, 재질에 따라 각각의 브로치가 필요하다.

|해설|

③ 브로칭은 가공물의 재질과 치수가 같을 경우에만 사용이 가능하므로 제품의 형상과 모양, 크기, 재질에 따라 각각의 브로치가 필요하다. 브로치의 설계나 제작에 시간이 오래 걸리고 비용이 많아 일정 수량 이상의 대량 생산에만 적용할 수 있다.

브로칭(Broaching) : 가늘고 긴 일정한 단면 모양을 가진 공구에 많은 날을 가진 브로치(Broach)라는 절삭공구를 사용하여 가공물의 내면이나 외경에 필요한 형상의 부품을 가공하는 절삭방법

정답 ③

핵심이론 34 정밀 입자 가공

① 래핑(Lapping)

랩(Lap)이라는 분말입자와 다듬질하려고 하는 공작물 사이에 랩입자와 래핑액을 혼합한 랩제를 넣고 공작물을 누르면 상대운동을 하여 경면으로 다듬질하는 가공 방법이다.

㉠ 래핑의 장점
  • 가공면이 매끈한 거울면을 얻을 수 있다.
  • 정밀도가 높은 제품을 가공할 수 있다.
  • 가공면은 윤활성 및 내마모성이 좋다.
  • 가공이 간단하고 대량생산이 가능하다.
  • 평면도, 진원도, 직선도 등의 이상적인 기하학적 형상을 얻을 수 있다.

㉡ 래핑의 단점
  • 가공면에 랩제가 잔류하기 쉽고, 제품을 사용할 때 잔류한 랩제가 마모를 촉진시킨다.
  • 고도의 정밀가공은 숙련이 필요하다.
  • 작업이 지저분하고 먼지가 많다.
  • 비산하는 랩제는 다른 기계나 가공물을 마모시킨다.

㉢ 래핑조건
  • 래핑속도 : 습식법에서는 랩제나 래핑유가 비산하지 않는 정도로 하며, 건식 래핑에서는 50~80m/min 정도로 한다. 래핑속도가 너무 빠르면 발열로 인한 표면변질층이 커지거나 래핑 번(Lapping Burn)이 발생하므로 주의하여야 한다.
  • 래핑압력
    – 랩재의 입자가 크면 압력을 높이고, 입자가 미세하면 압력을 낮춘다.
    – 습식의 경우 4.9N/cm^2 정도이며, 주철은 4.9N/cm^2보다 다소 낮게 한다.
    – 건식의 경우 $9.8{\sim}14.7\text{N/cm}^2$ 정도로 하고 주철은 $9.8{\sim}14.7\text{N/cm}^2$보다 다소 낮게 한다.

② 호닝(Honing)

  ㉠ 호닝은 원통의 내면을 보링, 리밍, 연삭 등의 가공을 한 후에 진원도, 진직도, 표면거칠기 등을 더욱 향상시키기 위한 가공방법이다.

  ㉡ 호닝의 특징
    • 발열이 적고 경제적인 정밀가공이 가능하다.
    • 전 가공에 발생한 진직도, 진원도, 테이퍼 등에 발생한 오차를 수정할 수 있다.
    • 표면거칠기를 좋게 할 수 있다.
    • 정밀한 치수로 가공할 수 있다.

③ 액체호닝(Liquid Honing)

  연마재를 가공액과 혼합하여 가공물 표면에 압축공기를 이용하여 고압과 고속으로 분사시켜 가공물 표면과 충돌시켜 표면을 가공하는 방법이다(피닝효과가 있다).

  ㉠ 액체호닝의 장점
    • 피닝(Peening)효과가 있다.
    • 가공시간이 짧다.
    • 가공물의 피로강도를 10% 정도 향상시킨다.
    • 형상이 복잡한 것도 쉽게 가공한다.
    • 가공물 표면에 산화막이나 거스러미를 제거하기 쉽다.

  ㉡ 액체호닝의 단점
    • 액체호닝은 다듬질면의 진원도, 진직도가 좋지 않다.
    • 호닝입자가 가공물의 표면에 부착되어 내마모성을 저하시킬 우려가 있다.

  ㉢ 액체호닝의 조건 : 일반적으로 가공액의 분사각은 40~50°가 효율적이며, 분사 노즐과 공작물 사이의 거리는 보통 60~80mm이다. 공기압력이 높을수록 가공 능률이 높고, 분사각이 클수록 다듬질면은 거칠다.

④ 슈퍼피니싱(Super Finishing)

  ㉠ 입도가 작고, 연한 숫돌에 작은 압력으로 가압하면서 가공물에 이송을 주고, 동시에 숫돌에 진동을 주어 표면거칠기를 좋게 하는 가공방법이다. 다듬질된 면은 평활하고 방향성이 없으며, 가공에 의한 표면변질층이 극히 미세하다(작은 압력+이송+진동).

  ㉡ 숫돌의 길이 : 숫돌의 폭은 가공물 지름의 60~70% 정도로 하며, 숫돌의 길이는 가공물의 길이와 동일하게 하는 것이 일반적이다.

⑤ 배럴가공

  회전하는 통 속에 가공물, 숫돌입자, 가공액, 콤파운드 등을 함께 넣고 회전시키면 서로 부딪치며 가공되어 매끈한 가공면을 얻는 가공방법이다.

⑥ 쇼트피닝(Shot-peening)

  숏(Shot)을 압축공기나 원심력을 이용하여 가공물의 표면에 분사시켜 가공물의 표면을 다듬질하고, 동시에 피로강도 및 기계적인 성질을 개선하는 방법이다.

⑦ 버니싱(Burnishing)

  1차로 가공된 가공물의 안지름보다 다소 큰 강철 볼(Ball)을 압입하여 통과시켜서 가공물의 표면을 소성변형시켜 가공하는 방법이다.

34-1. 래핑(Lapping)에 대한 설명으로 틀린 것은?

[2016년 59회]

① 가공면의 내마모성이 좋다.
② 정밀도가 높은 제품을 가공할 수 있다.
③ 작업이 지저분하고 먼지가 많이 발생한다.
④ 평면도, 진원도 등의 이상적인 기하학적 형상을 얻을 수 없다.

34-2. 1차로 가공된 가공물의 안지름보다 다소 큰 강철 볼 (Ball)을 압입하여 통과시켜서 가공물의 표면을 소성변형시켜 가공하는 방법은?

[2016년 59회]

① 버니싱   ② 폴리싱
③ 쇼트피닝   ④ 롤러가공

34-3. 축의 베어링 접촉부, 각종 롤러, 초정밀가공에 이용되며 가공물에 가압과 동시에 숫돌에 진동을 주면서 다듬질하는 가공법은?

[2012년 52회]

① 호 닝   ② 슈퍼피니싱
③ 래 핑   ④ 쇼트피닝

| 해설 |

34-1

래핑(Lapping)은 평면도, 진원도, 직선도 등의 이상적인 기하학적 형상을 얻을 수 있다.

래핑가공의 장단점

장 점	단 점
• 가공면이 매끈한 거울면을 얻을 수 있다. • 정밀도가 높은 제품을 가공할 수 있다. • 가공면은 윤활성 및 내마모성이 좋다. • 가공이 간단하고 대량 생산이 가능하다. • 평면도, 진원도, 직선도 등의 이상적인 기하학적 형상을 얻을 수 있다.	• 가공면에 랩제가 잔류하기 쉽고, 제품을 사용할 때 잔류한 랩제가 마모를 촉진시킨다. • 고도의 정밀가공은 숙련이 필요하다. • 작업이 지저분하고 먼지가 많다. • 비산하는 랩제는 다른 기계나 가공물을 마모시킨다.

34-2

① 버니싱(Burnishing) : 원통형 내면에 강철 볼형의 공구를 압입해 통과시켜 매끈하고 정도가 높은 면을 얻는 가공법
② 폴리싱(Polishing) : 목재·피혁·직물 등 탄성이 있는 재료로 된 바퀴 표면에 부착시킨 미세한 연삭입자로 연삭작용을 하게 하여 가공물 표면을 버핑하기 전에 다듬질하는 방법
③ 쇼트피닝(Shot-peening) : 표면을 타격하는 일종의 냉간가공으로 철강의 작은 볼(Shot)을 공작물 표면에 분사하여 강재의 화학조성을 변화시키지 않고 표면을 매끈하게 하여 피로강도 및 기계적 성질을 향상시키는 방법
④ 롤러(Roller)가공 : 가공한 표면에 절삭공구의 이송 자국, 뜯긴 자국 등이 나타나게 되는데 이러한 표면을 롤러를 이용하여 매끈하게 가공하는 방법

34-3

슈퍼피니싱(Super Finishing) : 연한 숫돌에 작은 압력으로 가압하면서 가공물에 이송을 주고 동시에 숫돌에 진동을 주어 표면거칠기를 높이는 가공방법(작은 압력+이송+진동)

정답 34-1 ④ 34-2 ① 34-3 ②

① 전해가공

전극을 음극(−)에, 가공물을 양극(+)으로 연결한다. 전극과 가공물의 간격을 0.02~0.7mm 정도 유지하면서 전해액을 분출하여 전기를 통전하면 가공물이 전극의 형상으로 용해되면서 제거되어 필요한 형상으로 가공하는 방법이다.

② 초음파 가공

공구와 가공물 사이에 연삭입자와 가공액을 주입하고 작은 압력으로 공구에 초음파 진동을 주어 유리, 세라믹, 다이아몬드, 수정 등 소성변형되지 않고 취성이 큰 재료를 가공할 수 있는 가공방법이다. 금속, 비금속 등의 재료에 관계없이 정밀가공하는 방법이다.

③ 방전가공

전극과 가공물 사이에 전기를 통전시켜 방전현상의 열에너지를 이용하여, 가공물을 용융·증발시켜 가공을 진행하는 비접촉식 가공방법이다.

  ㉠ 방전가공의 특징
    • 가공물의 경도와 관계없이 가공이 가능하다.
    • 무인 가공이 가능하다.
    • 숙련을 요하지 않는다.
    • 전극의 형상대로 정밀하게 가공할 수 있다.
    • 전극 및 가공물에 큰 힘이 가해지지 않는다.
    • 전극은 구리나 흑연 등의 연한 재료를 사용하므로 가공이 쉽다.
    • 전극이 필요하다.
    • 가공 부분에 변질층이 남는다.

  ㉡ 방전가공용 전극재료의 조건
    • 방전이 안전하고 가공속도가 클 것
    • 가공정밀도가 높을 것
    • 기계가공이 쉬울 것
    • 가공 전극의 소모가 적을 것
    • 구하기 쉽고 값이 저렴할 것

  ㉢ 방전가공 가공액의 역할
    • 방전할 때 생기는 용융금속을 비산시킨다.
    • 칩의 제거작용을 한다.
    • 발생되는 열을 냉각시키는 작용을 한다.
    • 절연성을 회복시킨다.
    • 방전 폭발압력을 발생시킨다.

④ 와이어 컷 방전가공(Wire Cut Electric Discharge Machining)

  ㉠ 지름 0.02~0.3mm 정도의 금속선의 전극(Wire)을 이용하여 NC로 필요한 형상을 가공하는 방법이다. 가공액은 일반적으로 물(이온수)을 사용함으로써 취급이 쉽고, 화재 위험이 적으며, 냉각성이 좋고 칩의 배출이 용이하다.

  ㉡ 전극용 와이어 재질 : Cu, Bs, W 등

  ㉢ 와이어 컷 방전가공의 특성
    • 담금질한 강이나 초경합금의 가공도 가능하다.
    • 가공물의 형상이 복잡해도 가공속도가 변하지 않는다.
    • 전극을 별도로 제작할 필요가 없다.
    • 복잡한 가공물도 높은 정밀도의 가공이 가능하다.
    • 소비 전력이 적고, 전극의 소모가 무시된다.
    • 가공 여유가 적어도 되고, 전(前) 가공이 필요 없다.
    • 표면거칠기가 양호하다.

⑤ 전주가공

  ㉠ 도금을 응용한 방법으로 모델을 음극에, 전착시킬 금속을 양극에 설치하고 전해액 속에서 전기를 통전하여 적당한 두께로 금속을 입히는 가공방법이다.

  ㉡ 전주가공의 특징
    • 가공정밀도가 높다.
    • 복잡한 형상, 중공축 등을 가공할 수 있다.
    • 제품의 크기에 제한을 받지 않는다.
    • 가격이 비싸다.

- 모형 전체 면에 일정한 두께로 전착하기는 어렵다.
- 전주가공 재료에 제한을 받는다.

⑥ 전해연마

전기도금의 반대 현상으로 가공물을 양극(+), 전기저항이 작은 구리·아연을 음극(-)으로 연결하고, 전해액 속에서 $1A/cm^2$ 정도의 전기를 통하면 전기에 의한 화학적인 작용으로 가공물의 표면이 용출되어 필요한 형상으로 가공하는 방법이다. 알루미늄 소재 등 거울과 같이 광택 있는 가공면을 비교적 쉽게 가공할 수 있다.

⑦ 전해연삭

전해연삭은 연삭숫돌에 의한 접촉방식으로 전해작용과 기계적인 연삭가공을 복합시킨 가공방법이다. 열에 민감한 가공물, 연질 가공물, 두께가 얇은 판 등을 변형 없이 가공하는 데 적합하다(전해가공 : 비접촉식 / 전해 연삭 : 접촉방식).

⑧ 화학가공법

　㉠ 화학블랭킹(화학밀링) : 일명 화학절삭으로 가공물 표면에서 가공이 필요하지 않은 부분(비가공)은 내식성 피막을 하고, 가공할 부분만 가공한다. 대량 생산, 넓은 면의 가공, 복잡한 형상, 얇은 가공물 등을 편리하게 가공할 수 있다.

　㉡ 화학연삭 : 용삭과 유사한 방법으로 가공물 표면의 요철 부분의 볼록부를 가공할 때 기계적 마찰로서 용삭보다 더욱 능률적으로 가공하는 방법이다.

　㉢ 화학절단 : 인선이 없는 메탈 소(Metal Saw)를 절단할 부분에 마찰시키면서 가공액을 공급하면, 용삭이 진행되어 절단되는 가공방법이다.

　㉣ 화학연마 : 열에너지를 이용하여 가공물의 전면을 균일하게 용해하며, 두께를 얇게 하거나 가공 표면의 오목 부분은 가공하지 않고 볼록 부분만 신속하게 가공하여 평활한 표면으로 가공하는 방법이다.

35-1. 다음 중 소성변형이 되지 않고 취성이 큰 유리, 다이아몬드, 인조보석 등의 가공에 효과적인 가공방법은?

[2017년 62회]

① 전주가공　　　　　　② 전해가공
③ 버니싱 가공　　　　　④ 초음파 가공

35-2. 와이어 컷 방전가공에서 가공액의 역할이 아닌 것은?

[2016년 60회]

① 극간의 절연 회복　　　② 가공칩의 제거
③ 방전 폭발압력의 제거　④ 방전가공 부분의 냉각

35-3. 다음 중 전주가공의 특징으로 틀린 것은? [2017년 62회]
① 가공정밀도가 높다.
② 생산시간이 짧고 가격이 저렴하다.
③ 제품의 크기에 제한을 받지 않는다.
④ 복잡한 형상, 중공축 등을 가공할 수 있다.

35-4. 공작물 중 비가공 부분을 감광성 내식피막으로 피복하는 가공법은?

[2015년 58회]

① 화학연삭　　　　　　② 화학절단
③ 화학연마　　　　　　④ 화학블랭킹

|해설|

35-1
초음파 가공 : 기계적 에너지로 진동을 하는 공구와 공작물 사이에 연삭입자와 가공액을 주입하고서 작은 압력으로 공구에 초음파 진동을 주어 유리, 세라믹, 다이아몬드, 수정 등 소성변형되지 않고 취성이 큰 재료를 가공할 수 있는 가공방법

35-2
가공액은 방전 폭발압력을 발생시킨다.

35-3
전주가공은 생산시간이 길다(플라스틱 성형용 2~3주).

35-4
화학블랭킹(화학밀링) : 일명 화학절삭으로 가공물 표면에서 가공이 필요하지 않은 부분(비가공)은 내식성 피막을 하고, 가공할 부분만 가공한다. 대량 생산, 넓은 면의 가공, 복잡한 형상, 얇은 가공물 등을 편리하게 가공할 수 있다.

정답 35-1 ④　35-2 ③　35-3 ②　35-4 ④

절삭재료

핵심이론 01 일반 열처리

① 열처리의 개요

열처리는 금속재료에 필요한 성질을 부여하기 위하여 특정한 온도로 가열하여 냉각하는 조작을 말한다. 철강은 열처리 효과가 가장 큰 재료로 열처리 조건을 달리 함으로써 다른 성질을 얻을 수 있다. 특히, 탄소강이 기계 재료로 널리 사용되는 이유는 열처리에 의해서 그 기계적 성질을 매우 다양하게 변화시킬 수 있기 때문이다.

② 열처리의 분류

일반 열처리	항온 열처리	표면 경화 열처리
• 담금질(Quenching) • 뜨임(Tempering) • 풀림(Annealing) • 불림(Normalizing)	• 마퀜칭 • 마템퍼링 • 오스템퍼링 • 오스포밍 • 항온 풀림 • 항온 뜨임	• 침탄법 • 질화법 • 화염 경화법 • 고주파 경화법 • 청화법

③ 일반 열처리

일반 열처리는 재질을 단단하게 하기 위한 담금질, 재질에 인성을 주기 위한 뜨임, 재료의 조직을 연화시키기 위한 풀림, 주조나 단조 후의 편석과 잔류 응력 등의 제거와 균질화를 위한 불림으로 나뉜다.

　㉠ 담금질 : 재료를 단단하게 할 목적으로 강이 오스테나이트 조직으로 될 때까지 가열한 후 물이나 기름에 급랭하는 조작

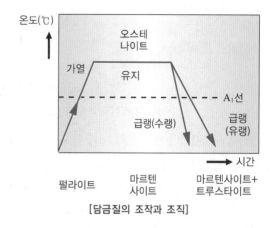

[담금질의 조작과 조직]

　㉡ 뜨임 : 재질에 적당한 인성을 부여하기 위해 담금질 온도보다 낮은 온도에서 일정시간을 유지한 후 냉각시키는 조작

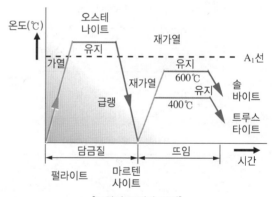

[뜨임의 조작과 조직]

　㉢ 풀림 : 재료를 연하게 하거나 내부 응력을 제거할 목적으로 강이 오스테나이트 조직으로 될 때까지 가열한 후 노나 재 속에서 서서히 냉각시키는 조작

　• 풀림방법의 종류

　　– 완전 풀림 : 강을 연하게 하여 기계가공성을 향상

　　– 응력 제거 풀림 : 내부 응력 제거

　　– 구상화 풀림 : 기계적 성질 개선

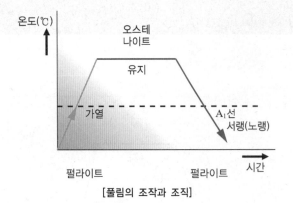

[풀림의 조작과 조직]

ⓔ 불림 : 재료의 내부 응력 제거 및 균일한 결정조직을 얻기 위해 높은 온도로 가열하여 균일한 오스테나이트 조직으로 한 후 공기 중에서 냉각시키는 조작

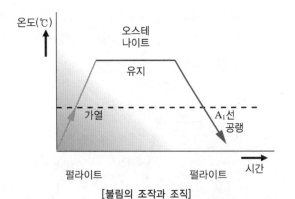

[불림의 조작과 조직]

[열처리 목적 및 냉각방법]

열처리	목 적	냉각방법
담금질	경도와 강도를 증가	급랭(유랭)
풀 림	결정조직의 균일화(표준화)	노 랭
불 림	재질의 연화	공 랭

1-1. 풀림(Annealing)의 종류에 해당하지 않는 것은?

[2017년 62회]

① 진공 풀림
② 완전 풀림
③ 구상화 풀림
④ 응력 제거 풀림

1-2. 탄소강의 연화 및 내부 응력 제거를 목적으로 적당한 온도까지 가열하고 그 온도를 어느 정도 유지한 다음 서서히 냉각시키는 열처리 방법은?

[2015년 58회]

① 불 림
② 풀 림
③ 담금질
④ 뜨 임

|해설|

1-1
진공 풀림은 풀림(Annealing)의 종류에 해당하지 않는다.

1-2
② 풀림 : 재료를 연하게 하거나 내부 응력을 제거하고 조직을 균일화, 미세화, 표준화하기 위해 강이 오스테나이트 조직으로 될 때까지 가열한 후 노나 재 속에서 서서히 냉각시키는 조작
① 불림 : 재료의 내부 응력 제거 및 균일한 결정조직을 얻기 위해 높은 온도로 가열하여 균일한 오스테나이트 조직으로 한 후 공기 중에서 냉각시키는 조작
③ 담금질 : 재료를 단단하게 할 목적으로 강이 오스테나이트 조직으로 될 때까지 가열한 후 물이나 기름에 급랭하는 조작
④ 뜨임 : 재질에 적당한 인성을 부여하기 위해 담금질 온도보다 낮은 온도에서 일정시간을 유지한 후 냉각시키는 조작

정답 1-1 ① 1-2 ②

① 표면 경화 열처리 개요

기계재료에서 상반되는 두 가지 이상의 성질이 동시에 요구될 때 많이 이용된다. 기어, 크랭크축, 캠 등의 기계 부품의 표면을 단단하게 하여 내마멸성을 높이고, 내부는 강인하게 하여 내충격성을 향상시킨 이중 조직을 가지게 하는 열처리를 표면 경화법이라 한다.

② 표면 경화 열처리 방법

ㄱ 고주파 경화법 : 고주파 유도전류를 이용하여 가열 재료의 소요 깊이까지 표면층을 가열한 다음, 급랭하여 경화시키는 방법이다.

ㄴ 침탄법 : 연한 강철의 표면에 탄소를 침투시켜 담금질하면 표면은 경강이 되고 내부는 연강으로 남아 있게 된다. 이와 같이 재료의 표면에 탄소를 침투시키는 방법을 침탄법이라 하며, 고체 침탄법과 가스 침탄법이 있다.

ㄷ 질화법 : 강철을 암모니아 가스와 같이 질소를 포함하고 있는 물질 속에서 500℃ 정도로 50~100시간 가열하여 질소 화합물을 만들어 표면을 경화하는 방법이다.

ㄹ 청화법 : 침탄과 질화를 동시에 하는 방법이다.

ㅁ 화염 경화법 : 산소, 아세틸렌가스 등의 화염을 이용하여 국부적으로 가열하여, 공기 제트나 물로 냉각시켜 담금질 효과를 나타내는 방법이다.

③ 침탄법과 질화법의 비교

침탄법	질화법
• 경도가 질화법보다 낮다.	• 경도가 침탄법보다 높다.
• 침탄 후의 열처리가 필요하다.	• 질화 후의 열처리가 필요 없다.
• 경화에 의한 변형이 생긴다.	• 경화에 의한 변형이 적다.
• 침탄층은 질화층보다 여리지 않다.	• 질화층은 여리다.
• 침탄 후 수정이 가능하다.	• 질화 후 수정이 불가능하다.
• 고온 가열 시 뜨임되고 경도는 낮아진다.	• 고온 가열해도 경도는 낮아지지 않는다.

2-1. 표면 경도 및 내마모성을 높이기 위하여 선반의 베드에 주로 사용하는 표면 경화법은? [2015년 57회]

① 가스 침탄법
② 질화법
③ 청화법
④ 화염 경화법

2-2. 침탄법(Carburizing)과 질화법(Nitriding)을 비교한 설명으로 틀린 것은? [2013년 53회]

① 경화 부위의 경도는 질화법이 더 높다.
② 침탄처리 후에는 열처리가 필요하나 질화처리 후에는 열처리가 필요 없다.
③ 침탄처리 후에는 경화에 의한 변형이 생기기 쉬우나 질화처리 후에는 경화에 의한 변형이 적다.
④ 침탄처리 후에는 수정이 불가능하나 질화처리 후에는 수정이 가능하다.

|해설|

2-1

화염 경화법 : 0.35~0.7%의 탄소를 함유한 탄소강이나 합금강을 산소 아세틸렌가스 등의 화염을 이용해서 부분적으로 가열한 후 공기제트나 물로 냉각하여 담금질 효과를 얻는 방법이다. 기어의 잇면, 캠(Cam), 나사, 크랭크축, 선반의 베드, 자동차 및 기계 부품의 부분 경화에 이용된다.
• 침탄법 : 금속 표면에 탄소(C)를 침입 고용시키는 방법
• 질화법 : 암모니아가스를 침투시켜 질화층을 만들어 강의 표면을 경화하는 방법

2-2
침탄처리 후에는 수정이 가능하나 질화처리 후에는 수정이 불가능하다.

정답 **2-1** ④ **2-2** ④

① 주철의 탄소량

　　㉠ 순철 : 0.02% C 이하

　　㉡ 강 : 0.02~2.11% C

　　㉢ 주철 : 2.11~6.67% C

② 주철의 장단점

장 점	단 점
• 강보다 용융점이 낮아 유동성이 커 복잡한 형상의 부품도 제작이 쉽다. • 주조성이 우수하다. • 마찰저항이 우수하다. • 절삭성이 우수하다. • 압축 강도가 크다. • 고온에서 기계적 성질이 우수하다. • 주물 표면은 단단하고, 녹이 잘 슬지 않는다.	• 충격에 약하다(취성이 크다). • 인장강도가 작다. • 굽힘강도가 작다. • 소성(변형)가공이 어렵다.

③ 주철의 성장

　　㉠ 주철을 600℃ 이상의 온도에서 가열과 냉각을 반복하면 부피가 증가하여 파열되는데, 이와 같은 현상을 주철의 성장이라고 한다.

　　㉡ 주철의 성장원인

　　　• 시멘타이트(Fe_3C)의 흑연화에 의한 팽창

　　　• 페라이트 중에 고용되어 있는 규소(Si)의 산화에 의한 팽창

　　　• A_1 변태점(723℃) 이상의 온도에서 부피 변화로 인한 팽창

　　　• 불균일한 가열로 생기는 균열에 의한 팽창

　　　• 흡수한 가스에 의한 팽창

④ 마우러 조직도

　　㉠ 주철의 조직을 지배하는 주요한 요소는 C, Si의 양과 냉각속도이며, 이들의 요소와 조직의 관계를 나타낸 것이 마우러 조직도이다.

　　㉡ C와 Si량에 따른 주철의 조직관계를 표시한 것

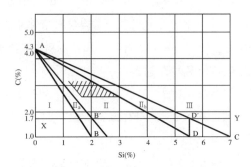

　　㉢ 주철의 조직과 종류

영 역	조 직	주철의 종류
I	펄라이트+시멘타이트	백주철(극경 주철)
II_a	펄라이트+시멘타이트+흑연	반주철(경질 주철)
II	펄라이트+흑연	펄라이트 주철(강력 주철)
II_b	펄라이트+페라이트+흑연	회주철(주철)
III	페라이트+흑연	페라이트 주철(연질 주철)

3-1. 주철의 조직관계를 나타내는 마우러 조직도는 어떤 원소들의 함량에 따른 관계도인가?　[2016년 59회]

① C와 S의 함량　　　② C와 Si의 함량
③ C와 P의 함량　　　④ C와 Cu의 함량

3-2. 그림은 주철에 있어서 Si와 C의 양에 따른 조직의 변화를 나타낸 마우러의 조직도이다. 여기서 Ⅱ영역(E′～H′ 사이의 영역)의 조직으로 옳은 것은?　[2015년 57회]

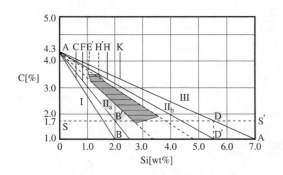

① 백주철　　　　　② 회주철
③ 페라이트 주철　　④ 펄라이트 주철

3-3. 주철이 고온에서 가열과 냉각을 반복하면 부피가 커져서 주철의 치수가 달라지고 강도나 수명이 감소되는 현상을 무엇이라 하는가?　[2015년 58회]

① 주철의 성장　　　② 주철의 청열취성
③ 주철의 자연시효　④ 주철의 적열취성

|해설|

3-1
마우러 조직도 : 주철의 조직에 영향을 끼치는 주요한 요소는 탄소(C) 및 규소(Si)의 양과 냉각속도이다. 마우러 조직도는 탄소(C)와 규소(Si)의 양에 따른 주철의 조직관계를 표시한 것이다.

3-2
Ⅱ영역(E′～H′ 사이의 영역)의 조직 : 펄라이트 주철(강력 주철)

3-3
주철의 성장 : 주철을 600℃ 이상의 온도에서 가열과 냉각을 반복하면 부피가 증가하여 파열된다.

정답 3-1 ② 3-2 ④ 3-3 ①

핵심이론 04 주철의 종류

① 고급주철

　㉠ 인장강도 245MPa 이상인 주철이다.

　㉡ 강력하고 내마멸성이 요구되는 곳에 이용한다.

　㉢ 조직은 흑연이 미세하고 균일하게 활 모양으로 구부러져 분포되어 있다.

　㉣ 바탕은 펄라이트 조직(펄라이트 주철)이다.

　㉤ 대표적인 주철 : 미하나이트 주철

　㉥ 미하나이트 주철의 특징

　　• 담금질이 가능하다.

　　• 흑연의 형상을 미세화한다.

　　• 연성과 인성이 아주 크다.

　　• 두께의 차에 의한 성질 변화가 아주 적다.

　※ 미하나이트 주철 : 약 3% C, 1.5% Si의 쇳물에 칼슘 실리케이트(Ca-Si)나 페로실리콘(Fe-Si)을 접종시켜 미세한 흑연을 균일하게 분포시킨 펄라이트 주철이다.

② 구상 흑연주철

강도와 연성 등을 개선하기 위하여 용융 상태의 주철 중에 마그네슘(Mg), 세륨(Ce) 또는 칼슘(Ca) 등을 첨가하여 편상흑연을 구상화한 것으로 노듈러 주철, 덕타일 주철 등으로 불린다. 열처리에 의하여 조직을 개선하거나 니켈, 크롬, 몰리브덴, 구리 등을 넣어 합금으로 만들어 재질을 개선하며 강도, 내마멸성, 내열성, 내식성 등이 우수하여 자동차용 주물이나 주조용 재료로 널리 사용된다.

③ 칠드주철

보통 주철보다 규소(Si) 함유량을 적게 하고 적당량의 망간을 첨가한 쇳물을 금형 또는 칠 메탈이 붙어 있는 모래형에 주입하여 필요한 부분만 급랭시켜 표면만 단단하게 되고 내부는 회주철이 되어 강인한 성질을 갖는 주철이다.

4-1. 주조 시 주형에 냉금을 삽입하여 주물 표면을 급랭시키고 경도를 증가시킨 내마모성 주철은?

[2013년 54회]

① 회주철
② 칠드주철
③ 가단주철
④ 고급주철

4-2. 구상 흑연주철의 종류 중 시멘타이트형이 발생하는 원인으로 틀린 것은?

[2013년 53회]

① C, Si가 많을 때
② 접종이 부족할 때
③ 냉각속도가 빠를 때
④ Mg의 첨가량이 많을 때

4-3. 1976년 E. R. Evans가 개발한 주철로서 구상흑연과 편상흑연의 중간 형태 흑연으로 형성된 조직의 주철은?

[2012년 52회]

① CV 주철
② 칠드주철
③ 가단주철
④ 미하나이트 주철

|해설|

4-1
- 칠드(Chilled)주철 : 보통 주철보다 규소(Si) 함유량을 적게 하고 적당량의 망간을 첨가한 쇳물을 금형 또는 칠 메탈이 붙어 있는 모래형에 주입하여 필요한 부분만 급랭시켜 표면만 단단하게 되고 내부는 회주철이 되어 강인한 성질을 갖는 주철
- 가단(Malleable)주철 : 주철의 결점인 여리고 약한 인성을 개선하기 위하여 열처리에 의하여 편상 흑연을 괴상화하여 강도와 연성을 향상시킨 주철

4-2
시멘타이트형은 Mg가 많고 Si가 적을 때, 냉각속도가 빠를 때 발생한다.

구상흑연 주철의 분류와 성질
- 시멘타이트형 : Mg가 많고 Si가 적을 때, 냉각속도가 빠를 때, HB 220 이상
- 페라이트형 : Mg가 많고 Si가 많을 때, 냉각속도가 느릴 때, HB 150~200 이상
- 펄라이트형 : 중간 상태

4-3
① CV 주철 : 구상 흑연주철과 편상 흑연주철의 중간적인 성질을 나타내는 주철이다.
② 칠드(Chilled)주철 : 보통 주철보다 규소(Si) 함유량을 적게 하고 적당량의 망간을 첨가한 쇳물을 금형 또는 칠 메탈이 붙어 있는 모래형에 주입하여 필요한 부분만 급랭시켜 표면만 단단하게 되고 내부는 회주철이 되어 강인한 성질을 갖는 주철이다.
③ 가단(Malleable)주철 : 주철의 결점인 여리고 약한 인성을 개선하기 위하여 열처리에 의하여 편상흑연을 괴상화하여 강도와 연성을 향상시킨 것이다.
④ 미하나이트(Meehanite) 주철 : 약 3% C, 1.5% Si의 쇳물에 칼슘 실리케이트(Ca-Si)나 페로실리콘(Fe-Si)을 접종시켜 미세한 흑연을 균일하게 분포시킨 펄라이트 주철이다. 이 주철은 주물의 두께 차나 내외에 상관없이 균일한 조직을 얻을 수 있고, 강인하다.

정답 4-1 ② 4-2 ① 4-3 ①

① 알루미늄(Al)의 성질

   ㉠ 비중 : 2.7, 용융온도 : 660℃

   ㉡ 주조가 용이하다(복잡한 형상의 제품을 만들기 쉽다).

   ㉢ 다른 금속과 잘 합금되어 상온 및 고온가공이 쉽다.

   ㉣ 전연성이 우수한 전기, 열의 양도체이며 내식성이 강하다.

   ㉤ 전기전도율은 구리의 60% 이상이다.

② 알루미늄 합금의 종류

   ㉠ 합금 종류

     • 주물용(주조용) Al합금 : Al-Cu계, Al-Si계(실루민), Al-Cu-Si계(라우탈), Y합금, 로엑스 합금 등

     • 가공용 Al합금 : 고강도 Al합금(두랄루민, 초두랄루민, 초강두랄루민), 내식성 Al합금(하이드로날륨, 알민, 알드리, 알클래드)

   ㉡ 실루민(Al-Si계) : Al+Si의 합금으로 주조성은 좋으나 절삭성은 나쁘다.

   ※ 개량처리(Modification) : 실루민 공정점 부근의 주조조직은 육각판 모양으로 크고 거칠며 메짐성이 있어 기계적 성질이 좋지 못하다. 그래서 이 합금에 극소량의 Na이나 플루오린화알칼리, 금속나트륨, 수산화나트륨, 알칼리염 등을 첨가하면 조직이 미세화되어 강력하게 된다. 이 처리를 개량처리라고 한다.

   ㉢ 라우탈(Al-Cu-Si계) : 주조 균열이 작고 금형 주조에도 적합하므로 자동차 및 선박용 피스톤, 분배관 밸브 등에 사용된다.

   ㉣ Y합금

     • Al+Cu+Ni+Mg의 합금으로 내연기관 실린더에 사용한다.

     • 내열성이 좋으므로 자동차, 항공기용 엔진의 공랭 실린더 헤드와 피스톤에 사용한다.

   ㉤ 두랄루민(고강도 Al합금)

     • 단조용 알루미늄 합금으로 Al+Cu+Mg+Mn의 합금을 말한다.

     • 가벼워서 항공기나 자동차 등에 사용되는 고강도 Al합금이다.

   🌈 두랄루민의 표준 조성은 반드시 암기(알-구-마-망)

핵심예제

5-1. 알루미늄의 비중과 용융점으로 가장 적당한 것은?

[2017년 62회]

① 비중 : 1.5, 용융점 : 360℃
② 비중 : 2.1, 용융점 : 560℃
③ 비중 : 2.7, 용융점 : 660℃
④ 비중 : 3.4, 용융점 : 760℃

5-2. 알루미늄 합금 중 내열용 합금에 속하며 고온 경도가 커서 내연기관의 실린더, 피스톤 등에 사용되는 것은?

[2015년 57회]

① 두랄루민
② 라우탈
③ 실루민
④ Y합금

5-3. 표준조성이 4% Cu, 0.5% Mg, 0.5% Mn 등으로 구성된 알루미늄 합금으로 시효경화처리한 대표적인 고강도 합금은?

[2014년 56회]

① 두랄루민
② 알 민
③ 하이드로날륨
④ Y합금

5-1

알루미늄(Al)
- 비중 2.7, 용융점 660℃, 면심입방격자(FCC)
- 전연성이 우수하고 전기, 열의 양도체이며 내식성이 강하다.
- 표면에 생기는 산화알루미늄(Al_2O_3)의 얇은 보호피막으로 내식성이 좋다.
- 경금속이다.
- 항공기, 차량, 송전선 등에 이용된다.

5-2
④ Y합금 : Al+4% Cu+2% Ni+1.5% Mg의 합금으로 내열성이 좋아 자동차, 항공기용 엔진의 공랭 실린더 헤드와 피스톤에 사용한다.
- 두랄루민 : 단조용 알루미늄 합금으로 Al+Cu+Mg+Mn의 합금이며, 가벼워서 항공기나 자동차 등에 사용되는 고강도 Al합금이다.
- 내열용 알루미늄 합금 : Y합금, 로엑스 합금, 코비탈륨
- 단조용 알루미늄 합금 : 두랄루민
- 내식성 알루미늄 합금 : 하이드로날륨, 알민, 알드리, 알클래드

5-3
① 두랄루민 : 단조용 알루미늄 합금으로 Al+Cu+Mg+Mn의 합금, 가벼워서 항공기나 자동차 등에 사용되는 고강도 Al합금
　　　반드시 암기(알-구-마-망)
② 알민(Al-Mn계 합금) : Al에 1~1.5% Mn을 함유하여 가공성, 용접성이 좋아 저장탱크, 기름탱크 등에 쓰인다.
③ 하이드로날륨(Hydronalium) : 내식성 Al합금으로 6% Mg 이하가 일반적이고, 특수목적에는 10% Mg의 것도 사용된다. 이 합금은 바닷물과 알칼리성에 대한 내식성이 강하고 용접성이 매우 우수하여 주로 선박용, 조리용, 화학장치용 부품 등에 쓰인다.

정답 5-1 ③　5-2 ④　5-3 ①

핵심이론 06 구리의 성질

① 구리(Cu)의 성질
　㉠ 비중 : 8.96
　㉡ 용융점 : 1,083℃
　㉢ 비자성체, 내식성이 철강보다 우수하다.
　㉣ 전기 및 열의 양도체이다(전기전도율과 열전도율은 금속 중 Ag 다음).
　㉤ 전연성이 좋아 가공이 용이하다.
　㉥ 결정격자 : 면심입방격자(FCC)

② 구리의 화학적 성질
　구리(Cu) 안의 산소는 산화구리(Cu_2O)로 되어 있다. 환원성 H_2가스 중에서 가열하면 $Cu_2O+H_2 \rightarrow 2Cu+H_2O$로 반응하여 구리(Cu)와 수증기로 되어 650~850℃에서 수소성이 생기나 950℃ 이상이 되면 수증기에 의하여 생성된 기공 또는 균열이 자연 소멸되어 수소취성이 없어진다.

③ 구리의 종류
　㉠ 전기 구리
　㉡ 전기 정련 구리
　㉢ 탈산 구리

6-1. 일반적인 구리의 특징으로 틀린 것은? [2016년 60회]

① 아름다운 광택과 귀금속적 성질이 우수하다.
② 전기전도율과 열전도율이 낮다.
③ 연하고 전연성이 좋아 가공하기 쉽다.
④ Zn, Sn 등과 합금이 용이하며 내식성이 좋다.

6-2. 구리(Cu)의 성질에 해당되지 않는 것은? [2015년 57회]

① 비중이 8.96 정도이다.
② 자성체로서 전기전도율이 우수한 편이다.
③ 철강에 비해 내식성이 우수하다.
④ 항복강도가 낮아 상온에서 가공이 쉽다.

| 해설 |

6-1
구리(Cu)는 전기전도율과 열전도율이 높다.

6-2
구리(Cu)는 비자성체이다.

정답 6-1 ② 6-2 ②

핵심이론 07 황 동

① 황동의 합금 원소
   ㉠ 황동 : 구리(Cu) + 아연(Zn) ※ 청동(Cu+Sn)
   ㉡ 놋쇠라고도 한다.
   ㉢ 구리에 비해 주조성, 가공성, 내식성이 좋고 색깔이 아름답다.
   ㉣ 대표적인 황동 : 7·3황동, 6·4황동

② 7·3황동 : Zn 30% 함유
   ㉠ 연신율이 최대이다(가공성이 목적).
   ㉡ 열간가공이 곤란하다.

③ 6·4황동 : Zn 40% 함유
   ㉠ 인장강도가 최대이다(강도가 목적).
   ㉡ 열간가공이 가능하다.
   ㉢ 문쯔메탈이라고도 한다.
   ㉣ $\alpha + \beta$ 조직이다.
   ㉤ 상온에서 7·3황동에 비하여 전연성이 낮고 인장강도는 크다.
   ㉥ 내식성이 다소 낮고 탈아연 부식을 일으키기 쉽다.
   ㉦ 열교환기, 파이프, 대포의 탄피에 사용한다.

④ 황동의 화학적 성질
   ㉠ 탈아연 부식 : 황동의 표면 또는 깊은 곳까지 탈아연되는 현상
   ㉡ 자연균열 : 잔류 응력에 의해 균열을 일으키는 현상
   ※ 방지법
     • 도료나 아연 도금
     • 가공재 180~260℃로 저온 풀림(응력 제거 풀림)
   ㉢ 고온 탈아연 : 높은 온도에서 증발에 의해 황동 표면으로부터 Zn이 탈출되는 현상

⑤ 톰백(Tombac)
   ㉠ 5~20% Zn의 황동이다.
   ㉡ 강도가 낮고 전연성이 좋아 색깔이 금색에 가까워 모조금에 사용한다.
   ㉢ 용도 : 동전, 메달

⑥ 납 황동(연 황동)

   ㉠ 황동에 Pb를 첨가하여 절삭성을 향상시킨다.

   ㉡ 쾌삭황동 또는 하드 브래스라 한다.

   ㉢ 용도 : 스크루, 시계용 기어 등 정밀가공품

⑦ 주석 황동

   ㉠ 황동의 내식성 개선을 위해 1% Sn을 첨가

   ㉡ 용도 : 스프링용 및 선박용

   ※ 7·3황동 + 1% Sn 첨가 : 애드미럴티 황동

       6·4황동 + 1% Sn 첨가 : 네이벌 황동

⑧ 델타메탈(철황동)

   ㉠ 6·4황동에 철을 1~2% 첨가하여 강도가 크고 내식성이 좋다.

   ㉡ 용도 : 광산기계, 선박용 기계

⑨ 양은(양백)

   ㉠ 황동에 10~20% Ni을 넣은 것이다.

   ㉡ 은(Ag)과 색깔이 비슷해 은 대용품으로 사용한다.

   ㉢ 용도 : 장식, 식기, 악기 등

   ㉣ 조성 : 황동+Ni(Cu+Zn+Ni)

핵심예제

7-1. 절삭성이 우수한 황동합금으로 정밀 절삭가공이 필요하고 강도는 그다지 필요하지 않는 시계나 계기용 기어, 나사, 볼트, 너트, 카메라 부품 등에 주로 사용되는 황동합금은?

[2014년 56회]

① Al 황동   ② Pb 황동

③ Si 황동   ④ 델타메탈

7-2. 황동에서 나타나는 화학적 현상에 속하지 않는 것은?

[2014년 55회]

① 시효경화(Age Hardening)

② 탈아연 부식(Dezincification Corrosion)

③ 고온 탈아연(Dezincing)

④ 자연균열(Seasoning Cracking)

7-3. 실용 황동 중 Cartridge Brass라고 불리며, 연신율이 크고 인장강도가 높아 냉간가공용으로 주로 사용되는 황동의 조성 비율은?

[2012년 52회]

① 70% Cu − 30% Zn

② 65% Cu − 35% Zn

③ 60% Cu − 40% Zn

④ 95% Cu − 5% Zn

|해설|

7-1

쾌삭황동(Pb 황동) : 황동에 Pb(납)을 첨가하여 절삭성을 향상시킨 금속

7-2

황동에서 나타나는 화학적 현상

• 탈아연 부식 : 황동 표면 또는 깊은 곳까지 탈아연되는 현상

• 고온 탈아연 : 높은 온도에서 증발에 의해 표면으로 아연 탈출

• 자연균열 : 황동은 관, 봉 등의 잔류 응력에 의해 균열을 일으키는 현상

※ 자연균열 방지법 : 도료 및 아연도금, 180~260℃에서 저온 풀림

7-3

• 7·3황동 : Cu-70%, Zn-30%, 연신율이 가장 크다.

• 6·4황동 : Cu(60%)-Zn(40%), 아연(Zn)이 많을수록 인장강도가 증가하여 고온가공이 용이하며 강도를 요하는 부분에 사용한다. 아연(Zn) 45%일 때 인장강도가 가장 크다.

정답 **7-1** ②   **7-2** ①   **7-3** ①

① 청동의 합금 원소

  ㉠ 청동 : 구리(Cu) + 주석(Sn) ※ 황동(Cu+Zn)

  ㉡ 넓은 의미에서 황동이 아닌 Cu 합금이다.

  ㉢ 좁은 의미에서 Cu-Sn 합금이다.

② 포 금

  ㉠ Cu에 8~12%, Sn에 1~2% Zn을 넣은 것이다(포신 재료).

  ㉡ 강도와 연성이 높고, 내식성과 내마멸성이 우수하다.

  ㉢ 용도 : 프로펠러, 피스톤, 플랜지 등

  ※ 애드미럴티 포금

    • 88% Cu-10% Sn-2% Zn 합금

    • 용도 : 선박(수압과 증기압을 잘 견딤)

③ 인 청동

  ㉠ 청동에 1% 이하 P를 첨가한 청동이다.

  ㉡ 탈산제로 0.05~0.5%의 P를 첨가하여 용탕의 유동성을 향상시킨다.

  ㉢ 합금의 경도와 강도가 증가하고, 내마멸성과 탄성이 좋아진다.

④ 알루미늄 청동

  ㉠ 12% 이하 Al을 첨가한 청동이다.

  ㉡ 다른 구리에 비해 강도, 경도, 인성, 내마멸성 등 기계적 성질이 우수하다.

  ㉢ 자기 풀림 현상

  ㉣ 용도 : 선박용 추진기 재료

⑤ 베릴륨 청동

  ㉠ 2~3% Be을 첨가한 Cu 합금이다.

  ㉡ 시효경화성이 있으며 Cu 합금 중 경도와 강도가 가장 크다.

  ㉢ Be은 값이 비싸고 산화가 쉽고 경도가 커서 가공이 곤란하다.

  ㉣ 베어링, 고급 스프링, 용접용 전극 등에 사용한다.

핵심예제

탄성과 내마멸성, 내식성이 우수하여 스프링 재료로 가장 많이 쓰이는 청동합금은?

[2015년 58회]

① Cu-Al계 청동

② Mn-Mg계 청동

③ Cu-Si계 청동

④ Cu-Sn-P계 청동

|해설|

④ Cu-Sn-P계 청동 : 청동에 1% 이하의 P를 첨가한 인 청동은 탄성과 내마멸성, 내식성이 우수하여 펌프 부품, 기어, 선박용 부품, 화학기계용 부품 등에 사용된다. 고탄성도 우수하여 판, 선, 스프링 등의 가공재료로 사용된다.

정답 ④

① 금속의 대표적인 결정구조

  ㉠ 체심입방격자(BCC)

   • 입방체의 각 꼭짓점과 중심에 입자가 위치하는 구조

   • 원자수 : 2개

   • 배위수 : 8개

  ㉡ 면심입방격자(FCC)

   • 입방체의 각 꼭짓점과 각 면의 중심에 입자가 위치하는 구조

   • 원자수 : 4개

   • 배위수 : 12개

  ㉢ 조밀육방격자(HCP)

   • 원자수 : 6개

   • 배위수 : 12개

② 결정구조 금속 원소

결정구조	금속 원소	비 고
체심입방구조 (BCC)	바륨, 크롬, 칼륨, 리튬, 몰리브덴, 탄탈, 바나듐	$\alpha-Fe$, $\delta-Fe$
면심입방구조 (FCC)	은, 알루미늄, 금, 칼슘, 구리, 이리듐, 니켈, 납, 팔라듐, 백금	
조밀육방격자 (HCP)	베릴륨, 카드뮴, 코발트, 마그네슘, 타이타늄, 아연	

  ※ 시멘타이트(Cementite) : 사방정 결정구조

핵심예제

Fe-C 상태도의 조직과 결정구조에 대한 설명 중 틀린 것은?

[2015년 58회]

① $\delta-Fe$는 체심입방구조이다.

② 펄라이트(Pearlite)는 공석반응에서 얻을 수 있다.

③ 시멘타이트(Cementite)는 육방정(Hexagonal)구조이다.

④ 레데부라이트(Ledeburite)는 오스테나이트+시멘타이트의 혼합물이다.

|해설|

• 시멘타이트(Cementite)는 사방정 결정구조이다.

• $\alpha-Fe$과 $\delta-Fe$는 체심입방구조이다.

정답 ③

① 금속의 비중 및 용융온도

금 속	비 중	용융온도	비 고
구리(Cu)	8.96	1,083℃	
텅스텐(W)	19.3	3,410℃	높은 고융점, 전구 필라멘트
니켈(Ni)	8.90	1,453℃	
규소(Si)	2.33	3,280℃	
은(Ag)	10.497	960.5℃	열전도도, 전기전도도 양호
철(Fe)	7.87	1,530℃	
납(Pb)	11.34	327℃	
크롬(Cr)	7.19	1,800℃	

※ 비중 4.6을 기준으로 경금속과 중금속으로 나눈다.

  • 경금속 : 규소, 마그네슘 등(비중 4.6 이하)

  • 중금속 : 구리, 니켈, 철 등(비중 4.6 이상)

핵심예제

알루미늄에 관한 설명으로 틀린 것은?

[2016년 59회]

① 전연성이 풍부하다.

② 열, 전기의 양도체이다.

③ 용융점은 660℃ 정도이다.

④ 실용금속 중 가장 무거운 금속이다.

|해설|

알루미늄은 비중 2.7의 경금속으로 가벼운 금속이다.

알루미늄(Al)

• 비중 2.7, 용융점 660℃, 면심입방격자(FCC)이다.

• 전연성이 우수하고 전기, 열의 양도체이며 내식성이 강하다.

• 표면에 생기는 산화알루미늄(Al_2O_3)의 얇은 보호피막으로 내식성이 좋다.

• 경금속이다.

• 항공기, 차량, 송전선 등에 이용된다.

정답 ④

① 스테인리스강의 개요

금속의 부식현상을 개선하기 위하여 부식에 대하여 잘 견디어 내거나 또는 최초 부식에 의해 표면에 보호 피막을 형성하여 부식이 내부로 진행하지 않도록 내식성을 부여한 강을 내식강이라 한다. 내식강 중에서 가장 일반적으로 사용되는 것이 스테인리스강이다. 주성분은 철(Fe), 크롬(Cr), 니켈(Ni)로 18-8형 스테인리스강이 대표적이다.

② 스테인리스강의 종류(조직상) 🔔 암기팁 : 페-오-마

ㄱ 페라이트계 스테인리스강(고크롬계) : Cr 13%, Cr 18%인 것이 대표적

ㄴ 오스테나이트계 스테인리스강(고크롬, 고니켈계) : 18-8강(Cr 18%-Ni 8%)인 것이 대표적

ㄷ 마텐자이트계 스테인리스강(고크롬, 고탄소계) : 12~17% Cr+충분한 C

③ 18-8형 스테인리스강

ㄱ 조성 : 크롬(18%)-니켈(8%)

ㄴ 오스테나이트계 스테인리스강(고크롬, 고니켈계)

핵심예제

11-1. 다음 중 내식용 특수목적으로 사용되는 스테인리스강의 주성분으로 맞는 것은?　　　　　　[2016년 59회]

① Fe - Co - Mn

② Fe - W - Co

③ Fe - Cu - V

④ Fe - Cr - Ni

11-2. 스테인리스강 중에서 내식성이 가장 높고 비자성체이나 결정입계부식의 단점을 가지고 있어 이를 개량하여 공업에 주로 사용하는 것은?　　　　　　[2014년 56회]

① 페라이트계 스테인리스강

② 마텐자이트계 스테인리스강

③ 오스테나이트계 스테인리스강

④ 석출경화계 스테인리스강

|해설|

11-1
스테인리스강의 주성분은 Fe - Cr - Ni로 Cr(18%) - Ni(8%)의 오스테나이트계 스테인리스강인 18-8형 스테인리스강이 대표적이다.

11-2
③ 오스테나이트계 스테인리스강(고크롬, 고니켈계) : 표준 조성이 크롬(Cr) 18%, 니켈(Ni) 8%인 18-8 스테인리스강이 대표적이다. 고크롬계보다 내식성과 내산화성이 더 우수하고, 상온에서 오스테나이트 조직으로 연하여 가공성이 좋다. 결정입계부식의 단점을 가지고 있어 이를 개량하여 공업에 주로 사용한다.

스테인리스강의 종류 🔔 암기팁 : 페-오-마
• 페라이트계 스테인리스강(고크롬계) : Cr 13%, Cr 18%인 것이 대표적
• 오스테나이트계 스테인리스강(고크롬, 고니켈계) : 18-8강(Cr 18%-Ni 8%)인 것이 대표적
• 마텐자이트계 스테인리스강(고크롬, 고탄소계) : 12~17% Cr + 충분한 C

정답 **11-1** ④　**11-2** ③

핵심이론 12 청열취성과 적열취성

① 적열취성
- ㉠ 원인 : 황(S)
- ㉡ 고온에서 물체가 빨갛게 되어 깨지는 것
- ㉢ 방지책 : 망간(Mn) 첨가

② 청열취성
- ㉠ 원인 : 인(P)
- ㉡ 강이 200~300℃로 가열하면 강도는 최대가 되고 연신율이 줄어들어 깨지는 것

핵심예제

12-1. 다음 중 적열취성의 원인이 되는 원소는? [2017년 62회]
- ① P
- ② S
- ③ Mn
- ④ Si

12-2. 탄소강은 200~300℃에서 상온일 때보다 강도는 커지고, 연신율은 대단히 작아져서 결국 인성이 저하되어 메지게 되는 성질을 가지게 되며 이때 산화 피막이 발생하는데 이러한 성질을 무엇이라 하는가? [2016년 59회]
- ① 청열취성
- ② 상온취성
- ③ 저온취성
- ④ 적열취성

|해설|

12-1, 12-2
- 적열취성(적열 메짐) : 원인은 S(황)이며 고온에서 물체가 빨갛게 되어 깨지는 것 → 망간(Mn)으로 방지
- 청열취성(청열 메짐) : 원인은 P(인)이며 강이 200~300℃로 가열하면 강도는 최대가 되고 연신율이 줄어들어 깨지는 것

정답 12-1 ② 12-2 ①

핵심이론 13 특수 목적용 합금강

① 쾌삭강
- ㉠ 개요 : 절삭 성능을 향상시켜 생산의 고능률화를 추구함에 따라 짧은 시간에 재료를 가공하기 위하여 피삭성이 좋은 재료가 필요하다.
- ㉡ 쾌삭강의 특징
  - 가공재료의 피삭성을 높인다.
  - 절삭공구의 수명을 길게 한다.
  - 절삭 중 나오는 칩(Chip) 처리 능률을 높인다.
  - 가공면의 정밀도와 표면거칠기 등을 향상시킨다.
  - 강에 황(S), 납(Pb), 흑연을 첨가하여 절삭성을 향상시킨다.
- ㉢ 황(S) 쾌삭강
  - 탄소강에 황(S)의 첨가량을 0.1~0.25% 정도 증가시켜 쾌삭성을 향상시킨다.
  - 경도는 그다지 문제되지 않는 정밀나사의 작은 부품용
- ㉣ 납(Pb) 쾌삭강
  - 탄소강에 납(Pb)의 첨가량을 0.10~0.30% 정도 증가시켜 쾌삭성을 향상시킨다.
  - 열처리하여 사용할 수 있다.
  - 자동차 등의 주요 부품에 사용한다.

② 스프링강
스프링을 만드는 데 사용되는 재료로 탄성 한도와 항복점이 높고 충격이나 반복 응력을 잘 견디어 낼 수 있는 성질이 필요하다.

③ 베어링강
- ㉠ 내마멸성이 크고, 강성이 커야 한다.
- ㉡ 고탄소-크롬강의 표준 조성 : 1% 탄소, 1.5% 크롬
- ㉢ 베어링 합금 구비조건
  - 하중에 견딜 수 있는 경도와 인성, 내압력을 가져야 한다.
  - 마찰계수가 작아야 한다.
  - 비열 및 열전도율이 커야 한다.

- 주조성과 내식성이 우수해야 한다.
- 소착에 대한 저항력이 커야 한다.

④ 철심재료

ㄱ 투자율과 전기저항이 크고 보자력, 이력현상 등이 작아 전동기, 발전기, 변압기 등의 철심재료로 사용된다.

ㄴ 대표적인 철심재료 : 규소강

⑤ 불변강

ㄱ 개요 : 주변 온도가 변화하더라도 재료가 가지고 있는 열팽창계수나 탄성계수 등의 특성이 변하지 않는 강을 말한다.

ㄴ 불변강의 종류

- 인 바
  - 탄소 0.2%, 니켈 35~36%, 망간 0.4% 정도의 조성된 합금이다.
  - 200℃ 이하의 온도에서 열팽창계수가 작다.
  - 줄자, 표준자, 시계추 등에 사용한다.

- 엘린바
  - 니켈 36%, 크롬 12%, 나머지 철로 조성된 합금이다.
  - 온도 변화에 따른 탄성률의 변화가 매우 작다.
  - 지진계 및 정밀기계의 주요 재료에 사용한다.

- 플래티나이트(Platinite)
  - 조성 42~47.5% Ni과 Fe 등을 함유한 합금이다.
  - 열팽창계수(9×10^{-6})는 유리나 Pt 등에 가깝다.
  - 전등의 봉입선에 사용한다.

13-1. 선팽창계수가 작고 내식성이 좋아 줄자, 계측기 부품 등의 재료로 사용되는 특수강은? [2016년 60회]

① 인 바 ② 크롬강
③ 망간강 ④ 합금공구강

13-2. 42~48% Ni이 함유된 Fe-Ni 합금으로 열팽창계수가 유리나 백금과 거의 동일하여 전구의 도입선 등에 사용되는 불변강은? [2013년 54회]

① 인바(Invar)
② 엘린바(Elinvar)
③ 플래티나이트(Platinite)
④ 페르니코(Fernico)

|해설|

13-1

인바(Invar) : 조성은 36% Ni, 0.1~0.3% Co, 0.4% Mn 나머지는 Fe로 된 합금으로, 열팽창계수가 상온 부근에서 매우 작아 길이의 변화가 거의 없다. 이 특성 때문에 길이 측정용 표준자, 전자 분야에서는 바이메탈, VTR의 헤드 고정대 등에 널리 쓰이고 있다.

13-2

③ 플래티나이트(Platinite) : 조성은 42~47.5% Ni과 Fe 등을 함유한 합금으로, 열팽창계수(9×10^{-6})가 유리나 Pt 등에 가까워 전등의 봉입선에 이용된다.

① 인바(Invar) : 조성은 36% Ni, 0.1~0.3% Co, 0.4% Mn, 나머지는 Fe로 된 합금으로, 열팽창계수(0.97×10^{-7})가 상온 부근에서 매우 작아 길이의 변화가 거의 없다. 측정용 표준자, 전자 분야에서는 바이메탈, VTR의 헤드 고정대 등에 널리 쓰인다.

② 엘린바(Elinvar) : Ni 36%, Cr 12%, Fe 52%의 조성으로 탄성률 변화가 없다. 고급 시계, 지진계, 압력계, 스프링 저울, 다이얼 게이지, 유량계, 계측기기 등의 부품에 사용된다.

정답 **13-1** ① **13-2** ③

① 철강의 분류와 성질

구 분	탄소량	성 질
순 철	0.02% C 이하	• 기계적 성질이 낮음 • 용접, 단접성이 우수
강	0.02~2.11% C	• 강도 및 인성이 우수 • 가공성이 좋음
주 철	2.11~6.67% C	• 인성이 낮아 단조가 곤란함 • 용융점이 낮고 유동성이 좋음

② 철강재료 설명

　㉠ 용광로에서 생산된 철은 선철이다.

　㉡ 탄소강은 탄소 함유량이 0.02~2.11%이다.

　㉢ 합금강은 탄소강에 필요한 합금 원소를 첨가한 것이다.

　㉣ 탄소강의 기계적 성질에 가장 큰 영향을 끼치는 원소는 탄소(C)이다.

③ 탄소강 설명

　㉠ 탄소강은 철(Fe)과 탄소(C)의 합금으로 가단성을 가지고 있는 2원 합금이다.

　㉡ 공석강, 아공석강, 과공석강으로 분류된다.

　㉢ 모든 강의 기본이 되는 것으로 보통 탄소강이라고 부른다.

④ 탄소강 성질

구 분	물리적 성질	기계적 성질
탄소량 증가	• 비열, 전기저항, 보자력 증가 • 비중, 선팽창계수, 내식성 감소	• 강도, 경도 증가 • 인성, 충격값, 연신율 감소

⑤ 탄소강 변태

　㉠ 아공석강

　　• 0.02~0.77%의 탄소강을 함유한 강이다.

　　• 페라이트와 펄라이트의 혼합조직이다.

　　• 탄소량이 많아질수록 펄라이트의 양이 증가하여 강도와 인장강도가 증가한다.

　㉡ 공석강

　　• 0.77%의 탄소를 함유한 강을 723℃ 이하로 냉각할 때, 오스테나이트가 페라이트와 시멘타이트로 동시에 석출되는 공석반응을 일으키는 펄라이트 변태이다.

　　• 100% 펄라이트 조직이다.

　　• 인장강도가 가장 큰 탄소강이다.

　㉢ 과공석강

　　• 0.77~2.11%의 탄소를 함유한 강이다.

　　• 시멘타이트와 펄라이트의 혼합조직이다.

　　• 탄소량이 증가할수록 경도가 증가한다. 그러나 인장강도가 감소하고 메짐 성질이 증가하여 깨지기 쉽다.

⑥ 강괴(Steel Ingot)

　㉠ 탈산 정도에 따라 분류

　　• 킬드강 : 용강 중에 Fe-Si 또는 Al 분말 등의 강한 탈산제를 첨가하여 완전히 탈산한 강

　　• 림드강 : 탈산 및 기타 가스 처리가 불충분한 상태의 용강을 그대로 주형에 주입하여 응고한 것

　　• 세미킬드강 : 탈산 정도가 킬드강과 림드강의 중간 정도의 것

14-1. 탄소함유량 0.8%이고, 723℃에서 α고용체와 시멘타이트가 동시에 펄라이트로 석출되어 나타나는 강은?

[2017년 62회]

① 공석강　　　　　　② 극연강
③ 아공석강　　　　　④ 공정주철

14-2. 탄소강(아공석강 영역, C < 0.77%)의 상온에서의 기계적 성질 중 탄소(C)량의 증가에 따라 감소하는 성질은?

[2013년 54회]

① 인장강도　　　　　② 항복점
③ 경 도　　　　　　④ 연신율

14-3. 탄소강에 탄소 함유량을 증가시킬수록 감소되는 기계적 성질은?

[2016년 60회]

① 경 도　　　　　　② 항복점
③ 연신율　　　　　　④ 인장강도

| 해설 |

14-1

α고용체와 시멘타이트가 동시에 펄라이트로 석출되는 것은 공석강이다.

탄소강의 분류

탄소강	탄소 함유량	특 징	조 직
아공석강	0.02 ~0.77%	탄소량이 많아질수록 펄라이트의 양이 증가하므로 경도와 인장강도가 증가한다.	페라이트 +펄라이트
공석강	0.77%	인장강도가 가장 큰 탄소강이다.	100% 펄라이트
과공석강	0.77 ~2.11%	탄소량이 증가할수록 경도가 증가한다. 그러나 인장강도가 감소하고 메짐이 증가하여 깨지기 쉽다.	펄라이트 +시멘타이트

14-2

아공석강은 0.02~0.77%의 탄소를 함유한 강을 말하며, 페라이트와 펄라이트의 혼합조직이다. 탄소량이 많아질수록 펄라이트의 양이 증가하여 경도와 인장강도가 증가하고 연신율은 감소한다.

14-3

탄소 함유량이 증가할수록 강도, 경도, 항복점은 증가하나 연신율, 충격값은 감소한다.

정답 14-1 ① 14-2 ④ 14-3 ③

핵심이론 15 재료의 시험과 검사

① 기계적 시험방법(파괴시험)
　㉠ 인장시험
　　• 가장 기본이 되는 시험
　　• 인장강도, 연신율, 단면 수축률, 항복점, 비례한도, 탄성한도, 응력-변형률 곡선을 알 수 있다.
　　• 인장강도 : 인장시험하는 도중 시험편이 견디는 최대의 하중

$$최대 \ 인장강도(\sigma_{max}) = \frac{최대 \ 인장하중(P_{max})}{원단면적(A_0)}(N/mm^2)$$

　　• 연신율 : 인장시험 후 시험편이 파괴되기 직전의 표점거리(L_1)와 시험 전 원표점거리(L_0)와의 차를 변형량이라 한다. 연신율은 이 변형량을 원표점거리로 나누어 백분율(%)로 표시한 것(연성을 나타내는 척도)이다.

$$연신율(\varepsilon) = \frac{L_1 - L_0}{L_0} \times 100(\%)$$

　㉡ 압축시험
　　• 재료에 압력을 가하여 파괴에 견디는 힘을 구하는 시험
　　• 주철이나 콘크리트와 같이 내압에 사용되는 재료의 압축강도를 알아보는 시험
　㉢ 굽힘시험
　　• 시험편에 길이 방향의 직각 방향에서 하중을 가함
　　• 재료의 연성, 전성 및 균열의 발생 유무를 판정하는 시험
　㉣ 경도시험
　　• 재료의 경도를 알아보는 시험으로 압입에 대한 저항을 나타냄

- 경도시험 종류
  - 브리넬 경도시험(HB)

$$\text{브리넬 경도}(\text{HB})$$
$$= \frac{P}{A} = \frac{P}{\pi Dh} = \frac{2P}{\pi D(D - \sqrt{D^2 - d^2})}$$

  여기서, P : 하중(kN)
  D : 강구의 지름(mm)
  d : 압입 자국의 지름(mm)
  h : 압입 자국의 깊이(mm)
  A : 압입 자국의 표면적(mm)

  - 로크웰 경도시험(HR) : B스케일, C스케일
  - 비커스 경도시험(HV) : 꼭지각이 136°인 다이아몬드로 된 피라미드 압입자
  - 쇼어 경도시험(HS)

$$\text{쇼어 경도}(\text{HS}) = \frac{10,000}{65} \times \frac{h}{h_0}$$

  여기서, h : 반발하여 올라간 높이
  h_0 : 낙하 높이

  ⑩ 충격시험
  - 충격에 대한 재료의 저항력을 알아보는 시험
  - 충격시험 종류
    - 샤르피 충격시험
    - 아이조드 충격시험
  ⑪ 피로시험

② 비파괴시험 방법
  ㉠ 방사선 투과시험(RT)
  ㉡ 초음파 탐상시험(UT)
  ㉢ 자기탐상시험(MT)
  ※ 자속을 발생시키는 방법
    코일법, 극간법, 프로드법, 축 통전법, 전류 관통법, 자속 관통법
  ㉣ 와전류 탐상시험(ET)

  ㉤ 침투탐상시험(PT)
  ※ 침투탐상시험의 과정
    예비 세척 → 침투처리 → 세척처리 → 현상처리

③ 금속의 조직시험
  ㉠ 매크로 조직시험
    - 파단면 검사방법
    - 매크로 조직 시험방법
    - 설퍼 프린트 방법
    - 매크로 부식방법
  ㉡ 현미경 조직시험

④ 그 밖의 시험방법
  ㉠ 불꽃 시험방법
    - 강재에서 발생하는 불꽃의 색깔과 모양에 의하여 강의 종류를 판별
    - 그라인더 불꽃 시험방법, 분말 불꽃 시험방법
    - 탄소강의 불꽃은 탄소 함유량에 따라 그 특징이 다르다.
  ㉡ 표면경화층 시험
    - 침탄 또는 질화처리한 후 담금질한 경우의 경화층을 측정하는 방법
    - 경화층 깊이 측정방법
      - 경도시험
      - 매크로 조직시험
      - 화학 분석시험
      - 현미경 조직시험

15-1. 표점거리가 50mm인 재료를 인장시험하여 파단 후에 측정한 표점거리가 60mm이었다면 이 재료의 연신율은 몇 %인가?

[2016년 59회]

① 10
② 17
③ 20
④ 24

15-2. 다음 중 재료의 인장시험으로 알 수 없는 것은?

[2016년 59회]

① 연신율
② 인장강도
③ 탄성계수
④ 피로한도

|해설|

15-1

$$연신율(\varepsilon) = \frac{변형량}{원표점거리} \times 100(\%) = \frac{L_1 - L_0}{L_0} \times 100\%$$

$$= \frac{(60mm - 50mm)}{50mm} \times 100(\%) = 20\%$$

∴ 연신율(ε)=20%

여기서, L_1 : 늘어난 거리, L_0 : 원표점거리

15-2

④ 피로한도는 인장시험이 아닌 피로시험기로 알 수 있다.

인장시험 : 기계적 시험 중에서 가장 기본이다. 시험편의 양 끝을 시험기에 고정시키고 시험편의 축 방향으로 천천히 잡아당겨 끊어질 때까지의 변형과 이에 대응하는 하중을 측정하여 금속재료의 기계적 성질을 알 수 있다. 인장시험으로 재료의 인장강도, 연신율, 단면 수축률 등을 알 수 있으며, 이 밖에도 항복점, 비례한도, 탄성한도, 응력-변형률 곡선을 구할 수 있다.

정답 **15-1** ③ **15-2** ④

핵심이론 01 유압기기의 특징

유압장치는 파스칼의 원리를 이용한 유압에 의해 구동되는 기기이다.

① 유압기기의 특징

유압장치는 작은 힘으로 큰 힘을 전달할 수 있으며, 작업의 반복성이 우수하여 무거운 물체를 정밀하게 조작할 수 있는 특징이 있다. 힘을 전달하는 방법으로, 그 작업의 특성에 따라 전기를 사용하는 방법과 기계 또는 유압장치를 사용하는 방법이 있다. 이들 유압장치가 가지고 있는 특징을 요약하면 다음과 같다.

㉠ 제어하기가 매우 쉽고 정확하다. 즉, 간단한 조작으로 운전과 정지가 가능하고, 속도 조절이 용이하며 정확하다.

㉡ 힘의 증폭이 용이하다. 즉, 복잡한 기어나 풀리 또는 레버를 사용하지 않고, 파스칼의 원리에 의해 힘을 수십 배 또는 수백 배 이상 증폭시킬 수 있다.

㉢ 일정한 힘과 토크를 낼 수 있다.

㉣ 구조가 간단하고 안전하며 경제적이다. 일반적으로, 기계식이나 전기식에 비하여 구성요소가 간단하다.

㉤ 힘과 전달기구가 간단하고, 멀리 떨어진 위치에서도 배관 하나만으로 간단하게 힘을 전달할 수 있으며, 방향에 대한 제한을 받지 않는다. 즉, 유압장치는 기계적 에너지를 유체에너지로 바꾸고, 다시 압축된 유압유는 액추에이터를 구동시켜 원하는 기계적 에너지로 변환시킨다.

② 유압장치의 장점

㉠ 유량을 조절하여 무단 변속 운전을 할 수 있다.

㉡ 기기의 배치가 자유롭고, 원하는 대로 동력을 전달할 수 있다.

㉢ 각종 제어밸브로서 압력제어, 유량제어, 방향제어를 할 수 있으며, 작동이 원활하며 진동이 작다.

㉣ 파스칼의 원리에 따라 작은 힘으로 큰 힘을 얻을 수 있다.

㉤ 회전운동과 직선운동이 자유롭고, 원격 조작과 제어가 가능하다.

㉥ 입력에 대한 출력의 응답 특성이 양호하다.

㉦ 유압유를 매체로 하므로 녹을 방지할 수 있으며, 윤활성이 좋고 충격을 완화하여 장시간 사용할 수 있다.

③ 유압장치의 단점

㉠ 유압유의 압력이 높은 경우에는 액추에이터에 충격이 생기고 기름이 새기 쉽다.

㉡ 유압유의 온도가 높아지면 유압유의 점도가 변화되어, 액추에이터의 출력이나 속도가 변화되기 쉽다.

㉢ 화재의 위험성이 크다.

㉣ 전기제어회로에 비하여 유압회로의 구성은 복잡하고 어렵다.

1-1. 유압장치에서 힘의 전달은 어떤 것을 이용한 것인가?

[2013년 54회]

① 파스칼의 원리
② 베르누이의 정리
③ 아보가드로의 법칙
④ 뉴턴의 법칙

1-2. 공기압장치와 비교하여 유압장치의 특징에 관한 설명으로 틀린 것은?

[2012년 52회]

① 소형 장치로 큰 출력을 낼 수 있다.
② 환경오염의 우려가 없다.
③ 입력에 대한 출력의 응답이 빠르다.
④ 방청과 윤활이 자동적으로 이루어진다.

|해설|

1-1
유압장치는 파스칼의 원리를 이용한 유압에 의해 구동되는 기기이다.

1-2
유압장치에 사용되는 유압유는 공압에 비해 환경오염의 우려가 있다.

정답 1-1 ① 1-2 ②

핵심이론 02 유압펌프 종류

유압펌프는 펌프 1회전당 유압유의 이송량(체적이송)을 변화시킬 수 없는 정용량형 펌프와 변화시킬 수 있는 가변용량형 펌프로 구분된다.

[유압펌프의 종류]

기어펌프	• 외접 기어펌프 • 내접 기어펌프 • 나사펌프	• 정용량형
베인펌프	• 압력 불평형식 펌프 • 압력 평형식 펌프	• 정용량형 • 가변용량형
피스톤 펌프	• 축 방향 피스톤 펌프 • 반지름 방향 피스톤 펌프	• 정용량형 • 가변용량형

① 기어펌프

　㉠ 외접 기어펌프(External Gear Pump)

　　유압유는 맞물려 돌아가는 기어 사이를 통하여 송출된다. 한쪽 기어는 전동기에 연결되어 회전하고, 다른 쪽 기어는 구동기어와 맞물려서 회전한다. 펌프의 송출량은 300L/min, 송출압력은 35~175kgf/cm²의 것이 많으며, 공작기계나 건설기계 등에 많이 사용된다.

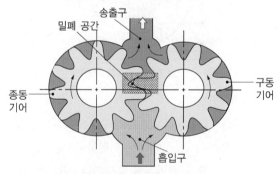

[외접형 기어펌프의 구조]

　㉡ 내접 기어펌프(Internal Gear Pump)

　　내접 기어펌프에는 다음 그림과 같이 분할벽이 있는 내접 기어펌프와 분할벽이 없는 트로코이드 펌프(Trochoid Pump)가 있다. 내접 기어펌프는 바깥쪽 기어의 한곳에서 맞물리고, 반달 모양의 내부실(Seal)로 분리되어 있으며, 전동기에 의해 안쪽 기어가 구동된다. 안쪽 기어 로터가 전동기에 의해서 회전하면 바깥쪽 로터도 따라서 회전하며, 안쪽 로터의 모양에 따라 송출량이 결정된다. 일반 기어 펌프에 비하여 낮은 송출압력을 얻는다.

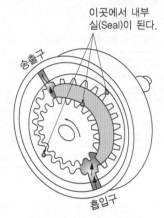

[내접형 기어펌프의 구조]

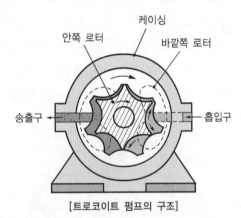

[트로코이트 펌프의 구조]

ㄷ 나사펌프

아래 그림은 나사펌프의 구조도이다. 나사는 하우징(Housing) 내에서 회전하며, 매우 조용하고 효율적으로 유압유를 송출한다. 비교적 높은 압력을 얻을 수 있으며 사출기, 유압 프레스 등에 사용된다.

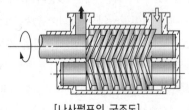

[나사펌프의 구조도]

• 기어펌프의 폐입현상 : 폐입현상은 기어의 두 치형 사이 틈새에 가두어진 유압유가 팽창·압축을 반복하며 거품이 발생하거나 진동·소음의 원인이 되는 현상으로 토출구에 릴리프 홈을 만들거나 높은 압력의 기름을 베어링 윤활에 사용한다.

② 베인펌프

베인펌프는 원통형 케이싱 안에 편심된 캠링과 로터가 들어 있으며, 로터에는 홈이 있고, 그 홈 속에는 판 모양의 베인이 삽입되어 자유롭게 움직일 수 있도록 되어 있다. 베인펌프의 송출압력은 1단에서 $70kgf/cm^2$, 송출량은 4~450L/min인 것이 많이 사용되며 공작기계, 사출성형기, 산업기계 등에 널리 사용된다. 베인펌프에는 정용량형과 가변용량형 베인펌프가 있고, 정용량형 펌프에는 압력 불평형식과 압력 평형식이 있다. 아래 그림은 압력 불평형식(Pressure Unbalanced) 베인펌프와 압력 평형식(Pressure Balanced) 베인펌프의 구조도이다. 압력 평형식 베인펌프는 흡입구와 송출구가 각각 로터에 대해 서로 대칭되는 위치에 배치되어 있다.

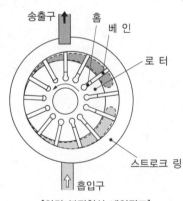

[압력 불평형식 베인펌프]

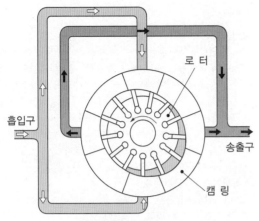

[압력 평형식 베인펌프]

[베인펌프의 장단점]

장 점	단 점
• 기어펌프나 피스톤 펌프에 비해 토출압력의 맥동이 적다. • 베인의 마모에 의한 압력 저하가 발생되지 않는다. • 비교적 고장이 적고 수리 및 관리가 용이하다. • 펌프 출력에 비해 형상치수가 작다. • 수명이 길고 장시간 안정된 성능을 발휘할 수 있다.	• 제작 시 높은 정도가 요구된다. • 작동유의 점도가 제한이 있다. • 기름의 오염에 주의하고 흡입 진공도가 허용 한도 이하이어야 한다.

③ 피스톤 펌프(Piston Pump)

피스톤 펌프는 고속 운전이 가능하여 비교적 소형으로도 고압·고성능을 얻을 수 있다. 여러 개의 피스톤으로 고속 운전하므로 송출압의 맥동이 매우 작고 진동도 작다. 송출압력은 100~300kgf/cm²이고, 송출량은 10~50L/min 정도이다. 피스톤 펌프는 축 방향 피스톤 펌프(Axial Piston Pump)와 반지름 방향 피스톤 펌프(Radial Piston Pump)가 있다.

아래 그림은 축 방향 피스톤 펌프의 구조도이다. 그림과 같이 피스톤은 경사판에 연결되어 회전하며, 피스톤이 A의 위치에 있을 때 유압유를 흡입하고, B의 위치로 이동하였을 때 유압유를 압축하여 송출한다. 경사판의 경사각을 조절하여 유압유의 송출량을 조절한다.

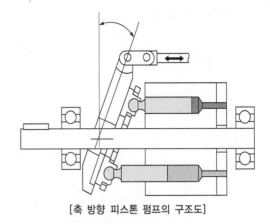

[축 방향 피스톤 펌프의 구조도]

• 피스톤 펌프의 특징
 – 가변용량형 펌프로 제작이 가능함
 – 누성이 작아 체적효율이 좋음
 – 피스톤의 배열에 따라 액시얼형/레이디얼형
 – 부품수가 많고 구조가 복잡한 편

④ 펌프동력과 효율

㉠ 펌프의 송출량(Q)

$$Q = n \cdot V$$

여기서, Q : 송출량(m^3/min)
 n : 펌프의 회전수(rpm)
 V : 펌프의 1회전당 공급량(m^3)

㉡ 유압펌프의 소요동력

$$L_s = \frac{p \cdot Q}{612 \cdot \eta}$$

여기서, L_s : 소요동력(kW)
 p : 송출압력(kgf/cm^2)
 Q : 송출량(m^3/min)
 η : 전효율($\eta = \eta_v \cdot \eta_m$)

ㄷ 유압펌프의 효율

$$\text{체적효율 } \eta_v = \frac{Q}{Q_{th}} \times 100$$

$$\text{기계적 효율 } \eta_m = \frac{L_{th}}{L_s} \times 100$$

여기서, L_s : 소요동력(kW)

L_{th} : 이론동력(kW)

Q_{th} : 이론 송출량(m^3/min)

p : 송출압력(kgf/cm^2)

η : 전효율($\eta = \eta_v \cdot \eta_m$)

핵심예제

2-1. 유압모터에서 가장 효율이 높고 최대 압력이 높은 유압펌프는?

[2012년 51회]

① 피스톤 펌프
② 기어펌프
③ 베인펌프
④ 나사펌프

2-2. 다음 중 베인펌프의 특징에 관한 설명으로 틀린 것은?

[2013년 53회]

① 먼지나 이물질에 의한 영향을 적게 받는다.
② 베인의 마모에 의한 압력 저하가 발생하지 않는다.
③ 카트리지 방식과 함께 호환성이 좋고 보수가 용이하다.
④ 펌프의 출력에 비해 형상치수가 작다.

2-3. 구조가 간단하고 값이 싸므로 차량, 건설기계, 운반기계 등에 널리 쓰이고 있는 유압펌프는 무엇인가?

[2015년 57회]

① 기어펌프(Gear Pump)
② 베인펌프(Vane Pump)
③ 피스톤 펌프(Piston Pump)
④ 벌류트 펌프(Volute Pump)

2-1

피스톤 펌프 : 다른 유압펌프에 비해 효율이 가장 좋다. 피스톤을 구동축에 대해 동일 원주상에 축 방향으로 평행하게 배열한 액시얼형과 구동축에 대하여 배열한 레이디얼형 펌프가 있으며 특징은 다음과 같다.

• 고속 및 고압의 유압장치에 적합하다.
• 가변용량형 펌프로 많이 사용된다.
• 다른 유압펌프에 비해 효율이 가장 좋다.
• 구조가 복잡하고 가격이 고가이다.
• 흡입능력이 가장 낮다.

② 기어펌프 : 구조가 간단하고 값이 저렴하여 차량, 건설기계, 운반기계 등에 널리 사용된다.

③ 베인펌프 : 공작기계, 프레스기계, 사출성형기 등의 산업기계 장치, 차량용에 많이 사용된다. 유압펌프로서 정토출량형과 가변토출량형이 있다.

2-2

베인펌프는 먼지나 이물질에 의해 영향을 많이 받는다.

베인펌프의 장단점

장 점	단 점
• 기어펌프나 피스톤 펌프에 비해 토출압력의 맥동이 적다. • 베인의 마모에 의한 압력 저하가 발생되지 않는다. • 비교적 고장이 적고 수리 및 관리가 용이하다. • 출력에 비해 형상치수가 작다. • 수명이 길고 장시간 안정된 성능을 발휘할 수 있다.	• 제작 시 높은 정도가 요구된다. • 작동유의 점도가 제한이 있다. • 기름의 오염에 주의하고 흡입 진공도가 허용 한도 이하이어야 한다.

2-3

① 기어펌프(Gear Pump) : 유압유는 맞물려 돌아가는 기어 사이를 통하여 송출된다. 한쪽 기어는 전동기에 연결되어 회전하고, 다른 쪽 기어는 구동기어와 맞물려서 회전한다. 펌프의 송출량은 300L/min, 송출압력은 35~175kgf/cm^2의 것이 많으며, 공작기계나 건설기계 등에 많이 사용된다.

② 베인펌프(Vane Pump) : 원통형 케이싱 안에 편심된 캠링과 로터가 들어 있으며, 로터에는 홈이 있고, 그 홈 속에는 판 모양의 베인이 삽입되어 자유롭게 움직일 수 있도록 되어 있다. 베인펌프의 송출압력은 1단에서 70kgf/cm^2, 송출량은 4~450L/min인 것이 많이 사용되며 공작기계, 사출성형기, 산업기계 등에 널리 사용된다.

③ 피스톤 펌프(Piston Pump) : 고속 운전이 가능하여 비교적 소형으로도 고압·고성능을 얻을 수 있다. 여러 개의 피스톤으로 고속 운전하므로 송출압의 맥동이 매우 작고 진동도 작다. 송출압력은 100~300kgf/cm^2이고, 송출량은 10~50L/min 정도이다.

정답 2-1 ① 2-2 ① 2-3 ①

유압유는 유압장치에서의 동력 전달을 하는 매체이며, 기기의 윤활작용, 실(seal)작용 및 방청작용을 한다.

① 유압유가 갖추어야 할 성질

ㄱ 동력을 확실히 전달하기 위해서 비압축성이고 유동성이 좋을 것

ㄴ 적당한 윤활성에 의해서 미끄럼 부분의 마멸을 방지하고, 끼워맞춤 부분이나 연결부의 틈새에서의 누유를 방지할 수 있는 점도를 가질 것

ㄷ 장치를 구성하는 부품의 변질이나 부식의 발생을 방지할 것

ㄹ 장시간 사용으로 물리적·화학적 성질이 변하지 않으며, 특히 산성에 대한 안정성이 높을 것

ㅁ 물이나 공기 및 미세한 먼지 등을 빠르고 쉽게 분리할 수 있을 것

ㅂ 패킹(Packing)용 밀봉재료(실, 패킹)나 도료와의 접합성이 좋을 것

ㅅ 인화점이 높고, 온도에 대한 점도의 변화가 작을 것

ㅇ 거품이 일지 않을 것

이상과 같은 성질을 가지는 유압유를 선택하여 사용하면 유압장치의 효율을 높일 수 있고, 유압기기의 수명을 연장시킬 수 있을 뿐만 아니라 유압유의 내구성도 증가한다.

② 유압유의 종류

유압유는 석유계 유압유, 합성형 유압유, 수성형 유압유로 나눌 수 있다. 합성유 유압유와 수성형 유압유는 불이 잘 붙지 않는 난연성 유압유이다.

ㄱ 석유계 유압유

가장 널리 사용되는 유압유로서, 주로 파라핀 (Paraffin)계 원유를 정제한 것에 산화방지제와 녹방지제를 첨가한 것이다.

• 순광유(무첨가) : 원유에서 얻어지는 윤활유 유분 자체이며 산화방지제, 방청제, 마모방지제 등의 첨가제를 혼합하지 않은 광유이다. 무첨가 터빈유가 사용되나 산화 안전성, 방청성이 결여되어 단순한 장치 외에는 사용하지 않는다.

• 일반 유압유(R&O형) : 일반 작동유라고도 하며 방청제 및 산화방지제를 첨가한 것이다. 마모방지제가 함유되어 있지 않기 때문에 압력이 많이 걸리지 않는 유압장치에 사용한다. 수명이 길고 방청성이 뛰어나며 항유화성도 우수한 유압작동유이다.

• 내마모성 유압유 : 일반 유압유(R&O형)에 첨가제(아연계, 유황 등)를 넣어 내마모성, 열 안전성을 향상시킨 것이다.

• 고VI형 유압유 : 점도지수향상제를 첨가하여 온도에 의한 점도 변화를 최소화하려는 용도에 사용한다.

• 첨가 터빈유 : 터빈유에 산화방지제 등의 첨가제를 넣어 긴 수명, 고온 사용 등에 효과가 크다.

ㄴ 합성형 유압유

합성형 유압유는 화학적으로 합성된 유압유로서, 석유계에 비하여 유동성·난연성이 좋으며, 고온·고압에서 안정성 등이 뛰어난 반면에 값이 비싼 것이 단점이다. 항공기나 정밀한 제어장치 등 특수한 용도에 사용된다.

• 인산 에스테르형 유압유 : 윤활성은 광유계와 같고 인화점이 590℃ 이상으로 내화성이 뛰어나지만 도료나 시일재에 주의하여야 한다.

• 폴리에스테르형 유압유(지방산) : 내화성은 인산 에스테르계보다 떨어지지만 도료는 에폭시수지, 시일재는 니트릴 고무를 사용한다.

ⓒ 수성형 유압유

수성형 유압유는 내식성과 윤활성이 우수한 물 글리콜(Glycol)계와 난연성이 뛰어난 유화계로 나누어진다.

- 물 글리콜계 유압유 : 에틸렌 글리콜과 물을 37~40%로 섞은 것으로, 알루미늄과 아연 등의 금속제와 반응한다.
- 수중 유형 유화유(O/W 에멀션계 유압유) : 약 90~95%의 물에 첨가제를 혼합하여 사용
- 유중 수형 유화유(W/O 에멀션계 유화유) : 석유계 작동유에 35~45%의 물로 미립자 상태로 혼합시킨 작동유

③ 유압작동유 선정
ⓐ 비압축성
ⓑ 물리적 · 화학적 안정
ⓒ 인화점과 발화점이 높아야 한다.
ⓓ 체적 탄성계수가 클 것
ⓔ 방열성(열 방출도)이 클 것
ⓕ 회로 내를 유연하게 유동할 수 있는 적절한 점도 유지
ⓖ 윤활성, 방청성, 소포성, 향유화성, 항착화성
ⓗ 온도에 의한 점도 변화가 작고 점도지수는 높아야 함
※ 소포성 : 기포방지성
※ 방청성 : 녹방지성

④ 온도에 따른 점도 변화
ⓐ 점도가 너무 높을 때
- 동력 손실, 압력 손실, 유동저항 증가
- 소음과 공동현상이 발생하고 유압기기의 작동이 불활발해진다.
- 내부 마찰이 커지며 온도가 높아진다.

ⓑ 점도가 너무 낮을 때
- 압력 유지가 안 돼서 정확한 작동이 불가능
- 내 · 외부의 기름 누출이 많고 기기 마모 증대
- 용적효율이 저하한다.

⑤ 유압작동유에 수분 혼입
ⓐ 작동유의 열화 · 산화 촉진
※ 열화 : 주변 환경에 의해 기록이 상태 변화 등의 손상을 입는 것
ⓑ 공동현상 발생
※ 공동현상 : 액체 내 증기 기포가 발생하는 현상
ⓒ 유압기기 마모 촉진
ⓓ 방청성, 윤활성 저하
ⓔ 압력(압축성)이 증가해 유압기기의 작동 불규칙

⑥ 첨가제
ⓐ 소포제 : 유해한 기포 제거, 실리콘유, 실리콘의 유기화합물
ⓑ 방청제 : 녹 방지, 유기산 에스테르, 유기인 화합물, 지방산염
※ 작동유의 색상
- 투명/무(無) 변화 : 정상 상태의 작동유
- 흑갈색 : 산화에 의한 열화가 진행된 상태
- 암흑색 : 작동유를 장시간 사용해 교환시기가 지난 상태
※ 공동현상(Cavitation) 방지책
- 기름탱크 내 기름의 점도는 800ct를 넘지 않도록 할 것
- 흡입구 양정은 1m 이하로 할 것
- 펌프의 운전속도는 3.5m/s 이하로 할 것
- 흡입관의 굵기 = 유압 펌프 본체의 연결구 크기

3-1. 고도로 정제된 기유에 방청제, 산화방지제, 소포제가 첨가되며, 수명이 길고 방청성이 뛰어나며 항유화성도 우수한 유압작동유는?　　　　　　　　　　　　　　　　　　[2013년 54회]

① 순광유　　　　　　　② R&O형 유압작동유
③ 고VI형 작동유　　　　④ 물-글리콜형 작동유

3-2. 유압작동유의 점도가 너무 낮을 경우 기계의 운전에 미치는 영향으로 옳은 것은?　　　　　　　　　　　　　[2016년 60회]

① 용적효율 저하　　　　② 동력 손실의 증대
③ 유동저항의 증대　　　④ 캐비테이션 발생

3-3. 유압유가 거품을 일으킬 때 거품을 제거하기 위해 거품을 빨리 유면으로 떠오르게 하는 첨가제는?　　　　　[2016년 60회]

① 소포제　　　　　　　② 방청제
③ 산화방지제　　　　　④ 유동점강하제

|해설|

3-1
② R&O형 유압작동유 : 일반 작동유라고도 하며 방청제 및 산화방지제를 첨가한 것이다. 마모방지제가 함유되어 있지 않기 때문에 압력이 많이 걸리지 않는 유압장치에 사용한다. 수명이 길고 방청성이 뛰어나며 항유화성도 우수한 유압작동유이다.
① 순광유 : 원유에서 얻어지는 윤활유 유분 자체이며 산화방지제, 방청제, 마모방지제 등의 첨가제를 혼합하지 않은 광유이다.
③ 고VI형 작동유 : 점도지수향상제를 첨가하여 온도에 의한 점도 변화를 최소화하려는 용도에 사용된다.

3-2
유압작동유의 점도가 너무 낮을 경우 용적효율이 저하한다.
유압작동유 온도에 따른 점도 변화

점도가 너무 높을 때	점도가 너무 낮을 때
• 동력 손실, 압력 손실, 유동저항 증가 • 소음과 공동현상이 발생하고 유압기기의 작동이 불활발해진다. • 내부 마찰이 커지며 온도가 높아진다.	• 압력 유지가 안 돼서 정확한 작동이 불가능 • 내·외부의 기름 누출이 많고 기기 마모 증대 • 용적효율이 저하한다.

3-3
① 소포제 : 유해한 기포 제거, 실리콘유, 실리콘의 유기화합물
② 방청제 : 녹 방지, 유기산 에스테르, 유기인 화합물, 지방산염

정답 3-1 ②　3-2 ①　3-3 ①

핵심이론 04 압력제어밸브

회로의 압력을 제한, 감압, 과부하 방지, 무부하 동작, 조작의 순서 동작, 외부 부하와의 평형 동작 등을 하는 밸브이다.

① 릴리프 밸브(Relief Valve)
　회로의 최고 압력을 제어하는 밸브로서 유압시스템 내의 최고 압력을 유지시켜 주는 밸브로 실린더 내의 힘이나 토크를 제한하여 과부하를 방지한다. 직동형과 파일럿형이 있다.

② 감압밸브(Pressure Reducing Valve)
　주회로의 압력보다 저압으로 감압시켜 사용할 때 사용하는 밸브 고압의 압축유체를 감압시켜 사용조건이 변동되어도 설정공급압력을 일정하게 유지시키며 출구압력을 일정하게 유지한다.

③ 시퀀스 밸브(Sequence Valve)
　분기회로의 일부가 작동하더라도 주회로의 압력을 일정하게 유지하면서 조작순서를 제어할 때 사용하는 밸브로 응답성이 좋아 저압용으로 많이 사용한다.

④ 무부하밸브(Unloading Valve)
　펌프를 무부하로 하여 동력 절감과 발열 방지를 목적으로 하고 펌프의 무부하운전을 시키는 밸브이다.

⑤ 카운터밸런스 밸브(Counter Balance Valve)
　회로의 일부에 배압을 발생시키고자 할 때 사용하는 밸브로서, 배압밸브라고도 하며 부하가 급격히 제거되어 관성에 의한 제어가 곤란할 때 사용한다. 수직형 실린더의 자중낙하를 방지하는 역할을 한다.

⑥ 압력 스위치(Pressure Switch)
　유압신호를 전기신호로 전환시키는 일종의 스위치이다.

⑦ 유체 퓨즈(Fluid Fuse)
　회로압이 설정압을 넘으면 막이 유체압에 의해 파열되어 유압유를 탱크로 귀환시킴과 동시에 압력 상승을 막아 기기를 보호하는 역할을 한다.

4-1. 회로압력이 설정된 압력을 넘으면 막이 유체압력에 의해 파열되어 유압유를 탱크로 귀환시킴과 동시에 압력 상승을 막아 유압장치를 보호하는 역할을 하는 것은?

[2013년 53회]

① 서보밸브
② 릴리프 밸브
③ 압력 스위치
④ 유체 퓨즈

4-2. 유압회로에서 어떤 부분 회로의 압력을 주회로의 압력보다 저압으로 해서 사용하고자 할 때 사용하는 밸브는?

[2013년 53회]

① 감압밸브(Pressure Reducing Valve)
② 시퀀스 밸브(Sequence Valve)
③ 무부하밸브(Unloading Valve)
④ 카운터밸런스 밸브(Counter Balance Valve)

| 해설 |

4-1

유체 퓨즈(Fluid Fuse) : 회로압이 설정압을 넘으면 막이 유체압에 의해 파열되어 유압유를 탱크로 귀환시킴과 동시에 압력 상승을 막아 기기를 보호하는 역할을 한다.

4-2

감압밸브 : 주회로의 압력보다 저압으로 감압시켜 사용할 때 사용하는 밸브로, 고압의 압축유체를 감압시켜 사용조건이 변동되어도 설정공급압력을 일정하게 유지시키며 출구압력을 일정하게 유지한다.

정답 4-1 ④ 4-2 ①

핵심이론 05 유압 액추에이터

① 오일탱크

ㄱ 오일탱크의 구조

- 기름 속에 혼입되어 있는 불순물이나 기포의 분리 또는 제거를 한다.
- 운전 중에 발생하는 열을 충분히 발산하여 유온 상승을 완화시킬 수 있어야 한다.
- 운전 정지 중에는 관로의 기름이 중력에 의해서 넘치지 않아야 한다.
- 관을 분리할 때에는 오일탱크에서 넘쳐흐르지 않을 만큼의 크기로 해야 한다.

ㄴ 오일탱크의 특징

- 효율적인 관리를 위해 오일탱크의 용량은 펌프 토출량의 2~3배 수준에서 관리한다.
- 오일탱크에서 사용하는 공기청정기의 통기 용량은 펌프 토출량의 2배 이상이어야 한다.
- 오일탱크에서 사용하는 스트레이너의 유량은 펌프 토출량의 2배 이상의 것을 사용한다.
- 오일탱크의 바닥면은 바닥에서 최소 15cm 이상 유지하는 것이 바람직하다.
- 먼지, 절삭분, 윤활유 등의 이물질이 혼입되지 않도록 주유구에는 여과망과 뚜껑을 부착한다.
- 운전 중에 유면이 정상 위치에 있는가를 보기 위하여 유면계를 설치한다.
- 업세팅 운반용으로서 적당한 곳에 훅(Hook)을 단다.
- 보통철판을 용접하여 제작하고, 상판은 펌프나 전동기 등을 장착하는 데 충분한 강도와 면적이 필요하다.
- 오일탱크의 용량은 장치의 운전 중지 중 장치 내의 작동유가 복귀하여도 지장이 없을 만큼의 크기를 가져야 한다.

- 기름을 흘리지 않고 탱크에서 방출한다든지 탱크 바닥에 침전된 불순물을 제거할 수 있도록 드레인을 설치한다.
- 탱크 내면에는 방청과 수분의 응결을 방지하기 위하여 양질의 내유성 도료를 칠한다.

핵심예제

오일탱크에 관한 일반적인 설명으로 틀린 것은? [2014년 55회]

① 오일탱크의 용량은 효율적인 관리를 위해 펌프 토출량의 1.0~1.1배 수준에서 관리한다.
② 오일탱크에서 사용하는 공기청정기의 통기 용량은 펌프 토출량의 2배 이상이어야 한다.
③ 오일탱크에서 사용하는 스트레이너의 유량은 펌프 토출량의 2배 이상의 것을 사용한다.
④ 오일탱크의 바닥면은 바닥에서 최소 15cm 이상 유지하는 것이 바람직하다.

|해설|

오일탱크의 용량은 효율적인 관리를 위해 펌프 토출량의 2~3배 수준에서 관리한다.

정답 ①

핵심이론 06 공압장치

① 공압장치의 특징

장 점	단 점
• 사용에너지를 쉽게 구할 수 있다.	• 큰 힘을 얻을 수 없다.
• 동력 전달이 간단하며 먼 거리의 이송도 매우 쉽다.	• 공기의 압축성으로 효율이 좋지 않다.
• 에너지로서 저장성이 있다.	• 저속에서 균일한 속도를 얻을 수 없다.
• 힘의 증폭이 용이하고, 속도 조절이 간단하다.	• 응답속도가 늦다.
• 제어가 간단하고 취급이 간편하다.	• 배기의 소음이 크다.
• 과부하 상태에서 안전성이 보장된다.	• 구동비용이 고가이다.
• 압축성이 있다.	

② 공압장치의 구성

- ㉠ 동력원 : 공기압축기를 구동하기 위한 전기모터, 기타 동력원 등
- ㉡ 공기압축기 : 압축공기의 생산(일반적으로 10bar 이내)
- ㉢ 애프터 쿨러 : 공기압축기에서 생산된 고온의 공기를 냉각
- ㉣ 공기탱크 : 압축공기를 저장하는 일정 크기의 용기
- ㉤ 공기필터 : 공기 중의 먼지나 수분을 제거
- ㉥ 제어부 : 압력제어, 유량제어, 방향제어
- ㉦ 작동부 : 실린더, 모터

③ 공기압축기(Air Compressor)

공압시스템은 압축공기를 에너지원으로 이용하기 때문에 공기를 압축시키기 위한 압축기나 송풍기가 필요하다. 일반적으로 토출압력이 $9.8N/cm^2$ 이상이면 압축기라 한다. 통상 게이지 압력 $68.7~990.8N/cm^2$의 압축기가 사용되지만 용도에 따라서 $990.8N/cm^2$ 이상의 고압 압축기를 사용하기도 한다.

- ㉠ 토출압력에 따른 분류
  - 저압 : $9.8~78.5N/cm^2$
  - 중압 : $98~157N/cm^2$
  - 고압 : $157N/cm^2$ 이상

ⓛ 출력에 따른 분류
- 소형 : 0.2~14kW 이상
- 중형 : 12~75kW 이상
- 대형 : 75kW 이상

④ 공기압축기의 종류

㉠ 왕복식 압축기–피스톤 압축기
- 가장 일반적으로 사용한다.
- 압력범위는 1단 압축 1.2MPa, 2단 압축 3MPa, 3단 압축 22MPa까지이다.
- 냉각방법으로는 공랭식과 수랭식이 있다.

㉡ 회전식 압축기

베인식	• 소음과 진동이 작다. • 공기를 안정되고 일정하게 공급한다. • 크기가 소형이고 공기압모터 등의 공급원으로 이용한다.
스크루식	• 고속 회전이 가능하여 토출능력이 크다. • 소음이 크다.
루트블로어	• 비접촉형이므로 무급유식이다. • 소형·고압으로 사용한다. • 토크 변동이 크고, 소음이 크다.

㉢ 터보압축기
- 대형·대용량의 공기압원으로 이용한다.
- 종류로는 축류식, 원심식 등이 있다.

⑤ 냉각기

고온의 압축공기를 공기건조기로 공급하기 전 건조기의 입구온도 조건에 알맞도록 수분을 제거하는 장치이다.

[사용상 주의사항]

수랭식	공랭식
• 공기압축기와 가까운 곳에 설치한다. • 단수 시 경보를 낼 수 있는 장치가 필요하다. • 청소 시에는 적당한 세정제를 사용한다.	• 벽이나 기계로부터 20cm 이상의 간격을 두고 설치한다. • 반드시 방전용 필터를 설치한다.

⑥ 공기건조기

수분을 제거하여 건조한 공기로 만드는 기기이다.

[공기건조기 종류]

종 류	특 징	비 고
냉동식 건조기	• 이슬점 온도를 낮추는 원리를 이용한다. • 수증기를 응축시켜 수분을 제거하는 방식이다.	
흡착식 건조기	• 고체 흡착제 속을 압축공기가 통과하도록 하여 수분이 고체 표면에 붙어 버리도록 하는 건조기이다. • 최대 −70℃의 저노점을 얻을 수 있다.	
흡수식 건조기	• 흡수액을 사용한 화학적 방식이다. • 장비 설치가 간단하다. • 기계적 마모가 적다. • 외부 에너지의 공급이 필요 없다. • 운전비용이 많이 들고 효율도 낮아 널리 사용하지 않는다.	사용건조제 : 폴리에틸 렌 등

⑦ 윤활기(루브리케이터)

공압 실린더나 밸브 등 작동을 원활하게 하기 위해서 사용한다.

㉠ 작동원리

벤투리의 작동원리에 의해 작동한다.

㉡ 윤활기의 종류
- 고정 벤투리식 : 발생된 윤활유 분무량 전부를 송출하고 윤활유 분무입도도 공기유량에 따라 변하게 되어 있는 방식이다.
- 가변 벤투리식 : 공기유량이 변화하면 벤투리부가 가변되어 항상 적정한 공기 유속이 유지되도록 하는 방식이다.
- 윤활유 입자 선별식 : 공압공구의 경우 배관이 길어 윤활유의 비산이 어려운 경우에 사용한다.

⑧ 필 터

㉠ 공기필터

공기압 발생장치에서 보내지는 공기 중에는 수분·먼지 등이 포함되어 있어 이러한 물질들을 제거하기 위해 사용되며, 입구 쪽에 필터를 설치한다.

ⓛ 작동원리

공기 여과방식	드레인 배출방식
• 원심력을 이용한 분리방식 • 충돌판을 닿게 하여 분리하는 방식 • 흡수제를 사용하여 분리하는 방식 • 냉각하여 분리하는 방식	• 플로트식 • 파일럿식 • 전동기 구동방식

핵심예제

6-1. 다음 기능을 하는 공기압 장치는? [2014년 55회]

> 가. 공기압력의 맥동을 표준화한다.
> 나. 일시적으로 다량의 공기가 소비되어도 급격한 압력강하를 방지한다.
> 다. 정진이 일어난 비상시에 일정 시간 공기를 공급한다.
> 라. 주위의 외기에 의한 냉각효과로 응축수를 분리한다.

① 공기압축기
② 공기여과기
③ 에어 드라이어
④ 공기탱크

6-2. 압축공기의 건조작용에 쓰이는 흡수식 건조기에 대한 설명 중 잘못된 것은? [2013년 53회]

① 흡수과정은 화학적 과정이다.
② 사용되는 건조제는 폴리에틸렌 등이 있다.
③ 외부 에너지 공급이 필요하지 않다.
④ 운전비용이 적게 들고, 효율이 높다.

6-3. 공기압장치와 유압장치를 비교할 때 공기압장치의 특징에 해당하지 않는 것은? [2015년 57회]

① 화재의 위험이 있다.
② 환경오염의 우려가 없다.
③ 압축성 에너지라 위치제어성이 나쁘다.
④ 동력의 전달이 간단하며 먼 거리의 이송이 쉽다.

|해설|

6-1

문제의 기능을 하는 공기압장치는 공기탱크이다.

④ 공기탱크 : 공기압축기로부터 발생하는 맥동을 감소시켜 공기 공급을 안정되게 하기 위해 꼭 필요한 장치이다.

① 공기압축기 : 공압시스템은 압축공기를 에너지원으로 이용하기 때문에 공기를 압축시키기 위한 압축기가 필요하다.

② 공기여과기 : 공기 중의 먼지나 수분을 제거

6-2

흡수식 건조기의 특징은 화학건조방식으로 장비의 설치가 간단하고, 건조기에 움직이는 부분이 없으므로 외부 에너지 공급이 필요하지 않다. 운전비용이 많이 들고 효율도 낮아 널리 사용되지 않는다.

6-3

공기압장치는 화재의 위험이 작다.

공기압장치의 특성

장 점	단 점
• 사용에너지를 쉽게 구할 수 있다. • 동력 전달이 간단하며 먼 거리의 이송도 매우 쉽다. • 에너지로서 저장성이 있다. • 힘의 증폭이 용이하고, 속도 조절이 간단하다. • 제어가 간단하고 취급이 간편하다. • 과부하 상태에서 안전성이 보장된다. • 압축성이 있다.	• 큰 힘을 얻을 수 없다. • 공기의 압축성으로 효율이 좋지 않다. • 저속에서 균일한 속도를 얻을 수 없다. • 응답속도가 늦다. • 배기의 소음이 크다. • 구동비용이 고가이다.

정답 6-1 ④ 6-2 ④ 6-3 ①

① 논리회로

　㉠ AND 회로

　　복수의 입력조건을 동시에 충족하였을 때에만 출
　　력이 되는 회로를 AND 회로라 한다. 이 회로의
　　기능은 진리값표의 '0'을 OFF로, '1'을 ON으로 읽
　　어서 2개의 입력신호 A와 B에 대한 출력 C의
　　ON-OFF 상태를 진리값표로부터 읽을 수 있다.

　㉡ NOT 회로

　　입력신호가 '1'이면 출력은 '0'이 되고, 입력신호가
　　'0'이면 출력은 '1'이 되는 부정의 논리를 갖는 회로
　　를 NOT 회로라 한다. 회로도에서 입력신호 A와
　　출력신호 B는 부정의 상태이므로 인버터(Inverter)
　　라 부르기도 한다.

　㉢ OR 회로

　　복수의 입력조건 중 어느 한 개라도 입력조건이
　　충족되면 출력이 되는 회로를 OR 회로라 한다. 이
　　러한 OR 회로를 논리합 회로라 하며 공압회로에서
　　많이 사용된다.

　㉣ NAND 회로

　　AND 회로의 역기능 회로로서 모든 입력이 1일 때
　　만 출력이 없어지는 회로를 NAND 회로라 한다.

　㉤ 플립플롭 회로

　　먼저 도달한 신호가 우선 작동되며 다음 신호가
　　입력될 때까지 처음 신호가 유지되는 회로로, 주어
　　진 입력신호에 따라 정해진 출력을 보내며 출력이
　　최종적으로 주어진 입력신호를 기억하는 기능을
　　한다.

　㉥ OFF 릴레이 회로

　　입력신호가 주어지면 곧바로 출력이 얻어지고 입
　　력신호가 없어지면 일정 시간이 경과한 후에 출력
　　이 소멸되는 회로이다.

　㉦ ON 릴레이 회로

　　신호가 입력되고 일정 시간이 경과된 후 출력되는
　　회로이다.

　㉧ 부스터 회로

　　저압력을 어느 정해진 높은 출력으로 증폭하는 회
　　로이다.

　㉨ 속도제어회로

　　• 미터 인 회로 : 공급 쪽 관로에 설치한 바이패스
　　　관로의 흐름을 제어함으로써 속도를 제어하는
　　　회로

　　• 미터 아웃 회로 : 배출 쪽 관로에 설치한 바이패
　　　스 관로의 흐름을 제어함으로써 속도를 제어하
　　　는 회로

　　• 블리드 오프 회로 : 공급 쪽 관로에 바이패스 관
　　　로를 설치하여 바이패스로의 흐름을 제어함으로
　　　써 속도를 제어하는 회로

　㉩ 기타 회로

　　• 시퀀스 회로 : 미리 정해진 순서에 의해서 작동해
　　　나가는 회로

　　• 레지스터 회로 : 정보를 내부로 기억하여 적시에
　　　그 내용이 이용될 수 있도록 구성한 회로

　　• 카운터 회로 : 가해진 펄스신호의 수를 계수로
　　　하여 기억하는 회로

　　• ON-OFF 회로 : 제어동작이 밸브의 개폐와 같은
　　　2개의 정해진 상태만을 취하는 회로

　　• 인터회로 : 먼저 입력된 신호가 유효하고 후에
　　　입력된 신호는 동작할 수 없는 회로로, 기기의
　　　보호나 조작자의 안전을 위해 사용

　　• 로킹회로 : 피스톤의 이동을 방지하는 회로

7-1. 다음 회로와 같이 입력되는 복수의 조건 중 어느 한 개라도 입력조건이 충족되면 출력(ON)이 나오는 회로는?

[2013년 54회]

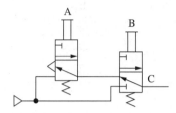

① NOR 회로
② NOT 회로
③ OR 회로
④ AND 회로

7-2. 그림과 같은 유압회로에 대한 설명 중 옳지 않은 것은?

[2014년 55회]

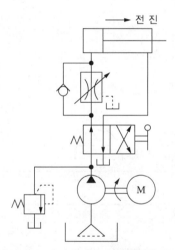

① 실린더의 속도는 펌프의 송출량에 관계없이 일정하다.
② 펌프 송출압은 릴리프 밸브의 설정압으로 정해진다.
③ 여분의 유량은 릴리프 밸브를 통해 환유되어 동력 손실이 작은 편이다.
④ 실린더에 만일 부(-)하중이 작용하면 피스톤이 자주할 염려가 있다.

7-3. 그림과 같이 실린더의 속도를 제어하기 위한 회로로서 유량조정밸브를 실린더의 입구 측에 설치한 회로는?

[2015년 58회]

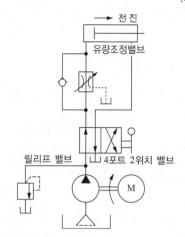

① 무부하회로
② 미터 인 회로
③ 블리드 오프 회로
④ 미터 아웃 회로

7-1

③ OR 회로 : 복수의 입력조건 중 어느 한 개라도 입력 조건이 충족되면 출력이 되는 회로를 OR 회로라 한다. 이러한 OR 회로를 논리합 회로라 하며 공압회로에서 많이 사용된다.
① NOR 회로 : 입력신호 A와 B가 모두 '0'일 때만 C가 '1'이 되며, 그 외의 신호 입력조건에는 출력 C가 '0'의 상태가 되는 회로를 NOR 회로라 한다.

7-2

그림은 미터 인 방식 속도제어회로도로, 액추에이터 입구 쪽 관로에 유량제어밸브를 직렬로 부착하고, 액추에이터로 공급하는 유량을 제어하여 속도를 제어한다. 여분의 유량은 체크밸브가 있는 유량제어밸브를 통해 환유된다.

7-3

문제의 회로도는 미터 인 방식 회로도(Meter-in Circuit)를 나타낸 것으로, 액추에이터 입구쪽 관로에 유량 제어 밸브를 직렬로 부착하고, 액추에이터로 공급하는 유량을 제어하여 속도를 제어하는 것이다.

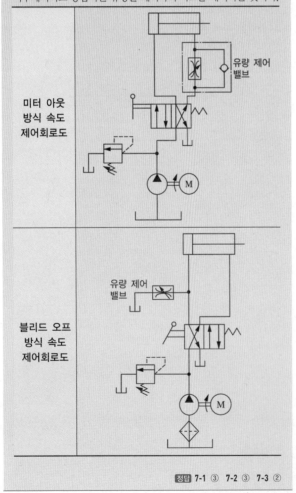

미터 아웃 방식 속도 제어회로도

유량 제어 밸브

블리드 오프 방식 속도 제어회로도

유량 제어 밸브

정답 7-1 ③ 7-2 ③ 7-3 ②

핵심이론 08 공유압 도면 기호

① 동력원

명 칭	기 호	비 고
유압(동력)원	▶──	일반기호
공기압(동력)원	▷──	일반기호
전동기	Ⓜ=	
원동기	M=	(전동기를 제외)

② 에너지-용기

명 칭	기 호	비 고
어큐뮬레이터	기계식 중량식 스프링식	• 일반기호 • 항상 세로형으로 표시 • 부하의 종류를 지시하지 않는 경우 • 부하의 종류를 지시하는 경우
보조 가스용기	△	• 항상 세로형으로 표시 • 어큐뮬레이터와 조합하여 사용하는 보급용 가스용기
공기탱크	──◯──	

③ 실린더

명 칭	기 호	비 고
단동 실린더	상세기호 간략기호	• 공기압 • 압출형 • 대기 중의 배기(유압의 경우는 드레인)
단동 실린더 (스프링붙이)	(1) (2)	• 유 압 • 편로드형 • 드레인 측은 유압유 탱크에 개방 (1) 스프링 힘으로 로드 압출 (2) 스프링 힘으로 로드 흡인
복동 실린더	(1) (2)	(1) • 편로드 • 공기압 (2) • 양로드 • 공기압

명 칭	기 호	비 고
복동 실린더 (쿠션붙이)	2:1　　2:1	• 유 압 • 편로드형 • 양쿠션, 조정형 • 피스톤 면적비 2 : 1
단동 텔레스코프형 실린더		공기압
복동 텔레스코프형 실린더		유 압

④ 특수에너지-변환기기

명 칭	기 호		비 고
	단동형	연속형	
공기유압 변환기			–
증압기			• 압력비 1 : 2 • 2종 유체용

⑤ 조작방식

㉠ 인력 조작

명 칭	기 호	비 고
일 반		조작방법을 지시하지 않은 경우 또는 조작 방향의 수를 특별히 지정하지 않은 경우 의 일반기호
누름 버튼		1방향 조작
당김 버튼		1방향 조작
누름- 당김 버튼		2방향 조작
레 버		2방향 조작 (회전운동을 포함)
페 달		1방향 조작 (회전운동을 포함)
2방향 페달		2방향 조작 (회전운동을 포함)

㉡ 기계 조작

명 칭	기 호	비 고
플런저		1방향 조작
가변 행정 제한 기구		2방향 조작
스프링		1방향 조작
롤 러		2방향 조작
편측 작동 롤러		• 화살표는 유효 조작 방향을 나타낸다. 기입을 생략하여 도 좋다. • 1방향 조작

㉢ 전기 조작

명 칭	기 호	비 고
직선형 전기 액추에이터	–	솔레노이드, 토크모터 등
단동 솔레노이드		• 1방향 조작 • 사선은 우측으로 비 스듬히 그려도 좋다.
복동 솔레노이드		• 2방향 조작 • 사선은 위로 넓어져 도 좋다.
단동 가변식 전자 액추에이터		• 1방향 조작 • 비례식 솔레노이드, 포스모터 등
복동 가변식 전자 액추에이터		• 2방향 조작 • 토크모터
회전형 전기 액추에이터	M	• 2방향 조작 • 전동기

ㄹ 파일럿 조작

명 칭		기 호	비 고
직접 파일럿 조작			수압 면적이 상이한 경우 필요에 따라 면적비를 나타내는 숫자를 직사각형 속에 기입한다.
내부 파일럿			조작유로는 기기의 내부에 있음
외부 파일럿			조작유로는 기기의 외부에 있음
간접 파일럿 조작			
압력을 가하여 조작하는 방식	공기압 파일럿		• 내부 파일럿 • 1차 조작 없음
	유압 파일럿		• 외부 파일럿 • 1차 조작 없음
	유압 2단 파일럿		• 내부 파일럿, 내부 드레인 • 1차 조작 없음
	공기압 · 유압 파일럿		• 외부 공기압 파일럿, 내부 유압 파일럿, 외부 드레인 • 1차 조작 없음
	전자 · 공기압 파일럿		• 단동 솔레노이드에 의한 1차 조작붙이 • 내부 파일럿
	전자 · 유압 파일럿		• 단동 솔레노이드에 의한 1차 조작붙이 • 외부 파일럿, 내부 드레인

명 칭		기 호	비 고
압력을 빼내어 조작하는 방식	유압 파일럿		• 내부 파일럿, 내부 드레인 • 1차 조작 없음 • 내부 파일럿 • 원격 조작용 벤트 포트붙이
	전자 · 유압 파일럿		• 단동 솔레노이드에 의한 1차 조작붙이 • 외부 파일럿, 외부 드레인
	파일럿 작동형 압력제어 밸브		• 압력 조정용 스프링붙이 • 외부 드레인 • 원격 조작용 벤트 포트붙이
	파일럿 작동형 비례전자식 압력제어 밸브		• 단동 비례식 엑추에이터 • 내부 드레인

ㅁ 피드백

명 칭	기 호	비 고
전기식 피드백		• 일반기호 • 전위차계, 차동변압기 등의 위치검출기

⑥ 펌프 및 모터

명 칭	기 호	비 고
펌프 및 모터	유압펌프 공기압모터	• 일반기호
유압펌프		• 1방향 유동 • 정용량형 • 1방향 회전형
유압모터		• 1방향 유동 • 가변용량형 • 조작기구를 특별히 지정하지 않는 경우 • 외부 드레인 • 1방향 회전형 • 양축형
공기압모터		• 2방향 유동 • 정용량형 • 2방향 회전형
정용량형 펌프·모터		• 1방향 유동 • 정용량형 • 1방향 회전형
가변용량형 펌프·모터 (인력 조작)		• 2방향 유동 • 가변용량형 • 외부 드레인 • 2방향 회전형
요동형 액추에이터		• 공기압 • 정각도 • 2방향 요동형 • 축의 회전 방향과 유동 방향과의 관계를 나타내는 화살표의 기입은 임의(부속서 참조)
유압전도장치		• 1방향 회전형 • 가변용량형 펌프 • 일체형
가변 용량형 펌프 (압력 보상제어)		• 1방향 유동 • 압력 조정 가능 • 외부 드레인(부속서 참조)
가변용량형 펌프·모터 (파일럿 조작)		• 2방향 유동 • 2방향 회전형 • 스프링 힘에 의하여 중앙 위치(배제용적 0)로 되돌아오는 방식 • 파일럿 조작 • 외부 드레인 • 신호 m은 M 방향으로 변위를 발생시킴(부속서 참조)

⑦ 전환밸브

명 칭	기 호	비 고
2포트 수동 전환밸브		• 2위치 • 폐지 밸브
3포트 전자 전환밸브		• 2위치 • 1과도 위치 • 전자 조작 스프링 리턴
5포트 파일럿 전환밸브		• 2위치 • 2방향 파일럿 조작
4포트 전자 파일럿 전환밸브	상세기호 간략기호	• 주밸브 – 3위치 – 스프링센터 – 내부 파일럿 • 파일럿 밸브 – 4포트 – 3위치 – 스프링센터 – 전자 조작(단동 솔레노이드) – 수동 오버라이드 조작붙이 – 외부 드레인
	상세기호 간략기호	• 주밸브 – 3위치 – 프레셔센터(스프링센터 겸용) – 파일럿압을 제거할 때 작동 위치로 전환된다. • 파일럿 밸브 – 4포트 – 3위치 – 스프링센터 – 전자 조작(복동 솔레노이드) – 수동 오버라이드 조작붙이 – 외부 파일럿 – 내부 드레인
4포트 교축 전환밸브	중앙 위치 언더랩 중앙 위치 오버랩	• 3위치 • 스프링센터 • 무단계 중간 위치

명 칭	기 호	비 고
서보밸브		대표 보기

⑧ 체크밸브, 셔틀밸브, 배기밸브

명 칭	기 호		비 고
	상세기호	간략기호	
체크밸브			스프링 없음
			스프링붙이
파일럿 조작 체크밸브			• 파일럿 조작에 의하여 밸브 폐쇄 • 스프링 없음
			• 파일럿 조작에 의하여 밸브 열림 • 스프링붙이
고압 우선형 셔틀밸브			고압 쪽 측의 입구가 출구에 접속되고, 저압 쪽 측의 입구가 폐쇄된다.
저압 우선형 셔틀밸브			저압 쪽 측의 입구가 저압 우선 출구에 접속되고, 고압 쪽 측의 입구가 폐쇄된다.
급속 배기밸브			–

⑨ 압력 제어 밸브

명 칭	기 호	비 고
릴리프 밸브		작동형 또는 일반 기호
파일럿 작동형 릴리프 밸브	상세기호 간략기호	원격 조작용 벤트 포트 붙이
전자밸브 장착 (파일럿 작동형) 릴리프 밸브		전자밸브의 조작에 의하여 벤트포트가 열려 무부하로 된다.
비례 전자식 릴리프 밸브 (파일럿 작동형)		대표 보기
감압밸브		작동형 또는 일반 기호
파일럿 작동형 감압밸브		외부 드레인
릴리프 붙이 감압밸브		공기압용
비례 전자식 릴리프 감압밸브 (파일럿 작동형)		• 유압용 • 대표 보기
일정 비율 감압밸브	3	• 감압비 : $\dfrac{1}{3}$

명 칭	기 호	비 고
시퀀스 밸브		• 작동형 또는 일반기호 • 외부 파일럿 • 외부 드레인
시퀀스 밸브 (보조 조작 장착)		• 직동형 • 내부 파일럿 또는 외부 파일럿 조작에 의하여 밸브가 작동됨 • 파일럿 압의 수압 면적비가 1 : 8인 경우 • 외부 드레인
파일럿 작동형 시퀀스 밸브		• 내부 드레인 • 외부 드레인
무부하밸브		• 직동형 또는 일반 기호 • 내부 드레인
카운터 밸런스 밸브		–
무부하 릴리프 밸브		–
양방향 릴리프 밸브		• 직동형 • 외부 드레인
브레이크 밸브		대표 보기

⑩ 유량제어밸브

㉠ 교축밸브

명 칭	기 호	비 고
가변 교축밸브	상세기호　간략기호 	• 간략기호에서는 조작 방법 및 밸브의 상태가 표시되어 있지 않음 • 통상 전혀 닫힌 상태는 없음
스톱밸브		–
감압밸브 (기계 조작 기변 교축밸브)		• 롤러에 의한 기계 조작 • 스프링 부하
1방향 교축밸브 속도제어 밸브 (공기압)		• 가변 교축 장착 • 1방향으로 자유 유동, 반대 방향으로 제어 유동

ⓛ 유량조정밸브

명 칭	기 호		비 고
	상세기호	간략기호	
직렬형 유량조정 밸브			간략기호에서 유로의 화살표는 압력의 보상을 나타낸다.
직렬형 유량조정 밸브 (온도보 상붙이)	상세기호	간략기호	• 온도 보상은 2-3, 4에 표시한다. • 간략기호에서 유로의 화살표는 압력의 보상을 나타낸다.
바이 패스형 유량조정 밸브	상세기호	간략기호	간략기호에서 유로의 화살표는 압력의 보상을 나타낸다.
체크밸브 붙이 유량조정 밸브 (직렬형)	상세기호	간략기호	간략기호에서 유로의 화살표는 압력의 보상을 나타낸다.
분류밸브			화살표는 압력의 보상을 나타낸다.
집류밸브			화살표는 압력의 보상을 나타낸다.

⑪ 기름탱크

명 칭	기 호	비 고
기름탱크 (통기식)		관 끝을 액체 속에 넣지 않는 경우
		• 관 끝을 액체 속에 넣는 경우 • 통기용 필터(17-1)가 있는 경우
		관 끝을 밑바닥에 접속하는 경우
		국소 표시기호
기름탱크 (밀폐식)		• 3관로의 경우 • 가압 또는 밀폐된 것 • 각 관 끝을 액체 속에 집어넣는다. • 관로는 탱크의 긴 벽에 수직

⑫ 유체 조정기기

명 칭	기 호	비 고
필 터		일반기호
		자석붙이
		눈막힘 표시기붙이
드레인 배출기		수동 배출
		자동 배출
드레인 배출기 붙이 필터		수동 배출
		자동 배출
기름 분무 분리기		수동 배출
		자동 배출
에어 드라이어		–
루브 리케이터		–
공기압 조정 유닛	상세기호 간략기호	수직 화살표는 배출기를 나타낸다.
열교환기	냉각기	냉각액용 관로를 표시하지 않는 경우
		냉각액용 관로를 표시하는 경우
	가열기	–
	온도 조절기	가열 및 냉각

⑬ 보조기기

명 칭		기 호	비 고
압력 계측기	압력 표시기		계측은 되지 않고 단지 지시만 하는 표시기
	압력계		–
	차압계		–
유면계			평행선은 수평으로 표시
온도계			–
유량 계측기	검류기		–
	유량계		–
	적산 유량계		–
회전속도계			–
토크계			–

⑭ 기타의 기기

명 칭	기 호	비 고
압력 스위치		오해의 염려가 없는 경 우에는 다음과 같이 표 시하여도 좋다.
리밋 스위치		오해의 염려가 없는 경 우에는 다음과 같이 표 시하여도 좋다.
아날로그 변환기		공기압
소음기		공기압
경음기		공기압용
마그넷 세퍼레이터		–

⑮ 부속서 표-기호 보기

명 칭	기 호	비 고
정용량형 유압모터		• 1방향 회전형 • 입구 포트가 고정되어 있 으므로 유동 방향과의 관 계를 나타내는 회전 방향 화살표는 필요 없음

명 칭		기 호	비 고
정용량형 유압펌프 또는 유압모터	가역 회전형 펌프		• 2방향 회전·양축형 • 입력축이 좌회전할 때 B 포트는 송출구가 된다.
	가역 회전형 모터		B포트가 유입구일 때 출력 축은 좌회전이 된다.
가변용량형 유압펌프			• 1방향 회전형 • 유동 방향과의 관계를 나 타내는 회전 방향 화살표 는 필요 없음 • 조작요소의 위치 표시는 기능을 명시하기 위한 것 으로 생략하여도 좋다.
가변용량형 유압모터			• 2방향 회전형 • B포트가 유입구일 때 출 력축은 좌회전이 된다.
가변용량형 유압 오버 센터 펌프			• 1방향 회전형 • 조작 요소의 위치를 N의 방향으로 조작하였을 때 A포트는 송출구가 된다.
가변 용량형 유압 펌프 또는 유압모터	가역 회전형 펌프		• 2방향 회전형 • 입력축이 우회전할 때 A 포트는 송출구가 되고, 이때 가변조작은 조작요 소의 위치 M의 방향으로 된다.
	가역 회전형 모터		A포트가 유입구일 때 출력 축은 좌회전이 되고, 이때 가변조작은 조작요소의 위치 N의 방향으로 된다.
정용량형 유압펌프·모터			• 2방향 회전형 • 펌프로서의 기능을 하는 경 우 입력축이 우회전할 때 A 포트는 송출구가 된다.
가변용량형 유압펌프·모터			• 2방향 회전형 • 펌프기능을 하고 있는 경우 입력축이 우회전 할 때 B포트는 송출구가 된다.
			• 1방향 회전형 • 펌프기능을 하고 있는 경우 입력축이 우회전할 때 A포트는 송출구가 되 고, 이때 가변조작은 조 작요소의 위치 M의 방향 이 된다.

명 칭	기 호	비 고
가변용량형 가역회전형 펌프 · 모터	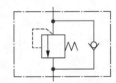	• 2방향 회전형 • 펌프기능을 하고 있는 경우 입력축이 우회전할 때 A포트는 송출구가 되고, 이때 가변조작은 조작요소의 위치 N의 방향이 된다.
정용량 가변용량 변환식 가역회전형 펌프	$B \overset{M_{max}}{\diagdown}$ $M \quad O \quad A \quad 0 \sim M_{max}$	• 2방향 회전형 • 입력축이 우회전일 때는 A포트를 송출구로 하는 가변용량 펌프가 되고, 좌회전인 경우에는 최대 배제용적의 적용량 펌프가 된다.

핵심예제

8-1. 다음 압력제어밸브 기호의 명칭은? [2017년 62회]

① 브레이크 밸브
② 무부하 릴리프 밸브
③ 카운터밸런스 밸브
④ 파일럿 작동형 시퀀스 밸브

8-2. 다음 유체 조정기기 기호의 명칭은? [2017년 62회]

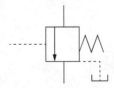

① 필 터   ② 공기탱크
③ 드레인 배출기   ④ 기름 분무 분리기

8-3. 다음 밸브기호의 명칭은? [2016년 60회]

① 감압밸브   ② 무부하밸브
③ 릴리프 밸브   ④ 시퀀스 밸브

| 해설 |

8-1
문제의 압력제어밸브 기호는 카운터밸런스 밸브이다.

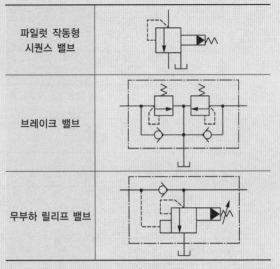

파일럿 작동형 시퀀스 밸브	
브레이크 밸브	
무부하 릴리프 밸브	

8-2
문제의 유체 조정기기의 기호는 필터이다.

드레인 배출기	수동 배출
	자동 배출
기름 분무 분리기	수동 배출
	자동 배출

8-3
문제 밸브기호의 명칭은 시퀀스 밸브이다.

감압밸브	무부하밸브	릴리프 밸브

정답 8-1 ③ 8-2 ① 8-3 ④

① **치공구(Jig & Fixture)**

기계공업이 발전함에 따라 공작기계는 고속화・정밀화되고, 호환성과 생산성의 향상, 능률적인 가공이 필연적이다. 치공구는 어떤 형상의 제품을 정확한 위치에 설치하기 위한 위치결정(Locating)기구와 이것을 고정하기 위한 체결(Holding)기구로 구성된다. 따라서 제품가공을 경제적이고 능률적으로 할 수 있는 특수공구를 설계하고 제작하는 것을 의미한다.

② **치공구 설계의 목적**

치공구를 설계하는 주목적은 제품의 품질 향상 및 유지, 생산성 향상, 제품의 원가를 경감시키는 것이다.

㉠ 복잡한 부품의 경제적인 생산

㉡ 공구의 개선과 다양화에 의하여 공작기계의 출력 증가

㉢ 공작기계의 특수한 가공을 가능하게 하는 부가적인 기능 개발

㉣ 미숙련자도 정밀작업 가능

㉤ 제품의 불량이 적고 생산능력을 향상

㉥ 제품의 정밀도(Accuracy) 및 호환성의 향상

㉦ 공정 단축 및 검사의 단순화와 검사시간 단축

㉧ 부적합한 사용을 방지할 수 있는 방오법(Foolproof)이 가능

㉨ 작업자의 피로가 적어지고 안전성이 향상

③ **치공구의 주기능(Main Function)**

지그(Jig)와 고정구(Fixture)의 주기능은 작업이 진행되는 동안 연속적으로 가공물을 적합한 위치에 고정시키는 것을 의미한다. 지그와 고정구를 이용하여 생산한 모든 부품이나 제품은 도면이 요구하는 모든 사항을 만족할 수 있도록 가공물의 위치결정, 지지, 고정, 커터의 안내 및 측정을 위한 장치 등이 치공구의 주기능이다.

④ **치공구의 분류**

분류방법		치공구
가공방법	기계가공 원통가공	선반고정구, 밀링고정구, 원통연삭고정구
	기계가공 평면가공	밀링고정구, 평삭고정구, 형삭고정구, 슬로팅고정구, 브로칭 고정구, 평면연삭고정구
	기계가공 구멍가공	보링지그, 드릴지그, 탭핑지그, 리밍지그, 호닝지그, 래핑지그
	기계가공 준비작업	레이아웃 고정구
	수기가공 열처리작업	열처리 고정구, 풀림작업 고정구
	수기가공 체결작업	용접고정구, 납땜고정구, 리베팅 고정구, 조립고정구
	수기가공 품질관리	검사용 고정구, 측정용 고정구, 압력시험 고정구
형태	지그	탬플레이트 지그, 플레이트 지그, 샌드위치 지그, 앵글플레이트 지그, 박스지그, 채널지그, 리프지그, 분할지그, 트리니언 지그, 멀티스테이션 지그
	고정구	플레이트 고정구, 앵글플레이트 고정구, 바이스-조 고정구, 분할고정구, 멀티스테이션 고정구

⑤ 치공구 사용상의 이점

치공구는 가공물의 위치결정, 공구의 안내, 가공물의 지지 및 고정 등의 기능을 갖추고 있다.

가공물 도면이 요구하는 범위 안에 가공하게 되고, 제조비용을 절감하게 되며, 가장 큰 중요성은 호환성과 정밀성이다. 치공구는 생산성 향상에 최대한 기여해야 한다. 원가 절감을 위한 목적으로 공정의 개선, 품질의 향상 및 안정, 제품의 호환성 등이 있다. 즉, 품질·비용·납기 등을 만족시키는 이점이 있다.

㉠ 가공에 있어서의 이점
- 기계 설비를 최대한 활용할 수 있다.
- 생산능력을 증가시킬 수 있다.
- 특수기계 및 특수공구가 필요하지 않다.

㉡ 생산원가의 이점
- 가공 정밀도 향상 및 호환성의 향상으로 불량품을 방지한다.
- 제품의 균일화에 의하여 검사업무가 간소화된다.
- 작업시간이 단축된다.
- 불량품 감소로 재료비가 절감된다.
- 절삭공구의 파손이 감소하여 공구 수명이 연장된다.

㉢ 노무관리의 이점
- 근로자의 숙련도 요구가 감소한다.
- 근로자의 피로가 경감되어 안전작업이 가능하다.
- 특수작업의 감소와 특별한 주의사항 및 검사 등이 불필요하다.
- 재료비 절약이 가능하고, 다른 작업과의 관련이 원활하다.
- 불량품이 감소하고 부품의 호환성이 증대된다.
- 바이트 등 공구의 파손 및 감소로 공구 수명이 연장된다.

⑥ 치공구 설계의 기본원칙

㉠ 공작물의 수량과 납기 등을 고려하여 공작물에 적합하고 단순하게 치공구를 결정할 것
㉡ 표준 범용 치공구의 이용 및 사용하지 않는 치공구를 개조하거나 수리를 고려할 것
㉢ 치공구를 설계할 때 중요 구성 부품은 전문업체에서 생산하는 표준규격품을 사용할 것
㉣ 손으로 조작하는 치공구는 충분한 강도를 가지면서 가볍게 설계할 것
㉤ 클램핑 힘이 걸리는 거리를 되도록 짧게 하고 단순하게 설계할 것
㉥ 치공구 본체에 가공을 위한 공구 위치 및 측정을 위한 세트블록을 설치할 것
㉦ 치공구 본체에 대해서는 칩과 절삭유가 배출될 수 있도록 설계할 것
㉧ 가공압력은 클램핑 요소에서 받지 않고 위치결정면에 하중이 작용하도록 할 것
㉨ 단조품의 분할면, 주형의 분할면 탕구 및 삽탕구의 위치는 피할 것
㉩ 클램핑 요소에서는 되도록 스패너, 핀, 쐐기, 망치와 같이 여러 가지 부품을 사용하지 않도록 설계할 것
㉪ 치공구의 제작비와 손익분기점을 고려할 것
㉫ 제품의 재질을 고려하여 이에 적합한 것으로 할 것
㉬ 정밀도가 요구되지 않거나 조립되지 않는 불필요한 부분에 대해서는 기계가공 등의 작업을 하지 않을 것
㉭ 정확한 작업을 요하는 부분에 대하여 지나치게 정밀한 공차를 주지 않도록 할 것

1-1. 치공구 설계의 목적으로 거리가 먼 것은? [2015년 58회]

① 생산성을 높이기 위해
② 작업공정을 늘리기 위해
③ 제품의 품질을 향상시키기 위해
④ 제품의 제작비용을 절감하기 위해

1-2. 치공구 설계의 기본원칙에 해당하지 않는 것은?
[2016년 60회]

① 치공구의 제작비와 손익분기점을 고려할 것
② 손으로 조작하는 치공구는 충분한 강도를 가지면서 가볍게 설계할 것
③ 클램핑 요소에서는 되도록 스패너, 핀, 쐐기, 해머와 같이 여러 가지 부품을 같이 사용할 수 있도록 설계할 것
④ 정밀도가 요구되지 않거나 조립이 되지 않는 불필요한 부분에 대해서는 기계가공 작업은 하지 않도록 할 것

|해설|

1-1
치공구 설계목적으로 공정 단축 및 검사의 단순화와 검사시간 단축이 있다.
치공구 설계의 목적
• 복잡한 부품의 경제적인 생산
• 공구의 개선과 다양화에 의하여 공작기계의 출력 증가
• 공작기계의 특수한 가공을 가능하게 하는 부가적인 기능 개발
• 미숙련자도 정밀작업 가능
• 제품의 불량이 적고 생산능력을 향상
• 제품의 정밀도 및 호환성 향상
• 부적합한 사용을 방지할 수 있는 방오법(Foolproof)이 가능
• 작업자의 피로가 적어지고 안전성이 향상

1-2
치공구는 가능한 한 기본적이고 간단하며, 시간을 절약할 수 있어야 한다. 클램핑 요소에서 여러 가지 부품을 같이 사용할 수 있도록 설계하는 것은 치공구 설계의 기본원칙에 해당하지 않는다. 클램핑 요소에서는 되도록 스패너, 핀, 쐐기, 해머와 같이 여러 가지 부품을 사용하지 않도록 설계해야 한다.

정답 1-1 ② 1-2 ③

핵심이론 02 치공구의 경제성

치공구설계자는 치공구를 제작하면 비용을 어느 정도 절감시킬 수 있는가에 대한 검토가 이루어져야 한다. 대량생산인 경우에는 별 문제가 없으나, 현대사회는 다품종 소량 생산을 요구하는 경우도 많으므로 경제성을 검토하여야 한다.

• 치공구를 설계할 때 고려할 사항은 생산 수량, 납기일이다.
• 치공구를 사용할 경우와 사용하지 않을 경우의 이익률을 검토하여야 한다.
• 치공구를 설계할 때는 항상 치공구를 사용할 때의 이점을 고려하여야 한다.

① 치공구의 경제적 설계

  ㉠ 단순성

  치공구는 가능한 한 기본적이고 간단하고, 시간과 재료를 절약할 수 있어야 한다. 지나치게 정교한 치공구는 정밀도나 품질을 크게 향상시키지 못하면서 비용만 증가시킨다. 제품이 요구하는 범위 안에서 가능한 기본적이고 단순하게 설계되어야 한다.

  ㉡ 기성품 재료

  기성품 재료를 사용하면 기계가공을 생략할 수 있으므로 치공구 제작비를 크게 절감할 수 있다. 드릴로드(Drill Rod), 구조용 형강, 가공된 브래킷, 정밀연삭한 판재 또는 핀 등의 기성품 재료를 이용하면 경제적이다.

  ㉢ 표준규격 부품

  시판되고 있는 지그와 고정구용 표준 부품을 사용하면, 치공구의 품질 향상과 인건비 및 재료비를 절감할 수 있다. 규격화된 클램프(Clamp), 위치결정구, 지지구, 드릴부시, 핀, 나사, 볼트, 너트 및 스프링 등을 이용하면 경제적이다.

ⓔ 2차 가공

연삭·열처리 등의 2차 가공은 반드시 필요한 곳에만 가공한다. 치공구의 정밀도에 직접적인 영향을 미치지 않는 곳에는 2차 가공을 하지 않는 것이 경제적이다.

ⓜ 공차(Tolerance)

일반적으로 지그나 고정구의 공차는 가공물 공차의 20~50%로 정한다. 지나치게 높은 정밀도를 치공구에 부여하면 치공구의 가치를 높이지 못하면서 가격만 높아지는 경제적 손실이 발생한다.

ⓗ 도면의 단순화

치공구 설계도면의 작성은 전체 소요경비에서 상당한 비율을 차지한다. 따라서 도면을 단순화시키면 치공구의 제작비용을 절감하는 효과가 있다.

② 치공구의 경제적 검토

치공구설계자는 툴링(Tooling) 비율을 계산하여, 치공구에 의해 비용을 어느 정도 절감시킬 수 있는가에 대한 생각으로 치공구를 설계 및 제작관리해야 한다. 툴링 견적은 공구비의 견적에 포함되며, 대체방안에 의해 절약될 수 있다.

ⓖ 공구비용과 생산성

치공구 설계비용을 결정하는 가장 간단하고 직접적인 방법은 공구제작에 필요한 재료와 임금의 총비용을 합산하는 것이다. 이러한 계산은 단 하나의 부품이라도 빠뜨리지 않도록 신중하게 해야 한다. 각 부품에 필요한 재료비와 임금을 계산하고, 치공구 설계비용을 추가한다. 작업시간 계산은 부품을 장착하여 기계가공하고 탈착까지의 시간을 시간당으로 나누는 것으로, 식은 다음과 같다.

$$P_h = \frac{1}{S}$$

단, P_h : 시간당 가공된 부품의 수량

　　S : 1개의 부품을 가공하는 시간

ⓛ 임금의 계산방법

노동력은 제조과정에서 단일요소로는 가장 비싼 비용에 속한다. 임금을 절약한다면 전반적인 생산비가 절감될 수 있다. 지그에 의해 기계가공 시간을 줄이고 숙련공의 수를 줄일 수도 있다.

※ 임금을 계산하는 관계식

$$L = \frac{L_s}{L_h} \times W$$

단, L : 임금

　　L_s : 로트 수량

　　L_h : 시간당 부품수

　　W : 임금 비율

ⓒ 부품 단가의 계산 방법

공구비와 임금의 비교는 설계자에게 치공구 설계의 경제성에 대하여 충분한 정보를 주지 못한다. 더욱 정확하게 하기 위해서는 부품의 총생산량과 부품의 단가면에서 어느 정도 가치가 있는가를 산정해야 한다.

※ 부품의 단가 계산식

$$C_p = \frac{T_c + L}{L_s}$$

단, C_p : 부품 단가

　　T_c : 공구비용

　　L : 임금

　　L_s : 로트 수량

ⓔ 치공구를 사용할 때 총절약비용 계산방법

가장 경제적인 생산방법을 결정하기 위하여 실행가능한 여러 가지 대체방법을 비교하는 것이 좋다. 이 산출방식은 툴링을 사용한다는 측면에서 두 가지 방식이 있다.

• 첫 번째 방식 : 부품을 생산하는 데 특수공구를 요구하는 대체방안들이 있다.

$$T_p = L_s \times (C_p A_1 - C_p A_2)$$

단, T_s : 총절약비용

$\quad\ L_s$: 로트 수량

$\quad\ C_p$: 부품 단가(A_1번 공구와 A_2번 공구와
의 차)

• 두 번째 방식 : 생산 대체방법 중에서 단지 한 가지로만 툴링이 요구된다.

$$T_s = L_s \times (C_p A_1 - C_p A_2) - T_c$$

단, T_c : 공구비 계산을 하지 않는 부품 단가

ⓜ 손익분기점 계산방법

손익분기점 계산방법은 다음 그림과 같이 손익분기점의 원리를 이용하여 부품 생산의 최소 제작 개수를 산출하는 것이다. 손익분기점에 미달하는 생산 수량인 경우에는 손실을 가져오며, 손익분기점 이상이 되는 경우에는 이익이 된다. 논리적인 측면에서 보면 손익분기점이 낮을수록 이익이 많아진다.

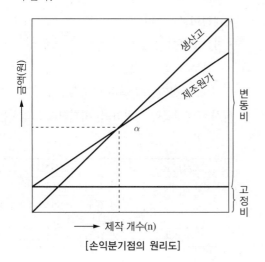

[손익분기점의 원리도]

$$B_p = \frac{T_c}{C_p A_1 - C_p A_2}$$

단, B_p : 손익분기점

$\quad\ T_c$: 공구비용

$\quad\ C_p$: 부품 단가

③ 치공구의 표준화

치공구의 설계 및 제작상 주의사항에는 제작비가 경제적인 것 이외에 치공구 설계, 제작 정비가 쉽고 신속히 이루어져야 된다. 치공구의 제작비가 저렴하고 능률이 좋더라도 설계·제작에 시간을 요하게 되면 경제성을 잃는다. 따라서 이러한 문제를 해결하기 위해서 치공구의 각 요소들을 규격화, 표준화하면 설계·제작·정비에 소요되는 노력을 경감시킬 수 있다.

표준화	표준화 내용
치공구 부품의 표준화	치공구용 볼트, 너트, 와셔, 위치결정핀, 드릴부시, 클램프 스프링 등을 표준화한다.
공구의 표준화	공구의 형상, 치수, 공차, 재질, 사용방법 등을 표준화한다.
치공구 형식의 표준화	각종 부품의 기계가공, 주조, 용접 등을 표준화한다.
치공구의 자동화용 형식 설계방법의 표준화	유압이나 공압 등 자동화 방법의 기본을 표준화한다.
치공구 재료의 표준화	KS 재료 중에서 치공구 제작에 필요한 재료를 선택하여 표준화한다.
치공구용 소재의 표준화	각종 소재 치수의 각판, 원판, 각강환봉 등을 표준화한다.
치공구용 본체의 표준화	치공구 제작 정도에 따라 연강·주물 등을 표준화한다.

④ 치공구 설계의 기초

치공구를 설계하는 경우 설계자는 현장에 능숙하고, 치공구 요소 및 구조에 관한 지식, 경제적 관념을 염두에 두고 항상 생산 개수, 정밀도 등의 종합적인 검토를 할 수 있는 능력을 갖추어야 한다.

ⓙ 치공구의 설계요령

치공구를 실제 설계할 때는 도면을 그리기 전에 위치결정에 대하여 구상하고 치공구의 부품을 적게 설계하여야 하며, 칩의 배출방법 및 가공공정을 고려하여 되도록 공정을 간략화하고, 치공구 설계를 단순하게 하여야 한다.

ⓛ 치공구의 중량

- 일반적으로 치공구는 가볍고 강성이 커야 하며, 중량이 너무 커지지 않도록 하여야 한다.
- 고정식 치공구의 경우 : 강성 위주로 생각하는 편이 좋다.
- 가반식 치공구의 경우 : 취급을 용이하게 하기 위해 중량의 경감을 고려하여야 한다. 따라서 강성을 잃지 않도록 사용재료를 충분히 검토하여야 한다.

ⓒ 치공구의 정밀도

치공구의 정밀도는 가공물이 요구하는 정밀도에 대응하여 결정된다. 가공물의 다듬질 정밀도는 치공구의 정밀도 이상으로는 나오지 않으므로 충분히 주의할 필요가 있다. 치공구의 정밀도는 가공물의 부착 상태, 공작기계의 정밀도 등에 영향을 받기 때문이다.

⑤ 공작물 관리

ⓙ 공작물 관리의 목적

공작물 관리란 공작물 가공공정 중 공작물의 변위량이 일정 한계 내에서 관리되도록 공작물의 위치를 제어하는 것을 의미한다. 즉, 주어진 변화요인에도 불구하고 공작물이 치공구와의 관계에서 항상 일정한 관계가 유지되도록 하는 것이다. 공작물의 적합한 관리는 제조공정 간에 가장 중요한 요소 중에 하나이다. 아무리 우수한 장비 및 공구를 사용할지라도 공작물 관리를 제대로 하지 못하면 치수범위 내에 가공이 불가능하게 된다.

공작물의 위치결정과 클램핑 위치를 정확하게 하기 위한 공작물의 관리목적은 다음과 같다.

- 모든 요인에 관계없이 공구와 공작물의 일정한 상대적 위치를 유지한다.
- 절삭력이나 클램핑력 등에 의한 모든 외부 힘에 관계없이 공작물의 위치를 유지한다.
- 공구 및 고정력 또는 공작물의 탄성 및 취성에 의해 과도한 휨이 발생하지 않도록 공작물의 변형을 방지한다.
- 공작물의 위치는 작업자의 숙련도에 관계없이 유지한다.

ⓛ 공작물 변위 발생요소

공작물은 다음과 같은 요소에 의해 변위를 하게 된다.

- 공작물의 고정력
- 공작물의 절삭력
- 공작물의 위치 편차
- 먼지 또는 칩(Chip)
- 작업자의 숙련도
- 온도 · 습도
- 재질의 치수 변화
- 절삭공구의 마모
- 공작물의 중량 등

위와 같은 공작물의 변위 발생요소를 방지하기 위해서는 공작물을 정확하고, 확실하게 고정하는 장치가 필요하다.

고정요소	고정장치
공작물을 고정하는 요소	척, 바이스, V블록, 센터 등
공구를 고정하는 요소	척, 콜릿척, 슬리브, 바이트 홀더, 어댑터, 아버 등
치공구	지그, 고정구, 게이지 등

⑥ 공작물 관리의 이론

㉠ 평행이론

공작물 관리에서는 정지 상태에서 적절한 평형이 유지되어야 한다. 여기에는 두 가지 평형이 있는데 직선평형과 회전평형이다. 평형은 주어진 물체가 작용하는 균형을 의미하고, 물체가 평형되었을 경우에 정지 상태가 된다.

• 직선평형 : 자유 상태의 물체에 한 방향으로 힘을 가하면 물체는 평형을 잃고 직선 방향으로 움직인다. 이때 물체의 평형을 유지하기 위해서 같은 크기의 힘을 반대 방향에서 작용시키면 직선 방향의 움직임이 정지하여 직선평형이 이루어진다.

• 회전평형 : 자유 물체가 직선운동을 하기 위해서는 물체의 중심에 힘이 가해져야 한다. 그러나 작용하는 힘이 물체의 중심에서 벗어나면 회전하려는 경향이 생기며, 회전하려는 모멘트(Moment)는 가해지는 힘과 회전축까지의 거리를 곱한 크기이다. 크기가 같고, 반대 방향인 모멘트가 서로 반작용하여 물체의 평형 상태를 유지하는 것을 회전평형이라 한다. 직선평형은 힘의 균형에서 이루어지고, 회전평형은 모멘트의 평형에서 이루어진다. 따라서 회전평형에서는 평형을 이루는 힘과 가해지는 힘의 크기가 동일하지 않아도 된다. 가해지는 힘이 작을 때 회전축의 길이가 길면 모멘트의 평형을 이룰 수 있다.

⑦ 위치결정의 개념

공작물의 위치결정은 치공구에서 요구되는 일정 위치에 공작물을 정확하게 위치시키는 것으로, 공작물 관리를 기본이론으로 하는 정확한 위치결정이 필요하다.

㉠ 공간에서의 움직임

다음 그림과 같이 정육면체가 공간에 있는 상태를 공작물과 비교하면, 3개의 직선운동과 3개의 회전운동으로 생각할 수 있다. 여기에 X, Y, Z축의 직선운동과 X, Y, Z축의 회전운동을 종합하면 12가지 방향의 움직임이 나타난다. 이때 공작물의 움직임을 제한하여 평형 상태로 만드는 것이 위치결정의 기본개념이다. 평형 상태로 만들기 위해서 하나의 위치결정구는 1개의 방향만 제한할 수 있으므로 위치결정은 최소한 6개 방향의 움직임이 제한되어야 한다. 나머지 움직임은 클램프에 의해서 제한된다.

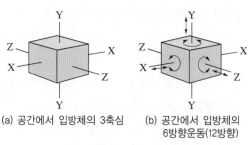

(a) 공간에서 입방체의 3축심   (b) 공간에서 입방체의 6방향운동(12방향)

[공간에서의 자유 이동]

㉡ 3-2-1 위치결정원리

공작물에 위치결정구를 배열하는 것을 위치결정이라고 한다. 육면체의 가장 이상적인 위치결정은 3-2-1 위치결정방법(3-2-1 Location System)으로, 가장 넓은 표면에 3개의 위치결정구를 설치하고, 그 다음 넓은 표면에 2개의 위치결정구를 설치하고, 좁은 표면에 1개의 위치결정구를 설치한다.

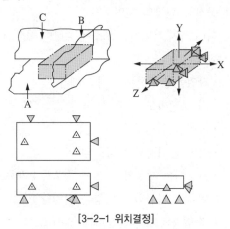

[3-2-1 위치결정]

ⓒ 교체 위치결정

3-2-1 위치결정은 6개의 위치결정을 의미하며, 초과된 위치결정구는 일반적으로 좋지 않다. 다수의 위치결정구가 바람직한 경우에 초과되어 사용된 위치결정구를 교체 위치결정구라 한다. 교체 위치결정구는 다음과 같은 결과를 얻는 데 사용된다.

• 중심선 관리를 개선한다.
• 고정력을 사용할 수 없는 경우 기계적 관리를 위해 사용한다.
• 공작물을 장착할 때 작업자의 숙련이 크게 필요하지 않은 경우에 사용한다.
• 교체 위치결정구를 사용하면 치공구 설계가 용이하고, 공작물 고정장치의 비용이 감소한다.

⑧ 공차관리

표준화된 부품을 저렴한 가격으로 생산하기 위한 제조업체들의 노력으로, 생산성의 향상과 호환성 있는 부품이 생산되었다. 호환성은 부품들이 각기 다른 장소에서 생산되어도 재가공하지 않고 조립이 원활하게 이루어지는 것을 의미한다. 그러나 부품들을 아무리 엄격하게 관리해도 동일할 수 없으며, 측정 시 약간의 치수 차이가 발생하는데 이것을 공작물 편차(Variation)라 한다.

㉠ 공작물 편차의 원인

여러 가지 복합적인 요소에 의하여 공작물 편차가 발생한다.

• 작업을 수행하는 기계 자체가 가지고 있는 고유의 부정확도
• 우연한 원인 등
• 가공에 사용되는 공구의 마모
• 사용되는 재료의 상태(예 주조품 : 재료 규격의 변화는 가공성에 영향을 미친다.)
• 작업자의 불완전한 세팅(Setting)

㉡ 공차누적(Tolerance Stack)

공차누적은 상호관계가 있는 각 부품의 허용공차가 전체 치수와의 관계에서 허용될 수 없는 공차로 나타나는 경우이다. 그림과 같이 두 개의 부품은 각각 허용공차 내에 있지만 두 부품을 조립하였을 경우에는 허용공차를 벗어나는 현상이다. 즉, 개개의 공차는 합격공차인데 전체 치수에서는 불합격 공차가 되는 것으로 최대 허용공차만 합쳐진 상태를 한계누적이라 한다. 따라서 공차누적을 줄이기 위하여 기준 치수방식의 치수 기입방법을 선택하면 공차누적으로 인한 불합리한 요소를 사전에 방지할 수 있다.

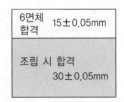

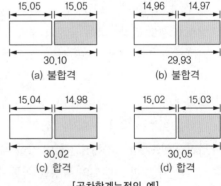

[공차한계누적의 예]

다음 그림은 일반적인 경우의 한계누적과 기준 치수방식을 나타낸 것이다. 그림에서 X공차는 ±0.4mm이고, Y공차는 ±0.2mm가 되므로 공차누적 요소를 방지할 수 있다.

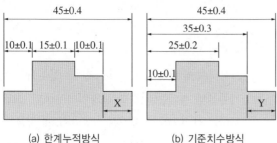

(a) 한계누적방식   (b) 기준치수방식

[한계누적과 기준치수방식]

ⓒ 공차 표시방법

모든 부품의 치수는 공차와 함께 표시되고, 공차는 기준치수에 대하여 양측공차로 표시하거나 편측공차로 나타낸다. 양측공차방식은 치수로부터 (+)와 (−) 방향으로 허용차가 주어지는 방식으로 (+), (−) 방향의 허용차가 같은 동등양측공차와 (+), (−) 방향의 허용차가 서로 다른 부등양측공차로 나누어진다. 일반적으로 상호결합되는 부품의 경우에는 편측공차를 적용하고, 결합되지 않는 부분에는 양측공차를 적용한다. 제품을 설계하는 과정에서 부품의 상호 조립관계를 고려하여 주어지는 공차는 여러 가지 형태로 나타난다.

ⓔ 공차관리도

정밀한 공차가 요구되는 제품일수록 품질이나 성능 면에서 뛰어나고, 상대적인 고부가가치를 창출하며 치열한 경쟁에서 앞설 수 있다. 하지만 필요 이상의 정밀공차는 가공을 어렵게 하고, 제조원가를 상승시키는 작용을 한다. 공차관리도는 기능에 부합되는 양질의 제품을 생산하기 위해 작성하며, 효율적인 공차관리에 의해 목적 달성이 가능해질 수 있다.

핵심예제

공작물 관리방법 중 육면체의 가장 이상적인 위치결정법은?

[2012년 52회]

① 2-1-1
② 3-1-1
③ 2-2-1
④ 3-2-1

|해설|

육면체의 가장 이상적인 위치결정법은 3-2-1이다. 가장 넓은 표면에 3개의 위치결정구를 설치하고, 그다음 넓은 표면에 2개의 위치결정구를 설치하고, 좁은 표면에 1개의 위치결정구를 설치한다.

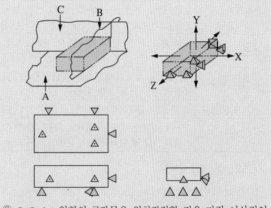

③ 2-2-1 : 원형의 공작물을 위치결정할 경우 가장 이상적인 위치결정법

정답 ④

지그(Jig)와 고정구(Fixture)의 형태를 보면 지그는 가공물을 고정, 지지, 위치결정 및 클램핑 기구 이외의 공구를 안내하는 부시를 끼운 기구를 가지고 있다. 고정구는 요구되는 기계작업을 할 수 있도록 한 개 또는 두 개 이상의 가공물을 정확한 위치에 결정하고 고정하는 데 사용하는 기구이다. 일반적으로 이들을 합쳐서 치구 또는 치공구라고 한다.

① 치공구의 용도에 따른 분류

분 류	용 도
기계가공용 치공구	드릴, 밀링, 선반, 연삭, MCT, CNC 선반, 보링, 기어절삭, 브로치, 래핑, 평삭, 방전, 레이저 등
조립용 치공구	나사 체결, 리벳, 접착, 기능 조정, 프레스 압입, 조정검사, 센터구멍 등을 위한 치공구
용접용 치공구	위치결정용, 자세 유지, 구속용, 회전 포지션, 안내, 비틀림 방지 등을 위한 치공구
검사용 치공구	측정, 형상, 압력시험, 재료시험 등을 위한 치공구
기 타	자동차 생산라인의 엔진조립지그, 자동차 용접지그, 자동차 도장 및 열처리 지그, 레이아웃 지그 등

② 지그의 형태별 분류

㉠ 플레이트 지그(Plate Jig)

형판지그와 유사하나 간단한 위치결정구와 클램핑 기구를 가지고 있다. 플레이트 지그는 생산할 가공물의 수량에 따라서 부시의 사용 여부를 결정한다.

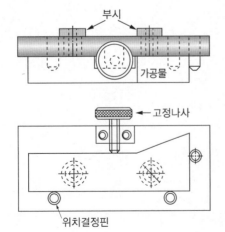

㉡ 템플레이트 지그(Template Jig)

템플레이트 지그는 최소의 경비로 가장 단순하게 사용할 수 있는 지그이다. 가공물의 내면과 외면을 사용하여 클램핑시키지 않고 할 수 있는 구조이며 가공물의 형태는 단순한 모양이어야 하고 정밀도보다는 생산속도를 증가시키려고 할 때 사용된다. 지그 전체를 열처리하여 사용하는 경우와 부시를 사용하여 제작하는 경우가 있다. 다음 그림은 가공물의 외경과 내경을 이용한 템플레이트 지그로 (a), (c)는 지그 전체를 열처리하였고, (b)는 본체에 부시를 고정하였다. 맞춤방법은 가공물의 외경과 본체의 내경에 의하여 이루어진다.

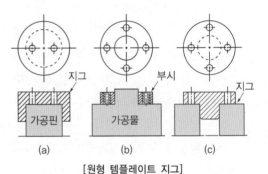

[원형 템플레이트 지그]

㉢ 샌드위치 지그(Sandwich Jig)

다음 그림은 샌드위치 지그로, 상하 플레이트를 이용하여 가공물을 고정시키는 구조이다. 특히, 가공물의 형태가 얇아서 비틀리기 쉬운 연한 가공물 또는 가공물을 고정할 때 상하 플레이트에 위치결정핀을 설치하여 고정하는 구조에 사용한다.

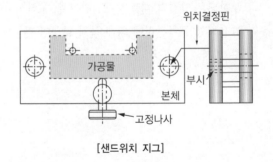

[샌드위치 지그]

ⓔ 앵글플레이트 지그(Angle Plate Jig)

다음 그림은 앵글플레이트 지그의 구조이다. 가공물을 위치결정면에 직각으로 유지시키는 데 사용하는 지그가 앵글플레이트 지그이고, 위치결정면에서 90° 이외의 각도로 가공물의 위치를 유지시키는 구조가 모디파이드 앵글플레이트 지그이다.

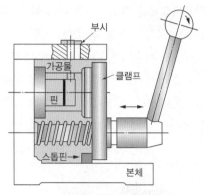

[앵글플레이트 지그]

ⓜ 박스지그(Box Jig)

아래 그림은 박스지그로서, 가공물을 지그 중앙에 클램핑시키고 지그를 회전시켜 가면서 가공물의 위치를 다시 결정하지 않고 전면을 가공 완성할 수 있다. 밑면과 양측면의 위치결정면은 위치결정핀이나 다음 그림과 같이 지그 본체 중앙에 홈을 파내고 양쪽 끝면을 이용하여 지그의 다리(밑면)로 사용하기도 한다.

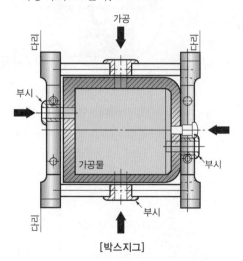

[박스지그]

ⓗ 채널지그(Channel Jig)

채널지그는 가공물의 두 면에 지그를 설치하여 단순한 가공을 할 때 사용한다. 이것은 박스지그의 일종으로 정밀한 가공보다 생산속도를 증가시킬 목적으로 사용되며, 지그 본체는 고정식과 조립식으로 제작이 가능하다.

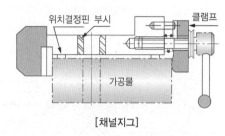

[채널지그]

ⓢ 리프지그(Leaf Jig)

아래 그림은 리프지그로, 쉽게 조작이 가능한 잠금 캠을 이용하여 착탈을 쉽게 할 수 있도록 한 구조이다. 클램핑력이 약하여 소형 가공물 가공에 적합한 구조이다. 잠금 캠과 핀은 선 접촉을 하므로 마모가 심하여 손잡이의 길이가 긴 경우에는 무리한 작동으로 지그의 수명이 짧아진다.

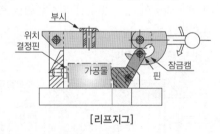

[리프지그]

ⓞ 분할지그(Indexing Jig)

다음 그림은 분할지그로, 가공물을 정확한 간격으로 구멍을 뚫거나 기계가공에서 기어와 같이 분할이 어려운 가공물을 가공할 때 사용한다. 위치결정핀은 열처리하여 사용하고, 스프링 플런저 형태의 조립식 위치결정핀도 여러 가지 모양으로 규격화되어 있다. 특수한 형태의 분할작업은 가공물의 조건에 따라서 분할판을 만들어 사용하여야 하며, 분할판 모양을 만들 때 마모 여유와 흔들림은 한쪽으로만 생기도록 설계하여야 한다.

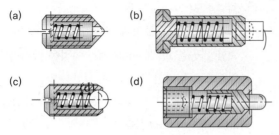

[분할핀의 종류]

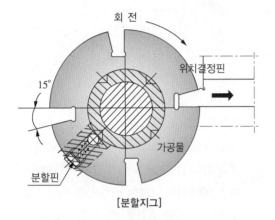

[분할지그]

ⓩ 트러니언 지그(Trunnion Jig)

다음 그림은 트러니언 지그로, 대형 가공물, 용접 지그에 적당한 구조이다. 분할잠금핀을 이용하여 가공물이 트러니언의 중심에서 등분 및 회전이 가능하도록 되어 있다.

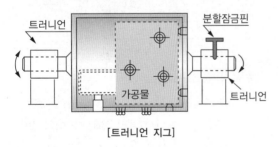

[트러니언 지그]

ⓩ 멀티스테이션 지그(Multistation Jig)

다음 그림은 멀티스테이션 지그로, 앞에서 설명한 지그의 형태 중에서 선택하여 필요한 형태로 만든다. 이 지그의 특징은 가공물을 지그에 위치결정시키는 방법으로 한 개의 가공물은 드릴링, 다른 가공물은 리밍, 또 다른 가공물은 카운터보링이 되며 최종적으로는 완성 가공된 가공물을 내리고 새로운 가공물을 장착할 수 있다. 이런 지그는 단축기계에서도 사용되며, 특히 다축기계에 사용하면 적합하고 부가적으로 지그들을 몇 개 복합시켜서 사용하기도 한다. 복합된 지그는 구조나 규격을 분류할 수 없다. 지그는 부품에 적합하고 정밀하게 가공되어야 하며 작동이 간단하고 안전해야 한다.

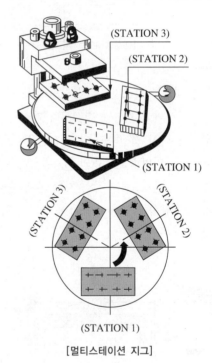

[멀티스테이션 지그]

③ 고정구의 형태별 분류
  ㉠ 플레이트 고정구(Plate Fixture)
    다음 그림은 평면연삭용 플레이트 고정구의 구조
    로, 4개의 환봉을 한 번에 연삭할 수 있는 형태이
    다. 플레이트 고정구는 각종 공작기계, 용접, 검사
    등에 가장 많이 활용되는 형태이다. 본체는 강력한
    절삭력에 견디어야 하므로 무엇보다 견고성이 필
    요하다. 고정구 사용목적은 가공물의 정확한 위치
    결정과 강력한 고정이다.

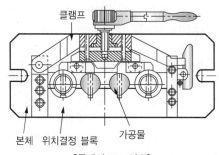
[플레이트 고정구]

  ㉡ 앵글플레이트 고정구(Angle Plate Fixture)
    다음 그림은 앵글플레이트 고정구와 변형 앵글플
    레이트 고정구의 구조이다. 가공물이 90° 또는
    다른 각도로 고정이 필요한 경우에 사용되는 형
    태이다. 강력한 절삭력에는 본체가 구조상 약하
    므로 보강판을 설치하여야 한다.

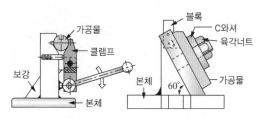
[앵글플레이트 고정구와 모디파이드 앵글플레이트 고정구]

  ㉢ 바이스-조 고정구(Vise-jaw Fixture)
    다음 그림은 바이스 고정구로, 범용밀링에 많이
    활용된다. 여러 가지 다양한 가공에 적합하나 정밀
    도가 떨어지고 이동량이 제한되므로 소형에 적합
    하다. 가공물 모양에 따라서 조 모양을 가공물의
    형태에 맞도록 제작하여 사용하면 편리하다.

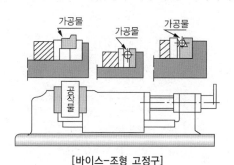
[바이스-조형 고정구]

  ㉣ 멀티스테이션 고정구(Multistation Fixture)
    가공시간이 길고 비교적 중형 이상의 크기에 많이
    사용된다. 스테이션 1의 작업이 완성되면 고정구
    는 회전하고, 스테이션 2의 가공 사이클이 반복된
    다. 스테이션 2가 가공되는 동안 스테이션 1은 가
    공물을 교환하고 작업의 준비가 되어 연속작업이
    가능하므로 생산성 향상과 원가 절감을 가져올 수
    있다. 다음 그림은 스테이션 2 형식의 멀티스테이
    션 고정구이다.

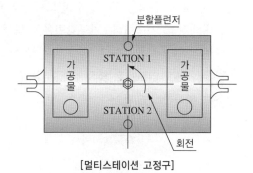
[멀티스테이션 고정구]

ㅁ 분할고정구(Indexing Fixture)

분할고정구는 가공물을 일정한 간격으로 2등분 이상 분할할 때 사용한다. 가공물의 분할에 따라 움직여야 하므로 클램핑력이 약할 우려가 있다. 그림 (a)는 분할판에 의한 방법이며, 그림 (b)는 플레이트와 조절나사를 이용한 2등분 분할이다.

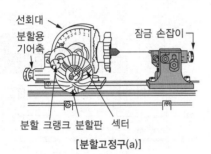

[분할고정구(a)]

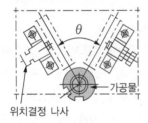

[분할고정구(b)]

ㅂ 총형 고정구(Forming Fixture)

총형 고정구는 모방 밀링이나 조각기 같은 공작기계에서 3차원 가공방식의 일종이며, 일정하지 않은 가공물의 윤곽을 절삭할 수 있도록 절삭공구를 안내하는 데 사용한다. 가공방법은 모형에 의해 내면과 외면을 가공한다. 공구는 항상 가공물과 접촉을 하고 있으므로 절삭속도를 일정하게 유지하고 절삭깊이도 많이 주면 안 된다.

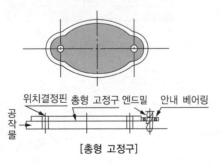

[총형 고정구]

3-1. 공작물의 수량이 적거나 정밀도가 요구되지 않는 경우에 활용하여, 가장 경제적이고 간단하며 단순하게 생산속도를 증가시키기 위하여 사용되는 지그는?
[2012년 52회]

① 형판지그
② 링형 지그
③ 바이스형 지그
④ 펌프지그

3-2. 채널지그(Channel Jig)의 용도를 바르게 설명한 것은?
[2012년 51회]

① 공작물의 두 면에 지그를 설치하여 제3표면을 단순히 가공할 때 사용하며, 정밀한 가공보다 생산속도를 증가시킬 목적으로 사용된다.
② 공작물이 얇거나 연질의 재료인 경우 가공 중 발생할 수 있는 변형을 방지하기 위하여 활용한다.
③ 공작물의 형태가 불규칙하거나 넓은 가공면을 가지고 있는 비교적 대형 공작물 가공에 사용된다.
④ 공작물의 가공이 일정한 각도로 이루어지거나 공작물의 측면을 가공할 경우 사용된다.

3-3. 공작물을 클램핑할 때 힌지, 핀을 사용하여 공작물을 장·탈착하여, 불규칙하고 복잡한 형태의 소형 공작물에 적합한 지그는?
[2012년 52회]

① 박스형 지그
② 바이스형 지그
③ 리프형 지그
④ 분할형 지그

3-1

형판지그(Template Jig) : 최소의 경비로 가장 단순하게 사용할 수 있는 지그이다. 가공물의 내면과 외면을 사용하여 클램핑시키지 않고 할 수 있는 구조이며, 가공물의 형태는 단순한 모양이어야 하고 정밀도보다는 생산속도를 증가시키려고 할 때 사용한다.

3-2

채널지그(Channel Jig)는 가공물의 두 면에 지그를 설치하여 단순한 가공을 할 때 사용된다. 이것은 박스지그의 일종으로, 정밀한 가공보다 생산속도를 증가시킬 목적으로 사용되며 지그 본체는 고정식과 조립식으로 제작이 가능하다.

② : 샌드위치 지그

3-3

리프지그(Leaf Jig) : 쉽게 조작이 가능한 잠금 캠을 이용하여 장·탈착을 쉽게 할 수 있도록 한 구조이며, 클램핑력이 약하여 소형 가공물 가공에 적합하다.

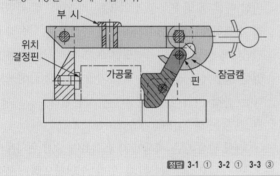

정답 **3-1** ① **3-2** ① **3-3** ③

지그와 고정구에 사용되는 클램핑 방법은 대단히 많고 선택할 클램프의 종류는 공작물의 형상과 치수, 사용할 치공구의 종류 및 작업내용에 따라서 결정된다. 공구설계사는 가장 간단하면서도 편리하고 가장 능률적인 클램프를 선택해야 한다.

① 스트랩 클램프(Strap Clamp)

스트랩 클램프는 치공구에서 사용되는 가장 간단한 클램프로서 기본 작동원리는 지레의 원리와 같다. 스트랩 클램프는 지레의 원리에 따라서 3종으로 분류된다.

[각종 형상의 스트랩 클램프]

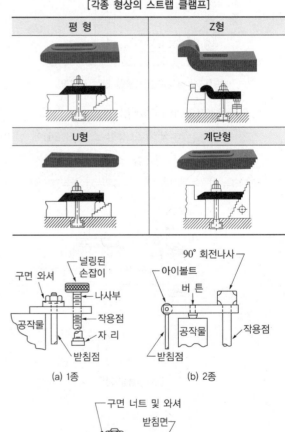

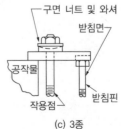

(a) 1종   (b) 2종

(c) 3종

[지레의 원리를 이용한 스트랩 클램프]

② 나사 클램프(Screw Clamp)

나사 클램프는 값이 싸고 설계가 간편하기 때문에 지그와 고정구에서 널리 사용되지만 작업속도가 비교적 느리다. 나사 클램프는 나사산에 의한 토크를 이용해서 공작물을 고정한다. 이때 발생한 압력은 공작물에 직접 가할 수도 있고, 다른 클램프에 작용하여 간접적으로 가할 수도 있다. 다음 그림은 나사 클램프를 사용한 간접 클램핑이다.

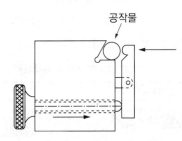

[나사 클램프를 사용한 간접 클램핑]

③ 스윙 클램프(Swing Clamp)

스윙 클램프는 본체에 고정할 스텃(Stud)에 힌지된 스윙 암과 나사 클램프를 조합한 클램프로서 작업속도를 높일 수 있다.

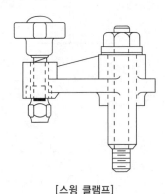

[스윙 클램프]

④ 훅 클램프(Hook Clamp)

훅 클램프는 스윙 클램프와 비슷하지만 그 크기가 훨씬 작으며 단일의 대형 클램프보다는 여러 개의 소형 클램프가 사용되어야 하는 좁은 공간에서 유용하다.

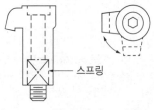

[훅 클램프]

⑤ 캠 클램프(Cam Action Clamp)

클램프에 사용되는 기본적인 캠에는 판형 편심 캠, 판형 나선 캠 및 원통형 캠의 3종류가 있다. 캠 클램프를 적절하게 선정하여 사용하면 공작물을 신속하고 간단하게 능률적으로 클램핑할 수 있지만 강한 진동이 있는 경우에는 공작물을 직접 가압하는 캠 클램프보다는 간접 가압식 캠 클램프를 사용한다.

㉠ 판형 편심 캠(Flat Eccentric Cam)

판형 편심 캠은 제작이 가장 쉬우며 중심 위치에서 어느 쪽으로나 작동될 수 있다. 일반적으로 상사점에서 공작물을 클램핑하므로 클램핑할 수 있는 캠의 면적이 비교적 작고 상사점을 넘어서면 클램프는 풀려버린다.

㉡ 판형 나선 캠(Flat Spiral Cam)

판형 나선 캠은 지그와 고정구의 캠 클램프에서 가장 보편적인 것으로 편심 캠에 비해서 공작물의 고정 특성이 우수하고 클램핑에 사용되는 캠의 면적이 넓다.

ⓒ 원통형 캠(Cylindrical Cam)

원통형 캠도 지그나 고정구에 널리 응용된다. 원통 캠은 원통의 외면이나 원통면에 깎는 홈을 따라서 작동한다.

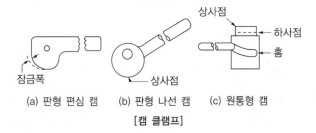

(a) 판형 편심 캠   (b) 판형 나선 캠   (c) 원통형 캠

[캠 클램프]

⑥ 쐐기형 클램프(Wedge Clamp)

판형 캠이라고도 하며 클램프와 공구 본체 사이에서 쐐기가 공작물을 조이는 힘을 이용한 것이다. 일반적으로 고정 후에 스스로 풀리지 않게 하려면 쐐기의 기울기를 1에서 4의 범위로 하며, 스스로 풀리게 하려면 더 큰 각도로 제작하여 캠 또는 나사와 같은 다른 장치를 병용해서 클램핑한다.

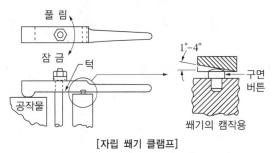

[자립 쐐기 클램프]

⑦ 토글 클램프(Toggle-action Clamp)

토글 클램프는 누름, 끌어당김, 압착 및 직선운동의 4가지 운동으로 클램핑하며, 작동이 신속하면서도 작용력에 비해 훨씬 큰 클램핑력을 얻을 수 있다.

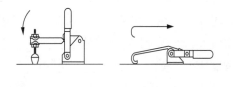

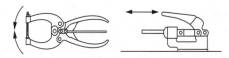

[토글 클램프의 작용]

핵심예제

스윙 클램프와 유사하나 훨씬 더 작으며, 좁은 장소에서 사용되며 하나의 큰 클램프보다는 오히려 작은 클램프를 사용해야 할 경우에 유효한 클램프는?

[2012년 51회]

① 훅 클램프(Hook Clamp)
② 쐐기형 클램프(Wedge Clamp)
③ 스트랩 클램프(Strap Clamp)
④ 캠 클램프(Cam Clamp)

|해설|

훅 클램프는 스윙 클램프와 비슷하지만 그 크기가 훨씬 작으며 단일의 대형 클램프보다는 여러 개의 소형 클램프가 사용되어야 하는 좁은 공간에서 유용하다.

정답 ①

드릴부시(Drill Bush)는 드릴, 리머, 탭, 카운터보어, 카운터싱크, 스폿페이싱 등 구멍가공 작업에서 절삭공구의 위치를 결정하고 안내하는 데 사용되는 정밀한 지그요소이다. 드릴부시는 마모를 줄이기 위해 열처리 경화시킨 후에 규정치수로 연삭하여 제작한다.

① 드릴부시의 종류

드릴부시는 고정부시, 삽입부시, 삽입부시용 부시 등 3가지가 널리 사용된다. 이 밖에 특수한 작업에 사용하기 위한 특수목적용 부시가 있는데 템플레이트 부시는 얇은 지그판에 설치할 때 사용되며, 기름 홈 부시는 연속적으로 고속 드릴작업을 할 때, 브래킷 부시는 일반부시로는 위치관계로 공구를 안내할 수 없을 경우에 사용되며 테이퍼 핀을 사용하여 부착한다.

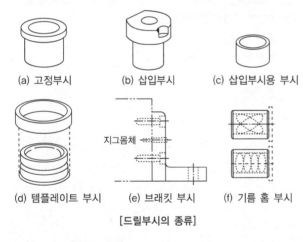

(a) 고정부시　　(b) 삽입부시　　(c) 삽입부시용 부시

(d) 템플레이트 부시　(e) 브래킷 부시　(f) 기름 홈 부시

[드릴부시의 종류]

② 세트블록(Set Block)

고정구에서 절삭공구의 위치를 맞추는 방법은 지그와 다르다. 밀링·선삭·연삭 등과 같은 기계가공에서는 공작물과 절삭공구의 위치를 바르게 잡기 위해서 세트블록과 틈새게이지를 사용한다. 세트블록은 셋업게이지라고도 하는데 일반적으로 고정구에 직접 부착하며, 틈새게이지는 커터와 공작물 사이에 넣고 커터의 상대 위치를 간접적으로 조정한다.

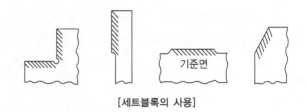

기준면

[세트블록의 사용]

③ 체결용 부품

나사, 너트, 볼트, 와셔, 잠금 링, 키, 핀 등의 체결용 부품은 지그와 고정구의 제작에서 널리 사용된다. 치공구 설계단계에서 고려해야 할 점 중 하나는 가능한 한 규격품을 많이 사용하는 것이다. 특수부품을 사용하면 치공구를 별로 고급화하지도 못하면서도 제작비용과 시간을 증대시키는 결과를 가져오기 쉽다.

㉠ 나사, 볼트, 너트, 와셔

[체결용 기계요소]

스터드볼트	T-슬롯볼트
플랜지 너트	평와셔

ⓛ 리테이닝 링(Retaining Ring)

리테이닝 링은 축에 있는 부품의 이동을 방지하기 위하여 사용되며, 작업시간을 많이 단축시킬 수 있는 체결용 부품이다. 리테이닝 링에는 내부용과 외부용이 있으며, 적절하게 설치되면 가공작업 시에 상당한 강도로 지지해 준다.

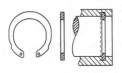

[리테이닝 링]

ⓒ 고정구 키(Fixture Key)

고정구 키는 공구 아랫면에 홈을 파서 나사로 고정한 직육면체의 키로, 공작기계의 테이블 홈에 끼워서 공구의 위치를 바로잡는 데 사용된다. 고정구용 키는 아랫면에 키홈을 가공할 필요 없이 구멍을 뚫고 리밍한 후에 나사를 조이면 고정되므로 치공구의 제작시간을 크게 단축시킬 수 있다.

[고정구 키]

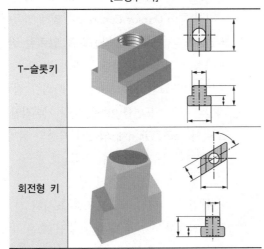

| T-슬롯키 | |
| 회전형 키 | |

ⓔ 다월핀(Dowel Pin)과 지그핀(Jig Pin)

다월핀은 나사와 같이 사용되며 공구의 부품을 공구 본체에 정확하게 고정하는 역할을 한다. 다월핀에는 평행형, 테이퍼형, 암나사붙이형, 홈붙이형 및 스프링형의 5종이 있다. 테이퍼형 다월핀에는 나사를 붙여 탈착이 편리한 것도 있다.

[다월핀 및 지그핀의 종류]

다월핀	T형 지그핀
나사	
L형 지그핀	잠금 T형 지그핀
	잠금볼

핵심예제

드릴부시 종류 중 공구를 직접 안내하지 않는 부시는?

[2016년 59회]

① 고정부시 ② 라이너 부시
③ 회전형 삽입부시 ④ 고정형 삽입부시

|해설|

라이너 부시(Liner Bush)는 삽입부시용 부시로 공구를 직접 안내하지 않는다.

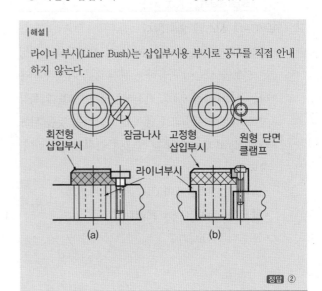

회전형 삽입부시   잠금나사   고정형 삽입부시   원형 단면 클램프
라이너부시
(a)   (b)

정답 ②

핵심이론 01 CAD/CAM

① CAD/CAM 시스템 입력장치

ㄱ 사람들이 사용하는 문자나 도형 그리고 음성 등의 데이터를 컴퓨터가 이해할 수 있는 코드형태로 변환하는 장치를 의미한다. 외부에 존재하는 데이터가 다양해짐에 따라 입력장치도 여러 종류가 있다. 크게 논리적 입력장치와 물리적 입력장치로 구분할 수 있다.

ㄴ 입력장치

논리적 입력장치	물리적 입력장치
• 마우스(Mouse) • 스캐너(Scanner) • 트랙 볼(Track Ball) • 터치스크린(Touch Screen) • 터치패드 • 라이트 펜(Light Pen) • 태블릿 • 디지타이저(Digitizer) • 디지털카메라 　(Digital Camera) • 조이스틱(Joystick) • 음성 입력장치	• 키보드 • 자기 잉크 문자 판독기(MICR) • 광학 마크 판독기(OMR) • 광학 문자 판독기(OCR)

② CAD/CAM 시스템 출력장치

ㄱ 중앙처리장치에 의하여 수행되어 기억장치에 저장된 정보를 사람이 사용하는 문자 혹은 기계가 사용하는 신호(음성 등)로 변환하는 장치이다. 인쇄장치를 사용하여 결과를 종이에 인쇄하는 것을 하드카피(Hard Copy) 또는 영구적 출력장치라 한다.

ㄴ 출력장치

- 그래픽 디스플레이(CRT, PDP, LCD)
- 플로터(Hard Copy Plotter)
- 프린터(Printer)

ㄷ 음극선관 디스플레이(CRT) 종류

- 스토리지 디스플레이 터미널
- 랜덤스캔 디스플레이 터미널
- 래스터스캔 디스플레이 터미널

ㄹ 평판형 디스플레이(Flat Pannel Display) 종류

- 플라스마 디스플레이(PDP)
- 전자 발광판형(EL)
- 액정형 디스플레이(LCD)
- 진공 방전광 디스플레이(Vaccum Fluorescent Display)
- 발광다이오드(LED)

③ 기하학적 도형의 정의

하나의 도면은 보통 점, 선, 원, 원호, 숫자 및 문자로 구성된다.

ㄱ 점의 정의 : 기준 위치나 도형의 기준점을 사용한다.

- 커서 제어(Cursor Control)에 의해 만들어진 점
- 키보드를 이용해서 좌표값을 입력한 점
- 지정된 점에서 일정한 거리의 점
- 두 선의 교점(Intersection)에 의한 점

ㄴ 직선의 정의 : 도면을 이루는 가장 기본적인 도형요소로서 소프트웨어에 의해서 직선의 굵기, 종류 및 색깔 등을 지정할 수 있다.

- 두 점에 의해서 연결된 선
- 한 점과 수평선과의 각도로 표시된 선
- 한 점에서 직선에 대한 평행선 혹은 수직선
- 두 곡선에 대한 접선
- 한 곡선에 접하고 한 점을 지나는 직선
- 두 곡선의 최단 거리를 잇는 선분

ⓒ 원 및 원호의 정의
  - 중심과 반지름으로 표시
  - 중심과 원주상의 한 점으로 표시
  - 원주상의 세 점으로 표시
  - 세 개의 직선에 접하는 곡선
  - 반지름과 두 개의 직선 또는 곡선에 접하는 곡선

핵심예제

1-1. 다음 중 CAD 작업을 할 때의 입력장치가 아닌 것은?

[201년 51회]

① 마우스
② 트랙볼(Track Ball)
③ 라이트 펜(Light Pen)
④ CRT(Cathode Ray Tube)

1-2. CAD/CAM 시스템의 출력장치에 사용되고 있는 다음 그 래픽 디스플레이 중 평판형 디스플레이의 종류가 아닌 것은?

[2015년 57회]

① 액정형 디스플레이
② 스토리지 디스플레이
③ 플라스마 디스플레이
④ 진공 방전광 디스플레이

|해설|

1-1
④ CRT(Cathode Ray Tube) : 출력장치
- 입력장치 : 조이스틱, 라이트 펜, 마우스, 스캐너, 디지타이 저 등
- 출력장치 : 프린터, 플로터, 모니터 등
1-2
② 스토리지 디스플레이는 음극선관 디스플레이의 종류이다.

정답 1-1 ④ 1-2 ②

핵심이론 02 형상 모델링의 종류

① 와이어 프레임 모델링(Wire-frame Modeling)
3차원적인 형상을 공간상의 선(Wire)으로 표시하는 3차원의 기본적인 표현방식이다. 형상의 점과 점을 연결하기 때문에 정밀도가 떨어지고 형상의 내부의 성질 파악이 힘들지만 표현방법이 간단하고 계산량이 적어 조작이 간편하다. 최근에는 정밀도가 떨어져 잘 사용하지 않는다.

※ 와이어 프레임 모델링의 특징
  - Data의 구성이 단순하다.
  - Model 작성을 쉽게 할 수 있다.
  - 처리속도가 빠르다.
  - 3면 투시도의 작성이 용이하다.
  - 은선 제거(Hidden Line Removal)가 불가능하다.
  - 단면도 작성이 불가능하다.
  - 물리적 성질의 계산이 불가능하다.

② 서피스 모델링(Surface Modeling)
와이어 프레임 모델링에서 모서리로 둘러싸인 면에 대한 정보가 추가된 모델이다. Wire(Curne)와 둘러싸인 면(평면, 원통 등)의 종류를 입력함으로써 표현된다.

※ 서피스 모델링의 특징
  - 은선 제거가 가능하다.
  - 단면도 각성이 가능하다.
  - 2개의 면의 교선을 구할 수 있다.
  - 복잡한 형상을 표현할 수 있다.
  - NC Data를 생성할 수 있다.
  - 물리적 성질(Weight, Center of Gravity, Moment) 을 구하기 어렵다.
  - 유한요소법(FEM : Finite Element Method)의 적용을 위한 요소분할이 어렵다.
  - 서피스 표현 시 와이어 프레임 엔티티를 요구 할 수 있다.

- 데이터 처리 때문에 와이어 프레임보다 컴퓨터 용량이 커야 한다.
- 솔리드와 같이 명암(Shade) 알고리즘을 제공할 수 있다.

③ 솔리드 모델링(Solid Modeling)

3D 모델링 방법중 가장 고급적인 기법으로, 셀(Cell) 혹은 기본곡면(Primitive)이라고 불리는 직육면체, 구, 원추, 실린더, 삼각추 등의 입체요소들을 조합하여 모델을 구성하는 방식이다. 솔리드를 표현하는 방식에는 CSG(Constructive Solid Geometry : C-rep / Building Block 방법), B-rep(Boundary Representation) 등이 있다.

※ 솔리드 모델링의 특징
- 은선 제거가 가능하다.
- 간섭 체크가 가능하다.
- 형상을 절단하여 단면도 작성이 용이하다.
- 불리언(Boolean) 연산(합·차·적)에 의하여 복잡한 형상도 표현할 수 있다.
- 물리적 성질(Weight, Center of Gravity, Moment)의 계산이 가능하다.
- 명암(Shade) 컬러 기능 및 회전, 이동을 이용하여 사용자가 좀 더 명확하게 물체를 파악할 수 있다.
- CAD/CAM 이외에 잡지, 출판물, 영화필름 등의 애니메이션, 시뮬레이터에 이용할 수 있다.
- 복잡한 Data로 서피스 모델링보다 대용량의 컴퓨터가 필요하고 처리시간이 오래 걸린다.

※ Constructive Solid Geometry(CSG 또는 C-rep Building Block 방식) 방식의 특징

CSG는 복잡한 형상을 단순한 형상의 조합으로 표현한다. 여기서는 불리언 연산자(합·차·적)를 사용하고 장단점은 다음과 같다.

장 점	단 점
• 불리언 연산자(더하기(합), 빼기(차), 교차(적)시키는 방법을 통해 명확한 모델 생성이 쉽다. • 데이터를 아주 간결한 파일로 저장할 수 있어 메모리가 적게 필요하다. • 형상 수정이 용이하고 중량을 계산할 수 있다.	• 모델을 화면에 나타내기 위한 디스플레이에서 체적 및 면적의 계산 등에 많은 시간이 필요하다. • 3면도, 투시도, 전개도, 표면적 계산이 곤란하다.

※ Boundary Representation(B-rep) 방식의 특징

형상을 구성하고 있는 정점, 면, 모서리가 어떠한 관계를 가지냐에 따라 표현하는 방법이다. 그 관계식은 '정점 + 면 - 모서리 = 2'이다.

장 점	단 점
• CSG 방법으로 만들기 어려운 물체를 모델화시킬 때 편리하다(비행기 동체, 자동차 외형 모델). • 화면의 재생시간이 적게 소요되며 3면도, 투시도, 전개도, 표면적 계산이 용이하다. • 데이터의 상호교환이 쉽다.	• 모델의 외곽을 저장해야 하기 때문에 많은 메모리가 필요하다. • 적분법을 사용하기 때문에 중량 계산이 곤란하다.

2-1. 솔리드 모델링 표현 방법 중 B-rep 방식의 일반적인 장점으로 볼 수 없는 것은? [2017년 62회]

① 데이터의 상호교환이 쉽다.
② 투시도, 전개도, 표면적 계산이 용이하다.
③ 모델의 외곽을 저장하므로 적은 메모리가 필요하다.
④ CSG 방법으로 만들기 어려운 물체를 모델화시킬 때 편리하다.

2-2. 다음 형상 모델링 방법 중 질량 등 물리적 성질의 계산이 가능한 것은? [2016년 60회]

① 직선 모델링
② 솔리드 모델링
③ 서피드 모델링
④ 와이어 프레임 모델링

2-3. 솔리드 모델링 방식의 특징으로 틀린 것은? [2016년 59회]

① 부피나 무게중심을 계산할 수 있다.
② NC 데이터를 생성할 수 있다.
③ 메모리의 데이터 처리량이 Surface Modeling보다 적다.
④ 형상을 절단하여 단면도 작성이 용이하다.

|해설|

2-1
③ 모델의 외곽을 저장해야 하기 때문에 많은 메모리가 필요하다.
※ B-rep(Boundary Representation)의 특징 - 핵심이론 참고

2-2
솔리드 모델링은 공학적인 해석(물리적 성질 : Weight, Center of Gravity, Moment)이 가능하다.

2-3
③ 솔리드 모델링은 메모리의 데이터 처리량이 서피스 모델링(Surface Modeling)보다 많다.

정답 **2-1** ③ **2-2** ② **2-3** ③

CNC 공작기계 제어방식

① NC의 제어방식

  ㉠ 위치결정제어 : 이동 중에 속도제어 없이 최종 위치만을 찾아 제어하는 방식이다. 주로 드릴링머신, 스폿 용접기, 펀치 프레스 등에 적용한다.

  ㉡ 직선절삭제어 : 직선으로 이동하면서 절삭이 이루어지는 방식이다. 주로 밀링머신, 보링머신, 선반 등에 적용한다.

  ㉢ 윤곽절삭제어 : 2개 이상의 서보모터를 연동시켜 위치와 속도를 제어하므로 대각선 경로, S자형 경로, 원형 경로 등 어떠한 경로라도 자유자재로 공구를 이동시켜 연속절삭을 할 수 있는 방식이다. 최근의 CNC공작기계는 대부분 이 방식을 적용한다.

② 개방회로방식(Open Loop System)
개방회로방식은 피드백 장치 없이 스테핑 모터를 사용한 방식으로 실용화되었으나, 피드백 장치가 없기 때문에 가공 정밀도에 문제가 있어 현재는 거의 사용하지 않는다.

③ 반폐쇄회로방식(Semi-closed Loop System)
반폐쇄회로방식은 모터에 내장된 태코제너레이터(펄스제너레이터)에서 속도를 검출하고, 엔코더에서 위치를 검출하여 피드백하는 제어방식이다.

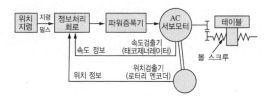

④ 폐쇄회로방식(Closed Loop System)
폐쇄회로방식은 모터에 내장된 태코제너레이터에서 속도를 검출하고, 기계의 테이블에 부착한 스케일에서 위치를 검출하여 피드백시키는 방식이다.

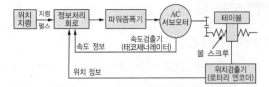

⑤ 복합회로서보방식(Hybrid Servo System)

복합회로서보방식은 반폐쇄회로방식과 폐쇄회로방식을 결합하여 고정밀도로 제어하는 방식으로, 가격이 고가이므로 고정밀도를 요구하는 기계에 사용된다.

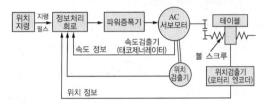

핵심예제

3-1. 다음 그림은 어떤 서보기구를 나타낸 것인가?

[2015년 57회]

① 개방회로 제어방식
② 복합회로 제어방식
③ 폐쇄회로 제어방식
④ 반폐쇄회로 제어방식

3-2. 서보모터의 엔코더에서 나오는 펄스열의 주파수로부터 속도를 제어하고 기계의 테이블에 위치검출 스케일을 부착하여 위치정보를 피드백시키는 제어방법은? [2014년 56회]

① 복합회로서보방식(Hybrid Servo System)
② 개방회로방식(Open Loop System)
③ 반폐쇄회로방식(Semi-closed Loop System)
④ 폐쇄회로방식(Closed Loop System)

① 기계 좌표계

　　기계제작사가 일정한 위치에 정한 기계의 기준점, 즉 기계 원점을 기준으로 하는 좌표계이다.

② 공작물 좌표계

　　공작물의 가공을 위하여 설정하는 좌표계, 즉 프로그램을 할 때에는 도면상의 한 점을 원점으로 정하여 프로그램하고, 공작물이 도면과 같이 가공되도록 이 프로그램의 원점과 공작물의 한 점을 일치시킨 좌표계이다.

③ 구역 좌표계

　　공작물 좌표계로 프로그램되어 있을 때 특정영역의 프로그램을 쉽게 하기 위하여 특정한 영역에만 적용되는 좌표계를 만들 수 있는 좌표계이다.

④ 프로그램 원점

　　프로그램을 편리하게 하기 위하여 도면상의 임의의 점을 프로그램상의 절대 좌표의 기준점으로 정한 점을 프로그램 원점이라고 한다. 프로그램은 공구가 도면을 따라 움직인다고 가정하여 프로그래밍한다.

⑤ 지령방법

지령방식	내 용	예
절대지령 방식	프로그램 원점을 기준으로 직교 좌표계의 좌표값을 입력하는 방식	• CNC 선반 : G00 X20.0 Z40.0; • 머시닝센터 : G00 G90 X10.0 Y10.0 Z20.0;
증분지령 방식	현재의 공구 위치를 기준으로 끝점까지의 X, Y, Z의 증분값을 입력하는 방식	• CNC 선반 : G00 U20.0 W40.0; • 머시닝센터 : G00 G91 X10.0 Y10.0 Z20.0;
혼합지령 방식	위의 절대지령방식과 증분지령방식을 한 블록 내에 혼합하여 지령하는 방식	• CNC 선반 : G00 X20.0 W40.0;

4-1. 다음 그림의 A점에서 B점으로 증분방식에 의한 이동을 지령하기 위한 CNC 프로그램으로 올바른 것은? [2013년 54회]

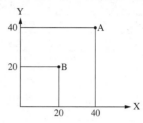

① G90 X20. Y20.

② G90 X-20. Y-20.

③ G91 X20. Y20.

④ G91 X-20. Y-20.

4-2. 다음 중 머시닝센터에서 NC 프로그램에 사용하는 좌표계가 아닌 것은? [2012년 52회]

① 공작물 좌표계　　　　② 구역 좌표계

③ 기계 좌표계　　　　　④ 공구 좌표계

|해설|

4-1

• 증분지령(A → B) : G91 X-20. Y-20.

• 절대지령(A → B) : G90 X20. Y20.

절대지령과 증분지령의 비교

• G90 : 절대지령, G91 : 증분지령

• 절대지령방식 : 프로그램 원점을 기준으로 직교 좌표계의 좌표값을 입력

• 증분지령방식 : 현재의 공구 위치를 기준으로 끝점까지의 증분값을 입력

4-2

④ 공구 좌표계는 머시닝센터에서 NC 프로그램에서 사용하는 좌표계가 아니다.

① 공작물 좌표계 : 도면을 보고 프로그램을 작성할 때 절대 좌표계의 기준이 되는 점으로서 프로그램 원점 또는 공작물 원점이라고도 한다.

② 구역 좌표계 : 지역 좌표계 또는 워크 좌표계라고도 하며, G54~ G59를 사용하여 각각의 작업영역별로 원점을 부여하여 사용한다.

③ 기계 좌표계 : 기계 원점을 기준으로 정한 좌표계이며, 기계제작자가 파라미터에 의해 정하는 좌표계

정답 4-1 ④　4-2 ④

① 주소(Address)

기능	주소	의미
프로그램 번호	O	프로그램 번호
전개 번호	N	전개 번호(작업순서)
준비 기능	G	이동형태(직선, 원호 등)
좌표어	X Y Z	각 축의 이동 위치 지정(절대방식)
	U V W	각 축의 이동거리와 방향 지정(증분방식)
	A B C	부가축의 이동 명령
	I J K	원호 중심의 각 축 성분, 모따기량 등
	R	원호 반지름, 코너 R
이송기능	F, E	이송속도, 나사리드
보조기능	M	기계 각 부위 지령
주축기능	S	주축속도, 주축 회전수
공구기능	T	공구 번호 및 공구보정 번호
휴 지	X, P, U	휴지시간(Dwell)
프로그램 번호 지정	P	보조 프로그램 호출 번호
전개 번호 지정	P, Q	복합 반복 사이클에서의 시작과 종료 번호
반복 횟수	L	보조 프로그램 반복 횟수
매개 변수	D, I, K	주기에서의 파라미터(절입량, 횟수 등)

② 수치의 소수점의 사용

소수점은 거리와 시간속도의 단위를 갖는 것에 사용되는 주소(X, Y, Z, A, B, C, I, J, K, R, F)의 수치에만 가능하다. 단, 파라미터 설정에 따라 소수점 없이 사용할 수도 있다.

예 X100. = 100mm, X10.05 = 10.05mm

X100 = 0.1mm, X1005 = 1.005mm

(최소 지령단위가 0.001mm이므로 소수점이 없으면 뒤에서 3번째에 소수점이 있는 것으로 간주한다)

S2000. : 알람 발생(소수점 입력 에러) - 길이를 나타내는 수치가 아님

③ 단어(Word)

단어는 NC 프로그램의 기본 단위이며, 주소와 수치로 구성된다. 주소는 알파벳(A~Z) 중 1개를 사용하고, 주소 다음에 수치를 지령한다.

예 X200. → 주소(X) + 수치(200.) = 단어(Word)

④ 지령절(Block)

몇 개의 단어가 모여 구성된 한 개의 지령단위를 지령절이라고 하며, 지령절과 지령절은 EOB(End of Block)으로 구분한다. 제작회사에 따라 ";" 또는 "#"과 같은 부호로 간단히 표시한다. 한 지령절에 사용되는 단어의 수에는 제한이 없다.

N___ G___ X___ Z___ F___ S___ T___ M___ ;

전개번호 준비기능   좌표어   이송기능 주축기능 공구기능 보조기능 EOB

핵심예제

CNC 선반 프로그래밍에서 N30 M98 P0010 L2 ;라고 지령되었을 때 L의 의미는?
[2012년 52회]

① 반복 횟수
② 전개 번호
③ 보조 프로그램 번호
④ 주프로그램 번호

|해설|

• N30 : 전개 번호
• M98 : 보조 프로그램 호출 보조기능
• P0010 : 보조 프로그램 번호
• L2 : 반복 횟수(생략하면 1회)

정답 ①

① 준비기능(G)

제어장치의 기능을 동작하기 위한 준비를 하는 기능으로, 영문자 "G"와 두 자리의 숫자로 구성되어 있다.

[준비기능의 구분]

구 분	의 미	G-code	구 별
1회 유효 G코드 (One Shot G-code)	지령된 블록에서만 유효한 기능	G04, G28 G50, G70 등	00 그룹
연속 유효 G코드 (Modal G-code)	동일 그룹의 다른 G 코드가 지령될 때까지의 유효한 기능	G00, G01, G02, G03 등	00 이외 그룹

② 주축기능(S)

주축의 회전속도를 지령하는 기능으로 영문자 "S"를 사용한다. G96(절삭속도 일정제어) 또는 G97(주축회전수 일정제어)과 함께 지령하여야 한다.

G코드	의 미	예	해 석
G96	주축속도 일정 제어(m/min)	G96 S100 M03	주축속도 100m/min로 일정하게 시계 방향 회전
G97	주축회전수 일정제어(rpm)	G97 S1000 M03	주축 1,000rpm으로 시계 방향 회전

③ 이송기능(F)

이송속도를 지령하는 기능으로, 영문자 "F"를 사용한다. 준비기능의 회전당 이송 또는 분당 이송지령과 함께 사용하여야 한다.

[CNC 선반과 머시닝센터의 회전당 이송과 분당 이송]

구 분	CNC 선반	구 분	머시닝센터
G98	분당 이송(mm/min)	*G94	분당 이송(mm/min)
*G99	회전당 이송(mm/rev)	G95	회전당 이송(mm/rev)

(* : 전원 공급 시 자동으로 설정됨)

④ 공구기능(T)

㉠ 공구를 선택하는 기능으로 영문자 "T"와 두 자리의 숫자를 사용한다.

㉡ CNC 선반의 경우

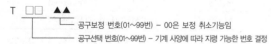

T □□ ▲▲
└─ 공구보정 번호(01~99번) – 00은 보정 취소기능임
└─ 공구선택 번호(01~99번) – 기계 사양에 따라 지령 가능한 번호 결정

㉢ 머시닝센터의 경우

T □□ M06 ---- □□번 공구 선택하여 교환

6-1. CNC 선반의 공구기능(T기능)에서 아래와 같은 지령 중 "07" 부분의 지령이 "00"으로 명령되었을 때의 의미로 옳은 것은?
[2015년 58회]

T 03 07

① 03번 공구의 보정을 취소한다.
② 보정기억장치의 00번을 불러 기억된 양만큼 보정한다.
③ 보정기억장치의 03번을 불러 기억된 양만큼 보정한다.
④ 공구 03번의 선택에 의해 공구대가 회전하여 절삭가공 준비를 한다.

6-2. 다음과 같은 CNC 선반 프로그램에서 직경이 50mm일 때 주축의 회전수는 몇 rpm인가?
[2013년 54회]

G50 S1500; G96 S150;

① 150
② 955
③ 1,500
④ 9,550

|해설|

6-1
• T0307 → T0300으로 명령되면 03번 공구의 보정을 취소지령한다.
• T0307 : 공구 번호 03번과 보정 번호 07번을 지령한다.
• T0300 : 공구 번호 03번과 보정 취소를 지령한다.

CNC 선반의 경우 – T □□△△
• T : 공구기능
• □□ : 공구선택 번호(01~99번) → 기계 사양에 따라 지령 가능한 번호 결정
• △△ : 공구보정 번호(01~99번) → 00은 보정 취소기능임
• 공구보정 없이 보정 취소를 하려면 T0100으로 지령해야 한다.

6-2
• G96 S150; → 절삭속도 150m/min으로 일정제어
• 공작물 지름 → ϕ50mm
• 주축 회전수
$$N = \frac{1,000V}{\pi D} = \frac{1,000 \times 150m/min}{\pi \times 50mm} = 954.92rpm$$
∴ $N = 955rpm$

※ G50 S1500; → G50 주축 최고 회전수를 1,500rpm으로 제한하였다. 만약 계산된 주축 회전수 값이 1,500rpm 이상이면 주축 회전수는 1,500rpm으로 제한된다.
※ G97 : 주축 회전수 일정제어로 S는 회전수를 의미하며 주속의 단위는 rpm이다.

정답 6-1 ① 6-2 ②

① 좌표계 설정 및 최고 회전수 제한(G50)

ㄱ
G50 X___ Z___ S___;

ㄴ 사용 공구가 출발하는 임의의 위치를 시작점이라
고 한다. 프로그램의 원점과 시작점의 위치 관계를
NC에 알려주어 프로그램의 원점을 절대 좌표의
원점(X0, Z0)으로 설정하여 주는 것을 좌표계 설
정이라고 한다.

예 G50 X150.0 Z150.0 S1200;

시작점은 공작물의 원점에서 X방향 150mm,
Z방향 150mm에 위치한 점이다. 주축의 최고
회전수는 1,200rpm으로 제한된다.

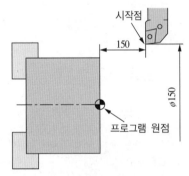

[좌표계 설정방법]

② 자동 원점복귀(G28)

ㄱ
G28 X(U)___ Z(W)___;

ㄴ 원점복귀를 지령할 때에는 급속 이송속도로 움직
이므로 가공물과의 충돌을 피하기 위하여 중간 경
유점을 경유하여 복귀하도록 하는 것이 좋다. 중간
경유점의 위치를 지정할 때에는 증분지령(U, W)
으로 지령하는 것이 충돌을 피하는 좋은 방법이다.

예 G28 U0 W0;

현 지점을 경유하여 X축과 Z축이 원점으로 복
귀한다. 가장 많이 사용하는 방법이다.

• G30 : 제2, 제3, 제4 원점복귀

• G27 : 원점복귀 확인

• G28 : 원점으로부터 자동복귀

③ CNC선반의 준비기능

G-코드	그 룹	기 능
★G00	01	위치결정(급속 이송)
★G01		직선보간(절삭 이송)
★G02		원호보간(CW : 시계 방향)
★G03		원호보간(CCW : 반시계 방향)
★G04	00	Dwell(휴지)
G10		데이터(Data) 설정
G20	06	Inch 입력
G21		Metric 입력
G22	04	금지영역 설정
G23		금지영역 설정 취소
G25	08	주축속도 변동 검출 OFF
G26		주축속도 변동 검출 ON
★G27	00	원점복귀 확인
★G28		자동 원점복귀
G29		원점으로부터 복귀
G30		제2, 제3, 제4 원점복귀
★G32	01	나사절삭
★G40	07	공구인선 반지름 보정 취소
★G41		공구인선 반지름 보정 좌측
★G42		공구인선 반지름 보정 우측
★G50	00	공작물 좌표계 설정, 주축 최고 회전수 설정
★G70	00	다듬절삭 사이클
★G71		안·바깥지름 거친 절삭 사이클
G72		단면 거친 절삭 사이클
G73		형상 반복 사이클
G74		Z방향 홈 가공 사이클(팩 드릴링)
G75		X방향 홈 가공 사이클
★G76		나사절삭 사이클
G90	01	내·외경 절삭 사이클
G92		나사절삭 사이클
G94		단면절삭 사이클
★G96	02	절삭속도(m/min)일정 제어
★G97		주축 회전수(rpm)일정 제어
★G98	03	분당 이송 지정(mm/min)
★G99		회전당 이송 지정(mm/rev)

★ : CNC선반에서 자주 출제되는 G-코드

※ 참 고
- 00그룹은 지령된 블록에서만 유효(One Shot G-코드)
- G-코드는 그룹이 서로 다르면 한 블록에 몇 개라도 지령할 수 있다.
- 동일 그룹의 G-코드를 같은 블록에 1개 이상 지령하면 뒤에 지령한 G-코드만 유효하거나 알람이 발생한다.

④ 보조기능(M : Miscellaneous Function)

보조기능은 스핀들 모터를 비롯한 기계의 각종 기능을 수행하는 데 필요한 보조장치(각종 스위치)의 ON/OFF를 수행하는 기능으로, 영문자 "M"과 두 자리의 숫자를 사용한다. 종전에는 한 블록에 하나만 사용할 수 있고, 만일 한 블록에 하나 이상 사용하면 뒤에 지령한 M코드만 유효하였다. 그러나 최근의 제어장치에는 1블록에 복수의 M코드 사용이 가능하게 되었다.

[M코드 일람표] 🔔 반드시 암기(자주 출제)

M코드	기 능
M00	프로그램 정지(실행 중 프로그램을 정지시킨다)
M01	선택 프로그램 정지(조작판의 M01 스위치가 ON인 경우 정지)
M02	프로그램 끝
M03	주축 정회전
M04	주축 역회전
M05	주축 정지
M08	절삭유 ON
M09	절삭유 OFF
M30	프로그램 끝 & Rewind
M98	보조 프로그램 호출
M99	보조 프로그램 종료

핵심예제

7-1. CNC 공작기계 준비기능인 G코드에서 할 수 있는 작업이 아닌 것은? [2016년 60회]

① 위치결정
② 직선보간
③ 나사절삭
④ 주축 정회전

7-2. 머시닝센터 프로그램 작업 시 한 블록 내에서 다음과 같이 같은 내용의 워드를 두 개 이상 지령하면 어떻게 실행이 되는가? [2015년 58회]

N01 G00 X10. M08 M09

① M08과 M09가 모두 실행된다.
② M08과 M09가 모두 무시된다.
③ M08은 무시되고 M09가 실행된다.
④ M08은 실행되고 M09는 무시된다.

7-3. 다음 지령절에서 G03의 의미는? [2015년 57회]

G03 X100.0 Z-10.0 R10.0 F0.1;

① 원호의 반경
② 좌표계 내의 끝점
③ Z축 방향의 이송량
④ 시계 반대 방향의 원호보간

7-4. CNC 밀링에서 동일 블록에서 함께 사용할 수 없는 G코드는? [2015년 57회]

① G02, G01
② G49, G00
③ G41, G01
④ G90, G54

|해설|

7-1
④ 주축 정회전은 M코드에서 할 수 있다(M03 : 주축 정회전).
① 급속 이송(위치결정) : G00
② 직선보간 : G01
③ 나사절삭 : G32
※ M코드 🔔 반드시 암기(자주 출제) – 핵심이론 참고

7-2
M08은 무시되고 M09가 실행된다.

7-3
G02(원호가공-시계 방향), G03(원호가공-반시계 방향)

7-4
① G02, G01은 동일 그룹으로 동일 블록에서 함께 사용할 수 없다.
- 동일 그룹의 G-코드를 같은 블록에 1개 이상 지령하면 뒤에 지령한 G-코드만 유효하거나 알람이 발생한다.
- G-코드는 그룹이 서로 다르면 한 블록에 몇 개라도 지령할 수 있다.

정답 7-1 ④ 7-2 ③ 7-3 ④ 7-4 ①

① 급속 위치결정(G00)

ㄱ
G00 X(U)___ Z(W)___;

ㄴ 위치결정은 가공을 하기 위하여 공구를 일정한 위
치로 이동하는 지령이다. 파라미터에서 지정된 급
속 이송속도로 빠르게 움직이므로 공구와 가공물
또는 기계에 충돌하지 않도록 주의해야 한다.

절대지령	G00 X62.0 Z2.0;
증분지령	G00 U62.0 W2.0;
혼합지령	G00 X62.0 W2.0;

② 직선보간(G01)

ㄱ
G01 X(U)___ Z(W)___ F___;

ㄴ 주로 직선으로 가공할 때 사용하는 기능으로 F에서
지정된 이송속도로 이동한다.

③ 원호보간(G02, G03)

ㄱ
G02(G03) X(U)___ Z(W)___ R___ F___;
G02(G03) X(U)___ Z(W)___ I___ K___ F___;

ㄴ 원호를 가공할 때 사용하는 기능이며, 시계 방향
(CW)이면 G02, 반시계 방향(CCW)이면 G03을 지
령한 후 끝점의 좌표를 지령한다. 반지름값 R을
지령하거나 시작점에서 원호중심까지의 X축은 어
드레스 I와 벡터량, Z축은 어드레스 K와 벡터량을
입력한다.

ㄷ CNC 선반의 경우 원호가공의 범위는 θ≤180°이다.

④ 휴지(G04)

ㄱ
G04 X(U, P)___;

ㄴ 지령한 시간 동안 이송이 정지되는 기능은 휴지
(Dwell, 일시정지)기능이다.

ㄷ 홈가공이나 드릴작업 등에서 간헐이송으로 칩을
절단할 때 사용한다.

ㄹ 어드레스 X, U 또는 P와 정지하려는 시간을 수치
로 입력한다. P는 소수점을 사용할 수 없으며, X와
U는 소수점 이하 세 자리까지 유효하다.

예 1.5초 동안 정지시키려면

G04 X1.5; , G04 U1.5; , G04 P1500;

※ 정지시간과 스핀들 회전수의 관계

$$\text{정지시간(초)} = \frac{60 \times \text{공회전수(회)}}{\text{스핀들 회전수(rpm)}} = \frac{60 \times n(\text{회})}{N(\text{rpm})}$$

핵심예제

8-1. CNC 선반에서 1,000rpm으로 회전하는 스핀들에 4회전
휴지를 주려고 한다. 정지시간은 약 얼마인가? [2017년 62회]

① 0.1초 ② 0.24초

③ 1초 ④ 1.5초

8-2. 200rpm으로 회전하는 스핀들을 5회전 휴지명령 프로그
래밍을 하고자 할 때 바르게 표현한 것은? [2014년 55회]

① G04 X1.5; ② G04 X0.7;

③ G04 X1500; ④ G04 X7000;

|해설|

8-1

$$\text{정지시간(초)} = \frac{60 \times \text{공회전수(회)}}{\text{스핀들 회전수(rpm)}} = \frac{60 \times n(\text{회})}{N(\text{rpm})}$$

∴ 정지시간 : 0.24(초)

휴지(Dwell) : 지령한 시간 동안 이송이 정지되는 기능이다. 이
기능은 홈가공이나 드릴작업 등에서 간헐이송으로 칩을 절단하거
나, 목표점에 도달한 후 즉시 후퇴할 때 생기는 이송량만큼의
단차를 제거함으로써 진원도의 향상 및 깨끗한 표면을 얻기 위하여
사용한다.

8-2

• G04 X1.5;

• 정지시간(초) $= \dfrac{60 \times \text{공회전수(회)}}{\text{스핀들회전수(rpm)}} = \dfrac{60 \times n(\text{회})}{N(\text{rpm})}$

$= \dfrac{60 \times 5(\text{회})}{200\text{rpm}} = 1.5$초

• 1.5초 동안 정지시키려면 G04 X1.5; , G04 U1.5; , G04 P1500;
모두 가능하다.

※ 참고로 P 어드레스에는 소수점을 사용하지 않는 것에 주의한다.

정답 8-1 ② 8-2 ①

① 나사절삭 코드(G32)

G32 X(U)___ Z(W)___ (Q___) F___;

여기서, X(U)___ Z(W)___ ; 나사 절삭의 끝지점 좌표

    Q : 다줄 나사가공 시 절입각도(1줄 나사의
        경우 Q는 0이므로 생략한다)

    F : 나사의 리드

② 단일 고정형 나사절삭 사이클(G92)

G92 X(U)___ Z(W)___ F___; – 평행 나사

여기서, X(U) : 절삭 시 나사 끝지점 X좌표(지름지령)

    Z(W) : 절삭 시 나사 끝지점의 Z좌표

    F : 나사의 리드

③ 공구기능(T)

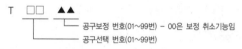

```
T  □□  ▲▲
        └── 공구보정 번호(01~99번) – 00은 보정 취소기능임
      └──── 공구선택 번호(01~99번)
```

```
예 T  01  00
          └── 보정 번호(00번)
        └──── 공구 번호(01번)   – 1번 공구 호출을 의미 – (가공 준비)
```

```
T  01  01
          └── 보정 번호(01번)
        └──── 공구 번호(01번)   – 1번 공구에 보정 번호 1번의 보정지령  – (가공 시작)
```

```
T  01  00
          └── 보정 번호(0번)
        └──── 공구 번호(01번)   – 1번 공구의 보정 취소지령  – (가공 완료)
```

④ 공구인선 반지름 보정 G-코드

G-코드	가공위치	공구경로
G40	인선 반지름 보정 취소	프로그램 경로 위에서 공구 이동
G41	인선 좌측 보정	프로그램 경로의 왼쪽에서 공구 이동
G42	인선 우측 보정	프로그램 경로의 오른쪽에서 공구 이동

공구기능 T0702의 내용으로 맞는 것은? [2013년 54회]

① 공구 번호 07번과 보정 번호 02번을 지령한다.

② 공구 번호와 공구보정 번호는 같으면 안 된다.

③ T72로 지령해도 같은 의미를 갖는다.

④ 07, 02는 X, Z축의 공구보정량을 의미한다.

|해설|

① T0702 : 공구 번호 07번과 보정 번호 02번을 지령한다.

CNC 선반의 경우 – T □□△△

• T : 공구기능

• □□ : 공구선택 번호(01~99번) → 기계 사양에 따라 지령 가능한 번호 결정

• △△ : 공구보정 번호(01~99번) → 00은 보정 취소기능임

• 공구보정 없이 보정 취소를 하려면 T0100으로 지령해야 한다.

정답 ①

① 안·바깥지름 절삭 사이클(G90)

> G90 X(U)___ Z(W)___ F___ ; (직선절삭)
> G90 X(U)___ Z(W)___ I(R)___ F___ ; (테이퍼 절삭)

여기서, X(U)___ Z(W)___ ; 절삭의 끝점 좌표

I(R) : 테이퍼의 경우 절삭의 끝점과 절삭의
시작점의 상대 좌표값, 반지름 지령

F : 이송속도

② 단면절삭 사이클(G94)

> G90 X(U)___ Z(W)___ F___ ; (평행절삭)
> G90 X(U)___ Z(W)___ K(R)___ F___ ; (테이퍼 절삭)

여기서, X(U)___ Z(W)___ ; 절삭의 끝점 좌표

K(R) : 테이퍼의 경우 절삭의 끝점과 절삭
시작점의 상대 좌표값

③ 안·바깥지름 거친 절삭 사이클(G71)

> G71 U(△d) R(e);
> G71 P(ns) Q(nf) U(△u) W(△w) F(f);

여기서, U(△d) : 1회 가공깊이(절삭깊이)-(반지름
지령, 소수점 지령 가능)

R(e) : 도피량(절삭 후 간섭 없이 공구가 빠지
기 위한 양)

P(ns) : 다듬절삭가공 지령절의 첫 번째 전개
번호

Q(nf) : 다듬절삭가공 지령절의 마지막 전개
번호

U(△u) : X축 방향 다듬절삭 여유(지름지령)

W(△w) : Z축 방향 다듬절삭 여유

F : 거친절삭 가공 시 이송속도, 즉 P와 Q
사이의 데이터는 무시되고 G71 블록에
서 지령된 데이터가 유효

④ 다듬절삭 사이클(G70)

> G70 P(ns) Q(nf);

여기서, P(ns) : 다듬절삭가공 지령절의 첫 번째 전개
번호

Q(nf) : 다듬절삭가공 지령절의 마지막 전개
번호

⑤ 단면 거친 절삭 사이클(G72)

⑥ 형상 반복 사이클(G73)

⑦ Z방향 홈가공 사이클/팩 드릴링(G74)

⑧ CNC 선반 안전

㉠ 칩이 비산할 때는 보안경을 착용한다.

㉡ 기계 위에 공구를 올려놓지 않는다.

㉢ 절삭공구는 가능한 짧게 설치하는 것이 좋다.

㉣ CNC 선반작업 중에는 문을 닫는다.

㉤ 칩이 비산하는 재료는 칩 커버를 하거나 보안경을
착용한다.

㉥ 칩 제거는 브러시를 사용한다.

10-1. CNC 선반작업 중에 긴 칩이 발생하여 작업을 방해할 경우 칩을 짧게 절단하는 기능으로 드릴작업, 단면 홈작업, 보링 작업 등에 주로 사용되는 기능은?

[2014년 56회]

① G74
② G72
③ G71
④ G73

10-2. G74 X_ Z_ I_ K_ D_ F_; 의 설명으로 틀린 것은?

[2016년 60회]

① F는 이송속도이다.
② I는 X방향의 이동량이다.
③ D는 절삭 시 단위 전진량이다.
④ Z는 사이클이 끝나는 지점의 Z좌표이다.

|해설|

10-1
① G74 : Z방향 홈가공 사이클/팩 드릴링
② G72 : 단면 거친 절삭 사이클
③ G71 : 안·바깥지름 거친 절삭 사이클
④ G73 : 형상 반복 사이클

10-2
③ D : 절삭 이동 끝점에서의 공구 후퇴량(D가 생략되면 0)
G74(Z방향 홈가공 사이클/팩 드릴링)

G74 X(U)_ Z(W)_ I_ K_ D_ F_;   – (11T의 경우)

여기서, X(U) : 사이클이 끝나는 지점의 X좌표(생략하면 드릴링 사이클)
Z(W) : 사이클이 끝나는 지점의 Z좌표
I : X방향의 이동량(부호 무시하여 지정)
K : Z방향의 이동량(부호 무시하여 지정)
D : 절삭 이동 끝점에서의 공구 후퇴량(D가 생략되면 0)
F : 이송속도

정답 10-1 ① 10-2 ③

① 머시닝 센터의 G-코드 일람표

G-코드	그룹	기능
★G00	01	급속 위치결정
★G01		직선보간(절삭)
★G02		원호보간(시계 방향)
★G03		원호보간(반시계 방향)
★G04	00	휴지(Dwell)
★G17	02	X-Y평면
G18		Z-X평면
G19		Y-Z평면
★G27	00	원점복귀 확인
★G28		자동 원점복귀
★G30		제2,3,4 원점복귀
★G40	07	공구경 보정 취소
★G41		공구경 보정 좌측
★G42		공구경 보정 우측
★G43	08	공구 길이 보정 "+"
★G44		공구 길이 보정 "-"
★G49		공구 길이 보정 취소
G73	09	고속 심공드릴 사이클
G74		왼나사 탭 사이클
G76		정밀보링 사이클
★G80		고정 사이클 취소
G81		드릴 사이클
G82		카운터 보링 사이클
G83		심공드릴 사이클
G84		탭 사이클
★G90	03	절대지령
★G91		증분지령
★G92	00	공작물 좌표계 설정
★G94	05	분당 이송(mm/min)
★G95		회전당 이송(mm/rev)
★G96	13	주축 속도 일정제어
★G97		주축 회전수 일정제어
G98		고정 사이클 초기점 복귀
G99		고정 사이클 R점 복귀

★ : CNC 선반에서 자주 출제되는 G-코드

11-1. 머시닝센터에서 드릴가공 사이클을 사용할 때, 구멍 가공이 끝난 후 R점으로 복귀하기 위하여 사용되는 G코드는?

[2016년 59회]

① G96
② G97
③ G98
④ G99

11-2. 머시닝센터에 사용되는 준비기능 중 G42 코드의 의미는?

[2014년 55회]

① 자동 공구 길이 측정
② 공구 길이 보정 "+"
③ 공구지름 보정 취소
④ 공구지름 보정 우측

|해설|

11-1

④ G99 : 고정 사이클 R점 복귀
① G96 : 주축 속도 일정제어
② G97 : 주축 회전수 일정제어
③ G98 : 고정 사이클 초기점 복귀

11-2

- G40 : 공구지름 보정 취소
- G41 : 공구지름 보정 좌측
- G42 : 공구지름 보정 우측
- G43 : +방향 공구 길이 보정(기준 공구보다 긴 경우 보정값 앞에 +부호를 붙여 입력)
- G44 : -방향 공구 길이 보정(기준 공구보다 짧은 경우 보정값 앞에 -부호를 붙여 입력)
- G49 : 공구 길이 보정 취소

정답 11-1 ④ 11-2 ④

핵심이론 12 머시닝센터 고정 사이클

① 고정 사이클의 개요

여러 개의 블록으로 지령하는 가공동작을 G기능을 포함한 1개의 블록으로 지령하여 프로그램을 간단히 하는 기능이다.

② 고정 사이클 동작순서

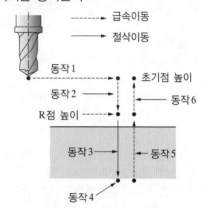

㉠ 동작 1 : X, Y축 위치결정
㉡ 동작 2 : R점까지 급속이송
㉢ 동작 3 : 구멍가공(절삭이송)
㉣ 동작 4 : 구멍 바닥에서의 동작
㉤ 동작 5 : R점 높이까지 복귀(급속이송)
㉥ 동작 6 : 초기점 높이까지 복귀(급속이송)

③ 구멍 가공 모드

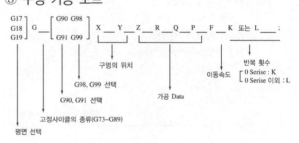

㉠ Z : R점에서 구멍 바닥까지의 거리를 증분지령 또는 구멍 바닥의 위치를 절대지령으로 지정
㉡ R : 가공을 시작하는 Z좌표치(Z축 공작물 좌표계 원점에서의 좌표값)
㉢ Q : G73, G83 코드에서 매회 절입량 또는 G76, G87지령에서 후퇴량(항상 증분지령)

ㄹ P : 구멍 바닥에서 휴지시간

ㅁ F : 절삭 이송속도

ㅂ K 또는 L : 반복 횟수(만일 0을 지정하면 구멍가
공 데이터는 기억하지만 구멍가공은 수행하지 않
는다)

④ 머시닝센터 커습 높이

커습 높이(Cusp height) : 형상가공 시 공구경로 사이
간격(피치)에 의해 생기는 조개껍질 형상의 최고점과
최저점의 높이 차를 말한다. 공구경로점 간의 길이가
커습 높이에 가장 적은 영향을 준다.

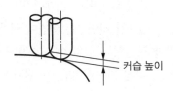

⑤ 머시닝센터 안전

ㄱ 작업 전에 일상점검을 하고 부족한 오일을 보충
한다.

ㄴ 절삭공구 및 가공물은 정확하고 견고하게 고정
한다.

ㄷ 절삭공구는 가능한 짧게 설치하는 것이 좋다.

ㄹ 절삭 중에 칩이나 절삭유가 튀어나오지 않도록 문
을 닫고 작업한다.

ㅁ 칩이 비산하는 재료는 칩 커버를 하거나 보안경을
착용한다.

ㅂ 칩의 제거는 브러시를 사용한다.

다른 조건이 일정할 때 머시닝센터에서 볼 엔드밀로 NC 가공
시 커습의 높이에 가장 적은 영향을 주는 것은? [2016년 53회]

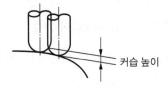

① 공구경로 간격
② 공구의 반경
③ 피삭재의 경사도
④ 공구경로점 간의 길이

|해설|

공구경로점 간의 길이가 커습 높이(Cusp Height)에 가장 적은
영향을 준다.

정답 ④

핵심이론 01 자동화 시스템의 개요

자동화 시스템은 입력부와 제어부 그리고 출력부로 구성되어 있다. 이것은 일반적인 자동화 기계에서도 마찬가지이다. 여기에서 기계에 대한 정의를 내린다면 '외부로부터 에너지를 공급받아 공간상으로 제한된 운동을 함으로써 인간의 노동을 대신하는 구조물'이라고 할 수 있으며, 기계구조에 의해 작업을 수행하는 액추에이터가 제한된 공간 내에서 제한된 운동을 수행한다.

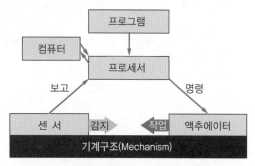

[단순 제어장치의 구조도]

① 자동화의 5대 요소

ㄱ 센서(Sensor)

ㄴ 프로세스(Processor)

ㄷ 액추에이터(Actuator)

ㄹ 소프트웨어(Software)

ㅁ 네트워크(Network)

- 센서 : 물리량, 화학량, 소리, 빛, 전파의 세기 등을 전기적 신호로 변환시킨 것으로, 사람의 감각기관(시각·청각·촉각·후각·미각)에 해당된다.
- 액추에이터 : 제어장치로부터 받은 제어신호에 따라 기계와 기구를 구동시키기 위하여 동력을 발생시키는 장치로, 사람의 근육과 인대에 해당된다.

② 작업공정의 자동화 단계

ㄱ 1단계 : 기계의 도움 없이 인력에 의하여 작업이 이루어지는 단계이다. 작업에 필요한 에너지도 인간이 공급하여야 하고, 작업순서도 스스로 주의하여 지켜야 한다.

ㄴ 2단계 : 작업이 기계에 의하여 진행되는 기계화 단계이다. 작업의 주체는 기계이지만 어떠한 순서로 작업이 진행될 것인가는 인간에 의하여 결정된다. 이러한 작업의 적합한 예로는 범용선반이 있다.

ㄷ 3단계 : 부분 자동화이다. 이 단계에서 기계는 몇 개의 작업공정을 스스로 수행하게 된다. 이 단계의 예를 들면 작업자가 한 번 작업내용을 설정하면 그 후에는 계속 자동으로 작업이 진행되는 자동 나사가공기계가 있다.

ㄹ 4단계 : 완전 자동화를 의미한다. 이 단계는 NC나 CNC에서 응용되는 복잡한 작업 공정일지라도 프로그램하여 입력시켜 주면 작업자가 원하는 만큼의 작업을 자동적으로 수행하게 된다.

③ 자동화시스템 종류

ㄱ FA(Factory Automation)

ㄴ OA(Office Automation)

ㄷ HA(Home Automation)

ㄹ LA(Laboratory Automation)

ㅁ BA(Building Automation)

④ 자동화의 단점

ㄱ 자동화는 비용이 많이 필요하다.

ㄴ 자동화하기 전보다 설계, 설치, 운영 및 보수유지 등에 높은 기술 수준을 요구한다.

ㄷ 한 기계의 범용성을 잃고 전문성을 갖게 되는 것이므로 생산탄력성이 결여된다.

⑤ 유연생산시스템(FMS : Flexible Manufacturing System)

제품의 수명이 짧아지고 고객의 요구가 다양해짐에 따라 종래의 자동화된 생산라인에서 단품이나 유사한 제품을 대량으로 생산하는 매스플로(Mass Flow)방식의 생산 형태로는 오늘날의 다양한 요구에 대처할 수 없게 되었다. 이에 따라 최근 생산 분야의 자동화는 새로운 형태로 변화되었는데 이것이 FMS이다.

ⓐ FMC(Flexible Manufacturing Cell)

1대의 NC(수치제어) 공작기계를 핵심으로 하여 자동공구교환장치(ATC), 자동팰릿교환장치(APC) 그리고 팰릿 매거진을 배치한 것이다.

ⓑ 전형적 FMS(Flexible Manufacturing System)

복수의 NC 공작기계가 가변루트인 자동반송시스템으로 연결되어 유기적으로 제어된다.

ⓒ FTL(Flexible Transfer Line)

다축 헤드 교환방식 등의 유연한 기능을 가진 공작기계군을 고정루트인 자동반송장치로 연결한 것이다.

⑥ 기술 수준별 자동화 시스템의 비교

명 칭	약 어	단 계	요구기술	효 과
간이 자동화 시스템	LCA	1	기계구조 설계 초급 자동화 기술	인력 감소, 불량률 감소
유연 가공 셀	FMC	2	1단계 기술 + 물류 설계, 고급 제어 기술	1단계 효과 + 생산성 향상, 경제성 향상
유연생산 시스템	FMS	3	2단계 기술 + 공정 전반 자동화 네트워크 기술	2단계 효과 + 생산의 유연성 향상, 생산 가동률 향상
컴퓨터 통합 생산 시스템	CIM	4	3단계 기술 + CAD/CAM/CAE, MIS 등 고급 컴퓨터 기술	3단계 효과 + 기획, A/S 신속성, 효율성 향상

1-1. 자동화 시스템의 구성요소 중 프로세스로부터 명령을 받아 기계적인 작업을 수행하는 것은? [2014년 56회]

① 센 서
② 액추에이터
③ 소프트웨어
④ 네트워크

1-2. 복수의 NC 공작기계가 가변루트인 자동반송시스템으로 연결되어 유기적으로 제어되는 생산 형태는? [2014년 55회]

① Job-shop
② FMC
③ FMS
④ FTL

1-3. 유연성 생산시스템 형태 중에서 다축 헤드 교환방식 등의 유연한 기능을 가진 공작기계군을 고정루트인 자동반송장치와 연결된 것은? [2016년 60회]

① FTL(Flexible Transfer Line)
② LCA(Low Cost Automation)
③ FMC(Flexible Manufacturing Cell)
④ 전형적 FMS(Flexible Manufacturing System)

| 해설 |

1-1

액추에이터(Actuator) : 제어장치로부터 받은 제어신호에 따라 기계와 기구를 구동시키기 위하여 동력을 발생시키는 장치로, 사람의 근육과 인대에 해당된다. 동력 발생의 에너지로는 공압, 유압, 전기 에너지 등이 있다. 따라서 공압 액추에이터, 유압 액추에이터 및 전기 액추에이터로 분류되며 전기 액추에이터인 전동기가 가장 많이 사용된다.

1-2

유연생산시스템(FMS : Flexible Manufacturing System) : 공작기계, 반송장치, 검사장치 등의 구성요소 및 자동화 수준에 따라 다양한 형태가 있다. 여러 제품을 동시에 처리할 수 있어 수요의 변화에 유연하게 대처할 수 있다.

※ FMC : 복합가공

1-3

FTL(Flexible Transfer Line) : 다축 헤드 교환방식 등의 유연한 기능을 가진 공작기계군을 고정루트인 자동반송장치로 연결한 것이다.

정답 1-1 ② 1-2 ③ 1-3 ①

① 제어의 정의

  ㉠ 작은 에너지로 큰 에너지를 조절하기 위한 시스템을 말한다.

  ㉡ 기계나 설비의 작동을 자동으로 변화시키는 구성성분의 전체를 의미한다.

  ㉢ 기계의 재료나 에너지의 유동을 중계하는 것으로서 수동이 아닌 것이다.

  ㉣ 사람이 직접 개입하지 않고 어떤 작업을 수행시키는 것이다.

② 제어시스템의 최종 작업목표

  ㉠ 공정 상태의 확인

  ㉡ 공정 상태에 따른 자료의 분석처리

  ㉢ 처리된 결과에 기초한 공정작업

③ 제어계를 구성하고 있는 요소에 의한 공정의 진행

  ㉠ 센서는 처리 상태를 확인하고 측정한 제어신호를 발생시킨다.

  ㉡ 측정된 제어신호는 프로세스에 공급된다.

  ㉢ 프로세스는 측정된 제어신호를 분석처리하여 액추에이터에 필요한 제어신호를 발생시킨다. 이는 공정에 직접적인 영향을 끼치게 된다.

  ㉣ 프로그램은 프로세스가 분석처리할 작업지침을 포함한다.

  ㉤ 해당되는 프로그램이 프로세스에서 처리된다.

  ㉥ 프로세스에 의하여 발생된 제어신호는 액추에이터로 전달된다. 즉, 작업이 수행된다.

  ㉦ 복잡한 제어시스템에서는 여러 개의 프로세스들이 네트워크로 연결될 수 있다.

④ 제어 정보 표시 형태에 의한 분류

  ㉠ 아날로그 제어계 : 연속적인 물리량으로 표시되는 아날로그 신호로 처리되는 시스템으로, 일반적으로 자연계에 속하는 모든 물리량은 연속적인 정보를 갖고 있다. 예를 들면 온도, 속도, 길이, 조도, 질량 등이 있다.

  ㉡ 디지털 제어계 : 처리하기 어려운 아날로그 제어를 시간과 정보의 크기 면에서 모두 불연속적으로 표현한 제어시스템으로, 보다 경제적이며 최근에 전자공학의 발달에 힘입어 많은 부분에서 디지털 제어를 채택하고 있다. 즉, 이 시스템은 정보의 범위를 여러 단계로 등분하여 각각의 단계에 하나의 값을 부여한 디지털 제어신호에 의하여 제어되는 시스템을 의미한다.

  ㉢ 2진 제어계 : 하나의 제어변수에 2가지의 가능한 값, 신호의 유/무, ON/OFF, YES/NO, 1/0 등과 같은 2진 신호를 이용하여 제어하는 시스템을 의미한다. 실린더의 전진과 후진, 모터의 정회전과 역회전 또는 기동과 정지 등에 의해 작업을 수행하는 자동화 시스템에서 가장 많이 이용되는 시스템이다.

⑤ 신호처리방식에 의한 분류

  ㉠ 동기제어계(Synchronous Control System)
    실제의 시간과 관계된 신호에 의하여 제어가 이루어지는 것을 의미한다.

  ㉡ 비동기제어계(Asynchronous Control System)
    시간과는 관계없이 입력신호의 변화에 의해서만 제어가 행해지는 것이다.

  ㉢ 논리제어계(Logic Control System)
    요구되는 입력조건이 만족되면 그에 상응하는 신호가 출력되는 시스템이다. 이러한 논리제어시스템은 메모리 기능이 없으며, 여러 개의 입출력이 사용될 경우 이의 해결을 위해 불대수(Boolean Algebra)가 이용된다.

  ㉣ 시퀀스 제어계(Sequence Control System)
    제어 프로그램에 의해 미리 결정된 순서대로 제어신호가 출력되어 순차적인 제어를 행하는 것을 의미한다. 이것은 시간종속 시퀀스 제어계와 위치종속 시퀀스 제어계로 구분된다.

시간종속 시퀀스 제어계 (Time Sequence Control System)	위치종속 시퀀스 제어계 (Process-Dependent Sequence Control System)
• 순차적인 제어가 시간의 변화에 따라서 행해지는 제어 시스템 • 프로그램 벨트나 캠축을 모터로 회전시켜 일정한 시간이 경과되면 다음 작업이 행해지도록 하는 것 • 전 단계의 작업 완료 여부와 관계없이 다음 단계의 작업이 진행될 수 있다.	• 순차적인 작업이 전 단계의 작업 완료 여부를 확인하여 수행하는 제어시스템 • 전 단계의 작업 완료 여부를 리밋 스위치나 센서 등을 이용하여 확인한 후 다음 단계의 작업을 수행하는 것 • 일반적인 시퀀스 제어를 의미함

⑥ 제어과정에 따른 분류

㉠ 파일럿 제어(Pilot Control) : 요구되는 입력조건이 만족되면 그에 상응하는 출력신호가 발생되는 형태를 의미한다. 즉, 입력과 출력이 1 : 1 대응관계에 있는 시스템으로 일명 논리제어라고도 한다. 메모리 기능은 없고 이의 해결에 불(Boolean)논리방정식이 이용된다.

㉡ 메모리 제어(Memory Control) : 어떤 신호가 입력되어 출력신호가 발생한 후에는 입력신호가 없어져도 그때의 출력 상태를 유지하는 제어방법을 의미한다. 즉, 이 제어계에서는 출력에 영향을 미칠 반대되는 입력신호가 들어올 때까지 한 번 출력된 신호는 기억된다.

㉢ 시간에 따른 제어(Time Schedule Control) : 제어가 시간의 변화에 따라서 이루어진다. 기계적으로 캠축이나 프로그램 벨트 등이 모터에 의해 회전하며 일정한 시간 경과 후 그에 따른 제어신호가 출력되도록 하는 장치가 있으며, 전기나 전자적인 방법에는 옥외광고와 같은 것이 대표적이다. 이 제어시스템에서는 전 단계와 다음 단계의 작업 사이에 아무런 관계도 없다.

㉣ 조합제어(Coordinated Motion Control) : 목표치가 캠축이나 프로그램 벨트 또는 프로그래머에 의하여 주어지나, 그에 상응하는 출력변수는 제어계의 작동요소에 의하여 영향을 받는다. 즉, 제어명령은 시간에 따른 제어와 같은 방법으로 주어지나 이의 수행은 시퀀스 제어에서와 마찬가지 방법으로 감시된다.

㉤ 시퀀스 제어(Sequence Control) : 전 단계의 작업 완료 여부를 리밋 스위치나 센서를 이용하여 확인한 후 다음 단계의 작업을 수행하는 것으로 공장 자동화에 가장 많이 이용되는 제어방법이다.

2-1. 신호가 입력되어 출력신호가 발생한 후에는 입력신호가 없어져도 그때의 출력상태를 유지하는 제어방법은?

[2016년 60회]

① 메모리 제어
② 시퀀스 제어
③ 파일럿 제어
④ 타임 스케줄 제어

2-2. 제어의 정의에 대한 설명으로 틀린 것은? [2016년 60회]

① 작은 에너지로 큰 에너지를 조절하기 위한 시스템이다.
② 사람이 직접 개입하지 않고 어떤 작업을 수행시키는 것 등을 뜻한다.
③ 기계의 재료나 에너지의 유동을 중계하는 것으로서 수동이 아닌 것이다.
④ 기계나 설비의 작동을 자동으로 변화시키는 구성 성분의 일부를 의미한다.

2-3. 다음 중 제어시스템의 최종 작업목표로 분류할 수 없는 것은?

[2015년 57회]

① 공정 상태의 확인
② 네트워크의 기본기능
③ 공정 상태에 따른 자료의 분석처리
④ 처리된 결과에 기초한 공정작업

|해설|

2-1

메모리 제어(Memory Control) : 어떤 신호가 입력되어 출력신호가 발생한 후에는 입력신호가 없어져도 그때의 출력 상태를 유지하는 제어방법을 의미한다. 즉, 이 제어계에서는 출력에 영향을 미칠 반대되는 입력신호가 들어올 때까지 한 번 출력된 신호는 기억된다.

2-2

제어는 기계나 설비의 작동을 자동으로 변화시키는 구성 성분의 일부가 아니라 전체를 의미한다.
※ 제어의 정의 – 핵심이론 참고

2-3

네트워크의 기본기능은 제어시스템의 최종 작업목표 분류가 아니다.

제어시스템의 최종 작업 목표
• 공정 상태의 확인
• 공정 상태에 따른 자료의 분석처리
• 처리된 결과에 기초한 공정작업

정답 2-1 ① 2-2 ④ 2-3 ②

핵심이론 03 센 서

① 센서(Sensor) 선정 시 고려사항
  ㉠ 정확성
  ㉡ 감지거리
  ㉢ 신뢰성과 내구성
  ㉣ 단위시간당 스위칭 사이클
  ㉤ 반응속도
  ㉥ 선명도

② 센서의 정의
  ㉠ 센서(Sensor) : 측정 대상물로부터 정보를 감지 또는 측정하여 그 측정량을 전기적인 신호로 변환하는 장치이다. 좀 더 세부적으로 정의하면 온도, 압력, 유량, pH 등과 같은 물리량이나 화학량의 절댓값의 변화 또는 소리, 빛, 전파의 강도를 감지하여 유용한 입력신호로 변환하는 장치라고 할 수 있다.
  ㉡ 트랜스듀서(Transducer) : 감지 대상의 상태량을 이어 대응하여 측정할 수 있는 물리량의 신호로 변환하는 장치

③ 센서의 종류
  ㉠ 화학센서 : 효소센서, 미생물 센서, 면역센서, 가스센서, 습도센서, 매연센서, 이온센서
  ㉡ 물리센서 : 온도센서, 방사선 센서, 광센서, 컬러(색)센서, 전기센서, 자기센서
  ㉢ 역학센서 : 길이센서, 변위센서, 압력센서, 진공센서, 속도·가속도 센서, 진동센서, 하중센서
  ㉣ 능동형 센서 : 외부로부터 에너지를 공급해야 하는 형태로 측정하고자 하는 대상물에 에너지를 제공하고 그 대상물에서 나오는 정보를 감지하거나 외부로부터 제공된 에너지가 측정 대상물에서 또 다른 에너지로 변환되고 그 변환된 에너지를 정보를 검출하는 기기이다. 레이저 센서나 일반적인 광센서 등이 여기에 속한다.

ⓜ 수동형 센서 : 외부로부터 별도의 전원(에너지) 공급이 필요하지 않은 형태로 측정하고자 하는 대상물에서 나오는 정보를 그대로 정보로 받아들이는 기기이다. 대표적인 예로는 초전센서나 적외선 센서가 있다.

[센서의 분류]

분류방법	센서 구분
구 성	기본센서, 조립센서, 응용센서
기 구	기구형(또는 구조형), 물성형, 기구·물성혼합형
검출신호	아날로그 센서, 디지털 센서, 주파수형 센서, 2진 신호형 센서
검지기능	공간량, 역학량, 열역학량, 전자기학량, 공학량, 화학량, 시각, 촉각 등
변환방법	역학적, 열역학적, 전기적, 자기적, 전자기적, 광학적, 전기화학적, 촉매화학적, 효소화학적, 미생물학적
재 료	반도체 센서, 세라믹 센서, 금속센서, 고분자 센서, 효소센서, 미생물 센서 등
용 도	계측용, 감시용, 검사용, 제어용 등
구성·기능의 특징	다차원 센서, 다기능 센서
용도 분야	산업용, 민생용, 의료용, 이화학용, 우주·군사용 등

④ 신호 형태

㉠ 아날로그 신호 : 연속 시간신호라고도 불리는데 정보의 정의역이 어느 구간에서 모든 점으로 표시되는 신호이다. 즉, 시간과 정보가 모두 연속적인 신호이다.

㉡ 연속신호 : 시간은 연속이나 그 정보량은 불연속적인 신호이다. 정보의 정의역은 기준 단위의 정수배로 표현된다.

㉢ 이산시간신호 : 이 신호는 아날로그 신호를 일정한 간격의 표본화를 통하여 얻을 수 있는데 시간은 불연속이고 정보는 연속적인 신호이다.

㉣ 디지털 신호 : 시간과 정보가 모두 불연속적인 신호이다. 이것은 아날로그 신호를 일정한 샘플링 주기로 표본화하고 기준 단위의 정수배로서 그 정보량을 표시한 것으로, 이 유한한 정보를 표현하기 위해 몇 개의 2진 신호가 이용된다.

⑤ 물체 감지 및 검출센서

㉠ 유도형 센서(Inductive Sensor)

물체가 접근하면 진폭이 감소하는 고주파 LC 발진기에 의해 센서 표면에 전자계를 형성하고 감지거리 이내의 물체에 의한 변화에 따라 출력을 내보낸다. 일반적으로 유도형 센서는 금속체에만 반응하여 대체로 100~1,000[kHz]의 고주파 전자계를 센서 표면에서 방출하여 검출헤드(발진코일) 가까이에 금속체가 없으면 변화가 없고, 도체인 금속성 물체가 감지거리 이내에 들어오면 발진코일로부터의 전자계의 영향을 받아 유도에 의한 와전류가 금속체 내부에 발생하여 에너지를 빼앗아 발진 진폭의 감쇄를 가져온다.

※ 유도형 센서의 장점
 • 전력 소모가 적다.
 • 자석효과는 없다.
 • HF 필드이므로 간섭이 없다.
 • 감지 물체 안에 온도 상승이 없다.

㉡ 용량형 센서(Capacitive sensor)

정전 용량형 센서라 불리기도 하며 유도형 센서의 제작원리와 거의 동일한 회로구성을 하고 있다. 다른 점은 유도형 센서가 코일에서 발생시키는 전자계를 이용하는 것과는 달리 이것은 전극판에서 고주파 전계를 발생시켜 물체의 접근에 따라 물체 표면과 검출 전극판 표면에서 분극현상이 일어나 정전 용량이 증가되어 발진조건이 향상되면 이로 인하여 발진 진폭이 증가되어 출력이 나오도록 되어 있다는 것이다.

또한, 유도형 센서는 와전류 형성을 위한 금속 물체만 검출할 수 있는 데 비해 용량형 센서는 분극현상을 이용하므로 비금속 물질도 검출이 가능하다. 감지 물체의 종류에 따라 그 반응이 매우 다르게 나타날 수 있는데 이는 먼지나 습기와 같은 주변조건의 변화에 대해 오동작할 경우도 있음을 의미한다. 특히, 수분에는 민감하게 반응하므로 옥외 설치 시에는 눈·비·이슬 등으로부터 보호할 필요가 있다.

ⓒ 광센서

빛 자체를 정량적으로 검출하기보다는 빛을 이용하여 물체의 유무를 검출하거나, 속도나 위치의 결정에 응용된다. 레벨, 검출, 특정 표시의 식별 등을 하는 곳에 많이 이용되고 있으며 포토센서 또는 광학적 센서라고도 부른다.

⑥ 기타 물리량 센서

㉠ 온도센서

많은 분야에서 온도계측이 필요하므로 그 측정 대상은 기체, 액체, 고체 플라스마 등의 상태의 물질뿐 아니라 생체에까지 이른다. 공작적으로도 미생물에서부터 시스템, 주변환경 더 나아가 지구 및 천체에 이르기까지 실로 광대하며 그 종류 또한 매우 많다.

• 온도센서 특성
  - 열저항이 작고 검출단(프로브)과 소자의 열접촉성이 좋을 것
  - 검출단에서 열방사가 없을 것
  - 열용량이 적고 소자에 열을 빨리 전달할 것
  - 피측정체에 외란으로 작용하지 않을 것

• 열전쌍(Thermocouple)

서로 다른 두 종류의 금속 A, B 양 끝을 접합하고 양 접점 간에 온도 차를 부여하면, 금속 고유의 페르미 준위 및 자유전자 밀도에 따라 결정되는 열기전력이 발생하여 회로에는 열전류가 흐르게 되는데 이러한 물질을 열전쌍이라 한다.

• 서미스터(Thermistor)

온도에 민감한 저항체라는 의미를 가지고 있으며 온도 변화에 따라 소자의 전기저항이 크게 변화하는 대표적인 반도체 감은 소자로서, 비교적 오래전부터 실용화되었으며 아직도 많이 사용되고 있다.

• 측온저항체

물질의 전기저항이 온도에 따라 변화한다는 사실은 잘 알려져 있다. 특히, 도체의 전기저항은 온도에 거의 비례하여 증가하는 성질을 가지므로 온도 변화에 따른 저항 변화를 알면, 그 저항치를 측정함으로써 온도를 알 수 있다. 도체의 순도가 높을수록 온도에 따른 저항 변화, 즉 온도계수가 커서 감도 좋은 측정을 할 수 있다.

• 측온저항체 요구조건
  - 저항 온도계수가 클 것
  - 온도 - 저하 특성이 직선적일 것
  - 사용온도 범위가 넓고 제작이 용이하며 저렴할 것
  - 소선의 가공이 용이할 것
  - 열적·화학적·기계적으로 안정되고 경시 변화가 적을 것

ⓛ 적외선 센서

물체가 방사하고 있는 각종 적외선을 검출하여 이들로부터 온도를 구하는 비접촉식 센서이다. 최근에는 TV나 VTR 등 가전제품의 리모컨, 자동문의 스위치, 방범용, 방사온도계 등에 사용된다.

ⓒ 압력센서

압력은 물질이 인접하는 각 부분에 서로 미치는 힘의 크기를 나타내는 양이며, '단위 면적당 작용하는 면과 법선 방향의 힘'이라 정의된다. 입력의 측정으로부터 힘이나 무게 등을 구할 수 있어 산업계의 많은 분야에서 사용된다.

• 스트레인 게이지

금속체를 잡아당기면 길이는 늘어나고 지름이 가늘어져 전기저항이 증가하며, 반대로 압축하면 저항이 감소한다. 가해진 변형에 의해 전기저항값이 변화하는 금속저항선 게이지가 개발된 이후 박형게이지, 반도체 게이지 등이 개발되었다. 스트레인 게이지는 처음에 단순히 응력을 측정하는 수단으로 사용되었으나 최근에는 재료 구조물의 응력, 힘, 변형, 압력, 변위 등 외력에 의한 변화를 측정할 뿐만 아니라 그 용도가 점점 넓어지고 있다.

• 로드 셀

중량센서에 응용되는 로드 셀은 외부로부터 로드 버튼에 하중이 가해지면 기왜체에 무게가 전해지고, 그 중량에 비례한 변형이 기왜체에 부착된 스트레인 게이지에 변형을 일으키게 하여 가해진 중량을 알아내는 중량센서이다.

• 로드 셀의 특징

- 수(g)~수백(ton)까지 측정할 수 있다.
- 구조가 간단하다.
- 높은 정밀도(1/1,000~1/5,000)의 측정이 가능하다.
- 가동부가 없어 수명이 반영구적이다.
- 출력신호가 전기이므로 제어기 사용에 적합하며 표시(아날로그, 디지털)가 자유롭다.

㉣ 변위센서

공작기계를 포함한 여러 가지 자동화 시스템의 제어에는 위치, 길이, 각도, 변형 등에 관한 정보가 수집되고 전달되어야 하는데 이러한 작업에 필요한 장치가 변위센서이다.

• 증가형

두 점 간의 거리는 일정한 거리를 측정할 수 있는 컴퍼스로 A, B 사이에 몇 번의 분할이 있는지를 제어 결정할 수 있는데 이때의 분할은 증가분에 해당하며, 이 증가분의 길이와 스텝수(발생 횟수)의 곱이 측정할 거리를 나타낸다. 이와 같은 방식으로 변위를 측정하는 것을 증가형이라 하며 측정 결과는 오직 기준단위(증가분)의 정수배로 표시된다.

• 절대형

길이의 측정에 있어 컴퍼스 대신 측정자를 이용하면 계수할 필요 없이 직접 거리를 읽을 수 있다. 이처럼 해당 변위에 대한 값이 직접 읽혀지는 것을 절대형이라 하며 정확한 측정방법에 의해 상당히 높은 정확도를 가질 수 있다.

• 변위센서 고려사항

- 기준점 등에 대한 정기적인 교정 필요
- 온도 변화에 따른 변화
- 힘에 의한 변위량 고려(힘에 의한 변위가 있는 경우)

㉤ 자기센서

자계에 관련된 물리현상이 이용된 것으로 홀 소자, 홀 IC, 자기저항 소자(반도체, 강자성체) 등의 전기적인 양으로 변화되는 것 외에도 자계를 빛이나 압력의 변화로 바꾸어 이로부터 자계를 측정하는 것, 또 자계에 의해 기계적 변화를 일으켜 전기회로를 구성할 수 있는 리드 스위치 등이 포함된다.

ⓑ 초음파 센서

각 분야에서 이용되는 초음파의 주파수는 낮게는
25[kHz] 정도에서 높게는 초음파 현미경에 사용되
는 2[kHz] 이상까지도 포함된다. 같은 초음파라도
그 파가 어떤 매질(공기, 물, 고체 등)에 존재하느
냐에 따라 성질이 크게 달라지는데 물체의 유·무
검출이나 특정한 물체까지의 거리 등을 측정하는
데 이용되는 초음파 센서는 대략 23~25[kHz] 또
는 40~45[kHz], 수백[kHz] 정도의 주파수를 사용
한다. 일반적으로 초음파의 발생이나 검출은 크게
전자유도현상, 자왜현상, 압전현상 중 하나를 이용
하는데 어느 것이든 전기에너지와 탄성에너지의 변
환을 한다.

• 초음파 센서의 특징
 - 초음파의 발생과 검출을 겸용하는 가역형식
   이 많다.
 - 음파압의 절댓값보다는 초음파의 존재 유무
   또는 초음파 펄스 파면의 상대적 크기를 이용
   하는 경우가 많다.
 - 전기음향 변환 효율을 높이기 위하여 보통 공
   진 상태이므로 센서로 사용할 경우 감도가 주
   파수에 의존한다.
 - 비교적 검출거리가 길고, 검출거리의 조절이
   가능하다.
 - 검출체의 형상, 재질, 색깔과 무관하며 투명
   체도 검출할 수 있다.
 - 먼지·분진·연기에 둔감하다.
 - 옥외에 설치가 가능하고 검출체의 배경과 무
   관하다.
 - 스위칭 주파수가 낮다.
 - 광센서에 비해 고가이다.

3-1. 금속체를 잡아당기면 길이는 늘어나고 지름이 가늘어져 전기저항이 증가하지만, 반대로 압축하면 저항이 감소하는 원리를 이용한 센서는?　　　　[2017년 62회]
① 바이메탈
② 자기센서
③ 적외선 센서
④ 스트레인 게이지

3-2. 초음파 센서의 설명으로 틀린 것은?　　　[2015년 58회]
① 스위칭 주파수가 아주 높다.
② 다양한 물체를 검출할 수 있다.
③ 주위 영향이 적어 옥외 설치가 가능하다.
④ 정확한 동작 위치를 선택 및 감지할 수 있다.

3-3. 다음 중 온도센서가 갖추어야 할 특성과 거리가 먼 것은?
　　　　　　　　　　　　　　　　　　　　[2015년 57회]
① 검출단에서 열 방사가 없을 것
② 피측정체에 외란으로 작용하지 않을 것
③ 열용량이 적고 소자에 열을 빨리 전달할 것
④ 열저항이 크고, 소자의 열 접촉성이 좋을 것

3-4. 다음 중 유도형 센서에 대한 설명으로 틀린 것은?
　　　　　　　　　　　　　　　　　　　　[2014년 56회]
① 전력 소비가 적다.
② 자석효과가 없다.
③ 분극현상을 이용하므로 비금속 물질도 검출이 가능하다.
④ 감지 물체 안에 온도 상승이 없다.

| 해설 |

3-1

스트레인 게이지 : 금속체를 잡아당기면 길이는 늘어나고 지름이 가늘어져 전기저항이 증가하며, 반대로 압축하면 저항이 감소한다. 가해진 변형에 의해 전기저항값이 변화하는 금속저항선 게이지가 개발된 이후 박형 게이지, 반도체 게이지 등이 개발되었다. 스트레인 게이지는 처음에 단순히 응력을 측정하는 수단으로 사용되었으나 최근에는 재료 구조물의 응력, 힘, 변형, 압력, 변위 등 외력에 의한 변화를 측정할 뿐만 아니라 그 용도가 점점 넓어지고 있다.

3-2

초음파 센서는 스위칭 주파수가 낮다.

※ 초음파 센서의 특징 – 핵심이론 참고

3-3

온도센서는 열저항이 적고 검출단(프로브)과 소자의 열접촉성이 좋을 것

※ 온도센서 특성 – 핵심이론 참고

3-4

유도형 센서는 금속체에만 반응하는 것으로서 대체로 100~1,000[kHz]의 고주파 전자계를 센서 표면에서 방출하여 검출헤드(발진코일) 가까이에 금속체가 없으면 변화가 없고, 도체인 금속성 물체가 감지거리 이내에 들어오면 발진코일로부터의 전자계의 영향을 받아 유도에 의한 와전류가 금속체 내부에 발생하여 에너지를 빼앗아 발진 진폭의 감쇄를 가져온다.

※ 유도형 센서의 장점
  • 전력 소모가 적다.
  • 자석효과는 없다.
  • HF 필드이므로 간섭이 없다.
  • 감지 물체 안에 온도 상승이 없다.

정답 **3-1** ④　**3-2** ①　**3-3** ④　**3-4** ③

핵심이론 04 자동화 시스템 보수유지

① **설비의 신뢰성**

신뢰성이란 한 계통의 설비 전부나 한 대의 설비 또는 한 개의 부품 같은 것들의 기능이 얼마 동안이나 안정되게 사용될 수 있는지에 대한 정도나 성질이다. 설비 보전이나 비싼 설비장치의 관리에서는 매우 중요한 척도가 된다.

※ 신뢰성을 나타내는 척도
  • 신뢰도
  • 평균고장간격시간(MTBF)
  • 평균고장수리시간(MTTR)
  • 고장률

② **자동화 시스템의 보수유지관리 목적**
  ㉠ 수리기간을 단축할 수 있다.
  ㉡ 기계의 내구연수가 길어진다.
  ㉢ 생산품의 품질이 균일해진다.
  ㉣ 자동화 시스템을 항상 최상의 상태로 유지한다.

③ **공압시스템의 고장원인**
  ㉠ 공급 유량 부족으로 인한 고장
  ㉡ 수분으로 인한 고장
  ㉢ 이물질로 인한 고장
  ㉣ 공압 타이어의 고장
  ㉤ 솔레노이드 밸브에서의 고장
  ㉥ 공압밸브에서의 고장
  ㉦ 슬라이드 밸브에서의 고장
  ㉧ 실린더에서의 고장

④ **수치제어시스템의 보수유지**
  ㉠ 윤 활
    • 기어박스 윤활시스템
      – 설치 3개월 후 교체
      – 매 6개월 주기로 교체
    • 메인 스핀들 베어링
      – 고정도 그리스로 도포
      – 서비스 주기 중 보충이 필요 없음

- 가이드 윤활시스템 : 매 60시간 주기로 보충
- 파워 척의 윤활 : 매일 윤활 점검

ⓒ 냉각수

- 냉각펌프 : 실드 볼 베어링은 그리스로 도포
- 냉 매
  - 필요에 따라 보충
  - 냉매의 종류는 함수계 냉매와 비함수계 냉매가 사용

※ 탱크의 청결도 유지

⑤ 유압시스템의 고장

결 함	원 인
토출 유량의 감소	• 탱크 내의 유면이 낮다. • 펌프의 흡입 불량 • 펌프의 회전수가 너무 낮다. 또는 공운전을 한다. • 펌프의 회전 방향이 잘못되어 있다. • 작동유의 점성이 너무 낮다(흡입이 곤란하다). • 작동유의 점성이 너무 낮다(내부 누설이 증대된다). • 펌프의 파손 또는 고장, 성능 저하 • 공기의 침입 • 릴리프 밸브의 조정 불량 • 실린더, 밸브의 가공 정도 불량, 실의 파손으로 인한 내부 누설의 증대
압력의 저하 (실린더의 추력 감소)	• 릴리프 밸브의 작동 불량 또는 조정 불량 • 각종 밸브의 작동ㆍ조정 불량 • 내부 누설의 증가 • 외부 누설의 증가 • 펌프의 흡입 불량 • 펌프의 고장 또는 성능 저하 • 구동 동력의 부족
실린더의 불규칙적인 작동	• 공기의 함입 • 밸브의 누설량 변화에 의한 압력 변화 • 펌프의 성능 불량 • 밸브의 작동 불량 • 배관 내의 공기 낌 • 마찰저항의 증대 • 과부하 작동 • 어큐뮬레이터의 압력 변화 • 작동유의 점성 증대 • 파손 변형 • 내부 누설의 증대 • 외부 누설의 증대

결 함	원 인
펌프에서의 소음	• 펌프의 흡입 불량 • 공기의 침입 • 에어필터의 막힘 • 펌프 부품의 손상ㆍ마모 • 이물질의 침입 • 구동방식의 불량 • 펌프 회전이 너무 빠른 경우 • 외부 진동의 대책 • 작동유의 점성이 높다.
펌프의 마모 및 파손	• 작동유의 부적절한 선택 • 저급 작동유의 사용 • 작동유의 오염 • 작동유의 낮은 점성 • 공기의 침입 • 구동방식의 불량 • 펌프의 능력 이상의 고압 사용 • 작동유 부족에 의한 공운전 • 이물질의 침입 • 펌프 케이싱의 지나친 조임 • 이상 고압의 발생 • 펌프의 흡입 불량
전동기의 과열 및 소음, 파손	• 구동방식의 불량 • 전동기의 동력이 작은 경우 • 전동기의 고장 • 전동기와 펌프와의 중심이 어긋남 • 장치 볼트의 이완, 커플링의 진동
작동유의 과열	• 작동압력이 높음 • 작동유의 점성이 높음 • 작동유의 점성이 낮음 • 펌프 내의 마찰 증대 • 오일쿨러의 고장 • 유량이 적음 • 고압에서 장시간 운전 • 회로가 국부적으로 교축
밸브의 작동 불량	• 밸브의 습동 불량 • 밸브 스프링의 작동 불량 • 파일럿의 작동이 너무 늦거나 빠르다. • 내부 누설이 크다. • 솔레노이드의 과열ㆍ소손 • 장치 자체의 불량 • 작동유의 온도가 높다.

결 함	원 인

비금속 실의 파손	• 삐어져 나옴
	  – 압력이 높다.
	  – 틈새가 너무 크다.
	  – 삽입구의 불량
	  – 삽입 자체의 불량
	• 실의 노화
	  – 유온이 높다.
	  – 저온도 강화
	  – 자연 노화
	• 회전·비틀림(횡하중 발생에 따라 생김)
	• 실 표면의 손상·마모
	  – 연삭 마모
	  – 윤활 불량
	• 실의 팽윤
	  – 작동유와의 적합성 문제
	  – 열화한 작동유

비금속 실의 파손	• 실의 파손·접착·변형
	  – 압력이 너무 높다.
	  – 작동조건의 불량
	  – 윤활 불량
	  – 삽입작업의 불량
	• 실의 선정 불량(재질·치수가 적합하지 않음)

금속 실의 결함	• 실린더의 내면 불량
	  – 진원도 불량
	  – 진각도 불량
	  – 치수가 너무 크다.
	• 마모가 크다.
	  – 재질의 불량
	  – 이물질에 의한 연삭 마모
	  – 표면 다듬질의 불량
	• 삽입 자체의 불량
	  – 부착 자체의 불량
	  – 엔드클리어런스 불량
	  – 파목의 위치 불량
	  – 홈의 가공 치수 불량
	• 내부 누설이 크다.
	  – 실린더의 내면 불량
	  – 마모가 크다.
	  – 삽입 자세의 불량

결 함	원 인

배관 불량	• 기름 누설
	  – 배관 접속법의 불량
	  – 배관 재질의 불량
	  – 실 불량
	  – 기계적 파손
	• 공기의 침입
	  – 배관 접속법의 불량
	  – 실 불량
	• 배관의 진동
	  – 펌프·밸브의 진동이 전달되어 발생되는 공진
	  – 이상 공압에 의한 충격
	• 배관 파손
	  – 배관 접속법의 불량
	  – 강도 부족, 재질의 불량

작동유의 불량	• 작동온도의 불량 • 작동유의 품질 불량 • 이물질, 물, 공기의 침입 • 제어회로 설계의 불량 • 재질과의 적합성 불량 • 물리적·화학적 성질 변화

4-1. 자동화 시스템 보수유지에서 신뢰성을 나타내는 척도와 거리가 먼 것은?

[2014년 56회]

① 생산계획
② 신뢰도
③ 평균고장간격시간(MTBF)
④ 평균고장수리시간(MTTR)

4-2. 자동화 시스템 보수유지관리의 장점으로 틀린 것은?

[2014년 58회]

① 수리기간을 단축할 수 있다.
② 기계의 내구연수가 짧아진다.
③ 생산품의 품질이 균일해진다.
④ 자동화 시스템을 항상 최상의 상태로 유지한다.

4-3. 공압시스템의 고장원인으로 볼 수 없는 것은?

[2015년 58회]

① 유압유의 변질
② 공압밸브의 고장
③ 수분으로 인한 고장
④ 이물질로 인한 고장

|해설|

4-1

자동화 시스템 보수유지에서 신뢰성을 나타내는 척도
• 신뢰도
• 평균고장간격시간(MTBF)
• 평균고장수리시간(MTTR)
• 고장률

4-2
보수유지관리를 통해 기계의 내구연수가 길어진다.
자동화 시스템 보수유지관리의 목적
• 수리기간을 단축할 수 있다.
• 기계의 내구연수가 길어진다.
• 생산품의 품질이 균일해진다.
• 자동화 시스템을 항상 최상의 상태로 유지한다.

4-3
유압유의 변질은 유압시스템의 고장원인이다.
※ 공압시스템의 고장원인-핵심이론 참고

정답 4-1 ① 4-2 ② 4-3 ①

핵심이론 01 측 정

① 각도측정기

각도게이지, NPL식 각도게이지, 사인바, 수준기, 콤비네이션 세트, 베벨각도기, 광학식 클리노미터, 광학식 각도기, 오토콜리메이터

② 사인바

길이를 측정하여 직각삼각형의 삼각함수를 이용한 계산에 의하여 임의각의 측정 또는 임의각을 만드는 기구이다.

$$\sin \phi = \frac{H-h}{L}$$

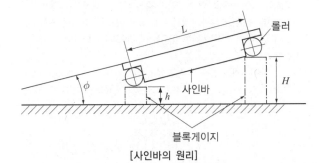

[사인바의 원리]

③ 측정방법

㉠ 비교측정 : 블록게이지와 다이얼 게이지 등을 사용하여 측정물의 치수를 비교하여 측정하는 방법

㉡ 직접측정 : 버니어 캘리퍼스, 마이크로미터와 같이 측정기에 표시된 눈금에 의해 직접 측정물의 치수를 읽는 방법

㉢ 간접측정 : 나사, 기어 등과 같이 기하학적 관계를 이용하여 측정

④ 나사의 유효지름 측정방법

㉠ 삼침법에 의한 유효지름 측정방법

㉡ 나사마이크로미터에 의한 유효지름 측정방법

㉢ 광학적인 방법(공구 현미경, 투영기 사용)

• 삼침법에서 나사의 유효지름

$$d_2 = M - 3d + 0.866025 \times p$$

여기서, M : 외측측정값(mm)

d : 삼침의 지름(mm)

p : 나사의 피치

• 최적 선지름 : 유효지름 측정 오차의 영향이 가장 작은 삼침을 최적 선지름이라 하며 미터나사, 유니파이나사에서는 $\alpha = 60°$이므로

최적 선지름 $d_w = 0.57735 \times p$

⑤ 아베의 원리

㉠ 측정하려는 길이를 표준자로 사용되는 눈금의 연장선상에 놓는다라는 원리로, 이는 피측정물과 표준자는 측정 방향에 있어서 동일 직선상에 배치하여야 한다.

㉡ 만족 : 외측 마이크로미터, 측장기 등

㉢ 불만족 : 버니어 캘리퍼스

⑥ 측정 오차

㉠ 측정기 오차(계기 오차) : 측정기의 구조, 측정 압력, 측정 온도, 측정기의 마모 등에 따른 오차를 말한다.

㉡ 시차 : 측정자의 눈의 위치에 따라 눈금의 읽음값에 오차가 생기는 경우

㉢ 우연 오차 : 기계에서 발생하는 소음이나 진동 등과 같은 주위 환경에서 오는 오차 또는 자연현상의 급변 등으로 생기는 오차

⑦ 다이얼 게이지의 특징

　　㉠ 소형, 경량으로 취급이 용이하다.

　　㉡ 측정범위가 넓다.

　　㉢ 눈금과 지침에 의해서 읽기 때문에 오차가 적다.

　　㉣ 연속된 변위량의 측정이 가능하다.

　　㉤ 많은 개소의 측정을 동시에 할 수 있다.

　　㉥ 부속품의 사용에 따라 광범위하게 측정할 수 있다.

핵심예제

미터나사 유효지름 측정에서 삼침을 넣고 측정하였더니 외측 거리가 20.246mm이고, 나사피치가 2.000mm일 때 나사의 유효지름은 약 몇 mm인가?(단, 삼침의 지름은 최적 선지름을 적용한다)

[2016년 60회]

① 15.556

② 16.664

③ 17.846

④ 18.514

|해설|

삼침법에서 나사의 유효지름

$$d_2 = M - 3d + 0.866025 \times p$$
$$= 20.246\text{mm} - (3 \times 1.1547\text{mm}) + 0.866025 \times 2.0\text{mm}$$
$$\fallingdotseq 18.514\text{mm}$$

∴ 수나사의 유효지름(d_2) = 18.514mm

여기서, M : 외측측정값(mm)

　　　　d : 삼침의 지름(mm)

　　　　p : 나사의 피치

최적 선지름

유효지름 측정 오차의 영향이 가장 작은 삼침을 최적 선지름이라 하며 미터나사, 유니파이에서는 $\alpha = 60°$이므로 최적선 지름

$$d_w = 0.57735 \times p \rightarrow d_w = 0.57735 \times 2.0\text{mm} = 1.1547\text{mm}$$

삼침법

나사의 골에 3개의 침을 끼우고 침의 외측을 외측 마이크로미터 등으로 측정하여 수나사의 유효지름을 계산하는 방법이다.

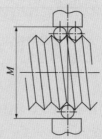

[삼침법에 의한 측정법]

정답 ④

핵심이론 01 품질관리 일반

① 품질(Quality)의 정의

생산된 제품이나 사람들이 제공받은 서비스가 소비자의 요구를 만족하고 있는지를 판단하기 위한 평가의 대상이 되는 고유의 성질이나 성능을 총칭하는 용어이다. 일부 학자들은 요구사항이나 규격에 부합되는 것이라고도 한다.

② 품질관리(Quality Control)의 정의

제품의 품질을 일정하게 유지시키고, 더욱 향상시키기 위한 모든 관리절차

③ 품질관리의 역사

작업자 품질관리 시대 → 직장 품질관리 시대 → 검사 품질관리 시대 → 통계적 품질관리 시대 → 종합적 품질관리 시대 → 종합적 품질경영

> **Tip. 품질 관련 사회운동 – ZD 운동(Zero Defect movement)**
> 미국의 마리에타 기업에서 시작된 품질 개선을 위한 동기부여 프로그램으로 모든 작업자가 무결점을 목표로, 처음부터 올바른 작업을 수행하여 품질비용을 줄이기 위한 운동이다.

④ 품질관리 도구의 종류

㉠ 파레토 그림(파레토도)

불량이나 고장 등의 발생 수량을 항목별로 나누어 수치가 큰 순서대로 나열해 놓은 그림으로, 부적합의 내용별로 분류하여 그 순서대로 나열하면 부적합의 중점순위를 알 수 있다.

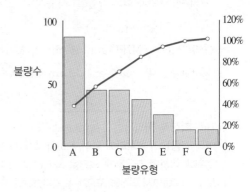

㉡ 파레토 그림의 특징

• 개선 전과 후를 쉽게 비교할 수 있다.
• 중점관리 부적합 대상을 쉽게 선정할 수 있다.

㉢ 특성요인도

• 정의 : 원인과 결과가 어떻게 연계되어 있는지를 한눈에 알 수 있도록 나타낸 그림으로 일명 생선-뼈 그림으로 불리기도 한다. 문제가 되고 있는 특성과 그 특성에 영향을 미친다고 여기는 요인과의 관계를 계통으로 그린 그림이다. 특성에 미치는 요인의 영향도는 수치로 파악하여 파레토 그림으로 표현하는데, 수치로 표현하지 않을 경우는 그에 영향을 미친다고 생각되는 것을 브레인스토밍 방식으로 검토해서 적용한다.

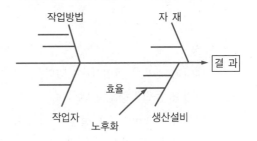

• 특 징
  – 많은 의견을 한 장의 그림으로 정리가 가능하다.
  – 브레인스토밍 회의기법을 사용하여 그래프 작성이 가능하다.
  – 원인으로는 5M1E(Man, Machine, Method, Material, Measurement, Environment)를 사용한다.

> **Tip. 확산적 회의기법 : 브레인스토밍**
> 여러 사람들이 한자리에 모여서 하나 혹은 다양한 주제에 대하여 자유롭게 의견을 제시하면 그것을 모두 기록하면서 의견을 모으는 회의기법이다. 어떤 의견에도 비판 없이 자유로운 분위기에서 자신의 의견을 제시함으로써 많은 양의 아이디어를 모으는 것이 이 회의기법의 특징이다.

② 히스토그램
  • 정의 : 길이나 무게와 같이 계량치 데이터가 어떻게 분포되어 있는지를 알아보기 위한 그림으로, 도수분포표를 바탕으로 기둥그래프 형태로 만든 것이다.

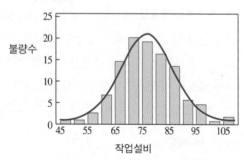

  • 특 징
  – 데이터 분포를 확인할 수 있다.
  – 공정별 품질역량을 판단할 수 있다.
  – 기준과 비교하여 불량률을 파악할 수 있다.
  – 데이터만으로 알기 힘든 평균이나 산포의 크기를 알 수 있다.
  – 데이터가 얻어지는 공정의 안정성 정도를 대략적으로 판별할 수 있다.

⑤ 산점도(Scatter Plot)
  서로 대응되는 두 개의 짝으로 된 데이터를 그래프 용지 위에 점으로 나타낸 그림으로, 짝으로 된 두 데이터 간의 상관관계를 파악할 수 있다.

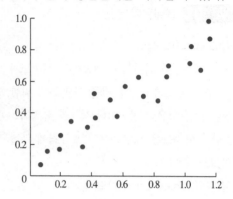

⑥ 체크시트
  불량이나 결함수와 같은 계수치 데이터를 항목별로 어느 부분에 집중되어 있는가를 알아보기 쉽게 나타낸 그림이나 표이다. 파레토 그림을 그리기 위해 데이터를 수집할 때 많이 사용된다.

⑤ 통계용어
  ㉠ 정성적 : 물질의 성분이나 성질
  ㉡ 정량적 : 수량을 세어 정하는 것
  ㉢ 범위(Range) : 자료의 흩어진 정도를 측정하는 방법 중 하나로 최곳값에서 최솟값을 뺀 것을 R로 표시한다.
  ㉣ 분산(Variance) : 변수의 흩어진 정도를 나타내는 지표

$$분산 = 부분군의\ 크기 \times 1단위당\ 평균\ 부적합품수$$
$$= 부분군의\ 크기 \times \frac{부적합수}{부분군의\ 크기}$$

  ㉤ 변동계수(Coefficient of Variation) : 표준편차를 평균값으로 나눈 값이다. 측정단위가 서로 다른 자료를 비교하고자 할 때 사용한다.

ⓗ 최빈값(Mode) : 주어진 자료 중 가장 많이 나타나는 값으로 모집단의 중심적 경향을 나타내는 척도이다. 평균이나 중앙값을 구하기 어려운 경우에 사용한다.

ⓢ 정규분포 : 통계이론 중 가장 중요한 확률분포도 값
  • 정규분포의 특징
   – 평균치와 중앙값이 같다.
   – 그래프에서 중심이 가장 높다.
   – 표준편차가 클수록 산포가 나쁘다.
   – 평균치가 0이고, 표준편차가 1인 정규분포를 표준 정규분포라 한다.
   – 그래프는 평균을 중심으로 좌우가 대칭으로 중심축의 위치와 분포가 중심축을 중심으로 흩어졌다.

1-1. 다음 중 모집단의 중심적 경향을 나타낸 척도에 해당하는 것은? [2012년 51회]

① 범위(Range)
② 최빈값(Mode)
③ 분산(Variance)
④ 변동계수(Coefficient of Variation)

1-2. 미국의 마틴 마리에티사(Martin Marietta Corp.)에서 시작된 품질 개선을 위한 동기부여 프로그램이다. 모든 작업자가 무결점을 목표로 설정하고, 처음부터 작업을 올바르게 수행함으로써 품질비용을 줄이기 위한 프로그램은? [2014년 56회]

① TPM 활동
② 6 시그마 운동
③ ZD 운동
④ ISO 9001 인증

|해설|

1-1
② 최빈값 : 주어진 자료 중 가장 많이 나타는 값으로 모집단의 중심적 경향을 나타내는 척도이다. 평균이나 중앙값을 구하기 어려운 경우에 사용한다.
① 범위 : 자료의 흩어진 정도를 측정하는 방법 중 하나로 최곳값에서 최솟값을 뺀 것을 R로 표시한다.
③ 분산 : 변수의 흩어진 정도를 나타내는 지표
  분산 = 부분군의 크기 × 1단위당 평균 부적합품수
  $$= 부분군의 크기 × \frac{부적합수}{부분군의 크기}$$
④ 변동계수 : 표준편차를 평균값으로 나눈 값이다. 측정단위가 서로 다른 자료를 비교하고자 할 때 사용한다.

1-2
ZD 운동(Zero Defect movement)
미국의 마리에타 기업에서 시작된 품질 개선을 위한 동기부여 프로그램으로 모든 작업자가 무결점을 목표로, 처음부터 올바른 작업을 수행하여 품질비용을 줄이기 위한 운동이다.

정답 1-1 ② 1-2 ③

① **샘플링 검사**

한 로트(Lot)의 물품 중에서 발췌한 시료를 조사하고 그 결과를 판정 기준과 비교하여 그 로트의 합격 여부를 결정하는 검사이다. 여기서 로트란 같은 조건하에서 생산되거나 생산된 물품의 집합으로 로트 크기는 하나의 로트에 포함된 제품의 수량이다.

> **Tip. 검사의 정의**
> 일정한 품질이나 서비스에 대한 특성에 대해 측정이나 검정, 게이지를 사용하여 시험하고 각 특성이 규정에 적합한지를 판정하는 활동

② **샘플링 검사의 분류**

㉠ 목적에 따른 분류

- 수입검사 : 재료나 반제품, 제품이 외부로부터 투입되는 경우 제조공정에 투입하기 전에 규정된 품질을 만족시키는가를 확인하기 위해 이루어지는 검사
- 공정검사 : 여러 공정에 걸쳐 제품이 생산되는 경우 앞 공정이 다음 공정으로 이동할 때 행해지는 검사로, 전수검사보다 샘플링 검사가 더 알맞다.
- 최종검사 : 제조공정의 최종단계에서 실시되는 검사로 완성품이 제품의 요구사항을 충족하고 있는지를 판정하기 위한 검사
- 출하검사 : 재고로 쌓여 있을 때 어떤 이상점이 없었는지, 포장 상태는 어떤지 출하 전에 제품의 상태를 점검하는 검사

> **Tip. 출장검사**
> 회사 내부가 아닌 외부의 기업이나 장소에서 검사를 진행하는 것을 목적으로 하는 검사로, 검사 장소에 의한 분류에 속한다.

㉡ 대상에 따른 분류

- 전수검사 : 개개의 모든 부품의 품질 상태를 검사
- 로트 샘플링 검사 : 개별 로트당 합격과 불합격품을 검사
- 관리 샘플링 검사 : 제조공정 관리, 문제점 발견을 목적으로 하는 검사
- 무검사 : 제품검사 없이 제품성적서만 확인하는 검사

③ **샘플링 검사의 종류**

㉠ 단순 랜덤샘플링 : 모집단의 크기가 N인 모집단으로부터 n개의 샘플링 단위의 가능한 조합이 각각 뽑힐 확률이 동일하도록 하여 샘플을 추출하는 샘플링 방법이다. 모집단의 개체에 대해 1부터 N까지 번호를 부여하고 n개의 난수를 발생시켜 그 번호에 해당하는 개체를 샘플링 단위로 하여 샘플로 취한다.

㉡ 계통샘플링 : 시료를 시간적으로나 공간적으로 일정한 간격을 두고 취하는 샘플링 방법

- 계통샘플링 절차
  - 크기가 N인 모집단에 대해 각각의 개체(부품이나 제품)에 일련번호를 부여한다.
  - 크기가 n인 샘플을 추출할 때 추출 간격(k) $= \dfrac{N}{n}$을 결정한다.
  - 1에서 k 사이의 난수 h를 발생하여 이 번호(h)에 해당하는 개체를 첫 번째 샘플로 추출한다.
  - 두 번째 이후의 샘플 선택은 k만큼 일정한 간격으로 추출한다.
- 계통샘플링의 특징
  - 연속 생산공정과 같이 모집단이 순서대로 정렬된 경우에 추출이 용이하다.
  - 모집단의 순서에 어떤 경향이나 주기성이 없다면 단순 랜덤샘플링보다 더 좋은 정밀도의 데이터를 얻는다.

– 모집단에 주기성이 내포되면 계통샘플링의 결과는 왜곡될 수 있는데 이 경우 지그재그 샘플링 방법을 이용한다.

ⓒ 2단계 샘플링

전체 크기가 N인 로트로 각각 A개씩 제품이 포함되어 있는 서브로트로 나뉘어져 있을 때, 서브로트에서 랜덤으로 몇 상자를 선택해서 각 상자로부터 몇 개의 제품을 랜덤으로 샘플링하는 방법

ⓔ 층별 샘플링 : 모집단인 로트를 몇 개의 층(서브로트)으로 나누어 각 층으로부터 하나 이상의 샘플링 시료를 취하는 방법

ⓜ 집락샘플링(취락샘플링) : 모집단을 여러 개의 층인 서브로트로 나누고 그중 일부를 랜덤으로 샘플링한 후 샘플링된 층에 속해 있는 모든 제품을 조사하는 방법

ⓗ 지그재그 샘플링 : 계통샘플링의 간격을 복수로 하여 치우침을 방지하기 위한 방법

ⓢ 워크샘플링 : 관측 대상을 무작위로 선정하여 일정 시간 동안 관측한 데이터를 취합한 후 이를 기초로 작업자나 기계 설비의 가동 상태 등을 통계적 수법을 사용하여 분석하는 작업연구의 한 방법

④ 샘플링 관련 용어

㉠ 샘플(=시료, 표본) : 모집단의 정보를 얻기 위해 모집단에서 채취한 하나 이상의 샘플링 단위

㉡ 샘플링 : 모집단에서 샘플을 뽑는 행위

㉢ 층별 : 모집단을 몇 개의 층으로 분할하는 것이다. 층이란 부분 모집단의 일종으로, 서로 공통 부분을 갖지 않고 각각의 층을 합한 것이 모집단이다.

㉣ 부적합품률 : 부적합 항목의 수를 검사한 항목의 총수로 나눈 것

$$\text{부적합품률} = \frac{\text{부적합 항목의 수}}{\text{검사한 항목의 수}}$$

ⓜ 검사특성곡선(OC곡선) : A, B, C 타입의 곡선으로 분류된다. A타입은 로트의 품질 수준에 대해 로트가 합격 판정 기준을 만족하는 확률관계를 나타낸 곡선이다. B타입은 생산된 로트가 합격되는 확률을 나타낸 곡선이다. C타입은 소정의 연속형 샘플링 검사에서 샘플링 검사기간 동안 제품이 합격하는 백분율을 장기간의 평균값으로 나타낸 곡선이다.

ⓗ 소비자 위험 품질(CRQ : Consumer's Risk Quality) : 샘플링 검사방식에서 로트나 프로세스에 규정된 소비자 위험에 대응하는 품질 수준

2-1. 로트에서 랜덤으로 시료를 추출하여 검사한 후 그 결과에 따라 로트의 합격, 불합격을 판정하는 검사방법을 무엇이라 하는가?

[2012년 51회]

① 자주검사   ② 간접검사
③ 전수검사   ④ 샘플링 검사

2-2. 전수검사와 샘플링 검사에 관한 설명으로 가장 올바른 것은?

[2014년 55회]

① 파괴검사의 경우에는 전수검사를 적용한다.
② 전수검사가 일반적으로 샘플링 검사보다 품질 향상에 자극을 더 준다.
③ 검사항목이 많을 경우 전수검사보다 샘플링 검사가 유리하다.
④ 샘플링 검사는 부적합품이 섞여 들어가서는 안 되는 경우에 적용한다.

2-3. 200개들이 상자가 15개 있을 때 각 상자로부터 제품을 랜덤으로 10개씩 샘플링할 경우, 이러한 샘플링 방법을 무엇이라 하는가?

[2015년 57회]

① 층별 샘플링   ② 계통샘플링
③ 취락샘플링   ④ 2단계 샘플링

|해설|

2-1
④ 샘플링 검사 : 로트에서 랜덤으로 시료를 추출하여 검사한 후 그 결과에 따라 로트의 합격, 불합격을 판정하는 검사방법이다. 한 로트의 물품 중에서 발췌한 시료를 조사하고 그 결과를 판정 기준과 비교하여 그 로트의 합격 여부를 결정하는 검사이다. 여기서 로트란 같은 조건하에서 생산되거나 생산된 물품의 집합으로 로트 크기는 하나의 로트에 포함된 제품의 수량이다.
③ 전수검사 : 개개의 모든 부품의 품질 상태를 검사

2-2
검사항목이 많을 경우 전수검사보다 샘플링 검사가 유리하다.

2-3
① 층별 샘플링 : 모집단인 로트를 몇 개의 층(서브로트)으로 나누어 각 층으로부터 하나 이상의 샘플링 시료를 취하는 방법이다. 200개들이 상자가 15개 있을 때 각 상자로부터 제품을 랜덤으로 10개씩 샘플링할 경우, 층별 샘플링 방법을 사용한다.

정답 2-1 ④ **2-2** ③ **2-3** ①

핵심이론 03 관리도

① 관리도의 정의
생산공정에 이상이 발생했을 때 이를 빨리 발견하여 수정하게 함으로써 사전에 부적합품의 발생을 억제하기 위해서 사용하는 그림이나 차트이다.

② 관리도의 관리한계선
벨 연구소의 슈하트가 개발한 관리한계선의 3가지 관리영역은 아래와 같다.

㉠ 중심선 : CL(Central Line)
㉡ 관리상한선 : UCL(Upper Control Limit)
㉢ 관리하한선 : LCL(Lower Control Limit)

> **Tip. 슈하트 관리도**
> 프로세스가 통계적 관리 상태인지의 여부를 판단하기 위한 관리도

③ 관리도의 종류

㉠ 정의 : 특성치에 따라 계량형 관리도와 계수형 관리도로 구분되는데, 일반적으로 3σ 관리한계선을 갖는 슈하트 관리도가 산업현장에서 많이 사용된다.

㉡ 관리도의 분류
- 계량형 관리도 : 공정의 품질특성치가 중량이나 길이, 소음, 강도와 같이 계량형 데이터인 경우 사용되는 관리도
- 계수형 관리도 : 적합이나 부적합, 부적합수와 같이 계수형으로 측정이 이루어지는 공정을 관리하기 위한 관리도

ⓒ 관리도의 분류에 따른 종류

구 분	관리도의 종류	
계량형 관리도 (계량값)	x 관리도	개별치 관리도
	$\bar{x}$ 관리도	평균 관리도
	$\bar{x} - R$ 관리도	평균치와 범위 관리도
	$Me - R$ 관리도	중위수와 범위 관리도
	Me 관리도	중위수 관리도
	R 관리도	범위 관리도
계수형 관리도 (계수치)	S 관리도	표준편차 관리도
	C 관리도	부적합수 관리도
	P 관리도	부적합품률 관리도
	NP 관리도	부적합품수 관리도
	U 관리도	단위당 부적합수 관리도

ⓓ 관리도의 종류별 특징
- 측정치가 적합이나 부적합으로 얻어지는 관리도 : NP, P 관리도
- 측정치가 부적합수(결점수)로 얻어지는 관리도 : C, U 관리도
- 부분군의 크기 n이 일정하면 C 관리도, n이 변화하면 U 관리도
- 측정치가 부적합품수로 얻어지는 관리도 : U 관리도

④ 관리도의 오류
ⓐ 1종 오류 : 해당 공정이 관리 상태에 있음에도 불구하고 점이 우연히 관리한계 밖으로 이탈할 때 일어난다. 공정이 이상 상태라고 잘못 판단하여 존재하지 않은 문제의 원인을 조사하는 비용이 발생한다. 이 개념을 만든 슈하트는 이 크기를 0.3% 정도로 본다.
ⓑ 제2종 오류 : 해당 공정이 이상 상태일 경우 우연히 관리한계 내에 점이 나타날 때 발생한다. 이 경우 공정이 관리 상태에 있다고 오류로 결론을 내리게 되는데 부적합품의 증가를 검출할 수 없는 데 따르는 비용이 발생한다.

※ 제2종 오류에 대한 위험률은 3가지 요소의 함수가 있다.
- 관리한계의 폭
- 군의 크기
- 공정 이상 상태의 정도

⑤ 관리도의 사용절차

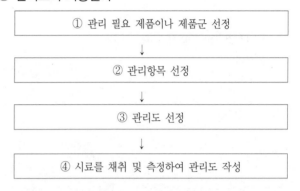

① 관리 필요 제품이나 제품군 선정

↓

② 관리항목 선정

↓

③ 관리도 선정

↓

④ 시료를 채취 및 측정하여 관리도 작성

3-1. 축의 완성지름, 철사의 인장강도, 아스피린 순도와 같은 데이터를 관리하는 가장 대표적인 관리도는? [2012년 52회]

① c 관리도
② nP 관리도
③ u 관리도
④ $\bar{x}-R$ 관리도

3-2. 계량값 관리도에 해당되는 것은? [2016년 59회]

① c 관리도
② u 관리도
③ R 관리도
④ np 관리도

|해설|

3-1

④ $\bar{x}-R$ 관리도 : 축의 완성지름, 철사의 인장강도, 아스피린 순도와 같은 데이터를 관리하는 가장 대표적인 관리도, 평균치와 범위 관리도

3-2

계량값 관리도 : R 관리도

관리도의 분류에 따른 종류

구 분	관리도의 종류	
계량형 관리도 (계량값)	x 관리도	개별치 관리도
	$\bar{x}$ 관리도	평균 관리도
	$\bar{x}-R$ 관리도	평균치와 범위 관리도
	$Me-R$ 관리도	중위수와 범위 관리도
	Me 관리도	중위수 관리도
	R 관리도	범위 관리도
계수형 관리도 (계수치)	S 관리도	표준편차 관리도
	C 관리도	부적합수 관리도
	P 관리도	부적합품률 관리도
	NP 관리도	부적합품수 관리도
	U 관리도	단위당 부적합수 관리도

정답 3-1 ④ 3-2 ③

핵심이론 04 생산계획 및 통제

① 생산관리의 정의

규정된 품질의 제품을 일정한 기간 내에 필요한 수량만큼을 기대되는 원가로 생산하기 위해 생산을 예측하고, 모든 활동을 계획하고, 통제 및 조정함으로써 생산활동 전체의 최적화를 도모하는 것이다.

② 관리 사이클의 순서

P 계획 (Plan)	→	D 실시 (Do)	→	C 체크 (Check)	→	A 조치 (Act)

③ Mill Sheet(자재성적서) 포함사항

㉠ 내압검사
㉡ 재료의 치수
㉢ 화학 성분 및 함량
㉣ 해당 자재의 규격
㉤ 기계시험 및 측정값
㉥ 용접 후 열처리 및 바파괴시험 유무

④ 제조공정 분석표 사용기호

공정명	기호명칭	기호형상
가 공	가 공	◯
운 반	운 반	⇨
정 체	저 장	▽
	대 기	◗
검 사	수량검사	☐
	품질검사	◇

⑤ 작업방법 개선의 기본 4원칙

배제 – 결합 – 재배열 – 단순화

⑥ 생산보전의 분류

유지활동	예방보전(PM)	정상운전, 일상보전, 정기보전, 예지보전
	사후보전(BM)	–
개선활동	개량보전(CM)	–
	보전예방(MP)	–

⑦ 보전의 종류

ⓐ 부문보전 : 보전작업자는 조직상 각 제조 부문의 감독자 밑에 둔다.

ⓑ 절충보전 : 지역보전이나 부문보전과 집중보전을 조합시켜 각각의 장단점을 고려한 방식이다.

ⓒ 집중보전 : 모든 보전작업가 한 명의 관리자 밑에 조직되며 보전현장도 한곳으로 집중된다. 설계나 예방보전의 관리, 공사관리도 모두 한곳에서 집중적으로 이루어진다.

ⓓ 지역보전 : 조직상으로는 집중보전과 비슷하며 보전지역은 각 지역에 분산되어 있다. 여기서 지역이란 지리적 혹은 제품별, 제조별, 제조 부문별 구분을 의미한다. 각 지역에 위치한 보전조직은 각각의 생산현장에 위치하므로 현장의 왕복시간은 타 보전법에 비해 줄어든다.

⑧ 주요용어

ⓐ 정미시간 = net time, 표준 작업시간이다.

ⓑ 내경법의 여유율

$$= \frac{여유시간}{기본\ 작업시간(정미+여유)} \times 100$$

ⓒ 비용구배 $= \dfrac{특급\ 작업비용 - 정상\ 작업비용}{정상\ 작업기간 - 특급\ 작업기간}$

ⓓ 이동평균법 : 평균의 계산기간을 순차로 한 개씩 이동시켜 가면서 기간별 평균을 계산하여 경향치를 구하는 방법이다. 가장 오래된 데이터는 제거하고 가장 최근의 데이터부터 평균에 대입하여 값을 구한다. 만일, 1~5월의 생산량을 바탕으로 6월 예상 생산량을 구하는 식은 다음과 같다.

$$M_6 = \frac{1}{5}(M_1 + M_2 + M_3 + M_4 + M_5)$$

핵심예제

4-1. 여유시간이 5분, 정미시간이 40분일 경우 내경법으로 여유율을 구하면 약 몇 % 인가?　　　　　[2012년 51회]

① 6.33%　　　　　　　② 9.05%
③ 11.11%　　　　　　④ 12.50%

4-2. 다음과 같은 데이터에서 5개월 이동평균법에 의하여 8월의 수요를 예측한 값은 얼마인가?　　　[2012년 51회]

월	1	2	3	4	5	6	7
판매실적	100	90	110	100	115	110	100

① 103　　　　　　　　② 105
③ 107　　　　　　　　④ 109

4-3. 관리 사이클의 순서를 가장 적절하게 표시한 것은?(단, A는 조치(Act), C는 체크(Check), D는 실시(Do), P는 계획(Plan)이다)　　　[2012년 51회]

① P → D → C → A
② A → D → C → P
③ P → A → C → D
④ P → C → A → D

4-4. 작업방법 개선의 기본 4원칙을 표현한 것은?

[2013년 54회]

① 층별 – 랜덤 – 재배열 – 표준화
② 배제 – 결합 – 랜덤 – 표준화
③ 층별 – 랜덤 – 표준화 – 단순화
④ 배제 – 결합 – 재배열 – 단순화

4-1

$$내경법의\ 여유율 = \frac{여유시간}{기본작업시간(정미+여유)} \times 100$$

$$= \frac{5분}{40분 + 5분} \times 100$$

$$= 11.11\%$$

4-2

- $M_8 = \frac{1}{5}(M_3 + M_4 + M_5 + M_6 + M_7)$

$$= \frac{1}{5}(110 + 100 + 115 + 110 + 100)$$

$$= 107$$

- 이동평균법 : 평균의 계산기간을 순차로 한 개씩 이동시켜 가면서 기간별 평균을 계산하여 경향치를 구하는 방법이다. 가장 오래된 데이터는 제거하고 가장 최초의 데이터로부터 평균에 대입하여 값을 구한다. 만일, 1~5월의 생산량을 바탕으로 6월 예상 생산량을 구하는 식은 다음과 같다.

$$M_6 = \frac{1}{5}(M_1 + M_2 + M_3 + M_4 + M_5)$$

4-3

관리 사이클의 순서

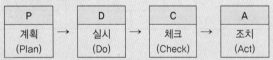

P		D		C		A
계획 (Plan)	→	실시 (Do)	→	체크 (Check)	→	조치 (Act)

4-4

작업방법 개선의 기본 4원칙 : 배제 - 결합 - 재배열 - 단순화

핵심이론 05 작업방법 및 작업시간 연구

① **작업연구의 정의**

작업 중 포함되어 있는 "무리, 낭비, 억지"를 줄여서 가장 피로가 적으면서 적절한 작업방법인 표준 작업방법을 결정하는 것과 더불어 소요되는 시간도 조사하여 표준시간을 설정하기 위한 기법체계이다. 주요 작업연구의 기법에는 공정분석과 시간연구, 동작연구, PTS(Predetermined Time Standard system), 가동분석 등이 있다.

② **작업연구의 목적**

  ㉠ 생산량 향상

  ㉡ 작업 능률 향상

  ㉢ 작업시간 단축

  ㉣ 효율적인 업무 배분

  ㉤ 제품 품질의 균일화

  ㉥ 좋은 작업환경 유지 및 개선

  ㉦ 생산인력의 효율적 관리 향상

③ **작업연구의 구성**

  ㉠ 방법연구(동작연구) : 경제적인 작업방법을 고려하여 최적화된 표준 작업방법 개발이 그 목적이다.

  ㉡ 시간연구(작업 측정) : 작업에 필요한 표준시간의 측정에 그 목적이 있다.

④ **작업연구의 분류**

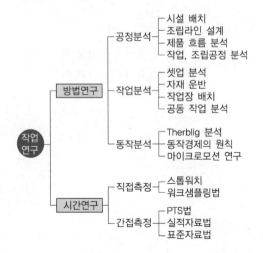

⑤ 작업연구의 종류 및 특징

　㉠ PTS법 : 모든 작업을 기본동작으로 분해하고 각
　　기본동작의 성질과 조건에 따라 미리 정해 놓은
　　시간치를 적용하여 정미시간을 산정하는 방법

[주요 PTS 특성 비교]

구 분	MTM법	RWF법
의 미	작업에 필요한 기본동작으로 분해한 후 조건에 대응하는 시간치 부여	신체 각 부분의 동작 난이도에 따라 서로 다른 개수의 작업요소 부여
난이도	규칙 – 간단 분석 – 다소 어려움	규칙 – 복잡 분석 – 쉬움
시간단위	$1TMU = \dfrac{1}{100,000}$ 시간	1RU = 0.001분
적 용	중공업공정	전자 및 기계조립 공정

　• TMU(Time Measurement Unit)
　• RU(Ready Time Unit)

　㉡ 워크샘플링법 : 관측 대상을 무작위로 선정하여
　　일정 시간 동안 관측한 데이터를 취합한 후 이를
　　기초로 작업자나 기계 설비의 가동 상태 등을 통계
　　적 수법을 사용하여 분석하는 작업연구의 한 방법
　　이다.

　㉢ 스톱워치법 : 테일러에 의해 처음 도입된 방법으
　　로 스톱워치를 들고 작업시간을 직접 관측하여 표
　　준시간을 설정하는 기법이므로 직접측정법에 속
　　한다.

　㉣ 실적자료법 : 기존 데이터 자료를 기반으로 시간을
　　추정하는 방법이다.

　㉤ 경험견적법 : 전문가의 경험을 이용하는 방법으로
　　비용이 저렴하고 산정시간이 작지만 작업하는 상
　　황 변화를 반영하지 못한다는 단점이 있다.

　㉥ 표준자료법 : 표준시간 동안 축적된 자료를 분석하
　　는 방법이다.

⑥ 용어정리

　㉠ 유휴시간 : 근무시간 중 생산량에 기여하지 않는
　　낭비되는 모든 시간

　㉡ 생산성 : 생산시스템의 효율 정도를 평가하는 척도
　　로 투입량과 생산량의 비율

$$생산성 = \dfrac{산출}{투입}$$

　㉢ 길브레스와 테일러의 작업 측정
　　길브레스는 동작(방법)에 집중했으나, 테일러는
　　일의 총량은 작업자에 따라 다르다는 전제하에 작
　　업을 측정하였다.

　㉣ 반즈의 동작경제원칙
　　• 신체의 사용에 관한 원칙
　　• 작업장의 배치에 관한 원칙
　　• 공구 및 설비의 디자인에 관한 원칙

5-1. 작업시간 측정방법 중 직접측정법은? [2012년 52회]

① PTS법
② 경험견적법
③ 표준자료법
④ 스톱워치법

5-2. 다음 중 반즈(Ralph M. Barnes)가 제시한 동작경제원칙에 해당되지 않는 것은? [2014년 55회]

① 표준작업의 원칙
② 신체의 사용에 관한 원칙
③ 작업장의 배치에 관한 원칙
④ 공구 및 설비의 디자인에 관한 원칙

5-3. MTM(Method Time Measurement)법에서 사용되는 1TMU(Time Measurement Unit)는 몇 시간인가? [2014년 56회]

① $\dfrac{1}{100,000}$ 시간

② $\dfrac{1}{10,000}$ 시간

③ $\dfrac{6}{10,000}$ 시간

④ $\dfrac{36}{1,000}$ 시간

| 해설 |

5-1

④ 스톱워치법 : 테일러에 의해 처음 도입된 방법으로 스톱워치를 들고 작업시간을 직접 관측하여 표준시간을 설정하는 기법이므로 직접측정법에 속한다.
① PTS법 : 모든 작업을 기본동작으로 분해하고 각 기본동작의 성질과 조건에 따라 미리 정해 놓은 시간치를 적용하여 정미시간을 산정하는 방법
② 경험견적법 : 전문가의 경험을 이용하는 방법으로 비용이 저렴하고 산정시간이 작지만, 작업하는 상황 변화를 반영하지 못한다는 단점이 있다.
③ 표준자료법 : 표준시간 동안 축적된 자료를 분석하는 방법

5-2

반즈의 동작경제원칙
• 신체의 사용에 관한 원칙
• 작업장의 배치에 관한 원칙
• 공구 및 설비의 디자인에 관한 원칙

5-3

MTM(Method Time Measurement)법에서 사용되는 1TMU(Time Measurement Unit) $= \dfrac{1}{100,000}$ 시간

[주요 PTS 특성 비교]

구 분	MTM법	RWF법
의 미	작업에 필요한 기본동작으로 분해한 후 조건에 대응하는 시간치 부여	신체 각 부분의 동작 난이도에 따라 서로 다른 개수의 작업요소 부여
난이도	규칙 – 간단 분석 – 다소 어려움	규칙 – 복잡 분석 – 쉬움
시간 단위	1TMU $= \dfrac{1}{100,000}$ 시간	1RU = 0.001분
적 용	중공업공정	전자 및 기계조립 공정

• TMU(Time Measurement Unit)
• RU(Ready Time Unit)

정답 5-1 ④ 5-2 ① 5-3 ①

교육은 우리 자신의 무지를 점차 발견해 가는 과정이다.

– 윌 듀란트 –

Win- Q

기계가공기능장

PART

2

과년도 + 최근 기출복원문제

2012년 제51회 과년도 기출문제

01 릴리프 밸브 등에서 밸브시트를 두들겨서 비교적 높은 음을 발생시키는 일종의 자려진동현상을 의미하는 용어는?

① 서지압력현상
② 캐비테이션 현상
③ 맥동현상
④ 채터링 현상

해설
채터링(Chattering) 현상 : 스프링에 의해 작동하는 릴리프 밸브에 발생하기 쉬우며 밸브시트를 두들겨서 비교적 높은 음을 발생시키는 일종의 자려진동현상
※ 서지압력(Surge Pressure) : 계통 내 흐름의 과도적인 변동으로 인해 발생하는 압력

02 유압모터에서 가장 효율이 높고 최대 압력이 높은 유압펌프는?

① 피스톤 펌프
② 기어펌프
③ 베인펌프
④ 나사펌프

해설
피스톤 펌프 : 다른 유압펌프에 비해 효율이 가장 좋다. 피스톤을 구동축에 대해 동일 원주상에 축 방향으로 평행하게 배열한 액시얼형과 구동축에 대하여 배열한 레이디얼형 펌프가 있다. 특징은 다음과 같다.
• 고속 및 고압의 유압장치에 적합하다.
• 가변용량형 펌프로 많이 사용된다.
• 다른 유압펌프에 비해 효율이 가장 좋다.
• 구조가 복잡하고 가격이 고가이다.
• 흡입능력이 가장 낮다.
② 기어펌프 : 구조가 간단하고 값이 저렴하여 차량, 건설기계, 운반기계 등에 널리 사용된다.
③ 베인펌프 : 공작기계, 프레스기계, 사출성형기 등의 산업기계 장치, 차량용에 많이 사용되며 유압펌프로서 정토출량형과 가변토출량형이 있다.

03 공압 캐스케이드 회로의 특성에 대한 설명으로 옳은 것은?

① 방향성 리밋 밸브를 사용하므로 신뢰성이 보장된다.
② 복잡한 작동 시퀀스도 배선이 간단하다.
③ 캐스케이드 밸브가 많아지게 되면, 제어에너지의 압력 강하가 발생한다.
④ 캐스케이드 밸브가 많아질수록 스위칭 시간이 짧아진다.

해설
공압 캐스케이드 회로의 캐스케이드 밸브가 많아지면, 제어에너지의 압력 강하가 발생한다.

04 2개의 복동 실린더가 1개의 실린더 형태로 조립되어 있고 길이 방향으로 연결된 복수 실린더를 갖고 있으므로 실린더의 직경이 한정되는 반면에 출력이 거의 2배로 큰 힘을 얻는 데 가장 적합한 공압 실린더는?

① 충격 실린더
② 케이블 실린더
③ 탠덤 실린더
④ 다위치형 실린더

해설
탠덤 실린더(Tendem-cylinder) : 같은 크기의 복동 실린더에 의해 2배의 힘을 낼 수 있다. 2개의 복동 실린더가 서로 나란히 연결된 복수의 피스톤을 갖는 공압 실린더이다. 2개의 피스톤에 압축공기가 공급되기 때문에 피스톤 로드가 낼 수 있는 출력은 2배가 된다. 텐덤 실린더는 공압 실린더의 사용압력이 낮아 출력이 작기 때문에 실린더의 직경은 한정되고 큰 힘을 필요로 하는 곳에 사용된다.
• 충격 실린더 : 빠른 속도(7~10m/s)를 얻을 때 사용한다.
• 다위치형 실린더 : 정확한 위치를 제어할 수 있다.
• 양로드형 실린더 : 양 방향 같은 힘을 낼 수 있다.

1 ④ 2 ① 3 ③ 4 ③ **정답**

05 다음 그림 기호는 무엇을 나타내는 유압기호인가?

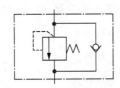

① 체크밸브 붙이 유량제어밸브
② 파일럿 작동형 릴리프 밸브
③ 파일럿 작동형 시퀀스 밸브
④ 카운터밸런스 밸브

> **해설**
> 문제의 그림은 카운터밸런스 밸브이다.

파일럿 작동형 릴리프 밸브	파일럿 작동형 시퀀스 밸브
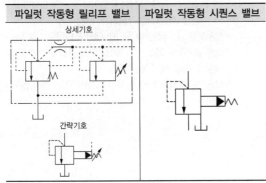	

06 공압시스템의 고장원인으로 볼 수 없는 것은?

① 이물질로 인한 고장
② 수분으로 인한 고장
③ 공압밸브의 고장
④ 유압유의 변질

> **해설**
> 유압유의 변질은 유압시스템의 고장원인으로 볼 수 있다.
> **공압시스템의 고장원인**
> • 공급 유량 부족으로 인한 고장
> • 수분으로 인한 고장
> • 이물질로 인한 고장
> • 공압 타이어의 고장
> • 솔레노이드 밸브에서의 고장
> • 공압밸브에서의 고장
> • 슬라이드 밸브에서의 고장
> • 실린더에서의 고장

07 가공공정 변환이 용이하여 제품 수요의 다양한 요구에 대처할 수 있는 자동화 시스템은?

① CAM
② FMS
③ CAE
④ CAD

> **해설**
> 유연생산시스템(FMS: Flexible Manufacturing System) : 공작기계, 반송장치, 검사장치 등의 구성요소 및 자동화 수준에 따라 다양한 형태가 있다. 여러 제품을 동시에 처리할 수 있으므로 수요의 변화에 유연하게 대처할 수 있다.

08 다음 중 광센서의 특징이 아닌 것은?

① 비접촉식 센서
② 고속 응답
③ 색상 판별
④ 열전효과

> **해설**
> 열전효과는 온도센서의 특징이다.

09 물체의 위치와 속도, 가속도 등 방향 및 자세 등의 기계적인 변위를 제어량으로 하고 시간에 따라 변화하는 제어량이 목표값에 정확히 추종하도록 설계한 제어계로서 공작기계의 제어 등에 이용되는 제어는?

① 시퀀스 제어
② 서보제어
③ 자동 조정
④ 공정제어

> **해설**
> 서보제어 : 물체의 위치와 속도, 가속도 등 방향 및 자세 등의 기계적인 변위를 제어량으로 하고 시간에 따라 변화하는 제어량이 목표값에 정확히 추종하도록 설계한 제어이다. 주로 공작기계의 제어에 이용된다.

10 전계 중에 존재하는 물체의 전하 이동, 분리에 따른 정전용량의 변화를 검출하는 센서로 플라스틱, 유리, 도자기, 목재와 같은 절연물과 액체도 검출이 가능한 센서로 맞는 것은?

① 용량형 근접센서
② 유도형 근접센서
③ 광전형 근접센서
④ 초음파형 근접센서

해설
용량형 근접센서 : 플라스틱, 유리, 도자기, 목재와 같은 절연물과 액체도 검출이 가능한 센서

11 초경합금 바이트의 노즈 반지름이 0.5mm인 것으로 이송을 0.4mm/rev로 주면서 다듬질하려고 한다. 이때 가공면의 표면거칠기 이론값(mm)은?

① 0.06   ② 0.04
③ 0.25   ④ 0.15

해설
가공면의 표면거칠기 이론값

$$H_{max} = \frac{f^2}{8R} = \frac{0.4^2}{8 \times 0.5} = 0.04\text{mm}$$

∴ 표면거칠기 이론값 : 0.04mm

여기서, H_{max} : 이론적인 표면거칠기값, f : 이송,
  R : 노즈 반지름

※ 표면거칠기를 양호하게 하려면, 노즈 반지름(R)은 크게, 이송(f)은 느리게 하는 것이 좋다. 그러나 노즈 반지름(R)이 너무 커지게 되면 절삭저항이 증대하고, 바이트와 가공물 사이에 떨림이 발생하여, 가공 표면이 더 거칠어지게 되므로 주의하는 것이 좋다.

12 선반작업에서 가공물의 형상과 같은 모형이나 형판에 의해 자동으로 절삭하는 장치는?

① 정면절삭장치
② 기어절삭장치
③ 모방절삭장치
④ 외경절삭장치

해설
모방절삭장치 : 가공물의 형상과 같은 모형이나 형판(Template)에 의해 자동으로 절삭하는 장치로 유압식, 전기식, 전기 유압식, 기계식 등이 있다.
• 모방선반(Copying Lathe) : 자동모방장치를 이용하여 모형이나 형판 외형에 트레이서(Tracer)가 설치되고 트레이서가 움직이면, 바이트가 함께 움직여 모형이나 형판의 외형과 동일한 형상의 부품을 자동으로 가공하는 선반
• 터릿선반 : 보통선반의 심압대 대신에 터릿으로 불리는 회전공구대를 설치하여 여러 가지 절삭공구를 공정에 맞게 설치하여 작은 부품을 대량 생산하는 선반
• 보통선반 : 각종 선반 중에서 기본이 되고, 가장 많이 사용하는 선반

13 다음 중 밀링작업의 안전사항에 대한 설명으로 위배되는 것은?

① 일감은 기계가 정지한 상태에서 고정한다.
② 커터에 옷이 감기지 않도록 한다.
③ 보안경을 착용한다.
④ 절삭 중 측정기로 측정한다.

해설
밀링작업에서 제품을 바이스에서 풀어낼 때나 측정할 때는 반드시 운전을 정지시킨다.
밀링작업 시 안전사항 🔊 반드시 암기(자주 출제)
• 커터 날 끝과 같은 높이에서 절삭 상태를 관찰하지 않는다.
• 절삭공구나 가공물을 설치할 때는 반드시 전원을 끈다.
• 주축속도를 변속시킬 때는 반드시 주축이 정지한 후에 변환한다.
• 장갑이나 반지, 팔찌, 목걸이 등은 착용하지 않는다.
• 칩이 비산하므로 반드시 보안경을 착용한다.
※ "안전사항"은 1~2문제 반드시 출제된다. 해당 기출문제에서 안전사항 관련 잘못된 내용만 암기해도 2문제를 획득할 수 있다.

14 다음 연삭숫돌입자 중 천연입자가 아닌 것은?

① 에머리
② 커런덤
③ 다이아몬드
④ 지르코늄옥사이드

해설

지르코늄옥사이드는 인조입자이다.
- 천연입자 : 사암이나 석영, 에머리, 커런덤, 다이아몬드 등
- 인조입자 : 탄화규소, 산화알루미나, 탄화붕소, 지르코늄옥사이드 등

15 전주가공의 특징이 아닌 것은?

① 가공 정밀도가 높다.
② 생산시간이 짧고 가격이 싸다.
③ 복잡한 형상, 중공축 등을 가공할 수 있다.
④ 제품의 크기에 제한을 받지 않는다.

해설

전주가공은 생산시간이 길다(플라스틱 성형용 2~3주).
전주가공의 특징
- 가공 정밀도가 높다.
- 복잡한 형상, 중공축 등을 가공할 수 있다.
- 제품의 크기에 제한을 받지 않는다.
- 가격이 비싸다.
- 모형 전체 면에 일정한 두께로 전착하기는 어렵다.
- 전주가공 재료에 제한을 받는다.

16 수평식 보링머신을 구조에 따라 분류했을 때 이에 속하지 않는 것은?

① 만능형(Universal Type)
② 테이블형(Table Type)
③ 플로어형(Floor Type)
④ 플레이너형(Planer Type)

해설

수평식 보링머신(보통 보링머신)은 구조에 따라 테이블형, 플로어형, 플레이너형으로 구분한다.
보통 보링머신(General Boring Machine)의 종류
- 테이블형 : 새들면상에서 테이블이 평행 및 직각으로 이송한다. 보링머신 중 가장 많이 사용되며, 보링 외에 일반적인 가공도 한다.
- 플레이너형 : 새들이 없고 길이 방향의 이송은 베드를 따라 칼럼이 이송되며, 중량이 큰 가공물의 가공에 적합하다.
- 플로어형 : 가공물을 T홈이 있는 플로어 플레이트에 고정한다. 주축은 칼럼을 따라 상하로 이송하며, 칼럼은 베드를 따라 이송한다. 테이블형에서 가공하기 어려운 가공물을 가공할 때 적합하다.

17 선반의 가로 이송대에 8mm의 리드로서 원주를 100등분하여 만든 칼라 눈금의 핸들이 달려 있을 때 지름 34mm의 둥근 막대를 지름 30mm로 절삭하려면 핸들의 눈금을 몇 눈금 돌리면 되는가?

① 25
② 30
③ 50
④ 60

해설

선반의 가로 이송 핸들 마이크로칼라 한 눈금의 리드는 8mm를 100등분한 0.08mm가 된다. 문제에서 직경 34mm의 공작물을 직경 30mm로 가공하려면 2mm만 전진하면 되므로 핸들의 눈금은 25눈금만 돌리면 된다(0.08mm × 25눈금 = 2mm).

18 경화된 스틸 볼을 압축공기로 분사시켜 차축이나 기어와 같이 반복 하중을 받는 기계 부품을 마무리 가공하기에 가장 적합한 것은?

① 슈퍼피니싱(Super Finishing)
② 액체호닝(Liquid Honing)
③ 쇼트피닝(Shot Peening)
④ 버핑(Buffing)

쇼트피닝 : 표면을 타격하는 일종의 냉간가공으로 철강의 작은 볼 (Shot)을 공작물 표면에 분사하여 강재의 화학 조성을 변화시키지 않고 표면을 매끈하게 하여 피로강도 및 기계적 성질을 향상시킨다.
① 슈퍼피니싱 : 연한 숫돌에 작은 압력으로 가입하면서 가공물에 이송을 주고, 동시에 숫돌에 진동을 주어 표면거칠기를 높이는 가공방법(작은 압력+이송+진동)
② 액체호닝 : 연마제를 가공액과 혼합하여 가공물 표면에 압축 공기를 이용하여 고압과 고속으로 분사시켜 가공물 표면과 충돌시켜 표면을 가공하는 방법
④ 버핑(Buffing) : 모(毛), 직물 등으로 원반을 만들고 이것을 여러 장 붙이거나 재봉으로 누벼 버핑바퀴를 만들고, 바퀴에 윤활제 를 섞은 미세한 연삭입자의 연삭작용으로 가공물 표면을 매끈 하게 광택을 내는 가공방법

19 연강의 절삭가공에서 회전수가 일정하다고 가정할 때 가공물의 지름과 절삭속도의 관계로 옳은 것은?

① 가공물의 지름이 크면 절삭속도는 빨라진다.
② 가공물의 지름이 크면 절삭속도는 느려진다.
③ 가공물의 지름이 작으면 절삭속도는 빨라진다.
④ 가공물의 지름과 관계없이 절삭속도는 일정하다.

• 가공물의 지름이 크면 절삭속도는 빨라진다.
• $V = \dfrac{\pi DN}{1,000}$
　여기서, V : 절삭속도(m/min), D : 공작물 지름(mm),
　　　　　N : 회전수(rpm)
• 동일한 회전수에서 지름이 커질수록 절삭속도는 빨라지고, 지름 이 작아지면 느려진다.
• 절삭속도와 회전수는 비례관계에 있다.

20 선반으로 저탄소강재를 가공할 때 3분력 크기의 순 서가 맞는 것은?

① 주분력 > 이송분력 > 역분력
② 주분력 > 배분력 > 이송분력
③ 배분력 > 주분력 > 이송분력
④ 이송분력 > 주분력 > 배분력

절삭저항 크기 비교 : 주분력 > 배분력 > 이송분력
절삭저항 3분력　　암기팁 : 주 > 배 > 횡
• 주분력 : 절삭 방향에 평행
• 이송분력 : 이송 방향에 평행
• 배분력 : 절삭깊이 방향에 평행

21 다음은 공작기계 기본운동이다. 관계없는 것은?

① 정적운동
② 절삭운동
③ 이송운동
④ 위치조정운동

공작기계 기본 운동 : 절삭운동, 이송운동, 위치조정운동

22 구성인선이 공작물에 미치는 영향이 잘못된 것은?

① 절삭되는 정도를 나쁘게 한다.

② 다듬질 치수를 나쁘게 한다.

③ 표면조도를 나쁘게 한다.

④ 공구의 마모가 적고, 공구각을 일정하게 유지시킨다.

[해설]
구성인선은 절삭공구 마모를 크게 하고 공구각을 변화시켜 가공면의 표면거칠기를 나쁘게 한다.
빌트업 에지(구성인선)의 방지대책 🔊 반드시 암기(자주 출제)
• 절삭깊이를 적게 할 것
• 경사각을 크게 할 것
• 절삭공구의 인선을 예리하게(날카롭게) 할 것
• 윤활성이 좋은 절삭유제를 사용할 것
• 절삭 속도를 크게 할 것
빌트업 에지(구성인선) : 연성 가공물을 절삭할 때 절삭공구에 절삭력과 절삭열에 의한 고온 · 고압이 작용하여, 절삭공구인선에 대단히 경하고 미소한 입자가 압착 또는 융착되어 나타나는 현상이다.
빌트업 에지(Built-up Edge) 발생과정
발생 → 성장 → 최대 성장 → 분열 → 탈락

23 입도가 작고 연한 숫돌에 작은 압력으로 가압하면서 가공물에 이송을 주고, 동시에 숫돌에 진동을 주어 표면거칠기를 높이는 가공방법은?

① 래 핑

② 액체호닝

③ 슈퍼피니싱

④ 버 핑

[해설]
슈퍼피니싱 : 연한 숫돌에 작은 압력으로 가압하면서 가공물에 이송을 주고, 동시에 숫돌에 진동을 주어 표면거칠기를 높이는 가공방법(작은 압력+이송+진동)
※ 문제 18번 해설 참고

24 절삭공구의 성분 중 합금성분이 W(18%) – Cr(4%) – V(1%)인 절삭공구는?

① 초경합금강　　② 고속도강

③ 주조합금강　　④ 세라믹강

[해설]
표준 고속도강 조성 : 18% W – 4% Cr – 1% V
🔊 반드시 암기(자주 출제)
※ 고속도강(High Speed Steel) : W, Cr, V, Co 등의 합금강으로서, 담금질 및 뜨임처리하면 600℃ 정도까지 경도를 유지한다. 고온 경도가 높고 내마모성이 우수하다. 절삭속도가 탄소공구강에 비해 2배 이상이다.

25 배럴가공을 하는 목적과 거리가 먼 것은?

① 표면거칠기의 향상

② 거스러미 제거

③ 녹이나 스케일 제거

④ 잔류 응력 향상

[해설]
배럴(Barrel)가공에서 미디어의 작용
• 절삭가공에서 발생한 거스러미(Burr)를 제거한다.
• 가공물의 치수 정밀도를 높인다.
• 녹이나 스케일을 제거한다.
배럴가공 : 회전하는 통 속에 가공물, 숫돌입자, 가공액, 콤파운드 등을 함께 넣고 회전시키면 서로 부딪치며 가공되어 매끈한 가공면을 얻는 가공법이다.

26 박스지그(Box Jig)를 사용하는 작업으로 가장 적합한 것은?

① 드릴작업에서 대량 생산을 할 때

② 선반작업에서 크랭크 절삭을 할 때

③ 그라인딩에서 테이퍼 작업을 할 때

④ 보링작업 등의 정밀한 구멍을 가공할 때

[해설]
박스지그 : 드릴로 복잡한 가공물에 구멍을 뚫을 때 사용하는 것으로, 가공물은 상자형으로 만든 체대에 나사 또는 지지구로 정확히 고정하도록 되어 있다. 일반적으로 지그는 상당히 중량이 있는 것이므로 자중으로 충분히 위치를 유지할 수 있다.

27 테이블(Table)이 수평면 내에서 회전하는 것으로서, 공구의 길이 방향 이송이 수직 방향으로 되어 있으며 대형이고 불규칙한 중량물의 일감을 깎는 데 쓰이는 선반(Lathe)은?

① 차륜(Wheel)선반

② 공구(Tool)선반

③ 정면(Face)선반

④ 수직(Vertical)선반

수직선반(Vertical Lathe) : 대형 공작물이나 불규칙한 가공물을 가공하기 편리하도록 지면 위에 척(Chuck)을 수직으로 설치하여, 가공물의 장착이나 탈착을 편리하게 하였다. 주축은 수직으로 설치되어 있으며, 공구 이송 방향이 보통선반과 다르다.
① 차륜선반 : 주로 기차바퀴를 가공하는 선반으로 주축대 2개를 마주 세운 구조이다.
② 공구선반 : 보통선반과 같은 구조이나 정밀한 형식으로 되어 있다.
③ 정면선반 : 기차바퀴처럼 지름이 크고, 길이가 짧은 가공물을 절삭하기에 편리한 선반이며, 베드의 길이가 짧고, 심압대가 없는 경우도 많다.

28 외경이 150mm인 연삭숫돌을 이용하여 1,500m/min의 속도로 연삭하고자 한다. 연삭숫돌의 회전수는 약 몇 rpm인가?

① 2,000rpm

② 2,600rpm

③ 3,200rpm

④ 4,000rpm

연삭숫돌의 회전수(rpm)
$$n = \frac{1,000v}{\pi d} = \frac{1,000 \times 1,500\text{m/min}}{\pi \times 150\text{mm}} ≒ 3,183.10\text{rpm}$$
∴ 연삭숫돌 회전수$(n) ≒ 3,200\text{rpm}$
여기서, n : 연삭숫돌 회전수(rpm), v : 절삭속도(m/min),
d : 연삭숫돌 지름(mm)

29 다음 중 전해액 중에 공작물은 양극, 구리 또는 아연을 음극으로 하고 전류를 통과시킬 때 공작물 표면이 용해되어 매끈한 광택이 얻어지는 것은?

① 전기도금

② 전해연마

③ 방전가공

④ 화학연마

전해연마 : 전기도금의 반대 현상으로 가공물을 양극(+), 전기저항이 적은 구리·아연을 음극(-)으로 연결하고, 전해액 속에서 1A/cm^2 정도의 전기가 통하면 전기에 의한 화학적인 작용으로, 가공물의 표면이 용출되어 필요한 형상으로 가공하는 방법이다. 알루미늄 소재 등 거울과 같이 광택 있는 가공면을 비교적 쉽게 가공할 수 있다.
③ 방전가공 : 전극과 가공물 사이에 전기를 통전시켜 방전현상의 열에너지를 이용하여, 가공물을 용융·증발시켜 가공을 진행하는 비접촉식 가공방법이다. 전극과 재료는 모두 도체이어야 한다.
④ 화학연마 : 열에너지를 이용하여 가공물의 전면을 균일하게 용해하여 두께를 얇게 하거나, 가공 표면의 오목 부분은 가공하지 않고 볼록 부분만을 신속하게 가공하여 평활한 표면으로 가공하는 방법이다.

30 선반의 정적 정밀도 검사에서 검사사항이 아닌 것은?

① 척의 흔들림

② 주축대 센터의 심압대 센터와의 높이 차

③ 가로 이송대의 운동과 주축 중심선과의 직각도

④ 심압대 운동과 왕복대 운동과의 평행도

31 방전가공에서 전극재료에 요구되는 조건이 아닌 것은?

① 비중이 클수록 좋다.

② 전기전도도가 높아야 한다.

③ 기계적 강도가 높고, 성형(가공)이 용이하여야 한다.

④ 내열성이 높고, 방전 시 소모가 적어야 한다.

해설

방전가공에서 전극재료는 비중이 작을수록 좋다.

전극재료의 조건

- 방전이 안전하고 가공속도가 클 것
- 가공 정밀도가 높을 것
- 기계가공이 쉬울 것(성형가공)
- 가공전극의 소모가 적을 것
- 구하기 쉽고 값이 저렴할 것
- 공작물보다 경도가 낮을 것

32 절삭온도 측정법이 아닌 것은?

① 칩 컬러(Chip Color)에 의한 측정

② 칼로리미터(Calorimeter)에 의한 측정

③ 바이트 여유면(Clearance Surface)에 의한 측정

④ 열전대(Thermo-couple)에 의한 측정

해설

바이트 여유면에 의한 측정은 절삭온도 측정법이 아니다.

절삭온도 측정법

- 칩의 색깔에 의한 방법
- 칼로리미터에 의한 방법
- 공구에 열전대를 삽입하는 방법
- 시온도료를 사용하는 방법
- 공구와 일감을 열전대로 사용하는 방법
- 복사고온계에 의한 방법

33 다음 중 경도 시험원리와 그에 따른 경도시험법으로 옳은 것은?

① 압입자 이용 : 브리넬 경도시험

② 스크래치 이용 : 비커스 경도시험

③ 진자장치 이용 : 쇼어 경도시험

④ 반발 이용 : 로크웰 경도시험

해설

- 브리넬(Brinell) 경도시험 : 강구 또는 초경합금 압입자
- 로크웰(Rockwell) 경도시험 : 다이아몬드 압입자, 강구 이용
- 쇼어(Shore) 경도시험 : 반발 높이 이용
- 비커스(Vickers) 경도시험 : 압입자 이용

34 α 황동을 냉간가공하여 재결정온도 이하의 저온으로 풀림하면 가공 상태보다 경화하는 현상은?

① 경년 변화

② 탈아연 부식

③ 자연균열

④ 저온 풀림 경화

해설

저온 풀림 경화(Low Temperature Anneal Hardening) : α황동을 냉간가공하여 재결정온도 이하의 낮은 온도로 풀림하면 가공 상태보다 오히려 단단해지는 현상이다. 이 경화현상을 이용하여 Cu 합금 스프링재를 열처리하여 얻은 제품은 냉간가공만 하여 얻은 재료보다 경도가 높아 스프링의 특성을 향상시킬 수 있다.

① 경년 변화 : 상온 가공한 황동 스프링이 사용 기간의 경과와 더불어 스프링 특성을 잃는 현상

② 탈아연 부식 : 황동 표면 또는 깊은 곳까지 탈아연되는 현상

③ 자연균열 : 황동은 관, 봉 등의 잔류 응력에 의해 균열을 일으키는 현상

35 알루미늄의 특징에 관한 설명으로 틀린 것은?

① 대기 중에서의 내식성이 우수하다.

② 열과 전기의 전도성이 양호하다.

③ 합금재질이 많고 기계적 특성이 양호하다.

④ 알칼리 수용액에 대한 내성이 강하다.

> **해설**
> 알루미늄은 알칼리 수용액 중에는 침식된다.
> 알루미늄(Al)의 특징
> • 알루미늄은 백색의 가벼운 금속으로 비중이 약 2.7이다.
> • 다른 금속과 잘 합금되어 상온 및 고온가공이 쉽다.
> • 주조가 용이하여 복잡한 형상의 제품을 만들기 쉽다.
> • 전기전도율은 Ag, Cu, Au 다음으로 좋으며, 열과 전기의 전도성이 양호하다.
> • 알루미늄은 일반적으로 대기 중에서는 내식성이 좋으나 염산 중에서는 빨리 침식된다.

36 주철을 고온으로 가열하였다가 냉각하는 과정을 반복하면 주철의 부피는 팽창하게 되는데 이를 주철의 성장이라 한다. 주철의 성장에 대한 원인으로 틀린 것은?

① 페라이트 조직 중의 Si의 산화

② 펄라이트 조직 중의 Mn, Cr 등의 원소에 의한 Fe_3C 분해 촉진 및 흑연화

③ A_1 변태의 반복과정에서 오는 체적 변화에 기인되는 미세한 균열의 발생

④ 흡수된 가스의 팽창에 따른 부피 증가

> **해설**
> 시멘타이트(Fe_3C)의 흑연화에 의한 팽창
> 주철의 성장원인
> • 시멘타이트의 흑연화에 의한 팽창
> • 페라이트 중에 고용되어 있는 규소(Si)의 산화에 의한 팽창
> • A_1 변태점(723℃) 이상의 온도에서 부피 변화로 인한 팽창
> • 불균일한 가열로 생기는 균열에 의한 팽창
> • 흡수된 가스에 의한 팽창

37 탄소 함유량에 따른 탄소강의 일반적인 물리적 성질 중 탄소량이 증가하면 증가하는 성질은?

① 열팽창계수

② 열전도도

③ 전기저항

④ 내식성

> **해설**
> 탄소강의 탄소량이 증가하면 비열, 전기저항, 보자력은 증가한다.
> 탄소량 증가에 따른 물리적 성질과 기계적 성질 변화
>
> | | 탄소량 증가 | |
> | --- | --- | --- |
> | | 증 가 | 감 소 |
> | 물리적 성질 | 비열, 전기저항, 보자력 | 비중, 선팽창계수, 내식성 |
> | 기계적 성질 | 강도, 경도 | 인성, 충격값 |

38 WC, TiC, TaC 등의 금속 탄화물을 미세한 분말상에서 결합제인 Co 분말과 결합하여 프레스로 성형·압축하고 용융점 이하로 가열하여 소결시켜 만든 합금강은?

① 주철공구강

② 고속도강

③ 초경합금

④ 다이스강

> **해설**
> 초경합금 : 탄화텅스텐(WC), 타이타늄(Ti), 탄탈(Ta) 등의 분말을 코발트(Co) 또는 니켈(Ni) 분말과 혼합하여 프레스로 성형한 다음 약 1,400℃ 이상의 고온으로 가열하면서 소결한 것이다. 고온·고속 절삭에서도 높은 경도를 유지하지만 진동이나 충격을 받으면 부서지기 쉬운 절삭공구 재료이다.
> ※ 고속도강(High Speed Steel) : W, Cr, V, Co 등의 합금강으로서 담금질 및 뜨임처리하면 600℃ 정도까지 경도를 유지하며 고온경도가 높고 내마모성이 우수하다. 절삭속도가 탄소공구강에 비해 2배 이상이다.

39 담금질 온도에서 Ms점보다 높은 온도의 염욕 중에 넣어 항온 변태를 끝낸 후에 상온까지 냉각하는 담금질 방법으로 점성이 큰 베이나이트 조직을 얻을 수 있어 뜨임할 필요가 없는 열처리 방법은?

① 오스템퍼링(Austempering)

② 마템퍼링(Martempering)

③ 시간담금질(Time Quenching)

④ 마퀜칭(Marquenching)

해설
오스템퍼링 : 하부 베이나이트, 뜨임할 필요 없고 강인성이 크며, 담금질 변형 및 균열 방지
② 마템퍼링 : 베이나이트와 마텐자이트의 혼합조직
④ 마퀜칭 : 마텐자이트, 복잡한 물건의 담금질(고속도강, 베어링, 게이지), 퀜칭 후 뜨임하여 사용

40 기하공차와 그 기호가 잘못 짝지어진 것은?

① 면의 윤곽도 : ⌒ ② 경사도 : ∠

③ 대칭도 : ═ ④ 진원도 : ○

해설
선의 윤곽도 : ⌒
기하공차의 종류와 기호

적용하는 형체	공차의 종류		기 호
단독 형체	모양 공차	전직도 공차	—
		평면도 공차	▱
		원통도 공차	⌀
단독 형체 또는 관련 형체		선의 윤곽도 공차	⌒
		면의 윤곽도 공차	⌓
관련 형체	자세 공차	평행도 공차	∥
		직각도 공차	⊥
		경사도 공차	∠
	위치 공차	위치도 공차	⊕
		동축도 공차 또는 동심도 공차	◎
		대칭도	═
	흔들림 공차	원주 흔들림 공차	↗
		온 흔들림 공차	↗↗

41 게이지 블록과 같이 밀착이 가능하므로 홀더가 필요 없으며, 각도의 가산·감산에 의해서 필요한 각도를 조절할 수 있고 조합 후 정도가 2~3″인 것은?

① 오토콜리메이터

② NPL식 각도게이지

③ 기계식 각도 정규

④ 수준기

해설
NPL식 각도게이지 : 길이 약 90mm, 폭 약 15mm의 측정면을 가진 쐐기형의 열처리된 블록으로 각각 6초, 18초, 30초, 1분, 9분, 27분, 1°, 3°, 9°, 27°, 41°의 각도를 가진 12개의 게이지를 한 조로 한다. 이들 게이지를 2개 이상 조합해서 6초부터 81° 사이를 임의로 6초 간격으로 만들 수 있다. 측정면이 요한슨식 각도게이지보다 크고 몇 개의 블록을 조합하여 임의의 각도를 만들 수 있고 그 위에 밀착이 가능하여 현장에서도 많이 쓰인다.

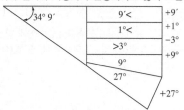

[NPL식 각도게이지 조합 예]
오토콜리메이터(Auto Collimator) : 시준기와 망원경을 조합한 것으로 미소각도를 측정하는 광학적 측정기이다.

42 기어의 측정에서 볼 또는 핀 등의 측정자를 전체 원둘레에 따라 이 홈의 양측 치면에 접하도록 삽입하여 측정자의 반지름 방향 위치의 변동을 측미기로 읽었다. 이때 이 눈금값의 최댓값과 최솟값의 차이를 무엇이라 하는가?

① 치형 오차

② 피치 오차

③ 이(齒) 홈의 흔들림

④ 이 두께 오차

해설
이(齒) 홈의 흔들림 : 볼 또는 핀 등의 측정자를 모든 원둘레에 따라 이 홈의 양측 잇면에 접하도록 삽입하여 측정자의 반지름 방향 위치의 변동을 측미기로 읽거나 자동 기록한다. 이 눈금값과 최솟값의 차를 이 홈 흔들림이라 한다.

43 $70^{+0.05}_{-0.02}$의 치수공차 표시에서 최대 허용치수는?

① 70.03 　　　② 70.05

③ 69.98 　　　④ 69.05

> **해설**
> • 최대 허용치수 : 70.05
> • 최소 허용치수 : 69.98

46 봉재와 같은 원형 부품의 위치결정 시 수직(상하 방향) 중심의 정도가 가장 중요할 때 사용되는 V블록의 각도로 가장 적합한 것은?

① 60° 　　　② 90°

③ 115° 　　　④ 120°

> **해설**
> 수직(상하 방향) 중심의 정도가 중요시되는 V블록각도 : 60°

44 표면거칠기를 측정하는 방식에 해당하지 않는 것은?

① 광절단식 　　　② 촉침식

③ 현미간섭식 　　　④ 광택식

> **해설**
> 광택식은 표면거칠기를 측정하는 방식에 해당하지 않는다.
> 표면거칠기 측정방법 : 촉침식 측정, 광절단식 측정, 광파간섭식 측정

45 호칭치수 25mm의 K6급 구멍용 한계게이지의 통과 측 치수 허용차로 가장 옳은 것은?(단, K6급 공차는 위 치수 허용차 +2μm, 아래 치수 허용차 −11μm이며, 게이지 제작공차는 2.5μm, 마모 여유는 2.0μm으로 한다)

① 25.002 ± 0.00125mm

② 25.0025 ± 0.001mm

③ 24.991 ± 0.00125mm

④ 24.9915 ± 0.001mm

> **해설**
> 한국산업인력공단에서 발표한 정답은 ③번이다.
> 저자 의견
> 통과 측 : (구멍의 최소 치수 + 마모 여유) ± 게이지 공차/2
> 통과 측 치수 허용차 = $(25\text{mm} + 2.0\mu\text{m}) \pm 2.5\mu\text{m}/2$
> 　　　　　　　　　 = $25.002 \pm 0.00125\text{mm}$
> ※ 정지 측 : 구멍의 최대 치수 ± 게이지 공차/2
> 그러므로 저자 의견에 따르면 정답은 ①번이다.

47 채널지그(Channel Jig)의 용도를 바르게 설명한 것은?

① 공작물의 두 면에 지그를 설치하여 제3표면을 단순히 가공할 때 사용하며, 정밀한 가공보다 생산속도를 증가시킬 목적으로 사용한다.

② 공작물이 얇거나 연질의 재료인 경우 가공 중 발생할 수 있는 변형을 방지하기 위하여 활용한다.

③ 공작물의 형태가 불규칙하거나 넓은 가공면을 가지고 있는 비교적 대형 공작물 가공에 사용한다.

④ 공작물의 가공이 일정한 각도로 이루어지거나 공작물의 측면을 가공할 경우 사용한다.

> **해설**
> 채널지그는 가공물의 두 면에 지그를 설치하여 단순한 가공을 할 때 사용한다. 이것은 박스지그의 일종이며 정밀한 가공보다 생산속도를 증가시킬 목적으로 사용하며, 지그 본체는 고정식과 조립식으로 제작이 가능하다.
> ② : 샌드위치 지그

48 스윙 클램프와 유사하나 훨씬 더 작으며, 좁은 장소에서 사용하며 하나의 큰 클램프보다는 오히려 작은 클램프를 사용해야 할 경우에 유효한 클램프는?

① 훅 클램프(Hook Clamp)
② 쐐기형 클램프(Wedge Clamp)
③ 스트랩 클램프(Strap Clamp)
④ 캠 클램프(Cam Clamp)

해설
훅 클램프 : 스윙 클램프와 비슷하지만 그 크기가 훨씬 작으며 단일의 대형 클램프보다는 여러 개의 소형 클램프가 사용되어야 하는 좁은 공간에서 유용하다.
② **쐐기형 클램프** : 판형 캠이라고도 하며 클램프와 공구 본체 사이에서 쐐기가 공작물을 조이는 힘을 이용한 것이다. 일반적으로 고정 후에 스스로 풀리지 않게 하려면 쐐기의 기울기를 1에서 4의 범위로 하며, 스스로 풀리게 하려면 더 큰 각도로 제작하여 캠 또는 나사와 같은 다른 장치를 병용해서 클램핑한다.
③ **스트랩 클램프** : 치공구에서 사용되는 가장 간단한 클램프로서 그 기본 작동원리는 지레의 원리와 같다. 스트랩 클램프는 지레의 원리에 따라서 3종으로 분류된다.
④ **캠 클램프** : 클램프에 사용되는 기본적인 캠에는 판형 편심캠, 판형 나선캠 및 원통형 캠의 3종류가 있다. 캠 클램프를 적절하게 선정하여 사용하면 공작물을 신속하고 간단하게 능률적으로 클램핑할 수 있지만 강한 진동이 있는 경우에는 공작물을 직접 가압하는 캠 클램프보다는 간접 가압식 캠 클램프를 사용한다.

49 다음 중 드릴부시(Drill Bush)의 종류가 아닌 것은?

① 삽입부시
② 고정부시
③ 라이너 부시
④ 데프콘 부시

해설
데프콘 부시는 드릴부시의 종류가 아니다.
드릴부시의 종류
• 삽입부시
• 고정부시
• 삽입부용 부시(라이너 부시)

50 CNC 선반에서 절삭유 ON에 해당하는 M코드는?

① M08
② M09
③ M05
④ M03

해설
M08 : 절삭유 ON
M코드

M코드	기 능	M코드	기 능
M00	프로그램 정지	M08	절삭유 ON
M01	프로그램 선택 정지	M09	절삭유 OFF
M02	프로그램 끝	M30	프로그램 끝과 리셋
M03	주축 정회전	M98	보조 프로그램 호출
M04	주축 역회전	M99	보조 프로그램 종료
M05	주축 정지		

51 다음 형상 모델링 중 공학적인 해석을 하는 데 가장 적합한 것은?

① 2차원 모델
② 솔리드 모델
③ 와이어 프레임 모델
④ 서피스 모델

해설
솔리드 모델링은 공학적인 해석(물리적 성질 : Weight, Center of Gravity, Moment)이 가능하다.
3차원 형상 모델링
• 와이어 프레임 모델(Wire-frame Model)
• 서피스 모델(Surface Model)
• 솔리드 모델(Solid Model)
솔리드 모델의 특징
• 은선 제거가 가능하다.
• 간섭 체크가 가능하다.
• 형상을 절단하여 단면도 작성이 용이하다.
• 불리언(Boolean) 연산(합·차·적)에 의하여 복잡한 형상도 표현할 수 있다.
• 명암(Shade) 컬러 기능 및 회전, 이동을 이용하여 사용자가 좀 더 명확하게 물체를 파악할 수 있다.
• 복잡한 데이터(Data)로 서피스 모델링보다 대용량 컴퓨터가 필요하고 처리시간이 오래 걸린다.

52 머시닝센터에서 그림과 같이 공구의 가공경로가 화살표로 지정되어 있을 때 공구지름 보정이 바르게 짝지어진 것은?(단, 빗금친 부분은 가공 형상이다)

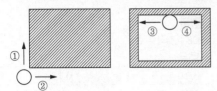

① G41 : ② ④, G42 : ① ③
② G41 : ① ③, G42 : ② ④
③ G41 : ① ④, G42 : ② ③
④ G41 : ② ③, G42 : ① ④

해설

G41 : ① ③, G42 : ② ④
공구지름 보정 : 공구의 측면 날을 이용하여 형상을 절삭하는 경우 공구 중심과 프로그램 경로가 일치할 때 공구 반지름만큼 발생하는 편차를 보정하는 기능으로, 좌측 보정과 우측 보정이 있다.

G-코드	의 미		공구경로 방법
G40	공구지름 보정 취소	프로그램 경로 / 공구경로	공구 중심과 프로그램 경로가 같다.
G41	공구지름 좌측 보정	공구경로 / 프로그램 경로	공구 진행 방향으로 볼 때 프로그램 경로보다 공구 중심이 반지름값만큼 왼쪽으로 떨어진 상태에서 절삭하게 하는 기능
G42	공구지름 우측 보정	프로그램 경로 / 공구경로	공구 진행 방향으로 볼 때 프로그램 경로보다 공구 중심이 반지름값만큼 오른쪽으로 떨어진 상태에서 절삭하게 하는 기능

53 최근 고속가공기에서 회전하는 공구를 고정하기 위해 사용되는 방식은?

① BT 방식   ② NT 방식
③ AFC 방식   ④ HSK 방식

해설

원주속도 30~40m/sec 이상에서는 원심력에 의해 위치 안전성이 나빠지고 정밀도가 낮아진다. 따라서 고속가공에서는 HSK 방식을 적용한다. HSK(Hollow Shank) 방식은 축 방향의 강성이 높고, 정밀도가 좋으며, 진동의 발생이 적다. HSK 방식은 이면 구속형으로 안전성이 높고 반경 방향의 변위가 적으므로 정밀도가 높은 특성을 가지고 있다.

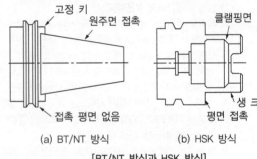

(a) BT/NT 방식   (b) HSK 방식

[BT/NT 방식과 HSK 방식]

54 다음 중 CAD 작업을 할 때의 입력장치가 아닌 것은?

① 마우스
② 트랙볼(Track Ball)
③ 라이트 펜(Light Pen)
④ CRT(Cathode Ray Tube)

해설

• 입력장치 : 조이스틱, 라이트 펜, 마우스, 스캐너, 디지타이저 등
• 출력장치 : 프린터, 플로터, 모니터, 그래픽 디스플레이(CRT, PDP, LCD) 등

55 여유시간이 5분, 정미시간이 40분일 경우 내경법으로 여유율을 구하면 약 몇 %인가?

① 6.33% ② 9.05%

③ 11.11% ④ 12.50%

해설

• 내경법의 여유율 = $\dfrac{여유시간}{기본작업시간(정미 + 여유)} \times 100\%$

$= \dfrac{5분}{40분 + 5분} \times 100\% = 11.11\%$

56 로트에서 랜덤으로 시료를 추출하여 검사한 후 그 결과에 따라 로트의 합격·불합격을 판정하는 검사방법은?

① 자주검사 ② 간접검사

③ 전수검사 ④ 샘플링 검사

해설

샘플링 검사 : 로트(Lot)에서 랜덤으로 시료를 추출하여 검사한 후 그 결과에 따라 로트의 합격·불합격을 판정하는 검사방법이다. 한 로트의 물품 중에서 발췌한 시료를 조사하고 그 결과를 판정 기준과 비교하여 그 로트의 합격 여부를 결정한다. 여기서 로트란 같은 조건하에서 생산되거나 생산된 물품의 집합으로 로트 크기는 하나의 로트에 포함된 제품의 수량이다.

③ 전수검사 : 개개의 모든 부품의 품질 상태를 검사

57 다음과 같은 데이터에서 5개월 이동평균법에 의하여 8월의 수요를 예측한 값은?

월	1	2	3	4	5	6	7
판매 실적	100	90	110	100	115	110	100

① 103 ② 105

③ 107 ④ 109

해설

• $M_8 = \dfrac{1}{5}(M_3 + M_4 + M_5 + M_6 + M_7)$

$= \dfrac{1}{5}(110 + 100 + 115 + 110 + 100) = 107$

• 이동평균법 : 평균의 계산기간을 순차로 한 개씩 이동시켜 가면서 기간별 평균을 계산하여 경향치를 구하는 방법이다. 가장 오래된 데이터는 제거하고 가장 최초의 데이터부터 평균에 대입하여 값을 구한다.

만일, 1~5월의 생산량을 바탕으로 6월의 상 생산량을 구하는 식은 아래와 같다.

$M_6 = \dfrac{1}{5}(M_1 + M_2 + M_3 + M_4 + M_5)$

58 관리 사이클의 순서를 가장 적절하게 표시한 것은?(단, A는 조치(Act), C는 체크(Check), D는 실시(Do), P는 계획(Plan)이다)

① P → D → C → A

② A → D → C → P

③ P → A → C → D

④ P → C → A → D

해설

관리 사이클의 순서

P	D	C	A
계획 (Plan) ⇒	실시 (Do) ⇒	체크 (Check) ⇒	조치 (Act)

59 다음 중 계량값 관리도만으로 짝지어진 것은?

① c 관리도, u 관리도

② x-Rs 관리도, P 관리도

③ $\bar{x}$-R 관리도, nP 관리도

④ Me-R 관리도, $\bar{x}$-R 관리도

해설

계량값 관리도 : Me-R 관리도, $\bar{x}$-R 관리도

관리도의 분류에 따른 종류

구 분	관리도의 종류	
계량형 관리도 (계량값)	x 관리도	개별치 관리도
	$\bar{x}$ 관리도	평균 관리도
	$\bar{x}-R$ 관리도	평균치와 범위 관리도
	$Me-R$ 관리도	중위수와 범위 관리도
	Me 관리도	중위수 관리도
	R 관리도	범위 관리도
	S 관리도	표준편차 관리도
계수형 관리도 (계수치)	C 관리도	부적합수 관리도
	P 관리도	부적합품률 관리도
	NP 관리도	부적합품수 관리도
	U 관리도	단위당 부적합수 관리도

60 다음 중 모집단의 중심적 경향을 나타낸 측도에 해당하는 것은?

① 범위(Range)

② 최빈값(Mode)

③ 분산(Variance)

④ 변동계수(Coefficient of Variation)

해설

최빈값 : 주어진 자료 중 가장 많이 나타나는 값으로 모집단의 중심적 경향을 나타내는 척도이다. 평균이나 중앙값을 구하기 어려운 경우에 사용한다.

① 범위 : 자료의 흩어진 정도를 측정하는 방법 중 하나로, 최곳값에서 최솟값을 뺀 것을 R로 표시한다.

③ 분산 : 변수의 흩어진 정도를 나타내는 지표

$$\text{분산} = \text{부분군의 크기} \times \text{1단위당 평균 부적합품수}$$
$$= \text{부분군의 크기} \times \frac{\text{부적합수}}{\text{부분군의 크기}}$$

④ 변동계수 : 표준편차를 평균값으로 나눈 값으로, 측정단위가 서로 다른 자료를 비교하고자 할 때 사용한다.

2012년 제52회 과년도 기출문제

01 그림과 같이 실린더의 속도를 제어하기 위한 회로로서 유량제어밸브를 실린더의 입구 측에 설치한 회로는?

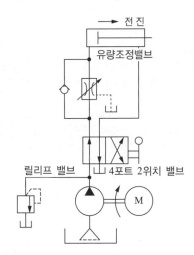

① 무부하 회로
② 블리드 오프 회로
③ 미터 아웃 회로
④ 미터 인 회로

> 해설

문제의 회로도는 미터 인 방식의 속도제어회로도이다. 유압 실린더나 유압모터의 속도는 액추에이터에 공급하는 유량으로 제어한다. 액추에이터의 속도를 제어하기 위해서는 유량제어밸브가 사용되며, 유량제어방식에는 미터 인 방식, 미터 아웃 방식, 블리드 오프 방식이 있다. 미터 인 방식 회로도는 액추에이터 입구 쪽 관로에 유량제어밸브를 직렬로 부착하고, 액추에이터로 공급하는 유량을 제어하여 속도를 제어한다.

02 다음 그림은 무엇을 나타내는 기호인가?

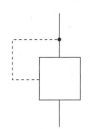

① 외부 파일럿 조작
② 단동 솔레노이드 조작
③ 내부 파일럿 조작
④ 유압 파일럿 조작

> 해설

문제의 그림은 외부 파일럿 조작으로 조작유로는 기기의 외부에 있다.

명 칭	외부 파일럿 조작	단동 솔레노이드 조작	내부 파일럿 조작	유압 파일럿 조작
기 호			45°	
비 고	조작유로는 기기의 외부에 있음	1방향 조작	조작유로는 기기의 내부에 있음	외부 파일럿 1차 조작 없음

03 스트로크 종단 부근에서 유체의 유출을 자동적으로 죄는 것에 의하여 피스톤 로드의 운동을 감속시키는 작용은?

① 실린더 쿠션 ② 강압작용
③ 스틱 슬립 작용 ④ 에어 리턴

해설

실린더 쿠션 : 공기 또는 기름의 유출을 스트로크 종단 부근에서 자동으로 조절함으로써 피스톤 로드의 운동을 감속시키는 작용
③ 스틱 슬립 작용 : 피스톤의 속도가 일정하게 움직이지 않는 현상

05 유압 실린더의 설치구조에서 요동형 마운팅 중 하나로 실린더의 헤드 커버 혹은 로드 콕의 피스톤 로드 끝에 마운팅을 위하여 U자형 링크를 부착한 형태는?

① 크레비스형
② 트러니언형
③ 풋 형
④ 플랜지형

해설

크레비스형(Clevis Mounting) : 피스톤 로드의 중심선에 대해 수직 방향의 핀 구멍을 가진 U자형 링크에 의해 지지된 결합형식의 실린더
② 트러니언형(Trunnion Mounting) : 피스톤 로드의 중심선에 대하여 실린더의 양측에 직각으로 뻗은 한쌍의 원통상의 피봇(Pivot)으로 지지하는 결부형식의 실린더

04 공기압장치와 비교하여 유압장치의 특징에 관한 설명으로 틀린 것은?

① 소형 장치로 큰 출력을 낼 수 있다.
② 환경오염의 우려가 없다.
③ 입력에 대한 출력의 응답이 빠르다.
④ 방청과 윤활이 자동적으로 이루어진다.

해설

유압장치에 사용되는 유압유는 공압에 비해 환경오염의 우려가 있다.

06 시퀀스 제어와 비교하여 자동제어의 장점에 해당되는 것은?

① 온도 특성이 양호하다.
② 동작 상태의 확인이 쉽다.
③ 소형이 가볍다.
④ 소형화에 한계가 있다.

해설

자동제어는 소형이 가볍다.

3 ① 4 ② 5 ① 6 ③ **정답**

07 다음 그림과 같은 회로처럼 스위치(S)를 ON/OFF 후 동작이 이루어지는 회로는?

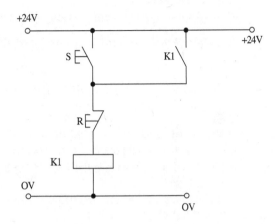

① 자기유지회로　　② 병렬회로
③ OFF 회로　　　　④ ON 회로

해설

문제의 회로도는 자기유지회로로, 입력 버튼 스위치를 한 번만 눌렀다 떼도 출력신호가 계속 유지된다.

08 다음 중 반사식 광전 스위치로 감지할 수 없는 물체는?

① 투명 유리　　　② 나무제품
③ 종이상자　　　　④ 플라스틱 용기

해설

투명 유리는 반사되지 않고 투과하여 반사식은 감지가 어렵다. 광전 스위치 : 빛을 발생하는 광원과 빛을 받아들이는 포토 다이오드나 포토 트랜지스터를 한 조로 하여, 물체가 광선을 지나갈 때 광로의 변화나 광량의 변화를 이용하여 접점을 개폐하여 물체를 검출하는 센서이다. 광전 스위치는 움직이는 물품의 개수나 기계적 동작의 제한 등에 사용하며, 빛의 전달속도가 빠르므로 무접점 회로의 경우 분당 수만 번의 검출도 가능하다. 광전 스위치는 빛의 활용방법에 따라 투과형, 반사형, 복사형이 있다.

09 핸들링의 종류 중 부품이 회전을 통하여 이송되며 작업이 이루어지는 핸들링은?

① 리니어 인덱싱 핸들링
② 로터리 인덱싱 핸들링
③ 선반의 이송장치
④ 래칫 구동 핸들링

해설

로터리 인덱싱 핸들링 : 부품이 회전을 통하여 이송되며 작업이 이루어지는 핸들링

10 기계의 점검사항 중 전자식 자동작동장치의 일반적 점검사항에 해당하지 않는 것은?

① 필터의 막힘
② 접점의 더러워짐
③ 전압·전류
④ 전원 이상

해설

필터의 막힘은 일반적인 점검사항에 해당하지 않는다.

11 칩이 공구의 경사면을 연속적으로 흘러 나가는 모양으로 가장 바람직한 형태의 칩은?

① 유동형 칩   ② 경작형 칩
③ 균열형 칩   ④ 전단형 칩

해설

가장 이상적인 칩은 유동형 칩이다.
칩의 종류
• 유동형 칩 : 칩이 경사면 위를 연속적으로 원활하게 흘러 나가는 모양으로 연속형 칩이다.
• 전단형 칩 : 칩이 경사면 위를 원활하게 흐르지 못해 절삭공구가 칩을 밀어내는 압축력이 커지면서 발생한다. 칩이 연속적으로 가공되기는 하나 분자 사이에 전단이 일어나는 형태의 칩이다.
• 경작형(열단형) 칩 : 점성이 큰 가공물을 경사각이 적은 절삭공구로 가공할 때, 절삭깊이가 클 때 발생하기 쉬운 칩의 형태이다.
• 균열형 칩 : 주철과 같이 메진재료를 저속으로 절삭할 때 발생하는 칩의 형태로서 순간적인 균열이 발생하여 생기는 칩이다.

| 유동형 칩 | 전단형 칩 |
| 경작형(열단형) 칩 | 균열형 칩 |

12 액체호닝에 관한 설명 중 틀린 것은?

① 가공시간이 짧다.
② 호닝입자가 가공물의 표면에 부착될 우려가 있다.
③ 가공물 표면에 산화막이나 거스러미를 제거하기 쉽다.
④ 피닝효과로 인해 가공물의 피로강도가 저하된다.

해설

액체호닝(Liquid Honing) : 연마제를 가공액과 혼합하여 가공물 표면에 압축공기를 이용하여 고압과 고속으로 분사시켜 가공물 표면과 충돌시켜 표면을 가공하는 방법이다. 장점은 다음과 같다.
• 가공시간이 짧다.
• 가공물의 피로강도를 10% 정도 향상시킨다.
• 형상이 복잡한 것도 쉽게 가공한다.
• 가공물 표면에 산화막이나 거스러미를 제거하기 쉽다.

13 절삭공구 재료로서 필요한 성질이 아닌 것은?

① 고온에서 경도가 높을 것
② 내마멸성이 클 것
③ 일감보다 단단하고 인성이 있을 것
④ 피삭재와의 친화력이 클 것

해설

절삭공구 재료는 피삭재와의 친화력이 작아야 한다.
절삭공구 재료의 구비조건
• 피절삭제보다는 경도와 인성이 클 것
• 고온에서 경도가 감소되지 않을 것
• 내마모성, 내충격성이 클 것
• 절삭저항을 받으므로 강도가 클 것
• 형상을 만들기 용이하고 가격이 쌀 것

14 절삭유제에 대한 설명으로 틀린 것은?

① 식물성유는 동물성유에 비해 점도가 낮다.

② 식물성유는 윤활성은 좋으나 냉각성은 좋지 않다.

③ 동물성유는 점도가 높아 고속절삭에 사용된다.

④ 광유는 지방유 등을 혼합해서 윤활성능을 높인다.

해설

동물성유는 식물성유보다는 점성이 높아 저속절삭과 다듬질 가공에 사용된다.

절삭제의 종류

• 수용성 절삭유 : 알칼리성 수용액이나 광물유를 화학적으로 처리하여 물에 용해한 유화제 등으로 다량의 물을 포함하기 때문에 냉각효과가 크고 고속절삭 연삭용 등에 적합하며 점성이 낮고 비열이 높으며 냉각작용이 우수하다.

• 광유 : 경유, 머신오일, 스핀들 오일, 석유 및 기타의 광유 또는 혼합유로 윤활성은 좋으나 냉각성이 적어 경절삭에 주로 사용한다.

• 식물성유 : 종자유, 콩기름, 올리브유, 면실유와 피마자유 등이 있으며 모두 점도가 높고 양호한 유막을 형성한다. 윤활성은 좋지만 냉각성은 좋지 않다.

15 다음 중 래핑의 특징이 아닌 것은?

① 정밀도가 높은 제품을 가공할 수 있다.

② 가공면의 내마모성이 증대된다.

③ 가공이 복잡하여 대량 생산이 불가능하다.

④ 가공면은 윤활성이 좋다.

해설

래핑은 가공이 간단하고 대량 생산이 가능하다.

래핑 : 가공물과 랩(Lap) 사이에 랩제를 넣고 가공물에 압력을 가하면서 표면거칠기가 우수한 가공면을 얻는 가공방법

래핑가공의 장단점

	장 점	단 점
래핑가공	• 가공면이 매끈한 거울면을 얻을 수 있다. • 정밀도가 높은 제품을 가공할 수 있다. • 가공면은 윤활성 및 내마모성이 좋다. • 가공이 간단하고 대량 생산이 가능하다. • 평면도, 진원도, 직선도 등의 이상적인 기하학적 형상을 얻을 수 있다.	• 가공면에 랩제가 잔류하기 쉽고, 제품을 사용할 때 잔류한 랩제가 마모를 촉진시킨다. • 고도의 정밀가공은 숙련이 필요하다. • 작업이 지저분하고 먼지가 많다. • 비산하는 랩제는 다른 기계나 가공물을 마모시킨다.

16 다음 중 선반 교정작업이 아닌 것은?

① 주축대 스핀들 베어링을 교정한다.

② 가로 이송대 유극을 조정한다.

③ 공구대를 교환한다.

④ 가로 이송대와 세로 이송대를 보정한다.

해설

공구대를 교환하는 것은 선반 교정작업이 아니다.

17 선반에서 맨드릴을 사용하는 주된 목적은?

① 돌기가 있어 센터작업이 곤란하기 때문에

② 가늘고 긴 가공물의 작업을 위하여

③ 내·외경과 내경이 동심이 되도록 가공하기 위하여

④ 척킹이 곤란하기 때문에

해설

선반에서 내·외경과 내경이 동심이 되도록 가공하기 위하여 맨드릴을 사용한다.

맨드릴(Mandrel) : 기어, 벨트 풀리 등과 같이 구멍과 외경이 동심원이고, 직각이 필요한 경우에 먼저 구멍을 가공하고 구멍에 맨드릴을 끼워 양 센터로 지지하여, 외경과 측면을 가공하여 부품을 완성하는 선반의 부속장치

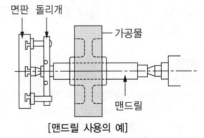

[맨드릴 사용의 예]

18 방전가공에 사용되는 전극재질의 조건이 아닌 것은?

① 가공속도가 클 것

② 가공전극의 소모가 클 것

③ 가공정밀도가 높을 것

④ 방전이 안전할 것

해설

방전가공 전극재료의 조건
- 방전이 안전하고 가공속도가 클 것
- 가공정밀도가 높을 것
- 기계가공이 쉬울 것
- 가공전극의 소모가 적을 것
- 구하기 쉽고 값이 저렴할 것

방전가공(Electric Discharge Machining) : 전극과 가공물 사이에 전기를 통전시켜 방전현상의 열에너지를 이용하여, 가공물을 용융·증발시켜 가공을 진행하는 비접촉식 가공방법이다.

19 연삭작업 시 테리모션이란?

① 일감의 이송을 양 끝에서는 빨리하고 중간에서는 늦게 하는 것

② 거친 일감의 연삭 시 원주속도를 크게 하는 것

③ 최종 다듬질 연삭 시 불꽃이 없어질 때까지 연삭하는 것

④ 세로 이송을 잠시 동안 정지시킨 후 역전시켜 연삭하는 것

해설

테리모션(Tarry Motion) : 연삭작업 시 세로 이송을 잠시 동안 정지시킨 후 역전시켜 연삭하는 것, 테이블 행정의 밑단에서 역전으로 작용하기까지의 여유시간, 트래버스(Traverse Cut) 연삭에서 잠시 테이블을 양 끝의 반환점에서 정지시키는 것

20 선반의 절삭속도가 100mm/sec, 절삭깊이가 2mm, 이송량이 1mm/rev일 때 이 선반의 가공절삭률은?

① $600mm^3/min$

② $1,000mm^3/min$

③ $1,200mm^3/min$

④ $1,500mm^3/min$

해설

※ 저자 의견 : 문제 오류로 2019년 19번 문제와 해설로 풀어야 함

21 강에 합금원소를 첨가할 경우 어닐링 상태에서 그 합금원소의 강 중 존재 상태가 아닌 것은?

① 금속 간 화합물로 되어 있는 상태

② 금속단체로 되어 있는 상태

③ 시멘타이트 중에 탄화물로 되어 있는 상태

④ 산화물, 염화물 또는 원소 상태로 되어 있는 상태

해설

산화물, 염화물 또는 원소 상태로 되어 있는 상태는 합금원소의 강 중 존재 상태가 아니다.

22 8개의 날을 가진 정면 밀링커터로 외경이 100mm 이고, 길이가 245mm인 연강을 절삭하려고 한다. 날 1개마다의 이송을 0.04mm로 하고 절삭속도를 120m/min로 할 때 커터 선단의 공작물을 1회 절삭이 송하는 데 소요되는 시간은?

① 약 1분 30초 　　② 약 1분 45초
③ 약 2분 　　④ 약 2분 15초

해설

한국산업인력공단에서 발표한 정답은 약 2분이다.
저자 의견

회전수(n) = $\dfrac{1,000 \times v}{\pi \times D}$ 식에서 절삭속도가 120m/min이므로

$n = \dfrac{1,000 \times 120\text{m/min}}{\pi \times 100\text{mm}} \fallingdotseq 382\text{rpm}$

테이블의 이송 및 테이블의 이송 길이

$f = f_z \times z \times n = 0.04\text{mm} \times 8 \times 382\text{rpm} \fallingdotseq 122\text{mm/min}$

$L = l + D = 245\text{mm} + 100\text{mm} = 345\text{mm}$

$T = \dfrac{L}{f} = \dfrac{345\text{mm}}{122\text{mm/min}} \fallingdotseq 2.82786$

∴ T = 약 2분 50초

※ $T = 2.82786$을 정리하면

• 정수는 그대로 분(min)으로 적용된다. 따라서 2분
• 소수 0.82786은 1분 = 60초로 적용하기 위하여
  $0.82786 \times 60 = 49.6716$
  따라서 약 50초로 계산된다.
  여기서, v : 절삭속도(m/min)
  　　　　D : 커터의 지름(mm)
  　　　　f : 테이블 이송(mm/min)
  　　　　f_z : 1개 날당 이송(mm)
  　　　　z : 커터의 날수
  　　　　n : 커터 회전수(rpm)
  　　　　L : 테이블 이송거리(mm)
  　　　　l : 가공물의 거리(mm)
  그러므로 저자 의견에 따르면 약 2분 50초로 생각된다.

23 와이어 컷 방전가공의 특성이 아닌 것은?

① 초경재료 가공이 가능하다.
② 소비전력 및 전극 소모가 작다.
③ 와이어 재료는 Cu, Pt, Zn 등을 사용한다.
④ 가공액으로는 물 등의 이온수를 사용한다.

해설

와이어 컷 방전가공에서 전극용 와이어 재질은 Cu, Bs, W 등이 사용되며, 방전으로 인한 와이어의 소모가 있어도 가공면은 깨끗하다.
와이어 컷 방전가공의 특성
• 담금질한 강이나 초경합금의 가공도 가능하다.
• 가공물의 형상이 복잡해도 가공속도는 변하지 않는다.
• 전극을 별도로 제작할 필요가 없다.
• 복잡한 가공물도 높은 정밀도의 가공이 가능하다.
• 소비전력이 적고, 전극의 소모가 무시된다.
• 가공 여유가 적어도 되고, 전(前) 가공이 필요 없다.
• 표면거칠기가 양호하다.
와이어 컷 방전가공(Wire Cut Electric Discharge Machining)
: 지름 0.02~0.3mm 정도의 금속선의 전극(Wire)을 이용하여 NC로 필요한 형상을 가공하는 방법이다. 가공액은 일반적으로 물(이온수)을 사용함으로써 취급이 쉽고, 화재 위험이 적으며, 냉각성이 좋고 칩의 배출이 용이하다.

24 드릴 날부의 길이가 짧아질수록 나타나는 현상의 설명으로 틀린 것은?

① 절삭성이 떨어진다.
② 웨브각이 커진다.
③ 웨브의 두께가 커진다.
④ 웨브의 크기를 작게 하기 위해 드레싱을 한다.

해설

웨브의 크기를 작게 하기 위해 시닝을 한다.
시닝 : 구멍을 뚫을 때 절삭저항의 추력을 작게 하기 위해 치즐 에지의 길이를 짧게 원호 모양으로 갈아 내는 것이다.

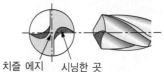

치즐 에지　　시닝한 곳

25 직경 50mm, 길이 150mm의 SM45C 강 소재를 절삭깊이 2.0mm, 이송 0.5mm/rev로 선삭할 때, $VT^{0.1} = 60$이 성립된다면 공구 수명을 3시간 보장하는 절삭속도로 깎을 때 소요 가공시간은?

① 2.0min
② 2.0sec
③ 1.3min
④ 1.3sec

> **해설**

공구 수명을 3시간 보장하면 $T = 3 \times 60 = 180\text{min}$

회전수$(n) = \dfrac{1,000\,V}{\pi d}$ $VT^{0.1} = 60$에서 $V = \dfrac{60}{T^{0.1}}$

선반 소요 가공시간 공식 $t = \dfrac{L}{ns}$에서

$$t = \frac{L}{ns} = \frac{L}{\dfrac{1,000\,V}{\pi d} \times s}$$

$$= \frac{L \times \pi \times d}{1,000 \times V \times s} = \frac{L \times \pi \times d}{1,000 \times \dfrac{60}{T^{0.1}} \times s}$$

$$= \frac{L \times \pi \times d \times T^{0.1}}{1,000 \times 60 \times s} = \frac{150\text{mm} \times \pi \times 50\text{mm} \times 180^{0.1}\text{min}}{1,000 \times 60 \times 0.5\text{mm/rev}}$$

$\fallingdotseq 1.3\text{min}$

∴ 소요 가공시간 = 1.3min

여기서, V : 절삭속도(m/min), T : 공구 수명(min),
L : 공작물 길이(mm), n : 회전수(rpm),
s : 이송(mm/rev), d : 공작물 지름(mm)

26 축의 베어링 접촉부, 각종 롤러, 초정밀가공에 이용되며 가공물에 가압과 동시에 숫돌에 진동을 주면서 다듬질하는 가공법은?

① 호 닝
② 슈퍼피니싱
③ 래 핑
④ 쇼트피닝

> **해설**

슈퍼피니싱(Super Finishing) : 연한 숫돌에 작은 압력으로 가압하면서, 가공물에 이송을 주고 동시에 숫돌에 진동을 주어 표면거칠기를 높이는 가공방법(작은 압력+이송+진동)
• 래핑(Lapping) : 가공물과 랩(Lap) 사이에 랩제를 넣고 가공물에 압력을 가하면서 표면거칠기가 우수한 가공면을 얻는 가공방법
• 쇼트피닝(Shot Peening) : 표면을 타격하는 일종의 냉간가공으로 철강의 작은 볼(Shot)을 공작물 표면에 분사하여 강재의 화학조성을 변화시키지 않고 표면을 매끈하게 하여 피로강도 및 기계적 성질을 향상시킨다.
• 호닝가공 : 직사각형의 숫돌을 스프링으로 축에 방사형으로 부착한 원통형태의 공구, 즉 혼(Hone)을 회전 및 직선 왕복 운동시켜 공작물을 가공하는 방법

27 가공물의 재질에 따른 드릴의 날 끝각의 범위가 적절하지 못한 것은?

① 일반재료 : 118°
② 주철 : 90~118°
③ 스테인리스강 : 60~70°
④ 구리, 구리합금 : 110~130°

> **해설**

스테인리스강 : 150°
가공물의 재질과 드릴의 각도

금속재료	드릴의 선단각도(θ)	여유각(α)
크랭크축 및 심공작업	120~170°	9°
레일 및 경강	150°	10°
열처리강 및 단조강	125°	12°
주 철	90°	12°
동 및 동합금	100~120°	12°
목재 및 파이프	60°	12°

25 ③ 26 ② 27 ③ 정답

28 밀링작업에서 절삭속도에 따라 공구 수명, 다듬질 상태 등이 달라진다. 절삭속도의 선정방법에 대한 설명으로 잘못된 것은?

① 가공물의 경도·강도·인성 등의 기계적 성질을 고려한다.

② 커터 수명을 길게 하려면 추천 절삭속도보다 절삭속도를 약간 높게 설정한다.

③ 거친 가공은 이송을 빠르게 하고 절삭속도는 느리게 한다.

④ 다듬질 가공은 이송을 느리게, 절삭속도를 빠르게 한다.

해설
커터의 수명을 연장하기 위해서는 추천 절삭속도보다 절삭속도를 약간 낮게 설정하여 절삭하는 것이 좋다.
생산성을 향상시키기 위한 절삭속도 선정방법
• 가공물의 경도·강도·인성 등의 기계적 성질을 고려한다.
• 커터의 날이 빠르게 마모되거나 손상되는 현상이 발생하면, 절삭속도를 좀 더 낮추어 절삭한다.

구 분	절삭속도	이 송	절삭깊이
거친 절삭	느리게	빠르게	크게
다듬질 절삭	빠르게	느리게	작게

29 연삭숫돌의 파손 방지를 위하여 숫돌을 검사하는 방법이 아닌 것은?

① 음향검사　　　　② 회전검사
③ X-ray 검사　　　④ 균형검사

해설
X-ray 검사는 연삭숫돌을 검사하는 방법이 아니다.
연삭숫돌의 검사
• 음향검사 : 나무해머나 고무해머 등으로 연삭숫돌의 상태를 검사하는 방법으로 가장 쉽고, 많이 사용하는 검사방법이다(정상 : 음향이 맑고, 울림이 있는 숫돌/균열 : 음향이 둔탁하고 울림이 없는 숫돌).
• 회전검사 : 사용할 원주속도의 1.5~2배의 원주속도로 원심력에 의한 파손 여부를 검사하여야 한다. 연삭 전에 3분 이상 공회전시켜 연삭숫돌의 이상 여부를 검사한 후 연삭을 진행한다.
• 균형검사 : 연삭숫돌이 두께나 조직 형상의 불균일로 인하여 회전 중 떨림이 발생하는 경우가 있는데 작업자의 안전과 연삭한 부품의 정밀도와 우수한 표면거칠기를 얻기 위해 균형검사를 한다.

30 밀링커터, 기어커터 등의 여유각을 절삭하기 위하여 제작된 선반은?

① 모방선반　　　　② 롤러선반
③ 터릿선반　　　　④ 공구선반

해설
공구선반(Tool Lathe) : 보통선반과 같은 구조이나 정밀한 형식으로 되어 있으며, 주축은 기어 변속장치를 이용하여 여러 가지 회전수로 변환할 수 있다. 릴리빙(Relieving) 장치와 테이퍼 절삭장치, 모방절삭장치 등이 부속되어 있다. 주로 밀링커터(Cutter), 탭(Tap), 드릴(Drill) 등의 공구를 가공한다.
• 모방선반(Copying Lathe) : 자동모방장치를 이용하여 모형이나 형판(Template) 외형에 트레이서(Tracer)가 설치되고, 트레이서가 움직이면 바이트가 함께 움직여 모형이나 형판의 외형과 동일한 형상의 부품을 자동으로 가공하는 선반
• 터릿선반(Turret Lathe) : 보통선반의 심압대 대신에 터릿으로 불리는 회전공구대를 설치하여 여러 가지 절삭공구를 공정에 맞게 설치하여 부품을 대량 생산하는 선반

31 전주가공할 때 필요한 형상의 모델용(모형) 재료로 사용하기 어려운 것은?

① 주 철
② 알루미늄
③ 구 리
④ 플라스틱

해설
전주가공 모델용(모형) 재료는 제작이 쉬운 알루미늄(Al), 구리(Cu), 황동(Bs), 플라스틱 등을 사용한다. 주철은 제작이 쉽지 않아 모델용 재료로 사용하기 어렵다.
전주가공 : 도금을 응용한 방법으로 모델을 음극에, 전착시킬 금속을 양극에 설치하고 전해액 속에서 전기를 통전하여 적당한 두께로 금속을 입히는 가공방법이다.

32 공구 수명을 T, 절삭속도를 V, n을 지수, C를 상수라고 할 때, Taylor의 공구 수명 공식은?

① $T^n = VC$ ② $T^n = C/V$

③ $T^n = V/C$ ④ $T^n = 2VC$

해설

• 절삭공구의 수명식 : $VT^n = C \rightarrow T^n = \dfrac{C}{V}$

• 테일러(F. W. Taylor)는 1907년도에 공구 수명과 절삭속도 사이의 관계를 식으로 표시하였다.

• 지수(n) : 절삭공구와 가공물에 의하여 변화하는 지수

절삭공구 재료	지 수
고속도강	0.05~0.2
초경합금	0.125~0.25
세라믹	0.4~0.55

33 온도가 변화해도 열팽창계수, 탄성계수 등이 거의 변하지 않는 불변강에 포함되지 않는 것은?

① 인 바 ② 엘린바

③ 인코넬 ④ 플래티나이트

해설

• 인코넬은 내열성이 좋은 내열합금이다.

• 불변강 종류 : 인바(Invar), 슈퍼 인바(Superinvar), 엘린바, 코엘린바(Coelinvar), 플레티나이트(Platinite), 퍼멀로이 등

※ 불변강 : 온도 변화에 따라 열팽창계수, 탄성계수 등이 변하지 않는 강종

34 탄소강에 함유되어 탄소강의 성질에 영향을 많이 끼치는 5대 원소와 가장 거리가 먼 것은?

① Mn ② Si

③ Ag ④ P

해설

탄소강에 함유된 5대 원소 : 탄소(C), 규소(Si), 망간(Mn), 인(P), 황(S)

35 강재를 가열하여 그 표면에 Zn을 고온에서 확산 침투시켜 내식성 향상을 목적으로 하는 금속침투법은?

① 크로마이징

② 칼로라이징

③ 보로나이징

④ 세라다이징

해설

금속침투법

• 세라다이징(Sheradizing) : 아연(Zn) 침투

• 칼로라이징(Calorizing) : 알루미늄(Al) 침투

• 크로마이징(Chromizing) : 크롬(Cr) 침투

• 실리코나이징 : 규소(Si) 침투

🌈 암기팁 : 아-세, 알-칼, 크-크, 실-규

36 20℃에서 길이 100mm인 형강이 30℃에서는 길이 102mm가 되었다면 열팽창계수(1/℃)는 얼마인가?

① 2×10^{-1}

② 2×10^{-3}

③ 2×10^{-4}

④ 2×10^{-6}

해설

$L = L_o \times \alpha \times \triangle T$ 공식에서

$\alpha = \dfrac{L}{L_o \times \triangle T} = \dfrac{2\text{mm}}{100\text{mm} \times 10℃} = 2 \times 10^{-3}$

∴ 열팽창계수(α) $= 2 \times 10^{-3}(1/℃)$

여기서, L : 팽창 길이($102\text{mm} - 100\text{mm}$)

L_o : 팽창 전 길이(mm)

$\triangle T$: 온도 변화량

37 내식용 알루미늄 합금의 종류에 속하지 않는 것은?

① 알드레이

② 알 민

③ 하이드로날륨

④ 라우탈

라우탈은 주물용(주조용) 알루미늄 합금이다.
내식용 알루미늄 합금
• 하이드로날륨 : Al-Mg계
• 알민 : Al-Mn계
• 알드리 : Al-Mn-Si계
• 알클래드 : 내식 Al 피복
주물용(주조용) 알루미늄 합금 : 실루민, 라우탈, Y합금 등
고강도 Al합금 : 두랄루민, 초두랄루민, 초강두랄루민

38 1976년 E. R. Evans가 개발한 주철로서 구상흑연과 편상흑연의 중간 형태의 흑연으로 형성된 조직의 주철은?

① CV 주철   ② 칠드주철

③ 가단주철   ④ 미하나이트 주철

① CV 주철 : 구상 흑연주철과 편상 흑연주철의 중간적인 성질을 나타내는 주철
② 칠드(Chilled)주철 : 보통주철보다 규소(Si) 함유량을 적게 하고, 적당량의 망간을 첨가한 쇳물을 금형 또는 칠 메탈이 붙어 있는 모래형에 주입하여 필요한 부분만 급랭시켜 표면만 단단하게 되고 내부는 회주철이 되므로 강인한 성질을 갖는 주철
③ 가단(Malleable)주철 : 주철의 결점인 여리고 약한 인성을 개선하기 위하여 열처리에 의하여 편상흑연을 괴상화하여 강도와 연성을 향상시킨 주철
④ 미하나이트(Meehanite) 주철 : 약 3% C, 1.5% Si의 쇳물에 칼슘 실리케이트(Ca-Si)나 페로실리콘(Fe-Si)을 접종시켜 미세한 흑연을 균일하게 분포시킨 펄라이트 주철이다. 이 주철은 주물의 두께 차나 내외에 상관없이 균일한 조직을 얻을 수 있고, 강인하다.

39 실용 황동 중 Cartridge Brass라고 불리며, 연신율이 크고 인장강도가 높아 냉간가공용으로 주로 사용되는 황동의 조성 비율은?

① 70% Cu − 30% Zn

② 65% Cu − 35% Zn

③ 60% Cu − 40% Zn

④ 95% Cu − 5% Zn

• 7-3황동 : Cu-70%, Zn-30%, 연신율이 가장 크다.
• 6-4황동 : Cu(60%)-Zn(40%), 아연(Zn)이 많을수록 인장강도가 증가하여 고온가공이 용이하며 강도를 요하는 부분에 사용한다. 아연(Zn) 45%일 때 인장강도가 가장 크다.

40 미터나사의 수나사 유효지름을 측정하는 식으로 맞는 것은?(단, d_2 : 유효지름, d : 삼침지름, p : 나사 피치, M : 삼점 접촉 후의 외축 치수)

① $d_2 = M - 2d + 0.866025 \times p$

② $d_2 = M - 3d + 0.866025 \times p$

③ $d_2 = M - 2d + 0.960491 \times p$

④ $d_2 = M - 3d + 0.960491 \times p$

• 삼침법에서 나사의 유효지름
$d_2 = M - 3d + 0.866025 \times p$
• 삼침법 : 나사의 골에 3개의 침을 끼우고 침의 외측을 외측 마이크로미터 등으로 측정하여 수나사의 유효지름을 계산하는 방법이다.

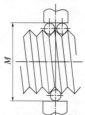

[삼침법에 의한 측정법]
나사의 유효지름 측정
• 나사 마이크로미터에 의한 방법
• 삼침법
• 광학적인 방법(공구 현미경, 투영기 등)

41 정반 위에서 200mm의 사인바를 이용하여 10° 크기의 각도를 만들려고 한다. 이때 사인바 양단의 게이지 블록 높이 차는 약 몇 mm인가?

① 27.34　　　　② 17.36
③ 34.73　　　　④ 24.72

해설

$\sin\alpha = \dfrac{H-h}{L}$ 공식에서 높이 차

$(H-h) = \sin\alpha \times L = \sin 10° \times 200mm ≒ 34.73mm$

∴ 사인바 양단의 게이지 블록 높이 차 $(H-h) = 34.73mm$
　여기서, $H-h$: 블록게이지의 높이 차(mm)
　　　　　　L : 사인바 롤러의 중심거리(mm)

사인바(sine bar)
• 사인바를 사용할 때는 각도가 45°보다 큰 각을 쓰면 오차가 커지기 때문에 사인바는 기준면에 대하여 45°보다 작게 사용한다. 즉, 45° 이하의 각도를 측정하는 데 유리하다.
• 사인바 각도 공식 : $\sin\alpha = \dfrac{H-h}{L}$ 　🔔 반드시 암기(자주 출제)
• 사인바 : 사인바는 블록게이지와 같이 사용하며, 삼각함수의 사인을 이용하여 임의의 각도를 길이로 계산하여 간접적으로 각도를 구하는 방법이다. 크기는 롤러와 롤러 중심 간의 거리로 표시한다.
• 사인바 롤러의 중심거리는 쉽게 계산하도록 보통 100mm 또는 200mm로 만들어져 있다.
• 각도 측정에 사용되는 것 : 사인바, 각도게이지, 수준기, 오토콜리미터 등

42 다량의 제품의 치수가 허용치수 이내에 있는가를 검사하기에 가장 적합한 게이지는?

① 다이얼 게이지
② 한계게이지
③ 버니어 캘리퍼스
④ 마이크로미터

해설

한계게이지 : 기계 부품이 허용 공차 안에 들어 있는지를 검사하는 측정기기
한계게이지 종류
• 구멍용 한계게이지 : 플러그 게이지, 봉게이지, 테보(Tebo) 게이지
• 축용 한계게이지 : 링게이지, 스냅게이지

43 촉침식 표면거칠기 측정기의 검출기에 대한 설명으로 틀린 것은?

① 검출기는 촉침의 기계적인 수직 방향의 상하, 변위를 그 변위의 크기에 비례하는 전기식 신호로 바꾸는 장치이다.
② 정적 검출기는 촉침의 수직 위치에만 감음하여 검출하여 위치, 변화에 따른 변위를 전기적 신호로 바꾸는 장치이다.
③ 동적 검출기는 촉침이 수직운동을 하고 있을 때만 그 변위에 비례하는 전기적 신호를 내며, 촉침이 정지해 있을 때는 전기적 신호는 나오지 않는다.
④ 정적 검출기의 대표적인 형식은 압전형 검출기이고, 동적 검출기의 대표적인 형식은 인덕턴스 변화형 검출기이다.

해설

정적 검출기(Position-sensitive Pick-up)의 대표적인 형식은 인덕턴스 변화형 검출기이고, 동적 검출기(Motion-sensitive Pick-up)의 대표적인 형식은 압전체(Piezoelectric Crystal)를 사용한 압전형 검출기이다.

44 3차원 측정기를 이용하여 기계 부품의 평면도를 구하기 위해 필요한 최소 측정점의 수는 몇 개인가?

① 3개　　　　② 4개
③ 5개　　　　④ 6개

해설

평면도를 구하기 위해서는 최소 4개의 측정점이 필요하다.

45 공작물 관리방법 중 육면체의 가장 이상적인 위치 결정법은?

① 2-1-1　　　② 3-1-1
③ 2-2-1　　　④ 3-2-1

해설

육면체의 가장 이상적인 위치결정법은 3-2-1이다. 가장 넓은 표면에 3개의 위치결정구를 설치하고, 그다음 넓은 표면에 2개의 위치결정구를 설치하고, 좁은 표면에 1개의 위치결정구를 설치하는 것을 의미한다.

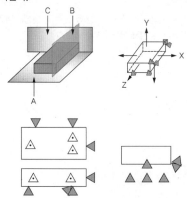

※ 2-2-1 : 원형의 공작물을 위치결정할 경우 가장 이상적인 위치 결정법

46 공작물의 수량이 적거나 정밀도가 요구되지 않는 경우에 활용하여, 가장 경제적이고 간단하며 단순하게 생산속도를 증가시키기 위하여 사용되는 지그는?

① 형판지그
② 링형 지그
③ 바이스형 지그
④ 펌프지그

해설

형판지그(Template Jig) : 최소의 경비로 가장 단순하게 사용할 수 있는 지그이다. 가공물의 내면과 외면을 사용하여 클램핑시키지 않는 구조이며 가공물의 형태는 단순한 모양이어야 하고 정밀도보다는 생산속도를 증가시키려고 할 때 사용된다.

47 드릴부시의 설계순서 중 가장 먼저 결정해야 할 사항은?

① 부시 내·외경의 결정
② 부시 길이와 지그판 두께 결정
③ 드릴지름 결정
④ 부시의 위치결정

해설

드릴부시의 설계 중 가장 먼저 드릴지름을 결정해야 한다.

48 공작물을 클램핑할 때 힌지, 핀을 사용하여 공작물을 장·탈착하여, 불규칙하고 복잡한 형태의 소형 공작물에 적합한 지그는?

① 박스형 지그
② 바이스형 지그
③ 리프형 지그
④ 분할형 지그

해설

리프지그(Leaf Jig) : 쉽게 조작이 가능한 잠금 캠을 이용하여 장·탈착을 쉽게 할 수 있도록 한 구조이며, 클램핑력이 약하여 소형 가공물 가공에 적합하다.

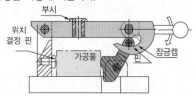

49 공작물의 재질과 형상에 따라 클램핑 시 공작물이 불안정해질 수 있는데, 다음 중 공작물이 불안정해지는 요인으로 거리가 먼 것은?

① 공작물의 두께가 얇을 때
② 재질의 탄성계수가 클 때
③ 변형하기 쉬운 형상일 때
④ 직각도가 나쁠 때

해설
재질의 탄성계수가 큰 것은 클램핑 시 공작물 불안정 요인이 아니다.

51 와이어 컷 방전가공의 가공액으로 물을 사용했을 때 장점이 아닌 것은?

① 취급이 용이하고 화재의 위험이 없다.
② 공작물과 와이어 전극을 빨리 냉각시킨다.
③ 전극에 강제 진동을 발생시켜 극간 접촉을 원활하게 도와준다.
④ 가공 시 발생하는 불순물의 배제가 용이하다.

해설
물을 사용하면 전극에 강제 진동이 발생하더라도 극간 접촉이 일어나지 않게 도와준다.

50 1,800rpm으로 회전하는 스핀들에서 2회전 드릴을 주려고 할 때 정지시간은?

① 0.05초   ② 0.08초
③ 1.2초   ④ 1.5초

해설
휴지(Dwell) : 지령한 시간 동안 이송이 정지되는 기능이다. 이 기능은 홈가공이나 드릴작업 등에서 간헐이송으로 칩을 절단하거나 목표점에 도달한 후 즉시 후퇴할 때 생기는 이송량만큼의 단차를 제거함으로써 진원도의 향상 및 깨끗한 표면을 얻기 위하여 사용한다.
저자 의견

$$정지시간(초) = \frac{60 \times 공회전수(회)}{스핀들\ 회전수(rpm)}$$

$$= \frac{60 \times n(회)}{N(rpm)} = \frac{60 \times 2(회)}{1,800rpm} ≒ 0.06666초$$

∴ 정지시간(초) = 0.07초
예 1.5초 동안 정지시키려면 G04 X1.5; , G04 U1.5; , G04 P1500;
저자 의견에 따르면 정답은 0.07초로 생각된다.

52 CNC 선반 프로그래밍에서 N30 M98 P0010 L2; 라고 지령되었을 때 L의 의미는?

① 반복 횟수
② 전개 번호
③ 보조 프로그램 번호
④ 주프로그램 번호

해설
• N30 : 전개 번호
• M98 : 보조 프로그램 호출 보조기능
• P0010 : 보조 프로그램 번호
• L2 : 반복 횟수(생략하면 1회)

53 다음 중 솔리드 모델링의 특징이 아닌 것은?

① 은선 제거가 가능하다.
② 불리언(Boolean) 연산에 의하여 복잡한 형상 표현이 어렵다.
③ 형상을 절단하여 단면도 작성이 용이하다.
④ 물리적 성질의 계산이 가능하다.

솔리드 모델(Solid Model)의 특징
• 은선 제거가 가능하다.
• 간섭 체크가 가능하다.
• 형상을 절단하여 단면도 작성이 용이하다.
• 불리언 연산(합·차·적)에 의하여 복잡한 형상도 표현할 수 있다.
• 명암(Shade) 컬러 기능 및 회전, 이동을 이용하여 사용자가 좀 더 명확하게 물체를 파악할 수 있다.
• 복잡한 데이터(Data)로 서피스 모델링보다 대용량의 컴퓨터가 필요하고 처리시간이 오래 걸린다.

54 다음 중 머시닝센터에서 NC 프로그램에 사용하는 좌표계가 아닌 것은?

① 공작물 좌표계
② 구역 좌표계
③ 기계 좌표계
④ 공구 좌표계

공구 좌표계는 머시닝센터에서 NC 프로그램에 사용하는 좌표계가 아니다.
① 공작물 좌표계 : 도면을 보고 프로그램을 작성할 때 절대 좌표계의 기준이 되는 점으로서, 프로그램 원점 또는 공작물 원점이라고도 한다.
② 구역 좌표계 : 지역 좌표계 또는 워크 좌표계라고도 하며, G54~G59를 사용하여 각각의 작업영역별로 원점을 부여하여 사용한다.
③ 기계 좌표계 : 기계 원점을 기준으로 정한 좌표계이며, 기계 제작자가 파라미터에 의해 정하는 좌표계이다.

55 축의 완성지름, 철사의 인장강도, 아스피린 순도와 같은 데이터를 관리하는 가장 대표적인 관리도는?

① c 관리도
② nP 관리도
③ u 관리도
④ $\bar{x}$–R 관리도

$\bar{x}$–R 관리도 : 축의 완성지름, 철사의 인장강도, 아스피린 순도와 같은 데이터를 관리하는 가장 대표적인 관리도이다(평균치와 범위 관리도).

56 로트의 크기가 시료의 크기에 비해 10배 이상 클 때, 시료의 크기와 합격 판정 개수를 일정하게 하고 로트의 크기를 증가시킬 경우 검사특성곡선의 모양 변화에 대한 설명으로 가장 적절한 것은?

① 무한대로 커진다.
② 별로 영향을 미치지 않는다.
③ 샘플링 검사의 판별능력이 매우 좋아진다.
④ 검사특성곡선의 기울기 경사가 급해진다.

별로 영향을 미치지 않는다.
검사특성곡선(OC곡선) : A, B, C타입의 곡선으로 분류된다. A타입은 로트의 품질 수준에 대해 로트가 합격 판정 기준을 만족하는 확률관계를 나타낸 곡선이다. B타입은 생산된 로트가 합격되는 확률을 나타낸 곡선이다. C타입은 소정의 연속형 샘플링 검사에서 샘플링 검사기간 동안 제품이 합격하는 백분율을 장기간의 평균값으로 나타낸 곡선이다.

57 작업시간 측정방법 중 직접측정법은?

① PTS법

② 경험견적법

③ 표준자료법

④ 스톱워치법

해설

스톱워치법 : 테일러(F. W. Taylor)에 의해 처음 도입된 방법으로 스톱워치를 들고 작업시간을 직접 관측하여 표준시간을 설정하는 기법이므로 직접측정법에 속한다.

① **PTS법** : 모든 작업을 기본동작으로 분해하고 각 기본동작의 성질과 조건에 따라 미리 정해 놓은 시간치를 적용하여 정미시간을 산정하는 방법

② **경험견적법** : 전문가의 경험을 이용하는 방법으로 비용이 저렴하고 산정시간이 적지만 작업하는 상황 변화를 반영하지 못한다는 단점이 있다.

③ **표준자료법** : 표준시간 동안 축적된 자료를 분석하는 방법

58 준비 작업시간 100분, 개당 정미 작업시간 15분, 로트 크기 20일 때 1개당 소요 작업시간은?(단, 여유시간은 없다고 가정한다)

① 15분   ② 20분

③ 35분   ④ 45분

59 소비자가 요구하는 품질로서 설계와 판매정책에 반영되는 품질을 의미하는 것은?

① 시장 품질

② 설계 품질

③ 제조 품질

④ 규격 품질

해설

시장 품질 : 소비자가 요구하는 품질로서 설계와 판매정책에 반영되는 품질을 의미하는 것

60 다음 중 샘플링 검사보다 전수검사를 실시하는 것이 유리한 것은?

① 검사항목이 많은 경우

② 파괴검사를 해야 하는 경우

③ 품질특성치가 치명적인 결점을 포함하는 경우

④ 다수, 다량의 것으로 어느 정도 부적합종이 섞여도 괜찮을 경우

해설

품질특성치가 치명적인 결점을 포함하는 경우 샘플링 검사보다 전수검사를 실시하는 것이 유리하다.

2013년 제53회 과년도 기출문제

01 압축공기의 건조작용에 쓰이는 흡수식 건조기에 대한 설명 중 잘못된 것은?

① 흡수과정은 화학적 과정이다.
② 사용되는 건조제는 폴리에틸렌 등이 있다.
③ 외부 에너지 공급이 필요하지 않다.
④ 운전비용이 적게 들고, 효율이 높다.

해설
흡수식 건조기의 특징은 화학 건조방식으로 장비 설치가 간단하고, 건조기에 움직이는 부분이 없으므로 외부 에너지 공급이 필요하지 않다. 운전비용이 많이 들고 효율도 낮아 오늘날 흡수식 건조방법은 널리 사용되지 않는다.

02 회로압력이 설정된 압력을 넘으면 막이 유체압력에 의해 파열되어 유압유를 탱크로 귀환시킴과 동시에 압력 상승을 막아 유압장치를 보호하는 역할을 하는 것은?

① 서보밸브
② 릴리프 밸브
③ 압력 스위치
④ 유체 퓨즈

해설
유체 퓨즈(Fluid Fuse) : 회로압이 설정압을 넘으면 막이 유체압에 의해 파열되어 유압유를 탱크로 귀환시킴과 동시에 압력 상승을 막아 기기를 보호하는 역할을 한다.
② 릴리프 밸브 : 회로의 최고 압력을 제어하는 밸브로서 유압 시스템 내의 최고 압력을 유지시켜 주는 밸브로 실린더 내의 힘이나 토크를 제한하여 과부하를 방지한다. 직동형과 파일럿형이 있다.
③ 압력 스위치 : 유압신호를 전기신호로 전환시키는 일종의 스위치이다.

03 유압회로에서 어떤 부분회로의 압력을 주회로의 압력보다 저압으로 해서 사용하고자 할 때 사용하는 밸브는?

① 감압밸브(Pressure Reducing Valve)
② 시퀀스 밸브(Sequence Valve)
③ 무부하밸브(Unloading Valve)
④ 카운터밸런스 밸브(Counter Balance Valve)

해설
감압밸브 : 주회로의 압력보다 저압으로 감압시켜 사용할 때 사용하는 밸브로, 고압의 압축유체를 감압시켜 사용조건이 변동되어도 설정 공급압력을 일정하게 유지시키며 출구압력을 일정하게 유지한다.
② 시퀀스 밸브 : 분기회로의 일부가 작동하더라도 주회로의 압력을 일정하게 유지하면서 조작순서를 제어할 때 사용하는 밸브로 응답성이 좋아 저압용으로 많이 사용한다.
③ 무부하밸브 : 펌프를 무부하로 하여 동력 절감과 발열 방지를 목적으로 하고 펌프의 무부하 운전을 시키는 밸브이다.
④ 카운터밸런스 밸브 : 회로의 일부에 배압을 발생시키고자 할 때 사용하는 밸브로서, 배압밸브라고도 하며 부하가 급격히 제거되어 관성에 의한 제어가 곤란할 때 사용한다. 수직형 실린더의 자중낙하를 방지하는 역할을 한다.

04 다음 중 베인펌프의 특징에 관한 설명으로 틀린 것은?

① 먼지나 이물질에 의한 영향을 적게 받는다.
② 베인의 마모에 의한 압력 저하가 발생하지 않는다.
③ 카트리지 방식과 함께 호환성이 좋고 보수가 용이하다.
④ 펌프의 출력에 비해 형상치수가 작다.

> **해설**
> 베인펌프는 먼지나 이물질에 의한 영향을 많이 받는다.
> 베인펌프의 장단점

장 점	단 점
• 기어펌프나 피스톤 펌프에 비해 토출압력의 맥동이 적다. • 베인의 마모에 의한 압력 저하가 발생되지 않는다. • 비교적 고장이 적고 수리 및 관리가 용이하다. • 펌프 출력에 비해 형상치수가 작다. • 수명이 길고 장시간 안정된 성능을 발휘할 수 있다.	• 제작 시 높은 정도가 요구된다. • 작동유의 점도가 제한이 있다. • 기름의 오염에 주의하고 흡입 진공도가 허용 한도 이하이어야 한다.

05 다음 유압기호는 무엇을 나타내는 기호인가?

① 원동기
② 전동기
③ 공압모터
④ 유압모터

> **해설**
> 문제의 유압기호는 원동기이다.
> 동력원

유압모터	공압모터	전동기	원동기
▶	▷	Ⓜ	M

06 다음 중 공압시스템에서 수분에 의한 고장으로 보기 어려운 것은?

① 밸브의 고착
② 갑작스런 압력 강하
③ 부식작용에 의한 손상
④ 에멀션 상태가 되어 밸브의 오동작

> **해설**
> 갑작스러운 압력 강하는 공압시스템에서 수분에 의한 고장으로 보기 어렵다.

07 다음 중 PLC 제어회로의 입력부로 사용되는 기기는?

① 공압실린더
② 램 프
③ 전자밸브
④ 리밋 스위치

> **해설**
> PLC 제어회로의 입력부로 리밋 스위치가 사용된다.

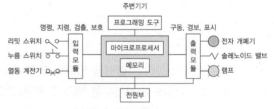

PLC의 구성

PLC 제어 외부기기의 종류

I/O	기능	부착 장소	종류
입력	조작 (누름 스위치)	• 제어반 • 조작반	• 푸시 버튼 스위치 • 선택 스위치 • 토글 스위치
	검출 (감지기)	기계 공정	• 리밋 스위치 • 광전 스위치 • 근접 스위치 • 레벨 스위치
출력	표시 및 경보 (표시기, 경보기)	• 제어반 • 조작반	• 파일럿 램프 • 버저
	구동 (액추에이터)	기계 공정	• 전동기 • 솔레노이드 • 전자밸브 • 전자 클러치 • 전자 브레이크 • 전자 개폐기

08 산업용 로봇(Robot)의 일반적 분류 중 미리 설정된 순서와 조건 및 위치에 따라 동작의 각 단계를 순차적으로 진행하는 로봇은?

① 시퀀스 로봇

② 플레이백 로봇

③ 지능로봇

④ 감각제어 로봇

해설
시퀀스 로봇 : 미리 설정된 순서와 조건 및 위치에 따라 동작의 각 단계를 순차적으로 진행하는 산업용 로봇

09 다음 중 자동화 시스템에서 센서의 선택 기준으로 고려해야 할 사항으로 가장 거리가 먼 것은?

① 정확성

② 감지거리

③ 신뢰성과 내구성

④ 감지 방향

해설
감지 방향은 센서의 선택 기준 고려사항과 관련 없다.
센서(Sensor) 선정 시 고려사항
• 정확성
• 감지거리
• 신뢰성과 내구성
• 단위시간당 스위칭 사이클
• 반응속도
• 선명도

10 감지 대상 물체와 형상, 색깔, 재질이나 연기, 증기, 먼지 등의 환경에 영향을 받지 않고 검출할 수 있는 센서는?

① 유도형 센서 ② 초음파 센서

③ 변위센서 ④ 압력센서

해설
초음파 센서는 물체와 형상, 색깔, 재질이나 연기, 증기, 먼지 등의 환경에 영향을 받지 않는다.
초음파 센서의 특징
• 초음파의 발생과 검출을 겸용하는 가역형식이 많다.
• 음파압의 절댓값보다는 초음파의 존재의 유무 또는 초음파 펄스 파면의 상대적 크기를 이용하는 경우가 많다.
• 전기음향 변환 효율을 높이기 위하여 보통 공진 상태이므로 센서로 사용할 경우 감도가 주파수에 의존한다.
• 비교적 검출거리가 길고, 검출거리의 조절이 가능하다.
• 검출체의 형상·재질·색깔과 무관하며 투명체도 검출할 수 있다.
• 먼지·분진·연기에 둔감하다.
• 옥외에 설치가 가능하고 검출체의 배경과 무관하다.
• 스위칭 주파수가 낮다.
• 광센서에 비해 고가이다.

11 구성인선(Built-up Edge)을 감소시키는 방법으로 옳지 않은 것은?

① 절삭깊이를 적게 한다.

② 절삭속도를 적게 한다.

③ 경사각(Rake Angle)을 크게 한다.

④ 윤활성이 좋은 절삭유제를 사용한다.

해설
구성인선을 방지하기 위해서는 절삭속도를 크게 한다.
구성인선의 방지대책 🔺 반드시 암기(자주 출제)
• 절삭깊이를 적게 할 것
• 경사각을 크게 할 것
• 절삭공구의 인선을 예리하게(날카롭게) 할 것
• 윤활성이 좋은 절삭유제를 사용할 것
• 절삭속도를 크게 할 것
구성인선 : 연성 가공물을 절삭할 때, 절삭공구에 절삭력과 절삭열에 의한 고온·고압이 작용하여 절삭공구인선에 대단히 경하고 미소한 입자가 압착 또는 융착되어 나타나는 현상이다.
구성인선 발생과정
발생 → 성장 → 최대 성장 → 분열 → 탈락

12 절삭온도를 측정하는 방법이 아닌 것은?

① 칼로리미터(Calorimeter)에 의한 방법

② PbS 셀(Cell) 광전지를 이용하는 방법

③ 스트레인 게이지를 이용하는 방법

④ 열전대를 이용하는 방법

해설

스트레인 게이지는 절삭온도를 측정하는 방법이 아니라 변형을 측정하는 측정기이다.

절삭온도 측정법
- 칩의 색깔에 의하여 측정하는 방법
- 가공물과 절삭공구를 열전대(Thermo-couple)로 하는 방법
- 삽입된 열전대(Inserted Thermo-couple)에 의한 방법
- 칼로리미터에 의한 방법
- 시온도료를 이용한 방법
- Pbs 셀 광전지를 이용하는 방법

13 정밀기계 가공을 위한 절삭조건에 대한 설명으로 맞는 것은?

① 공작물, 공구, 공작기계에 진동이 발생하도록 공진현상을 유도한다.

② 공구의 마모가 커지는 조건이 다듬질 치수 정밀도 유지에 바람직하다.

③ 절삭가공 시 절삭 칩이 쉽게 빠져나올 수 있도록 절삭조건을 선택한다.

④ 공작물의 열팽창이 작아지는 조건이라면 다소 휨이 발생하여도 무리가 되는 것은 아니다.

해설

정밀기계 가공에서 절삭가공 시 절삭 칩이 쉽게 빠져나올 수 있도록 절삭유를 사용하는 등 절삭조건을 선택한다.

14 전기도금의 반대 현상으로 가공물을 양극, 전기저항이 작은 구리·아연을 음극으로 연결하여 전기에 의한 화학적인 작용으로 가공물의 표면이 용출되어 필요한 형상으로 가공하는 방법은?

① 화학밀링

② 전해연마

③ 방전가공

④ 초음파 연마

해설

전해연마 : 전기도금의 반대 현상으로 가공물을 양극(+), 전기저항이 작은 구리·아연을 음극(-)으로 연결하고, 전해액 속에서 $1A/cm^2$ 정도의 전기를 통하면 전기에 의한 화학적인 작용으로 가공물의 표면이 용출되어 필요한 형상으로 가공하는 방법이다. 알루미늄 소재 등 거울과 같이 광택 있는 가공면을 비교적 쉽게 가공할 수 있다.

방전가공 : 전극과 가공물 사이에 전기를 통전시켜 방전현상의 열에너지를 이용하여, 가공물을 용융 증발시켜 가공을 진행하는 비접촉식 가공방법이다. 전극과 재료는 모두 도체이어야 한다.

15 세라믹공구(Ceramic Tool)에 대한 설명 중 틀린 것은?

① 산화알루미늄의 미분말을 소결한 재료이다.

② 고속절삭이 가능하다.

③ 충격에 약하다.

④ 연성·인성이 높다.

해설

세락믹 공구는 인성이 작다.
- 세라믹 공구의 결점으로는 초경합금보다 인성이 작고 취성이 커서 충격이나 진동에 매우 약하다. 세라믹은 용접이 곤란하므로 고정용 홀더를 사용하며, 고속 다듬질에서는 우수한 성능을 나타내지만 중절삭에는 적합하지 않다.
- 세라믹(Ceramic) : 산화알루미늄(Al_2O_3) 분말을 주성분으로 마그네슘, 규소 등의 산화물과 소량의 다른 원소를 첨가하여 소결한 절삭공구이다. 고온에서 경도가 높고, 내마모성이 좋아 초경합금보다 빠른 절삭속도로 절삭이 가능하며, 백색·분홍색·회색·흑색 등의 색이 있으며 초경합금보다 가볍다.

16 회전하는 통 속에 가공물, 숫돌입자, 가공액, 콤파운드 등을 함께 넣고 회전시켜 서로 부딪치며 가공되어 매끈한 가공면을 얻는 가공법은?

① 쇼트피닝(Shot Peening)

② 액체호닝(Liquid Honing)

③ 배럴(Barrel)가공

④ 버핑(Buffing)

해설

③ 배럴가공 : 회전하는 통 속에 가공물, 숫돌입자, 가공액, 콤파운드 등을 함께 넣고 회전시키면 서로 부딪치며 가공되어 매끈한 가공면을 얻는 가공법

① 쇼트피닝 : 표면을 타격하는 일종의 냉간가공으로 철강의 작은 볼(Shot)을 공작물 표면에 분사하여 강재의 화학 조성을 변화시키지 않고 표면을 매끈하게 하여 피로강도 및 기계적 성질을 향상시킨다.

② 액체호닝 : 연마제를 가공액과 혼합하여 가공물 표면에 압축공기를 이용하여 고압과 고속으로 분사시켜 가공물 표면과 충돌시켜 표면을 가공하는 방법

④ 버핑 : 모(毛), 직물 등으로 원반을 만들고 이것을 여러 장 붙이거나 재봉으로 누벼 버핑바퀴를 만들고, 바퀴에 윤활제를 섞은 미세한 연삭입자의 연삭작용으로 가공물 표면을 매끈하게 광택 내는 가공방법

18 드릴의 절삭도를 증가시키기 위해 선단의 일부를 갈아내는 것을 무엇이라고 하나?

① Dressing

② Thinning

③ Truing

④ Grinding

해설

시닝(Thinning)

• 드릴의 선단부 치즐의 길이를 줄여 스러스트 저항을 줄이는 것

• 중심을 얇게 만든다는 의미

• 시닝의 종류 : R형, X형, N형, S형, R+W형

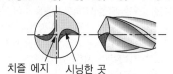

치즐 에지   시닝한 곳

17 슈퍼피니싱에서 숫돌의 길이는 일반적으로 어느 정도가 적당한가?

① 가공물 길이의 1/2 정도로 한다.

② 가공물 길이와 같게 한다.

③ 가공물 지름과 같게 한다.

④ 가공물 지름의 1/2 정도로 한다.

해설

슈퍼피니싱(Super Finishing)의 숫돌 폭은 가공물 지름의 60~70% 정도로 하며, 숫돌의 길이는 가공물의 길이와 동일하게 하는 것이 일반적이다.

19 선반 주축의 스핀들 및 심압대에 사용하는 테이퍼의 종류는?

① 모스 테이퍼

② 쟈콥스 테이퍼

③ 브라운 샤프 테이퍼

④ 내셔널 테이퍼

해설

주축 끝단 구멍에는 센터를 고정할 수 있도록 테이퍼로 되어 있으며, 주축에 사용하는 테이퍼는 모스 테이퍼(Morse Taper)로 되어 있다. 심압축에 있는 테이퍼도 주축 테이퍼와 마찬가지로 모스 테이퍼로 되어 있다.

20 밀링머신에 대한 설명으로 틀린 것은?

① 다수의 절삭 날을 가진 커터를 회전하여 가공을 하는 공작기계이다.

② 공구를 고정하고 공작물을 회전시켜 가공하는 공작기계이다.

③ 불규칙하고 복잡한 면부터 더브테일, 총형가공 등을 할 수 있다.

④ 부속장치를 사용하여 다양한 가공을 할 수 있다.

해설

밀링머신 : 주축에 고정된 밀링커터 및 엔드밀을 회전시키고, 테이블에 고정한 가공물에 절삭깊이와 이송을 주어 가공물을 필요한 형상으로 절삭하는 공작기계로 주로 평면을 가공한다. 홈가공, 각도가공, T홈가공, 더브테일 가공, 나사가공 등의 복잡한 가공을 할 수 있으며 부속장치를 사용하여 다양한 가공을 할 수 있다.

※ 선반 : 주축 끝단에 부착된 척(Chuck)에 가공물(공작물)을 고정하고 회전시키고, 공구대에 설치된 바이트로 절삭깊이와 이송을 주어 가공물을 주로 원통형으로 절삭하는 공작기계이다.

21 초경합금의 연삭에 가장 적합한 숫돌은?

① A숫돌　　　② WA숫돌
③ C숫돌　　　④ GC숫돌

해설

GC : 초경합금 연삭에 적합

인조 숫돌입자의 종류 및 적용범위

종 류	기 호	적용범위
갈색 알루미나	A	보통 탄소강, 합금강, 스테인리스강 등
백색 알루미나	WA	인장강도가 큰 강 계통의 연삭에 적합. 특히, 접촉 면적이 큰 연삭이나 발열을 피해야 하는 연삭에 사용
탄화규소	C	알루미나보다 단단하나 취성이 커서 인장강도가 낮은 재료 연삭에 적합
녹색 탄화규소	GC	주철, 황동, 경합금, 초경합금 등을 연삭하는 데 적합

22 액체호닝(Liquid Honing)의 일반적인 특징으로 틀린 것은?

① 피닝(Peening)효과가 있다.

② 형상이 복잡한 것도 쉽게 가공할 수 있다.

③ 다듬질면의 진직도가 매우 우수하다.

④ 공작물 표면의 산화막을 제거하기 쉽다.

해설

액체호닝은 다듬질면의 진직도가 좋지 않다.

액체호닝 : 연마제를 가공액과 혼합하여 가공물 표면에 압축공기를 이용하여 고압과 고속으로 분사시켜 가공물 표면과 충돌시켜 표면을 가공하는 방법

장 점	단 점
• 피닝효과가 있다. • 가공시간이 짧다. • 가공물의 피로강도를 10% 정도 향상시킨다. • 형상이 복잡한 것도 쉽게 가공한다. • 가공물 표면에 산화막이나 거스러미를 제거하기 쉽다.	• 호닝입자가 가공물에 부착되어 내마모성을 저하시킬 우려가 있다. • 다듬질면의 진원도, 진직도가 좋지 않다.

23 지름 50mm의 강봉을 회전수 1,200rpm, 절입 2.5mm, 이송 0.3mm/rev으로 가공할 때 주분력이 900N이었다면 소요동력은 약 몇 kW인가?(단, 기계의 효율은 85%이다)

① 4.75　　　② 3.92
③ 3.32　　　④ 2.64

해설

• 절삭에 필요한 동력은 절삭저항의 크기로 계산할 수 있다.
• 유효 절삭동력은 주분력 P_1(N), 절삭속도 V(m/min), 기계적 효율 η, 회전수를 n(rpm)이라 하면

$$절삭속도(V) = \frac{\pi DN}{1,000} = \frac{\pi \times 50mm \times 1,200rpm}{1,000}$$

$$\fallingdotseq 188.5m/min$$

$$소요동력(N_e) = \frac{P_1 \times V}{102 \times 9.81 \times 60 \times \eta}(kW)$$

$$= \frac{900N \times 188.5m/min}{102 \times 9.81 \times 60 \times 0.85}$$

$$\fallingdotseq 3.32kW$$

$$\therefore 소요동력(N_e) = 3.32kW$$

24 센터리스 연삭기 통과이송법에서 이송속도 F (mm/min)를 구하는 식은?(단, D : 조정숫돌의 지름(mm), N : 조정숫돌의 회전수(rpm), α : 경사각(°)이다)

① $F = \pi DN \times \sin\alpha$

② $F = DN \times \sin\alpha$

③ $F = \pi DN \times \tan\alpha$

④ $F = \pi DN \times \cos\alpha$

해설

가공물의 이송속도 $F = \pi DN \times \sin\alpha (\text{mm/min})$

여기서, d : 조정숫돌의 지름(mm)

n : 조정숫돌의 회전수(rpm)

α : 경사각(°)

센터리스 연삭기 이송방법

• 통과이송법 : 지름이 동일한 가공물을 연삭숫돌과 조정숫돌 사이로 자동적으로 이송하여 통과시키면서 연삭하는 방법. 조정숫돌은 가공물에 회전과 이송을 준다.

• 전후이송법 : 연삭숫돌의 폭보다 짧은 가공물의 연삭, 턱 붙이, 끝면 플랜지 붙이, 테이퍼, 곡선, 윤곽이 있는 형태의 가공물 등은 이송이 곤란하다. 가공물의 받침판 위에 올려놓고 조정숫돌 바퀴를 접근시키거나 수평으로 이송하여 연삭하는 방법으로, 가공물을 한쪽으로 밀어주기 위하여 0.5~1.5° 정도 경사시킨다.

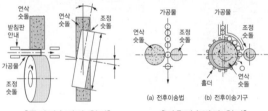

[통과이송법의 원리]　　[전후이송법의 원리]

25 공구를 재연삭하거나 새로운 공구로 교체하기 위한 공구의 일반적 수명 판정방법으로 옳은 것은?

① 공구인선의 마모가 일정량에 달했을 때

② 윤활제의 온도가 일정 온도에 달했을 때

③ 가공물의 온도가 일정 온도에 달했을 때

④ 가공 시 경작형 칩 형태에서 유동형 칩 형태로 변경되었을 때

해설

문제 보기 중 가장 일반적인 판정 기준은 "공구인선의 마모가 일정량에 달했을 때"이다.

가장 일반적인 공구 수명 판정 기준

• 가공면에 광택이 있는 색조 또는 반점이 생길 때

• 공구인선의 마모가 일정량에 달했을 때

• 절삭저항의 주분력에는 변화가 적어도 이송분력이나 배분력이 급격히 증가할 때

• 완성치수의 변화량이 일정량에 달했을 때

26 밀링에서 지름 20mm의 4날 엔드밀을 사용하여 절삭속도 60m/min, 이송 0.05mm/tooth로 절삭할 때 분당 이송량은 약 몇 mm/min인가?

① 121　　② 152

③ 191　　④ 253

해설

회전수$(n) = \dfrac{1,000v}{\pi d} = \dfrac{1,000 \times 60\text{m/min}}{\pi \times 20\text{mm}} \fallingdotseq 955\text{rpm}$

테이블 이송속도$(f) = f_z \times z \times n$

$= 0.05\text{mm} \times 4 \times 955\text{rpm}$

$\fallingdotseq 191\text{mm/min}$

∴ 테이블 이송속도$(f) = 191\text{mm/min}$

여기서, f : 테이블 이송속도(mm/min)

f_z : 1날당 이송량(mm)

n : 회전수(rpm)

z : 커터의 날수

27 지그보링기의 작업조건을 설명한 것 중 가장 거리가 먼 것은?

① 작업장 내의 온도는 상온의 ±1° 이내로 유지시키는 것이 좋다.

② 외부로부터의 진동이 전달되지 않도록 방진처리한다.

③ 햇빛이 닿는 밝은 쪽이 좋다.

④ 공기 필터를 통하여 바깥 공기를 빨아들이는 환기방식이 좋다.

해설

지그보링머신(Jig Boring Machine)은 높은 정밀도를 요구하는 가공물 가공에 사용되는 보링머신으로 온도 변화에 따른 영향을 받지 않도록 햇빛이 닿는 쪽은 작업조건으로 적합하지 않다.

28 절삭유의 구비조건 중 잘못된 것은?

① 인화점, 발화점이 낮을 것

② 냉각성이 우수할 것

③ 장시간 사용 후에도 변질되지 않을 것

④ 방청 및 방식성이 좋을 것

해설

절삭유의 구비조건

• 냉각성, 방청성, 방식성이 우수해야 한다.
• 감마성, 윤활성이 좋아야 한다.
• 유동성이 좋고, 적하가 쉬워야 한다.
• 인화점, 발화점이 높아야 한다.
• 인체에 무해하며, 변질되지 않아야 한다.
• 마찰계수, 표면장력이 작아야 한다.

절삭유의 작용

• 냉각작용, 윤활작용, 세척작용
• 절삭공구와 칩 사이에 마찰을 감소시킨다.
• 절삭 시 열을 감소시켜 공구 수명을 연장시킨다.
• 절삭성능을 높여준다.
• 칩을 유동형 칩으로 변화시킨다.
• 구성인선의 발생을 억제시킨다.
• 표면거칠기를 향상시킨다.

29 레이저(Laser) 가공에 대한 설명으로 틀린 것은?

① 레이저의 종류는 기체 레이저, 액체 레이저, 고체 레이저, 반도체 레이저 등이 있다.

② 레이저 가공에 주로 이용되는 것은 고체 레이저와 기체 레이저이다.

③ 난삭재 미세가공에 적합하여 시계의 베어링, 보석, 다이아몬드, IC 저항의 트리밍 등에 사용된다.

④ 레이저의 광은 전자계의 영향을 받으므로 이를 주의해서 가공해야 한다.

해설

레이저의 광(光)은 전자계의 영향을 받지 않고 진공이 불필요하며, 거리에 따른 손실이 없으므로 발광부와 가공부 사이가 떨어져도 문제가 되지 않는다.

레이저 가공 : 가공물에 빛을 쏘이면 순간적으로 일부분이 가열되어, 용해되거나 증발되는 원리를 이용하여 대기 중에서 비접촉으로 필요한 형상으로 가공하는 방법

30 공작기계의 운전시험 항목에 해당하지 않는 것은?

① 기능시험

② 부하운전시험

③ 백래시 시험

④ 회전축의 흔들림 시험

31 브라운 샤프형 분할대를 이용하여 원주를 9등분하고자 할 때 분할판 크랭크는 몇 회전시켜야 하는가?

① 4회전

② 8회전

③ 9회전

④ 18회전

해설
- 분할판 크랭크는 4회전시키고, 8구멍씩 전진하면서 가공하면 원주를 9등분할 수 있다.
- 단식분할법 : 분할 크랭크와 분할판을 사용하여 분할하는 방법으로 분할 크랭크를 40회전시키면 주축은 1회전하므로 주축을 회전시키려면 분할 크랭크를 40/N 회전시키면 된다.

- $\dfrac{h}{H} = \dfrac{40}{N}$

  → N : 가공물의 등분수

  H : 분할판의 구멍수

  h : 1회 분할에 필요한 분할판의 구멍수

  문제에서 원주를 9등분하므로 N은 9이다.

  $\dfrac{h}{H} = \dfrac{40}{9} = \dfrac{40 \times 2}{9 \times 2} = \dfrac{80}{18} = 4\dfrac{8}{18}$

★ $\dfrac{40 \times 2}{9 \times 2}$ →브라운 샤프형의 18구멍 분할판을 사용하기 위해 분모, 분자에 2를 곱해준다. 분자와 분모에 2를 곱하는 이유는 H, 즉 분할판의 구멍 종류에 맞추기 위한 것이다.

★ $4\dfrac{8}{18}$ →브라운 샤프형 18구멍열에서 분할 크랭크를 4회전시키고, 8구멍씩 전진하면서 가공하면 원주를 9등분할 수 있다.

분할판 구멍수의 종류

종류	분할판	구멍수의 종류					
브라운 샤프형	No 1	15	16	17	18	19	20
	No 2	21	23	27	29	31	33
	No 3	37	39	41	43	47	49

32 W, Ti, Ta 등의 경질합금 탄화물 분말을 Co, Ni을 결합제로 하여 1,400℃ 이상의 고온으로 가열하면서 프레스로 소결성형한 절삭공구 재료는?

① 서멧

② 초경합금

③ 고속도강

④ 탄소공구강

해설
초경합금 : 탄화텅스텐(WC), 타이타늄(Ti), 탄탈(Ta) 등의 분말을 코발트(Co) 또는 니켈(Ni) 분말과 혼합하여 프레스로 성형한 다음 약 1,400℃ 이상의 고온으로 가열하면서 소결한 것이다. 고온·고속절삭에서도 높은 경도를 유지하지만 진동이나 충격을 받으면 부서지기 쉬운 절삭공구 재료이다.

① 서멧(Cermet) : 세라믹과 메탈의 복합어로 세라믹의 취성을 보완하기 위하여 개발된 내화물과 금속 복합체의 총칭이다. Al_2O_3 분말 약 70%에 TiC 또는 TiN 분말을 30% 정도 혼합하여 수소 분위기 속에서 소결하여 제작한다. 고속절삭에서 저속절삭까지 사용범위가 넓고 크레이터 마모, 플랭크 마모 등이 적고 구성인선이 거의 발생하지 않아 공구 수명이 길다.

③ 고속도강(High Speed Steel) : W, Cr, V, Co 등의 합금강으로서 담금질 및 뜨임처리하면 600℃ 정도까지 경도를 유지하며 고온경도가 높고 내마모성이 우수하다. 절삭속도가 탄소공구강에 비해 2배 이상이다.

33 다음 중 내식용 특수목적으로 사용되는 스테인리스강의 주성분으로 맞는 것은?

① Fe – Co – Mn

② Fe – W – Co

③ Fe – Cu – V

④ Fe – Cr – Ni

해설
- 스테인리스강의 주성분은 Fe – Cr – Ni이다.
- 스테인리스강은 합금 원소 첨가에 의한 방법을 이용한 대표적인 강종이다. Fe에 Cr을 첨가하면 결정격자 내에서 Fe 원자가 Cr 원자에 의해 보호되어 화학작용을 받지 않아 녹이 슬지 않는다. 스테인리스강은 Cr의 이 같은 성질을 이용한 것이다.

스테인리스강의 종류 🏁 암기팁 : 페-오-마
- 페라이트계 스테인리스강(고크롬계) : Cr 13%, Cr 18%인 것이 대표적
- 오스테나이트계 스테인리스강(고크롬, 고니켈계) : 18-8강(Cr 18%-Ni 8%)인 것이 대표적
- 마텐자이트계 스테인리스강(고크롬, 고탄소계) : Cr 12~17% + 충분한 C

34 표점거리 50mm, 직경 ϕ14mm인 인장시편을 시험한 후 시편을 측정한 결과 길이는 늘어나고 직경은 ϕ12mm로 줄어들었다면, 이 재료의 단면 수축률은 약 몇 %인가?

① 13.5   ② 20.5

③ 26.5   ④ 36.1

해설

단면 수축률 $= \dfrac{A - A'}{A} \times 100\%$

$$= \dfrac{\dfrac{\pi d^2}{4} - \dfrac{\pi d'^2}{4}}{\dfrac{\pi d^2}{4}} \times 100\% \rightarrow \dfrac{d^2 - d'^2}{d^2} \times 100\%$$

$$= \dfrac{14^2 - 12^2}{14^2} \times 100\% = 26.53\%$$

∴ 단면 수축률 $= 26.5\%$

여기서, A : 최초 단면적(mm^2)
A' : 시험 후 단면적(mm^2)
d : 최초 시험편 직경(mm)
d' : 시험 후 시험편 직경(mm)

35 구리의 일반적인 성질에 대한 설명으로 틀린 것은?

① 전기 및 열의 전도성이 우수하다.

② 전성과 연성이 좋아 가공이 쉽다.

③ 철강재료에 비해 내식성이 크다.

④ 강도가 커서 구조용 재료로 적당하다.

해설

구리는 강도가 작아 구조용 재료보다는 내식용 재료로 사용된다.
구리(Cu)의 성질
• 비중 : 8.96
• 용융점 : 1,083℃
• 비자성체, 내식성이 철강보다 우수
• 전기 및 열의 양도체(전기전도율과 열전도율은 금속 중 Ag 다음)
• 전연성이 좋아 가공이 용이하다.
• 결정격자 : 면심입방격자

36 구상 흑연주철의 종류 중 시멘타이트형이 발생하는 원인으로 틀린 것은?

① C, Si가 많을 때

② 접종이 부족할 때

③ 냉각속도가 빠를 때

④ Mg의 첨가량이 많을 때

해설

시멘타이트형은 Mg가 많고 Si 적어 냉각속도가 빠를 때 발생한다.
구상 흑연주철의 분류와 성질
• 시멘타이트형 : Mg가 많고 Si가 적을 때 냉각속도 빠름, HB 220 이상
• 페라이트형 : Mg가 많고 Si가 많을 때 냉각속도 느림, HB 150~200 이상
• 펄라이트형 : 중간 상태
구상 흑연주철 : 강도와 연성 등을 개선하기 위하여 용융 상태의 주철 중에 마그네슘(Mg), 세륨(Ce) 또는 칼슘(Ca) 등을 첨가하여 편상흑연을 구상화한 것으로 노듈러 주철, 덕타일 주철 등으로 불린다.

37 Al-Si계 합금을 더욱 강력하게 하기 위하여 Mg을 첨가한 것으로 기계적 성질이 좋은 합금은?

① γ-실루민   ② 마그날륨

③ 두랄루민   ④ 알코아

해설

• 실루민 : Al-Si의 합금으로 주조성은 좋으나 절삭성이 나쁘다.
• 두랄루민 : 단조용 알루미늄 합금으로 Al + Cu + Mg + Mn의 합금, 가벼워서 항공기나 자동차 등에 사용되는 고강도 Al합금

38 탄소강은 200~300℃에서 상온에서보다 경도가 높고 연신율이 대단히 작아져서 결국 인성이 저하되어 메지게 되는 성질을 갖는데 이러한 성질을 무엇이라 하는가?

① 저온취성   ② 청열취성

③ 적열취성   ④ 상온취성

해설
- 청열취성(청열 메짐) : 원인은 P(인)이며 강이 200~300℃로 가열하면 강도가 최대로 되고 연신율이 줄어들어 깨지는 것
- 적열취성(적열 메짐) : 원인은 S(황)이며 고온에서 물체가 빨갛게 되어 깨지는 것 → 망간(Mn)으로 방지

39 침탄법(Carburizing)과 질화법(Nitriding)을 비교한 설명으로 틀린 것은?

① 경화 부위의 경도는 질화법이 더 높다.
② 침탄처리 후에는 열처리가 필요하나 질화처리 후에는 열처리가 필요 없다.
③ 침탄처리 후에는 경화에 의한 변형이 생기기 쉬우나 질화처리 후에는 경화에 의한 변형이 적다.
④ 침탄처리 후에는 수정이 불가능하나 질화처리 후에는 수정이 가능하다.

해설
침탄처리 후에는 수정이 가능하나 질화처리 후에는 수정이 불가능하다.
침탄법과 질화법의 비교

침탄법	질화법
• 경도가 질화법보다 낮다.	• 경도가 침탄법보다 높다.
• 침탄 후 열처리가 필요하다.	• 질화 후 열처리가 필요 없다.
• 경화에 의한 변형이 생긴다.	• 경화에 의한 변형이 적다.
• 침탄층은 질화층보다 여리지 않다.	• 질화층은 여리다.
• 침탄 후 수정이 가능하다.	• 질화 후 수정이 불가능하다.
• 고온 가열 시 뜨임되고 경도는 낮아진다.	• 고온 가열해도 경도는 낮아지지 않는다.

40 삼침법에 의해 나사의 유효지름을 측정하고자 한다. 유효지름 18.376mm인 M20 나사에 삼침을 설치하고 외측 마이크로미터로 측정한다면 삼침 접촉 후 외측 측정값은 약 몇 mm인가?(단, 나사의 피치는 2.5mm, 삼침의 지름은 1.4434mm이며 리드각 보정은 무시한다)

① 16.211   ② 20.541
③ 24.872   ④ 28.347

해설
$$d_2 = M - 3d + 0.866025P$$
$$\rightarrow M = d_2 + 3d - 0.866025P$$
$$= 18.376\text{mm} + (3 \times 1.4434\text{mm}) - (0.866025 \times 2.5\text{mm})$$
$$= 20.541\text{mm}$$
$$\therefore M(\text{외측 마이크로미터 읽음값}) = 20.541\text{mm}$$

여기서, P : 나사의 피치
d : 핀의 지름(r)
d_2 : 나사의 유효지름(mm)
M : 외측 마이크로미터 읽음값

41 투영기의 교정과 관리에서 배율 교정을 위한 배율 오차를 구하는 식으로 옳은 것은?(단, $\triangle M$: 배율 오차, M : 실측한 배율, M_o : 호칭 배율)

① $\triangle M = \dfrac{M - M_o}{M_o} \times 100(\%)$

② $\triangle M = \dfrac{M - M_o}{M} \times 100(\%)$

③ $\triangle M = \dfrac{M_o}{M_o - M} \times 100(\%)$

④ $\triangle M = \dfrac{M_o}{M - M_o} \times 100(\%)$

42 다음 중 표면거칠기 측정법과 거리가 먼 것은?

① 표준편과의 비교 측정법
② 촉침식 표면거칠기 측정법
③ 테이블 회전식 표면거칠기 측정법
④ 현미간섭식 표면거칠기 측정법

해설

테이블 회전식 표면거칠기 측정법은 없다.
표면거칠기 측정방법
• 촉침식 측정 : 촉침의 움직임을 전기적 신호로 바꾸어 측정
• 광절단식 측정 : 측정하고자 하는 면상에 얇은 광속을 투상하고, 이것을 직각으로 관측하여 측정
• 광파간섭식 측정 : 빛의 간섭을 이용하여 피측정면의 오목·볼록 부로부터의 반사광과 표준 반사면으로부터의 반사광과의 위상 차에 의하여 간섭무늬를 만들고 그것을 현미경으로 확대하여 관측하는 방법
• 표준거칠기 표준편 : 촉감 혹은 시각 등 사람의 감각에 의해 표면거칠기를 표준편과 비교 측정하는 방법

43 다음 중 오토콜리메이터로 측정할 수 없는 것은?

① 정밀정반의 평면도
② 단면의 흔들림
③ 미소각도의 편차
④ 공작기계 베드면의 표면거칠기

해설

오토콜리메이터는 공작기계 베드면의 표면거칠기는 측정할 수 없다.
오토콜리메이터(Auto-collimator) : 시준기와 망원경을 조합한 것으로 미소각도를 측정하는 광학적 측정기이다. 평면경 프리즘 등을 이용한 정밀정반의 평면도, 마이크로미터의 측정면 직각도, 평행도, 공작기계 안내면의 진직도, 직각도, 안내면의 평행도 그 밖에 작은 각도의 변화 차이 및 흔들림 등의 측정에 사용된다.

44 다음 측정기들 중 아베의 원리(Abbe's Principle)에 맞는 구조를 갖고 있는 측정기는?

① 버니어 캘리퍼스
② 외측 마이크로미터
③ 하이트 게이지
④ 지렛대식 다이얼 테스트 인디케이터

해설

• 외측 마이크로미터는 아베의 원리를 만족시키는 측정기다.
• 아베의 원리 만족 : 외측 마이크로미터, 측장기
• 아베의 원리 불만족 : 버니어 캘리퍼스, 내경 마이크로미터
아베(Abbe)의 원리 : 측정하려는 길이를 표준자로 사용되는 눈금의 연장선상에 놓아야 한다는 원리로, 이는 피측정물과 표준자와는 측정 방향에 있어서 동일 직선상에 배치하여야 한다.

45 치공구 설계의 기본원칙에 해당되지 않는 것은?

① 치공구의 제작비와 손익분기점을 고려할 것
② 손으로 조작하는 치공구는 충분한 강도를 가지면서 가볍게 설계할 것
③ 클램핑 요소에서는 되도록 스패너, 핀, 쐐기, 해머와 같이 여러 가지 부품을 같이 사용할 수 있도록 설계할 것
④ 정밀도가 요구되지 않거나 조립이 되지 않는 불필요한 부분에 대해서는 기계가공 작업은 하지 않도록 할 것

해설

치공구는 가능한 한 기본적이고 간단하며, 시간을 절약할 수 있어야 한다. 클램핑 요소에서 여러 가지 부품을 같이 사용할 수 있도록 설계하는 것은 치공구 설계의 기본원칙에 해당하지 않는다.

46 보통 드릴지그판(Jig Plate)의 두께는 공구지름의 몇 배 정도가 적절한가?

① 공구지름의 1~2배   ② 공구지름의 3~4배
③ 공구지름의 5~6배   ④ 공구지름의 7~8배

해설

드릴지그판(Jig Plate)의 두께는 공구지름의 1~2배 정도가 적절하다.

42 ③   43 ④   44 ②   45 ③   46 ①   **정답**

47 그림과 같이 2개의 구멍 A는 관통되었고, 구멍 B, C는 막힌 구멍인 공작물을 가공할 때 쓰이는 지그는 어떤 것이 가장 적합한가?

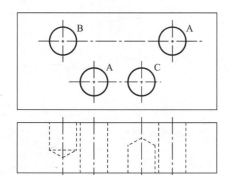

① 박스지그   ② 판형지그
③ 바이스 지그   ④ 조립지그

해설
박스지그(Box Jig)는 공작물의 전체 면이 지그로 둘러싸인 것으로 공작물을 한 번 고정하면 지그를 회전시켜 가면서 전면을 가공할 수 있다.

48 구멍용 플러그 한계게이지의 통과 측을 구하는 공식은?

① $\left(\text{구멍 최소 지름} + \text{마모 여유} - \dfrac{\text{게이지 공차}}{2}\right)$
    $+$ 게이지 공차

② $\left(\text{구멍 최대 지름} + \text{마모 여유} - \dfrac{\text{게이지 공차}}{2}\right)$
    $+$ 게이지 공차

③ $\left(\text{구멍 최소 지름} - \text{마모 여유} - \dfrac{\text{게이지 공차}}{2}\right)$
    $+$ 게이지 공차

④ $\left(\text{구멍 최대 지름} - \text{마모 여유} - \dfrac{\text{게이지 공차}}{2}\right)$
    $+$ 게이지 공차

해설
통과 측을 구하는 공식
$= \left(\text{구멍 최소 지름} + \text{마모 여유} - \dfrac{\text{게이지 공차}}{2}\right) + \text{게이지 공차}$

49 ISO 규격에서 지정한 사항으로 지그판과 라이너 부시와의 끼워맞춤 관계로 가장 적절한 것은?

① H7 – n6
② H7 – g6
③ F7 – m6
④ F7 – h6

해설
지그판과 라이너 부시는 중간 끼워맞춤으로 H7 – n6이 적절하다.
자주 사용하는 구멍기준 끼워맞춤

기준 구멍	축의 공차범위 클래스														
	헐거운 끼워맞춤			중간 끼워맞춤			억지 끼워맞춤								
H6			g5	h5	js5	k5	m5								
		f6	g6	h6	js6	k6	m6	n6	p6						
H7		f6	g6	h6	js6	k6	m6	n6	p6	r6	s6	t6	u6	x6	
	e7	f7		h7	js7										

50 다음 중 3차원 기하학적 형상 모델링이 아닌 것은?

① 와이어 모델링
② 서피스 모델링
③ 시스템 모델링
④ 솔리드 모델링

해설
3차원 형상 모델링
• 와이어 프레임 모델(Wire-frame Model)
• 서피스 모델(Surface Model)
• 솔리드 모델(Solid Model)

51 CNC 선반에서 1,000rpm으로 회전하는 스핀들에 4회전 휴지를 주려고 한다. 정지시간은 약 얼마인가?

① 0.1초　　　　② 0.24초
③ 1초　　　　　④ 1.5초

해설

$$정지시간(초) = \frac{60 \times 공회전수(회)}{스핀들 \ 회전수(rpm)} = \frac{60 \times n(회)}{N(rpm)}$$

$$= \frac{60 \times 4(회)}{1,000rpm} = 0.24초$$

∴ 정지시간 : 0.24초

휴지(Dwell) : 지령한 시간 동안 이송이 정지되는 기능이다. 이 기능은 홈가공이나 드릴작업 등에서 간헐이송으로 칩을 절단하거나, 목표점에 도달한 후 즉시 후퇴할 때 생기는 이송량만큼의 단차를 제거함으로써 진원도의 향상 및 깨끗한 표면을 얻기 위하여 사용한다.

52 다음은 CAM 가공 작업과정을 나타낸 것이다. ( )에 들어갈 작업과정이 순서대로 나열된 것은?

㉠ 도면분석	㉡ 단면 좌표계 설정
㉢ ( )	㉣ ( )
㉤ ( )	㉥ ( )
㉦ 파트 프로그램	㉧ CL 데이터
㉨ 모스트 프로세서	㉩ NC 데이터

① 곡선 정의 → 도형 정의 → 곡면 정의 → 가공조건 설정
② 가공조건 설정 → 곡선 정의 → 곡면 정의 → 도형 정의
③ 곡면 정의 → 가공조건 설정 → 곡선 정의 → 도형 정의
④ 도형 정의 → 곡선 정의 → 곡면 정의 → 가공조건 설정

해설

CAM 가공 작업과정
도면분석 → 단면 좌표계 설정 → 도형 정의 → 곡선 정의 → 곡면 정의 → 가공조건 설정

53 다른 조건이 일정할 때 머시닝센터에서 볼 엔드밀로 NC 가공 시 커습의 높이에 가장 적은 영향을 주는 것은?

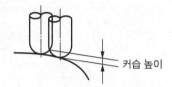

커습 높이

① 공구경로 간격　　② 공구의 반경
③ 피삭재의 경사도　④ 공구경로점 간의 길이

해설

공구경로점 간의 길이가 커습 높이에 가장 적은 영향을 준다.
커습 높이(Cusp Height) : 형상가공 시 공구경로 사이 간격(피치)에 의해 생기는 조개껍질 형상의 최고점과 최저점의 높이 차를 말한다.

54 최근의 시제품을 만드는 방법으로 모델링 데이터를 한층, 한층 쌓아서 만드는 공정방식은?

① 리버스 엔지니어링
② 쾌속조형
③ FMS 시스템
④ 리모델링 시스템

해설

쾌속조형 : 설계단계에 있는 3차원 모델을 실용적이고 현실적인 모형이나 시제품(Prototype)으로 만드는 방법

55 검사의 분류방법 중 검사가 행해지는 공정에 의한 분류에 속하는 것은?

① 관리 샘플링 검사
② 로트별 샘플링 검사
③ 전수검사
④ 출하검사

해설

검사가 행해지는 공정에 의한 분류는 출하검사이다.

56 다음 중 브레인스토밍(Brainstorming)과 가장 관계가 깊은 것은?

① 파레토도
② 히스토그램
③ 회귀분석
④ 특성요인도

해설
브레인스토밍과 가장 관련 있는 것은 특성요인도이다.

57 단계여유(Slack)의 표시로 옳은 것은?(단, TE는 가장 이른 예정일, TL은 가장 늦은 예정일, TF는 총 여유시간, FF는 자유 여유시간이다)

① TE – TL
② TL – TE
③ FF – TF
④ TE – TF

해설
단계여유 : TL(가장 늦은 예정일) – TE(가장 이른 예정일)

58 c 관리도에서 k=20인 군의 총 부적합수 합계는 58이었다. 이 관리도의 UCL, LCL을 계산하면 약 얼마인가?

① UCL=2.90, LCL=고려하지 않음
② UCL=5.90, LCL=고려하지 않음
③ UCL=6.92, LCL=고려하지 않음
④ UCL=8.01, LCL=고려하지 않음

59 테일러(F. W. Taylor)에 의해 처음 도입된 방법으로 작업시간을 직접 관측하여 표준시간을 설정하는 표준시간 설정기법은?

① PTS법
② 실적자료법
③ 표준자료법
④ 스톱워치법

해설
스톱워치법 : 테일러에 의해 처음 도입된 방법으로 스톱워치를 들고 작업시간을 직접 관측하여 표준시간을 설정하는 기법이므로 직접측정법에 속한다.
① PTS법 : 모든 작업을 기본동작으로 분해하고 각 기본동작의 성질과 조건에 따라 미리 정해 놓은 시간치를 적용하여 정미시간을 산정하는 방법
② 실적자료법 : 기존 데이터 자료를 기반으로 시간을 추정하는 방법
③ 표준자료법 : 표준시간 동안 축적된 자료를 분석하는 방법

60 공정 중에 발생하는 모든 작업, 검사, 운반, 저장, 정체 등이 도식화된 것이며 또한 분석에 필요하다고 생각되는 소요시간, 운반거리 등의 정보가 기재된 것은?

① 작업분석(Operation Analysis)
② 다중활동분석표(Multiple Activity Chart)
③ 사무공정분석(Form Process Chart)
④ 유통공정도(Flow Process Chart)

해설
유통공정도 : 공정 중에 발생하는 모든 작업, 검사, 운반, 저장, 정체 등이 도식화된 것이며 분석에 필요하다고 생각되는 소요시간, 운반거리 등의 정보가 기재된 것

01 무급유 공기압시스템의 장점에 관한 설명으로 거리가 먼 것은?

① 급유가 불필요하고 급유의 불확실성이 해소된다.
② 사전에 봉입된 윤활제가 씻겨 나가도 작동에 거의 문제가 없다.
③ 루브리케이터를 사용하지 않으므로 경제적이다.
④ 배출되는 윤활유의 양이 매우 적으므로 오염방지 효과가 있다.

해설
사전에 봉입된 윤활제가 씻겨 나가면 작동에 문제가 생긴다. 무급유 공기압기기는 미리 그리스 등의 봉입에 의하여 장기간 윤활제를 보급하지 않아도 운전에 견디는 무급유 공기압시스템이다.

02 유압장치에서 힘의 전달은 어떤 것을 이용한 것인가?

① 파스칼의 원리
② 베르누이의 정리
③ 아보가드로의 법칙
④ 뉴턴의 법칙

해설
유압장치는 파스칼의 원리를 이용한 유압에 의해 구동되는 기기이다.

03 고도로 정제된 기유에 방청제, 산화방지제, 소포제가 첨가되며 수명이 길고 방청성이 뛰어나며 항유화성도 우수한 유압작동유는?

① 순광유
② R&O형 유압작동유
③ 고VI형 작동유
④ 물-글리콜형 작동유

해설
R&O형 유압작동유 : 일반작동유라고도 하며 방청제 및 산화방지제를 첨가한 것이다. 마모방지제가 함유되어 있지 않기 때문에 압력이 많이 걸리지 않는 유압장치에 사용한다. 수명이 길고 방청성이 뛰어나며 항유화성도 우수한 유압작동유이다.
① 순광유 : 원유에서 얻어지는 윤활유 유분 자체이며 산화방지제, 방청제, 마모방지제 등의 첨가제를 혼합하지 않은 광유이다.
③ 고VI형 작동유 : 점도지수 향상제를 첨가하여 온도에 의한 점도 변화를 최소화하려는 용도에 사용한다.

04 다음 중 압력제어밸브에 해당하지 않는 것은?

① 감압밸브
② 릴리프 밸브
③ 시퀀스 밸브
④ 스로틀 밸브

해설
• 압력제어밸브 : 릴리프 밸브, 감압밸브, 시퀀스 밸브
• 스로틀 밸브는 유량제어밸브이다.
유압제어밸브
• 압력제어밸브(일의 크기 결정) : 릴리프 밸브, 감압밸브, 카운터밸런스 밸브, 시퀀스 밸브, 압력 스위치, 유체 퓨즈, 무부하밸브 등
• 유량제어밸브(일의 속도 결정) : 유량조절밸브, 교축밸브, 분류밸브, 집류밸브, 스톱밸브, 스로틀 밸브 등
• 방향제어밸브(일의 방향 결정)

1 ② 2 ① 3 ② 4 ④ 정답

05 다음 회로와 같이 입력되는 복수의 조건 중 어느 한 개라도 입력조건이 충족되면 출력(ON)이 나오는 회로는?

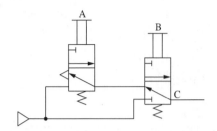

① NOR 회로
② NOT 회로
③ OR 회로
④ AND 회로

해설
OR 회로 : 복수의 입력조건 중 어느 한 개라도 입력조건이 충족되면 출력되는 회로를 OR 회로라 한다. 이러한 OR 회로를 논리합회로라 하며 공압회로에서 많이 사용한다.
① NOR 회로 : 입력신호 A와 B가 모두 '0'일 때만 C가 '1'이 되며, 그 외의 신호 입력조건에는 출력 C가 '0'의 상태가 되는 회로를 NOR 회로라 한다.
② NOT 회로 : 입력신호가 '1'이면 출력은 '0'이 되고, 입력신호가 '0'이면 출력은 '1'이 되는 부정의 논리를 갖는 회로를 NOT 회로라 한다. 회로도에서 입력신호 A와 출력신호 B는 부정의 상태이므로 인버터(Inverter)라 부르기도 한다.
④ AND 회로 : 복수의 입력조건을 동시에 충족하였을 때에만 출력되는 회로를 AND 회로라 한다. 이 회로의 기능은 진리값표의 '0'을 OFF로, '1'을 ON으로 읽어서 2개의 입력신호 A와 B에 대한 출력 C의 ON–OFF 상태를 진리값표로부터 읽을 수 있다.

06 정전이나 전압강하가 발생하여도 출력 접점의 개폐 상태 유지가 요구되는 회로에 사용하는 계전기는?

① 리드계전기
② 래칭계전기
③ 힌지계전기
④ 열동계전기

해설
래칭계전기(Latching Relay) : 정전이나 전압강하가 발생하여도 출력 접점의 개폐 상태 유지가 요구되는 회로에 사용하는 계전기이다. 한 번의 펄스전류만으로도 동작 상태를 계속 유지할 수 있도록 한 계전기로, 코일에 종작펄스를 흐르게 하면 접극자가 흡인되어 계전기가 동작된다. 반경질 자성재료의 철심이 자화되어 전류가 끊어져도 접극자를 유지하여 동작이 계속된다.

07 제품의 수명 단축과 고객의 요구가 다양해짐에 따라 유연하게 대처할 수 있고, 높은 생산성의 요구에 대응할 수 있는 생산시스템은?

① FMS
② FMC
③ FTL
④ CIM

해설
FMS(Flexible Manufacturing System) : CNC 공작기계와 핸들링 로봇, APC, ATC, 무인 운반차(AGV : Automated Guided Vehicle), 제품을 셀과 셀에 자동으로 이송 및 공급하는 장치, 자동화된 창고 등을 갖추고 있는 제조공정을 중앙컴퓨터에서 제어하는 유연생산시스템을 말한다. 제품과 시장 수요의 변화에 빠르게 대응할 수 있는 유연성을 가지고 있어 다품종 소량 생산에 적합한 생산시스템이다.

08 아래 그림과 같은 기호로 표현되며, 조작 후에 손을 떼면 접점은 그대로 유지되지만 조작 부분은 본래의 상태로 복귀되는 스위치는?

① 복귀형 스위치
② 근접 스위치
③ 잔류형 스위치
④ 리밋 스위치

해설
문제의 그림기호는 잔류형 스위치를 나타낸다.

09 공압시스템에서의 고장원인에 속하지 않는 것은?

① 공급 유량 부족으로 인한 고장
② 수분으로 인한 고장
③ 솔레노이드 소음으로 인한 고장
④ 이물질로 인한 고장

해설
솔레노이드 소음은 공압시스템의 고장원인으로 보기 힘들고 솔레노이드 밸브 고장은 공압시스템의 고장원인에 속한다.
공압시스템의 고장원인
• 공급 유량 부족으로 인한 고장
• 수분으로 인한 고장
• 이물질로 인한 고장
• 공압 타이어의 고장
• 솔레노이드 밸브에서의 고장
• 공압밸브에서의 고장
• 슬라이드 밸브에서의 고장
• 실린더에서의 고장

11 밀링분할가공에서 분할 크랭크와 분할판을 사용하여 분할하는 방법으로 분할 크랭크를 40회전시키면 주축이 1회전하는 분할방법은?

① 직접분할법
② 간접분할법
③ 단식분할법
④ 차동분할법

해설
단식분할법 : 분할 크랭크와 분할판을 사용하여 분할하는 방법으로, 분할 크랭크를 40회전시키면 주축은 1회전하므로 주축을 회전시키려면 분할 크랭크를 40/N회전시키면 된다.
분할가공 방법
• 직접분할법 : 분할대 주축 앞면에 있는 24구멍의 직접 분할판을 이용하여 단순분할(24의 약수, 즉 24, 12, 8, 6, 4, 3, 2등분 가능)
• 단식분할법 : 직접분할법으로 불가능하거나 분할이 정밀해야 할 경우(2~60 사이의 모든 정수, 60~120 사이의 2와 5의 배수 등)
• 차동분할법 : 직접·단식분할법으로 분할할 수 없는 분할(단식분할법으로 분할할 수 없는 61 이상의 소수나 특수한 수의 분할을 2종 운동의 복합운동으로 분할하는 방법이다. 127은 차동분할법으로 분할 가능)

10 센서에 활용되는 반도체 재료만의 특징이 아닌 것은?

① 소형 경량화가 가능하다.
② 집적화가 용이하지 않다.
③ 응답속도가 빠르다.
④ 지능화가 가능하다.

해설
반도체 재료의 특징
• 소형 경량화가 가능하다.
• 경제적이다.
• 집적화가 용이하다.
• 응답속도가 빠르다.
• 분해능을 높일 수 있다(고감도 실현).
• 지능화가 가능하다.

12 고속가공(High Speed Machining)의 특성에 대한 설명으로 옳지 않은 것은?

① 난삭재는 가공할 수 없다.
② 버(Burr)의 생성이 감소한다.
③ 표면거칠기 및 표면 품질을 향상시킨다.
④ 가공시간을 단축시켜 가공능률을 향상시킨다.

해설
고속가공의 특징
• 가공시간을 단축시켜 가공능률을 향상시킨다.
• 특히 엔드밀의 경우, 절삭력이 감소되어 박판의 가공물도 변형 없이 정밀도를 유지하면서 가공할 수 있다.
• 표면거칠기 및 표면 품질을 향상시킨다.
• 버 생성이 감소한다.
• 칩 처리가 용이하다.
• 난삭재를 가공할 수 있다.
• 경면가공을 할 때는 연삭가공을 최소화할 수 있다.

13 절삭공구 재료로서 구비하여야 할 조건과 거리가 먼 것은?

① 내마모성이 클 것
② 가공재료보다 경도가 클 것
③ 조형이 어렵고, 가격이 높을 것
④ 고온에서도 경도가 감소되지 않을 것

해설
절삭공구 재료의 구비조건
• 피절삭제보다는 경도와 인성이 클 것
• 고온에서 경도가 감소되지 않을 것
• 내마모성, 내충격성이 클 것
• 절삭저항을 받으므로 강도가 클 것
• 형상을 만들기 용이하고 가격이 쌀 것

14 파이프와 같은 구멍이 큰 가공물을 지지할 수 있도록 제작한 센터는?

① 베어링 센터　　② 하프센터
③ 평센터　　　　④ 파이프 센터

해설
파이프 센터 : 큰 지름의 구멍이 있는 가공물을 지지할 때 사용
① 베어링 센터 : 선단 일부가 가공물의 회전에 의하여 함께 회전하도록 설계된 센터이다.
② 하프센터 : 정지센터로 가공물을 지지하고 단면을 가공하면 바이트와 가공물의 간섭으로 가공이 불가능하게 된다. 이때 보통센터의 선단 일부를 가공하여 단면가공이 가능하도록 제작한 센터이다.
③ 평센터 : 가공물에 센터 구멍을 가공해서는 안 될 경우에 가공물의 단면을 평면으로 지지할 수 있도록 제작한 센터로 지지력이 다소 약하다.
센터의 종류

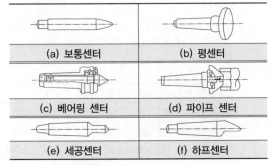

(a) 보통센터	(b) 평센터
(c) 베어링 센터	(d) 파이프 센터
(e) 세공센터	(f) 하프센터

15 방전가공의 특징이 아닌 것은?

① 무인가공이 가능하다.
② 전극 및 가공물에 큰 힘이 가해진다.
③ 전극의 형상대로 정밀하게 가공할 수 없다.
④ 가공물의 경도와 관계없이 가공이 가능하다.

해설
정답은 2개이다.
방전가공의 특징
• 가공물의 경도와 관계없이 가공이 가능하다.
• 무인가공이 가능하다.
• 숙련을 요하지 않는다.
• 전극의 형상대로 정밀하게 가공할 수 있다.
• 전극 및 가공물에 큰 힘이 가해지지 않는다.
• 전극은 구리나 흑연 등의 연한 재료를 사용하므로 가공이 쉽다.
• 전극이 필요하고 가공 부분에 변질층이 남는다.
• 공작물은 양극, 공구는 음극으로 한다.

16 만능 밀링머신의 분할대나 헬리컬 절삭장치를 사용하여 가공할 수 없는 것은?

① 스플라인 가공
② 원형 편심가공
③ 헬리컬 기어가공
④ 트위스트 드릴의 비틀림 홈가공

해설
만능 밀링머신은 원형 편심가공을 할 수 없다.
만능 밀링머신(Universal Milling Machine) : 수평 밀링머신과 유사하나 차이점은 새들 위에 선회대가 있어 수평면 내에서 일정한 각도로 테이블을 회전시켜 각도를 변환시키는 것과 테이블을 상하로 경사시킬 수 있다는 것이다. 분할대나 헬리컬 절삭장치를 사용하면 헬리컬 기어, 트위스트 드릴의 비틀림 홈, 스플라인을 가공할 수 있어 가공범위가 매우 넓다.

17 선삭에서 주분력이 9,800N, 절삭속도가 100m/min, 선반의 기계효율이 80%일 때 소비동력은 약 몇 PS인가?(단, 이송분력과 배분력은 극소하여 무시한다)

① 1
② 2.8
③ 25
④ 27.7

해설
• 절삭에 필요한 동력은 절삭저항의 크기로 계산할 수 있다.
• 유효 절삭동력은 주분력 P_1(N), 절삭속도 V(m/min), 기계적 효율 η, 회전수를 n(rpm)이라 하면

$$소요동력(N_e) = \frac{P_1 \times V}{75 \times 9.81 \times 60 \times \eta}(\text{PS})$$

$$= \frac{9,800\text{N} \times 100\text{m/min}}{75 \times 9.81 \times 60 \times 0.80} ≒ 27.74\text{PS}$$

$\therefore$ 소요동력$(N_e) = 27.7\text{PS}$

18 같은 종류 제품의 대량 생산에는 적합하지만 모양과 치수가 다른 공작물의 가공에는 융통성이 없는 공작기계는?

① 범용 공작기계
② 전용 공작기계
③ 단능 공작기계
④ 만능 공작기계

해설
단능 공작기계 : 단순한 기능의 공작기계로서 한 가지 공정만 가능하여, 생산성과 능률은 매우 높으나 융통성이 적다.
가공능률에 따른 공작기계 분류
• 범용 공작기계 : 가공할 수 있는 기능이 다양하고, 절삭 및 이송속도의 범위도 크기 때문에 제품에 맞추어 절삭조건을 선정하여 가공할 수 있다. 부속장치를 사용하면 가공범위를 더욱 넓게 사용할 수 있다.
• 전용 공작기계 : 특정한 제품을 대량 생산할 때 적합한 공작기계로서 소량 생산에는 적합하지 않다. 사용범위가 한정되고 기계의 크기도 가공물에 적합한 크기로 되어 있으며, 구조가 간단하고 조작이 편리하다.
• 만능 공작기계 : 여러 가지 종류의 공작기계에서 할 수 있는 가공을 한 대의 공작기계에서 가능하도록 제작한 공작기계이다.

19 보링머신(Boring Machine)에서 일반적으로 할 수 없는 작업은?

① 탭작업
② 드릴링 작업
③ 리밍작업
④ 기어가공작업

해설
• 기어가공작업은 보링머신에서 할 수 없다.
• 보링머신에서는 보링, 드릴링, 리밍, 태핑, 밀링가공의 일부분까지도 가능하다.
※ 보링 : 드릴가공, 단조가공, 주조가공 등에 의하여 이미 뚫려 있는 구멍을 좀 더 크게 확대하거나 표면거칠기가 높고, 정밀도 높은 제품으로 가공하는 것이다.

20 밀링머신의 크기를 나타낼 때 테이블의 좌우 이송이 850mm, 새들의 전후 이송이 300mm, 니(Knee)의 상하 이송이 450mm일 경우 밀링의 호칭 번호는?

① No.0
② No.1
③ No.2
④ No.3

해설
밀링머신의 크기는 여러 가지가 있으나 니형 밀링머신의 크기는 일반적으로 Y축의 테이블 이동거리(mm)를 기준으로 호칭 번호를 표시한다.
밀링머신의 크기

호칭 번호		0호	1호	2호	3호	4호	5호
테이블의 이동거리 (mm)	전 후	150	200	250	300	350	400
	좌 우	450	550	700	850	1050	1250
	상 하	300	400	450	450	450	500

21 선반에서 리브(Rib)는 어디에 붙어 있는가?

① 주축대   ② 심압대

③ 베드   ④ 왕복대

해설

베드(Bed)는 리브가 있는 상장형의 주물(Cast)로서, 베드 위에 주축대, 왕복대, 심압대를 지지하며, 절삭운동의 응력과 왕복대, 심압대의 안내작용 등을 하는 구조이다.

선반의 주요 부분

• 주축대 : 가공물을 지지하고 회전력을 주는 주축과 주축을 지지하는 베어링, 바이트에 이송을 주기 위한 원동력을 전달시키는 주요 부분이다.

• 심압대 : 주축대와 마주 보는 구조로서, 작업자를 기준으로 오른쪽 베드 위에 위치하며 심압축을 포함한다.

• 왕복대 : 베드상에서 공구대에 부착된 바이트에 가로 이송 및 세로 이송을 하는 구조로 되어 있으며 크게 새들(Saddle)과 에이프런(Apron)으로 나눈다.

22 길이가 400mm, 지름이 50mm인 환봉을 절삭속도 100m/min로 1회 선삭(旋削)하려고 할 때 절삭시간 (min)은?(단, 이송속도는 0.1mm/rev이고, 공구의 이동 및 설치시간은 무시한다)

① 1.57   ② 3.14

③ 4.42   ④ 6.28

해설

회전수$(n) = \dfrac{1,000\,V}{\pi d} = \dfrac{1,000 \times 100\text{m/min}}{\pi \times 50\text{mm}} ≒ 636.62\text{rpm}$

선반의 가공시간

$T = \dfrac{L}{ns} \times i = \dfrac{400\text{mm}}{636.62\text{rpm} \times 0.1\text{mm/rev}} \times 1\,회 ≒ 6.28\text{min}$

∴ $T ≒ 6.28\text{min}$

여기서, T : 가공시간(min)

        L : 절삭가공 길이(가공물 길이)

        n : 회전수(rpm)

        s : 이송(mm/rev)

        i : 가공 횟수

        V : 절삭속도(m/min)

23 일반적으로 공작기계를 구성하는 공작기계의 구비 조건과 가장 거리가 먼 것은?

① 높은 정밀도를 가질 것

② 가공능력이 클 것

③ 운전비용 및 가격이 고가일 것

④ 내구력이 크며 사용이 간편할 것

해설

공작기계의 구비조건

• 높은 정밀도를 가질 것

• 가공능력이 클 것

• 내구력이 크며 사용이 간편할 것

• 고장이 적고, 기계효율이 좋을 것

• 가격이 싸고 운전비용이 저렴할 것

24 공작물의 회전수가 1,000rpm이고 이송을 4mm/rev 로 절삭할 때 절삭면적이 10mm²라면 절삭깊이는 몇 mm인가?

① 2.5mm   ② 5mm

③ 7.5mm   ④ 10mm

해설

절삭면적(Cutting Area) : 절삭깊이와 이송의 곱으로 표시하며, 절삭면적이 동일하여도 이송과 절삭깊이의 변화에 따라 절삭저항은 변한다.

절삭면적$(F) = s \times t$

→ 절삭깊이$(t) = \dfrac{F}{s} = \dfrac{10\text{mm}^2}{4\text{mm/rev}} = 2.5\text{mm}$

∴ 절삭깊이$(t) = 2.5\text{mm}$

여기서, F : 절삭면적(mm²), s : 이송(mm/rev), t : 절삭깊이(mm)

※ 이송(Feed)에 따라 칩의 두께가 변하고, 절삭깊이에 따라 칩의 폭이 변화한다.

25 절삭저항력에 영향을 미치는 요소에 대한 설명이 옳지 않은 것은?

① 절삭면적이 클수록 저항력이 증가한다.
② 경사각이 클수록 저항력이 감소한다.
③ 절삭속도가 빨라질수록 저항력이 감소한다.
④ 공작물 재질이 경질재료일수록 저항력이 증가한다.

해설
절삭속도가 빨라질수록 절삭저항은 증가한다.

26 쇼트피닝(Shot Peening)이 일감의 가공에 효과적인 것이 아닌 것은?

① 기어의 치면
② 압연가공한 공작물
③ 열처리 전의 합금강
④ 스프링의 표면

해설
쇼트피닝은 열처리 후 변형이 생기는 복잡한 공작물 가공에 효과적이다.
쇼트피닝의 용도
• 열처리 후 변형이 생기는 복잡한 공작물
• 압연이나 인발가공한 공작물
• 열간 압연에 의한 탈탄층 및 침탄 부분
• 모서리 부분의 응력하중을 받는 곳
쇼트피닝(Shot Peening) : 표면을 타격하는 일종의 냉간가공으로 철강의 작은 볼(Shot)을 공작물 표면에 분사하여 강재의 화학조성을 변화시키지 않고 표면을 매끈하게 하여 피로강도 및 기계적 성질을 향상시킨다.

27 선반의 주축대에서 주축을 중공축으로 하는 이유가 아닌 것은?

① 긴 가공물 고정이 편리하다.
② 센터를 쉽게 분리할 수 있다.
③ 내경작업을 쉽게 하기 위함이다.
④ 중량이 감소되어 베어링에 작용하는 하중을 줄여준다.

해설
내경작업을 쉽게 하는 것은 주축을 중공축으로 하는 이유와 거리가 멀다.
선반 주축을 중공축으로 하는 이유
• 굽힘과 비틀림 응력에 강하다.
• 중량이 감소되어 베어링에 작용하는 하중을 줄여 준다.
• 긴 가공물 고정이 편리하다.
※ 중공축(中空軸) : 속이 빈 축/중실축 : 속이 찬 축

28 다음 설명 중 안전에 위배되는 것은?

① 선반을 사용하기 전에는 반드시 선반에서 척 핸들을 분리한다.
② 절삭가공 후 발생된 긴 칩의 제거는 고리 등 도구를 사용하여 제거한다.
③ 정작업(Chisel Work)에서 눈은 반드시 정의 머리를 보고 정의 날 끝을 보아서는 안 된다.
④ 스패너는 해머로 대용하거나 용도 이외에 사용하지 않는다.

해설
정가공은 항상 날 끝에 주의하고, 따내기 가공 및 칩이 튀는 가공 시에는 보호안경을 착용한다.
정가공의 안전
• 정을 잡은 손은 힘을 빼고, 처음에는 가볍게 때리고 점차 힘을 가한다.
• 가공물의 절단된 끝이 튕길 수가 있으므로 특히 주의한다.
스패너 작업의 안전
• 스패너는 너트에 알맞은 것을 사용하며, 너트에 스패너를 깊이 물려서 약간씩 앞으로 당기는 식으로 풀고 조이도록 한다.
• 스패너는 가급적 손잡이가 긴 것을 사용하는 것이 좋으며, 스패너의 자루에 파이프 등을 연결하거나 발로 하지 않는다.
• 스패너를 해머로 때리거나 사용용도 이외에 사용하지 않는다.

29 공구 수명에 대한 설명으로 잘못된 것은?

① 절삭속도가 필요 이상으로 커지면 경도의 저하로 인해 공구 수명은 감소한다.

② 절삭공구의 날 끝 반지름은 가공면의 표면거칠기 및 공구 수명에 미치는 영향이 없다.

③ 절삭유제를 사용하면 절삭열을 감소시켜 공구 수명을 연장시킬 수 있다.

④ 절삭공구 재료 및 절삭재료는 공구 수명에 영향을 미친다.

해설

절삭공구의 날 끝 반지름(Nose Radius)은 공구 수명과 가공면의 표면거칠기에 영향을 미친다. 날 끝 반지름은 1.5mm까지는 다듬질면이 양호하지만 더 커지면 떨림과 진동이 발생하여 공구 수명이 짧아진다.

30 밀링커터 중에서 공작물을 절단하거나 깊은 홈가공에 가장 적합한 것은?

① 앵글커터

② 메탈 소

③ 플레인 커터

④ 엔드밀

해설

• 메탈 소 : 절단 및 홈가공

• 엔드밀(End Mill) : 원주면과 단면에 날이 있는 형태이며, 가공물의 홈과 좁은 평면, 윤곽가공, 구멍가공 등에 사용한다.

31 다음 보링공구와 부속장치에 속하지 않는 것은?

① 보링 바

② 보링 바이트

③ 보링 공구대

④ 보링 슬롯팅 장치

해설

보링 슬롯팅 장치는 보링공구와 부속장치가 아니다.

보링공구와 부속장치

• 보링 바이트 : 선반작업의 바이트와 같은 역할을 하며, 일반적으로 다이아몬드 바이트, 초경 바이트를 사용한다.

• 보링 바

• 보링 공구대 : 보링할 구멍이 커서 보링 바를 사용하기 곤란한 경우에 사용한다. 바이트는 일반적으로 2개를 사용하며, 경우에 따라서는 3개 이상을 사용할 수도 있다.

32 가늘고 긴 공작물을 양센터를 이용하여 선반가공하려고 한다. 선반의 부속품 및 부속장치 중 필요하지 않은 것은?

① 센터(Center)

② 돌리개(Dog)

③ 심봉(Mandrel)

④ 이동식 방진구(Follow Steady Rest)

해설

심봉은 가늘고 긴 공작물 가공에 사용하는 부속장치가 아니다. 기어, 벨트 풀리 등과 같이 구멍과 외경이 동심원이고, 직각이 필요한 경우에 구멍을 먼저 가공하고 구멍에 심봉을 끼워 양 센터로 지지하여, 외경과 측면을 가공해서 부품을 완성하는 선반 부속장치이다.

• 방진구(Work Rest) : 선반에서 가늘고 긴 가공물의 휨이나 떨림을 방지하기 위해 선반 베드 위에 고정하여 사용하는 고정식 방진구, 왕복대의 새들에 고정하여 사용하는 이동식 방진구가 있다.

• 돌림판과 돌리개 : 주축의 회전을 공작물에 전달하기 위해 사용하는 선반의 부속품이다.

33 알루미늄 합금의 종류 중 Al-Mg계 합금으로 내식성이 우수하여 선박용품이나 건축용 재료 등에 사용되는 것은?

① 실루민　　　　　② 라우탈
③ 하이드로날륨　　④ Lo-Ex

하이드로날륨(Hydronalium) : 내식성 Al합금으로 6% Mg 이하가 일반적이고, 특수목적에는 10% Mg의 것도 사용된다. 이 합금은 바닷물과 알칼리성에 대한 내식성이 강하고 용접성이 매우 우수하여 주로 선박용, 조리용, 화학장치용 부품 등에 쓰인다.
① 실루민 : Al+Si의 합금으로 주조성은 좋으나 절삭성은 나쁘다.
② 라우탈 : Al-Cu-Si계 합금, 자동차 및 선박용 피스톤, 분배관밸브에 사용한다.
④ Lo-Ex(로엑스) : Al-Si-Mg계, 열팽창계수가 작고 내열성, 내마멸성이 우수하다.
알루미늄 합금 종류
• 내열용 알루미늄 합금 : Y합금, Lo-Ex 합금, 코비탈륨
• 단조용 알루미늄 합금 : 두랄루민
• 내식성 알루미늄 합금 : 하이드로날륨, 알민, 알드리, 알클래드

34 탄소강(아공석강 영역, C<0.77%)의 상온에서의 기계적 성질 중 탄소(C)량 증가에 따라 감소하는 성질은?

① 인장강도　　　　② 항복점
③ 경 도　　　　　　④ 연신율

아공석강은 0.02~0.77%의 탄소를 함유한 강이다. 페라이트와 펄라이트의 혼합조직으로 탄소량이 많아질수록 펄라이트의 양이 증가하여 경도와 인장강도가 증가하고 연신율은 감소한다.
탄소강의 분류

탄소강	탄소 함유량	특 징	조 직
아공석강	0.02~ 0.77%	탄소량이 많아질수록 펄라이트의 양이 증가하므로 경도와 인장강도가 증가한다.	페라이트+ 펄라이트
공석강	0.77%	인장강도가 가장 큰 탄소강	100% 펄라이트
과공석강	0.77~ 2.11%	탄소량이 증가할수록 경도가 증가한다. 그러나 인장강도가 감소하고 메짐이 증가하여 깨지기 쉽다.	펄라이트+ 시멘타이트

35 표점거리 50mm인 인장시험편을 인장시험한 결과 표점거리가 52.5mm가 되었다. 이 시험편의 연신율은?

① 2.5%
② 5%
③ 7.5%
④ 25%

$$연신율(\varepsilon) = \frac{변형량}{원표점거리} \times 100(\%) = \frac{L_1 - L_0}{L_0} \times 100\%$$
$$= \frac{(52.5\text{mm} - 50\text{mm})}{50\text{mm}} \times 100(\%) = 5\%$$
∴ 연신율(ε) = 5%
여기서, L_1 : 늘어난 거리, L_0 : 원표점거리

36 42~48% Ni이 함유된 Fe-Ni 합금으로 열팽창계수가 유리나 백금과 거의 동일하여 전구의 도입선 등에 사용되는 불변강은?

① 인바(Invar)
② 엘린바(Elinvar)
③ 플래티나이트(Platinite)
④ 페르니코(Fernico)

플래티나이트 : 조성은 42~47.5% Ni과 Fe 등을 함유한 합금으로 열팽창계수(9×10^{-6})는 유리나 Pt 등에 가까우므로 전등의 봉입선에 이용된다.
① 인바 : 조성은 36% Ni, 0.1~0.3% Co, 0.4% Mn, 나머지는 Fe로 된 합금으로, 열팽창계수(9×10^{-7})가 상온 부근에서 매우 작아 길이의 변화가 거의 없다. 측정용 표준자, 전자 분야에서는 바이메탈, VTR의 헤드 고정대 등에 널리 쓰인다.
② 엘린바 : Ni 36%, Cr 12%, Fe 52%의 조성으로 탄성률 변화가 없다. 고급 시계, 지진계, 압력계, 스프링 저울, 다이얼게이지, 유량계, 계측기기 등의 부품에 사용된다.

37 구리의 화학적 성질에 대한 설명 중 틀린 것은?

① 건조한 공기 중에서는 산화하지 않는다.

② CO_2 또는 습기가 있으면 염기성 탄산구리 등의 구리 녹이 생긴다.

③ 환원성의 수소가스 중에서 가열하면 수소취성이 발생될 수 있다.

④ 수소취성이 생기는 온도는 약 950℃ 정도이다.

> **해설**
> 구리(Cu) 안의 산소는 산화구리(Cu_2O)로 되어 있으며, 환원성 H_2 가스 중에서 가열하면 $Cu_2O + H_2 \rightarrow 2Cu + H_2O$로 반응하여, 구리 (Cu)와 수증기로 되어 650~850℃에서 수소취성이 생기나 950℃ 이상이 되면 수증기에 의하여 생성된 기공 또는 균열이 자연 소멸 되어 수소취성이 없어진다.

38 풀림(Annealing)의 종류에 해당하지 않는 것은?

① 진공 풀림

② 완전 풀림

③ 구상화 풀림

④ 응력 제거 풀림

> **해설**
> 진공 풀림은 풀림의 종류에 해당되지 않는다.
> **풀림의 종류**
> 완전 풀림, 구상화 풀림, 응력 제거 풀림, 항온 풀림, 확산 풀림, 재결정 풀림 등

39 주조 시 주형에 냉금을 삽입하여 주물 표면을 급랭 시키고 경도를 증가시킨 내마모성 주철은?

① 회주철

② 칠드주철

③ 가단주철

④ 고급주철

> **해설**
> 칠드(Chilled)주철 : 보통 주철보다 규소(Si) 함유량을 적게 하고 적당량의 망간을 첨가한 쇳물을 금형 또는 칠 메탈이 붙어 있는 모래형에 주입하여 필요한 부분만 급랭시키면 표면만 단단하게 되고 내부는 회주철이 되어 강인한 성질을 가지는 주철
> ③ 가단(Malleable)주철 : 주철의 결점인 여리고 약한 인성을 개선 하기 위하여 열처리에 의하여 편상흑연을 괴상화하여 강도와 연성을 향상시킨 것이다.

40 현미간섭식 표면거칠기 측정법을 사용하여 표면거 칠기를 측정하려고 한다. 파장을 λ라 하고, 간섭무 늬의 폭을 a, 간섭무늬의 휨량을 b라 하면 표면거칠기 (F) 값은?

① $F = a \times b \times \lambda$

② $F = (a \times b) - \lambda$

③ $F = \dfrac{b}{a} \times \lambda$

④ $F = \dfrac{b}{a} \times \dfrac{\lambda}{2}$

> **해설**
> 현미간섭식 표면거칠기 값 $F = \dfrac{b}{a} \times \dfrac{\lambda}{2}$

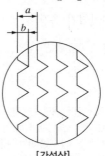

[간섭상]

41 보통 연삭가공한 정밀한 나사의 측정에 이용되며 나사의 유효경 측정법 중 정도가 가장 높은 방법은?

① 나사 마이크로미터에 의한 측정법

② 검사용 나사게이지에 의한 측정법

③ 측정 현미경에 의한 측정법

④ 삼침법에 의한 측정법

해설

나사의 유효지름의 가장 정밀한 측정방법 : 삼침법

※ 나사의 유효지름 측정
- 나사 마이크로미터에 의한 방법
- 삼침법
- 광학적인 방법(공구 현미경, 투영기 등)

42 공구 현미경의 측정용도로 거리가 먼 것은?

① 나사게이지 측정

② 표면거칠기 측정

③ 형상 측정

④ 각도 측정

해설

표면거칠기 측정은 공구 현미경으로 측정이 어렵다.

※ 공구 현미경 : 현미경에 의해 확대 관측하여 제품의 길이·각도·형상·윤곽을 측정하는 측정기로, 특히 나사게이지와 나사의 피치 측정에 사용된다.

43 다음 중 비교측정기에 해당되는 것은?

① 다이얼 게이지

② 하이트 게이지

③ 버니어 캘리퍼스

④ 마이크로미터

해설

다이얼 게이지는 대표적인 비교측정기이다.

측정방법	내 용	측정기
비교측정	측정값과 기준게이지 값과의 차이를 비교하여 치수를 계산하는 측정방법	블록게이지, 다이얼 테스트 인디케이터, 한계 게이지 등
직접측정	측정기에 표시된 눈금에 의해 직접 측정물의 치수를 읽는 방법	버니어 캘리퍼스, 마이크로미터, 측장기 등
간접측정	나사·기어 등과 같이 기하학적 관계를 이용하여 측정	사인바에 의한 각도 측정, 테이퍼 측정, 나사의 유효지름 측정 등

44 다음 중 KS표준에 따른 스퍼기어 및 헬리컬 기어의 측정요소에 해당하지 않는 것은?

① 피 치   ② 잇 줄

③ 이 형   ④ 유효지름

해설

유효지름은 기어의 측정요소가 아니다.

기어의 측정 요소 : 피치 오차, 치형 오차, 잇줄 방향, 이홈의 흔들림, 이 두께, 물림시험 등(KS B 1406에 측정방법이 정해져 있다)

45 드릴작업 시 지그를 사용할 경우의 장점을 설명한 것으로 틀린 것은?

① 제품의 정밀도가 향상된다.
② 금 긋기가 필요 없다.
③ 전수검사를 할 수 있다.
④ 호환성이 좋아진다.

해설
드릴작업 시 지그를 사용하면 제품을 검사하는 시간이나 방법을 간단하게 할 수 있어 전수검사를 할 필요가 없다.

46 치공구를 사용하는 목적으로 거리가 먼 것은?

① 가공정밀도 향상으로 불량품을 방지한다.
② 제품의 균일화에 의해 검사업무를 간소화할 수 있다.
③ 생산성 향상으로 리드타임(Lead Time)을 증가시킬 수 있다.
④ 작업의 숙련도 요구를 감소시킬 수 있다.

해설
치공구를 사용하면 리드타임을 감소시킨다.

47 공작물을 위아래에서 보호한 상태에서 가공되는 형태로서 공작물이 얇거나 연질의 재료인 경우 가공 중 변형을 방지하기 위해 사용하는 지그는?

① 샌드위치 지그(Sandwich Jig)
② 템플레이트 지그(Template Jig)
③ 박스지그(Box Jig)
④ 테이블 지그(Table Jig)

해설
샌드위치 지그 : 받침판이 있는 플레이트 지그로서 휘거나 뒤틀리기 쉬운 얇은 공작물 또는 연질재료의 공작물을 가공할 때 사용한다. 샌드위치 지그도 공작물의 수량에 따라서 부시의 사용 여부를 결정한다.

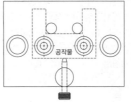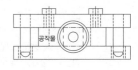

② 템플레이트 지그 : 생산속도보다는 제품의 정밀도가 더 요구될 때 사용한다. 템플레이트 지그는 공작물의 윗부분 또는 내부에 끼워서 작업을 하며 일반적으로 고정하지 않고 사용한다.
③ 박스지그 : 공작물의 전체 면이 지그로 둘러싸인 것으로서 공작물을 한 번 고정하면 지그를 회전시켜 가면서 전면을 가공할 수 있다.

48 원형 중심봉에 키 자리나 구멍을 가공할 경우 좌우 대칭으로 가공하기 적합한 것은?

①   ②

③   ④

해설
좌우대칭으로 가공하기에는 ④번이 적합하다.

49 드릴지그의 설계 시 맞춤 핀(Dowel Pin)을 사용한다. 이 핀에 대한 설명 중 틀린 것은?

① Dowel Pin은 볼트의 보충역할을 한다.

② Dowel Pin은 드릴부시의 정확한 위치를 보증하기 위해 사용한다.

③ Dowel Pin의 위치는 필요한 곳에 2개를 설치할 수 있다.

④ Dowel Pin은 중간 끼워맞춤으로 적용할 수 있다.

> **해설**
> 맞춤 핀은 볼트의 보충역할이 아니고 지그의 부품들을 정확한 위치에 결합시키기 위해 사용된다.
> ※ 지그와 고정구의 부품들을 정확한 위치에 결합시키기 위해서는 두 개의 맞춤 핀이 위치결정 보조장치 및 치공구 부품의 복원 조립, 트러스트를 받을 때 이동 방지를 위하여 사용된다. 맞춤 핀의 용도는 매우 광범위하나 그 기능의 특수성 때문에 정밀한 설계가 필수적이다.

50 다음과 같은 CNC 선반 프로그램에서 직경이 50mm일 때 주축의 회전수는 몇 rpm인가?

```
G50 S1500;
G96 S150;
```

① 150   ② 955

③ 1,500   ④ 9,550

> **해설**
> • G96 S150; → 절삭속도 150m/min으로 일정제어
> • 공작물지름 → ϕ 50mm
> • 주축회전수
> $$N = \frac{1,000\,V}{\pi D} = \frac{1,000 \times 150\text{m/min}}{\pi \times 50\text{mm}} \fallingdotseq 954.92\,\text{rpm}$$
> ∴ $N = 955\,\text{rpm}$
> ※ G50 S1500; → G50 주축 최고 회전수를 1,500rpm으로 제한하였다. 만약 계산된 주축 회전수 값이 1,500rpm 이상이면 주축 회전수는 1,500rpm으로 제한된다.
> ※ G97 : 주축 회전수 일정제어로 S는 회전수를 의미하며 주속의 단위는 rpm이다.

51 다음 그림의 A점에서 B점으로 증분방식에 의한 이동을 지령하기 위한 CNC 프로그램으로 올바른 것은?

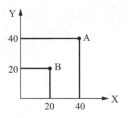

① G90 X20. Y20.

② G90 X-20. Y-20.

③ G91 X20. Y20.

④ G91 X-20. Y-20.

> **해설**
> • 증분지령(A→B) : G91 X-20. Y-20.
> • 절대지령(A→B) : G90 X20. Y20.
> • G90 : 절대지령, G91 : 증분지령
> 절대지령 방식 : 프로그램 원점을 기준으로 직교 좌표계의 좌표값을 입력
> 증분지령 방식 : 현재의 공구 위치를 기준으로 끝점까지의 증분값을 입력

52 공구기능 T0702의 내용으로 맞는 것은?

① 공구 번호 07번과 보정 번호 02번을 지령한다.

② 공구 번호와 공구보정 번호는 같으면 안 된다.

③ T72로 지령해도 같은 의미를 갖는다.

④ 07, 02는 X, Z축의 공구보정량을 의미한다.

> **해설**
> T0702 : 공구 번호 07번과 보정 번호 02번을 지령한다.
> CNC 선반의 경우 – T □□△△
> • T : 공구기능
> • □□ : 공구선택 번호(01~99번) → 기계 사양에 따라 지령 가능한 번호 결정
> • △△ : 공구보정 번호(01~99번) → 00은 보정 취소 기능임
> • 공구보정 없이 보정 취소를 하려면 T0100으로 지령해야 한다.

53 자동화 라인에서 물건 및 부품을 공급해 주는 방식 중 어느 정도 거리가 있고 유연성 있게 부품을 일정한 장소까지 이동시키는 장치로 잔용궤도식과 무궤도식이 있는 것은?

① 컨베이어　　② 크레인
③ 무인반송차　④ ATC

무인반송차(ACV) : 어느 정도 거리가 있고 유연성 있게 부품을 일정한 장소까지 이동시키는 장치

※ 자동공구교환장치(ATC) : 머시닝센터에서 여러 가지 가공을 순차적으로 할 수 있도록 자동으로 공구를 교환해 주는 장치로, 공구를 교환하는 ATC 암과 많은 공구가 격납되어 있는 공구 매거진으로 구성되어 있다.

54 CNC 선반 가공 시 공작물을 1.2초 간 일시정지 기능을 사용할 때 적합한 NC 코드가 아닌 것은?

① G04 X1.2
② G04 Z1.2
③ G04 U1.2
④ G04 P1200

• G04 : 휴지(Dwell[드웰]/일시정지)기능, 어드레스 X, U 또는 P와 정지하려는 시간을 수치로 입력한다. P는 소수점을 사용할 수 없으며, X, U는 소수점 이하 세 자리까지 유효하다.
• 1.2초 동안 정지시키기 위한 프로그램
　－G04 X1.2;　G04 U1.2;　G04 P1200.;
휴지 : 지령한 시간 동안 이송이 정지되는 기능이다. 이 기능은 홈가공이나 드릴작업 등에서 간헐이송으로 칩을 절단하거나, 목표점에 도달한 후 즉시 후퇴할 때 생기는 이송량만큼의 단차를 제거함으로써 진원도의 향상 및 깨끗한 표면을 얻기 위하여 사용한다.

$$정지시간(초) = \frac{60 \times 공회전수(회)}{스핀들\ 회전수(rpm)} = \frac{60 \times n(회)}{N(rpm)}$$

55 모집단으로부터 공간적·시간적으로 간격을 일정하게 하여 샘플링하는 방식은?

① 단순 랜덤샘플링(Simple Random Sampling)
② 2단계 샘플링(Two-stage Sampling)
③ 취락샘플링(Cluster Sampling)
④ 계통샘플링(Systematic Sampling)

계통샘플링 : 모집단으로부터 공간적 또는 시간적으로 일정간격을 두고 샘플링하는 방법으로, 모집단에 주기적인 변동이 있는 것이 예상될 경우에는 사용하지 않는 것이 좋다.

① 단순 랜덤샘플링 : 난수표, 주사위, 숫자를 써 넣은 룰렛, 제비뽑기식 칩 등을 써서 크기 N의 모집 단위로부터 크기 n의 시료를 변동이 있는 것이 예상될 경우에는 사용하지 않는 것이 좋다.
② 2단계 샘플링 : 모집단을 몇 개의 서브로트(1차 샘플링 단위)로 나누고, 먼저 제1단계로 그중에서 몇 개의 부분을 시료(1차 시료)로 뽑고, 다음에 2단계로 그 부분 중에서 몇 개의 단위체 또는 단위량(2차 시료)을 뽑는 방법이다.

56 예방보전(Preventive Maintenance)의 효과가 아닌 것은?

① 기계의 수리비용이 감소한다.
② 생산시스템의 신뢰도가 향상된다.
③ 고장으로 인한 중단시간이 감소한다.
④ 잦은 정비로 인해 제조원 단위가 증가한다.

예방보전은 잦은 정비가 필요 없다.

57 제품공정도를 작성할 때 사용되는 요소(명칭)가 아닌 것은?

① 가 공　　　　② 검 사
③ 정 체　　　　④ 여 유

제품공정도를 작성할 때 사용되는 요소 : 가공, 검사, 정체

59 작업방법 개선의 기본 4원칙을 표현한 것은?

① 층별-랜덤-재배열-표준화
② 배제-결합-랜덤-표준화
③ 층별-랜덤-표준화-단순화
④ 배제-결합-재배열-단순화

작업방법 개선의 기본 4원칙

배제 - 결합 - 재배열 - 단순화

58 부적합수 관리도를 작성하기 위해 $\sum c = 559$, $\sum n = 222$를 구하였다. 시료의 크기가 부분군마다 일정하지 않기 때문에 u 관리도를 사용하기로 하였다. n = 10일 경우 u 관리도의 UCL 값은 약 얼마인가?

① 4.023
② 2.518
③ 0.502
④ 0.252

60 이항분포(Binomial Distribution)의 특징에 대한 설명으로 옳은 것은?

① P=0.01 일 때는 평균치에 대하여 좌우대칭이다.
② P≤0.1 이고, nP=0.1~10일 때는 푸아송분포에 근사한다.
③ 부적합품의 출현 개수에 대한 표준편차는 D(x)=nP이다.
④ P≤0.5이고, nP≤5일 때는 정규분포에 근사한다.

이항분포는 P≤0.10이고, nP=0.1~10일 때는 푸아송분포에 근사한다.

01 다음 공유압기호는 어떤 밸브의 기호인가?

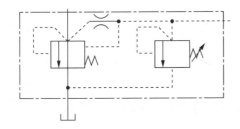

① 파일럿 작동형 릴리프 밸브
② 급속 배기밸브
③ 카운터밸런스 밸브
④ 파일럿 조작 체크밸브

해설

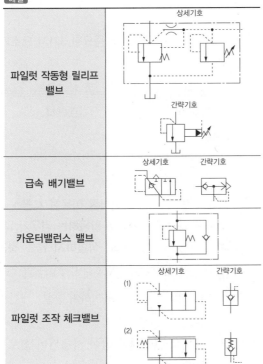

파일럿 작동형 릴리프 밸브	상세기호 / 간략기호
급속 배기밸브	상세기호 / 간략기호
카운터밸런스 밸브	
파일럿 조작 체크밸브	상세기호 / 간략기호 (1) (2)

02 오일탱크에 관한 일반적인 설명으로 틀린 것은?

① 오일탱크의 용량은 효율적인 관리를 위해 펌프 토출량의 1.0~1.1배 수준에서 관리한다.
② 오일탱크에서 사용하는 공기청정기의 통기용량은 펌프 토출량의 2배 이상이어야 한다.
③ 오일탱크에서 사용하는 스트레이너의 유량은 펌프 토출량의 2배 이상의 것을 사용한다.
④ 오일탱크의 바닥면은 바닥에서 최소 15cm 이상 유지하는 것이 바람직하다.

해설

오일탱크의 용량은 효율적인 관리를 위해 펌프 토출량의 2~3배 수준에서 관리한다.
오일탱크의 특징
• 먼지, 절삭분, 윤활유 등의 이물질이 혼입되지 않도록 주유구에는 여과망과 뚜껑을 부착한다.
• 운전 중에 유면이 정상 위치에 있는가를 보기 위하여 유면계를 설치한다.
• 업세팅 운반용으로서 적당한 곳에 훅(Hook)을 단다.
• 보통 철판을 용접하여 제작하고, 상판은 펌프나 전동기 등을 장착하는 데 충분한 강도와 면적이 필요하다.

03 그림과 같은 유압회로에 대한 설명 중 옳지 않은 것은?

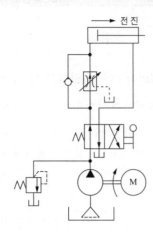

① 실린더의 속도는 펌프의 송출량에 관계없이 일정하다.
② 펌프 송출압은 릴리프 밸브의 설정압으로 정해진다.
③ 여분의 유량은 릴리프 밸브를 통해 환유되어 동력 손실이 작은 편이다.
④ 실린더에 만일 부(-)하중이 작용하면 피스톤이 자주할 염려가 있다.

> **해설**
> 그림은 미터 인 방식 속도제어 회로도이며 액추에이터 입구 쪽 관로에 유량제어밸브를 직렬로 부착하고, 액추에이터로 공급하는 유량을 제어하여 속도를 제어하는 것이다. 여분의 유량은 체크밸브가 있는 유량제어밸브를 통해 환유된다.

04 절대압력과 게이지압력의 관계를 나타낸 것 중 옳은 것은?

① 절대압력 = 대기압력 + 게이지압력
② 절대압력 = 대기압력 × 게이지압력
③ 절대압력 = 대기압력 - 게이지압력
④ 절대압력 = (대기압력 × 게이지압력) / 2

> **해설**
> 절대압력 = 대기압력 + 게이지압력

05 다음의 기능을 하는 공기압장치는?

> 가. 공기압력의 맥동을 표준화한다.
> 나. 일시적으로 다량의 공기가 소비되어도 급격한 압력강하를 방지한다.
> 다. 정전이 일어난 비상시에 일정 시간 공기를 공급한다.
> 라. 주위의 외기에 의한 냉각효과로 응축수를 분리한다.

① 공기압축기　　　② 공기여과기
③ 에어 드라이어　　④ 공기탱크

> **해설**
> 문제의 기능을 하는 공기압장치는 공기탱크이다.
> 공기탱크 : 공기 압축기로부터 발생되는 맥동을 감소시켜 공기 공급을 안정되게 하기 위해 꼭 필요한 장치이다.
> ① 공기압축기 : 공압시스템은 압축공기를 에너지원으로 이용하기 때문에 공기를 압축시키기 위한 압축기가 필요하다.
> ② 공기여과기 : 공기 중의 먼지나 수분을 제거한다.

06 직류전동기의 구조에서 중요한 3가지 요소가 아닌 것은?

① 계 자　　　② 전기자
③ 정류자　　　④ 브러시

> **해설**
> 직류전동기의 중요 구조 : 계자, 전기자, 정류자

07 종래의 릴레이 및 타이머를 이용한 시퀀스 회로에 비하여 최근에는 PLC를 활용하는 경우가 많다. 다음 중 PLC의 장점으로 적합하지 않은 것은?

① 배선이 간결하여 유지·보수가 비교적 용이하다.
② 내부회로의 수정이 용이하여 증설·개선에 편리하다.
③ 동일 접점이 제한 없이 사용되어 회로구성이 편리하다.
④ CPU가 Down 되어도 공정에 영향이 없다.

> **해설**
> CPU가 Down 되면 공정에 영향이 있다.

08 다음 중 아날로그 제어계에 대한 설명으로 옳은 것은?

① 불연속적으로 표현한 제어시스템이다.

② 하나의 제어변수가 2가지의 가능한 값을 가진다.

③ 연속적인 모든 시간에서 그 크기가 모두 연속적이다.

④ 정보의 범위를 여러 단계로 등분하여 이 각각의 단계에 하나의 값을 부여한 디지털 신호에 의하여 제어된다.

해설
- 연속적인 모든 시간에서 그 크기가 모두 연속적인 것은 아날로그 제어계이다.
- ①, ④ : 디지털 제어계
- ② : 2진 제어계

제어 정보 표시 형태에 의한 분류
- 아날로그 제어계 : 연속적인 물리량으로 표시되는 아날로그 신호로 처리되는 시스템을 말하는데, 일반적으로 자연계에 속하는 모든 물리량은 연속적인 정보를 갖고 있다. 예를 들면 온도, 속도, 길이, 조도, 질량 등이 있다.
- 디지털 제어계 : 처리하기 어려운 아날로그 제어를 시간과 정보의 크기 면에서 모두 불연속적으로 표현한 제어시스템으로, 보다 경제적이며 최근에 전자공학의 발달에 힘입어 많은 부분에서 디지털 제어를 채택하고 있다. 즉, 이 시스템은 정보의 범위를 여러 단계로 등분하여 이 각각의 단계에 하나의 값을 부여한 디지털 제어신호에 의하여 제어되는 시스템을 의미한다.
- 2진 제어계 : 하나의 제어변수에 2가지의 가능한 값, 신호의 유/무, ON/OFF, YES/NO, 1/0 등과 같은 2진 신호를 이용하여 제어하는 시스템을 의미한다. 실린더의 전진과 후진, 모터의 정회전과 역회전 또는 기동과 정지 등에 의해 작업을 수행하는 자동화 시스템에서 가장 많이 이용되는 시스템이다.

09 다음 중 물리량의 변화를 기본 전기회로의 전원과 같이 스스로 전위차를 줄 수 있는 기전력의 값으로 표현되는 센서는?

① 서미스터   ② CdS

③ 열전쌍   ④ 바이메탈

해설
열전쌍 : 공업용 온도계로 널리 사용되는 열전쌍은 두 종류 금속의 형상이나 치수 또는 도중의 온도 변화에는 발생되는 열기전력이 영향을 받지 않으며 열전쌍을 구성한 두 종류의 금속과 양 접점 간의 온도차에 따라 열기전력이 결정되므로 한쪽의 온도와 열기전력을 이용하여 다른 쪽의 온도 측정이 가능하다.

10 복수의 NC 공작기계가 가변 루트인 자동반송시스템으로 연결되어 유기적으로 제어되는 생산형태는?

① Job-shop

② FMC

③ FMS

④ FTL

해설
유연생산시스템(FMS : Flexible Manufacturing System) : 공작기계, 반송장치, 검사장치 등의 구성요소 및 자동화 수준에 따라 다양한 형태가 있으며, 여러 제품을 동시에 처리할 수 있으므로 수요 변화에 유연하게 대처할 수 있다.
② FMC : 복합가공

11 공작기계 검사 시험통칙에서 틀린 것은?

① 시험은 원칙적으로 공작기계를 분해하지 않고 한다.

② 정적 정밀도는 원칙적으로 기계에 하중이 걸려있지 않은 상태에서 한다.

③ 시험은 원칙적으로 공작기계를 사용하는 기업체에서 시행한다.

④ 운전은 필요한 성능과 정밀도에 영향을 미치지 않도록 한다.

12 밀링머신에 대한 내용 중 옳지 않은 것은?

① 여러 날을 가진 커터가 회전을 한다.

② 평면 및 홈가공을 할 수 있다.

③ 나선형 홈을 가공할 수 있다.

④ 공작물을 회전시키며 홈을 가공할 수 있다.

> **해설**
> 공작물을 회전시키며 홈을 가공하는 것은 선반이다.
> 밀링머신(Milling Machine) : 주축에 고정된 밀링커터를 회전시키고, 테이블에 고정한 가공물에 절삭깊이와 이송을 주어 가공물을 필요한 형상으로 절삭하는 공작기계이다.
> 선반(Lathe) : 주축 끝단에 부착된 척(Chuck)에 가공물(공작물)을 고정하여 회전시키고, 공구대에 설치된 바이트로 절삭깊이와 이송을 주어 가공물을 주로 원통형으로 절삭하는 공작기계로서 가장 많이 이용되고 있다.

13 구조용 특수강 중 강인강이 아닌 것은?

① Cr-Mo강　　② Mn강

③ Mn-S강　　④ Ni강

> **해설**
> Mn-S강은 강인강이 아니다.
> 강인강 : 탄소강에서 얻을 수 없는 강인성을 가지고 있는 재료를 얻기 위하여 탄소강에 니켈, 크롬, 텅스텐, 몰리브덴, 규소 등을 첨가한 것이다.
> 강인강의 종류 : 니켈(Ni)강, 크롬(Cr)강, 망간(Mn)강, 니켈-크롬(Ni-Cr)강, 니켈-크롬-몰리브덴(Ni-Cr-Mo)강, 크롬-몰리브덴(Cr-Mo)강

14 연삭숫돌의 결합도에 따른 경도의 선정 기준으로 틀린 것은?

① 연질 가공물의 연삭에는 결합도가 높은 숫돌을 사용한다.

② 연삭 깊이가 깊을 때에는 결합도가 높은 숫돌을 사용한다.

③ 숫돌의 원주속도가 느릴 때에는 결합도가 높은 숫돌을 사용한다.

④ 접촉 면적이 작을 때에는 결합도가 높은 숫돌을 사용한다.

> **해설**
> 연삭 깊이가 깊을(클) 때에는 결합도가 낮은 숫돌(연한 숫돌)을 사용한다.
> 결합도에 따른 경도의 선정 기준

결합도가 높은 숫돌 (단단한 숫돌)	결합도가 낮은 숫돌 (연한 숫돌)
• 연질 가공물의 연삭	• 경도가 큰 가공물의 연삭
• 숫돌차의 원주속도가 느릴 때	• 숫돌차의 원주속도가 빠를 때
• 연삭 깊이가 작을 때	• 연삭 깊이가 클 때
• 접촉 면적이 적을 때	• 접촉면이 클 때
• 가공면의 표면이 거칠 때	• 가공물의 표면이 치밀할 때

15 전해연마의 특징으로 옳지 않은 것은?

① 가공변질층이 없고 평활한 가공면을 얻을 수 있다.

② 가공면에 반대 방향으로 방향성이 있다.

③ 복잡한 형상의 제품도 가능하다.

④ 내마모성, 내부식성이 향상된다.

전해연마는 가공면에 방향성이 없는 것이 특징이다.
전해연마의 특징
• 가공변질층이 없고 평활한 가공면을 얻을 수 있다.
• 복잡한 형상의 제품도 전해연마가 가능하다.
• 가공면에 방향성이 없다.
• 내마모성, 내부식성이 향상된다.
• 연질의 알루미늄, 구리 등도 쉽게 광택면을 가공할 수 있다.
전해연마 : 전기도금의 반대 현상으로 가공물을 양극(+), 전기저항
이 적은 구리·아연을 음극(−)으로 연결하고, 전해액 속에서
1A/cm² 정도의 전기를 통하면 전기에 의한 화학적인 작용으로
가공물의 표면이 용출되어 필요한 형상으로 가공하는 방법이다.
알루미늄 소재 등 거울과 같이 광택 있는 가공면을 비교적 쉽게
가공할 수 있다.

17 초음파 가공의 특징과 가장 관계가 없는 것은?

① 공구의 재료는 피아노선, 황동 등이 있다.

② 소성변형이 되지 않아 취성이 큰 재료를 가공할
수 있다.

③ 부도체는 가공할 수 없다.

④ 원형 또는 이형단면 가공이 가능하다.

• 초음파 가공은 부도체도 가공할 수 있다.
• 초음파 가공은 소성변형이 되지 않고 취성이 큰 유리, 세라믹,
다이아몬드, 수정, 천연이나 인조 보석, 반도체 등에 눈금, 무늬,
문자, 구멍, 절단 등의 가공에 효율적이다.
초음파 가공 : 기계적 에너지로 진동을 하는 공구와 공작물 사이에
연삭입자와 가공액을 주입하고서 작은 압력으로 공구에 초음파
진동을 주어 유리, 세라믹, 다이아몬드, 수정 등 소성변형되지 않고
취성이 큰 재료를 가공할 수 있는 가공방법

16 선반작업에서 절삭속도가 Vm/min, 주축의 회전
수가 Nr/min(=rpm)일 때 공작물의 지름이 32mm
이면 V와 N의 옳은 관계식은?

① $V = 0.1N$

② $V = N$

③ $V = 10N$

④ $V = 32N$

$$V = \frac{\pi DN}{1,000}(\text{m/min}) \rightarrow V = \frac{\pi \times 32\text{mm}}{1,000} \times N = 0.1N$$
$$\therefore V = 0.1N$$
여기서, V : 절삭속도(m/min), D : 공작물 지름(mm),
　　　　N : 주축 회전수(rpm)

18 선반의 크기 표시방법으로 쓰이지 않는 것은?

① 베드, 왕복대 위의 스윙

② 양 센터 사이의 최대 거리

③ 심압대 위의 스윙

④ 가공할 수 있는 공작물의 최대 지름

심압대 위의 스윙(Swing)은 선반의 크기를 나타내는 방법이 아니다.
보통선반의 크기를 나타내는 방법
• 베드상의 최대 스윙 : 베드 위에 공작물이 닿지 않고 가공할
수 있는 공작물 최대 직경
• 양센터 간의 최대 거리 : 가공할 수 있는 공작물의 최대 길이
• 왕복대 위의 스윙 : 왕복대 위에 공작물이 닿지 않고 가공할
수 있는 공작물 최대 직경

19 공작기계의 구비조건 및 특성에 대한 설명이 옳지 않은 것은?

① 공작물의 잔류 응력은 공작 전에 충분히 제거해야 한다.

② 정밀도가 높은 공작기계는 고속 생산이 어려워 바람직하지 않다.

③ 정확한 기준면이 없는 공작방법은 정밀공작에 적합하지 않다.

④ 강성의 결핍과 진동은 정밀공작에 좋지 않다.

해설

정밀도가 높은 공작기계는 고속 생산이 가능하다.

공작기계의 구비조건

• 높은 정밀도를 가질 것
• 가공능력이 클 것
• 내구력이 크며 사용이 간편할 것
• 고장이 적고, 기계효율이 좋을 것
• 가격이 싸고 운전비용이 저렴할 것

20 기계의 부품을 조립할 때 볼트의 머리 부분이 돌출되면 곤란한 부분이 있다. 이러한 경우에 볼트 또는 너트의 머리 부분이 가공물 안으로 묻히도록 드릴과 동심원의 2단 구멍을 절삭하는 방법은?

① 카운터 보링(Counter Boring)

② 카운터 싱킹(Counter Sinking)

③ 스폿 페이싱(Spot Facing)

④ 리밍(Reaming)

해설

카운터 보링 : 볼트 또는 너트의 머리 부분이 가공물 안으로 묻히도록 드릴과 동심원의 2단 구멍을 절삭하는 방법

• 리밍 : 뚫려 있는 구멍을 정밀도가 높고, 가공 표면의 표면거칠기를 좋게 하기 위한 가공
• 카운터 싱킹 : 나사머리의 모양이 접시 모양일 때 테이퍼 원통형으로 절삭하는 가공
• 보링 : 이미 뚫려 있는 구멍을 필요한 크기로 넓히거나 정밀도를 높이기 위하여 보링 바이트를 이용하여 가공하는 방법
• 탭가공 : 드릴로 뚫은 구멍에 탭을 이용하여 암나사를 가공하는 방법
• 스폿 페이싱 : 볼트나 너트가 닿는 구멍 주위에 부분만을 평탄하게 가공하여 체결이 잘되도록 하는 가공방법

21 다음 그림은 절삭 중에 공구와 공작물 및 칩에 발생하는 절삭온도의 분포이다. 절삭온도가 가장 높은 부분은?

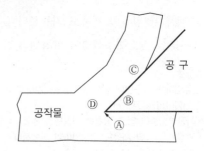

① A

② B

③ C

④ D

해설

한국산업인력공단에서 발표한 정답은 ②이다.

저자 의견

D : 전단면에서 전단 변형이 일어날 때 생기는 열로 가장 높다.

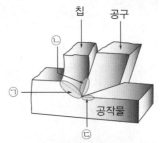

[절삭열의 발생]

㉠ 전단면에서 전단 변형이 일어날 때 생기는 열 : 60%(가장 높다)
㉡ 공구 경사면에서 칩과 마찰할 때 생기는 열 : 30%
㉢ 공구 여유면과 공작물 표면이 마찰할 때 생기는 열 : 10%

그러므로 저자 의견에 따르면 정답은 ④로 생각된다.

22 다음 중 절삭공구의 수명공식은?(단, V : 절삭속도 (m/min), T : 공구 수명(min), n : 절삭공구와 가공물에 의해 변하는 지수, C : 공구 수명 상수이다)

① $(VT/n) = C$　　② $VT^n = C$

③ $CT^n = C$　　④ $TV^n = C$

해설
- 절삭공구의 수명식 : $VT^n = C$
- 테일러(F. W. Taylor)는 1907년도에 공구 수명과 절삭속도 사이의 관계를 식으로 표시하였다.
- 지수(n)는 절삭공구와 가공물에 의하여 변화하는 지수이다.

절삭공구 재료	지 수
고속도강	0.05~0.2
초경합금	0.125~0.25
세라믹	0.4~0.55

23 용삭과 유사한 방법으로 가공물 표면에 요철 부분의 볼록부를 가공할 때 기계적 마찰로 용삭보다 더 능률적인 가공을 하는 화학가공은?

① 화학연삭　　② 화학절단

③ 화학밀링　　④ 화학절삭

해설
화학연삭 : 용삭과 유사한 방법으로 가공물의 표면에 요철 부분의 볼록부를 가공할 때 기계적 마찰로서 용삭보다 더욱 능률적으로 가공하는 방법
- 화학절단 : 인선이 없는 메탈 소(Metal Saw)를 절단할 부분에 마찰시키면서 가공액을 공급하면 용삭이 진행되어 절단되는 가공방법
- 화학밀링 : 일명 화학절삭으로 가공물 표면에서 가공이 필요하지 않은 부분은 내식성 피막을 하고, 가공할 부분만 가공하는 방법
- 화학연마 : 열에너지를 이용하여 가공물의 전면을 균일하게 용해하여 두께를 얇게 하거나, 가공 표면의 오목 부분은 가공하지 않고 볼록 부분만 신속하게 가공하여 평활한 표면으로 가공하는 방법

24 슈퍼피니싱의 2단 공정작업의 2단계 제1공정의 가공조건으로 맞는 것은?

① 고속도 저압력　　② 저속도 저압력

③ 고속도 고압력　　④ 저속도 고압력

해설
2단계 제1공정의 가공조건은 저속도 고압력이다.

25 드릴링머신에서 절삭속도 20m/min, 드릴의 지름 25mm, 이송속도 0.1mm/rev, 드릴 끝 원추의 높이를 5.8mm라 하고 98mm 깊이의 구멍을 뚫을 때 절삭시간은?(단, π는 3.14로 계산한다)

① 약 3분 8초　　② 약 4분 1초

③ 약 6분 1초　　④ 약 8분 2초

해설
- 드릴로 구멍을 뚫는 데 소요되는 시간 T(min)
- 회전수$(n) = \dfrac{1,000v}{\pi d} = \dfrac{1,000 \times 20 \text{m/min}}{\pi \times 25 \text{mm}} ≒ 254.6 \text{rpm}$

$T = \dfrac{t+h}{n \cdot f} = \dfrac{98 \text{mm} + 5.8 \text{mm}}{254.6 \text{rpm} \times 0.1 \text{mm/rev}} ≒ 4.1 \text{min}$

∴ T(소요시간) = 약 4분 1초

여기서, t : 구멍의 깊이(mm), h : 드릴의 원추 높이(mm),
n : 회전수(rpm), f : 드릴의 이송(mm/rev),
v : 절삭속도(m/min), d : 드릴지름(mm)

26 절삭 날수가 10, 바깥지름 100mm인 고속도강 밀링커터로 길이가 300mm인 탄소강을 절삭속도 100m/min로 절삭할 때, 날 1개마다의 이송량을 0.1mm라 하면 1분간의 이송량은?

① 100mm/min　　② 300mm/min

③ 318mm/min　　④ 412mm/min

해설
밀링머신에서 테이블의 이송속도 $f = f_z \times z \times n$

회전수 $(n) = \dfrac{1,000v}{\pi d} = \dfrac{1,000 \times 100 \text{m/min}}{\pi \times 100 \text{mm}} = 318.3 \text{rpm}$

$f = 0.1 \text{mm} \times 10 \times 318.3 \text{rpm} ≒ 318.3 \text{mm/min}$

∴ 테이블 이송속도 = 318mm/min

여기서, f : 테이블 이송속도(mm/min), f_z : 1개의 날당 이송(mm),
n : 회전수(rpm), v : 절삭속도(m/min)

27 센터리스 연삭기에서 조정숫돌차의 바깥지름이 400mm, 회전수가 30r/min(=rpm), 경사각이 4° 일 때 공작물의 1분간 이송속도를 구하면?

① 2,500mm/min

② 2,560mm/min

③ 2,630mm/min

④ 2,680mm/min

해설

센터리스 연삭기에서 통과이송법 공작물의 이송속도
$F = \pi dn \cdot \sin\alpha (\mathrm{mm/min})$
$F = \pi \times 400\mathrm{mm} \times 30\mathrm{rpm} \times \sin 4° ≒ 2629.76\mathrm{mm/min}$
$\therefore F = 2,630\mathrm{mm/min}$
여기서, F : 공작물의 이송속도(mm/min)
　　　　d : 조정숫돌의 지름(mm)
　　　　n : 조정숫돌의 회전수(rpm)
　　　　α : 경사각(°)

28 호닝에서 혼의 왕복운동 시 오버런은 몇 % 내외일 때 가장 양호한 진직도가 얻어지는가?

① 약 60%

② 약 50%

③ 약 40%

④ 약 30%

해설

호닝조건 : 숫돌의 길이는 가공 구멍 길이의 1/2 이하로 하고, 숫돌의 왕복운동 방향은 숫돌 길이의 1/4(약 30%) 정도 나왔을 때 바꾸도록(오버런) 한다.

29 보통선반에서 바이트 중심이 공작물의 회전중심과 일치하지 않았을 때의 설명으로 틀린 것은?

① 바이트의 중심이 공작물 회전중심보다 낮으면 전방 여유각이 커진다.

② 바이트의 중심이 공작물 회전중심보다 높으면 상면 경사각이 커진다.

③ 바이트의 중심이 공작물 회전중심보다 높으면 가공하려는 치수보다 가공 후 측정치수가 크다.

④ 바이트의 중심이 공작물 회전중심보다 낮으면 가공하려는 치수보다 가공 후 측정치수가 작다.

해설

바이트의 중심이 공작물 회전중심보다 낮거나 높으면 가공하려는 치수보다 가공 후 측정치수가 크다.

30 주철을 초경합금 팁을 사용하여 선반가공할 때 공구홀더의 윗면 경사각은?

① 0~6°

② 7~10°

③ 11~12°

④ 13~15°

해설

바이트의 실용 표준각도

가공물 재질		고속도강 바이트				초경합금 바이트			
		r	r'	α	α'	r	r'	α	α'
주 철	경	8	10	5	12	4~6	4~6	0~6	0~10
	연	8	10	5	12	4~10	4~10	0~6	0~12
탄소강	경	8	10	8~12	12~14	5~10	5~10	0~10	4~12
	연	8	12	12~16	14~22	6~12	6~12	0~15	8~15
쾌삭강		8	12	12~161	8~22	6~12	6~12	0~15	8~15
알루미늄		8	12	35	15	6~10	6~10	5~15	8~15

여기서, r : 앞면 절삭각, r' : 옆면 절삭각, α : 윗면 경사각,
　　　　α' : 옆면 경사각

31 주철, 황동, 경합금, 초경합금 등의 연삭에 적당한 탄화규소계(SiC) 연삭숫돌의 입자기호는 무엇인가?

① A ② WA
③ W ④ GC

- GC(녹색 탄화규소) : 주철, 황동, 경합금, 초경합금 등을 연삭하는 데 적합
- 탄화규소계(SiC)의 입자는 C, GC의 기호로 표시한다.

인조 숫돌입자의 종류

종류	기호	적용범위
갈색 알루미나	A	보통 탄소강, 합금강, 스테인리스강 등
백색 알루미나	WA	인장강도가 큰 강 계통의 연삭에 적합, 특히 접촉 면적이 큰 연삭이나 발열을 피해야 하는 연삭에 사용
탄화규소	C	알루미나보다 단단하나 취성이 커서 인장강도가 낮은 재료 연삭에 적합
녹색 탄화규소	GC	주철, 황동, 경합금, 초경합금 등을 연삭하는 데 적합

32 절삭면적의 표시방법 중 옳은 것은?

① 절삭깊이×이송
② 절삭속도×이송
③ 절삭저항×이송
④ 절삭 폭×이송

절삭면적 : $F = s$(이송량)$\times t$(절삭깊이)

33 그림은 동일한 담금질을 했을 때 탄소강과 Cr-V강의 담금질한 경도분포를 나타내었다. 이에 대한 설명 중 틀린 것은?(단, 담금질 전 두 재료의 경도는 HV200 수준으로 동일하다고 가정한다)

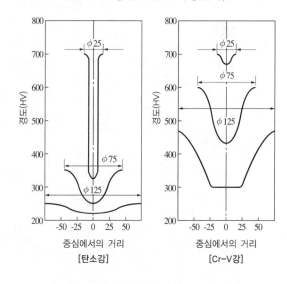

[탄소강] [Cr-V강]

① 탄소강에서 비교적 가는 봉은 중심부와 표면의 경도차가 매우 크다.
② 탄소강에서 지름이 큰 경우 내외부 경도차가 거의 없거나 작은 편이며 전체적으로 경도가 낮다.
③ $\phi25$ Cr-V강의 경우 동일 지름의 탄소강에 비하여 경도의 분포가 고르고 질량효과가 작다.
④ Cr-V강에 비하여 탄소강이 전체적으로 담금질이 잘된다.

④ Cr-V강에 비하여 탄소강이 전체적으로 질량효과가 크다. 즉, 같은 조건에서 담금질 시 Cr-V강이 경도의 분포가 보다 고르고 질량효과가 작은 것을 알 수 있다.
질량효과(Mass Effect) : 강재의 크기, 즉 질량의 크기에 따라 담금질의 효과에 미치는 영향, 또 같은 질량의 재료를 같은 조건에서 담금질하여도 조성이 다르면 담금질 깊이가 다르다. 이때 담금질의 난이성을 강의 담금질성이라 한다.

34 순철의 동소체 중 910~1,400℃ 구간에서 존재하는 것은?

① α철   ② β철

③ γ철   ④ δ철

> **해설**
>
> γ철 : 910~1,400℃
>
> ※ 순철은 용융 상태에서 냉각시키면 1,538℃에서 응고되기 시작하여 그 후 실온까지 냉각되는 동안에 원자 배열이 변화하여 α-Fe, γ-Fe, δ-Fe의 동소체가 존재한다. 911℃에서 α-Fe이 γ-Fe로 되는 변태를 A_3 동소 변태, 1,394℃에서 γ-Fe이 δ-Fe로 되는 변태를 A_4 동소 변태라고 한다.

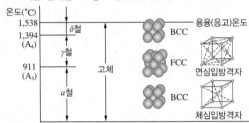

35 20℃인 100mm 강이 25℃로 변하였을 때 변형률은 0.01이었다. 이 재료의 열팽창계수(1/℃)는 얼마인가?

① 2×10^{-2} ② 2×10^{-3}

③ 1×10^{-2} ④ 1×10^{-3}

> **해설**
>
> 변형률 $= \dfrac{\triangle L}{L} = 0.01 \rightarrow \triangle L = 0.01 \cdot L$
>
> $\triangle L = \alpha L \triangle t$
>
> $\rightarrow \alpha = \dfrac{\triangle L}{L \cdot \triangle t} = \dfrac{0.01 \cdot L}{L \cdot \triangle t} = \dfrac{0.01}{\triangle t} = \dfrac{0.01}{5℃} = 0.002$
>
> $\therefore \alpha = 2 \times 10^{-3}$
>
> 여기서, L : 처음 길이(mm), $\triangle L$: 변형량, α : 열팽창계수(1/℃),
> $\triangle t$: 온도 차이
>
> ※ $\triangle t = 25℃ - 20℃ = 5℃$

36 재료의 경도시험법 중 반발저항을 이용하는 방법은?

① 브리넬 경도시험

② 로크웰 경도시험

③ 비커스 경도시험

④ 쇼어 경도시험

> **해설**
>
> 쇼어 경도시험(HS : Shore Hardness Test) : 다이아몬드를 부착한 해머를 일정한 높이 $h_0(\mathrm{mm})$에서 시험편 위에 낙하시켜, 반발하여 올라간 높이 $h(\mathrm{mm})$에 비례하는 값을 경도값으로 나타낸 것이다.
>
> 쇼어 경도$(HS) = \dfrac{10,000}{65} \times \dfrac{h}{h_0}$

경도시험

경도시험	방 법	공 식
브리넬 경도(HB)	구형의 압입자를 일정한 하중으로 시험편에 압입해서 경도값 측정	$HB = \dfrac{P}{A} = \dfrac{P}{\pi Dh}$ $= \dfrac{2P}{\pi D(D - \sqrt{D^2 - d^2})}$
로크웰 경도 (HRB/ HRC)	기준하중과 시험하중으로 생긴 자국의 깊이 차로부터 경도값 측정	• B스케일 : 연한 금속, 1/16강구 사용, 시험하중(100kgf) • C스케일 : 강재나 담금질강, 꼭지각이 120°인 원뿔형 다이아몬드, 시험하중(150kgf)
비커스 경도(HV)	시험편에 작용한 하중을 압입 자국의 대각선 길이로부터 얻은 표면적으로 나눈 값으로 경도값 측정	$HV = \dfrac{P}{A}$ $= 1.854 \dfrac{P}{d^2}(\mathrm{N/mm^2})$
쇼어 경도(HS)	다이아몬드를 부착한 해머를 일정한 높이 $h_0(\mathrm{mm})$에서 시험편 위에 낙하시켜, 반발하여 올라간 높이 $h(\mathrm{mm})$에 비례하는 값을 경도값으로 나타낸 것	$HS = \dfrac{10,000}{65} \times \dfrac{h}{h_0}$

37 베어링강의 재료로서 갖추어야 할 성질이 아닌 것은?

① 소착에 의한 저항력이 커야 한다.

② 마찰계수가 커야 한다.

③ 열전도율이 커야 한다.

④ 내식성이 높아야 한다.

해설
베어링강은 동력을 전달하는 회전축과 접촉하므로 내마멸성이 크고, 강성이 커야 한다. 즉, 마찰계수가 작아야 한다. 현재 많이 사용되고 있는 베어링강은 고탄소-크롬강으로 표준 조성은 1.0% 탄소, 1.5% 크롬이다.

38 황동에서 나타나는 화학적 현상에 속하지 않는 것은?

① 시효경화(Age Hardening)

② 탈아연 부식(Dezincification Corrosion)

③ 고온 탈아연(Dezincing)

④ 자연균열(Seasoning Cracking)

해설
황동에서 나타나는 화학적 현상 : 탈아연 부식, 고온 탈아연, 자연 균열
• 탈아연 부식 : 황동 표면 또는 깊은 곳까지 탈아연되는 현상
• 고온 탈아연 : 높은 온도에서 증발에 의해 표면으로 아연 탈출
• 자연균열 : 황동은 관, 봉 등의 잔류 응력에 의해 균열을 일으키는 현상
※ 자연균열 방지법 : 도료 및 아연도금, 180∼260℃에서 저온 풀림

39 2.11%C의 오스테나이트와 6.67%의 시멘타이트의 공정조직으로 그림과 같은 조직을 무엇이라 하는가?

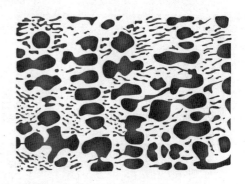

① 흑 연　　　　② 페라이트

③ 레데부라이트　④ 인화철

해설
• 레데부라이트 : 철-탄소합금에 있어서 오스테나이트와 시멘타이트의 공정조직
• 페라이트 : α철에 탄소가 최대 0.02% 고용된 α고용체로서 거의 순철에 가깝다.

40 다음 기계 부품 도면에서 요구되는 진원도 측정법으로 가장 적합한 것은?

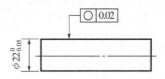

① 지름법　　　　② 3점법

③ 반지름법　　　④ 2점법

해설
도면에서 요구되는 진원도 측정법은 반지름법이다.
진원도 측정방법
• 지름법 : 다이얼 게이지 스탠드에 다이얼 게이지를 고정시켜 각각의 지름을 측정하여 지름의 최댓값과 최솟값의 차이로 진원도 측정
• 3점법 : V블록 위에 피측정물을 올려놓고 정점에 다이얼게이지를 접촉시켜, 피측정 물을 회전시켰을 때 흔들림의 최댓값과 최솟값의 차이로 표시됨
• 반지름법(반경법) : 피측정물을 양센터 사이에 물려 놓고 다이얼 게이지를 접촉시켜 피측정물을 회전시켰을 때 흔들림의 최댓값과 최솟값의 차이로 표시한다.

41 0~25mm 범위를 가지는 외측 마이크로미터의 측정력 범위로 가장 옳은 것은?

① 1~2N

② 2~5N

③ 5~15N

④ 20~30N

해설
외측 마이크로미터의 성능(KS B 5202 : 1998)에서 측정력은 모든 범위 5~15N이다.

측정범위 [mm]	측정면의 평면도 (μm)	측정면의 평행도 (μm)	기차 (μm)	스핀들의 이송 오차 (μm)	측정력 (N)	측정력의 산포 (N)	프레임의 휨하중 10[N]당(μm)
0~25	0.6	2	±2	3	5~15	3	2
25~50							
50~75		3	±3				3
75~100							4
100~125							
125~150							5
150~175							6
175~200			±4				
200~225		4					7
225~250							8
250~275			±5				
275~300							9
300~325		5					10
325~350			±6				
350~375							11
375~400	1						12
400~425		6	±7				
425~450							13
450~475			±8				14
475~500		7					15

42 게이지 블록과 마찬가지로 밀착이 가능하기 때문에 홀더가 필요 없으며 오토콜리메이터 같은 광학적인 측정기와 병행해서 게이지면을 반사면으로 이용하여 정밀각도 측정이 가능한 게이지는?

① 요한슨식 각도게이지

② NPL식 각도게이지

③ 테이퍼 게이지

④ 원통게이지

해설
NPL식 각도게이지 : 길이 약 90mm, 폭 약 15mm의 측정면을 가진 쐐기형의 열처리된 블록으로 각각 6초, 18초, 30초, 1분, 9분, 27분, 1°, 3°, 9°, 27°, 41°의 각도를 가진 12개의 게이지를 한 조로 한다. 이들 게이지를 2개 이상 조합해서 6초부터 81° 사이를 임의로 6초 간격으로 만들 수 있다. 측정면이 요한슨식 각도게이지보다 크고 몇 개의 블록을 조합하여 임의의 각도를 만들 수 있고, 그 위에 밀착이 가능하여 현장에서도 많이 쓰인다.

• 27°+9°+1°−3°+9′=34°9′

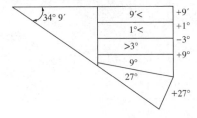

43 오토콜리메이터와 함께 사용되는 부속품 중 하나로 원주눈금, 할출판, 기어의 각도 분할의 검정에 이용되는 부속품은?

① 평면경

② 폴리곤 프리즘

③ 펜타 프리즘

④ 조정기

해설
폴리곤 프리즘 : 광학적으로 평탄하게 연마된 거울면을 가진 다면경으로 오토콜리메이터와 함께 사용되는 부속품 중 하나로 원주눈금, 할출판, 기어의 각도 분할의 검정에 이용되는 부속품이다.

44 한 쌍의 기어를 백래시 없이 맞물리고 회전시켰을 때 중심거리 변화를 이용하여 1피치 물림 오차 및 전체 물림 오차를 구하여 기어의 등급을 평가할 수 있는 시험은?

① 편측 잇면 물림시험
② 양측 잇면 물림시험
③ 피치원판식 시험
④ 기초원식 시험

해설

양측 잇면 물림시험 : 표준기어 S와 측정기어 M을 핸들 H_1으로 위치를 조정하여 물리게 한다. 그때의 중심거리를 l로 하고 다음에 H_2의 핸들로 축을 회전하면, 오차가 있을 때는 맞물린 상태에 의하여 l이 변화한다. 이 변형량 δl을 기록장치 R에 의하여 100~250배로 확대 기록시킨다.

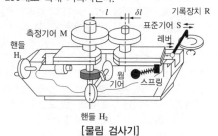

[물림 검사기]

편측 잇면 물림시험 : 중심거리를 고정하여 회전각의 변화를 측정하는 방법

45 지그와 고정구를 구분하는 데 있어 가장 큰 차이점은?

① 공구 안내장치의 유무
② 본체의 유무
③ 조임장치의 유무
④ 위치결정구의 유무

해설

지그(Jig)와 고정구(Fixture)의 가장 큰 차이점은 공구 안내장치의 유무이다. 지그는 공구를 안내하는 부시(Bush)를 끼운 기구를 가지고 있다.

46 클램핑 장치에 칩이 붙을 때는 클램핑력이 불안전해진다. 이에 관한 대책으로 잘못 설명한 것은?

① 위치결정면 부분을 넓은 면적으로 한다.
② 클램핑면은 수직면으로 한다.
③ 볼트, 스프링, 로크 와셔 등을 이용하여 항상 밀착하게 한다.
④ 칩의 비산 방향에 클램프 부분을 설치하지 않는다.

해설

칩(Chip) 또는 외부물질이 공구와 공작물의 접촉부에 끼이면 정밀 가공이 불가능하므로 칩의 영향을 받지 않도록 위치결정면 부분을 좁은 면적으로 설계하여야 한다.

47 템플레이트 지그(Template Jig)의 설명으로 가장 옳은 것은?

① 작업자가 주의하지 않으면 공작물이 부정확하게 가공될 염려가 있는 구조이다.
② 생산작업에 사용되는 지그 중에서 가장 합리적인 구조이며 정밀한 공작물을 고속으로 생산하기 위한 지그이다.
③ 핀이나 네스트가 없이 클램프에 의하여 공작물을 밀착시킬 수 있는 구조이다.
④ 제작비가 많이 소요되지만 복잡한 형태의 공작물을 다량 생산할 때 적합하다.

해설

템플레이트 지그는 작업자가 주의하지 않으면 공작물이 부정확하게 가공될 염려가 있는 구조이다.
템플레이트 지그의 특징
• 최소의 경비로 가장 단순하게 사용될 수 있는 지그이다.
• 생산속도보다는 제품의 정밀도가 더 요구될 때 사용된다.
• 제작비가 저렴하고 가장 단순한 지그로서 부시를 사용할 수도 있다.
• 부시를 사용하지 않을 때는 지그 전체를 경화시켜 사용한다.

48 90° V-Block에서 외경이 $\phi 20 \pm 0.1$인 공작물 위치결정 시 수평중심의 최대 변화량은 약 몇 mm인가?

① 0.05　　　　② 0.07
③ 0.10　　　　④ 0.14

90° V-Block이 중심결정구로 사용될 때, 공작물 직경차를 △라고 하면, 공작물의 중심은 이등분면상에서 위치오차 e가 생긴다.

$$e = \frac{1}{2\triangle} = 0.707 \times \triangle = 0.707 \times 0.2 = 0.1414 \text{mm}$$

∴ 수평중심의 최대 변화량$(e) = 0.14 \text{mm}$
여기서, △ : 직경차

49 치공구의 사용에 따른 장단점으로 틀린 것은?

① 작업의 숙련도 요구가 감소한다.
② 가공 정밀도 향상으로 불량품을 방지한다.
③ 가공시간을 단축하게 하여 제조비용을 절감할 수 있다.
④ 호환성이 낮아지기 때문에 단일 제품 제작에만 사용한다.

치공구를 사용하면 가공 정밀도 향상 및 호환성 향상으로 불량품을 방지한다.
가공에 있어서의 장점
• 기계설비를 최대한 활용할 수 있다.
• 생산능력을 증가시킬 수 있다.
• 특수기계 및 특수공구가 필요하지 않다.
생산 원가의 장점
• 가공 정밀도 향상 및 호환성의 향상으로 불량품을 방지한다.
• 제품의 균일화에 의하여 검사업무가 간소화된다.
• 작업시간이 단축된다.
• 불량품 감소로 재료비가 절감된다.
• 절삭공구의 파손이 감소하여 공구의 수명이 연장된다.
노무관리의 장점
• 근로자의 숙련도 요구가 감소한다.
• 근로자의 피로가 경감되어 안전작업이 가능하다.

50 윤곽제어를 할 때 펄스를 분배하는 방식에 포함되지 않는 것은?

① MIT 방식　　　　② DDA 방식
③ 서보방식　　　　④ 대수연산방식

윤곽제어를 할 때 펄스를 분배하는 방식에는 MIT 방식, DDA 방식, 대수연산방식의 3가지가 있다. 초기에는 대수연산방식을 사용하였으나 현재는 DDA 방식이 주류를 이루고 있다.
NC의 펄스 분배방식
• MIT 방식 : 시작점에서 출발하여 목표점에 도달하고자 할 때 두 점을 연결한 직선이나 원의 방정식을 풀면서 X축, Y축에 적당한 시간 간격으로 펄스를 발생시켜 직선이나 원에 근사하게 이동할 수 있도록 하는 방법이다. 2차원 또는 2.5차원의 보간은 가능하지만 3차원의 보간은 불가능한 방식이다.
• DDA 방식 : DDA 회로를 NC에 이용한 것으로 목표점 좌표값의 2진수와 같은 용량을 가지고 있는 연산용 레지스터에 목표점 좌표값의 2진수 값을 계속 누산하여 주어진 용량을 초과하는 오버플로(Over Flow)가 발생하는 시점에 펄스를 발생시키도록 한 방식이다. 직선보간의 경우에 우수한 성능이 있어 현재 주류를 이루고 있다.
• 대수연산방식 : 이동경로곡선의 판별식 D의 정부를 조사하여 $D \geq 0$이면 X축에 1펄스를 주고, $D < 0$이면 Y축에 1펄스를 주는 방법을 되풀이하면 1펄스 내의 정밀도로 종점에 도달할 수 있도록 하는 방식이다. 원호보간의 경우에는 유리하나 직선보간의 경우는 DDA방식이 유리하다.

51 머시닝센터에 사용되는 준비기능 중 G42 코드의 의미는?

① 자동 공구 길이 측정
② 공구 길이 보정 "+"
③ 공구지름 보정 취소
④ 공구지름 보정 우측

• G40 : 공구지름 보정 취소
• G41 : 공구지름 좌측 보정
• G42 : 공구지름 우측 보정
• G43 : +방향 공구 길이 보정(기준 공구보다 긴 경우 보정값 앞에 +부호를 붙여 입력)
• G44 : −방향 공구 길이 보정(기준 공구보다 짧은 경우 보정값 앞에 −부호를 붙여 입력)
• G49 : 공구 길이 보정 취소

52 주프로그램에서 보조 프로그램을 호출하여 실행한 후 다시 주프로그램으로 복귀할 때 사용하는 M코드는?

① M08   ② M09
③ M98   ④ M99

해설

보조 프로그램 종료 및 주프로그램 복귀 : M99

M코드 🔔 반드시 암기(자주 출제)

M코드	기 능	M코드	기 능
M00	프로그램 정지	M08	절삭유 ON
M01	프로그램 선택 정지	M09	절삭유 OFF
M02	프로그램 끝	M30	프로그램 끝 & 리셋
M03	주축 정회전	M98	보조 프로그램 호출
M04	주축 역회전	M99	보조 프로그램 종료
M05	주축 정지		

53 200rpm으로 회전하는 스핀들을 5회전 휴지명령 프로그래밍을 하고자 할 때 바르게 표현한 것은?

① G04 X1.5;
② G04 X0.7;
③ G04 X1500;
④ G04 X7000;

해설

휴지(Dwell) : 지령한 시간 동안 이송이 정지되는 기능이다. 이 기능은 홈가공이나 드릴작업 등에서 간헐이송으로 칩을 절단하거나, 목표점에 도달한 후 즉시 후퇴할 때 생기는 이송량만큼의 단차를 제거함으로써 진원도의 향상 및 깨끗한 표면을 얻기 위하여 사용한다.

$$정지시간(초) = \frac{60 \times 공회전수(회)}{스핀들\ 회전수(rpm)} = \frac{60 \times n(회)}{N(rpm)}$$

$$= \frac{60 \times 5(회)}{200rpm} = 1.5초$$

1.5초 동안 정지시키려면 G04 X1.5; , G04 U1.5; , G04 P1500; 모두 가능하다.

※ 참고로 P 어드레스에는 소수점을 사용하지 않는 것에 주의한다.

54 CAD 시스템에서 선, 원, 문자 등 도형 형상을 구성하는 최소 단위를 무엇이라 하는가?

① 요소(Element)
② 모델(Model)
③ 데이터(Data)
④ 픽셀(Pixel)

해설

CAD 시스템에서 선, 원, 문자 등 도형 형상을 구성하는 최소 단위는 요소이다.

55 다음 중 반즈(Ralph M. Barnes)가 제시한 동작경제원칙에 해당되지 않는 것은?

① 표준작업의 원칙
② 신체의 사용에 관한 원칙
③ 작업장의 배치에 관한 원칙
④ 공구 및 설비의 디자인에 관한 원칙

해설

반즈의 동작경제원칙
• 신체의 사용에 관한 원칙
• 작업장의 배치에 관한 원칙
• 공구 및 설비의 디자인에 관한 원칙

56 근래 인간공학이 여러 분야에서 크게 기여하고 있다. 다음 중 어느 단계에서 인간공학적 지식이 고려됨으로써 기업에 가장 큰 이익을 줄 수 있는가?

① 제품의 개발단계
② 제품의 구매단계
③ 제품의 사용단계
④ 작업자의 채용단계

제품의 개발단계에서 인간공학적 지식이 고려됨으로써 기업에 가장 큰 이익을 준다.

57 다음 표를 참조하여 5개월 단순 이동평균법으로 7월의 수요를 예측하면 몇 개인가?

(단위 : 개)

월	1	2	3	4	5	6
실 적	48	50	53	60	64	68

① 55개   ② 57개
③ 58개   ④ 59개

- $M_7 = \dfrac{1}{5}(M_2 + M_3 + M_4 + M_5 + M_6)$

  $= \dfrac{1}{5}(50 + 53 + 60 + 64 + 68) = 59$

- 이동평균법 : 평균의 계산기간을 순차로 한 개씩 이동시켜 가면서 기간별 평균을 계산하여 경향치를 구하는 방법이다. 가장 오래된 데이터는 제거하고 가장 최초의 데이터로부터 평균에 대입하여 값을 구한다.

  만일, 1~5월의 생산량을 바탕으로 6월 예상 생산량을 구하는 식은 아래와 같다.

  $M_6 = \dfrac{1}{5}(M_1 + M_2 + M_3 + M_4 + M_5)$

58 다음 중 두 관리도가 모두 푸아송분포를 따르는 것은?

① $\bar{x}$ 관리도, R 관리도
② c 관리도, u 관리도
③ np 관리도, p 관리도
④ c 관리도, p 관리도

59 전수검사와 샘플링검사에 관한 설명으로 가장 올바른 것은?

① 파괴검사의 경우에는 전수검사를 적용한다.
② 전수검사가 일반적으로 샘플링 검사보다 품질 향상에 자극을 더 준다.
③ 검사항목이 많을 경우 전수검사보다 샘플링 검사가 유리하다.
④ 샘플링 검사는 부적합품이 섞여 들어가서는 안되는 경우에 적용한다.

검사항목이 많을 경우 전수검사보다 샘플링 검사가 유리하다.

60 도수분포표에서 도수가 최대인 계급의 대푯값을 정확히 표현한 통계량은?

① 중위수
② 시료평균
③ 최빈수
④ 미드–레인지(Mid–range)

최빈수 : 도수분포표에서 도수가 최대인 계급의 대푯값을 정확히 표현한 통계량

2014년 제56회 과년도 기출문제

01 유압회로의 일부에 배압을 발생시키고자 할 때 사용하는 밸브는?

① 카운터밸런스 밸브
② 시퀀스 밸브
③ 리듀싱 밸브
④ 언로드 밸브

> **해설**
>
> 유압회로의 일부에 중력에 의한 낙하를 방지하기 위해 배압을 유지하는 압력제어밸브는 카운터밸런스 밸브(Counter Balance Valve)이다. 실린더의 피스톤 로드에 인장하중이 걸리면 실린더는 끌리는 영향을 받게 되는데, 이러한 영향을 방지하기 위하여 인장하중이 가해지는 쪽에 밸브를 설치하여 끌리는 효과를 억제한다. 카운터밸런스 밸브는 이러한 목적으로 사용되는 밸브이다. 카운터밸런스 밸브의 설정압력을 부하와 일치하는 압력으로 설정해 두면 배압에 의해 전진속도를 제어할 수 있다.

02 그림과 같은 유압회로에 대한 설명으로 틀린 것은?

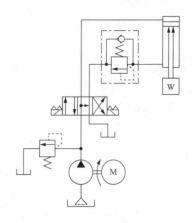

① 부하가 갑자기 감소할 때 실린더가 급진하는 것을 방지한다.
② 수직 램의 자중낙하를 방지한다.
③ 기름탱크로 복귀하는 유로에 일정한 배압을 형성한다.
④ 실린더가 전진할 때 유량을 일정하게 제어한다.

> **해설**
>
> 실린더가 전진(하강운동)할 때 유량을 일정하게 제어하지 못한다. 문제의 회로도는 카운터밸런스 회로로 작업이 완료되어 부하가 0이 될 때, 실린더가 갑자기 밀려 나가는 것을 방지하기 위하여 사용되는 회로이다. 실린더의 출구 쪽에 카운터밸런스 밸브를 사용해서 실린더가 자중으로 낙하는 것을 방지하는 회로도이다. 카운터밸런스 밸브의 설정압력을 부하와 일치하는 압력으로 설정해 두면 배압에 의해 전진속도를 제어할 수 있다.

03 밸브의 복귀방법에서 내부의 파일럿 신호로서 복귀시키는 방식은?

① 스프링 복귀방식
② 공압신호 복귀방식
③ 디텐드 방식
④ 푸시버튼 복귀방식

해설
내부의 파일럿 신호로서 복귀시키는 방식은 공압신호 복귀방식이다.

04 다음 공유압기호가 나타내는 밸브의 명칭은?

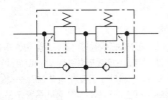

① 파일럿 작동형 시퀀스 밸브
② 카운터밸런스 밸브
③ 브레이크 밸브
④ 무부하 릴리프 밸브

해설
문제의 공유압기호는 브레이크 밸브이다.

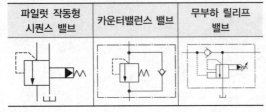

파일럿 작동형 시퀀스 밸브	카운터밸런스 밸브	무부하 릴리프 밸브

05 유압펌프를 작동시켜도 압력이 형성되지 않는 원인으로 가장 거리가 먼 것은?

① 기름탱크의 유면이 너무 낮다.
② 펌프가 동작하지 않거나 회전 방향이 반대이다.
③ 압력 릴리프 밸브의 고장으로 항상 열려 있다.
④ 유압작동유의 점도가 낮다.

해설
유압작동유의 낮은 점도는 압력이 형성되지 않는 원인과 거리가 멀다. 유압장치에서 적정 점도는 펌프 종류나 사용압력 등에 따라 다르다. 그러나 일반적으로 40℃에서 20~80cst의 유압유가 사용된다.
유압에서 점도의 영향
• 관로저항에 영향을 준다.
• 유압펌프나 유압모터 등의 효율에 영향을 준다.
• 유압기기의 윤활작용 및 누설량에 영향을 준다.

06 자동화 시스템의 구성요소 중 프로세스로부터 명령을 받아 기계적인 작업을 수행하는 것은?

① 센 서
② 액추에이터
③ 소프트웨어
④ 네트워크

해설
액추에이터(Actuator) : 제어장치로부터 받은 제어신호에 따라 기계와 기구를 구동시키기 위하여 동력을 발생시키는 장치로, 사람의 근육과 인대에 해당된다.
※ 센서(Sensor) : 물리량, 화학량, 소리, 빛, 전파의 세기 등을 전기적 신호로 변환시킨 것으로 사람의 감각기관(시각·청각·촉각·후각·미각)에 해당된다.

07 전동기가 기동되지 않을 때 점검항목에 속하지 않는 것은?

① 전원 주파수 변동 유무
② 과부하 유무
③ 퓨즈의 단선
④ 상 결선의 단락

해설
전동기가 기동되지 않을 때 점검항목 : 과부하 유무, 퓨즈의 단선, 상 결선의 단락 등

08 PLC를 동작시키는 데 필요한 고유의 프로그램을 기억하는 메모리로 맞는 것은?

① 데이터 메모리
② 입출력 메모리
③ 제어용 메모리
④ 다이나믹 메모리

해설
제어용 메모리 : 고유의 프로그램을 기억하는 메모리

09 물체에 직접 접촉하지 않고 그 위치를 검출하여 전기적인 신호를 발생시키는 센서는?

① 푸시버튼 스위치
② 리드 스위치
③ 리밋 스위치
④ 풋 스위치

해설
리드 스위치(Reed Switch) : 물체에 직접 접촉하지 않고 그 위치를 검출하여 전기적인 신호를 발생시키는 것으로 센서에 속한다고 말하며 근접 스위치라고도 한다.

10 다음 중 유도형 센서에 대한 설명으로 틀린 것은?

① 전력 소비가 적다.
② 자석효과가 없다.
③ 분극현상을 이용하므로 비금속물질도 검출이 가능하다.
④ 감지물체 안에 온도 상승이 없다.

해설
유도형 센서는 금속체에만 반응하는 것으로 대체로 100~1,000[KHz]의 고주파 전자계를 센서 표면에서 방출하여 검출헤드(발진코일) 가까이에 금속체가 없으면 변화가 없고, 도체인 금속성 물체가 감지거리 이내에 들어오면 발진코일로부터 전자계의 영향을 받아 유도에 의한 와전류가 금속체 내부에 발생하여 에너지를 빼앗아 발진 진폭의 감쇄를 가져온다.
유도형 센서의 장점
• 적은 소모 전력(수)
• 자석효과는 없다.
• HF 필드이므로 간섭이 없다.
• 감지 물체 안에 온도 상승이 없다.

11 선반 베드에 주로 사용하는 재질에 해당하는 것은?

① 구상 흑연주철　　② 연 강
③ 공구강　　　　　 ④ 초경합금

해설

선반 베드의 재료는 반강주철, 합금주철, 미하나이트 주철, 구상 흑연주철 등 인장강도가 245~393N/mm² 이상의 고급주철이 사용된다.

12 센터리스 연삭기의 작업특성에 대한 설명 중 옳은 것은?

① 직경이 큰 공작물의 단면연삭이 가능하다.
② 형상이 불규칙한 외경을 가진 제품 연삭이 가능하다.
③ 가늘고 긴 가공물의 연삭이 가능하다.
④ 축의 중앙 부위에 긴 홈이 있는 홈연삭에 적합하다.

해설

센터리스 연삭은 가늘고 긴 가공물의 연삭에 적합하다.
센터리스 연삭의 특징 　반드시 암기(자주 출제)
• 센터가 필요하지 않아 센터 구멍을 가공할 필요가 없다.
• 중공(中空, 속이 빈 축)의 가공물을 연삭할 때 편리하다.
• 연삭 여유가 작아도 된다.
• 가늘고 긴 가공물의 연삭에 적합하다.
• 긴 홈이 있는 가공물의 연삭은 불가능하다.
• 대형이나 중량물의 연삭은 불가능하다.
• 연속가공이 가능하며 대량 생산에 적합하다.
• 자생작용이 있다.
※ 센터리스 연삭기 : 센터, 척, 자석척 등을 사용하지 않고 가공물의 표면을 조정하는 조정숫돌과 지지대를 이용하여 가늘고 긴 가공물을 연삭하는 방법

13 연삭숫돌의 결합도가 가장 높은 것은?

① L　　　　　　　 ② O
③ P　　　　　　　 ④ T

해설

문제 보기 중 "T"가 가장 결합도가 높다.
연삭숫돌 결합도에 따른 분류(알파벳이 클수록 결합도가 높다)

결합도	E, F, G	H, I, J, K	L, M, N, O	P, Q, R, S	T, U, V, W, X, Y, Z,
호칭	극연 (Very Soft)	연 (Soft)	중 (Medium)	경 (Hard)	극경 (Very Hard)
	매우 연한 것	연한 것	중간 것	단단한 것	매우 단단한 것

결합도에 따른 경도의 선정 기준

결합도가 높은 숫돌 (단단한 숫돌)	결합도가 낮은 숫돌 (연한 숫돌)
• 연질 가공물의 연삭	• 경도가 큰 가공물의 연삭
• 숫돌차의 원주속도가 느릴 때	• 숫돌차의 원주속도가 빠를 때
• 연삭 깊이가 작을 때	• 연삭 깊이가 클 때
• 접촉 면적이 작을 때	• 접촉 면적이 클 때
• 가공면의 표면이 거칠 때	• 가공물의 표면이 치밀할 때

14 초음파 가공 시에 사용되는 연삭입자의 재질이 아닌 것은?

① 산화알루미나
② 탄화규소
③ 다이아몬드 분말
④ 니켈합금

해설

니켈합금은 초음파 가공 시에 사용되는 연삭입자가 아니다.
초음파에 사용되는 연삭입자의 재질 : 산화알루미나계(Al_2O_3), 탄화규소계(SiC), 탄화붕소, 다이아몬드 분말

15 구성인선 방지대책을 설명한 것으로 틀린 것은?

① 절삭깊이를 작게 한다.

② 경사각을 크게 한다.

③ 윤활성이 좋은 절삭제를 사용한다.

④ 절삭속도를 작게 한다.

해설

빌트업 에지(구성인선)를 방지하기 위해 절삭속도를 크게 해야 한다.

빌트업 에지(구성인선)의 방지대책 🔔 반드시 암기(자주 출제)

• 절삭깊이를 작게 할 것
• 경사각을 크게 할 것
• 절삭공구의 인선을 예리하게(날카롭게) 할 것
• 윤활성이 좋은 절삭유제를 사용할 것
• 절삭속도를 크게 할 것

빌트업 에지(구성인선) : 연성 가공물을 절삭할 때 절삭공구에 절삭력과 절삭열에 의한 고온·고압이 작용하여 절삭공구인선에 대단히 경하고 미소한 입자가 압착 또는 융착되어 나타나는 현상이다.

빌트업 에지(Built-up Edge) 발생과정

발생 → 성장 → 최대 성장 → 분열 → 탈락

16 고속도강 공구에 물리적 증착법(PVD법)으로 코팅할 때 사용되며 코팅면이 금색을 나타내는 것은?

① 탄화타이타늄(TiC)

② 질화타이타늄(TiN)

③ 알루미나(Al$_2$O$_3$)

④ 탄화텅스텐(WC)

해설

코팅면이 금색으로 나타내는 피복 초경합금은 질화타이타늄(TiN)이다.

피복 초경합금 : TiC, TiCN, TiN, Al$_2$O$_3$ 등을 2~15μm 의 두께로 피복하여 사용하는 절삭공구로, 인성이 우수한 초경합금에 내마모성과 내열성을 향상시킨다. 절삭공구 피복방법으로는 화학적 증착법(CVD)과 물리적 증착법(PVC)을 이용한다.

17 절삭가공에서 공작물을 가공할 때 공작기계의 회전수가 일정하다고 가정한다면 공작물의 지름과 절삭속도의 관계를 바르게 설명한 것은?

① 공작물의 지름이 크면 절삭속도는 느려진다.

② 공작물의 지름이 크면 절삭속도는 빨라진다.

③ 공작물의 지름이 작으면 절삭속도는 빨라진다.

④ 공작물의 지름과 관계없이 절삭속도는 일정하다.

해설

$v = \dfrac{\pi dn}{1,000}$ 에서 회전수(n)가 일정하면 공작물의 지름(d)과 절삭속도(v)는 비례관계이다.

즉, 공작물의 지름(d)이 크면 절삭속도(v)는 빨라진다.

18 연성재료를 가공할 때 공구의 각도에 따라 유동형, 전단형, 열단형 등 서로 다른 형태의 칩이 발생한다. 이때 각도의 정확한 명칭은 무엇인가?

① 윗면 경사각   ② 측면 경사각

③ 전면 여유각   ④ 측면 여유각

해설

공구의 윗면 경사각의 각도에 따라 유동형, 전단형, 연단형의 칩이 발생한다.

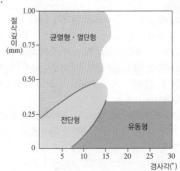

[절삭조건과 칩의 형태]

19 래핑작업 조건에 대한 설명 중 틀린 것은?

① 건식 래핑속도는 150~200m/min 정도로 입자가 비산하지 않도록 한다.

② 래핑속도가 너무 빠르면 발열로 인한 표면변질층이 커지거나 래핑 번(Lapping Burn)이 발생하므로 주의한다.

③ 랩제의 입자가 크면 압력을 높이고, 입자가 미세하면 압력을 낮춘다.

④ 랩제는 균일한 크기로 해야 하며, 큰 입자가 섞이면 다듬질한 면에 상처가 생기므로 주의한다.

해설

래핑조건에서 래핑속도는 가공물과 랩의 상대속도로 습식 래핑에서는 랩제나 래핑유가 비산하지 않을 정도로 하며, 건식 래핑은 50~80m/min 정도로 한다. 래핑속도가 너무 빠르면 발열로 인한 표면변질층이 커지거나 래핑 번이 발생하므로 주의하여야 한다.

20 공구 마멸의 형태가 잘못 표현된 것은?

① 크레이터 마멸

② 플랭크 마멸

③ 씽크 마멸

④ 치 핑

해설

씽크 마멸은 공구 마멸의 형태가 아니다.

공구 마멸의 종류

• 크레이터 마모(Crater Wear) : 칩이 처음으로 바이트 경사면에 접촉하는 접촉점은 절삭공구의 인선에서 약간 떨어져서 나타나며, 이 접촉점에서 마찰력이 작용하여 절삭공구의 상면 경사면이 오목하게 파이는 현상

• 플랭크 마모(Flank Wear) : 절삭공구의 절삭면에 평행하게 마모되는 것을 의미하며, 측면과 절삭면과의 마찰에 의하여 발생한다.

• 치핑(Chipping) : 절삭공구인선의 일부가 미세하게 탈락되는 현상

21 방전가공의 진행 순서로 맞는 것은?

① 암류→불꽃 방전→코로나 방전→글로우 방전→아크 방전

② 암류→코로나 방전→불꽃 방전→글로우 방전→아크 방전

③ 암류→글로우 방전→코로나 방전→불꽃 방전→아크 방전

④ 암류→불꽃 방전→글로우 방전→코로나 방전→아크 방전

해설

방전가공 진행 순서

암류 → 코로나 방전 → 불꽃 방전 → 글로우 방전 → 아크 방전

22 전해연마 시 철강용 전해연마액의 주성분으로 사용되지 않는 것은?

① 과염소산   ② 황 산

③ 인산염   ④ 염화나트륨

해설

전해연마 시 전해액은 과염소산($HClO_4$), 황산(H_2SO_4), 인산(H_3PO_4), 질산(HNO_3) 등이 쓰인다.

전해연마 : 전기도금의 반대 현상으로 가공물을 양극(+), 전기저항이 작은 구리·아연을 음극(−)으로 연결하고, 전해액 속에서 $1A/cm^2$ 정도의 전기를 통하면 전기에 의한 화학적인 작용으로 가공물의 표면이 용출되어 필요한 형상으로 가공하는 방법이다. 알루미늄 소재 등 거울과 같이 광택 있는 가공면을 비교적 쉽게 가공할 수 있다.

23 선반에서 중소형 공작물의 가공에 사용되는 센터는 일반적으로 몇 도(°)를 사용하는가?

① 30°   ② 45°

③ 60°   ④ 100°

해설
- 센터의 선단은 일반적으로 60°로 제작되어 정밀가공, 중소형의 부품가공에 사용된다.
- 가공물이 크거나 중량일 때는 75°, 90°의 센터를 사용한다.

24 호닝가공에서 진직도의 불량원인이 아닌 것은?

① 혼의 오버런이 크거나 없을 때
② 가공압력의 불균일
③ 큰 점도의 호닝유
④ 숫돌의 길이가 가공 구멍 길이에 비해 1/2 이상일 때

해설
호닝가공에서 진직도의 불량원인
- 혼의 오버런이 크거나 없을 때(오버런은 숫돌 길이의 1/4 정도로 한다)
- 가공압력의 불균일
- 숫돌의 길이가 가공 구멍 길이의 1/2 이상일 때(1/2 이하로 해야 한다)

25 슈퍼피니싱으로 정밀가공할 때 가공조건에 대한 설명 중 틀린 것은?

① 거친 가공을 할 때에는 일반적으로 숫돌에 가하는 압력은 0.2~0.5MPa, 평균속도는 5~20m/min으로 한다.
② 다듬질 가공을 할 때에는 일반적으로 숫돌에 가하는 압력은 0.05~0.15MPa, 평균속도는 20~60m/min으로 한다.
③ 숫돌의 진폭은 1~4mm로 하고, 진동수는 공작물이 클 때에는 500~600회, 작을 때에는 1,000~1,200회를 기준으로 한다.
④ 가공 표면의 거칠기는 숫돌의 입도, 공작물의 재질, 절삭속도에 의해 결정되며 일반적으로 1~3μm 범위이다.

해설
슈퍼피니싱 가공 표면의 거칠기는 1~8μm 범위이다.

26 커터 날의 개수가 10개, 지름이 100mm, 날 하나에 대한 이송이 0.4mm이며, 절삭속도 90m/min로 연강재를 절삭하는 경우 밀링머신 테이블의 이송속도는?

① 1.15m/min
② 3.54m/min
③ 11.46m/min
④ 25.46m/min

해설

회전수$(n) = \dfrac{1,000v}{\pi d} = \dfrac{1,000 \times 90\text{m/min}}{\pi \times 100\text{mm}} \fallingdotseq 286.48\text{rpm}$

테이블 이송속도$(f) = f_z \times z \times n = 0.4\text{mm} \times 10 \times 286.48\text{rpm}$
$\fallingdotseq 1146\text{mm/min} = 1.146\text{m/min}$

$\therefore$ 테이블 이송속도$(f) = 1.146\text{m/min}$

여기서, f : 테이블 이송속도(mm/min)

f_z : 1날당 이송량(mm)

n : 회전수(rpm)

z : 커터의 날수

27 평밀링커터에 의한 절삭에서 한 개의 날이 깎아내는 칩의 두께를 구하는 식은?(단, 절삭부의 폭을 $b$mm, 절삭깊이를 $d$mm, 테이블의 매 분당 이송을 $f$mm/min, 커터의 외경을 Dmm, 회전수를 n r/min(=rpm), 날의 수를 Z개로 한다)

① $\dfrac{f}{nZ}\sqrt{\dfrac{D}{d}}$ ② $\dfrac{f}{nZ}\sqrt{\dfrac{d}{D}}$

③ $\dfrac{f}{nZ}\sqrt{Dd}$ ④ $\dfrac{nf}{Z}\sqrt{\dfrac{d}{D}}$

해설

한 개의 날이 깎아내는 칩의 두께 : $\dfrac{f}{nZ}\sqrt{\dfrac{d}{D}}$

28 공작기계의 운전 상태와 가공능력을 시험하는 시험항목은?

① 기능시험   ② 무부하 운전시험

③ 강성시험   ④ 부하 운전시험

29 밀링머신에서 절삭속도 100m/min, 커터의 지름 100mm, 매 분당 이송 300mm/min, 절삭저항(P)이 1,200N, 이송분력(P^2)이 30N일 때, 절삭동력(PS)은 얼마인가?(단, 효율은 100%로 계산한다)

① 약 1.50   ② 약 2.72

③ 약 3.70   ④ 약 4.22

해설

절삭동력$(N_e) = \dfrac{P(N) \times V}{75 \times 9.81 \times 60}$(PS) $= \dfrac{P(N) \times V}{1,000 \times 60}$(kW)

절삭동력$(N_e) = \dfrac{P(N) \times V}{75 \times 9.81 \times 60}$(PS) $= \dfrac{1,200N \times 100\text{m/min}}{75 \times 9.81 \times 60}$

$\qquad \fallingdotseq 2.72\text{PS}$

$\therefore$ 절삭동력$(N_e) = 2.72\text{PS}$

30 두께 40mm의 주철에 고속도강드릴로 ϕ32mm의 구멍을 뚫을 때 절삭하는 시간은?(단, 회전수 n=216rpm, 이송 f=0.254mm/rev, 드릴의 원추 높이는 16mm이다)

① 1.02분

② 3.02분

③ 5.02분

④ 7.02분

해설

• 드릴로 구멍을 뚫는 데 소요되는 시간 T(min)

$T = \dfrac{t+h}{n \cdot f} = \dfrac{40\text{mm} + 16\text{mm}}{216\text{rpm} \times 0.254\text{mm/rev}} \fallingdotseq 1.02\text{min}$

$\therefore T$(소요시간)$= 1.02\text{min}$

여기서, t : 구멍의 깊이(mm), h : 드릴의 원추 높이(mm),

$\qquad n$: 회전수(rpm), f : 드릴의 이송(mm/rev)

31 공작물의 재질이 연하여 숫돌입자의 표면이나 기공에 연삭칩이 메우는 현상은 무엇인가?

① 드레싱(Dressing)

② 트루잉(Truing)

③ 로딩(Loading)

④ 글레이징(Glazing)

눈메움(로딩) : 결합도가 높은 숫돌에서 알루미늄이나 구리 같이 연한 금속을 연삭하게 되면 연삭숫돌 표면에 기공이 메워져서 칩을 처리하지 못하여, 연삭 성능이 떨어지는 현상

① 드레싱 : 숫돌 표면에 무디어진 입자나 기공을 메우고 있는 칩을 제거하여 본래의 형태로 숫돌을 수정하는 방법

② 트루잉 : 연삭숫돌을 성형하거나 성형연삭으로 인하여 숫돌 형상이 변화된 것을 부품의 형상으로 바르게 고치는 가공

④ 무딤(글레이징) : 연삭숫돌의 결합도가 필요 이상으로 높으면 숫돌입자가 마모되어 예리하지 못할 때 탈락하지 않고 둔화되는 현상

32 드릴작업의 절삭속도에 대한 설명 중 틀린 것은?

① 드릴의 절삭속도는 드릴 바깥지름의 주속도를 나타낸다.

② 절삭속도는 가공물의 기계적 성질을 고려하여 결정해야 한다.

③ 보통 깊이가 바깥지름의 3배이면 절삭속도를 10% 증가시킨다.

④ 드릴의 지름이 커지면 칩 배출 및 절삭유의 유입 조건이 좋아져 절삭속도를 높일 수 있다.

• 보통 깊이가 바깥지름의 3배이면 절삭속도를 10% 감소시킨다.

• 일반적으로 드릴의 가공 깊이가 드릴지름의 3배이면 10% 정도, 4배이면 20% 정도, 5배이면 30% 정도, 지름의 6~8배이면 35~40% 정도로 절삭속도를 줄이는 것이 일반적인 방법이다.

33 시멘타이트는 표준조직에서 펄라이트 속에 페라이트와 함께 층상으로 존재하든가, 또 과공석강에서는 결정입계에 망상으로 나타나는데 이 경우 경도가 매우 높아져서 가공성이 나쁘고 균열이 쉽게 발생한다. 이를 개선하기 위해 시멘타이트가 구상 또는 입상으로 되게 하는 풀림을 무엇이라고 하는가?

① 구상화 풀림   ② 연화 풀림

③ 응력 제거 풀림   ④ 확산 풀림

구상화 풀림 : 소성가공이나 절삭가공을 쉽게 하거나 기계적 성질을 개선할 목적으로 망상 시멘타이트 또는 층상 펄라이트 중의 시멘타이트를 가열에 의해 일정한 구상 시멘타이트화시키는 열처리를 구상화 풀림이라고 한다.

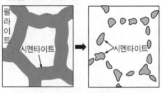

풀림 전   구상화 진행

② 연화 풀림 : 가공 경화된 재료를 공정 도중에 재결정온도 이상으로 가열하여, 회복 또는 재결정에 의해 연화시키는 열처리 조작을 연화 풀림 또는 중간 풀림이라 한다.

③ 응력 제거 풀림 : 단조, 주조, 기계가공 및 용접 등에 의해서 생긴 잔류 응력을 제거시키기 위해서 A_1선 이하의 적당한 온도에서 가열하는 열처리를 응력 제거 풀림이라고 한다.

④ 확산 풀림 : 주괴 편석이나 섬유상 편석을 없애고 강을 균질화시키기 위해서 고온에서 장시간 가열하는 열처리를 확산 풀림이라고 한다.

34 강괴를 탈산 정도에 따라 분류할 때 이에 해당하지 않는 것은?

① 림드 강괴(Rimmed Steel Ingot)

② 세미림드 강괴(Semi-rimmed Steel Ingot)

③ 킬드 강괴(Killed Steel Ingot)

④ 캡드 강괴(Capped Steel Ingot)

강괴를 탈산 정도에 따라 분류 : 킬드강, 림드강, 세미킬드강

35 표점거리가 50mm, 두께 2mm, 평행부 너비 25mm 인 강판을 인장시험하였을 때 최대 하중은 25kN이 었고, 파단 직전의 표점거리는 60mm가 되었다. 이 재료에 작용한 인장강도(N/mm^2)는?

① 300

② 400

③ 500

④ 600

해설

$$인장강도(\sigma) = \frac{P(하중)}{A(단면적)} = \frac{25 \times 10^3 N}{2mm \times 25mm} = 500N/mm^2$$

$$\therefore 인장강도(\sigma) = 500N/mm^2$$

36 표준조성이 4% Cu, 0.5% Mg, 0.5% Mn 등으로 구성된 알루미늄 합금으로 시효경화처리한 대표적 인 고강도합금은?

① 두랄루민

② 알 민

③ 하이드로날륨

④ Y합금

해설

두랄루민 : 단조용 알루미늄 합금으로 Al+Cu+Mg+Mn의 합금, 가벼워서 항공기나 자동차 등에 사용되는 고강도 Al합금
⏱ 암기팁 : 알-구-마-망(조성)

② 알민(Al-Mn계 합금) : Al에 1~1.5% Mn을 함유하여 가공성, 용접성이 좋으므로 저장 탱크, 기름 탱크 등에 쓰인다.

③ 하이드로날륨(Hydronalium) : 내식성 Al합금으로 6% Mg 이하 가 일반적이고, 특수목적에는 10% Mg의 것도 사용된다. 이 합금은 바닷물과 알칼리성에 대한 내식성이 강하고 용접성이 매우 우수하므로 주로 선박용, 조리용, 화학장치용 부품 등에 쓰인다.

④ Y합금 : Al+4% Cu+2% Ni+1.5% Mg의 합금으로 내열성이 좋아 자동차, 항공기용 엔진의 공랭 실린더 헤드와 피스톤에 사용한다. ⏱ 암기팁 : 알-구-니-마(조성)

37 절삭성이 우수한 황동합금으로 정밀 절삭가공이 필요하고 강도는 그다지 필요하지 않는 시계나 계 기용 기어, 나사, 볼트, 너트, 카메라 부품 등에 주 로 사용되는 황동합금은?

① Al황동

② Pb황동

③ Si황동

④ 델타메탈

해설

쾌삭황동(Pb황동) : 황동에 Pb(납)을 첨가하여 절삭성을 향상시킨 금속

38 스테인리스강 중에서 내식성이 가장 높고 비자성 체이나 결정입계부식의 단점을 가지고 있어 이를 개량하여 주로 공업에 사용하는 것은?

① 페라이트계 스테인리스강

② 마텐자이트계 스테인리스강

③ 오스테나이트계 스테인리스강

④ 석출경화계 스테인리스강

해설

오스테나이트계 스테인리스강(고크롬, 고니켈계) : 표준 조성은 크롬(Cr) 18%, 니켈(Ni) 8%인 18-8 스테인리스강이 대표적이다. 고크롬계보다 내식성과 내산화성이 더 우수하고, 상온에서 오스테 나이트 조직으로 연하여 가공성이 좋다. 결정입계부식의 단점을 가지고 있어 이를 개량하여 주로 공업에 사용한다.

스테인리스강의 종류 ⏱ 암기팁 : 페-오-마

• 페라이트계 스테인리스강(고크롬계) : Cr 13%, Cr 18%인 것이 대표적

• 오스테나이트계 스테인리스강(고크롬, 고니켈계) : 18-8강(Cr 18%-Ni 8%)인 것이 대표적

• 마텐자이트계 스테인리스강(고크롬, 고탄소계) : Cr 12~17% + 충분한 C

35 ③ 36 ① 37 ② 38 ③ 정답

39 주철의 성장을 방지하는 방법으로 틀린 것은?

① 탄화물 안정화 원소인 Cr, Mn, Mo, V 등을 첨가하여 Fe_3C의 흑연화를 막는다.

② C 및 Si 양을 증가하여 산화를 방지한다.

③ 편상흑연을 구상흑연화시킨다.

④ 흑연의 미세화로서 조직을 치밀하게 한다.

해설

주철의 성장을 방지하기 위해서는 C와 Si의 양을 적게 한다.
주철의 성장 방지방법

• 흑연의 미세화로서 조직을 치밀하게 한다.
• 편상흑연을 구상흑연화시킨다.
• Cr, Mn, Mo 등을 첨가하여 펄라이트 중의 Fe_3C 분해를 막는다.
흑연화 방지제 : Mo, Mn, V, Cr, S 등
흑연화 촉진제 : Si, Ni, Al, Ti 등

40 표면거칠기 측정에 사용되는 단면곡선필터 중 거칠기와 파상도 성분 사이의 교차점을 정의하는 필터는?

① λc 단면곡선필터　② λf 단면곡선필터

③ λt 단면곡선필터　④ λs 단면곡선필터

41 다음 단위에 쓰이는 접두어 중 틀린 것은?

① 밀리(m) : 10^{-3}　② 기가(G) : 10^9

③ 나노(n) : 10^{-12}　④ 메가(M) : 10^6

해설

• 나노(n) : 10^{-9}
• 피코(p) : 10^{-12}

배 수	기 호	접두어 명칭	배 수	기 호	접두어 명칭
10^{24}	Y	요타(yotta)	10^{-1}	d	데시(deci)
10^{21}	Z	제타(zetta)	10^{-2}	c	센티(centi)
10^{18}	E	엑사(exa)	10^{-3}	m	밀리(milli)
10^{15}	P	페타(peta)	10^{-6}	μ	마이크로(micro)
10^{12}	T	테라(tera)	10^{-9}	n	나노(nano)
10^9	G	기가(giga)	10^{-12}	p	피코(pico)
10^6	M	메가(mega)	10^{-15}	f	펨토(femto)
10^3	k	킬로(kilo)	10^{-18}	a	아토(atto)
10^2	h	헥토(hecto)	10^{-21}	z	젭토(zepto)
10^1	da	데카(deca)	10^{-24}	y	욕토(yocto)

42 다음 측정기 분류 중 시준기에 해당하지 않는 것은?

① 투영기　② 공구 현미경

③ 망원경　④ 인디케이터

해설

• 시준기 : 광학식으로 광을 확대하여 측정하기 위한 시준선 또는 조준선을 측정물에 맞추어 사용하는 측정기로 투영기, 공구 현미경, 망원경 등이 여기에 속한다.
• 인디케이터 : 일정량의 조정이나 지시에 사용하는 것으로, 측정압을 일정하게 하기 위한 측정기 등이 여기에 속한다.

43 피치 1.75mm의 미터나사의 유효지름을 측정할 때 최적 삼침지름은 약 몇 mm인가?

① 1.000mm　② 1.010mm

③ 1.150mm　④ 1.200mm

해설

삼침의 굵기는 측정하는 나사의 치수에 따라 바꾸어야 하며, 삼침의 지름이 유효지름 오차에 가장 영향이 적게 하기 위한 호칭치수는

$$d = \frac{P}{2\cos\frac{\alpha}{2}} = 0.57735P \text{이다.}$$

※ 미터나사 및 유니파이나사 $\alpha = 60°$
　삼침지름$(d) = 0.57735 \times 1.75 \text{mm} = 1.010 \text{mm}$
　$\therefore d = 1.010 \text{mm}$
　여기서, P : 피치(mm), α : 나사산 각도(°)
　• 삼침법 : 나사의 골에 3개의 침을 끼우고 침의 외측을 외측 마이크로미터 등으로 측정하여 수나사의 유효지름을 계산하는 방법이다.
　• 나사 유효지름의 가장 정밀한 측정방법 : 삼침법
나사 유효지름 측정
• 나사 마이크로미터에 의한 방법
• 삼침법
• 광학적인 방법(공구 현미경, 투영기 등)

44 기어를 검사용 마스터 원통기어와 백래시 없이 맞물려서 회전시켰을 때의 중심거리 변동을 측정하는 시험은?

① 기어의 이 홈 흔들림 시험
② 기어의 양 잇면 맞물림 시험
③ 기어의 치형 측정시험
④ 기어의 원주피치 측정시험

• 양측 잇면 물림시험 : 표준기어 S와 측정기어 M을 핸들 H_1으로 위치를 조정하여 물리게 한다. 그때의 중심거리를 l로 하고 다음에 H_2의 핸들로 축을 회전하면, 오차가 있을 때는 맞물린 상태에 의하여 l이 변화한다. 이 변형량 δl을 기록장치 R에 의하여 100~250배로 확대 기록시킨다.

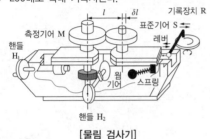

[물림 검사기]

• 이 홈 흔들림 측정 : 이 홈 흔들림 측정은 볼 또는 핀 등의 측정자를 모든 원둘레에 따라 이 홈의 양측 잇면에 접하도록 삽입하여 측정자의 반지름 방향 위치의 변동을 측미기로 읽든가 또는 자동 기록한다.

45 편측공차 $5.250^{+0.010}_{0.000}$을 동등양측공차로 옳게 변환한 것은?

① 5.255 ± 0.005 ② 5.255 ± 0.010
③ 5.260 ± 0.005 ④ 5.260 ± 0.010

46 치공구를 사용하는 궁극적인 목적에 대하여 옳은 것만으로 나열한 것은?

① 미숙련자의 고숙련화, 생산 원가 상승, 공정의 축소 또는 삭제
② 정밀도 향상, 생산 원가 상승, 공정의 축소 또는 삭제
③ 정밀도 향상, 생산 원가 감소, 저숙련자의 고숙련화
④ 정밀도 향상, 생산 원가 감소, 공정의 축소 또는 삭제

치공구를 설계하는 주목적은 제품의 정밀도 향상, 생산 원가 감소, 공정의 축소 또는 삭제, 생산성 향상이다. 치공구는 어떤 형상의 제품을 정확한 위치에 설치하기 위한 위치결정기구와 이것을 고정하기 위한 체결기구로 구성된다.

47 드릴지그에서 부시와 가공물 사이의 간격을 주철과 같이 전단형 칩(Chip)으로 나타날 때는 어느 정도 하는 것이 가장 좋은가?

① 최대한 간격이 없도록 밀착시킨다.
② 드릴지름의 1/2 정도 부여한다.
③ 드릴지름의 1/10 정도 부여한다.
④ 드릴지름의 2배 정도 부여한다.

드릴지그에서 부시와 가공물 사이의 간격은 드릴지름의 1/2 정도 부여한다.

48 좁은 장소에서 사용되며 스윙 클램프와 유사한 구조를 가진 클램프는?

① 훅 클램프
② 토글 클램프
③ 캠 클램프
④ 스트랩 클램프

훅 클램프(Hook Clamp) : 스윙 클램프와 비슷하지만 그 크기가 훨씬 작으며 단일의 대형 클램프보다는 여러 개의 소형 클램프가 사용되는 좁은 공간에서 유용하다.

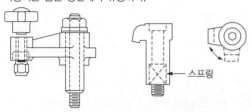

[스윙 클램프]　　　　**[훅 클램프]**

② 토글 클램프(Toggle-action Clamp) : 누름, 끌어당김, 압착 및 직선운동의 4가지 운동으로 클램핑하며 작동이 신속하면서도 작용력에 비해 훨씬 큰 클램핑력을 얻을 수 있다.
④ 스트랩 클램프(Strap Clamp) : 치공구에서 사용되는 가장 간단한 클램프로서 그 기본 작동원리는 지레의 원리와 같다. 스트랩 클램프는 지레의 원리에 따라서 3종으로 분류된다.

49 다음 중 한계게이지(Limit Gauge) 재료에 요구되는 성질로 거리가 먼 것은?

① 변형이 작을 것
② 내마모성이 높을 것
③ 가공성이 높을 것
④ 열팽창계수가 높을 것

한계게이지 재료는 열팽창계수가 낮아야 한다.

50 다음 공구경 보정에 대한 설명 중 옳지 않은 것은?

① 공구경 보정은 지령평면에서만 유효하다.
② 공구보정 번호에 음수를 입력하면 공구경 보정 방향이 바뀐다.
③ 보정량보다 큰 원호가공 시에는 경보(Alarm)를 유발시킨다.
④ G41은 좌측보정이고, G42는 우측보정이다.

보정량보다 작은 원호가공 시에 경보를 유발시킨다.

51 서보모터의 엔코더에서 나오는 펄스열의 주파수로부터 속도를 제어하고 기계의 테이블에 위치 검출 스케일을 부착하여 위치 정보를 피드백시키는 제어방법은?

① 복합회로서보방식(Hybrid Servo System)
② 개방회로방식(Open Loop System)
③ 반폐쇄회로방식(Semi-closed Loop System)
④ 폐쇄회로방식(Closed Loop System)

CNC의 서보기구를 위치 검출방식　　반드시 암기(자주 출제)
• 반폐쇄회로방식 : 모터에 내장된 태코제너레이터에서 속도를 검출하고, 엔코더에서 위치를 검출하여 피드백하는 제어방식이다. 최근에는 높은 정밀도의 볼 스크루가 개발되었기 때문에 정밀도를 충분히 해결할 수 있으므로 일반 CNC 공작기계에 가장 많이 사용된다.
• 개방회로방식 : 피드백 장치 없이 스테핑 모터를 사용한 방식으로 실용화되었으나 피드백 장치가 없기 때문에 가공 정밀도에 문제가 있어 현재는 거의 사용되지 않는다.
• 폐쇄회로방식 : 모터에 내장된 태코제너레이터에서 속도를 검출하고, 기계의 테이블에 부착한 스케일에서 위치를 검출(로터리 엔코더)하여 피드백시키는 방식이다.
• 복합회로(하이브리드)방식 : 반폐쇄회로방식과 폐쇄회로방식을 결합하여 고정밀도로 제어하는 방식으로, 가격이 고가이므로 고정밀도를 요구하는 기계에 사용된다.

52 CAD/CAM 시스템의 인터페이스 그래픽 표준규격 중 국제규격(ISO 10303)으로 인정된 것은?

① STEP   ② IGES
③ DXF   ④ STL

> **해설**
> STEP는 CAD/CAM 시스템의 인터페이스 그래픽 표준규격 중 국제규격(ISO 10303)으로 인정된 것으로 제품 데이터 교환 표준을 의미한다. 국제표준화기구(ISO)가 표준화를 진행하고 있는 제품 모델 데이터 교환을 위한 국제표준규격(ISO 10303)으로 정식 명칭은 '공업 자동화 시스템–제품 데이터 표현 및 교환'이다. 제품 데이터 교환 표준(STEP)은 개념 설계에서부터 상세 설계, 시작, 시험, 생산, 지원에 이르는 하나의 제품 수명 전체에 걸쳐 필요한 모든 제품 데이터를 표현하고 교환하기 위한 규격이다.

54 CNC 선반작업 중에 긴 칩이 발생하여 작업을 방해할 경우 칩을 짧게 절단하는 기능으로 드릴작업, 단면 홈작업, 보링작업 등에 주로 사용되는 기능은?

① G74   ② G72
③ G71   ④ G73

> **해설**
> ① G74 : Z방향 홈가공 사이클 / 팩 드릴링
> ② G72 : 단면 거친 절삭 사이클
> ③ G71 : 안·바깥지름 거친 절삭 사이클
> ④ G73 : 형상 반복 사이클

55 np 관리도에서 시료군마다 시료수(n)는 100이고, 시료군의 수(k)는 20, $\sum np=77$이다. 이때 np 관리도의 관리상한선(UCL)을 구하면 약 얼마인가?

① 8.94   ② 3.85
③ 5.77   ④ 9.62

53 DNC 시스템의 구성요소가 아닌 것은?

① 컴퓨터와 메모리장치
② 공작물 장·탈착용 로봇
③ 실제 작업용 CNC 공작기계
④ 데이터 송수신용 통신선

> **해설**
> DNC 시스템 구성요소 : CNC 공작기계, 중앙컴퓨터(메모리장치), 데이터 송수신용 통신선(RS232C 등)
> ※ DNC(Direct Numerical Control) : CAD/CAM 시스템과 CNC 기계를 근거리 통신망(LAN)으로 연결하여 1대의 컴퓨터에서 여러 대의 CNC 공작기계에 데이터를 분배하여 전송함으로써 동시에 운전할 수 있는 방식을 말한다.

56 그림의 OC곡선을 보고 가장 올바른 내용을 나타낸 것은?

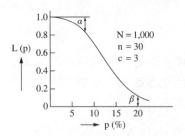

① α : 소비자 위험
② L(P) : 로트가 합격할 확률
③ β : 생산자 위험
④ 부적합품률 : 0.03

57 미국의 마틴 마리에티사(Martin Marietta Corp.)에서 시작된 품질 개선을 위한 동기부여 프로그램으로, 모든 작업자가 무결점을 목표로 설정하고 처음부터 작업을 올바르게 수행함으로써 품질비용을 줄이기 위한 프로그램은?

① TPM 활동
② 6 시그마운동
③ ZD 운동
④ ISO 9001 인증

해설
ZD 운동(Zero Defect movement)
미국의 마리에타 기업에서 시작된 품질 개선을 위한 동기부여 프로그램으로 모든 작업자가 무결점을 목표로 처음부터 올바른 작업을 수행하여 품질비용을 줄이기 위한 운동이다.

58 다음 중 단속 생산시스템과 비교한 연속 생산시스템의 특징으로 옳은 것은?

① 단위당 생산 원가가 낮다.
② 다품종 소량 생산에 적합하다.
③ 생산방식은 주문 생산방식이다.
④ 생산설비는 범용설비를 사용한다.

해설
연속 생산시스템은 단위당 생산 원가가 낮다.

59 일정 통제를 할 때 1일당 그 작업을 단축하는 데 소요되는 비용의 증가를 의미하는 것은?

① 정상소요시간(Normal Duration Time)
② 비용견적(Cost Estimation)
③ 비용구배(Cost Slope)
④ 총비용(Total Cost)

해설
비용구배 : 일정 통제를 할 때 1일당 그 작업을 단축하는 데 소요되는 비용의 증가를 의미

$$\text{비용구배} = \frac{\text{특급작업비용} - \text{정상작업비용}}{\text{정상작업기간} - \text{특급작업기간}}$$

60 MTM(Method Time Measurement)법에서 사용되는 1TMU(Time Measurement Unit)는 몇 시간인가?

① $\dfrac{1}{100,000}$ 시간

② $\dfrac{1}{10,000}$ 시간

③ $\dfrac{6}{10,000}$ 시간

④ $\dfrac{36}{1,000}$ 시간

해설
MTM법에서 사용되는 1TMU
$\dfrac{1}{100,000}$ 시간
주요 PTS 특성 비교

구 분	의 미	난이도	시간단위	적 용
MTM법	작업에 필요한 기본동작으로 분해 후 조건에 대응하는 시간치 부여	규칙 : 간단 분석 : 다소 어려움	1TMU = $\dfrac{1}{100,000}$ 시간	중공업 공정
RWF법	신체 각 부분의 동작 난이도에 따라 서로 다른 개수의 작업요소 부여	규칙 : 복잡 분석 : 쉬움	1RU = 0.001분	전자 및 기계조립 공정

• TMU(Time Measurement Unit)
• RU(Ready Time Unit)

2015년 제57회 과년도 기출문제

01 공기압장치와 유압장치를 비교할 때 공기압장치의 특징에 해당하지 않는 것은?

① 화재의 위험이 있다.

② 환경오염의 우려가 없다.

③ 압축성 에너지라 위치 제어성이 나쁘다.

④ 동력의 전달이 간단하며 먼 거리의 이송이 쉽다.

해설

공기압장치는 화재의 위험이 적다.

공기압장치의 특성

장 점	단 점
• 사용에너지를 쉽게 구할 수 있다.	• 큰 힘을 얻을 수 있다.
• 동력 전달이 간단하며 먼 거리의 이송도 매우 쉽다.	• 공기의 압축성으로 효율이 좋지 않다.
• 에너지로서 저장성이 있다.	• 저속에서 균일한 속도를 얻을 수 없다.
• 힘의 증폭이 용이하고, 속도 조절이 간단히 이루어진다.	• 응답속도가 늦다.
• 제어가 간단하고 취급이 간편하다.	• 배기의 소음이 크다.
• 과부하 상태에서 안전성이 보장된다.	• 구동비용이 고가이다.
• 압축성이 있다.	

02 유압작동유의 첨가제로서 유압유의 계면장력을 감소시키기 위하여 오일과 물속에 달라붙어 오일 속에 물 또는 물속에 오일이 존재하도록 하는 것은?

① 방청제

② 유화제

③ 산화방지제

④ 점도지수향상제

해설

유화제 : 유압유의 계면장력을 감소시키기 위하여 사용되는 첨가제로 오일과 물속에 달라붙어 오일 속에 물 또는 물속에 오일이 존재하도록 하는 것이다. 서로 혼합하지 않는 2종의 액체가 안정된 에멀션을 만들기 위해서는 일반적으로 제3의 물질을 가할 필요가 있는데, 이 물질을 유화제라고 한다.

※ 유압작동유 첨가제 : 산화방지제, 마모방지제, 마찰저감제, 점도지수향상제, 유동점강하제, 소포제, 분산제, 청정제, 부식방지제 등

03 다음 유압모터 기호의 설명으로 틀린 것은?

① 양축형이다.

② 정용량형이다.

③ 1방향 회전형이다.

④ 외부 드레인이 있다.

해설

문제의 기호는 가변용량형이다.

• 1방향 유동

• 가변용량형

• 조작기구를 특별히 지정하지 않는 경우

• 외부 드레인

• 1방향 회전형

• 양축형

04 공기압축기의 종류로 볼 수 있으나 엄밀하게 압축기의 형태는 아니고 송풍기의 일종으로 볼 수 있으며, 실제로 높은 압력은 만들 수 없고, 다음 그림과 같은 구조를 가진 것은?

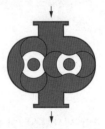

① 터빈 팬(Turbin Fan)

② 피스톤 팬(Piston Fan)

③ 루트 블로어(Root Blower)

④ 스크루 블로어(Screw Blower)

해설

그림과 같은 구조는 루트 블로어이다. 회전식 압축기의 일종으로 케이싱 내에 8자 모형의 로터 2개를 조합시켜 90° 각도를 유지하며 서로 반대 방향으로 회전하면서 기체를 압축하는 기계이다.

05 구조가 간단하고 값이 싸므로 차량, 건설기계, 운반 기계 등에 널리 쓰이고 있는 유압펌프는 무엇인가?

① 기어펌프(Gear Pump)
② 베인펌프(Vane Pump)
③ 피스톤 펌프(Piston Pump)
④ 벌류트 펌프(Volute Pump)

해설
기어펌프 : 유압유는 맞물려 돌아가는 기어 사이를 통하여 송출되며, 한쪽 기어는 전동기에 연결되어 회전하고, 다른 쪽 기어는 구동 기어와 맞물려서 회전한다. 이 펌프의 송출량은 300L/min, 송출압력은 35~175kgf/cm²인 것이 많으며, 공작기계나 건설기계 등에 많이 사용된다.
② 베인펌프 : 원통형 케이싱 안에 편심된 캠링과 로터가 들어 있으며, 로터에는 홈이 있고, 그 홈 속에는 판 모양의 베인이 삽입되어 자유롭게 움직일 수 있다. 베인펌프의 송출압력은 1단에서 70kgf/cm², 송출량은 4~450L/min인 것이 많이 사용되며, 공작기계, 사출성형기, 산업기계 등에 널리 사용된다.
③ 피스톤 펌프 : 고속운전이 가능하여 비교적 소형으로도 고압·고성능을 얻을 수 있다. 여러 개의 피스톤으로 고속운전하므로 송출압의 맥동이 매우 작고 진동도 작다. 송출압력은 100~300kgf/cm²이고, 송출량은 10~50L/min 정도이다.

07 다음 중 온도센서가 갖추어야 할 특성과 거리가 먼 것은?

① 검출단에서 열방사가 없을 것
② 피측정체에 외란으로 작용하지 않을 것
③ 열용량이 작고 소자에 열을 빨리 전달할 것
④ 열저항이 크고, 소자의 열접촉성이 좋을 것

해설
온도센서는 열저항이 작고 검출단(프로브)과 소자의 열접촉성이 좋아야 한다.
온도센서 특성
• 열저항이 작고 검출단(프로브)과 소자의 열접촉성이 좋을 것
• 검출단에서 열방사가 없을 것
• 열용량이 적고 소자에 열을 빨리 전달할 것
• 피측정체에 외란으로 작용하지 않을 것

06 사람의 힘에 의존하지 않고 제어장치에 의해서 자동적으로 이루어지는 제어로 자동교환장치, 자동교통신호장치와 같은 제어방식은?

① 수동제어   ② 자동제어
③ 오픈제어   ④ 시퀀스 제어

해설
자동제어 : 자동교환장치, 자동 교통신호장치와 같은 제어방식으로 제어하고자 하는 하나의 변수가 계속 측정되어서 다른 변수, 즉 지령치와 비교되며 그 결과가 첫 번째의 변수를 지령치에 맞추도록 수정을 가하는 것이다.

08 다음 중 수치제어시스템의 보수유지에 의한 기어박스 윤활은 어떻게 관리하는 것이 가장 좋은가?

① 매 24시간 주기로 보충
② 매 60시간 주기로 교체
③ 매 1개월 주기로 보충
④ 매 6개월 주기로 교체

해설
기어박스 윤활시스템
• 설치 3개월 후 교체
• 매 6개월 주기로 교체

09 다음 중 제어시스템의 최종 작업목표로 분류할 수 없는 것은?

① 공정 상태의 확인

② 네트워크의 기본기능

③ 공정 상태에 따른 자료의 분석처리

④ 처리된 결과에 기초한 공정작업

해설

네트워크의 기본기능은 제어시스템의 최종 작업목표 분류가 아니다.

제어시스템의 최종 작업목표

• 공정 상태 확인

• 공정 상태에 따른 자료의 분석처리

• 처리된 결과에 기초한 공정작업

10 자동화 시스템 보수유지에서 신뢰성을 나타내는 척도와 거리가 먼 것은?

① 생산계획

② 신뢰도

③ 평균 고장간격시간(MTBF)

④ 평균 고장수리시간(MTTR)

해설

자동화 시스템 보수유지에서 신뢰성을 나타내는 척도

• 신뢰도

• 평균 고장간격시간(MTBF)

• 평균 고장수리시간(MTTR)

• 고장률

11 일반적으로 드릴의 재질로 적합하지 않은 것은?

① 합금공구강

② 고속도강

③ 초경합금

④ 두랄루민

해설

두랄루민은 드릴의 재질로 부적합하다.

• 드릴의 재료 : 합금강 드릴, 고속도강 드릴, 드릴 날 부분에만 초경합금 팁을 붙인 드릴(Tipped Drill), 초경합금 드릴, 코팅 드릴 등

• 두랄루민 : 단조용 알루미늄 합금으로 Al+Cu+Mg+Mn의 합금, 가벼워서 항공기나 자동차 등에 사용되는 고강도 Al합금

12 범용선반의 정밀도 검사에 대한 설명으로 옳은 것은?

① 베드 미끄럼면의 진직도 검사는 정밀수준기를 3개소 이상 측정하여 검사한다.

② 베드 미끄럼면의 평행도 검사는 베드면 위에 다이얼 게이지를 설치하여 검사한다.

③ 주축의 흔들림은 주축의 면판 등을 고정하는 부분에 블록게이지를 이용하여 검사한다.

④ 주축대와 심압대의 양 센터 높이 차의 검사는 테스트바와 하이트 게이지를 이용하여 검사한다.

해설

• 베드 미끄럼면의 진직도 검사는 정밀수준기를 직각 방향으로 3개소 이상 측정하여 검사한다.

• 주축의 흔들림은 척에 수직 방향으로 다이얼 게이지를 접촉하고 주축을 고속회전시켜 검사한다.

• 주축대와 심압대의 양 센터 높이 차의 검사는 주축대와 심압대 사이에 테스트바를 설치하고, 왕복대 위에 다이얼 게이지를 설치한 후 테스트바의 측면을 좌우로 이동하며 측정한다.

13 전해연마의 일반적인 작업특성으로 틀린 것은?

① 전기화학적 작용으로 공작물의 미소돌기를 용출
시켜 광택면을 얻는 가공법이다.

② 가공변질층이 발생하지 않는다.

③ 전해액으로 황산·인산 등 점성이 있는 것을 사
용하며 점성을 낮추기 위해 글리세린·젤라틴
등의 유기물을 첨가하기도 한다.

④ 복잡한 형상의 제품도 가공이 가능하다.

해설
전해액은 과염소산($HClO_4$), 황산(H_2SO_4), 인산(H_3PO_4), 질산
(HNO_3) 등이 쓰이며, 점성을 높이기 위하여 젤라틴·글리세린
등 유기물을 첨가하는 경우도 있다.
전해연마의 특징
• 가공변질층이 없고 평활한 가공면을 얻을 수 있다.
• 복잡한 형상의 제품도 전해연마가 가능하다.
• 가공면에 방향성이 없다.
• 내마모성, 내부식성이 향상된다.
• 연질의 알루미늄, 구리 등도 쉽게 광택면을 가공할 수 있다.
※ 전해연마 : 전기도금의 반대 현상으로 가공물을 양극(+), 전기저
항이 작은 구리·아연을 음극(−)으로 연결하고, 전해액 속에서
$1A/cm^2$ 정도의 전기를 통하면 전기에 의한 화학적인 작용으로
가공물의 표면이 용출되어 필요한 형상으로 가공하는 방법이
다. 알루미늄 소재 등 거울과 같이 광택 있는 가공면을 비교적
쉽게 가공할 수 있다.

14 가공물이 대형이거나 무거운 제품에 드릴가공을
할 때 가공물은 고정시키고 드릴이 가공 위치로 이
동할 수 있도록 제작된 것은?

① 탁상 드릴링머신

② 레이디얼 드릴링머신

③ 직립 드릴링머신

④ 다축 드릴링머신

해설
레이디얼 드릴링머신 : 대형 제품이나 무거운 제품에 구멍가공을
하기 위해 가공물은 고정시키고, 드릴링 헤드를 수평 방향으로
이동하여 가공할 수 있는 머신(드릴을 필요한 위치로 이동 가능)
드릴링머신의 종류 및 용도

탁상 드릴링 머신	설 명	드릴머신을 작업대 위에 설치하여 사용하는 소형 드릴링머신
	용 도	소형 부품 가공에 적합
	비 고	ϕ13mm 이하의 작은 구멍 뚫기
직립 드릴링 머신	설 명	탁상 드릴링머신과 유사
	용 도	비교적 대형 가공물 가공
	비 고	주축 역회전 장치로 탭가공 가능
레이디얼 드릴링 머신	설 명	구멍가공을 하기 위해 가공물은 고정시키고, 드릴이 가공 위치로 이동할 수 있는 머신(드릴을 필요한 위치로 이동 가능)
	용 도	대형 제품이나 무거운 제품에 구멍가공
	비 고	암(arm)을 회전, 주축 헤드암을 따라 수평 이동
다축 드릴링 머신	설 명	한 대의 드릴링머신에 다수의 스핀들을 설치하고 여러 개의 구멍을 동시에 가공
	용 도	1회에 여러 개의 구멍 동시 가공
다두 드릴링 머신	설 명	직립 드릴링머신의 상부기구를 한 대의 드릴머신 베드 위에 여러 개 설치한 형태
	용 도	드릴가공, 탭가공, 리머가공 등의 여러 가지 가공을 순서에 따라 연속가공
심공 드릴링 머신	설 명	깊은 구멍가공에 적합한 드릴링머신
	용 도	총신, 긴 축, 커넥팅 로드 등과 같이 깊은 구멍가공

15 연성의 재료를 저속절삭이나 절삭깊이가 클 때 많이 발생하는 칩(Chip)의 형태는?

① 전단형 칩
② 열단형 칩
③ 유동형 칩
④ 균열형 칩

해설

전단형 칩 : 연성재료를 저속절삭으로 절삭깊이가 클 때 많이 발생한다.

칩의 종류

• 유동형 칩 : 칩이 경사면 위를 연속적으로 원활하게 흘러 나가는 모양으로 연속형 칩이다.
• 전단형 칩 : 칩이 경사면 위를 원활하게 흐르지 못해서 절삭공구가 칩을 밀어내는 압축력이 커지면서 발생한다. 칩이 연속적으로 가공되기는 하나 분자 사이에 전단이 일어나는 형태의 칩이다.
• 경작형(열단형) 칩 : 점성이 큰 가공물을 경사각이 적은 절삭공구로 가공할 때 절삭깊이가 클 때 발생하기 쉬운 칩의 형태이다.
• 균열형 칩 : 주철과 같이 메진재료를 저속으로 절삭할 때 발생하는 칩의 형태로서 순간적인 균열이 발생하여 생기는 칩이다.

유동형 칩	전단형 칩
경작형(열단형) 칩	균열형 칩

16 밀링머신에서 상향절삭에 비교한 하향절삭의 특성에 대한 설명으로 틀린 것은?

① 작업 시 충격이 크기 때문에 상향절삭에 비하여 기계의 높은 강성이 필요하다.
② 공구의 수명이 상향절삭에 비하여 짧다.
③ 백래시를 완전히 제거해야 한다.
④ 절입 시 마찰력은 적으나 하향으로 큰 충격력이 작용한다.

해설

하향절삭은 상향절삭에 비하여 공구 수명이 길다. 반면 상향절삭은 절입할 때 마찰열로 마모가 빠르고 공구 수명이 짧다.

상향절삭과 하향절삭의 차이점

구 분	상향절삭	하향절삭
백래시	절삭에 별 지장이 없다.	백래시를 제거해야 한다.
기계의 강성	강성이 낮아도 무관하다.	가공할 때 충격이 있어 높은 강성이 필요하다.
가공물의 고정	절삭력이 상향으로 작용하여 고정이 불리하다.	절삭력이 하향으로 작용하여 가공물 고정이 유리하다.
인선의 수명	절입할 때 마찰열로 마모가 빠르고 공구 수명이 짧다.	상향절삭에 비하여 공구 수명이 길다.
마찰저항	마찰저항이 커서 절삭공구를 위로 들어 올리는 힘이 작용한다.	절입할 때 마찰력은 적으나 하향으로 충격력이 작용한다.
가공면의 표면 거칠기	광택은 있으나 상향에 의한 회전저항으로 전체적으로 하향절삭보다 나쁘다.	가공 표면에 광택은 적으나, 저속 이송에서는 회전저항이 발생하지 않아 표면거칠기가 좋다.

17 센터리스 연삭기의 장점에 대한 설명으로 틀린 것은?

① 연속작업을 할 수 있다.

② 긴축재료의 연삭이 가능하다.

③ 연삭 여유가 작아도 된다.

④ 긴 홈이 있는 일감을 연삭할 수 있다.

> **해설**
> 센터리스 연삭의 특징 🌈 반드시 암기(자주 출제됨)
> • 센터가 필요하지 않아 센터 구멍을 가공할 필요가 없다.
> • 중공(中空, 속이 빈 축)의 가공물을 연삭할 때 편리하다.
> • 연삭 여유가 작아도 된다.
> • 가늘고 긴 가공물의 연삭에 적합하다.
> • 긴 홈이 있는 가공물의 연삭은 불가능하다.
> • 대형이나 중량물의 연삭은 불가능하다.
> • 연속가공이 가능하며 대량 생산에 적합하다.
> • 자생작용이 있다.
> ※ 센터리스 연삭기 : 센터, 척, 자석척 등을 사용하지 않고 가공물의 표면을 조정하는 조정숫돌과 지지대를 이용하여 가늘고 긴 가공물을 연삭하는 방법

18 선반가공에 사용되는 고정방진구의 조(Jaw)는 일반적으로 원형에 몇 도 간격으로 배치하여 지지하는가?

① 60°   ② 90°

③ 120°   ④ 180°

> **해설**
> 고정식 방진구는 베드에 고정시키고, 원형에 120° 간격으로 배치된 조(Jaw)로 가공물을 지지하고 가공한다.

19 피삭재의 재질이 연할 때 연삭숫돌의 선정요령으로 옳은 것은?

① 거친 입도이며, 결합도가 높은 숫돌

② 거친 입도이며, 결합도가 낮은 숫돌

③ 고운 입도이며, 결합도가 높은 숫돌

④ 고운 입도이며, 결합도가 낮은 숫돌

> **해설**
> • 피삭재의 재질이 연할 때 거친 입도와 결합도가 높은 연삭숫돌을 선정한다.
> • 연하고 연성이 있는 재료의 연삭에는 거친 입도의 연삭숫돌을 사용한다.
> 결합도에 따른 경도의 선정 기준
>
> | 결합도가 높은 숫돌 (단단한 숫돌) | 결합도가 낮은 숫돌 (연한 숫돌) |
> |---|---|
> | • 연질 가공물의 연삭 | • 경도가 큰 가공물의 연삭 |
> | • 숫돌차의 원주속도가 느릴 때 | • 숫돌차의 원주속도가 빠를 때 |
> | • 연삭 깊이가 작을 때 | • 연삭 깊이가 클 때 |
> | • 접촉 면적이 적을 때 | • 접촉 면적이 클 때 |
> | • 가공면의 표면이 거칠 때 | • 가공물의 표면이 치밀할 때 |

20 표준 고속도강의 구성 성분비가 옳은 것은?

① W 18%, Cr 4%, V 4%

② W 4%, Cr 18%, V 1%

③ W 1%, Cr 18%, V 4%

④ W 18%, Cr 4%, V 1%

> **해설**
> 표준 고속도강 조성 🌈 반드시 암기(자주 출제됨)
> W18% - Cr4% - V1%
> ※ 고속도강(High Speed Steel) : W, Cr, V, Co 등의 합금강으로서 담금질 및 뜨임처리하면 600℃ 정도까지 경도를 유지하며 고온경도가 높고 내마모성이 우수하다. 절삭속도가 탄소공구강에 비해 2배 이상이다.

21 동합금을 드릴가공하기 위한 선단 각도로 가장 적합한 것은?

① 70~90°　　　　② 100~120°

③ 130~150°　　　④ 160~170°

가공물의 재질과 드릴의 각도

금속재료	드릴의 선단각도(θ)	여유각(α)
크랭크축 및 심공작업	120~170°	9°
레일 및 경강	150°	10°
열처리강 및 단조강	125°	12°
주 철	90°	12°
동 및 동합금	100~120°	12°
목재 및 파이프	60°	12°

22 레이저가공에 대한 설명으로 틀린 것은?

① 레이저의 종류는 기체 레이저, 고체 레이저, 반도체 레이저 등이 있다.

② 레이저 광의 특징은 고감도를 유지할 수 있는 좋은 점이 있으나 지향성이 나쁘다.

③ 난삭제 미세가공에 적합하여 시계의 베어링용 보석, 다이스의 구멍 뚫기, IC 저항의 트리밍 등에 사용된다.

④ 레이저의 광은 전자계의 영향도 받지 않고 진공도 필요가 없고 긴 거리를 손실 없이 전파할 수 있다.

해설
레이저를 발생하는 빛의 에너지는 지향성이 강하고 밀도가 크므로 고융점 재료의 구멍 뚫기나 절단, 용접 등에 이용할 수 있다.

23 터릿선반을 설명한 내용으로 거리가 먼 것은?

① 공정마다 공구를 갈아 끼울 필요가 없다.

② 보통선반보다 많은 공구를 설치할 수 있다.

③ 간단한 부품의 대량 생산 시 보통선반보다 능률이 높다.

④ 공구 설치 시 시간이 짧게 걸리고 작업은 숙련자만 할 수 있다.

해설
터릿선반을 공정에 맞추어 공구를 세팅(Setting)할 때, 시간이 많이 걸리지만 세팅이 끝나면 측정이 필요 없어 숙련공이 아니라도 쉽게 가공할 수 있다.

24 가공물에 바이트 날 끝 높이의 중심을 정확하게 맞추고, 양센터 작업으로 절삭을 하였는데 심압대 측이 주축 측보다 가늘게 테이퍼로 깎여졌다. 그 원인으로 가장 가까운 것은?

① 주축대 측의 센터가 심압대 측 센터보다 높았다.

② 심압대 측의 센터가 주축대 측 센터보다 높았다.

③ 양쪽 센터의 높이는 같으나 심압대 측의 센터가 작업자 쪽으로 편위되어 있다.

④ 양쪽 센터의 높이는 같으나 심압대 측의 센터가 작업자 반대쪽으로 편위되어 있다.

해설
심압대 측이 주축 측보다 가늘게 테이퍼로 깎였다는 것은 양 센터의 높이는 같으나 심압대 측의 센터가 작업자 쪽으로 편위되어 있기 때문이다.

25 절삭온도를 측정하는 방법 중 절삭부로부터 열복사를 렌즈에 의해서 검출하여, 열전대의 온도 상승을 측정하는 방법은?

① 칩의 색깔로 판정하는 방법

② 서모 컬러(Thermo Color)에 의한 방법

③ 복사온도계를 사용하는 방법

④ 공구 속에 열전대를 삽입하는 방법

해설

열복사를 렌즈에 의해서 검출하여 열전대의 온도 상승을 측정하는 것은 복사온도계를 사용한 방법이다.

절삭온도 측정법

• 칩의 색깔에 의한 방법

• 칼로리미터에 의한 방법

• 공구에 열전대를 삽입하는 방법

• 시온도료를 사용하는 방법

• 공구와 일감을 열전대로 사용하는 방법

• 복사고온계에 의한 방법

26 절삭공구 재료 중 주조 경질합금의 대표적인 공구이며, 주성분이 W, Cr, Co, Fe인 것은?

① 스텔라이트 　　② 세라믹

③ 초경합금 　　　④ 서 멧

해설

주조 경질합금(Cast Alloyed Hard Metal) : 대표적으로 스텔라이트가 있으며, 주성분은 W, Cr, Co, Fe이며 주조합금이다.

② 세라믹(Ceramic) : 산화알루미늄(Al_2O_3) 분말을 주성분으로 마그네슘, 규소 등의 산화물과 소량의 다른 원소를 첨가하여 소결한 절삭공구이다. 고온에서 경도가 높고, 내마모성이 좋아 초경합금보다 빠른 절삭속도로 절삭이 가능하며, 백색·분홍색·회색·흑색 등의 색이 있으며, 초경합금보다 가볍다.

③ 초경합금 : 탄화텅스텐(WC), 타이타늄(Ti), 탄탈(Ta) 등의 분말을 코발트(Co) 또는 니켈(Ni) 분말과 혼합하여 프레스로 성형한 다음 약 1,400℃ 이상의 고온으로 가열하면서 소결한 것으로 고온·고속절삭에서도 높은 경도를 유지하지만 진동이나 충격을 받으면 부서지기 쉬운 절삭공구 재료이다.

④ 서멧(Cermet) : 세라믹과 메탈의 복합어로 세라믹의 취성을 보완하기 위하여 개발된 내화물과 금속 복합체의 총칭이다. Al_2O_3 분말 약 70%에 TiC 또는 TiN 분말을 30% 정도 혼합하여 수소 분위기 속에서 소결하여 제작한다. 고속절삭에서 저속절삭까지 사용범위가 넓고 크레이터 마모, 플랭크 마모 등이 적고 구성인선이 거의 발생하지 않아 공구 수명이 길다.

27 밀링가공의 단식분할법에서 분할대의 분할 크랭크를 1회전하면 주축은 약 몇 도 회전하는가?

① 9° 　　　　　② 18°

③ 20° 　　　　④ 36°

해설

• 단식분할법 : 분할 크랭크와 분할판을 사용하여 분할하는 방법으로 분할 크랭크를 40회전시키면 주축은 1회전하므로 주축을 회전시키려면 분할 크랭크를 40/N 회전시키면 된다.

• 분할 크랭크 핸들을 1회전시키면 스핀들(주축)은 1/40회전(9°)한다.

분할가공방법

• 직접분할법 : 분할대 주축 앞면에 있는 24구멍의 직접분할판을 이용하여 단순분할(24의 약수, 즉 24, 12, 8, 6, 4, 3, 2등분 가능)

• 단식분할법 : 직접분할법으로 불가능하거나 분할이 정밀해야 할 경우(2~60 사이의 모든 정수, 60~120 사이의 2와 5의 배수 등)

• 차동분할법 : 직접·단식분할법으로 분할할 수 없는 분할(단식분할법으로 분할할 수 없는 61 이상의 소수나 특수한 수의 분할을 2종 운동의 복합운동으로 분할하는 방법이다. 127은 차동분할법으로 분할 가능)

28 선반의 바이트 노즈 반지름(r) = 3mm, 이송속도(s) = 0.2mm/rev일 때 최대 표면거칠기는?

① 0.0005mm 　　② 0.002mm

③ 0.01mm 　　　④ 0.1mm

해설

가공면의 표면거칠기 이론값

$$H_{max} = \frac{f^2}{8R} = \frac{0.2^2}{8 \times 3mm} ≒ 0.002mm$$

∴ 최대 표면거칠기 = 0.002mm

여기서, H_{max} : 이론적인 표면거칠기값

　　　　f : 이송

　　　　R : 노즈 반지름

※ 표면거칠기를 양호하게 하려면 노즈 반지름(R)은 크게, 이송(f)은 느리게 하는 것이 좋다. 그러나 노즈 반지름(R)이 너무 커지면 절삭저항이 증대되고, 바이트와 가공물 사이에 떨림이 발생하여 가공 표면이 더 거칠어지므로 주의하는 것이 좋다.

29 방전가공의 전극재료에 대한 설명 중 틀린 것은?

① 구리(Cu)–텅스텐(W) : 연삭성이 나쁘고 전극 소모가 적으나 가격이 저렴하여 많이 사용한다.

② 흑연(Graphite) : 방전가공 속도가 빠르고 전극 소모가 적으나 취약하고 깨지는 단점이 있다.

③ 황동 : 절삭성이 우수하나 전극 소모가 많은 단점이 있어 관통 구멍 외에는 잘 사용하지 않는다.

④ 동(Cu) : 고정도의 가공이 가능하며 전극 소모가 적어 일반적으로 많이 사용하나 중량이 무거운 단점이 있다.

해설
구리(Cu)–텅스텐(W)은 절삭성과 연삭성이 우수하다.

30 표면경도 및 내마모성을 높이기 위하여 선반의 베드에 주로 사용하는 표면경화법은?

① 가스침탄법　　② 질화법

③ 청화법　　④ 화염경화법

해설
화염경화법 : 0.35~0.7%의 탄소를 함유한 탄소강이나 합금강을 산소 아세틸렌가스 등의 화염을 이용해서 부분적으로 가열한 후 공기제트나 물로 냉각하여 담금질 효과를 얻는 방법이다. 기어의 잇면, 캠(Cam), 나사, 크랭크축, 선반의 베드, 자동차 및 기계 부품의 부분 경화에 이용된다.
• 침탄법 : 금속 표면에 탄소(C)를 침입 고용시키는 방법
• 질화법 : 암모니아가스를 침투시켜 질화층을 만들어 강의 표면을 경화하는 방법

31 절삭속도 140m/min, 절삭깊이 6mm, 이송 0.25mm /rev으로 75mm 직경의 원형 단면봉을 선삭한다. 300mm의 길이만큼 1회 선삭하는 데 필요한 가공시간은?

① 약 2분　　② 약 4분

③ 약 6분　　⑤ 약 8분

해설
선반의 가공시간

$$회전수(n) = \frac{1,000v}{\pi d} = \frac{1,000 \times 140\text{m/min}}{\pi \times 75\text{mm}} ≒ 594\text{rpm}$$

$$T = \frac{L}{ns} \times i = \frac{300\text{mm}}{594\text{rpm} \times 0.25\text{mm/rev}} \times 1회 ≒ 2\text{min}$$

∴ 가공시간(T)=약 2분

여기서, T : 가공시간(min)
　　　　L : 절삭가공 길이(가공물 길이)
　　　　n : 회전수(rpm)
　　　　s : 이송(mm/rev)

32 절삭 시 발생되는 절삭열이 분산되는 비율이 가장 큰 것은?(단, 가공물의 절삭속도는 140m/min인 경우이다)

① 칩　　② 가공물

③ 절삭공구　　④ 공작기계

해설
칩(Chip)이 절삭 시 발생되는 절삭열이 분산되는 비율이 가장 크다.

33 그림은 주철에 있어서 Si와 C의 양에 따른 조직 변화를 나타낸 마우러의 조직도이다. 여기서 Ⅱ영역(E′ ~ H′ 사이의 영역) 조직으로 옳은 것은?

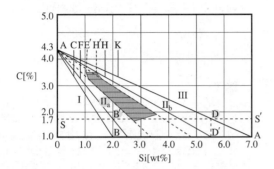

① 백주철
② 회주철
③ 페라이트 주철
④ 펄라이트 주철

Ⅱ영역(E′ ~ H′ 사이의 영역) 조직 : 펄라이트 주철(강력 주철)
주철의 조직과 종류

영 역	조 직	주철의 종류
Ⅰ	펄라이트 + 시멘타이트	백주철(극경 주철)
Ⅱa	펄라이트 + 시멘타이트 + 흑연	반주철(경질 주철)
Ⅱ	펄라이트 + 흑연	펄라이트 주철(강력 주철)
Ⅱb	펄라이트 + 페라이트 + 흑연	회주철(주철)
Ⅲ	페라이트 + 흑연	페라이트 주철(연질 주철)

마우러 조직도 : 주철의 조직에 영향을 끼치는 주요한 요소는 탄소(C) 및 규소(Si)의 양과 냉각속도이다. 마우러 조직도는 탄소(C)와 규소(Si)량에 따른 주철의 조직관계를 표시한 것이다.

34 다음 탄소강의 기본조직 중 공석강으로 페라이트와 시멘타이트의 층상으로 나타나는 조직은?

① 펄라이트
② 마텐자이트
③ 오스테나이트
④ 레데부라이트

펄라이트(페라이트+시멘타이트) : 페라이트와 시멘타이트가 한 겹씩 서로 층을 이루는 조직이다.
철-탄소계 평형 상태도에 존재하는 강의 조직과 특성

강의 조직	강의 특성
페라이트	• 순철 α철에 탄소가 매우 적은 양으로 고용된 α고용체이다. • 768℃까지 강자성체이며, 체심입방격자(BCC) 구조이다. • 연하고 인장강도는 낮은 편이다.
오스테나이트	• 순철 γ철에 탄소가 고용된 γ고용체이다. • 소성변형성이 우수한 면심입방격자(FCC) 구조이다. • 상온에서 안정하게 존재할 수 없다.
시멘타이트	• 시멘타이트는 철과 탄소의 화합물(Fe_3C)이다. • 0.8%의 탄소강으로부터 6.67%의 주철까지의 주성분을 이룬다. • 매우 단단하고 충격에 취약하다.
펄라이트 (페라이트+ 시멘타이트)	• 페라이트와 시멘타이트가 한 겹씩 서로 층을 이루는 조직이다. • 경도가 작고 안정된 공석조직이다.

35 WC, TiC, TaC의 탄화물 분말과 Co 결합제로 고온 소결(Sintering)시켜 만든 공구재료는?

① 고속도강　　　　② 세라믹
③ 초경합금　　　　④ 다이아몬드

해설
초경합금 : 탄화텅스텐(WC), 타이타늄(Ti), 탄탈(Ta) 등의 분말을 코발트(Co) 또는 니켈(Ni) 분말과 혼합하여 프레스로 성형한 다음 약 1,400℃ 이상의 고온으로 가열하면서 소결한 것이다. 고온·고속절삭에서도 높은 경도를 유지하지만 진동이나 충격을 받으면 부서지기 쉬운 절삭공구 재료이다.
• 세라믹(Ceramic) : 산화알루미늄(Al₂O₃) 분말을 주성분으로 마그네슘·규소 등의 산화물과 소량의 다른 원소를 첨가하여 소결한 절삭공구이다. 고온에서 경도가 높고, 내마모성이 좋아 초경합금보다 빠른 절삭속도로 절삭이 가능하며, 백색·분홍색·회색·흑색 등의 색이 있으며, 초경합금보다 가볍다.
• 고속도강(High Speed Steel) : W, Cr, V, Co 등의 합금강으로서 담금질 및 뜨임처리하면 600℃ 정도까지 경도를 유지하며, 고온 경도가 높고 내마모성이 우수하다. 절삭속도가 탄소공구강에 비해 2배 이상이다.
• 표준 고속도강 조성 : W 18% - Cr 4% - V 1%

36 알루미늄 합금 중 내열용 합금에 속하며 고온경도가 커서 내연기관의 실린더, 피스톤 등에 사용되는 것은?

① 두랄루민　　　　② 라우탈
③ 실루민　　　　　④ Y합금

해설
Y합금 : Al + 4% Cu + 2% Ni + 1.5% Mg의 합금으로 내열성이 좋아 자동차, 항공기용 엔진의 공랭 실린더 헤드와 피스톤에 사용한다.
두랄루민 : 단조용 알루미늄합금으로 Al+Cu+Mg+Mn의 합금, 가벼워서 항공기나 자동차 등에 사용되는 고강도 Al합금
• 내열용 알루미늄 합금 : Y합금, 로엑스 합금, 코비탈륨
• 단조용 알루미늄 합금 : 두랄루민
• 내식성 알루미늄 합금 : 하이드로날륨, 알민, 알드리, 알클래드

37 철강의 등온변태곡선의 만곡점(Knee) 또는 곡선에서의 코(Nose)와 Ms점 사이의 적당한 온도로 유지한 염욕 또는 연욕 중에 담금질 한 후 공랭하여 베이나이트 조직으로 만드는 열처리는?

① 심랭처리　　　　② 마퀜칭
③ 마템퍼링　　　　④ 오스템퍼링

해설
오스템퍼링(Austempering) : 오스테나이트 상태로부터 Ms 이상인 적당한 온도(약 250~450℃)의 염욕으로 담금질하여 과랭 오스테나이트가 염욕 중에서 항온 변태가 종료할 때까지 항온을 유지하고, 공기 중으로 냉각하는 과정을 오스템퍼링이라고 한다. 이때 얻어지는 베이나이트 조직은 인성이 강하다. 이 방법에 의하면 담금질 변형과 균열을 방지할 수 있고, HRC 40~50 정도에서는 같은 경도의 열처리 제품에 비해 충격값, 인성 및 피로강도가 크므로 절삭용 공구와 특수기계 부품의 열처리에 이용된다.

열처리	열처리 그림	비 고
오스템퍼링		베이나이트
마템퍼링		마텐자이트 + 베이나이트 혼합조직
마퀜칭		

38 구리(Cu)의 성질에 해당하지 않는 것은?

① 비중이 8.96 정도이다.
② 자성체로서 전기전도율이 우수한 편이다.
③ 철강에 비해 내식성이 우수하다.
④ 항복강도가 낮아 상온에서 가공이 쉽다.

해설
구리의 성질
• 비중 : 8.96
• 용융점 : 1,083℃
• 비자성체, 내식성이 철강보다 우수
• 전기 및 열의 양도체(전기전도율과 열전도율은 금속 중 Ag 다음)
• 전연성이 좋아 가공이 용이하다.
• 결정격자 : 면심입방격자

40 다음 중 오토콜리메이터와 함께 원주눈금, 할출판, 기어의 각도 분할의 검정에 사용되는 기기는?

① 평면경
② 각도 측정기
③ 폴리곤 프리즘
④ 요한슨식 각도게이지

해설
폴리곤 프리즘(Optical Polygon, 다면경) : 광학적으로 평탄하게 연마된 거울면을 가진 금속 또는 유리로 만든 다면경으로, 거울면의 수는 3~72면까지 만들어져 있다. 오토콜리메이터와 함께 사용함으로써 고정도 측정용의 각도 기준이 된다.

39 표점거리 50mm, 지름 14mm인 시편을 2,000N의 하중으로 인장시험했을 때 표점거리가 60mm에서 절단되었다면 이 시편의 인장강도는 약 몇 N/mm² 인가?

① 1.2
② 13
③ 23
④ 33.4

해설
시편의 인장강도$(\sigma) = \dfrac{F}{A} = \dfrac{F}{\dfrac{\pi d^2}{4}} = \dfrac{4F}{\pi d^2}$

$$= \dfrac{4 \times 2,000\text{N}}{\pi \times 14^2 \text{mm}^2} = 12.99\text{N/mm}^2$$

∴ 인장강도$(\sigma) = 13\text{N/mm}^2$
여기서, A : 단면적(mm²), d : 지름(mm), F : 시험편 하중(N)
※ 원의 단면적 $A = \dfrac{\pi d^2}{4}$

41 치형 오차의 측정법에 해당하지 않는 것은?

① 기초원조절방식
② 기초원판방식
③ 전후기준방식
④ 연산방식

해설
전후기준방식은 치형 오차 측정법에 해당하지 않는다.
치형 오차 측정법의 종류
기초원판식, 기초원조절방식, 마스터 인벌류트, 캠방식, 피치원판방식, 직교좌표방식, 직선기준방식, 원호기준방식, 연산방식, 투영기에 의한 방법 등이 있다. 이 방법 중 기초원판방식과 기초원조절방식이 널리 사용되고 있다.

42 다음 중 공기 마이크로미터의 일반적인 특징에 대한 설명으로 틀린 것은?

① 내경 측정이 용이하다.

② 높은 배율로 측정이 가능하다.

③ 측정범위가 넓어서 다품종 소량 제품의 측정에 유리하다.

④ 피측정물에 부착하고 있는 기름이나 먼지를 분출공기로 불어내기 때문에 정확한 측정이 가능하다.

해설

공기 마이크로미터는 공기의 흐름을 확대 기구로 하여 길이를 측정하는 방법으로 측정범위가 작다.

44 미터 수나사 측정에서 삼침을 넣고 외측거리를 측정하였다. 외측 측정값이 20.156mm일 때, 이 수나사의 유효지름은 약 몇 mm인가?(단, 나사의 피치는 2.000mm, 삼침의 지름은 1.1547이다)

① 16.994

② 18.424

③ 20.982

④ 22.997

해설

• 삼침법에서 나사의 유효지름

$d_2 = M - 3d + 0.866025 \times p$

$\quad = 20.156\text{mm} - (3 \times 1.1547\text{mm}) + 0.866025 \times 2.000\text{mm}$

$\quad = 18.424\text{mm}$

∴ 수나사의 유효지름$(d_2) = 18.424\text{mm}$

여기서, M : 외측 측정값(mm)

$\quad\quad\quad d$: 삼침의 지름(mm)

$\quad\quad\quad p$: 나사의 피치

삼침법

나사의 골에 3개의 침을 끼우고 침의 외측을 외측 마이크로미터 등으로 측정하여 수나사의 유효지름을 계산하는 방법이다.

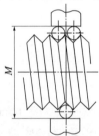

[삼침법에 의한 측정법]

나사의 유효지름 측정방법

• 나사 마이크로미터에 의한 방법

• 삼침법

• 광학적인 방법(공구 현미경, 투영기 등)

43 전기 촉침식 표면거칠기 측정기에서 거칠기 곡선을 얻기 위해서 어떤 필터를 사용하는가?

① 고역 필터

② 밴드 필터

③ 밴드 리젝트 필터

④ 저역 필터

해설

전기 촉침식 표면거칠기 측정기에서는 거칠기 곡선을 얻기 위해서 고역 필터를 사용한다.

45 90° V-Block에 $\phi 60 \pm 0.04$mm의 봉을 놓고 가공할 때, 치수차로 인한 공작물 수평중심의 최대 변화량은?

① 0.077 　　　　② 0.057

③ 0.037 　　　　④ 0.017

해설

90° V-Block이 중심결정구로 사용될 때, 공작물 직경차를 △라고 하면, 공작물의 중심은 이등분면상에서 위치 오차 e가 생긴다.

$e = \dfrac{1}{2\triangle} = 0.707 \times \triangle = 0.707 \times 0.08 = 0.057$mm

∴ 수평중심의 최대 변화량$(e) = 0.057$mm

여기서, △ : 직경차$(60.04 - 59.96 = 0.08)$

46 두 개의 구멍이 있는 공작물을 위치결정시키고 V홈을 가공할 때 위치결정구로 알맞은 것은?

① V 패드와 원형 핀

② 다이아몬드 핀과 패드

③ 다이아몬드 핀과 원형 핀

④ 마멸용 패드와 원형 핀

해설

다이아몬드 핀과 원형 핀이 두 개의 구멍이 있는 공작물을 위치결정시키고, V홈을 가공할 때 위치결정구로 사용된다.

47 주로 구멍 깊이 검사에 사용하며, 손끝이나 손톱의 감각으로 합격과 불합격을 판정하는 한계게이지는?

① 링게이지(Ring Gage)

② 캘리퍼 게이지(Caliper Gage)

③ 필러게이지(Feeler Gage)

④ 플러시 핀게이지(Flush Pin Gage)

해설

플러시 핀게이지 : 특정 부품의 특별한 치수를 검사하기 위하여 설계된 단능의 한계게이지를 뜻하며, 연속작업 또는 대량 생산으로 만들어지는 공차가 그다지 적지 않은 공작물에 대하여 사용된다.
※ 필러게이지 : 틈새를 측정하는 게이지이다.

48 일반적으로 치공구 제작공차는 제품공차에 대하여 몇 % 정도가 가장 적절한가?

① 2~5% 　　　　② 8~15%

③ 20~50% 　　　　④ 60~80%

해설

일반적으로 지그나 고정구의 공차는 가공물 공차의 20~50%로 정한다. 지나치게 높은 정밀도를 치공구에 부여하면 치공구의 가치를 높이지 못하면서 가격만 높아지는 경제적 손실이 발생한다.

49 공작물의 수량이 적거나 정밀도가 요구되지 않는 경우에 활용하며, 간단하고 단순하게 생산속도를 증가시킬 목적으로 사용하는 것은?

① 샌드위치 지그(Sandwich Jig)
② 채널지그(Channel Jig)
③ 템플레이트 지그(Template Jig)
④ 박스지그(Box Jig)

해설
- 템플레이트 지그 : 가공물의 내면과 외면을 사용하여 클램핑시키지 않고 할 수 있는 구조이다. 가공물의 형태는 단순한 모양이어야 하고 정밀도보다는 생산속도를 증가시키려고 할 때 사용한다.
- 샌드위치 지그 : 상하 플레이트를 이용하여 가공물을 고정시키는 구조이다. 특히, 가공물의 형태가 얇아서 비틀리기 쉬운 연한 가공물 또는 가공물을 고정할 때 상하 플레이트에 위치결정 핀을 설치하여 고정되는 구조일 경우에 사용한다.
- 채널지그 : 가공물의 두 면에 지그를 설치하여 단순한 가공을 할 때 사용된다. 정밀한 가공보다 생산속도를 증가시킬 목적으로 사용하며 지그 본체는 고정식과 조립식으로 제작이 가능하다.
- 박스지그 : 가공물을 지그 중앙에 클램핑시키고 지그를 회전시켜 가면서 가공물의 위치를 다시 결정하지 않고 전면을 가공 완성할 수 있다.

50 CNC 밀링에서 동일 블록에서 함께 사용할 수 없는 G코드는?

① G02, G01
② G49, G00
③ G41, G01
④ G90, G54

해설
G02, G01은 동일 그룹으로 동일 블록에서 함께 사용할 수 없다.
※ 동일 그룹의 G-코드를 같은 블록에 한 개 이상 지령하면 뒤에 지령한 G-코드만 유효하거나 알람이 발생한다.
　G-코드는 그룹이 서로 다르면 한 블록에 몇 개라도 지령할 수 있다.

51 아래 지령절에서 G03의 의미는?

G03 X100.0 Z−10.0 R10.0 F0.1;

① 원호의 반경
② 좌표계 내의 끝점
③ Z축 방향의 이송량
④ 시계 반대 방향의 원호보간

해설
G02(원호가공 – 시계 방향), G03(원호가공 – 반시계 방향)

52 다음 중 공구 마모에 가장 큰 영향을 미치는 절삭조건은?

① 절삭 폭
② 절삭 두께
③ 절삭속도
④ 절삭 길이

해설
- 절삭속도가 공구 마모에 가장 큰 영향을 미치는 절삭조건이다.
- 절삭속도는 가공물의 표면거칠기, 절삭능률, 절삭공구의 수명에 많은 영향을 주는 인자로서 절삭조건에서 기본적인 변수이다.

53 다음 그림은 어떤 서보기구를 나타낸 것인가?

① 개방회로 제어방식
② 복합회로 제어방식
③ 폐쇄회로 제어방식
④ 반폐쇄회로 제어방식

CNC의 서보기구를 위치 검출방식 🔔 반드시 암기(자주 출제됨)

• 반폐쇄회로방식(Semi-closed Loop System) : 모터에 내장된 태코제너레이터에서 속도를 검출하고, 엔코더에서 위치를 검출하여 피드백하는 제어방식이다. 최근에는 높은 정밀도의 볼 스크루가 개발되었기 때문에 정밀도를 충분히 해결할 수 있으므로 일반 CNC 공작기계에 가장 많이 사용된다.

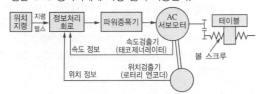

• 개방회로방식 : 피드백 장치 없이 스테핑 모터를 사용한 방식으로 실용화되었으나 피드백 장치가 없기 때문에 가공 정밀도에 문제가 있어 현재는 거의 사용되지 않는다.

• 폐쇄회로방식 : 모터에 내장된 태코제너레이터에서 속도를 검출하고, 기계의 테이블에 부착한 스케일에서 위치를 검출(로터리 엔코더)하여 피드백시키는 방식이다.

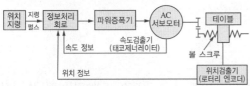

• 복합회로(하이브리드)방식 : 반폐쇄회로방식과 폐쇄회로방식을 결합하여 고정밀도로 제어하는 방식으로, 가격이 고가이므로 고정밀도를 요구하는 기계에 사용한다.

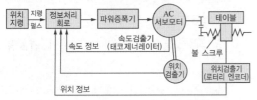

54 CAD/CAM 시스템의 출력장치에 사용되고 있는 다음 그래픽 디스플레이 중 평판형 디스플레이의 종류가 아닌 것은?

① 액정형 디스플레이
② 스토리지 디스플레이
③ 플라스마 디스플레이
④ 진공 방전광 디스플레이

스토리지 디스플레이는 음극선관 디스플레이의 종류이다.
음극선관 디스플레이(CRT)의 종류
• 스토리지 디스플레이 터미널
• 랜덤스캔 디스플레이 터미널
• 래스터스캔 디스플레이 터미널
평판형 디스플레이(Flat Pannel Display)의 종류
• 플라스마 디스플레이(PDP)
• 전자 발광판형(EL)
• 액정형 디스플레이(LCD)
• 진공 방전광 디스플레이(Vaccum Fluorescent Display)
• 발광 다이오드(LED)

55 관리도에서 측정한 값을 차례로 타점했을 때 점이 순차적으로 상승하거나 하강하는 것을 무엇이라 하는가?

① 연(Run)　　② 주기(Cycle)
③ 경향(Trend)　　④ 산포(Dispersion)

경향 : 관리도에서 측정한 값을 차례로 타점했을 때 점이 순차적으로 상승하거나 하강하는 것

56 생산보전(PM ; Productive Maintenance)의 내용에 속하지 않는 것은?

① 보전예방
② 안전보전
③ 예방보전
④ 개량보전

해설

안전보전은 생산보전의 내용에 속하지 않는다.

생산보전의 분류

유지활동	예방보전(PM)	정상운전, 일상보전, 정기보전, 예지보전
	사후보전(BM)	-
개선활동	개량보전(CM)	-
	보전예방(MP)	-

57 품질특성을 나타내는 데이터 중 계수치 데이터에 속하는 것은?

① 무 게
② 길 이
③ 인장강도
④ 부적합품률

해설

부적합품률 : 계수치 데이터를 나타내는 것으로 부적합 항목의 수를 검사한 항목의 총수로 나눈 것이다.

$$\text{부적합품률} = \frac{\text{부적합 항목의 수}}{\text{검사한 항목의 수}}$$

58 어떤 공장에서 작업을 하는 데 있어서 소요되는 기간과 비용이 다음 표와 같을 때 비용구배는?(단, 활동시간의 단위는 일(日)로 계산한다)

정상작업		특급작업	
기 간	비 용	기 간	비 용
15일	150만원	10일	200만원

① 50,000원
② 100,000원
③ 200,000원
④ 500,000원

해설

$$\text{비용구배} = \frac{\text{특급작업비용} - \text{정상작업비용}}{\text{정상작업 기간} - \text{특급작업기간}}$$

$$= \frac{200\text{만원} - 150\text{만원}}{15\text{일} - 10\text{일}} = 10\text{만원}$$

$$= 100,000\text{원}$$

59 모든 작업을 기본동작으로 분해하고, 각 기본동작에 대하여 성질과 조건에 따라 미리 정해 놓은 시간치를 적용하여 정미시간을 산정하는 방법은?

① PTS법
② Work Sampling법
③ 스톱워치법
④ 실적자료법

해설

① PTS법 : 모든 작업을 기본동작으로 분해하고 각 기본동작의 성질과 조건에 따라 미리 정해 놓은 시간치를 적용하여 정미시간을 산정하는 방법
② Work Sampling법 : 관측 대상을 무작위로 선정하여 일정 시간 동안 관측한 데이터를 취합한 후 이를 기초로 하여 작업자나 기계설비의 가동 상태 등을 통계적 수법을 사용하여 분석하는 작업 연구의 한 방법이다.
③ 스톱워치법 : 테일러(F. W. Taylor)에 의해 처음 도입된 방법으로 스톱워치를 들고 작업시간을 직접 관측하여 표준시간을 설정하는 기법이므로 직접측정법에 속한다.
④ 실적자료법 : 기존 데이터 자료를 기반으로 시간을 추정하는 방법

60 200개 들이 상자가 15개 있을 때 각 상자로부터 제품을 랜덤으로 10개씩 샘플링할 경우, 이러한 샘플링 방법을 무엇이라 하는가?

① 층별 샘플링
② 계통샘플링
③ 취락샘플링
④ 2단계 샘플링

해설

층별 샘플링 : 모집단인 Lot를 몇 개의 층(서브 Lot)으로 나누어 각 층으로부터 하나 이상의 샘플링 시료를 취하는 방법이다.

01 그림과 같이 실린더의 속도를 제어하기 위한 회로로서 유량조정밸브를 실린더의 입구 측에 설치한 회로는?

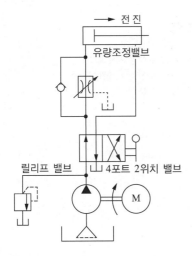

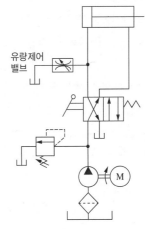

[블리드 오프 방식 속도제어회로도]

① 무부하회로　　　② 미터 인 회로

③ 블리드 오프 회로　④ 미터 아웃 회로

 해설

문제의 회로도는 미터 인 방식 회로도(Meter-in Circuit)를 나타낸 것으로, 액추에이터 입구 쪽 관로에 유량제어밸브를 직렬로 부착하고, 액추에이터로 공급하는 유량을 제어하여 속도를 제어한다.

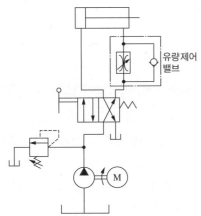

[미터 아웃 방식 속도제어회로도]

02 압축공기의 건조작용에 쓰이는 흡수식 건조기에 대한 설명 중 틀린 것은?

① 흡수과정은 화학적 과정이다.

② 사용되는 건조제는 폴리에틸렌 등이 있다.

③ 운전비용이 적게 들고, 효율이 높다.

④ 외부 에너지 공급이 필요하지 않다.

해설

흡수식 건조기의 특징은 화학건조방식으로 장비 설치가 간단하고, 건조기에 움직이는 부분이 없으므로 외부 에너지 공급이 필요하지 않다. 그러나 운전비용이 많이 들고 효율도 낮아 오늘날 널리 사용되지 않는다.

03 유체의 흐름에는 층류와 난류가 있다. 어떤 경우에 난류가 가장 많이 발생하는가?

① 점도가 낮고 유속이 클 때
② 점도가 낮고 유속이 작을 때
③ 점도가 높고 유속이 클 때
④ 점도가 높고 유속이 작을 때

해설
난류는 점도가 낮고 유속이 클 때 가장 많이 발생한다.
• 층류(Laminar Flow) : 유체 분자가 규칙적으로 층을 이루면서 흐르는 것
• 난류(Turbulent Flow) : 유체 분자가 불규칙적으로 서로 섞이는 혼란된 흐름

05 공기압 실린더의 속도를 상승시키기 위하여 사용하는 급속 배기밸브의 기호는?

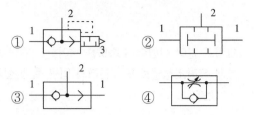

해설
① 급속 배기밸브
② 저압 우선형 셔틀밸브
③ 고압 우선형 셔틀밸브
④ 교축밸브

04 난연성 유압유에 대한 설명으로 적합한 것은?

① 윤활성이 우수하다.
② 점도가 높다.
③ 내화성이 우수하다.
④ 사용온도의 범위가 좁다.

해설
난연성 유압유는 불에 잘 타지 않아 내화성이 우수하다.
난연성 유압유
• 합성계 : 인산에스테르, 염화수소, 탄화수소
• 수성계 : 물-글리콜계, 유화계

06 PLC에 사용되는 전원에 필요한 조건으로 틀린 것은?

① 정전압으로 오동작 방지
② 전원 고장 대비를 위한 보호회로 불필요
③ 입출력 전압과 내부 구동전압과의 절연 유지
④ 교류전원에서의 소음 제거 및 외부 소음에서의 오작동 방지

해설
전원 고장 대비를 위한 보호회로가 필요하다.

07 제어시스템 중 시간과는 관계없이 입력신호의 변화에 의해서만 제어가 행해지는 것은?

① 논리제어계 　　② 동기제어계

③ 비동기제어계 　④ 시퀀스제어계

비동기제어계(Asynchronous Control System) : 시간과는 관계없이 입력신호의 변화에 의해서만 제어가 행해지는 것이다.

신호처리방식에 의한 분류

• 동기제어계(Synchronous Control System) : 실제의 시간과 관계된 신호에 의하여 제어가 이루어지는 것이다.

• 비동기제어계(Asynchronous Control System) : 시간과는 관계없이 입력신호의 변화에 의해서만 제어가 행해지는 것이다.

• 논리제어계(Logic Control System) : 요구되는 입력조건이 만족되면 그에 상응하는 신호가 출력되는 시스템이다. 이러한 논리제어시스템은 메모리 기능이 없으며 여러 개의 입출력이 사용될 경우 이의 해결을 위해 불대수(Boolean Algebra)가 이용된다.

• 시퀀스제어계(Sequence Control System) : 제어 프로그램에 의해 미리 결정된 순서대로 제어신호가 출력되어 순차적인 제어를 행하는 것을 의미한다. 이것은 시간종속과 위치종속 시퀀스 제어계로 구분된다.

08 자동화 시스템 보수유지관리의 장점으로 틀린 것은?

① 수리기간을 단축할 수 있다.

② 기계의 내구연수가 짧아진다.

③ 생산품의 품질이 균일해진다.

④ 자동화 시스템을 항상 최상의 상태로 유지한다.

자동화 시스템 보수유지관리의 목적

• 수리기간을 단축할 수 있다.

• 기계의 내구연수가 길어진다.

• 생산품의 품질이 균일해진다.

• 자동화 시스템을 항상 최상의 상태로 유지한다.

09 공압시스템의 고장원인으로 볼 수 없는 것은?

① 유압유의 변질

② 공압밸브의 고장

③ 수분으로 인한 고장

④ 이물질로 인한 고장

유압유의 변질은 유압시스템의 고장원인이다.

공압시스템의 고장원인

• 공급 유량 부족으로 인한 고장

• 수분으로 인한 고장

• 이물질로 인한 고장

• 공압 타이어의 고장

• 솔레노이드 밸브에서의 고장

• 공압밸브에서의 고장

• 슬라이드 밸브에서의 고장

• 실린더에서의 고장

10 초음파 센서의 설명으로 틀린 것은?

① 스위칭 주파수가 아주 높다.

② 다양한 물체를 검출할 수 있다.

③ 주위 영향이 적어 옥외 설치가 가능하다.

④ 정확한 동작 위치를 선택 및 감지할 수 있다.

초음파 센서의 특징

• 초음파의 발생과 검출을 겸용하는 가역형식이 많다.

• 음파압의 절댓값보다는 초음파 존재의 유무 또는 초음파 펄스 파면의 상대적 크기를 이용하는 경우가 많다.

• 전기음향 변환 효율을 높이기 위하여 보통 공진 상태이므로 센서로 사용할 경우 감도가 주파수에 의존한다.

• 비교적 검출거리가 길고, 검출거리의 조절이 가능하다.

• 검출체의 형상·재질·색깔과 무관하며 투명체도 검출할 수 있다.

• 먼지·분진·연기에 둔감하다.

• 옥외에 설치가 가능하고 검출체의 배경에 무관하다.

• 스위칭 주파수가 낮다.

• 광센서에 비해 고가이다.

11 밀링머신의 크기를 나타낼 때 테이블 좌우 이송이 450mm, 새들 전후 이송이 150mm, 니 상하 이송이 300mm일 경우 밀링의 호칭 번호는?

① No.0 　　　　② No.1
③ No.2 　　　　④ No.3

해설
밀링머신의 크기

호칭 번호		0호	1호	2호	3호	4호	5호
테이블의 이동거리 (mm)	전 후	150	200	250	300	350	400
	좌 우	450	550	700	850	1050	1250
	상 하	300	400	450	450	450	500

12 3/8-16 UNC로 표시되어 있는 태핑을 위하여 드릴링하려면 약 몇 mm의 드릴이 적당한가?(단, 3/8-16 UNC의 피치는 1.5875mm이고, 암나사의 골지름은 9.525mm이다)

① 6 　　　　② 8
③ 10 　　　　④ 12

해설
$d = D - p = 9.525 - 1.5875\text{mm} = 7.9375\text{mm}$로 8mm 드릴이 적당하다.
※ 탭가공 시 드릴지름
　$d = D - p$(D : 수나사 지름, p : 나사피치)

13 슈퍼피니싱 가공에서 숫돌의 운동은 초기 가공에서 약 몇 mm의 진폭으로 하는가?

① 0.5~1mm 　　　　② 2~3mm
③ 5~10mm 　　　　④ 15~30mm

해설
숫돌의 운동은 초기 가공에서 약 2~3mm의 진폭에 진동수는 10~550cycle/sec, 다듬질 가공에서는 진폭을 3~5mm, 진동수 600~2,500cycle/sec 정도이다. 일반적으로 소형 가공물에서는 1,000~1,200cycle/sec, 대형 가공물은 500~600cycle/sec 정도이다.
※ 슈퍼피니싱(Super Finishing) : 연한 숫돌에 작은 압력으로 가압하면서 가공물에 이송을 주고, 동시에 숫돌에 진동을 주어 표면거칠기를 높이는 가공방법(작은 압력 + 이송 + 진동)

14 절삭공구를 재연삭하거나 새로운 절삭공구로 교체하기 위한 절삭공구의 일반적 공구 수명 판정 기준으로 옳은 것은?

① 절삭공구의 경사면과 여유면의 마모가 일정한 양에 도달할 때
② 절삭유의 온도가 일정 온도에 달했을 때
③ 공작물의 온도가 일정 온도에 달했을 때
④ 가공 시 경작형 칩 형태에서 유동형 칩 형태로 변경되었을 때

해설
절삭공구의 경사면과 여유면의 마모가 일정한 양에 도달할 때 공구 수명을 판정할 수 있다.
공구의 수명 판정
• 가공면에 광택이 있는 색조 또는 반점이 생길 때
• 공구인선의 마모가 일정량에 달했을 때
• 절삭저항의 주분력에는 변화가 적어도 이송 분력이나 배분력이 급격히 증가할 때
• 완성 치수의 변화량이 일정량에 달했을 때
• 절삭저항의 주분력이 절삭을 시작했을 때와 비교하여 일정량이 증가할 경우 절삭공구의 수명이 종료된 것으로 판정한다.

15 연삭작업 시 연삭과열의 원인이 아닌 것은?

① 숫돌의 연삭 깊이가 클 때
② 공작물의 열적 성질이 클 때
③ 숫돌의 원주속도가 클 때
④ 건식연삭보다도 습식연삭일 때

해설
연삭과열은 연삭작업 시 연삭열이 발생하는 것이다. 즉, 연삭과열을 방지하기 위해 연삭액을 충분히 사용하는 습식연삭일 때는 연삭과열의 원인이 아니다. 숫돌의 연삭 깊이가 클 때, 공작물의 열적 성질이 클 때, 숫돌의 원주속도가 클 때 연삭과열이 발생한다.
※ 연삭과열 : 연삭할 때 순간적으로 고온의 연삭열이 발생하여 연삭면이 산화되어 변색되는 현상을 연삭과열이라 한다. 연삭과열은 담금질한 강의 경도를 떨어뜨린다.

16 보링머신은 주축이 수평형과 수직형이 있다. 이 중 수평형 보링머신의 종류로 틀린 것은?

① 테이블(Table)형
② 플로어(Floor)형
③ 크로스 레일(Cross Rail)형
④ 플레이너(Planer)형

해설
• 크로스 레일형은 수직형 보링머신이다. 스핀들이 수직으로 이루어진 구조로, 주축의 스핀들은 안내면을 따라 이송된다. 절삭 공구의 위치는 크로스 레일의 공구대에 의하여 조절된다.
• 수평식 보링머신(Horizontal Boring Machine) : 테이블형, 플레이너형, 플로어형

17 배럴가공은 배럴이라는 상자 속에 공작물과 미디어(Media), 콤파운드(Compound)를 넣고 회전시켜 연마하는 가공이다. 다음 중 미디어와 콤파운드에 대한 설명 중 틀린 것은?

① 스케일 제거용의 산성 콤파운드에는 염산, 황산을 주로 사용한다.
② 미디어로 많이 사용하는 천연재료는 규석, 규사, 화강암, 석회석이 있다.
③ 콤파운드는 스케일 제거, 변색 방지, 방청, 윤활 등의 목적으로 사용된다.
④ 미디어로 많이 사용하는 인조재료는 초경합금을 주성분으로 하는 괴상, 구상이 있다.

해설
미디어로 많이 사용하는 인조재료는 숫돌입자 등이 있다.
• 거친 배럴 : 입자, 석영 모래 등이 사용
• 광택이 필요한 경우 : 나무, 피혁, 톱밥 등이 사용

18 선반에서 노즈 반지름(Nose Radius)이 0.2mm인 바이트를 사용하여 $H_{max} = 6.3\mu m$의 이론적 표면거칠기를 얻으려면 이송(feed)을 약 얼마로 하여야 하는가?

① 0.1mm/rev　　② 0.2mm/rev
③ 0.3mm/rev　　④ 0.4mm/rev

해설
가공면의 표면거칠기 이론값
$H_{max} = \dfrac{f^2}{8R}$ 공식에서
$f^2 = H_{max} \times 8R = 6.3 \times 10^{-3} \times 8 \times 0.2mm = 0.01$
$f^2 = 0.01 \rightarrow f = \sqrt{0.01} = 0.1mm/rev$
∴ 이송$(f) = 0.1mm/rev$
여기서, H_{max} : 이론적인 표면거칠기값
　　　　f : 이송
　　　　R : 노즈 반지름
※ 표면거칠기를 양호하게 하려면 노즈 반지름(R)은 크게, 이송(f)은 느리게 하는 것이 좋다. 그러나 노즈 반지름(R)이 너무 커지게 되면 절삭저항이 증대되고, 바이트와 가공물 사이에 떨림이 발생하여 가공 표면이 더 거칠어지므로 주의하는 것이 좋다.

19 숫돌의 결합제 중 유기질 결합제가 아닌 것은?

① 비트리파이드   ② 셸 락

③ 고 무   ④ 레지노이드

해설

비트리파이드(V)는 주성분이 점토와 장석으로 무기질 결합제이다.

결합제의 종류

• 비트리파이드(V) : 주성분 점토와 장석, 무기질 결합제
• 실리케이트(S) : 대형 숫돌 적합, 무기질 결합제
• 셸락(E) : 절단용, 유기질 결합제
• 레지노이드(B) : 절단용, 유기질 결합제
• 고무(R) : 절단용, 센터리스 연삭기의 조정숫돌 결합제
• 금속결합제(M)

20 연삭하려는 부품의 형상으로 연삭숫돌의 모양을 만드는 것을 무엇이라고 하는가?

① 로 딩   ② 글레이징

③ 트루잉   ④ 채터링

해설

트루잉(Truing) : 연삭숫돌을 성형하거나 성형연삭으로 인하여 숫돌 형상이 변화된 것을 부품의 형상으로 바르게 고치는 가공

① 눈메움(로딩/Loading) : 결합도가 높은 숫돌에서 알루미늄이나 구리 같이 연한 금속을 연삭하게 되면 연삭숫돌 표면에 기공이 메워져서 칩을 처리하지 못하여 연삭 성능이 떨어지는 현상

② 무딤(글레이징/Glazing) : 연삭숫돌의 결합도가 필요 이상으로 높으면 숫돌입자가 마모되어 예리하지 못할 때 탈락하지 않고 둔화되는 현상

④ 채터링(chattering) : 연삭 중 떨림 발생

21 공작물 중 비가공 부분을 감광성 내식피막으로 피복하는 가공법은?

① 화학연삭   ② 화학절단

③ 화학연마   ④ 화학블랭킹

해설

화학블랭킹(화학밀링) : 일명 화학절식으로 가공물 표면에서 가공이 필요하지 않은 부분(비가공)은 내식성 피막을 하고, 가공할 부분만을 가공한다. 대량 생산, 넓은 면의 가공, 복잡한 형상, 얇은 가공물 등을 편리하게 가공할 수 있다.

① 화학연삭 : 용삭과 유사한 방법으로 가공물의 표면에 요철 부분의 볼록부를 가공할 때 기계적 마찰로서 용삭보다 더욱 능률적으로 가공하는 방법이다.

② 화학절단 : 인선이 없는 메탈 소(Metal Saw)를 절단할 부분에 마찰시키면서 가공액을 공급하면, 용삭이 진행되어 절단이 되는 가공방법이다.

③ 화학연마 : 열에너지를 이용하여 가공물의 전면을 균일하게 용해하며, 두께를 얇게 하거나 가공 표면의 오목 부분은 가공하지 않고 볼록 부분만을 신속하게 가공하여 평활한 표면으로 가공하는 방법이다.

22 일반적으로 공구선반에서 릴리빙 장치를 이용하여 가공하지 않는 것은?

① 밀링커터   ② 탭

③ 호 브   ④ 바이트

해설

• 바이트는 릴리빙 장치를 이용하여 가공하지 않는다.

• 릴리빙 장치(Relieving Attachment) : 가로 이송대에 캠(Cam)을 설치하여, 가공물이 1회전하는 동안에 바이트가 일정한 거리를 전진·후퇴하도록 장치하여 드릴·탭·호브 등의 날 여유면을 절삭하는 장치이다.

23 밀링머신에서 절삭속도가 100m/min, 날수가 10개, 지름이 10mm인 커터로 1날당 이송을 0.4mm로 하여 공작물을 가공할 경우 테이블의 이송속도는 약 몇 mm/min인가?

① 1,020   ② 1,273

③ 1,421   ④ 1,635

해설

회전수$(n) = \dfrac{1,000v}{\pi d} = \dfrac{1,000 \times 100\text{m/min}}{\pi \times 10\text{mm}} \fallingdotseq 3.183\text{rpm}$

테이블 이송속도$(f) = f_z \times z \times n = 0.4\text{mm} \times 10 \times 3.183\text{rpm}$
$\fallingdotseq 1.273\text{mm/min}$

여기서, f : 테이블 이송속도(mm/min)
      f_z : 1날당 이송량(mm)
      n : 회전수(rpm)
      z : 커터의 날수

24 가공물의 재질에 따른 드릴의 날 끝각의 범위가 적절하지 못한 것은?

① 일반재료 : 118°

② 주철 : 90~118°

③ 스테인리스강 : 60~70°

④ 구리, 구리합금 : 110~130°

해설

스테인리스강 : 150°
가공물의 재질과 드릴의 각도

금속재료	드릴의 선단각도(θ)	여유각(α)
크랭크축 및 심공작업	120~170°	9°
레일 및 경강	150°	10°
열처리강 및 단조강	125°	12°
주 철	90°	12°
동 및 동합금	100~120°	12°
목재 및 파이프	60°	12°

25 밀링가공에서 래크절삭장치를 사용하는 것은?

① 수평 밀링머신

② 수직 밀링머신

③ 생산형 밀링머신

④ 만능 밀링머신

해설

래크절삭장치(Rack Cutting Attachment)는 만능 밀링머신의 칼럼에 부착하여 사용하며, 래크기어(Rack Gear)를 절삭할 때 사용한다. 가공물의 고정은 특수 바이스로 하며, 테이블에 고정된 래크장치에는 각종 피치의 절삭이 가능하도록 기어변환장치가 있다. 기술의 발달로 근래에는 사용 빈도가 매우 적다.

26 액체호닝에서 분사기구의 노즐과 공작물 표면에 대한 효율적인 분사각도는?

① 20~30°   ② 30~40°

③ 40~50°   ④ 50~60°

해설

액체호닝 노즐과 공작물 표면에 대한 효율적인 분사각도는 40~50°이다.

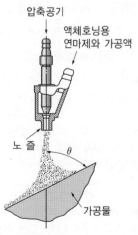

[액체호닝의 원리]

27 온도를 측정하고자 하는 물체 표면에 칠을 하고 변색되는 부분을 판단하여 온도를 측정하는 방법으로 베어링, 열기관 등의 표면온도 측정에 이용되는 절삭온도 측정방법은?

① 칼로리미터를 사용하는 방법
② 시온도료에 의한 방법
③ 복사고온계에 의한 방법
④ Pbs 광전지를 이용한 온도 측정

해설
시온도료를 이용한 방법 : 물체 표면에 칠을 하고 변색되는 부분을 판단하여 온도를 측정하는 방법
절삭온도 측정법
• 칩의 색깔에 의하여 측정하는 방법
• 가공물과 절삭공구를 열전대(Thermo-couple)로 하는 방법
• 삽입된 열전대(Inserted Thermo-couple)에 의한 방법
• 칼로리미터에 의한 방법
• 시온도료를 이용한 방법
• Pbs 셀(Cell) 광전지를 이용하는 방법

28 드릴 파손의 원인으로 틀린 것은?

① 이송이 작아 절삭저항이 감소할 때
② 절삭칩이 배출되지 못하고 가득 차 있을 때
③ 드릴이 길게 고정되어 이송 중 휘어질 때
④ 시닝(Thinning)이 너무 큰 경우

해설
드릴은 이송이 너무 커서 절삭저항이 증가할 때 파손된다.
드릴의 파손원인
• 절삭 날이 규정된 각도와 형상으로 연삭되지 않아 한쪽 부분으로 과대한 절삭력이 작용할 때
• 드릴가공 중에 드릴이 외력에 의해 구부러진 상태로 계속 가공할 때
• 시닝이 너무 커서 드릴이 약해졌을 때
• 구멍에 절삭칩이 배출되지 못하고 가득 차 있을 때
• 드릴이 필요 이상으로 너무 길게 고정되어 이송 중에 드릴이 휘어질 때

29 대형이고 무거운 가공물이어서 가공물을 이동시키면서 가공하기 곤란할 때 사용하기 적합한 드릴링머신은?

① 직접 드릴링머신
② 레이디얼 드릴링머신
③ 다축 드릴링머신
④ 다두 드릴링머신

해설
레이디얼 드릴링머신 : 대형 제품이나 무거운 제품에 구멍가공을 하기 위해 가공물은 고정시키고, 드릴링 헤드를 수평 방향으로 이동하여 가공할 수 있는 머신(드릴을 필요한 위치로 이동 가능)
드릴링머신의 종류 및 용도

탁상 드릴링 머신	설 명	드릴머신을 작업대 위에 설치하여 사용하는 소형의 드릴링머신
	용 도	소형 부품 가공에 적합
	비 고	ϕ13mm 이하의 작은 구멍 뚫기
직립 드릴링 머신	설 명	탁상 드릴링머신과 유사
	용 도	비교적 대형 가공물 가공
	비 고	주축 역회전 장치로 탭가공 가능
레이디얼 드릴링 머신	설 명	구멍가공을 하기 위해 가공물은 고정시키고, 드릴이 가공 위치로 이동할 수 있는 머신(드릴을 필요한 위치로 이동 가능)
	용 도	대형 제품이나 무거운 제품에 구멍가공
	비 고	암(Arm)을 회전, 주축 헤드암을 따라 수평 이동
다축 드릴링 머신	설 명	한 대의 드릴링머신에 다수의 스핀들을 설치하고 여러 개의 구멍을 동시에 가공
	용 도	1회에 여러 개의 구멍 동시 가공
다두 드릴링 머신	설 명	직립 드릴링머신의 상부기구를 한 대의 드릴머신 베드 위에 여러 개 설치한 형태
	용 도	드릴가공, 탭가공, 리머가공 등의 여러 가지 가공을 순서에 따라 연속가공
심공 드릴링 머신	설 명	깊은 구멍가공에 적합한 드릴링머신
	용 도	총신, 긴 축, 커넥팅 로드 등과 같이 깊은 구멍가공

30 선반의 가로 이송대에 8mm의 리드로서 원주를 100등분하여 만든 칼라 눈금의 핸들이 달려있을 때, 지름 34mm의 둥근 막대를 지름 30mm로 절삭하려면 핸들의 눈금을 몇 눈금 돌리면 되는가?

① 25   ② 30

③ 50   ④ 60

해설

선반의 가로 이송 핸들 마이크로칼라 한 눈금의 리드는 8mm를 100등분한 0.08mm가 된다. 문제에서 직경 34mm의 공작물을 직경 30mm로 가공하려면 2mm만 전진하면 되므로 핸들의 눈금은 25눈금만 돌리면 된다(0.08mm × 25눈금 = 2mm).

※ 선반은 회전체를 절삭하므로 가로 이송대로 절삭깊이 2mm를 전진하면 공작물은 4mm가 절삭된다.

31 연삭작업에서 숫돌결합제의 구비조건으로 틀린 것은?

① 입자 간에는 기공 없이 치밀해야 한다.

② 결합력의 조절범위가 넓어야 한다.

③ 성형성이 좋아야 한다.

④ 열에 잘 견뎌야 한다.

해설

입자 간에 기공이 생겨야 한다.

숫돌결합제의 구비조건

• 균일한 조직으로 필요한 형상과 크기로 가공할 수 있어야 한다.

• 고속회전에서도 파손되지 않아야 한다.

• 연삭열과 연삭액에 대하여 안전성이 있어야 한다.

• 필요에 따라 결합능력을 조절할 수 있어야 한다.

※ 무기질 결합제(비트리파이드, 실리케이트), 유기질 결합제(셀락, 고무, 레지노이드)

32 기어의 다듬질 가공 시 호브의 이송을 가장 크게 할 수 있는 재료는?

① 공구강   ② 경 강

③ 연 강   ④ 주 철

해설

기어의 다듬질 가공 시 호브의 이송은 1.5mm로 주철이 가장 크게 할 수 있는 재료이다.

테이블 1회전에 대한 호브의 이송

(단위 : mm)

소재의 재질	거친 절삭	다듬질 절삭
공구강	–	0.25
경 강	–	0.5
중(中) 경강	–	0.75
연 강	2.0	1.0
주철(中)	2.5	1.3
주철(軟)	4.0	1.5

33 프레스용 금형재료의 구비조건으로 틀린 것은?

① 인성이 클 것

② 내마모성이 클 것

③ 기계가공성이 좋을 것

④ 열처리 시 치수 변화가 많을 것

해설

프레스용 금형재료는 열처리 시 치수 변화가 작아야 한다.

34 다이캐스팅용 Al합금에 요구되는 성질로 틀린 것은?

① 유동성이 좋을 것

② 열간취성이 적을 것

③ 금형에 대한 점착성이 좋을 것

④ 응고 수축에 대한 용탕 보급성이 좋을 것

[해설]
다이캐스팅용 Al합금은 금형에서 잘 떨어질 수 있어야 한다. 점착성이 좋으면 안 된다.
다이캐스팅 합금 요구 성질
• 유동성이 좋을 것
• 열간 메짐(취성)이 적을 것
• 응고 수축에 대한 용탕 보충이 잘될 것
• 금형에서 잘 떨어질 수 있을 것
※ 다이캐스팅 : 다이캐스팅은 정밀가공하여 제작된 금형에 용융 상태의 합금을 가압 주입하여 치수가 정밀하고 동일형의 주물을 대량 생산하는 주조방법이다.

35 탄성과 내마멸성, 내식성이 우수하여 스프링 재료로 가장 많이 쓰이는 청동합금은?

① Cu-Al계 청동

② Mn-Mg계 청동

③ Cu-Si계 청동

④ Cu-Sn-P계 청동

[해설]
Cu-Sn-P계 청동 : 청동에 1% 이하의 P를 첨가한 인청동은 탄성과 내마멸성, 내식성이 우수하여 펌프 부품, 기어, 선박용 부품, 화학 기계용 부품 등에 사용되며, 고탄성도 우수하여 판, 선, 스프링 등의 가공재료로 사용된다.

36 표점거리 50mm, 직경 ϕ14mm인 인장시편을 시험한 후 시편을 측정한 결과 길이는 늘어나고 직경은 ϕ12mm로 줄어들었다면, 이 재료의 단면 수축률은 약 몇 %인가?

① 13.5 ② 20.5

③ 26.5 ④ 36.1

[해설]
단면 수축률(Reduction of Area) : 인장시험에 있어서 시험편 절단 후에 생기는 최소 단면적(A')과 그의 처음 단면적(A)과의 차이와 처음 단면적에 대한 백분율을 말함

$$\text{단면 수축률} = \frac{A-A'}{A} \times 100\% = \frac{\frac{\pi d^2}{4} - \frac{\pi d'^2}{4}}{\frac{\pi d^2}{4}} \times 100\%$$

$$= \frac{d^2 - d'^2}{d^2} \times 100\% = \frac{14^2 - 12^2}{14^2} \times 100\%$$

$$= 26.53\%$$

∴ 단면 수축률 = 26.53%

여기서, A : 시험 전 단면적(처음 단면적)
  A' : 시험 후 단면적
  d : 시험 전 직경
  d' : 시험 후 직경

37 Fe-C 상태도의 조직과 결정구조에 대한 설명 중 틀린 것은?

① $\delta - Fe$ 는 체심입방구조이다.

② 펄라이트(Pearlite)는 공석반응에서 얻을 수 있다.

③ 시멘타이트(Cementite)는 육방정(Hexagonal) 구조이다.

④ 레데부라이트(Ledeburite)는 오스테나이트+시멘타이트의 혼합물이다.

[해설]
• 시멘타이트는 사방정 결정구조이다.
• $\alpha - Fe$ 과 $\delta - Fe$ 는 체심입방구조이다.

38 주철이 고온에서 가열과 냉각을 반복하면서 부피가 커져서 주철의 치수가 달라지고 강도나 수명이 감소되는 현상은?

① 주철의 성장
② 주철의 청열취성
③ 주철의 자연시효
④ 주철의 적열취성

주철의 성장 : 주철을 600℃ 이상의 온도에서 가열과 냉각을 반복하면 부피가 증가하여 파열된다.
주철의 성장원인
• 시멘타이트(Fe_3C)의 흑연화에 의한 팽창
• 페라이트 중에 고용되어 있는 규소(Si)의 산화에 의한 팽창
• A_1 변태점(723℃) 이상의 온도에서 부피 변화로 인한 팽창
• 불균일한 가열로 생기는 균열에 의한 팽창
• 흡수한 가스에 의한 팽창

39 탄소강의 연화 및 내부 응력 제거를 목적으로 적당한 온도까지 가열하고 그 온도를 어느 정도 유지한 다음 서서히 냉각시키는 열처리방법은?

① 불 림   ② 풀 림
③ 담금질   ④ 뜨 임

풀림 : 재료를 연하게 하거나 내부 응력을 제거하고 조직을 균일화, 미세화, 표준화하기 위해 강을 오스테나이트 조직이 될 때까지 가열한 후 노나 재 속에서 서서히 냉각시키는 조작
① 불림 : 재료의 내부 응력 제거 및 균일한 결정조직을 얻기 위해 높은 온도로 가열하여 균일한 오스테나이트 조직으로 한 후 공기 중에서 냉각시키는 조작
③ 담금질 : 재료를 단단하게 할 목적으로 강이 오스테나이트 조직으로 될 때까지 가열한 후 물이나 기름에 급랭하는 조작
④ 뜨임 : 재질에 적당한 인성을 부여하기 위해 담금질 온도보다 낮은 온도에서 일정 시간을 유지 후 냉각시키는 조작

40 표면거칠기 측정이 요구되는 주요 대상이 아닌 것은?

① 접착력 향상이 요구되는 부분
② 내식성 향상이 요구되는 부분
③ 내면 상태 향상이 요구되는 부분
④ 기구적인 기능 향상이 요구되는 부분

내면 상태 향상이 요구되는 부분은 표면거칠기 측정이 요구되는 대상이 아니다.
공업 분야에서 큰 비중을 차지하는 표면거칠기의 측정이 요구되는 주요 대상
• 기구적인 기능 향상이 요구되는 부분
• 접착력 향상이 요구되는 부분 : 도장 부분
• 내식성 향상이 요구되는 부분 : 보호피막, 도금 부분
• 외관 향상이 요구되는 부분 : 시계 케이스, 고급 제품의 표면
• 시각적 선명도가 요구되는 부분 : 활자, 인쇄 종이
• 보건위생상 필요한 부분 : 화장품용기, 식기, 통조림 통, 의치재료, 의료기기

41 참값이 1.732mm인 부품을 측정하였더니 1.7mm이었다. 오차율은 약 몇 %인가?

① 0.1   ② 0.2
③ 1   ④ 2

$$오차율 = \frac{참값 - 측정값}{참값} \times 100\%$$
$$= \frac{1.732mm - 1.7mm}{1.732mm} \times 100\%$$
$$= 1.85\%$$
$$\therefore 오차율 = 2\%$$

42 나사의 정밀도에 대한 주요 점검 대상이 아닌 것은?

① 피 치   ② 리드각
③ 유효지름   ④ 산의 반각

나사의 측정요소 : 바깥지름, 골지름, 유효지름, 피치, 산의 각도

43 나사산의 각도 측정에 사용하는 측정기는?

① 투영기
② 틈새게이지
③ 와이어 게이지
④ 나사피치 게이지

해설

투영기 : 나사산의 각도 측정

44 기어 호브(Gear Hob)의 측정요소가 아닌 것은?

① 외경의 떨림
② 웨브(Web)의 두께
③ 호브의 분할 오차
④ 보스(Boss)의 외경 및 측면의 떨림

해설

웨브의 두께는 드릴의 측정요소이다.
기어 호브의 측정요소 : 치형 이 두께 오차, 치형 오차, 단일 피치 오차, 분할 오차, 치선의 흔들림, 호브 바깥둘레의 흔들림 및 면의 흔들림 등

45 치공구 설계의 목적으로 거리가 먼 것은?

① 생산성을 높이기 위해
② 작업공정을 늘리기 위해
③ 제품의 품질을 향상시키기 위해
④ 제품의 제작비용을 절감하기 위해

해설

치공구의 설계목적으로 공정 단축 및 검사의 단순화와 검사시간 단축이 있다.
치공구 설계의 목적
• 복잡한 부품의 경제적인 생산
• 공구의 개선과 다양화에 의하여 공작기계의 출력 증가
• 공작기계의 특수한 가공을 가능하게 하는 부가적인 기능 개발
• 미숙련자도 정밀작업 가능
• 제품의 불량이 적고 생산능력을 향상
• 제품의 정밀도 및 호환성의 향상
• 부적합한 사용을 방지할 수 있는 방오법(Fool Proof)이 가능
• 작업자의 피로가 줄고 안전성이 향상된다.

46 상자형 지그(Box Jig)에 관한 설명으로 틀린 것은?

① 칩 배출이 용이하다.
② 견고하게 클램핑할 수 있다.
③ 지그 제작비가 비교적 많이 든다.
④ 지그를 회전시켜 여러 면에서 가공할 수 있다.

해설

상자형 지그는 가공물을 지그 중앙에 클램핑하여 칩 배출이 용이하지 않다.

47 중심결정에 이용되는 V블록에 있어서 120° V블록과 비교하여 60° V블록이 가지는 특징에 관한 설명으로 틀린 것은?

① 공작물의 수직 중심선이 쉽게 위치결정된다.
② 공작물의 수평 중심선의 위치결정이 다소 힘들다.
③ 위치결정점 간격이 넓어 기하학적 관리가 양호하다.
④ 가까운 위치결정구상에 공작물을 고정시키기 위해서 더욱 큰 고정력이 요구된다.

해설

가까운 위치결정구상에 공작물을 고정시키기 위해서 120° V블록보다 60° V블록이 더욱 작은 고정력이 요구된다.

48 작은 하중이 걸리는 작업은 주로 스프링에 의한 링크에 의해 작동되며 4가지(하향 잠김형, 압착형, 당기기형, 직선이동형) 기본적인 클램핑 작용으로 되어 있는 클램프는?

① 캠(Cam) 클램프
② 토글(Toggle) 클램프
③ 스트랩(Strap) 클램프
④ 쐐기(Wedge) 클램프

[해설]
토글 클램프 : 누름, 끌어당김, 압착 및 직선운동의 4가지 운동으로 클램핑하여 작동이 신속하면서도 작용력에 비해 훨씬 큰 클램핑(고정)력을 얻을 수 있다.
토글 클램프의 작용

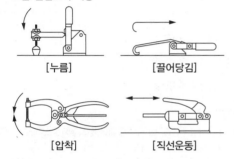

[누름]　　　　　[끌어당김]

[압착]　　　　　[직선운동]

① 캠 클램프 : 캠 클램프를 적절하게 선정하여 사용하면 공작물을 신속하고 간단하게 능률적으로 클램핑할 수 있지만, 강한 진동이 있는 경우에는 공작물을 직접 가압하는 캠 클램프보다는 간접 가압식 캠 클램프를 사용한다.
③ 스트랩 클램프 : 치공구에서 사용되는 가장 간단한 클램프로서 그 기본 작동원리는 지레의 원리와 같다. 스트랩 클램프는 지레의 원리에 따라서 3종으로 분류된다.
④ 쐐기 클램프 : 판형 캠(Flat Cam)이라고도 하며 클램프와 공구 본체 사이에서 쐐기가 공작물을 조이는 힘을 이용한 것이다.

49 치공구용 게이지에 있어서 한계게이지(Limit Gauge)의 장점에 관한 설명으로 틀린 것은?

① 합부 판정이 쉽다.
② 검사하기가 편하고 합리적이다.
③ 타 제품에 공용하여 사용하기 쉽다.
④ 취급이 단순하여 미숙련공도 사용이 가능하다.

[해설]
한계게이지는 타 제품에 공용하여 사용하기 어렵다.
한계게이지의 장점
• 검사가 간단하고 능률적이다.
• 측정에 숙련을 요하지 않고, 간단하게 사용할 수 있다.
• 가공 중에 불량을 조기에 발견할 수 있다.
• 필요 이상의 정밀도를 요구하지 않아 원가 절감이 가능하다.
• 작업이 단순하고 검사시간을 단축할 수 있다.

50 고급의 모델링기법으로 공학적인 해석을 할 때 사용되며 여러 물리적 성질(부피, 무게중심, 관성모멘트 등)이 제공되는 모델링은?

① 솔리드 모델링
② 서피스 모델링
③ 투시도 모델링
④ 와이어 프레임 모델링

[해설]
솔리드 모델링은 공학적인 해석(물리적 성질 : Weight, Center of Gravity, Moment)이 가능하다.
3차원 형상 모델링
• 와이어 프레임 모델(Wire-frame Model)
• 서피스 모델(Surface Model)
• 솔리드 모델(Solid Model)
솔리드 모델의 특징
• 은선 제거가 가능하다.
• 간섭 체크가 가능하다.
• 형상을 절단하여 단면도 작성이 용이하다.
• 불리언(Boolean) 연산(합·차·적)에 의하여 복잡한 형상도 표현할 수 있다.
• 명암(Shade) 컬러 기능 및 회전, 이동을 이용하여 사용자가 좀 더 명확하게 물체를 파악할 수 있다.
• 복잡한 데이터(Data)로 서피스 모델링보다 대용량 컴퓨터가 필요하고 처리시간이 오래 걸린다.

51 CNC 선반의 공구기능(T기능)에서 아래와 같은 지령 중 "07" 부분의 지령이 "00"으로 명령되었을 때의 의미로 옳은 것은?

> T 03 07

① 03번 공구의 보정을 취소한다.
② 보정기억장치의 00번을 불러 기억된 양만큼 보정한다.
③ 보정기억장치의 03번을 불러 기억된 양만큼 보정한다.
④ 공구 03번의 선택에 의해 공구대가 회전하여 절삭가공 준비를 한다.

해설
• T0307 → T0300으로 명령되면 03번 공구의 보정을 취소 지령한다.
• T0307 : 공구번호 03번과 보정번호 07번을 지령한다.
• T0300 : 공구번호 03번과 보정 취소를 지령한다.
※ CNC 선반의 경우 – T □□△△
  • T : 공구기능
  • □□ : 공구선택 번호(01~99번) → 기계 사양에 따라 지령 가능한 번호 결정
  • △△ : 공구보정 번호(01~99번) → 00은 보정 취소 기능임
• 공구보정 없이 보정 취소를 하려면 T0100으로 지령해야 한다.

52 다음 그림과 같이 X, Y, Z 방향의 축을 기준으로 공간상에서 하나의 점을 표시할 때 각축에 대한 X, Y, Z에 대응하는 좌표값으로 표시하는 좌표계는?

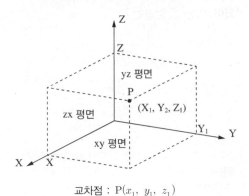

교차점 : $P(x_1, y_1, z_1)$

① 극 좌표계
② 직교 좌표계
③ 원통 좌표계
④ 구면 좌표계

해설
하나의 점을 표시할 때 각축에 대한 X, Y, Z에 대응하는 좌표값으로 표시하는 것은 직교 좌표계이다.
※ 좌표축은 일명 제어축이라고도 하며 ISO 및 KS규격에 CNC 공작기계의 좌표축과 운동기호를 오른손 직교 좌표계를 표준 좌표계로 지정하여 놓았다.

53 머시닝센터 프로그램 작업 시 한 블록 내에서 다음과 같이 같은 내용의 워드를 두 개 이상 지령하면 어떻게 실행되는가?

N01 G00 X10. M08 M09

① M08과 M09가 모두 실행된다.
② M08과 M09가 모두 무시된다.
③ M08은 무시되고 M09가 실행된다.
④ M08과 실행되고 M09는 무시된다.

해설
M08은 무시되고 M09가 실행된다.

보조기능(M : Miscellaneous function) : 보조기능은 스핀들 모터를 비롯한 기계의 각종 기능을 수행하는 데 필요한 보조장치(각종 스위치)의 ON/OFF를 수행하는 기능으로, 영문자 "M"과 2자리의 숫자를 사용한다. 보조기능은 종전에는 한 블록에 하나만 사용할 수 있고, 만일 한 블록에 하나 이상 사용하면 뒤에 지령한 M코드만 유효하였다. 그러나 최근의 제어장치에는 한 블록에 복수의 M코드 사용이 가능하게 되었다.

55 로트(Lot)에서 랜덤으로 시료를 추출하여 검사한 후 그 결과에 따라 로트의 합격·불합격을 판정하는 검사방법을 무엇이라 하는가?

① 자주검사   ② 간접검사
③ 전수검사   ④ 샘플링 검사

해설
• 샘플링 검사 : 로트에서 랜덤으로 시료를 추출하여 검사한 후 그 결과에 따라 로트의 합격·불합격을 판정하는 검사방법이다. 한 로트의 물품 중에서 발췌한 시료를 조사하고 그 결과를 판정기준과 비교하여 그 로트의 합격 여부를 결정한다. 여기서 로트란 같은 조건하에서 생산되거나 생산된 물품의 집합으로 Lot size는 하나의 Lot에 포함된 제품의 수량이다.
• 전수검사 : 개개의 모든 부품의 품질 상태를 검사한다.

54 CAM 소프트웨어를 이용하여 곡면을 가공할 때 곡면가공방법이 아닌 것은?

① 잔삭가공
② 연삭가공
③ 포켓가공
④ 2D 윤곽가공

해설
연삭가공은 곡면가공방법이 아니다.

56 TPM 활동체제 구축을 위한 5가지 기둥과 가장 거리가 먼 것은?

① 설비 초기 관리체제 구축활동
② 설비 효율화의 개별 개선활동
③ 운전과 보전의 스킬 업 훈련활동
④ 설비 경제성 검토를 위한 설비 투자 분석활동

해설
설비 경제성 검토를 위한 설비 투자 분석활동은 TPM 활동체제 구축을 위한 5가지 기둥이 아니다.

57 도수분포표에서 알 수 있는 정보로 가장 거리가 먼 것은?

① 로트분포의 모양

② 100 단위당 부적합수

③ 로트의 평균 및 표준편차

④ 규격과의 비교를 통한 부적합품률의 추정

도수분포표에서 알 수 있는 정보 : 로트분포의 모양, 로트의 평균 및 표준편차, 규격과의 비교를 통한 부적합품률의 추정

58 자전거를 셀방식으로 생산하는 공장에서, 자전거 1대당 소요 공수가 14.5H이며, 1일 8H, 월 25일 작업을 한다면 작업자가 1명당 월 생산 가능 대수는 몇 대인가?(단, 작업자의 생산종합효율은 80% 이다)

① 10대   ② 11대

③ 13대   ④ 14대

59 ASME(American Society of Mechanical Engineers)에서 정의하고 있는 제품공정 분석표에 사용되는 기호 중 "저장(Storage)"을 표현한 것은?

① ○   ② □

③ ▽   ④ ⇨

제조공정 분석표 사용기호

공정명	기호 명칭	기호 형상
가 공	가 공	○
운 반	운 반	⇨
정 체	저 장	▽
	대 기	D
검 사	수량검사	□
	품질검사	◇

60 미리 정해진 일정단위 중에 포함된 부적합수에 의거하여 공정을 관리할 때 사용되는 관리도는?

① c 관리도

② P 관리도

③ X 관리도

④ nP 관리도

c 관리도 : 미리 정해진 일정 단위 중에 포함된 부적합수에 의거하여 공정을 관리할 때 사용되는 관리도

01 아래 조작방식기호의 명칭은?

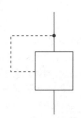

① 내부 파일럿 조작   ② 외부 파일럿 조작
③ 유압 파일럿 조작   ④ 단동 솔레노이드 조작

해설
문제의 조작방식기호의 명칭은 외부 파일럿 조작이다.

내부 파일럿 조작	유압 파일럿 조작	단동 솔레노이드 조작
45°		

02 유압모터의 마력을 구하는 식으로 옳은 것은?(단, L : 유압모터의 마력(PS), N : 유압모터의 회전수(rpm), T : 유압모터의 출력토크(kgf·m)이다)

① $L = \dfrac{2\pi TN}{60 \times 100 \times 10}$

② $L = \dfrac{2\pi TN}{60 \times 100 \times 25}$

③ $L = \dfrac{2\pi TN}{60 \times 100 \times 50}$

④ $L = \dfrac{2\pi TN}{60 \times 100 \times 75}$

해설
$L = \dfrac{2\pi TN}{60 \times 100 \times 75}$ (PS)

03 동기회로에서 동기를 방해하는 요인이 아닌 것은?

① 내부 누설
② 마찰의 차이
③ 실린더 행정의 길이
④ 실린더 내 안지름의 차이

해설
실린더 행정의 길이는 동기를 방해하는 요인이 아니다.

04 다음 중 유압작동유에 기포가 발생하여 미치는 영향으로 옳은 것은?

① 작동유의 윤활성을 증대시킨다.
② 작동유의 압축성이 증가하여 기기의 응답성이 저하된다.
③ 펌프 부품의 마찰운동부가 이상 마모하여 용적효율이 저하된다.
④ 릴리프 밸브의 포핏 부분에 이물질이 쌓여 압력변동의 원인이 된다.

해설
유압작동유에 기포가 발생하면 작동유의 압축성이 증가하여 기기의 응답성이 저하된다.
유압회로 속 기포 발생 방지방법
• 오일탱크 내의 소용돌이 흐름을 줄인다.
• 회로 중에 유압이 떨어지는 부분이 없도록 한다.
• 배관 중에 누설이 없게 한다.
• 공기 드레인을 회로의 상부에 설치한다.

05 공기압 에너지를 사용하여 연속 회전운동을 하는 기기는?

① 회전밸브   ② 진공 실린더
③ 공기압모터   ④ 공기압 실린더

> 해설
> 공기압모터는 공기압 에너지를 사용하여 연속 회전운동을 한다.

06 수평영역은 주로 접합의 구조에서 정해지지만 일반적으로 400~1,100nm의 파장영역에서 사용할 수 있다. 특히, 700~900nm에서 감도가 최대가 되는 특성을 가진 센서는?

① 포토 커플러   ② 포토 다이오드
③ 포토 인터럽트   ④ 포토 트랜지스터

> 해설
> 포토 다이오드 : 빛에너지를 전기에너지로 변환하는 광센서의 한 종류로, 응답속도가 매우 빠르고 감도 파장이 넓어 광전류의 직진성이 양호하다. 일반적으로 400~1,100nm의 파장영역에서 사용할 수 있다. 특히, 700~900nm에서 감도가 최대가 되는 특성을 가진 센서이다.

07 다음 중 정량적 제어(Quantitative Control)방식은?

① 개루프 제어   ② 시퀀스 제어
③ 폐루프 제어   ④ 프로그램 제어

> 해설
> 폐루프 제어는 정량적 제어방식이다.

08 1대의 NC 공작기계를 핵심으로 하여 자동공구교환장치(ATC), 자동팰릿교환장치(APC) 그리고 팰릿 매거진을 배치한 생산시스템은?

① CIM   ② FMC
③ FMS   ④ FTL

> 해설
> FMS의 시스템의 형태
> • FMC(Flexible Manufacturing Cell) : 한 대의 NC(수치제어) 공작기계를 핵심으로 하여 자동공구교환장치(ATC), 자동팰릿교환장치(APC) 그리고 팰릿 매거진을 배치한 것이다.
> • 전형적 FMS(Flexible Manufacturing System) : 복수의 NC 공작기계가 가변 루트인 자동반송시스템으로 연결되어 유기적으로 제어된다.
> • FTL(Flexible Transfer Line) : 다축 헤드 교환방식 등의 유연한 기능을 가진 공작기계군을 고정 루트인 자동반송장치로 연결한 것이다.

09 다음 중 유압시스템에서 실린더의 추력이 정상보다 감소되었을 때 그 고장원인으로 가장 거리가 먼 것은?

① 펌프의 토출 증가
② 구동 동력의 부족
③ 릴리프 밸브의 조정 불량
④ 유압작동유의 외부 누설 증가

> 해설
> 펌프의 토출 증가보다는 펌프의 흡입 불량이 실린더의 추력이 정상보다 감소되었을 때의 고장원인으로 볼 수 있다.
> 압력의 저하(실린더의 추력 감소)
> • 릴리프 밸브의 작동 불량 또는 조정 불량
> • 각종 밸브의 작동, 조정 불량
> • 내부 누설의 증가
> • 외부 누설의 증가
> • 펌프의 흡입 불량
> • 펌프의 고장 또는 성능 저하
> • 구동 동력의 부족

10 다음 중 제어용 서보모터의 특징과 가장 거리가 먼 것은?

① 피드백 장치가 있다.
② 넓은 속도제어 범위를 갖는다.
③ 모터 자체의 관성모멘트가 크다.
④ 큰 가감속 토크를 얻을 수 있다.

해설
제어용 서보모터는 모터 자체의 관성모멘트가 작다.

11 수직 밀링머신의 주요 구조로 거리가 먼 것은?

① 새 들 　　② 칼 럼
③ 테이블 　　④ 오버 암

해설
• 오버 암(Over Arm)은 수평 밀링머신(Horizontal Milling Machine)의 구조이다.
• 수직 밀링머신(Vertical Milling Machine)의 주요 구조 : 칼럼 (Column), 새들(Saddle), 테이블(Table), 니(Knee)
수직 밀링머신 : 주축 헤드가 테이블면에 수직으로 되어 있으며, 주로 정밀 밀링커터와 엔드밀 등을 사용하여 평면가공이나 홈가공, T홈가공, 더브테일 등을 주로 가공한다.
수평 밀링머신 : 주축을 기둥 상부에 수평으로 설치하고, 주축에 아버를 고정하고 회전시켜 가공물을 절삭한다.

12 ϕ80mm의 환봉을 선반 주축회전수 500rpm으로 절삭하였을 경우, 주분력을 100kg으로 하면 절삭동력(kW)은 약 얼마인가?

① 1.05 　　② 2.05
③ 3.05 　　④ 4.05

해설
절삭속도$(V) = \dfrac{\pi DN}{1,000} = \dfrac{\pi \times 80\text{mm} \times 500\text{rpm}}{1,000}$

$\qquad\qquad \fallingdotseq 125.66\text{m/min}$

절삭동력$(H) = \dfrac{P \times V}{102 \times 60}(\text{kW}) = \dfrac{100\text{kg} \times 125.66\text{m/min}}{102 \times 60}$

$\qquad\qquad \fallingdotseq 2.05\text{kW}$

∴ 절삭동력$(H) = 2.05\text{kW}$

여기서, N : 주축회전수(rpm)
$\qquad\quad D$: 환봉지름(mm)
$\qquad\quad P$: 주분력(kg)
$\qquad\quad V$: 절삭속도(m/min)

13 선반가공에서 테이퍼(Taper)를 절삭하는 방법이 아닌 것은?

① 인덱스를 이용하는 방법
② 심압대를 편위시키는 방법
③ 복식공구대를 경사시키는 방법
④ 테이퍼 절삭장치를 이용하는 방법

해설
인덱스를 이용하는 방법은 선반가공에서 테이퍼를 절삭하는 방법이 아니다.
선반에서 테이퍼를 가공하는 방법
• 복식공구대를 경사시키는 방법(테이퍼 각이 크고 길이가 짧은 가공물)
• 심압대를 편위시키는 방법(테이퍼가 작고 길이가 길 경우 사용)
• 테이퍼 절삭장치를 이용하는 방법(넓은 범위의 테이퍼를 가공)
• 총형 바이트를 이용하는 방법

14 정지센터로 가공물을 지지하고 단면을 가공하면 바이트와 가공물의 간섭으로 가공이 불가능하게 된다. 이때 보통센터의 선단 일부를 가공하여 단면 가공이 가능하도록 제작한 센터는?

① 센터드릴(Center Drill)

② 하프센터(Half Center)

③ 파이프 센터(Pipe Center)

④ 베어링 센터(Bearing Center)

해설

정지센터로 가공물을 지지하고 단면을 가공하면 바이트와 가공물의 간섭으로 가공이 불가능하게 된다. 이때 보통센터의 선단 일부를 가공하여 단면가공이 가능하도록 제작한 센터가 하프센터이다.

④ 베어링 센터 : 선단 일부가 가공물의 회전에 의하여 함께 회전하도록 설계된 센터

센터의 종류

정지센터	
세공센터	
하프센터	
회전센터	
파이프 센터	
평센터	

15 브라운 샤프형 분할대를 이용하여 원주를 9등분하고자 할 때 분할판 크랭크는 몇 회전시켜야 하는가?

① 18회전

② 9회전

③ 8회전

④ 4회전

해설

단식분할법 : 분할 크랭크와 분할판을 사용하여 분할하는 방법으로 분할 크랭크를 40회전시키면 주축은 1회전하므로 주축을 회전시키려면 분할 크랭크를 40/N회전시키면 된다.

$$\frac{40}{N} = \frac{h}{H}$$

여기서, N : 가공물의 등분수

H : 분할판의 구멍수

h : 1회 분할에 필요한 분할판의 구멍수

문제에서 원주를 9등분하므로, N은 9이다.

$$\frac{40}{9} = \frac{h}{H} = \frac{40 \times 2}{9 \times 2} = \frac{80}{18} = 4\frac{8}{18} \quad \therefore \ 4회전$$

따라서 브라운 샤프형 No 1판의 18구멍열에서 분할 크랭크를 4회전시키고, 8구멍씩 전진하면서 가공한다. 분자와 분모에 2를 곱하는 이유는 H, 즉 분할판 구멍의 종류에 맞추기 위한 것이며, 가분수는 대분수로 바꾸어 분할 크랭크의 회전수와 구멍수로 분리하여야 한다.

분할판 구멍수의 종류

종 류	분할판	구멍수의 종류					
브라운 샤프형	No 1	15	16	17	18	19	20
	No 2	21	23	27	29	31	33
	No 3	37	39	41	43	47	49

16 전해연마(Electrolytic Polishing)의 특징이 아닌 것은?

① 가공변질층이 없다.
② 가공면에 방향성이 있다.
③ 내마모성, 내부식성이 향상된다.
④ 복잡한 형상의 가공물의 연마가 가능하다.

전해연마의 특징
• 가공변질층이 없고 평활한 가공면을 얻을 수 있다.
• 복잡한 형상의 제품도 전해연마가 가능하다.
• 가공면에 방향성이 없다.
• 내마모성, 내부식성이 향상된다.
• 연질의 알루미늄, 구리 등도 쉽게 광택면을 가공할 수 있다.
※ 전해연마 : 전기도금의 반대 현상으로 가공물을 양극(+), 전기저항이 작은 구리·아연을 음극(−)으로 연결하고, 전해액 속에서 1A/cm² 정도의 전기를 통하면 전기에 의한 화학적인 작용으로 가공물의 표면이 용출되어 필요한 형상으로 가공하는 방법이다. 알루미늄 소재 등 거울과 같이 광택 있는 가공면을 비교적 쉽게 가공할 수 있다.

17 줄눈의 모양이 물결모양으로 되어 날 눈의 홈 사이에 칩이 끼지 않으므로 납, 알루미늄, 플라스틱, 목재 등에 주로 사용되는 것은?

① 단목(Single Cut)
② 복목(Double Cut)
③ 귀목(Rasp Cut)
④ 파목(Curved Cut)

파목 : 물결 모양으로 날 눈을 세운 것으로, 날 눈의 홈 사이에 칩이 끼지 않아 납, 알루미늄, 플라스틱, 목재 등에 사용되나 다듬질면은 좋지 않다.
① 단목 : 납, 주석, 알루미늄 등의 연한 금속이나 판금의 가장자리를 다듬질 작업할 때 사용한다.
② 복목 : 일반적인 다듬질용이다. 먼저 낸 줄눈을 하목(아랫날), 그 위에 교차시켜 낸 줄눈을 상목(윗날)이라 한다.
③ 귀목 : 펀치나 정으로 날 눈을 하나씩 파서 일으킨 것으로, 보통 나무나 가죽 베크라이트 등의 비금속 또는 연한 금속의 거친 절삭에 사용된다.

18 다음 연삭숫돌의 표시방법에서 "V"의 의미는?

WA 60 K 5 V

① 입 도   ② 조 직
③ 결합도   ④ 결합제

일반적인 연삭숫돌 표시방법

WA	60	K	m	V
연삭숫돌입자	입 도	결합도	조 직	결합제

19 다음 중 액체호닝의 일반적인 특징에 대한 설명으로 가장 거리가 먼 것은?

① 피닝(Peening)효과가 있다.
② 다듬질면의 진원도, 진직도가 우수하다.
③ 공작물 표면의 산화막을 제거하기 쉽다.
④ 형상이 복잡한 것도 쉽게 가공할 수 있다.

액체호닝(Liquid Honing)은 연마제를 가공액과 혼합하여 가공물 표면에 압축공기를 이용하여 고압과 고속으로 분사시켜 가공물 표면과 충돌시켜 표면을 가공하는 방법이다. 다듬질면의 진원도, 진직도가 좋지 않다.
액체호닝의 장점
• 피닝효과가 있다.
• 가공시간이 짧다.
• 가공물의 피로강도를 10% 정도 향상시킨다.
• 형상이 복잡한 것도 쉽게 가공한다.
• 가공물 표면에 산화막이나 거스러미를 제거하기 쉽다.
액체호닝의 단점
• 액체호닝은 다듬질면의 진원도, 진직도가 좋지 않다.
• 호닝입자가 가공물의 표면에 부착되어 내마모성을 저하시킬 우려가 있다.

20 직경 $D = 120$mm, 날수 $Z = 2$인 평면커터로 절삭속도 $V = 30$m/min, 절삭깊이 $d = 2$mm, 이송속도 $f = 200$mm/min으로 절삭할 때, 칩의 평균 두께 t_m(mm)는?

① 0.16mm   ② 1.6mm

③ 0.36mm   ④ 3.6mm

해설

칩의 평균 두께$(t_m) = \dfrac{f}{nZ}\sqrt{\dfrac{d}{D}}$

회전수$(n) = \dfrac{1,000\,V}{\pi D} = \dfrac{1,000 \times 30\text{m/min}}{\pi \times 120\text{mm}} = 79.6\text{rpm}$

$t_m = \dfrac{f}{nZ}\sqrt{\dfrac{d}{D}} = \dfrac{200\text{mm/min}}{79.6\text{rpm} \times 2} \times \sqrt{\dfrac{2\text{mm}}{120\text{mm}}} = 0.16\text{mm}$

∴ 칩의 평균 두께$(t_m) = 0.16$mm

21 연삭가공에 대한 설명으로 틀린 것은?

① 연삭점의 온도가 매우 낮다.

② 경화된 강과 같은 단단한 재료를 가공할 수 있다.

③ 표면거칠기가 우수한 다듬질면을 가공할 수 있다.

④ 연삭압력 및 연삭저항이 작아 전자석 척으로 가공물을 고정할 수 있다.

해설

연삭가공의 특징
• 절삭가공이 곤란한 열처리된 경화된 강과 같은 단단한 재료를 가공할 수 있다.
• 정밀도가 높고, 표면거칠기가 우수한 다듬질면을 가공할 수 있다.
• 연삭압력 및 연삭저항이 작아 전자석 척으로 가공물을 고정할 수 있다.
• 연삭점의 온도가 높다.
• 절삭속도가 대단히 빠르다.
• 자생작용이 있다.

22 래핑(Lapping)에 대한 설명으로 틀린 것은?

① 가공면의 내마모성이 좋다.

② 정밀도가 높은 제품을 가공할 수 있다.

③ 작업이 지저분하고 먼지가 많이 발생한다.

④ 평면도, 진원도 등의 이상적인 기하학적 형상을 얻을 수 없다.

해설

래핑은 평면도, 진원도, 직선도 등의 이상적인 기하학적 형상을 얻을 수 있다.
래핑가공의 장단점

장 점	단 점
• 가공면이 매끈한 거울면을 얻을 수 있다. • 정밀도가 높은 제품을 가공할 수 있다. • 가공면은 윤활성 및 내마모성이 좋다. • 가공이 간단하고 대량 생산이 가능하다. • 평면도, 진원도, 직선도 등의 이상적인 기하학적 형상을 얻을 수 있다.	• 가공면에 랩제가 잔류하기 쉽고, 제품을 사용할 때 잔류한 랩제가 마모를 촉진시킨다. • 고도의 정밀가공은 숙련이 필요하다. • 작업이 지저분하고 먼지가 많다. • 비산하는 랩제는 다른 기계나 가공물을 마모시킨다.

23 절삭가공의 절삭온도를 측정하는 방법으로 거리가 먼 것은?

① 칼로리미터에 의한 방법

② 정전 용량법에 의한 방법

③ 시온도료를 이용하는 방법

④ 삽입된 열전대에 의한 방법

해설

정전 용량법에 의한 방법은 절삭온도 측정법이 아니다.
절삭온도 측정법
• 칩의 색깔에 의한 방법
• 칼로리미터에 의한 방법
• 공구에 열전대를 삽입하는 방법
• 시온도료를 사용하는 방법
• 공구와 일감을 열전대로 사용하는 방법
• 복사고온계에 의한 방법

24 산화알루미늄을 주성분으로 하여 마그네슘, 규소 등의 산화물과 소량의 다른 원소를 첨가하여 소결한 절삭공구는?

① 서 멧
② 세라믹
③ 소결 초경합금
④ 주조 경질합금

해설
해설
세라믹(Ceramic) : 산화알루미늄(Al_2O_3) 분말을 주성분으로 마그네슘, 규소 등의 산화물과 소량의 다른 원소를 첨가하여 소결한 절삭공구이다. 고온에서 경도가 높고, 내마모성이 좋아 초경합금보다 빠른 절삭속도로 절삭이 가능하다. 백색·분홍색·회색·흑색 등의 색이 있으며, 초경합금보다 가볍다.
① 서멧(Cermet) : 세라믹과 메탈의 복합어로 세라믹의 취성을 보완하기 위하여 개발된 내화물과 금속 복합체의 총칭이다. Al_2O_3 분말 약 70%에 TiC 또는 TiN 분말을 30% 정도 혼합하여 수소 분위기 속에서 소결하여 제작한다. 고속절삭에서 저속절삭까지 사용범위가 넓고 크레이터 마모, 플랭크 마모 등이 적고 구성인선이 거의 발생하지 않아 공구 수명이 길다.
③ 소결 초경합금 : 초경합금은 W, Ti, Ta, Mo, Zr 등의 경질합금 탄화물 분말을 Co, Ni을 결합제로 하여, 1,400℃ 이상의 고온으로 가열하면서 프레스로 소결성형한 절삭공구이다.
④ 주조 경질합금(Cast Alloyed Hard Metal) : 대표적인 것으로 스텔라이트가 있으며, 주성분은 W, Cr, Co, Fe이며 주조합금이다.

25 보통선반의 기하학적 정적 정밀도 검사에서 검사 항목으로 거리가 먼 것은?

① 척의 흔들림
② 주축대 센터와 심압대 센터와의 높이 차
③ 심압대 운동과 왕복대 운동과의 평행도
④ 가로 이송대의 운동과 주축 중심선과의 직각도

26 다음 중 인조 숫돌입자인 녹색 탄화규소의 기호로 옳은 것은?

① GC
② WA
③ SiC
④ CBN

해설
해설
인조 숫돌입자의 종류

종 류	기 호	적용범위
갈색 알루미나	A	보통 탄소강, 합금강, 스테인리스강 등
백색 알루미나	WA	인장강도가 큰 강 계통의 연삭에 적합, 특히 접촉 면적이 큰 연삭이나 발열을 피해야 하는 연삭에 사용
탄화규소	C	알루미나보다 단단하나 취성이 커서 인장강도가 낮은 재료 연삭에 적합
녹색 탄화규소	GC	주철, 황동, 경합금, 초경합금 등을 연삭하는 데 적합

27 가공물을 고정하고, 연삭숫돌이 회전운동 및 공전운동을 동시에 진행하는 내면 연삭방법은?

① 보통형 연삭방법
② 유성형 연삭방법
③ 센터리스형 연삭방법
④ 플랜지 컷형 연삭방법

해설
해설
유성형(Planetary Type) 연삭방법 : 가공물은 고정시키고, 연삭숫돌이 회전운동 및 공전운동을 동시에 진행하며 연삭하는 방식이다. 내연기관의 실린더 같이 대형이며 균형이 잡혀 있지 않은 가공물의 연삭에 적합하다.
내면연삭기의 내면 연삭방식(보통형, 센터리스형, 유성형)
• 보통형 : 가공물과 연삭숫돌에 회전운동을 주어 연삭하는 방식으로 축 방향의 연삭은 연삭숫돌대의 왕복운동으로 한다.
• 센터리스형 : 가공물을 고정하지 않고, 연삭하는 방법(소형 가공물 대량 생산)
• 유성형 : 가공물을 고정시키고, 연삭숫돌이 회전운동 및 공전운동을 동시에 진행하며 연삭하는 방식

28 선반작업에서 가공물의 형상과 같은 모형이나 형판에 의해 자동으로 절삭하는 장치는?

① 정면절삭장치
② 기어절삭장치
③ 모방절삭장치
④ 외경절삭장치

해설

모방절삭장치 : 가공물의 형상과 같은 모형이나 형판(Template)에 의해 자동으로 절삭하는 장치로 유압식, 전기식, 전기 유압식, 기계식 등이 있다.
- 모방선반(Copying Lathe) : 자동모방장치를 이용하여 모형이나 형판 외형에 트레이서(Tracer)가 설치되고 트레이서가 움직이면, 바이트가 함께 움직여 모형이나 형판의 외형과 동일한 형상의 부품을 자동으로 가공하는 선반
- 터릿선반 : 보통선반 심압대 대신에 터릿으로 불리는 회전공구대를 설치하여 여러 가지 절삭공구를 공정에 맞게 설치하여 작은 부품을 대량 생산하는 선반
- 보통선반 : 각종 선반 중에서 기본이 되고, 가장 많이 사용하는 선반

29 다음 중 밀링머신의 부속품 및 부속장치가 아닌 것은?

① 아 버
② 심압대
③ 밀링 바이스
④ 회전 테이블

해설

심압대는 선반의 주요구조이다.
선반과 밀링의 부속품

선반의 부속품	밀링의 부속품
방진구, 맨드릴, 센터, 면판, 돌림판과 돌리개, 척 등	분할대, 바이스, 회전 테이블, 슬로팅 장치, 아버 등

30 1차로 가공된 가공물의 안지름보다 다소 큰 강철 볼(Ball)을 압입하여 통과시켜서 가공물의 표면을 소성변형시켜 가공하는 방법은?

① 버니싱
② 폴리싱
③ 쇼트피닝
④ 롤러가공

해설

버니싱(Burnishing) : 원통형 내면에 강철 볼형의 공구를 압입해 통과시켜 매끈하고 정도가 높은 면을 얻는 가공법
② 폴리싱(Polishing) : 목재·피혁·직물 등 탄성이 있는 재료로 된 바퀴 표면에 부착시킨 미세한 연삭입자로 연삭작용을 하게 하여 가공물 표면을 버핑하기 전에 다듬질하는 방법
③ 쇼트피닝(Shot-peening) : 표면을 타격하는 일종의 냉간가공으로 철강의 작은 볼(Shot)을 공작물 표면에 분사하여 강재의 화학 조성을 변화시키지 않고 표면을 매끈하게 하여 피로강도 및 기계적 성질을 향상시킨다.
④ 롤러(Roller)가공 : 가공한 표면에 절삭공구의 이송 자국, 뜯긴 자국 등이 나타나게 되는데 이러한 표면을 롤러를 이용하여 매끈하게 가공하는 방법

31 다음 중 방전 가공의 전극재료로 가장 적합한 것은?

① 니 켈
② 아 연
③ 흑 연
④ 산화알루미나

해설

방전가공의 전극은 구리나 흑연 등의 연한 재료를 사용하므로 가공이 쉽다.

32 선반에서 편심량 2mm를 가공하기 위한 다이얼 게이지 지시변위량으로 옳은 것은?

① 1mm   ② 2mm

③ 3mm   ④ 4mm

해설
다이얼 게이지 눈금의 변위량 = 편심량 × 2배 = 2mm × 2배
                                 = 4mm

편심량 측정방법
• 벤치센터에 다이얼 게이지를 설치하여 측정
• 다이얼 게이지의 이동량은 편심량의 2배로 한다.

34 다음 중 재료의 인장시험으로 알 수 없는 것은?

① 연신율   ② 인장강도

③ 탄성계수   ④ 피로한도

해설
피로한도는 인장시험이 아닌 피로시험기로 알 수 있다.
※ 인장시험은 기계적 시험 중에서 가장 기본이 되는 것으로, 시험편의 양 끝을 시험기에 고정시키고 시험편의 축 방향으로 천천히 잡아당겨 끊어질 때까지의 변형과 이에 대응하는 하중을 측정하여 금속재료의 기계적 성질을 알 수 있다. 인장시험으로 재료의 인장강도, 연신율, 단면 수축률 등을 알 수 있으며, 이 밖에도 항복점, 비례한도, 탄성한도, 응력-변형률 곡선을 구할 수 있다.

33 다음 중 내식용 특수목적으로 사용되는 스테인리스강의 주성분으로 맞는 것은?

① Fe-Co-Mn   ② Fe-W-Co

③ Fe-Cu-V   ④ Fe-Cr-Ni

해설
스테인리스강의 주성분은 Fe-Cr-Ni로 Cr(18%)-Ni(8%)의 오스테나이트계 스테인리스강인 18-8형 스테인리스강이 대표적이다.

35 표면강화강인 질화강에서 질화층의 경도를 높여주는 역할을 하는 원소는?

① 인   ② 황

③ 주 철   ④ 알루미늄

해설
질화 경도의 향상에 가장 효과적인 원소는 알루미늄(Al)이고, 그 다음으로는 크롬(Cr)과 몰리브덴(Mo)이 효과적이다. 특히, 몰리브덴은 질화 경도의 향상뿐만 아니라 뜨임취성을 방지하는 효과도 있다.

36 탄소강은 200~300℃에서 상온일 때보다 강도는 커지고, 연신율은 대단히 작아져서 결국 인성이 저하되어 메지게 되는 성질을 가지게 되며 이때 산화피막이 발생하는데 이러한 성질을 무엇이라 하는가?

① 청열취성　　　② 상온취성
③ 저온취성　　　④ 적열취성

해설
• 청열취성(청열 메짐) : 원인은 P(인)이며 강이 200~300℃로 가열하면 강도가 최대로 되고 연신율이 줄어들어 깨지는 것
• 적열취성(적열 메짐) : 원인은 S(황)이며 고온에서 물체가 빨갛게 되어 깨지는 것 → 망간(Mn)으로 방지

37 알루미늄에 관한 설명으로 틀린 것은?

① 전연성이 풍부하다.
② 열, 전기의 양도체이다.
③ 용융점은 660℃ 정도이다.
④ 실용금속 중 가장 무거운 금속이다.

해설
알루미늄(Al)
• 비중 2.7, 용융점 660℃, 면심입방격자(FCC)
• 전연성이 우수하고 전기, 열의 양도체이며 내식성이 강하다.
• 표면에 생기는 산화알루미늄(Al_2O_3)의 얇은 보호피막으로 내식성이 좋다.
• 경금속으로 가벼운 금속이다.
• 항공기, 차량, 송전선 등에 이용된다.

38 표점거리가 50mm인 재료를 인장시험하여 파단 후에 측정한 표점거리가 60mm이었다면 이 재료의 연신율은 몇 %인가?

① 10　　　② 17
③ 20　　　④ 24

해설
$$연신율(\varepsilon) = \frac{변형량}{원표점거리} \times 100(\%) = \frac{L_1 - L_0}{L_0} \times 100(\%)$$
$$= \frac{(60mm - 50mm)}{50mm} \times 100(\%) = 20(\%)$$
∴ 연신율(ε) = 20%
여기서, L_1 : 늘어난 거리, L_0 : 원표점거리

39 주철의 조직관계를 나타내는 마우러 조직도는 어떤 원소들의 함량에 따른 관계도인가?

① C와 S의 함량　　　② C와 Si의 함량
③ C와 P의 함량　　　④ C와 Cu의 함량

해설
마우러 조직도 : 주철의 조직에 영향을 끼치는 주요한 요소는 탄소(C) 및 규소(Si)의 양과 냉각속도이다. 마우러 조직도는 탄소(C)와 규소(Si)량에 따른 주철의 조직관계를 표시한 것이다.

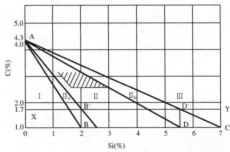

주철의 조직과 종류

영 역	조 직	주철의 종류
I	펄라이트 + 시멘타이트	백주철(극경 주철)
II$_a$	펄라이트 + 시멘타이트 + 흑연	반주철(경질 주철)
II	펄라이트 + 흑연	펄라이트 주철(강력 주철)
II$_b$	펄라이트 + 페라이트 + 흑연	회주철(주철)
III	페라이트 + 흑연	페라이트 주철(연질 주철)

40 다음 중 공구 현미경의 부속품이 아닌 것은?

① 펜타 프리즘

② 중심 지지대

③ 반사 조명장치

④ 나이프 에지(Knife Edge)

해설

펜타 프리즘은 공구 현미경의 부속품이 아니다.

• 공구 현미경의 부속품 : 조명장치, 접안렌즈, 대물렌즈, 지주, 경사 센터 지지대, 심출 테이블 등

• 공구 현미경 : 절삭공구, 게이지, 나사 등의 치수, 각도, 윤곽, 유효지름 등을 광학적으로 쉽게 측정할 수 있다.

42 촉침 회전식 진원도 측정기의 특징을 설명한 것으로 가장 옳은 것은?

① 구조가 비교적 간단하고 조작성이 좋다.

② 회전 정밀도가 좋지 않으나 가격이 저렴하다.

③ 복잡한 제품의 측정에 적합하나 가격이 저가이다.

④ 조작이 복잡하나 대형 제품 측정에 적합하다.

해설

촉침 회전식은 조작이 복잡하나 대형 제품 측정에 적합하다.

진원도 측정 특징

촉침 회전식	• 대형의 물체를 측정하는 데 적합하다. • 스핀들의 회전 정밀도가 좋다. • 조작이 복잡하다. • 대형으로 가격이 비싸다. • 촉침 회전식 진원도 측정기 : 측정물을 테이블에 고정시키고 검출기(측정자)가 피측정물의 주위를 회전하면서 측정 단면의 윤곽을 측정한다.
테이블 회전식	• 규모가 비교적 간단하고 조작성이 좋으며 가격이 저렴하다. • 진직도 및 평행도의 측정이 가능하다. • 복잡한 물체의 측정에 적합하다. • 피측정물을 적재한 테이블이 회전하기 때문에 회전 정도가 좋지 않다. • 테이블 회전식 진원도 측정기 : 피측정물을 고정시킨 테이블이 회전하면서 피측정물에 접촉한 촉침에 의해 측정 단면의 윤곽을 측정하여 기록지에 윤곽을 그린다.

41 한계게이지 중 내경(구멍) 측정용으로만 짝지어진 것은?

① 플러그 게이지, 링게이지

② 플러그 게이지, 봉게이지

③ 테보게이지, 스냅게이지

④ 스냅게이지, 링게이지

해설

• 구멍용 한계게이지 : 플러그 게이지, 봉게이지, 테보게이지

• 축용 한계게이지 : 링게이지, 스냅게이지, 기능게이지

43 표준자 재질이 강재인 길이 측정기로 알루미늄 봉을 측정한 결과 35.346mm이었다. 측정 시 측정기 표준자의 온도는 24℃, 알루미늄봉의 온도는 32℃라면 표준온도에서의 알루미늄봉의 길이는 약 몇 mm인가?(단, 알루미늄봉의 열팽창계수는 23×10⁻⁶/℃, 강의 열팽창계수는 11.5×10⁻⁶/℃이다)

① 35.345mm 　　② 35.338mm

③ 35.355mm 　　④ 35.320mm

$\triangle L_{A1} = \alpha L \triangle t = 23 \times 10^{-6}/℃ \times 35.346mm \times 8℃ = 0.0065mm$
표준온도(24℃)의 알루미늄봉의 길이는
$35.346mm - \triangle L_{A1} = 35.346mm - 0.0065mm ≒ 35.338mm$
∴ 알루미늄봉의 길이 : 약 35.338mm
여기서, L : 처음 길이(mm)
　　　　$\triangle L$: 변형량
　　　　α : 열팽창계수(1/℃)
　　　　$\triangle t$: 온도 차이
※ $\triangle t = 32℃ - 24℃ = 8℃$

44 다음 측정기 중에서 선반 베드의 진직도 측정 시 가장 고정밀도로 측정이 가능한 것은?

① 정밀 수준기 　　② 오토콜리메이터

③ 레이저 간섭계 　④ 광선정반

가장 고정밀도로 진직도를 측정하는 것은 레이저 간섭계이다.
진직도 측정 : 정밀 수준기, 오토콜리메이터, 나이프에지

45 드릴부시 종류 중 공구를 직접 안내하지 않는 부시는?

① 고정부시 　　　② 라이너 부시

③ 회전형 삽입부시 ④ 고정형 삽입부시

라이너 부시(Liner Bush)는 삽입부시용 부시로 공구를 직접 안내하지 않는다.

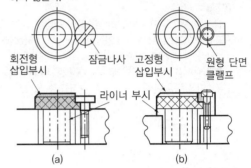

46 호칭지수 25mm의 K6급 구멍용 한계게이지의 통과 측 치수 허용차로 가장 옳은 것은?(단, K6급 공차는 위 치수 허용차 +2μm 아래 치수 허용차 −11μm이며, 게이지 제작공차는 2.5μm, 마모 여유는 2.0μm으로 한다)

① 25.002±0.00125mm

② 25.0025±0.001mm

③ 24.991±0.00125mm

④ 24.9915±0.001mm

한국산업인력공단에서 발표한 정답은 ③번이다.
저자 의견
통과 측 : (구멍의 최소 치수 + 마모 여유) ± 게이지 공차/2
통과 측 치수 허용차 = (25mm + 2.0μm) ± 2.5μm/2
　　　　　　　　　 = 25.002 ± 0.00125mm
※ 정지 측 : 구멍의 최대 치수 ± 게이지 공차/2
그러므로 저자 의견에 따르면 정답은 ①번이다.

47 재밍(Jamming)의 원인으로 거리가 먼 것은?

① 틈새의 크기
② 맞물림 길이
③ 작업자의 손의 흔들림
④ 모떼기

해설
재밍의 원인은 틈새의 크기, 맞물림 길이, 작업자의 손의 흔들림이다.

48 다음 중 지그의 종류에 속하지 않는 것은?

① 템플레이트 지그
② 플레이트 지그
③ 카운터 지그
④ 샌드위치 지그

해설
카운터 지그는 지그의 종류에 속하지 않는다.
※ 지그의 형태별 종류 : 플레이트 지그, 템플레이트 지그, 샌드위치 지그, 앵글 플레이트 지그, 박스지그, 채널지그, 리프지그, 분할지그, 트러니언 지그, 멀티 스테이션 지그 등이 있다.

49 주로 용접지그나 조립지그 등에 많이 사용되며 공유압을 이용한 자동화 지그의 기본이 되는 클래프의 형식으로 고정력이 작용력에 비해 매우 큰 장점이 있는 클램프는?

① 토글 클램프   ② 나사 클램프
③ 쐐기 클램프   ④ 스트랩 클램프

해설
토글(Toggle) 클램프 : 누름, 끌어당김, 압착 및 직선운동의 4가지 운동으로 클램핑하여 작동이 신속하면서도 작용력에 비해 훨씬 큰 클램핑(고정)력을 얻을 수 있다.
토글 클램프의 작용

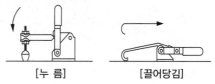

[누 름]   [끌어당김]

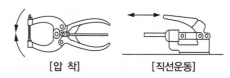

[압 착]   [직선운동]

③ 쐐기(Wedge) 클램프 : 판형 캠(Flat Cam)이라고도 하며 클램프와 공구 본체 사이에서 쐐기가 공작물을 조이는 힘을 이용한 것이다.
④ 스트랩(Strap) 클램프 : 치공구에서 사용되는 가장 간단한 클램프로서 그 기본 작동원리는 지레의 원리와 같다. 스트랩 클램프는 지레의 원리에 따라서 3종으로 분류된다.

50 머시닝센터에서 드릴가공 사이클을 사용할 때 구멍가공이 끝난 후 R점으로 복귀하기 위하여 사용되는 G코드는?

① G96   ② G97
③ G98   ④ G99

해설
④ G99 : 고정 사이클 R점 복귀
① G96 : 주축 속도 일정 제어
② G97 : 주축 회전수 일정 제어
③ G98 : 고정 사이클 초기점 복귀

51 CNC 방전가공의 조건에 대한 설명으로 틀린 것은?

① 방전전류가 클수록 다듬면 거칠기는 고와진다.

② 방전전류가 클수록 가공속도는 올라간다.

③ 클리어런스는 펄스 폭(방전시간)이 클수록 커진다.

④ 전극 소모비는 펄스 폭(방전시간)이 클수록 작아진다.

해설
방전전류가 클수록 다듬면 거칠기는 거칠어진다.

52 솔리드 모델링 방식의 특징으로 틀린 것은?

① 부피나 무게중심을 계산할 수 있다.

② NC 데이터를 생성할 수 있다.

③ 메모리의 데이터 처리량이 Surface Modeling보다 적다.

④ 형상을 절단하여 단면도 작성이 용이하다.

해설
솔리드 모델링은 메모리의 데이터 처리량이 서피스 모델링(Surface Modeling)보다 많다.
솔리드 모델(Solid Model)의 특징
• 은선 제거가 가능하다.
• 간섭 체크가 가능하다.
• 형상을 절단하여 단면도 작성이 용이하다.
• 불리언(Boolean) 연산(합·차·적)에 의하여 복잡한 형상도 표현할 수 있다.
• 명암(Shade) 컬러 기능 및 회전, 이동을 이용하여 사용자가 좀 더 명확하게 물체를 파악할 수 있다.
• 복잡한 데이터(Data)로 서피스 모델링보다 대용량의 컴퓨터가 필요하고 처리시간이 오래 걸린다.
3차원 형상 모델링
• 와이어 프레임 모델(Wire-frame Model)
• 서피스 모델(Surface Model)
• 솔리드 모델(Solid Model)

53 최근의 시제품을 만드는 방법으로 모델링 데이터를 한층, 한층 쌓아서 만드는 공정방식은?

① 리버스 엔지니어링

② 쾌속조형

③ FMS 시스템

④ 리모델링 시스템

해설
쾌속조형 : 설계단계에 있는 3차원 모델을 실용적이고 현실적인 모형이나 시제품(Prototype)을 만드는 방법

54 CNC 선반에서 지령값이 X = 60mm로 소재를 가공한 후 측정한 결과 외경이 59.95mm이었다. 기존의 X축 보정값을 0.005라 하면 최종 공구보정값은?

① 0.005

② 0.045

③ 0.05

④ 0.055

해설
• 측정값과 지령값의 오차 = $\phi 59.95 - \phi 60.00 = -0.05$ (0.05만큼 작게 가공됨)
그러므로 공구를 X의 +방향으로 0.05만큼 이동하는 보정을 하여야 한다.
• 공구 보정값 = 기존의 보정값 + 더해야 할 보정값
  = 0.005 + 0.05
  = 0.055
∴ X축 공구 보정값 : 0.055

55 정규분포에 관한 설명 중 틀린 것은?

① 일반적으로 평균치가 중앙값보다 크다.

② 평균을 중심으로 좌우대칭의 분포이다.

③ 대체로 표준편차가 클수록 산포가 나쁘다고 본다.

④ 평균치가 0이고 표준편차가 1인 정규분포를 표준정규분포라 한다.

해설
일반적으로 정규분포에서 평균치와 중앙값이 같다.

56 계량값 관리도에 해당되는 것은?

① c 관리도 　　　　② u 관리도
③ R 관리도 　　　　④ np 관리도

관리도의 분류에 따른 종류

구 분	관리도의 종류	
계량형 관리도 (계량값)	x 관리도	개별치 관리도
	$\overline{x}$ 관리도	평균 관리도
	$\overline{x}-R$ 관리도	평균치와 범위 관리도
	$Me-R$ 관리도	중위수와 범위 관리도
	Me 관리도	중위수 관리도
	R 관리도	범위 관리도
	S 관리도	표준편차 관리도
계수형 관리도 (계수치)	C 관리도	부적합수 관리도
	P 관리도	부적합품률 관리도
	NP 관리도	부적합품수 관리도
	U 관리도	단위당 부적합수 관리도

57 작업 측정의 목적 중 틀린 것은?

① 작업 개선
② 표준시간 설정
③ 과업관리
④ 요소작업 분할

작업 측정의 목적 : 작업 개선, 표준시간 설정, 과업관리

58 어떤 작업을 수행하는 데 작업 소요시간이 빠른 경우 5시간, 보통이면 8시간, 늦으면 12시간 걸린다고 예측되었다면 3점 견적법에 의한 기대시간치와 분산을 계산하면 약 얼마인가?

① $te = 8.0, \ \sigma^2 = 1.17$
② $te = 8.2, \ \sigma^2 = 1.36$
③ $te = 8.3, \ \sigma^2 = 1.17$
④ $te = 8.3, \ \sigma^2 = 1.36$

59 일반적으로 품질코스트 가운데 가장 큰 비율을 차지하는 것은?

① 평가코스트 　　　　② 실패코스트
③ 예방코스트 　　　　④ 검사코스트

실패코스트 : 품질코스트 가운데 가장 큰 비율을 차지하는 것

60 계수 규준형 샘플링 검사의 OC곡선에서 좋은 로트를 합격시키는 확률을 뜻하는 것은?(단, α는 제1종 과오, β는 제2종 과오이다)

① α 　　　　② β
③ $1-\alpha$ 　　　　④ $1-\beta$

2016년 제60회 과년도 기출문제

01 유압과 비교한 공압의 특징으로 틀린 것은?

① 비압축성이다.

② 인화의 위험이 없다.

③ 에너지 축적이 용이하다.

④ 제어방법 및 취급이 간단하다.

해설

공압은 압축성이 있다.

공압장치의 특징

장 점	단 점
• 사용에너지를 쉽게 구할 수 있다. • 동력 전달이 간단하며 먼 거리의 이송도 매우 쉽다. • 에너지로서 저장성이 있다. • 힘의 증폭이 용이하고, 속도 조절이 간단히 이루어진다. • 제어가 간단하고 취급이 간편하다. • 과부하 상태에서 안전성이 보장된다. • 압축성이 있다.	• 큰 힘을 얻을 수 있다. • 공기의 압축성으로 효율이 좋지 않다. • 저속에서 균일한 속도를 얻을 수 없다. • 응답속도가 늦다. • 배기의 소음이 크다. • 구동비용이 고가이다.

02 대기압을 0으로 하여 측정한 압력은?

① 양정압력   ② 절대압력

③ 표준압력   ④ 게이지 압력

해설

• 게이지압력 : 대기압을 "0"으로 하여 측정한 압력

• 절대압력 = 대기압력 + 게이지 압력

03 유압작동유의 점도가 너무 낮을 경우 기계의 운전에 미치는 영향으로 옳은 것은?

① 용적효율 저하

② 동력 손실의 증대

③ 유동저항의 증대

④ 캐비테이션 발생

해설

유압작동유 온도에 따른 점도 변화

점도가 너무 높을 때	점도가 너무 낮을 때
• 동력 손실, 압력 손실, 유동저항 증가 • 소음과 공동현상이 발생하고 유압기기의 작동이 불활발해진다. • 내부 마찰이 커지며 온도가 높아진다.	• 압력 유지가 안 돼서 정확한 작동이 불가능 • 내·외부의 기름 누출이 많고 기기 마모 증대 • 용적효율이 저하한다.

04 공압회로 구성에 있어 간섭신호를 제거하기 위해 사용하는 방법 중 불필요한 신호를 차단하는 방법이 아닌 것은?

① 차동압력기 사용

② 기계적인 신호 제거방법

③ 방향성 리밋 스위치 사용

④ 공압 타이어에 의한 신호 제거

해설

간섭신호를 제거하기 위해 불필요한 신호를 차단하는 방법

• 기계적인 신호 제거방법

• 방향성 리밋 스위치 사용

• 공압 타이어에 의한 신호 제거

1 ① 2 ④ 3 ① 4 ① **정답**

05 다음 밸브기호의 명칭은?

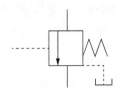

① 감압밸브   ② 무부하밸브
③ 릴리프 밸브   ④ 시퀀스 밸브

해설
문제 밸브기호의 명칭은 시퀀스 밸브이다.

감압밸브	무부하밸브	릴리프 밸브

07 유압유가 거품을 일으킬 때 거품을 제거하기 위해 거품을 빨리 유면으로 떠오르게 하는 첨가제는?

① 소포제   ② 방청제
③ 산화방지제   ④ 유동점강하제

해설
소포제 : 유해한 기포 제거, 실리콘유, 실리콘의 유기화합물
※ 방청제 : 녹 방지, 유기산 에스테르, 유기인 화합물, 지방산염

06 제어의 정의에 대한 설명으로 틀린 것은?

① 적은 에너지로 큰 에너지를 조절하기 위한 시스템이다.
② 사람이 직접 개입하지 않고 어떤 작업을 수행시키는 것 등을 뜻한다.
③ 기계의 재료나 에너지의 유동을 중계하는 것으로써 수동이 아닌 것이다.
④ 기계나 설비의 작동을 자동으로 변화시키는 구성 성분의 일부를 의미한다.

해설
제어의 정의
• 적은 에너지로 큰 에너지를 조절하기 위한 시스템을 말한다.
• 기계나 설비의 작동을 자동으로 변화시키는 구성 성분의 전체를 의미한다.
• 기계의 재료나 에너지의 유동을 중계하는 것으로 수동이 아닌 것이다.
• 사람이 직접 개입하지 않고 어떤 작업을 수행시키는 것

08 반사식 광전스위치로 감지할 수 없는 물체는?

① 금속용기   ② 나무제품
③ 종이상자   ④ 투명 유리

해설
투명 유리는 반사되지 않고 투과하여 반사식은 감지가 어렵다.
광전 스위치 : 빛을 발생하는 광원과 빛을 받아들이는 포토 다이오드나 포토 트랜지스터를 한 조로 하여, 물체가 광선을 지나갈 때 광로의 변화나 광량의 변화를 이용하여 접점을 개폐하여 물체를 검출하는 센서이다. 광전 스위치는 움직이는 물품의 개수나 기계적 동작의 제한 등에 사용하며, 빛의 전달속도가 빠르므로 무접점회로의 경우 분당 수만 번의 검출도 가능하다. 광전 스위치는 빛의 활용 방법에 따라 투과형, 반사형, 복사형이 있다.

09 신호가 입력되어 출력신호가 발생한 후에는 입력 신호가 없어져도 그때의 출력 상태를 유지하는 제 어방법은?

① 메모리 제어

② 시퀀스 제어

③ 파일럿 제어

④ 타임 스케줄 제어

해설

메모리 제어(Memory Control) : 어떤 신호가 입력되어 출력신호 가 발생한 후에는 입력신호가 없어져도 그때의 출력 상태를 유지하 는 제어방법이다. 즉, 이 제어계에서는 출력에 영향을 미칠 반대되 는 입력신호가 들어올 때까지 한 번 출력된 신호는 기억된다.

제어과정에 따른 분류

- 파일럿 제어(Pilot Control) : 요구되는 입력조건이 만족되면 그 에 상응하는 출력신호가 발생되는 형태를 의미한다. 즉, 입력과 출력이 1 : 1 대응관계에 있는 시스템을 말한다. 일명 논리제어라 고도 하며 메모리 기능은 없고 이의 해결에 불리언(Boolean) 논리 방정식이 이용된다.
- 시간에 따른 제어(Time Schedule Control) : 제어가 시간의 변화 에 따라서 이루어진다. 기계적으로 캠축이나 프로그램 벨트 등이 모터에 의해 회전하며 일정한 시간 경과 후 그에 따른 제어신호가 출력되도록 하는 장치가 있으며, 전기나 전자적인 방법에는 옥외 광고와 같은 것이 대표적이다. 이 제어시스템에서 전 단계와 다음 단계의 작업 사이에 아무런 관계도 없다.
- 조합 제어(Coordinated Motion Control) : 목표치가 캠축이나 프로그램 벨트 또는 프로그래머에 의하여 주어지나 그에 상응하 는 출력변수는 제어계의 작동요소에 의하여 영향을 받는다. 즉, 제어 명령은 시간에 따른 제어와 같은 방법으로 주어지나 이의 수행은 시퀀스 제어에서와 마찬가지 방법으로 감시된다.
- 시퀀스 제어(Sequence Control) : 전 단계의 작업 완료 여부를 리밋 스위치나 센서를 이용하여 확인한 후 다음 단계의 작업을 수행하는 것으로 공장자동화에 가장 많이 이용되는 제어방법이다.

10 유연성 생산시스템 형태 중에서 다축 헤드 교환방 식 등의 유연한 기능을 가진 공작기계군을 고정 루 트인 자동반송장치와 연결된 것은?

① FTL(Flexible Transfer Line)

② LCA(Low Cost Automation)

③ FMC(Flexible Manufacturing Cell)

④ 전형적 FMS(Flexible Manufacturing System)

해설

FTL : 다축 헤드 교환방식 등의 유연한 기능을 가진 공작기계군을 고정 루트인 자동반송장치로 연결한 것이다.

FMS 시스템의 형태

- FMC(Flexible Manufacturing Cell) : 한 대의 NC(수치제어) 공 작기계를 핵심으로 하여 자동공구교환장치(ATC), 자동팰릿교 환장치(APC) 그리고 팰릿 매거진을 배치한 것이다.
- 전형적 FMS : 복수의 NC 공작기계가 가변 루트인 자동반송시스 템으로 연결되어 유기적으로 제어된다.
- FTL(Flexible Transfer Line) : 다축 헤드 교환방식 등의 유연한 기능을 가진 공작기계군을 고정 루트인 자동반송 장치로 연결한 것이다.

11 입도가 작고, 연한 숫돌에 적은 압력으로 가압하면 서 가공물에 이송을 주고, 동시에 숫돌에 진동을 주어 표면거칠기를 좋게 하는 방법으로, 다듬질된 면을 평활하고 방향성이 없으며 가공에 의한 표면 변질층이 극히 미세한 가공법은?

① 래 핑 ② 호 닝

③ 배럴가공 ④ 슈퍼피니싱

해설

슈퍼피니싱(Super Finishing) : 연한 숫돌에 작은 압력으로 가압 하면서, 가공물에 이송을 주고 동시에 숫돌에 진동을 주어 표면거 칠기를 높이는 가공방법(작은 압력 + 이송 + 진동)

① 래핑 : 가공물과 랩(Lap) 사이에 랩제를 넣고 가공물에 압력을 가하면서 표면거칠기가 우수한 가공면을 얻는 가공방법

② 호닝가공 : 직사각형의 숫돌을 스프링으로 축에 방사형으로 부착한 원통 형태의 공구, 즉 혼(Hone)을 회전 및 직선 왕복 운동시켜 공작물을 가공하는 방법

③ 배럴가공 : 충돌가공(주물귀, 돌기 부분, 스케일 제거), 회전하 는 상자 속에 공작물과 미디어, 콤파운드(유지 + 직물), 공작액 등을 넣고 회전과 진동을 주어 표면을 다듬질(회전형, 진동형)

12 연삭숫돌 선정 시 결합도가 높은 숫돌을 사용해야 할 경우가 아닌 것은?

① 접촉 면적이 적을 것
② 연삭 깊이가 작을 때
③ 경질 가공을 연삭할 때
④ 숫돌차의 원주 속도가 느릴 때

해설
경질 가공물의 연삭은 결합도가 낮은 숫돌을 사용해야 한다.
결합도에 따른 경도의 선정 기준

결합도가 높은 숫돌 (단단한 숫돌)	결합도가 낮은 숫돌 (연한 숫돌)
• 연질 가공물의 연삭	• 경도가 큰 가공물의 연삭
• 숫돌차의 원주속도가 느릴 때	• 숫돌차의 원주속도가 빠를 때
• 연삭 깊이가 작을 때	• 연삭 깊이가 클 때
• 접촉 면적이 적을 때	• 접촉 면적이 클 때
• 가공면의 표면이 거칠 때	• 가공물의 표면이 치밀할 때

13 절삭저항의 3분력 중 주분력에 대한 내용으로 틀린 것은?

① 축 방향으로 작용한다.
② 경사각이 클수록 감소한다.
③ 절삭동력의 계산에 이용된다.
④ 경도가 높은 소재일수록 크게 작용한다.

해설
주분력은 절삭 방향에 평행한 분력, 즉 축 방향 직각으로 작용한다.

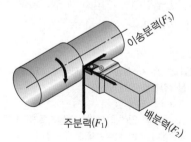

선반가공에서 발생하는 절삭저항의 3분력
• 주분력(F_1) : 절삭 진행 방향에서 작용하는 절삭저항
• 배분력(F_2) : 절삭깊이 방향에서 작용하는 절삭저항
• 이송분력(F_3) : 이송 방향에서 작용하는 절삭저항
※ 절삭저항 크기 비교 : 주분력 > 배분력 > 이송분력

14 일반적으로 밀링머신의 크기를 표시하는 것으로 옳은 것은?

① 축의 크기
② 칼럼의 크기
③ 밀링머신의 무게
④ 테이블의 이동거리

해설
밀링머신의 크기는 여러 가지가 있으나 일반적으로 니형 밀링머신의 크기는 Y축의 테이블 이동거리(mm)를 기준으로 하여 호칭번호를 표시한다.

호칭 번호		0호	1호	2호	3호	4호	5호
테이블의 이동거리 (mm)	전 후	150	200	250	300	350	400
	좌 우	450	550	700	850	1050	1250
	상 하	300	400	450	450	450	500

15 절삭가공에서 공구 수명의 판정 기준에 해당되지 않는 것은?

① 가공면에 광택이 있는 색조 발생
② 공구인선의 마모가 거의 안 생길 때
③ 완성 치수 변화량이 일정량에 달했을 때
④ 절삭저항의 이송분력이나 배분력이 급격하게 증가할 때

해설
공구인선의 마모가 일정량에 달했을 때 공구 수명을 판단한다.
공구의 수명 판정
• 가공면에 광택이 있는 색조 또는 반점이 생길 때
• 공구인선의 마모가 일정량에 달했을 때
• 절삭저항의 주분력에는 변화가 적어도 이송분력이나 배분력이 급격히 증가할 때
• 완성 치수의 변화량이 일정량에 달했을 때
• 절삭저항의 주분력이 절삭을 시작했을 때와 비교하여 일정량이 증가할 경우 절삭공구의 수명이 종료된 것으로 판정한다.

16 모델을 음극에, 전착시킬 금속을 양극에 설치하고 전해액 속에서 전기를 통전하여 적당한 두께로 금속을 입히는 가공방법은?

① 전주가공
② 전해연삭
③ 전해연마
④ 초음파 가공

해설

전주가공 : 도금을 응용한 방법으로 모델을 음극에, 전착시킬 금속을 양극에 설치하고 전해액 속에서 전기를 통전하여 적당한 두께로 금속을 입히는 가공방법이다.

② 전해연삭 : 전해연삭은 연삭숫돌에 의한 접촉방식으로 전해작용과 기계적인 연삭가공을 복합시킨 가공방법이다. 열에 민감한 가공물, 연질 가공물, 두께가 얇은 판 등을 변형 없이 가공하는 데 적합하다(전해가공 : 비접촉식, 전해연삭 : 접촉방식).

③ 전해연마 : 전기도금의 반대 현상으로 가공물을 양극(+), 전기저항이 적은 구리·아연을 음극(-)에 연결하고, 전해액 속에서 $1A/cm^2$ 정도의 전기를 통하면 전기에 의한 화학적인 작용으로 가공물의 표면이 용출되어 필요한 형상으로 가공하는 방법이다. 알루미늄 소재 등 거울과 같이 광택 있는 가공면을 비교적 쉽게 가공할 수 있다.

④ 초음파 가공 : 기계적 에너지로 진동을 하는 공구와 공작물 사이에 연삭입자와 가공액을 주입하고서 작은 압력으로 공구에 초음파 진동을 주어 유리, 세라믹, 다이아몬드, 수정 등 소성변형되지 않고 취성이 큰 재료를 가공할 수 있는 가공방법이다.

17 다음 중 경사면에 드릴가공할 때의 작업방법으로 가장 적합한 것은?

① 건드릴을 이용하여 드릴링한다.
② 날 끝각이 180° 이상 큰 드릴을 사용한다.
③ 엔드밀로 자리파기를 한 후에 드릴링한다.
④ 작은 드릴로 드릴링 후 규격에 맞는 드릴로 드릴링한다.

해설

경사면이나 뾰족한 부분에 드릴가공을 할 경우에는 캡(Cap)을 붙이거나 엔드밀, 센터드릴 등을 이용하여 자리파기를 한 후에 드릴링한다.

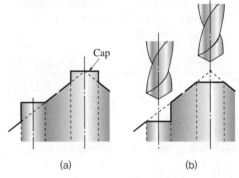

(a)   (b)

[경사면과 뾰족부의 드릴가공]

18 구성인선의 방지대책에 해당하지 않는 것은?

① 절삭깊이를 크게 할 것
② 절삭속도를 빠르게 할 것
③ 공구인선을 예리하게 할 것
④ 경사각을 크게 할 것

해설

빌트업 에지(구성인선)의 방지대책 🔩 반드시 암기(자주 출제됨)
• 절삭깊이를 작게 할 것
• 경사각을 크게 할 것
• 절삭공구의 인선을 예리하게(날카롭게) 할 것
• 윤활성이 좋은 절삭유제를 사용할 것
• 절삭속도를 크게 할 것

빌트업 에지(구성인선) : 연성 가공물을 절삭할 때, 절삭공구에 절삭력과 절삭열에 의한 고온·고압이 작용하여 절삭공구인선에 대단히 경하고 미소한 입자가 압착 또는 융착되어 나타나는 현상이다.

빌트업 에지(Built-up Edge) 발생과정
발생 → 성장 → 최대 성장 → 분열 → 탈락

19 다음 중 브로치 가공법에 대한 설명 중 틀린 것은?

① 키 홈, 스플라인 홈을 가공할 수 있다.

② 내면 또는 외면을 브로칭 가공할 수 있다.

③ 브로치의 비용이 저가이므로 소량 생산에 적합하다.

④ 제품의 형상, 모양, 크기, 재질에 따라 각각의 브로치가 필요하다.

해설

브로칭은 가공물의 재질과 치수가 같을 경우에만 사용이 가능하다. 제품의 형상과 모양, 크기, 재질에 따라 각각의 브로치가 필요하므로, 브로치의 설계나 제작에 시간이 오래 걸리고 비용이 많아 일정 수량 이상의 대량 생산에만 적용할 수 있다.

브로칭(Broaching) : 가늘고 긴 일정한 단면 모양을 가진 공구에 많은 날을 가진 브로치(Broach)라는 절삭공구를 사용하여 가공물의 내면이나 외경에 필요한 형상의 부품을 가공하는 절삭방법

20 밀링가공에서 차동분할법에 의해 $5\frac{1}{2}°$를 각도 분할할 때 옳은 방법은?

① 분할 크랭크 18구멍열에서 11구멍 이동시킨다.

② 분할 크랭크 18구멍열에서 15구멍 이동시킨다.

③ 분할 크랭크 21구멍열에서 11구멍 이동시킨다.

④ 분할 크랭크 21구멍열에서 15구멍 이동시킨다.

해설

$5\frac{1}{2}° = \frac{11}{2}° = D°$

$\frac{h}{H} = \frac{D°}{9} = \frac{\frac{11}{2}}{9} = \frac{11}{18}$

→ 분할 크랭크 18구멍열에서 11구멍씩 이동시킨다.

여기서, H : 분할판의 구멍수

h : 1회 분할에 필요한 분할판의 구멍수

D : 각도 분할수

• 도면에 도로 표시되어 있을 때 $\frac{h}{H} = \frac{D°}{9}$

• 도면에 도 및 분으로 표시되어 있을 때 $\frac{h}{H} = \frac{D'}{540}$

• 도면에 도 및 분, 초로 표시되어 있을 때 $\frac{h}{H} = \frac{D''}{32,400}$

21 그림과 같이 테이퍼를 선삭하는데 심압대를 편위시켜 가공한다고 하면 심압대의 편위거리는 몇 mm인가?

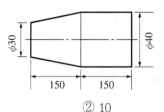

① 5   ② 10

③ 16   ④ 20

해설

• 심압대를 편위시키는 방법(테이퍼가 작고 길이가 길 경우에 사용하는 방법)

• 심압대 편위량 구하는 계산식

$e = \frac{(D-d) \times L}{2l} = \frac{(40-30) \times 300}{2 \times 150} = 10\text{mm}$

∴ $e = 10\text{mm}$

여기서, L : 가공물의 전체 길이

e : 심압대의 편위량

D : 테이퍼의 큰 지름

d : 테이퍼의 작은 지름

l : 테이퍼의 길이

선반에서 테이퍼를 가공하는 방법

• 복식공구대를 경사시키는 방법

• 심압대를 편위시키는 방법

• 테이퍼 절삭장치를 이용하는 방법

• 총형 바이트를 이용하는 방법

22 CNC 공작기계 준비기능인 G코드에서 할 수 있는 작업이 아닌 것은?

① 위치결정   ② 직선보간
③ 나사절삭   ④ 주축 정회전

해설
주축 정회전은 M코드에서 할 수 있다(M03 : 주축 정회전).
• 급속이송(위치 결정) : G00
• 직선보간 : G01
• 나사절삭 : G32
M코드 🎯 반드시 암기(자주 출제됨)

M코드	기 능	M코드	기 능
M00	프로그램 정지	M08	절삭유 ON
M01	프로그램 선택 정지	M09	절삭유 OFF
M02	프로그램 끝	M30	프로그램 끝 & 리셋
M03	주축 정회전	M98	보조 프로그램 호출
M04	주축 역회전	M99	보조 프로그램 종료
M05	주축 정지		

23 일반적인 절삭공구에 의한 가공법과 가장 거리가 먼 것은?

① 밀 링   ② 선 반
③ 호 닝   ④ 브로칭

해설
밀링, 선반, 브로칭은 절삭공구를 사용한 가공법이나 호닝은 숫돌을 이용한 정밀입자가공이다.
※ 호닝가공 : 직사각형의 숫돌을 스프링으로 축에 방사형으로 부착한 원통형태의 공구, 즉 혼(Hone)을 회전 및 직선 왕복 운동시켜 공작물을 가공하는 방법

24 일반적으로 가공면의 표면거칠기에 영향을 가장 크게 미치는 절삭조건은?

① 이송속도   ② 절삭깊이
③ 절삭동력   ④ 절삭속도

해설
표면거칠기에 영향을 가장 크게 미치는 절삭조건은 이송속도이다.
※ 절삭속도는 공구 마모에 가장 큰 영향을 미친다.
가공면의 표면거칠기 이론값

$$H_{\max} = \frac{f^2}{8R}$$

여기서, $H_{\max}$: 이론적인 표면거칠기값
         f : 이송
         R : 노즈 반지름
※ 표면거칠기를 양호하게 하려면 노즈 반지름(R)은 크게, 이송(f)은 느리게 하는 것이 좋다. 그러나 노즈 반지름(R)이 너무 커지게 되면 절삭저항이 증대되고, 바이트와 가공물 사이에 떨림이 발생하여 가공 표면이 더 거칠어지게 되므로 주의하는 것이 좋다.

25 회전하는 통 속에 가공물, 숫돌입자, 가공액, 콤파운드 등을 함께 넣고 회전시켜 서로 부딪치며 가공되어 매끈한 가공면을 얻는 가공법은?

① 버니싱   ② 배럴가공
③ 전해연마   ④ 슈퍼피니싱

해설
배럴가공 : 회전하는 통 속에 가공물, 숫돌입자, 가공액, 콤파운드 등을 함께 넣고 회전시켜 서로 부딪치며 가공되어 매끈한 가공면을 얻는 가공법
① 버니싱(Burnishing) : 원통형 내면에 강철 볼형의 공구를 압입해 통과시켜 매끈하고 정도가 높은 면을 얻는 가공법
③ 전해연마 : 전기도금의 반대 현상으로 가공물을 양극(+), 전기 저항이 적은 구리·아연을 음극(−)으로 연결하고, 전해액 속에서 1A/cm² 정도의 전기를 통하면 전기에 의한 화학적인 작용으로 가공물의 표면이 용출되어 필요한 형상으로 가공하는 방법이다. 알루미늄 소재 등 거울과 같이 광택 있는 가공면을 비교적 쉽게 가공할 수 있다.
④ 슈퍼피니싱(Super Finishing) : 연한 숫돌에 작은 압력으로 가입하면서, 가공물에 이송을 주고 동시에 숫돌에 진동을 주어 표면거칠기를 높이는 가공방법(작은 압력+이송+진동)

26 공작기계의 이송 및 회전정밀도 유지를 위해 사용되는 윤활제의 구비조건으로 틀린 것은?

① 화학적으로 활성이며 균질이어야 한다.
② 산화나 열에 높은 안정성을 유지하여야 한다.
③ 사용 상태에서 충분한 정도를 유지하여야 한다.
④ 한계 윤활 상태에서 견딜 수 있는 유성이 있어야 한다.

해설
윤활제의 구비조건
• 사용 상태에서 충분한 점도를 유지할 것
• 한계 윤활 상태에서 견딜 수 있는 유성이 있을 것
• 산화나 열에 대하여 안전성이 높을 것(열이나 산성에 강해야 한다)
• 화학적으로 불활성이며 깨끗하고 균질한 것
• 금속의 부식이 없을 것
• 카본 생성이 적을 것
※ 윤활의 목적 : 윤활작용, 냉각작용, 밀폐작용, 청정작용, 방청작용

27 고속가공의 특징으로 틀린 것은?

① 절삭력 감소
② 단위 시간당 절삭량 증가
③ 가공변질층의 두께 증대
④ 가공면의 표면거칠기 향상

해설
고속가공은 가공변질층의 두께가 감소한다.
고속가공의 특징
• 가공시간을 단축시켜 가공능률을 향상시킨다.
• 특히 엔드밀의 경우, 절삭력이 감소되어 박판의 가공물도 변형 없이 정밀도를 유지하면서 가공할 수 있다.
• 표면거칠기 및 표면 품질을 향상시킨다.
• 버(Burr) 생성이 감소한다.
• 칩처리가 용이하다.
• 난삭재를 가공할 수 있다.
• 경면가공을 할 때는 연삭가공을 최소화할 수 있다.

28 연삭에서 트루잉에 대한 설명으로 옳은 것은?

① 연삭 칩들이 기공을 에워서 연삭을 방해하는 형태
② 고온의 연삭열이 발생하여 면이 산화되어 변색되는 현상
③ 숫돌 형상이 변화된 것을 부품 형상으로 바르게 수정하는 것
④ 숫돌 표면에 무디어진 입자나 기공을 메우고 있는 칩을 제거하는 것

해설
트루잉(Truing) : 연삭숫돌을 성형하거나 성형연삭으로 인하여 숫돌 형상이 변화된 것을 부품 형상으로 바르게 고치는 가공
• 드레싱(Dressing) : 눈메움이나 무딤이 발생하여 절삭성이 나빠진 연삭숫돌 표면에 드레서를 사용하여 예리한 절삭 날을 숫돌 표면에 생성하여 절삭성을 회복시키는 작업
• 무딤(글레이징/Glazing) : 연삭숫돌의 결합도가 필요 이상으로 높으면 숫돌입자가 마모되어 예리하지 못할 때 탈락하지 않고 둔화되는 현상
• 눈메움(로딩/Loading) : 결합도가 높은 숫돌에서 알루미늄이나 구리 같이 연한 금속을 연삭하게 되면 연삭숫돌 표면에 기공이 메워져서 칩을 처리하지 못하여, 연삭 성능이 떨어지는 현상

29 작업대 위에 설치해야 할 만큼 소형으로 베드의 길이가 900mm 이하로 부시, 핀, 시계 부품 등을 가공하는 선반은?

① 수직선반
② 정면선반
③ 터릿선반
④ 탁상선반

해설
탁상선반 : 작업대 위에 설치해야 할 만큼의 소형 선반으로 베드의 길이 900mm 이하, 스윙 200mm 이하로서 시계 부품, 재봉틀 부품 등의 소형 부품을 주로 가공하는 선반
② 정면선반 : 기차바퀴처럼 지름이 크고, 길이가 짧은 가공물을 절삭하기에 편리한 선반
③ 터릿선반 : 보통선반 심압대 대신에 터릿으로 불리는 회전공구대를 설치하여 여러 가지 절삭공구를 공정에 맞게 설치하여 가공하는 선반

30 절삭유의 사용목적이 아닌 것은?

① 냉각작용　　　　② 마찰작용
③ 윤활작용　　　　④ 세척작용

마찰작용은 절삭유의 사용목적이 아니다.
절삭유의 사용목적
냉각작용, 윤활작용, 세척작용
절삭유의 작용
• 절삭공구와 칩 사이에 마찰을 감소
• 절삭 시 열을 감소시켜 공구 수명을 연장
• 절삭 성능을 높임
• 칩을 유동형 칩으로 변화시킴
• 구성인선의 발생을 억제
• 표면거칠기를 향상

31 선반작업에서 외경 60mm, 길이 100mm의 연강 환봉을 초경바이트로 1회 절삭할 때 걸리는 가공시간은 약 얼마인가?(단, 절삭속도 60m/min, 이송량은 0.2mm/rev이다)

① 0.5분　　　　② 1.6분
③ 3.2분　　　　④ 5.5분

선반의 가공시간

$$회전수(n) = \frac{1,000v}{\pi d} = \frac{1,000 \times 60\text{m/min}}{\pi \times 60\text{mm}} = 318.3\text{rpm}$$

$$T = \frac{L}{ns} \times i = \frac{100\text{mm}}{318.3\text{rpm} \times 0.2\text{mm/rev}} \times 1회 = 1.57분$$

∴ 가공시간(T) = 약 1.6분
여기서, T : 가공시간(min)
　　　　v : 절삭속도(m/min)
　　　　d : 공작물 지름(mm)
　　　　L : 절삭가공 길이(가공물 길이)
　　　　n : 회전수(rpm)
　　　　s : 이송(mm/rev)

32 일반적으로 공구마모를 증가시켜 공구 수명에 가장 영향을 크게 미치는 절삭조건은?

① 회전수　　　　② 이송속도
③ 절삭깊이　　　　④ 절삭속도

• 절삭속도가 공구 마모에 가장 큰 영향을 미치는 절삭조건이다.
• 절삭속도는 가공물의 표면거칠기, 절삭능률, 절삭공구의 수명에 많은 영향을 주는 인자로서 절삭조건에서 기본적인 변수이다.

33 주철에 함유된 망간의 역할은?

① 흑연을 유리시킨다.
② 유동성을 좋게 한다.
③ 흑연의 생성을 방지한다.
④ 주철의 강도를 높여준다.

• 망간은 흑연의 생성을 방지한다.
• 흑연은 유동성을 좋게 한다.

34 일반적인 구리의 특징으로 틀린 것은?

① 아름다운 광택과 귀금속적 성질이 우수하다.

② 전기전도율과 열전도율이 낮다.

③ 연하고 전연성이 좋아 가공하기 쉽다.

④ Zn, Sn 등과 합금이 용이하며 내식성이 좋다.

해설

구리(Cu)는 전기전도율과 열전도율이 높다.

구리(Cu)의 성질

• 비중 : 8.96

• 용융점 : 1,083℃

• 비자성체, 내식성이 철강보다 우수

• 전기 및 열의 양도체(전기전도율과 열전도율은 금속 중 Ag 다음)

• 전연성이 좋아 가공이 용이

• 결정격자 : 면심입방격자

35 Al-Si계 합금을 더욱 강력하게 하기 위하여 Mg을 첨가한 것으로 기계적 성질이 좋은 합금은?

① 알코이 　　　　② γ-실루민

③ 마그날륨 　　　④ 두랄루민

해설

γ-실루민 : 실루민은 다른 알루미늄 합금에 비하여 내력, 고온 강도, 피로한도, 절삭성이 떨어진다. γ-실루민은 이런 결점을 개선하기 위하여 Mg 0.5%를 첨가하여 열처리하여 기계적 성질을 개선한 합금으로 브레이크 드럼, 기어 복스 등에 사용되고 있다.

※ 두랄루민 : 단조용 알루미늄 합금으로 Al + Cu + Mg + Mn의 합금, 가벼워서 항공기나 자동차 등에 사용되는 고강도 Al합금

36 알루미늄 합금의 종류 중 Al-Mg계 합금으로 내식성이 우수하여 선박용품이나 건축용 재료 등에 사용되는 것은?

① 라우탈 　　　　② Lo-Ex

③ 모넬메탈 　　　④ 하이드로날륨

해설

하이드로날륨(Hydronalium) : 내식성 Al합금으로 6% Mg 이하가 일반적이고, 특수목적에는 10% Mg의 것도 사용된다. 이 합금은 바닷물과 알칼리성에 대한 내식성이 강하고 용접성이 매우 우수하여 주로 선박용, 조리용, 화학장치용 부품 등에 쓰인다.

① 라우탈 : Al-Cu-Si계 합금, 자동차 및 선박용 피스톤, 분배관 밸브에 사용

② Lo-Ex합금 : 열팽창계수가 적어 내연기관 피스톤용으로 사용

③ 모넬메탈 : Cu에 60~70%의 Ni 함유량을 첨가한 Ni-Cu계의 합금이며, 내식성이 좋아 화학공업용 재료로 많이 사용

37 선팽창계수가 작고 내식성이 좋아 줄자, 계측기 부품 등의 재료로 사용되는 특수강은?

① 인 바 　　　　② 크롬강

③ 망간강 　　　④ 합금공구강

해설

인바(Invar) : 조성은 36% Ni, 0.1~0.3% Co, 0.4% Mn, 나머지는 Fe로 된 합금으로, 열팽창계수가 상온 부근에서 매우 작아 길이 변화가 거의 없다. 이 특성 때문에 길이 측정용 표준자, 전자 분야에서는 바이메탈, VTR의 헤드 고정대 등에 널리 쓰고 있다.

38 20℃에서 길이 100mm인 형강이 30℃에서는 길이 102mm가 되었다면 열팽창계수는?

① 2×10^{-1} ② 2×10^{-2}

③ 2×10^{-3} ④ 2×10^{-4}

해설

변형량$(\triangle L) = 102mm - 100mm = 2mm$

$\triangle L = \alpha L \triangle t \rightarrow \alpha = \dfrac{\triangle L}{L \cdot \triangle t} = \dfrac{2mm}{100mm \cdot 10℃} = 0.002$

$\therefore \ \alpha = 2 \times 10^{-3}$

여기서, L : 처음 길이(mm), $\triangle L$: 변형량, α : 열팽창계수(1/℃),

         $\triangle t$: 온도 차이

※ $\triangle t = 30℃ - 20℃ = 10℃$

39 탄소강에 탄소 함유량을 증가시킬수록 감소되는 기계적 성질은?

① 경 도   ② 항복점

③ 연신율   ④ 인장강도

해설

탄소 함유량이 증가할수록 강도, 경도, 항복점은 증가하나 연신율, 충격값은 감소한다.

40 촉침식 표면거칠기 측정기에서 촉침과 변환기를 가지고 대상물에 직접 닿아 궤적을 그리는 요소를 포함한 기구는?

① 이송장치   ② 노 즐

③ 측정 루프   ④ 프로브

해설

대상물에 직접 닿아 궤적을 그리는 요소는 프로브다.

표면거칠기 측정방법

• 촉침식 측정 : 촉침의 움직임을 전기적 신호로 바꾸어 측정

• 광절단식 측정 : 측정하고자 하는 면상에 얇은 광속을 투상하고, 이것을 직각으로 관측하여 측정

• 광파간섭식 측정 : 빛의 간섭을 이용하여 피측정면의 오목·볼록부로부터의 반사광과 표준 반사면으로부터의 반사광과의 위상차에 의하여 간섭무늬를 만들고 그것을 현미경으로 확대하여 관측하는 방법

• 표준거칠기 표준편 : 촉감 혹은 시각 등 사람의 감각에 의해 표면거칠기를 표준편과 비교 측정하는 방법

41 다음 중 좁은 면적을 가진 경면의 평면도를 가장 정밀하게 측정할 수 있는 방법은?

① 빛의 간섭을 이용하는 방법

② 수준기를 이용하는 방법

③ 오토콜리메이터를 이용하는 방법

④ 전기마이크로미터를 이용하는 방법

해설

시료 위에 광선정반(Optical Flat)을 올려놓으면, 빛의 간섭무늬가 생기는 것을 볼 수 있는데, 좁은 면적을 가진 경면의 평면도를 가장 정밀하게 빛의 간섭을 이용하여 측정할 수 있다.

※ 옵티컬 플랫(광선정반) : 마이크로미터 측정면의 평면도 측정 및 검사

평면도 측정방법

• 빛의 간섭에 의한 평면도 측정

• 수준기, 오토콜리미터에 의한 측정

42 중간 끼워맞춤에 해당하는 것은?

① $50\dfrac{\text{H7}}{\text{j s 7}}$　　② $50\dfrac{\text{H7}}{\text{r6}}$

③ $50\dfrac{\text{H7}}{\text{e7}}$　　④ $50\dfrac{\text{H7}}{\text{x7}}$

해설

※ $\phi50\text{H7/js7}$

• 구멍기준식 중간 끼워맞춤이다.
• 축과 구멍의 호칭 치수가 모두 $\phi50$인 $\phi50\text{H7}$의 구멍과 $\phi50\text{js7}$ 축의 끼워맞춤이다.

② $50\dfrac{\text{H7}}{\text{r6}}$, ④ $50\dfrac{\text{H7}}{\text{x7}}$: 억지 끼워맞춤

③ $50\dfrac{\text{H7}}{\text{e7}}$: 헐거운 끼워맞춤

자주 사용하는 구멍기준 끼워맞춤

기준구멍		H6		H7
축의 공차 범위 클래스	헐거운 끼워 맞춤			e7
			f6	f6	f7
		g5	g6	g6	
		h5	h6	h6	h7
	중간 끼워 맞춤	js5	js6	js6	js7
		k5	k6	k6	
		m5	m6	m6	
				n6	n6
				p6	p6
	억지 끼워 맞춤				r6
					s6
					t6
					u6
					x6

43 KS 표준에 따른 스퍼기어 및 헬리컬기어의 측정요소에 해당하지 않는 것은?

① 피 치　　② 잇 줄

③ 이 형　　④ 유효지름

해설

유효지름은 기어의 측정요소가 아니다.
기어의 측정요소 : 피치 오차, 치형 오차, 잇줄 방향, 이홈의 흔들림, 이 두께, 물림시험 등(KS B 1406에 측정 방법이 정해져 있다)

44 미터나사 유효지름 측정에서 삼침을 넣고 측정하였더니 외측 거리가 20.246mm이고, 나사피치가 2.000mm일 때 나사의 유효지름은 약 몇 mm인가?(단, 삼침의 지름은 최적 선지름을 적용한다)

① 15.556　　② 16.664

③ 17.846　　④ 18.514

해설

삼침법에서 나사의 유효지름
$$d_2 = M - 3d + 0.866025 \times p$$
$$= 20.246\text{mm} - (3 \times 1.1547\text{mm}) + 0.866025 \times 2.0\text{mm}$$
$$\fallingdotseq 18.514\text{mm}$$

∴ 수나사의 유효지름$(d_2) = 18.514$mm
여기서, M : 외측측정값(mm), d : 삼침의 지름(mm)
　　　　p : 나사의 피치

최적 선지름

유효지름 측정 오차의 영향이 가장 작은 삼침을 최적 선지름이라 하며 미터나사, 유니파이에서는 $\alpha = 60°$이므로 최적선 지름은
$$d_w = 0.57735 \times p \rightarrow d_w = 0.57735 \times 2.0\text{mm} = 1.1547\text{mm}$$

삼침법

나사의 골에 3개의 침을 끼우고 침의 외측을 외측 마이크로미터 등으로 측정하여 수나사의 유효지름을 계산하는 방법이다.

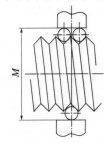

[삼침법에 의한 측정법]

나사의 유효지름 측정방법

• 나사 마이크로미터에 의한 방법
• 삼침법
• 광학적인 방법(공구 현미경, 투영기 등)

45 기능게이지의 일종으로 원형 이외에 여러 가지 단면형의 내측면을 갖는 게이지를 총칭하는 것은?

① 캘리퍼 게이지
② 리시버 게이지
③ 판형게이지
④ 플러그 게이지

리시버 게이지(Receiver Gage) : 원형 이외의 여러 가지 단면형의 내측면을 갖는 게이지를 총칭한 것으로서, 구면게이지나 스플라인 링게이지 경우와 같이 대상이 되는 명칭을 붙여 부르는 경우가 많다.
① 캘리퍼 게이지(Caliper Gage) : 스냅게이지와 같은 형상이나 플러그 게이지와 같은 외측을 함께 갖는 게이지
③ 판형게이지(Template Gage) : 제품의 형상에 대응하여 여러 가지 측정면을 가진 게이지

46 위치결정구 설계 시 요구되는 사항이 아닌 것은?

① 마모에 잘 견뎌야 한다.
② 교환이 가능해야 한다.
③ 공작물과의 접촉 부위가 잘 보이지 않도록 설계되어야 한다.
④ 청소가 용이해야 한다.

위치결정구는 공작물과의 접촉이 쉽게 보일 수 있도록 설계되어야 한다.

47 치공구 설계의 기본원칙에 해당되지 않는 것은?

① 치공구의 제작비와 손익분기점을 고려할 것
② 손으로 조작하는 치공구는 충분한 강도를 가지면서 가볍게 설계할 것
③ 클램핑 요소에서는 되도록 스패너, 핀, 쐐기, 해머와 같이 여러 가지 부품을 같이 사용할 수 있도록 설계할 것
④ 정밀도가 요구되지 않거나 조립이 되지 않는 불필요한 부분에 대해서는 기계가공 작업은 하지 않도록 할 것

치공구는 가능한 한 기본적이고 간단하며, 시간을 절약할 수 있어야 한다. 클램핑 요소에서 여러 가지 부품을 같이 사용할 수 있도록 설계하는 것은 치공구 설계의 기본원칙에 해당하지 않는다. 클램핑 요소에서 되도록 스패너, 핀, 쐐기, 해머와 같이 여러 가지 부품을 사용하지 않도록 설계해야 한다.

48 축 경사용 한계게이지(링게이지) 설계 시 마모 여유를 주는 방법에 대한 설명으로 옳은 것은?

① 통과 측 치수에 부여하며 "+"값으로 준다.
② 정지 측 치수에 부여하며 "+"값으로 준다.
③ 통과 측 치수에 부여하며 "−"값으로 준다.
④ 정지 측 치수에 부여하며 "−"값으로 준다.

통과 측 치수에 부여하며 "−"값으로 준다.

49 일반적으로 드릴지그의 다리는 보통 몇 개를 붙이는 것이 가장 좋은가?

① 4개   ② 3개

③ 2개   ④ 5개

해설
드릴지그의 다리는 보통 4개를 붙이는 것이 가장 안정적이다.

50 특정곡선이 안내곡선 혹은 특정 이동경로를 따라 이동하면서 만든 곡면은?

① 심미적 곡면   ② Sweep 곡면

③ Blending 곡면   ④ Patch 곡면

해설
특정곡선이 안내곡선 혹은 특정 이동경로를 따라 이동하면서 만든 곡면은 Sweep 곡면이다.

51 와이어 컷 방전가공에서 가공액의 역할이 아닌 것은?

① 극간의 절연 회복

② 가공칩의 제거

③ 방전 폭발압력의 제거

④ 방전가공 부분의 냉각

해설
가공액은 방전 폭발압력을 발생시킨다.
방전가공 가공액의 역할
• 방전할 때 생기는 용융금속을 비산시킨다.
• 칩의 제거작용을 한다.
• 발생되는 열을 냉각시키는 작용을 한다.
• 절연성을 회복시킨다.

52 G74 X_ Z_ I_ K_ D_ F_; 의 설명으로 틀린 것은?

① F는 이송속도이다.

② I는 X방향의 이동량이다.

③ D는 절삭 시 단위 전진량이다.

④ Z는 사이클이 끝나는 지점의 Z좌표이다.

해설
D : 절삭이동 끝점에서의 공구 후퇴량(D가 생략되면 0)
G74(Z방향 홈가공 사이클/팩 드릴링)

> G74 X(U)_ Z(W)_ I_ K_ D_ F_; – (11T의 경우)

여기서, X(U) : 사이클이 끝나는 지점의 X좌표(생략하면 드릴링 사이클)
       Z(W) : 사이클이 끝나는 지점의 Z좌표
       I : X방향의 이동량(부호 무시하여 지정)
       K : Z방향의 이동량(부호 무시하여 지정)
       D : 절삭이동 끝점에서의 공구 후퇴량(D가 생략되면 0)
       F : 이송속도

53 NC 밀링에서 지름이 80mm인 초경합금으로 만든 밀링커터로 가공물을 절삭할 때 커터의 적절한 회전수(rpm)는 약 얼마인가?(단, 절삭속도는 120m/min이다)

① 400 ② 480

③ 560 ④ 640

해설

회전수$(n) = \dfrac{1,000v}{\pi d} = \dfrac{1,000 \times 120\text{m/min}}{\pi \times 80\text{mm}} = 477.5\text{rpm}$

∴ 커터의 적절한 회전수 = 약 480rpm

여기서, v : 절삭속도(m/min), d : 커터의 지름(mm)

54 다음 형상 모델링 방법 중 질량 등 물리적 성질의 계산이 가능한 것은?

① 직선 모델링 ② 솔리드 모델링

③ 서피드 모델링 ④ 와이어프레이 모델링

해설

솔리드 모델링은 공학적인 해석(물리적 성질 : Weight, Center of Gravity, Moment)이 가능

솔리드 모델(Solid Model)의 특징

• 은선 제거가 가능하다.

• 간섭 체크가 가능하다.

• 형상을 절단하여 단면도 작성이 용이하다.

• 불리언(Boolean) 연산(합·차·적)에 의하여 복잡한 형상도 표현할 수 있다.

• 명암(Shade) 컬러 기능 및 회전, 이동을 이용하여 사용자가 좀 더 명확하게 물체를 파악할 수 있다.

• 복잡한 데이터(Data)로 서피스 모델링보다 대용량 컴퓨터가 필요하고 처리시간이 오래 걸린다.

3차원 형상 모델링

• 와이어 프레임 모델(Wire-frame Model)

• 서피스 모델(Surface Model)

• 솔리드 모델(Solid Model)

55 이항분포에서 매회 A가 일어나는 확률이 일정한 값 P일 때 n회의 독립시행 중 사상 A가 x회 일어날 확률 $P(x)$를 구하는 식은?(단, N은 로트의 크기, n은 시료의 크기, P는 로트의 모부적합품률이다)

① $P(x) = \dfrac{n!}{x!(n-x)!}$

② $P(x) = e^{-x} \cdot \dfrac{(nP)^x}{x!}$

③ $P(x) = \dfrac{\dbinom{NP}{x}\dbinom{N-NP}{n-x}}{\dbinom{N}{n}}$

④ $P(x) = \dbinom{n}{x} P^x (1-P)^{n-x}$

56 다음 내용은 설비보전조직에 대한 설명이다. 어떤 조직의 형태에 대한 설명인가?

보전작업자는 조직상 각 제조 부문의 감독자 밑에 둔다.

• 단점 : 생산 우선에 의한 보전작업 경시, 보전기술 향상의 곤란성

• 장점 : 운전자의 일체감 및 현장감독의 용이성

① 집중보전 ② 지역보전

③ 부문보전 ④ 절충보전

해설

부문보전 : 보전작업자는 조직상 각 제조 부문의 감독자 밑에 둔다.

① 집중보전 : 모든 보전작업가 한 명의 관리자 밑에 조직되며 보전현장도 한곳으로 집중된다. 설계나 예방보전의 관리, 공사 관리도 모두 한곳에서 집중적으로 이루어진다.

② 지역보전 : 조직상으로는 집중보전과 비슷하며 보전지역은 각 지역에 분산되어 있다. 여기서 지역이란 지리적 혹은 제품별, 제조별, 제조부문별 구분을 의미하는데 각 지역에 위치한 보전 조직은 각각의 생산현장에 위치하므로 현장의 왕복시간은 타 보전법에 비해 줄어든다.

④ 절충보전 : 지역보전이나 부문보전과 집중보전을 조합시켜 각 각의 장단점을 고려한 방식이다.

57 다음은 관리도의 사용절차를 나타낸 것이다. 관리도의 사용절차를 순서대로 나열한 것은?

> ㉠ 관리하여야 할 항목의 선정
> ㉡ 관리도의 선정
> ㉢ 관리하려는 제품이나 종류 선정
> ㉣ 시료를 채취하고 측정하여 관리도를 작성

① ㉠ → ㉡ → ㉢ → ㉣
② ㉠ → ㉢ → ㉣ → ㉡
③ ㉢ → ㉠ → ㉡ → ㉣
④ ㉢ → ㉣ → ㉠ → ㉡

해설
㉢ 관리하려는 제품이나 종류 선정 → ㉠ 관리하여야 할 항목의 선정 → ㉡ 관리도의 선정 → ㉣ 시료를 채취하고 측정하여 관리도를 작성

58 샘플링에 관한 설명으로 틀린 것은?

① 취락샘플링에서는 취락 간의 차는 작게, 취락 내의 차는 크게 한다.
② 제조공정의 품질특성에 주기적인 변동이 있는 경우 계통샘플링을 적용하는 것이 좋다.
③ 시간적 또는 공간적으로 일정 간격을 두고 샘플링하는 방법을 계통샘플링이라고 한다.
④ 모집단을 몇 개의 층으로 나누어 각 층마다 랜덤으로 시료를 추출하는 것을 층별 샘플링이라고 한다.

해설
제조공정의 품질특성에 주기적인 변동이 없는 경우 계통샘플링을 적용하는 것이 좋다.

59 표준시간 설정 시 미리 정해진 표를 활용하여 작업자의 동작에 대해 시간을 산정하는 시간연구법에 해당되는 것은?

① PTS법　　　　② 스톱워치법
③ 워크 샘플링법　　④ 실적자료법

해설
PTS법 : 모든 작업을 기본동작으로 분해하고 각 기본동작의 성질과 조건에 따라 미리 정해 놓은 시간치를 적용하여 정미시간을 산정하는 방법
② 스톱워치법 : 테일러(F. W. Taylor)에 의해 처음 도입된 방법으로 스톱워치를 들고 작업시간을 직접 관측하여 표준시간을 설정하는 기법이므로 직접측정법에 속한다.
③ 워크 샘플링법 : 관측 대상을 무작위로 선정하여 일정 시간 동안 관측한 데이터를 취합한 후 이를 기초로 하여 작업자나 기계설비의 가동 상태 등을 통계적 수법을 사용하여 분석하는 작업연구의 한 방법이다.
④ 실적자료법 : 기존 데이터 자료를 기반으로 시간을 추정하는 방법

60 다음 표는 어느 자동차 영업소의 월별 판매 실적을 나타낸 것이다. 5개월 단순 이동평균법으로 6월의 수요를 예측하면 몇 대인가?

월	1월	2월	3월	4월	5월
판매량	100대	110대	120대	130대	140대

① 120대　　　　② 130대
③ 140대　　　　④ 150대

해설
$$M_6 = \frac{1}{5}(M_1 + M_2 + M_3 + M_4 + M_5)$$
$$= \frac{1}{5}(100 + 110 + 120 + 130 + 140)$$
$$= 120대$$

이동평균법 : 평균의 계산기간을 순차로 한 개씩 이동시켜 가면서 기간별 평균을 계산하여 경향치를 구하는 방법이다. 가장 오래된 데이터는 제거하고 가장 최초의 데이터로부터 평균에 대입하여 값을 구한다.
만일, 1~5월의 생산량을 바탕으로 6월 예상 생산량을 구하는 식은 아래와 같다.
$$M_6 = \frac{1}{5}(M_1 + M_2 + M_3 + M_4 + M_5)$$

2017년 제62회 과년도 기출문제

01 다음 압력제어밸브 기호의 명칭은?

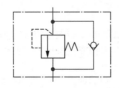

① 브레이크 밸브
② 무부하 릴리프 밸브
③ 카운터밸런스 밸브
④ 파일럿 작동형 시퀀스 밸브

해설
문제의 압력제어밸브 기호는 카운터밸런스 밸브이다.
① 브레이크 밸브

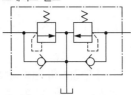

② 무부하 릴리프 밸브

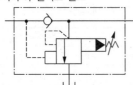

④ 파일럿 작동형 시퀀스 밸브

02 다음 유체조정기기 기호의 명칭은?

① 필 터
② 공기탱크
③ 드레인 배출기
④ 기름 분무 분리기

해설
문제의 유체조정기기의 기호는 필터이다.

드레인 배출기		수동 배출
		자동 배출
기름 분무 분리기		수동 배출
		자동 배출

03 다음 중 요동형 액추에이터를 사용하여 제어하기 가장 부적합한 것은?

① 장력 조정
② 밸브의 개폐
③ 터빈의 회전
④ 덕트의 공기 통로 변환

해설
터빈의 회전은 요동형 액추에이터를 사용하여 제어하기 어렵다.

정답 1 ③ 2 ① 3 ③

04 실리카겔, 활성 알루미나 등의 고체 흡착제를 사용해서 습기와 미립자를 제거하는 방식의 공기건조기는?

① 고압식 공기건조기

② 냉동식 공기건조기

③ 흡수식 공기건조기

④ 흡착식 공기건조기

> **해설**
> 흡착식 공기건조기 : 실리카겔, 활성 알루미나 등의 고체 흡착제를 사용해서 습기와 미립자를 제거하는 방식의 공기건조기이다. 고체 흡착제 속을 압축공기가 통과하도록 하여 수분이 고체 표면에 붙어 버리도록 하는 건조기이다. 최대 -70℃의 저노점을 얻을 수 있다.
> ② 냉동식 공기건조기 : 이슬점 온도를 낮추는 원리를 이용하며 수증기를 응축시켜 수분을 제거하는 방식이다.
> ③ 흡수식 공기건조기 : 흡수액을 사용한 화학적 방식이며 장비 설치가 간단하고, 기계적 마모가 적으며 외부 에너지의 공급이 필요 없다.

05 다음 중 유압펌프의 소음 발생원인으로 가장 거리가 먼 것은?

① 에어필터가 막힌 경우

② 펌프의 흡입이 불량한 경우

③ 작동유의 점성이 낮은 경우

④ 펌프 회전이 너무 빠른 경우

> **해설**
> 유압펌프의 소음 발생원인으로 작동유의 점성은 거리가 멀다.

06 금속체를 잡아당기면 길이는 늘어나고 지름이 가늘어져 전기저항이 증가하지만, 반대로 압축하면 저항이 감소하는 원리를 이용한 센서는?

① 바이메탈　　② 자기센서

③ 적외선 센서　④ 스트레인 게이지

> **해설**
> 스트레인 게이지 : 금속체를 잡아당기면 길이는 늘어나고 지름이 가늘어져 전기저항이 증가하며, 반대로 압축하면 저항이 감소한다. 가해진 변형에 의해 전기저항값이 변화하는 금속저항선 게이지가 개발된 이후 박형게이지, 반도체 게이지 등이 개발되었다. 스트레인 게이지는 처음에 단순히 응력을 측정하는 수단으로 사용되었으나 최근에는 재료구조물의 응력, 힘, 변형, 압력, 변위 등 외력에 의한 변화를 측정할 뿐만 아니라 점점 그 용도가 넓어지고 있다.
> ② 자기센서 : 자계에 관련한 물리현상이 이용된 것으로 홀 소자, 홀 IC, 자기저항 소재(반도체, 강자성체) 등의 전기적인 양으로 변화되는 것 외에도 자계를 빛이나 압력의 변화로 바꾸어 이로부터 자계를 측정하는 것 또 자계에 의해 기계적 변화를 일으켜 전기회로를 구성할 수 있는 리드 스위치 등이 포함된다.
> ③ 적외선 센서 : 물체가 방사하고 있는 각종 적외선을 검출하여 이들로부터 온도를 구하는 비접촉식 센서로 최근에는 TV나 VTR 등 가전제품의 리모컨, 자동문의 스위치, 방범용, 방사온도계 등으로 사용되고 있다.

07 다음과 같은 구조의 AGV(무인 운반차) 지상 컨트롤러가 수행하는 기능으로 적합하지 않은 것은?

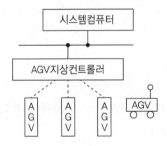

① 경로 최적화

② 생산계획 수립

③ 현재 위치 확인

④ AGV에 FROM/TO 정보의 통신

> **해설**
> AGV(무인 운반차) 지상 컨트롤러의 수행기능은 생산계획 수립과는 거리가 멀다.

08 모터 기동의 정역회로와 같이 기기의 보호나 작업자를 보호하기 위하여 어떤 기기가 작동 중일 때 다른 기기를 작동하지 못하도록 하는 회로로 선행 작동 우선 회로라고도 불리는 회로는?

① 지연회로　　　② 증폭회로

③ 촌동회로　　　④ 인터로크 회로

해설

인터로크 회로(Interlock Circuit) : 우선순위가 높은 쪽의 스위치를 ON하면, 다른 쪽의 회로가 개방되어 작동할 수 없도록 한 시퀀스회로를 인터로크회로라 한다. 예를 들어, 전자레인지의 경우 문을 열면 전자파 발생이 중지되도록 인터로크를 한다. 인터로크 회로는 병렬 우선 회로라고도 하며, 어느 쪽이나 먼저 ON된 쪽에 우선도가 부여되어 동작하는 회로이다.

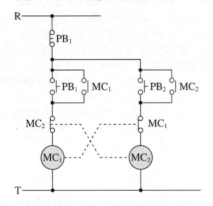

※ 지연회로 : PB를 조작하면 일정시간(타이머의 설정시간) 후에 동작 신호가 나오는 회로를 말한다.

09 전자계전기(Relay)의 사용상 주의사항으로 틀린 것은?

① 정격전압을 확인한다.

② 먼지나 진동을 적게 한다.

③ 열이 발생하므로 습기가 있는 곳에 설치한다.

④ 2개 이상의 계전기를 사용할 때는 적당한 간격을 유지하여야 한다.

해설

전자계전기는 열이 발생하므로 습기가 없는 곳에 설치한다.

10 유도형 근접센서의 검출거리는 재질, 크기, 환경에 따라 달라진다. 다음 중 기준보정값을 적용할 때 사용하는 재질은?

① 동　　　　　② 철

③ 알루미늄　　④ 스테인리스

해설

유도형 근접센서의 검출거리 기준보정값은 철을 적용한다.

11 다음 중 소성변형이 되지 않고 취성이 큰 유리, 다이아몬드, 인조보석 등의 가공에 효과적인 가공방법은?

① 전주가공　　　② 전해가공

③ 버니싱 가공　　④ 초음파 가공

해설

초음파 가공 : 기계적 에너지로 진동을 하는 공구와 공작물 사이에 연삭입자와 가공액을 주입하고 작은 압력으로 공구에 초음파 진동을 주어 유리, 세라믹, 다이아몬드, 수정 등 소성변형되지 않고 취성이 큰 재료를 가공할 수 있는 가공방법

• 전주가공 : 도금을 응용한 방법으로 모델을 음극에, 전착시킬 금속을 양극에 설치하고 전해액 속에서 전기를 통전하여 적당한 두께로 금속을 입히는 가공방법이다.

• 전해연삭 : 전해연삭은 연삭숫돌에 의한 접촉방식으로 전해작용과 기계적인 연삭가공을 복합시킨 가공방법으로 열에 민감한 가공물, 연질 가공물, 두께가 얇은 판 등을 변형 없이 가공하는 데 적합하다(전해가공 : 비접촉식, 전해연삭 : 접촉방식).

• 전해연마 : 전기도금의 반대 현상으로 가공물을 양극(+), 전기저항이 작은 구리·아연을 음극(−)에 연결하고, 전해액 속에서 $1A/cm^2$ 정도의 전기를 통하면 전기에 의한 화학적인 작용으로 가공물의 표면이 용출되어 필요한 형상으로 가공하는 방법이다. 알루미늄 소재 등 거울과 같이 광택 있는 가공면을 비교적 쉽게 가공할 수 있다.

• 버니싱(Burnishing) : 원통형 내면에 강철 볼형의 공구를 압입해 통과시켜 매끈하고 정도가 높은 면을 얻는 가공법이다.

12 심압대를 편위시켜 그림과 같은 테이퍼를 가공할 때 심압대의 편위량은 몇 mm인가?(단, 그림의 치수 단위는 mm이다)

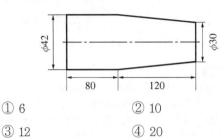

① 6
② 10
③ 12
④ 20

해설
- 심압대를 편위시키는 방법(테이퍼가 작고 길이가 긴 경우에 사용하는 방법)
- 심압대 편위량 구하는 계산식

$$e = \frac{(D-d) \times L}{2l} = \frac{(42-30) \times 200}{2 \times 120} = 10mm$$

$$\therefore e = 10mm$$

여기서, L : 가공물의 전체 길이
e : 심압대의 편위량
D : 테이퍼의 큰 지름
d : 테이퍼의 작은 지름
l : 테이퍼의 길이

선반에서 테이퍼 가공방법
- 복식공구대를 경사시키는 방법
- 심압대를 편위시키는 방법
- 테이퍼 절삭장치를 이용하는 방법
- 총형 바이트를 이용하는 방법

13 배럴 다듬질의 특징으로 거리가 먼 것은?

① 공작물의 녹이나 스케일을 제거할 수 있다.
② 작업이 간단하고 숙련기술을 요하지 않는다.
③ 공작물의 모든 면을 동시에 가공할 수 있다.
④ 공작물의 기계적 성질을 향상시킬 수 없다.

해설
배럴 다듬질은 미디어로 인해 공작물의 기계적 성질을 향상시킨다.
배럴가공 : 회전하는 통 속에 가공물, 숫돌입자, 가공액, 콤파운드 등을 함께 넣고 회전시켜 서로 부딪치며 가공되며 매끈한 가공면을 얻는 가공법

14 다음 중 전주가공의 특징으로 틀린 것은?

① 가공 정밀도가 높다.
② 생산시간이 짧고 가격이 저렴하다.
③ 제품의 크기에 제한을 받지 않는다.
④ 복잡한 형상, 중공축 등을 가공할 수 있다.

해설
전주가공의 특징
- 가공 정밀도가 높다.
- 복잡한 형상, 중공축 등을 가공할 수 있다.
- 제품의 크기에 제한을 받지 않는다.
- 가격이 비싸다.
- 모형 전체 면에 일정한 두께로 전착하기는 어렵다.
- 전주가공 재료에 제한을 받는다.
- 생산 시간이 길다(플라스틱 성형용 2~3주).
※ 전주가공 : 도금을 응용한 방법으로 모델을 음극에, 전착시킬 금속을 양극에 설치하고 전해액 속에서 전기를 통전하여 적당한 두께로 금속을 입히는 가공방법이다.

15 다음 중 절삭공구의 사용에 있어서 공구인선의 마모 또는 파손현상이 아닌 것은?

① 버
② 치 핑
③ 플랭크 마모
④ 크레이터 마모

해설
버는 공구인선의 마모 또는 파손현상이 아니다.
공구 마멸(공구인선의 마모)의 종류
- 크레이터 마모(Crater Wear) : 칩이 처음으로 바이트 경사면에 접촉하는 접촉점은 절삭공구의 인선에서 약간 떨어져서 나타나며, 이 접촉점에서 마찰력이 작용하여 절삭공구의 상면 경사면이 오목하게 파이는 현상
- 플랭크 마모(Flank Wear) : 절삭공구의 절삭면에 평행하게 마모되는 것을 의미하며, 측면과 절삭 면과의 마찰에 의하여 발생한다.
- 치핑(Chipping) : 절삭공구인선의 일부가 미세하게 탈락되는 현상

16 다음 요소들 중 절삭률에 영향을 미치는 요소가 아닌 것은?

① 작업자의 위치
② 절삭속도
③ 절삭유제의 사용 여부
④ 절삭공구의 재질

해설
작업자의 위치는 절삭률에 영향을 미치지 않는다.
※ 절삭률(Rate of Metal Removal)에 영향을 미치는 요소 : 절삭 공구의 재질 및 형상, 가공물의 재질, 절삭속도, 절삭깊이, 이송, 절삭유제의 사용 여부 등

17 기계의 부품을 조립할 때, 볼트의 머리 부분이 돌출되면 곤란한 부분이 있다. 이러한 경우에 볼트 또는 너트의 머리 부분이 가공물 안으로 묻히도록 드릴과 동심원의 2단 구멍을 절삭하는 방법은?

① 카운터 보링
② 스폿 페이싱
③ 탭가공
④ 리 밍

해설
카운터 보링(Counter Boring) : 볼트 또는 너트의 머리 부분이 가공물 안으로 묻히도록 드릴과 동심원의 2단 구멍을 절삭하는 방법
• 리밍(Reaming) : 뚫려 있는 구멍을 정밀도가 높고, 가공 표면의 표면거칠기를 좋게 하기 위한 가공
• 카운터 싱킹(Counter Sinking) : 나사머리의 모양이 접시 모양일 때 테이퍼 원통형으로 절삭하는 가공
• 보링 : 이미 뚫려 있는 구멍을 필요한 크기로 넓히거나 정밀도를 높이기 위하여, 보링 바이트를 이용하여 가공하는 방법
• 탭가공 : 드릴로 뚫은 구멍에 탭을 이용하여 암나사를 가공하는 방법
• 스폿 페이싱(Spot Facing) : 볼트나 너트가 닿는 구멍 주위 부분만 평탄하게 가공하여 체결이 잘되도록 하는 가공방법

18 규산나트륨(Na₂SiO₃)을 연삭입자와 혼합·성형하여 제작하며 공구의 절삭 날을 연삭하는 데 적합하고, 대형 숫돌에 적합한 연삭숫돌의 결합제는?

① 셸락 결합제
② 레지노이드 결합제
③ 실리케이트 결합제
④ 비트리파이드 결합제

해설
실리케이트 결합제(S : Silicate bond) : 규산나트륨을 입자와 혼합·성형하여 제작한 숫돌로 대형 숫돌에 적합하다. 실리케이트 결합제로 만든 숫돌은 다른 방법으로 만든 연삭숫돌보다 결합도가 약하여 마멸이 빠르다. 고속도강과 같이 연삭할 때 균열이 발생하기 쉬운 가공물의 연삭이나 연삭할 때 발열이 적어야 하는 경우에 적합하다.

결합제의 종류
• 비트리파이드(V) : 주성분 점토와 장석, 무기질 결합제
• 실리케이트(S) : 대형숫돌 적합, 무기질 결합제
• 셸락(E) : 절단용, 유기질 결합제
• 레지노이드(B) : 절단용, 유기질 결합제
• 고무(R) : 절단용, 센터리스 연삭기의 조정숫돌 결합제
• 금속결합제(M)

19 다음 중 생산성을 향상시키기 위한 절삭속도의 선정방법에 대한 설명으로 틀린 것은?

① 가공물의 경도, 강도, 인성 등의 기계적 성질을 고려한다.
② 커터 수명을 길게 하려면 추천 절삭속도보다 절삭속도를 빠르게 설정한다.
③ 거친 가공은 이송을 빠르게 하고 절삭속도는 느리게 한다.
④ 다듬질 가공은 이송을 느리게 절삭속도를 빠르게 한다.

해설
커터의 수명을 연장하기 위해서는 추천 절삭속도보다 절삭속도를 약간 낮게 설정하여 절삭하는 것이 좋다.
생산성을 향상시키기 위한 절삭속도 선정방법
• 가공물의 경도·강도·인성 등의 기계적 성질을 고려한다.
• 커터의 날이 빠르게 마모되거나 손상되는 현상이 발생하면, 절삭속도를 좀 더 낮추어 절삭한다.

구 분	절삭속도	이 송	절삭깊이
거친 절삭	느리게	빠르게	크 게
다듬질 절삭	빠르게	느리게	작 게

20 입도가 작은 숫돌로 일감에 작은 압력을 가압하면서 가공물에 이송을 주고, 동시에 숫돌에 진동을 주어 변질층의 표면이나 원통 내면을 다듬질하는 것은?

① 슈퍼피니싱   ② 액체호닝
③ 래 핑   ④ 버 핑

해설
슈퍼피니싱(Super Finishing) : 연한 숫돌에 작은 압력으로 가압하면서 가공물에 이송을 주고 동시에 숫돌에 진동을 주어 표면거칠기를 높이는 가공방법(작은 압력 + 이송 + 진동)
② 액체호닝(Liquid Honing) : 연마제를 가공액과 혼합하여 가공물 표면에 압축공기를 이용하여 고압과 고속으로 분사시켜 가공물 표면과 충돌시켜 표면을 가공하는 방법
③ 래핑 : 가공물과 랩(Lap) 사이에 랩제를 넣고 가공물에 압력을 가하면서 표면거칠기가 우수한 가공면을 얻는 가공방법
④ 버핑(Buffing) : 모(毛), 직물 등으로 원판을 만들고 이것을 여러 장 붙이거나 재봉으로 누벼 버핑바퀴를 만들고, 바퀴에 윤활제를 섞은 미세한 연삭입자의 연삭작용으로 가공물 표면을 매끈하게 광택 내는 가공방법

21 선반에서 여러 가지 조립구멍을 가지고 있어서 공작물을 직접 또는 간접적으로 볼트 또는 기타 고정구를 이용하여 공작물을 고정할 수 있는 선반 부속품은?

① 돌리개   ② 심압대
③ 공구대   ④ 면 판

해설
면판(Face Plate) : 척에 고정할 수 없는 불규칙하거나 대형의 가공물 또는 복잡한 가공물을 고정할 때 척을 떼어내고 면판을 주축에 고정하여 사용한다.
• 돌림판과 돌리개 : 주축의 회전을 공작물에 전달하기 위해 사용하는 선반의 부속품이다.
• 심압대(Tail Stock) : 주축대와 마주 보는 구조로서, 작업자를 기준으로 오른쪽 베드 위에 위치하며 심압축을 포함한다.

22 절삭저항력에 영향을 미치는 요소에 대한 설명으로 틀린 것은?

① 절삭면적이 클수록 저항력이 증가한다.
② 경사각이 클수록 저항력이 감소한다.
③ 절삭속도가 빨라질수록 저항력이 감소한다.
④ 공작물 재질이 단단한 경질재료일수록 저항력이 증가한다.

해설
절삭속도가 빨라질수록 절삭저항이 증가한다.

23 선반가공에서 지름이 50mm인 공작물을 절삭속도 100m/min으로 가공하고자 할 때 주축의 회전속도는 약 몇 rpm인가?

① 532   ② 637
③ 721   ④ 1,020

해설
$$회전수(n) = \frac{1,000v}{\pi d} = \frac{1,000 \times 100\text{m/min}}{\pi \times 50\text{mm}} = 636.6\text{rpm}$$
$$\therefore \ 주축의 \ 회전수(n) = 637\text{rpm}$$
여기서, v : 절삭속도(m/min), d : 공작물의 지름(mm)

24 주분력이 1,000N이고 절삭속도가 200m/min인 공작기계의 절삭동력은 약 몇 kW인가?(단, 기계적 효율은 1로 가정한다)

① 3.33   ② 4.53
③ 5.20   ④ 6.57

해설
$$절삭동력(H) = \frac{P(N) \times V}{1,000 \times 60 \times \eta}$$
$$= \frac{1,000\text{N} \times 200\text{m/min}}{1,000 \times 60 \times 1} = 3.33\text{kW}$$
$$\therefore \ 절삭동력(H) = 3.33\text{kW}$$
여기서, P : 주분력(N)
          V : 절삭속도(m/min)
          η : 기계적 효율

25 상향절삭과 하향절삭을 비교한 것 중 옳은 것은?

① 하향절삭은 상향절삭에 비해 공구 수명이 길다.

② 하향절삭은 상향절삭보다 공작물 고정이 불안정하다.

③ 상향절삭은 가공면이 하향절삭보다 거칠고 동력 소비가 적다.

④ 상향절삭은 하향절삭보다 칩이 원활하게 배출되지 않는다.

해설

하향절삭은 상향절삭에 비해 공구 수명이 길다.

상향절삭과 하향절삭의 차이점

구 분	상향절삭	하향절삭
백래시	절삭에 별 지장이 없다.	백래시를 제거해야 한다.
기계의 강성	강성이 낮아도 무관하다.	가공할 때 충격이 있어 높은 강성이 필요하다.
가공물의 고정	절삭력이 상향으로 작용하여 고정이 불리하다.	절삭력이 하향으로 작용하여 가공물 고정이 유리하다.
인선의 수명	절입할 때 마찰열로 마모가 빠르고 공구 수명이 짧다.	상향절삭에 비하여 공구 수명이 길다.
마찰저항	마찰저항이 커서 절삭공구를 위로 들어 올리는 힘이 작용한다.	절입할 때 마찰력은 적으나 하향으로 충격력이 작용한다.
가공면의 표면 거칠기	광택은 있으나 상향에 의한 회전저항으로 전체적으로 하향절삭보다 나쁘다.	가공 표면에 광택은 적으나, 저속 이송에서는 회전저항이 발생하지 않아 표면거칠기가 좋다.

26 Al_2O_3 분말 약 70%에 TiC 또는 TiN 분말을 30% 정도 혼합하여 분위기 가스 속에서 소결하여 제작하는 공구재료는?

① 서 멧

② 세라믹

③ 초경합금

④ 다이아몬드

해설

서멧(Cermet) : 세라믹과 메탈의 복합어로 세라믹의 취성을 보완하기 위하여 개발된 내화물과 금속 복합체의 총칭이다. Al_2O_3 분말 약 70%에 TiC 또는 TiN 분말을 30% 정도 혼합하여 수소 분위기 속에서 소결하여 제작한다. 고속절삭에서 저속절삭까지 사용범위가 넓고 크레이터 마모, 플랭크 마모 등이 적고 구성인선이 거의 발생하지 않아 공구 수명이 길다.

• 소결 초경합금 : 초경합금은 W, Ti, Ta, Mo, Zr 등의 경질합금 탄화물 분말을 Co, Ni을 결합제로 하여, 1,400℃ 이상의 고온으로 가열하면서 프레스로 소결성형한 절삭공구이다.

• 세라믹(Ceramic) : 산화알루미늄(Al_2O_3) 분말을 주성분으로 마그네슘, 규소 등의 산화물과 소량의 다른 원소를 첨가하여 소결한 절삭공구이다. 고온에서 경도가 높고, 내마모성이 좋아 초경합금보다 빠른 절삭속도로 절삭이 가능하며, 백색·분홍색·회색·흑색 등의 색이 있으며, 초경합금보다 가볍다.

27 커터의 지름이 100mm, 절삭 날수가 10개인 정면 밀링커터로 길이 400mm의 일감을 밀링가공하려 한다. 날 1개당 이송을 0.1mm로 하여 1회에 완성한다면 가공 소요시간은 약 몇 분인가?(단, 주축회전수는 1,000rpm이다)

① 0.4분
② 0.5분
③ 1.0분
④ 1.5분

해설

정면 밀링커터에 의한 가공시간 $T = \dfrac{L}{f}$

테이블의 이송속도 $f = f_z \times z \times n$
$$= 0.1\text{mm} \times 10 \times 1,000\text{rpm}$$
$$= 1,000\text{mm/min}$$

$T = \dfrac{L}{f} = \dfrac{500\text{mm}}{1,000\text{mm/min}} = 0.5\text{min}$

∴ 밀링가공 소요시간 $= 0.5$분

여기서, f : 테이블 이송속도(mm)
　　　　f_z : 1날달 이송(mm)
　　　　n : 주축회전수(rpm)
　　　　z : 날수
　　　　L : 테이블 이송거리(mm)
　　　　l : 가공물의 길이(mm)
　　　　D : 커터의 지름(mm)

밀링가공 시간 $T = \dfrac{L}{f}$

여기서, L : 이동거리(mm), f : 이송속도

28 칩이 공구의 경사면을 연속적으로 흘러 나가는 모양으로 가장 바람직한 형태의 칩은?

① 경작형 칩
② 균열형 칩
③ 유동형 칩
④ 전단형 칩

해설

유동형 칩 : 칩이 경사면 위를 연속적으로 원활하게 흘러 나가는 모양으로 연속형 칩이다. 가장 바람직한 형태의 칩이다.

① 경작형(열단형) 칩 : 점성이 큰 가공물을 경사각이 작은 절삭공구로 가공할 때, 절삭깊이가 클 때 발생하기 쉬운 칩의 형태이다.

② 균열형 칩 : 주철과 같이 메진재료를 저속으로 절삭할 때 발생하는 칩의 형태로서 순간적인 균열이 발생하여 생기는 칩이다.

④ 전단형 칩 : 칩이 경사면 위를 원활하게 흐르지 못해서 절삭공구가 칩을 밀어내는 압축력이 커지면서 발생하여 칩이 연속적으로 가공되기는 하나 분자 사이에 전단이 일어나는 형태의 칩이다.

유동형 칩	전단형 칩
경작형(열단형) 칩	균열형 칩

29 분말입자를 이용한 가공방법에 해당되지 않는 것은?

① 래 핑
② 방전가공
③ 배럴가공
④ 액체호닝

해설

분말입자 가공 : 래핑, 배럴가공, 액체호닝

② 방전가공 : 전극과 가공물 사이에 전기를 통전시켜 방전현상의 열에너지를 이용하여, 가공물을 용융·증발시켜 가공을 진행하는 비접촉식 가공방법으로 전극과 재료가 모두 도체이어야 한다.

① 래핑(Lapping) : 가공물과 랩(Lap) 사이에 랩제를 넣고 가공물에 압력을 가하면서 표면거칠기가 우수한 가공면을 얻는 가공방법

③ 배럴가공 : 충돌가공(주물귀, 돌기 부분, 스케일 제거), 회전하는 상자 속에 공작물과 미디어, 콤파운드(유지+직물), 공작액 등을 넣고 회전과 진동을 주어 표면을 다듬질(회전형, 진동형)

④ 액체호닝(Liquid Honing) : 연마제를 가공액과 혼합하여 가공물 표면에 압축공기를 이용하여 고압과 고속으로 분사시켜 가공물 표면과 충돌시켜 표면을 가공하는 방법

30 선반작업 중 지켜야 할 안전사항으로 틀린 것은?

① 칩은 반드시 장갑을 끼고 손으로 제거한다.

② 척의 회전을 손이나 공구로 정지시키지 않는다.

③ 가공물이 길 때에는 심압대로 지지하고 가공한다.

④ 드릴작업이 거의 끝날 때는 이송을 천천히 한다.

해설

선반작업 중 안전을 위하여 장갑을 끼지 않으며 칩 제거 전용도구를 사용하여 칩을 제거한다.

31 성형연삭에서 연삭하려는 부품의 형상으로 숫돌을 성형하는 작업은?

① 트루잉(Truing) ② 드레싱(Dressing)

③ 로딩(Loading) ④ 글레이징(Glazing)

해설

• 트루잉 : 연삭숫돌을 성형하거나 성형연삭으로 인하여 숫돌 형상이 변화된 것을 부품의 형상으로 바르게 고치는 가공
• 드레싱 : 눈메움이나 무딤이 발생하여 절삭성이 나빠진 연삭숫돌 표면에 드레서를 사용하여 예리한 절삭 날을 숫돌 표면에 생성하여 절삭성을 회복시키는 작업
• 무딤(글레이징/Glazing) : 연삭숫돌의 결합도가 필요 이상으로 높으면 숫돌입자가 마모되어, 예리하지 못할 때 탈락하지 않고 둔화되는 현상
• 눈메움(로딩/Loading) : 결합도가 높은 숫돌에서 알루미늄이나 구리 같이 연한 금속을 연삭하게 되면, 연삭숫돌 표면에 기공이 메워져서 칩을 처리하지 못하여 연삭 성능이 떨어지는 현상

32 절삭유제에 관한 설명으로 틀린 것은?

① 수용성 오일은 원액 그대로 사용한다.

② 절삭공구와 가공 금속 간의 마찰을 줄인다.

③ 성분은 크게 기유와 첨가제로 나뉜다.

④ 절삭온도를 낮출 수 있다.

해설

• 수용성 절삭유는 알칼리성 수용액이나 광물유를 화학적으로 처리하여 물에 용해한 유화제 등으로 다량의 물을 포함하기 때문에 냉각효과가 크고 고속 절삭연삭용 등에 적합하다. 점성이 낮고 비열이 높으며 냉각작용이 우수하다.
• 불수용성 절삭유제는 광물성인 등유, 경유, 스핀들유, 기계유 등이 있으며 원액 그대로 또는 혼합하여 사용한다.

33 다음 중 적열취성의 원인이 되는 원소는?

① P ② S

③ Mn ④ Si

해설

• 적열취성(적열 메짐) : 원인은 S(황)이며 고온에서 물체가 빨갛게 되어 깨지는 것 → 망간(Mn)으로 방지
• 청열취성(청열 메짐) : 원인은 P(인)이며 강이 200~300℃로 가열하면 강도가 최대로 되고 연신율이 줄어들어 깨지는 것

34 장신구, 무기, 불상, 범종 등의 재료로 많이 사용되는 Cu-Sn합금은?

① 양 은　　　　② 켈 멧

③ 황 동　　　　④ 청 동

36 알루미늄의 비중과 용융점으로 가장 적당한 것은?

① 비중 : 1.5, 용융점 : 360℃

② 비중 : 2.1, 용융점 : 560℃

③ 비중 : 2.7, 용융점 : 660℃

④ 비중 : 3.4, 용융점 : 760℃

해설
알루미늄(Al)
• 비중 2.7, 용융점 660℃, 면심입방격자(FCC)
• 전연성이 우수하고 전기, 열의 양도체이며 내식성이 강하다.
• 표면에 생기는 산화알루미늄(Al_2O_3)의 얇은 보호피막으로 내식성이 좋다.
• 경금속이다.
• 항공기, 차량, 송전선 등에 이용된다.
알루미늄 합금
• 주물용(주조용) 알루미늄 합금 : 실루민, 라우탈, Y합금 등
• 고강도 Al합금 : 두랄루민, 초두랄루민, 초강두랄루민

35 풀림(Annealing)의 종류에 해당하지 않는 것은?

① 진공 풀림

② 완전 풀림

③ 구상화 풀림

④ 응력 제거 풀림

해설
진공 풀림은 풀림의 종류에 해당하지 않는다.
풀림방법의 종류
• 완전 풀림 : 강을 연하게 하여 기계 가공성을 향상
• 응력 제거 풀림 : 내부 응력을 제거
• 구상화 풀림 : 기계적 성질을 개선

37 만능재료시험기가 갖추어야 할 조건에 속하지 않는 것은?

① 시험기의 내구성이 클 것

② 시험기의 안전성이 있을 것

③ 정밀도가 낮고 강도가 우수할 것

④ 조작이 간편하고 정밀측정이 가능할 것

해설
만능재료시험기로 인장시험뿐만 아니라 압축, 굽힘 항복 등의 시험을 할 수 있어 정밀도가 높고 강도가 우수해야 한다.

38 탄소함유량 0.8%이고, 723℃에서 α고용체와 시멘타이트가 동시에 펄라이트로 석출되어 나타나는 강은?

① 공석강　　　　　② 극연강
③ 아공석강　　　　④ 공정주철

α고용체와 시멘타이트가 동시에 펄라이트로 석출되는 것은 공석강이다.
탄소강의 분류

탄소강	탄소 함유량	특 징	조 직
아공석강	0.02~ 0.77%	탄소량이 많아질수록 펄라이트의 양이 증가하므로 경도와 인장강도가 증가한다.	페라이트+ 펄라이트
공석강	0.77%	인장강도가 가장 큰 탄소강	100% 펄라이트
과공석강	0.77~ 2.11%	탄소량이 증가할수록 경도가 증가한다. 그러나 인장강도가 감소하고 메짐이 증가하여 깨지기 쉽다.	펄라이트+ 시멘타이트

39 WC, TiC, TaC 등의 금속 탄화물을 미세한 분말상에서 결합제인 Co 분말과 결합하여 프레스로 성형·압축하고 용융점 이하로 가열하여 소결시켜 만든 합금강은?

① 고속도강　　　　② 초경합금
③ 다이스강　　　　④ 주철공구강

초경합금 : 탄화텅스텐(WC), 타이타늄(Ti), 탄탈(Ta) 등의 분말을 코발트(Co) 또는 니켈(Ni) 분말과 혼합하여 프레스로 성형한 다음 약 1,400℃ 이상의 고온으로 가열하면서 소결한 것이다. 고온·고속절삭에서도 높은 경도를 유지하지만 진동이나 충격을 받으면 부서지기 쉬운 절삭공구 재료이다.
※ **고속도강(High Speed Steel)** : W, Cr, V, Co 등의 합금강으로서 담금질 및 뜨임처리하면 600℃ 정도까지 경도를 유지하며 고온경도가 높고 내마모성이 우수하다. 절삭속도가 탄소공구강에 비해 2배 이상이다(표준 고속도강 조성 : 18% W - 4% Cr - 1% V).

40 다음 중 기어의 치형 오차 측정법이 아닌 것은?

① 기초원판식
② 마스터 인벌류트 캠방식
③ 원호기준방식
④ 오버 핀 해설방식

오버 핀 해설방식은 기어의 치형 오차 측정법이 아니다.
치형 오차 측정법의 종류 : 기초원판식, 기초원조절방식, 마스터 인벌류트, 캠방식, 피치원판방식, 직교좌표방식, 직선기준방식, 원호기준방식, 연산방식, 투영기에 의한 방법 등이 있으나 이들 방법 중 기초원판방식과 기초원조절방식이 널리 사용되고 있다.

41 편심을 측정하고자 편심측정기에 측정 부품과 다이얼 게이지를 설치하고 측정 부품을 1회전하여 측정하였다. 이때 다이얼 게이지의 최대 지시값과 최소 지시값의 차이(TIR)가 0.146mm였다면 편심량은?

① 0.146mm　　　　② 0.073mm
③ 0.292mm　　　　④ 0.219mm

다이얼 게이지 눈금의 변위량 = 편심량 × 2배
$$\rightarrow 편심량 = \frac{변위량}{2} = \frac{0.146}{2} = 0.073mm$$

편심량 측정방법
• 벤치센터에 다이얼 게이지를 설치하여 측정한다.
• 다이얼 게이지의 이동량은 편심량의 2배로 한다.

42 보통연삭가공한 정밀한 나사의 측정에 이용되며 나사의 유효지름 측정법 중 정도가 가장 높은 방법은?

① 나사 마이크로미터에 의한 측정법

② 검사용 나사게이지에 의한 측정법

③ 측정 현미경에 의한 측정법

④ 삼침법에 의한 측정법

해설
나사의 유효지름 측정
• 나사 마이크로미터에 의한 방법
• 삼침법(가장 정밀한 나사의 유효지름 측정방법)
• 광학적인 방법(공구 현미경, 투영기 등)

44 공기 마이크로미터의 장점을 설명한 것으로 틀린 것은?

① 내경 측정용으로 사용하면 효과적이다.

② 확대 기구에 기계적 요소가 없어서 측정 정도가 높다.

③ 직접 측정기로서 바로 측정결과를 알 수 있다.

④ 배율이 높다.

해설
공기 마이크로미터는 공기의 흐름을 확대 기구로 하여 길이를 측정하는 방법으로, 측정범위가 작고 눈금이 같지 않아 바로 측정 결과를 알 수 없다.

43 표면거칠기 측정과 관련하여 가공방식에 따라 다르게 나타나는 표면의 전체 무늬를 뜻하는 용어는?

① 결(Lay)

② 흠(Flaw)

③ 파상도(Waviness)

④ 표면거칠기(Surface Roughness)

해설
결(Lay) : 가공방식에 따라 다르게 나타나는 표면의 전체 무늬
줄무늬 방향기호

기 호	기호의 뜻	예	설명 그림과 도면 기입 보기
=	가공에 의한 커터의 줄무늬 방향이 기호를 기입한 그림의 투상면에 평행	셰이핑면	커터의 줄무늬 방향
⊥	가공에 의한 커터의 줄무늬 방향이 기호를 기입한 그림의 투상면에 직각	세이핑면(옆으로부터 보는 상태), 선삭, 원통 연삭면	커터의 줄무늬 방향
X	가공에 의한 커터의 줄무늬 방향이 기호를 기입한 그림의 투상면에 경사지고 두 방향으로 교차	호닝 다듬질면	커터의 줄무늬 방향
M	가공에 의한 커터의 줄무늬 방향이 여러 방향으로 교차 또는 두 방향	래핑 다듬질면, 슈퍼피니싱면, 가로 이송을 한 정면밀링 또는 엔드밀 절삭면	
C	가공에 의한 커터의 줄무늬가 기호를 기입한 면의 중심에 대하여 대략 동심원 모양	끝면 절삭면	
R	가공에 의한 커터의 줄무늬가 기호를 기입한 면의 중심에 대하여 대략 레이디얼 모양		

45 $80^{+\,0.028}_{+\,0.013}$인 축 검사를 위한 스냅게이지의 통과 측 치수는 얼마이어야 하는가?(단, 마모 여유는 0.003 이고 게이지 제작공차는 0.004이다)

① 80.010+0.004
② 80.016±0.004
③ 80.025±0.002
④ 80.031±0.002

통과 측 = (축의 최대 치수 − 마모 여유) $\pm \dfrac{\text{게이지 제작공차}}{2}$

$$= (80.028 - 0.003) \pm \dfrac{0.004}{2}$$

$$= 80.025 \pm 0.002$$

∴ 통과 측 치수 $= 80.025 \pm 0.002$

46 밀링 고정구를 설계할 때 검토해야 할 주요 항목으로 가장 거리가 먼 것은?

① 밀링머신의 종류
② 테이블 치수
③ 작업자의 숙련도
④ 가공능력

• 밀링 고정구 설계 시 작업자의 숙련도는 검토해야 할 주요 항목과 거리가 멀다.
• 작업자의 숙련도는 정밀도에 영향을 주는 요인이다.

47 공작물의 위아래를 보호한 상태에서 가공할 수 있는 형태의 지그로 휘거나 비틀리기 쉬운 얇은 공작물 가공에 적합한 지그는?

① 샌드위치 지그
② 리프지그
③ 박스지그
④ 템플레이트 지그

샌드위치 지그(Sandwich Jig) : 상하 플레이트를 이용하여 가공물을 고정시키는 구조이다. 특히, 가공물의 형태가 얇아서 비틀리기 쉬운 연한 가공물 또는 가공물을 고정할 때 상하 플레이트에 위치결정 핀을 설치하여 고정되는 구조일 경우에 사용한다.
② 리프지그(Leaf Jig) : 쉽게 조작이 가능한 잠금 캠을 이용하여 장착·탈착을 쉽게 할 수 있도록 한 구조이며, 클램핑력이 약하여 소형 가공물 가공에 적합한 구조이다.
③ 박스지그(Box Jig) : 가공물을 지그 중앙에 클램핑시키고 지그를 회전시켜 가면서 가공물의 위치를 다시 결정하지 않고 전면을 가공 완성할 수 있다.
④ 템플레이트 지그(Template Jig) : 가공물의 내면과 외면을 사용하여 클램핑시키지 않고 할 수 있는 구조이다. 가공물의 형태는 단순한 모양이어야 하고 정밀도보다는 생산속도를 증가시키려고 할 때 사용된다.

48 다음 중 공작물의 변위 발생을 야기하는 요소로 가장 거리가 먼 것은?

① 공작물의 중량
② 공작물의 고정력
③ 공작물의 절삭력
④ 공작물의 형상공차

공작물의 형상공차는 공작물의 변위 발생요소가 아니다.
공작물 변위 발생요소
• 공작물의 고정력   • 공작물의 절삭력
• 공작물의 위치 편차   • 재질의 치수 변화
• 먼지 또는 칩(Chip)   • 절삭공구의 마모
• 작업자의 숙련도   • 공작물의 중량
• 온도, 습도
※ 위와 같은 공작물의 변위 발생요소를 방지하기 위해서는 공작물을 정확하고, 확실하게 고정하는 장치가 필요하다.

49 치공구 본체에 있어서 주조형 본체가 가지는 장점에 속하는 것은?

① 표준 부품의 재사용이 가능하다.

② 진동 흡수능력이 우수하다.

③ 제작에 소요되는 기간이 짧다.

④ 용접성이 우수하다.

해설

주조형 본체는 진동 흡수능력이 우수하다.

50 볼(Ball) 엔드밀로 곡면을 가공하면 가공경로 사이에 그림에서 보는 바와 같이 h 부분에 공구의 흔적이 남는데 이것을 무엇이라 하는가?

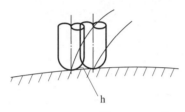

① Boolean   ② Cusp

③ Champer   ④ Parameter

해설

커습 높이(Cusp Height) : 형상가공 시 공구경로 사이 간격(피치)에 의해 생기는 조개껍질 형상의 최고점과 최저점의 높이 차를 말한다.

51 다음 중 입력된 전기적인 펄스신호에 따라 일정한 각도만 회전하는 모터는?

① 스테핑 모터   ② 브러시리스 모터

③ 공압모터   ④ 유압모터

해설

스테핑 모터(Stepping Motor) : 스텝(Step) 상태의 펄스(Pulse)에 순서를 부여함으로써 주어진 펄스 수에 비례한 각도만큼 회전하는 모터이다.

※ 브러시리스 모터(Brushless Motor) : 자기센서를 모터에 내장하여 회전자가 만드는 회전자계를 검출하고, 이 전기신호를 고정자의 코일에 전하여 모터의 회전을 제어할 수 있게 한 것

52 솔리드 모델링 표현방법 중 B-rep 방식의 일반적인 장점으로 볼 수 없는 것은?

① 데이터의 상호 교환이 쉽다.

② 투시도, 전개도, 표면적 계산이 용이하다.

③ 모델의 외곽을 저장하므로 적은 메모리가 필요하다.

④ CSG 방법으로 만들기 어려운 물체를 모델화시킬 때 편리하다.

해설

모델의 외곽을 저장해야 하기 때문에 많은 메모리가 필요하다.

B-rep(Boundary Representation)의 특징

장 점	단 점
• CSG 방법으로 만들기 어려운 물체를 모델화시킬 때 편리하다(비행기 동체, 자동차 외형 모델). • 화면의 재생시간이 적게 소요되며 3면도, 투시도, 전개도, 표면적 계산이 용이하다. • 데이터의 상호 교환이 쉽다.	• 모델의 외곽을 저장해야 하기 때문에 많은 메모리가 필요하다. • 적분법을 사용하기 때문에 중량 계산이 곤란하다.

CSG의 특징

장 점	단 점
• 불리언 연산자(합·차·적)를 통해 명확한 모델 생성이 쉽다. • 데이터를 아주 간결한 파일로 저장할 수 있어, 메모리가 적게 필요하다. • 형상 수정이 용이하고 중량을 계산할 수 있다.	• 모델을 화면에 나타내기 위한 디스플레이에서 체적 및 면적의 계산 등에 많은 계산 시간이 필요하다. • 3면도, 투시도, 전개도, 표면적 계산이 곤란하다.

솔리드 모델링 표현방법

CSG(Constructive Solid Geometry : C-rep / Building Block 방법), B-rep(Boundary Representation)

53 머시닝센터에서 그림과 같이 공구의 가공경로가 화살표로 지정되어 있을 때 공구지름 보정이 바르게 짝지어진 것은?(단, 빗금 친 부분은 가공 형상이다)

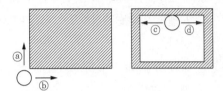

① G41 : ⓑⓓ, G42 : ⓐⓒ
② G41 : ⓐⓓ, G42 : ⓑⓒ
③ G41 : ⓑⓒ, G42 : ⓐⓓ
④ G41 : ⓐⓒ, G42 : ⓑⓓ

해설

G41 : ⓐⓒ, G42 : ⓑⓓ

공구지름 보정 : 공구의 측면 날을 이용하여 형상을 절삭하는 경우 공구 중심과 프로그램 경로가 일치할 때 공구 반지름만큼 발생하는 편차를 보정하는 기능으로, 좌측 보정과 우측 보정이 있다.

G-코드	의 미		공구경로 방법
G40	공구지름 보정 취소	프로그램 경로 / 공구경로	공구 중심과 프로그램 경로가 같다.
G41	공구지름 좌측 보정	공구경로 / 프로그램 경로	공구 진행 방향으로 볼 때 프로그램 경로보다 공구 중심이 반지름값만큼 왼쪽으로 떨어진 상태에서 절삭하게 하는 기능
G42	공구지름 우측 보정	프로그램 경로 / 공구경로	공구 진행 방향으로 볼 때 프로그램 경로보다 공구 중심이 반지름값만큼 오른쪽으로 떨어진 상태에서 절삭하게 하는 기능

54 CNC 선반에서 1,000rpm으로 회전하는 스핀들에 4회전 휴지를 주려고 한다. 정지시간은 약 얼마인가?

① 0.1초   ② 0.24초
③ 1초   ④ 1.5초

해설

$$정지시간(초) = \frac{60 \times 공회전수(회)}{스핀들 \ 회전수(rpm)} = \frac{60 \times n(회)}{N(rpm)}$$
$$= \frac{60 \times 4(회)}{1,000rpm} = 0.24(초)$$

∴ 정지시간 : 0.24(초)

휴지(Dwell) : 지령한 시간 동안 이송이 정지되는 기능이다. 이 기능은 홈가공이나 드릴작업 등에서 간헐이송으로 칩을 절단하거나, 목표점에 도달한 후 즉시 후퇴할 때 생기는 이송량 만큼의 단차를 제거함으로써 진원도의 향상 및 깨끗한 표면을 얻기 위하여 사용한다.

55 브레인스토밍(Brainstorming)과 가장 관계가 깊은 것은?

① 특성요인도   ② 파레토도
③ 히스토그램   ④ 회귀분석

해설

특성요인도는 브레인스토밍 회의기법을 사용하여 그래프 작성이 가능하다.
특성요인도 : 원인과 결과가 어떻게 연계되어 있는지를 한눈에 알 수 있도록 나타낸 그림으로 일명 생선-뼈 그림으로 불리기도 한다. 문제가 되고 있는 특성과 그 특성에 영향을 미친다고 여기는 요인과의 관계를 계통으로 그린 그림이다. 특성에 미치는 요인의 영향도를 수치로 파악하여 파레토 그림으로 표현하는데, 수치로 표현하지 않을 경우는 그에 영향을 미친다고 생각되는 것을 브레인스토밍 방식으로 검토해서 적용한다.
③ 히스토그램 : 길이나 무게와 같이 계량치 데이터가 어떻게 분포되어 있는지를 알아보기 위한 그림으로 도수분포표를 바탕으로 기둥그래프 형태로 만든 것이다.

56 검사특성곡선(OC Curve)에 관한 설명으로 틀린 것은?(단, N : 로트의 크기, n : 시료의 크기, c : 합격 판정 개수이다)

① N, n이 일정할 때 c가 커지면 나쁜 로트의 합격률은 높아진다.

② N, n가 일정할 때 n이 커지면 좋은 로트의 합격률은 낮아진다.

③ $N/n/c$의 비율이 일정하게 증가하거나 감소하는 퍼센트 샘플링 검사 시 좋은 로트의 합격률은 영향이 없다.

④ 일반적으로 로트의 크기 N이 시료 n에 비해 10배 이상 크다면, 로트의 크기를 증가시켜도 나쁜 로트의 합격률은 크게 변화하지 않는다.

해설
$N/n/c$의 비율이 일정하게 증가하거나 감소하는 퍼센트 샘플링 검사 시 좋은 로트의 합격률은 영향이 있다.

57 품질특성에서 X관리도로 관리하기에 가장 거리가 먼 것은?

① 볼펜의 길이
② 알코올 농도
③ 1일 전력 소비량
④ 나사 길이의 부적합품수

해설
품질특성에서 X관리도로 관리하기에 가장 거리가 먼 것은 나사 길이의 부적합품수이다.

58 다음 데이터로부터 통계량을 계산한 것 중 틀린 것은?

> 21.5, 23.7, 24.3, 27.2, 29.1

① 범위(R) = 7.6
② 제곱합(S) = 7.59
③ 중앙값(Me) = 24.3
④ 시료분산(s^2) = 8.988

해설
• 범위(R) = 7.6
• 중앙값(Me) = 24.3
• 시료분산(s^2) = 8.988

59 표준시간을 내경법으로 구하는 수식으로 맞는 것은?

① 표준시간 = 정미시간 + 여유시간
② 표준시간 = 정미시간 × (1 + 여유율)
③ 표준시간 = 정미시간 × $\left(\dfrac{1}{1 - 여유율}\right)$
④ 표준시간 = 정미시간 × $\left(\dfrac{1}{1 + 여유율}\right)$

60 다음 그림의 AOA(Activity- On-Arc)네트워크에서 E작업을 시작하려면 어떤 작업들이 완료되어야 하는가?

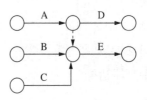

① B
② A, B
③ B, C
④ A, B, C

2018년 과년도 기출복원문제

※ 2018년부터는 CBT(컴퓨터 기반 시험)로 진행되어 수험자의 기억에 의해 문제를 복원하였습니다. 실제 시행문제와 일부 상이할 수 있음을 알려드립니다.

---

01 무급유 공기압시스템의 장점에 관한 설명으로 거리가 먼 것은?

① 급유가 불필요하고 급유의 불확실성이 해소된다.
② 사전에 봉입된 윤활제가 씻겨 나가도 작동에 거의 문제가 없다.
③ 루브리케이터를 사용하지 않으므로 경제적이다.
④ 배출되는 윤활유의 양이 매우 적으므로 오염방지 효과가 있다.

> **해설**
> 사전에 봉입된 윤활제가 씻겨 나가면 작동에 문제가 있다. 무급유 공기압기기는 미리 그리스 등의 봉입에 의하여 장기간 윤활제를 보급하지 않아도 운전에 견디는 무급유 공기압시스템이다.

---

02 유압장치에서 힘의 전달은 어떤 것을 이용한 것인가?

① 파스칼의 원리
② 베르누이의 정리
③ 아보가드로의 법칙
④ 뉴턴의 법칙

> **해설**
> 유압장치는 파스칼의 원리를 이용한 유압에 의해 구동되는 기기이다.

---

03 고도로 정제된 기유에 방청제, 산화방지제, 소포제가 첨가되며 수명이 길고 방청성이 뛰어나며 항유화성도 우수한 유압작동유는?

① 순광유
② R&O형 유압작동유
③ 고VI형 작동유
④ 물-글리콜형 작동유

> **해설**
> R&O형 유압작동유 : 일반 작동유라고도 하며 방청제 및 산화방지제를 첨가한 것이다. 마모방지제가 함유되어 있지 않기 때문에 압력이 많이 걸리지 않는 유압장치에 사용한다. 수명이 길고 방청성이 뛰어나며 항유화성도 우수한 유압작동유이다.
> ① 순광유 : 원유에서 얻어지는 윤활유 유분 자체이며 산화방지제, 방청제, 마모방지제 등의 첨가제를 혼합하지 않은 광유이다.
> ③ 고VI형 작동유 : 점도지수향상제를 첨가하여 온도에 의한 점도 변화를 최소화하려는 용도에 사용된다.

---

04 다음 중 압력제어밸브에 해당하지 않는 것은?

① 감압밸브
② 릴리프 밸브
③ 시퀀스 밸브
④ 스로틀 밸브

> **해설**
> • 압력제어밸브 : 릴리프 밸브, 감압밸브, 시퀀스 밸브
> • 스로틀 밸브는 유량제어밸브이다.
> 유압제어밸브
> • 압력제어밸브(일의 크기 결정) : 릴리프 밸브, 감압밸브, 카운터밸런스 밸브, 시퀀스 밸브, 압력 스위치, 유체 퓨즈, 무부하밸브 등
> • 유량제어밸브(일의 속도 결정) : 유량조절밸브, 교축밸브, 분류밸브, 집류밸브, 스톱밸브, 스로틀 밸브 등
> • 방향제어밸브(일의 방향 결정)

1 ② 2 ① 3 ② 4 ④ **정답**

05 다음 회로와 같이 입력되는 복수의 조건 중 어느 한 개라도 입력조건이 충족되면 출력(ON)이 나오는 회로는?

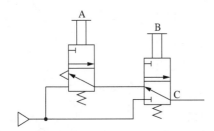

① NOR 회로　② NOT 회로
③ OR 회로　　④ AND 회로

OR 회로 : 복수의 입력조건 중 어느 한 개라도 입력조건이 충족되면 출력이 되는 회로를 OR 회로라 한다. 이러한 OR 회로를 논리합 회로라 하며 공압회로에서 많이 사용한다.
① NOR 회로 : 입력신호 A와 B가 모두 '0'일 때만 C가 '1'이 되며, 그 외의 신호 입력조건에는 출력 C가 '0'의 상태가 되는 회로를 NOR 회로라 한다.
② NOT 회로 : 입력신호가 '1'이면 출력은 '0'이 되고, 입력신호가 '0'이면 출력은 '1'이 되는 부정의 논리를 갖는 회로를 NOT 회로라 한다. 회로도에서 입력신호 A와 출력신호 B는 부정의 상태이므로 인버터(Inverter)라고도 한다.
④ AND 회로 : 복수의 입력조건을 동시에 충족하였을 때에만 출력이 되는 회로를 AND 회로라 한다. 이 회로의 기능은 진리값표의 '0'을 OFF로, '1'을 ON으로 읽어서 2개의 입력신호 A와 B에 대한 출력 C의 ON-OFF 상태를 진리값표로부터 읽을 수 있다.

06 제어의 정의에 대한 설명으로 틀린 것은?

① 작은 에너지로 큰 에너지를 조절하기 위한 시스템이다.
② 사람이 직접 개입하지 않고 어떤 작업을 수행시키는 것 등을 뜻한다.
③ 기계의 재료나 에너지의 유동을 증가하는 것으로서 수동이 아닌 것이다.
④ 기계나 설비의 작동을 자동으로 변화시키는 구성 성분의 일부를 의미한다.

기계의 재료나 에너지의 유동을 중계하는 것으로서 수동이 아닌 것이다.
제어의 정의
• 작은 에너지로 큰 에너지를 조절하기 위한 시스템을 말한다.
• 기계나 설비의 작동을 자동으로 변화시키는 구성 성분의 전체를 의미한다.
• 기계의 재료나 에너지의 유동을 중계하는 것으로서 수동이 아닌 것이다.
• 사람이 직접 개입하지 않고 어떤 작업을 수행시키는 것

07 유압유가 거품을 일으킬 때 거품을 제거하기 위해 거품을 빨리 유면으로 떠오르게 하는 첨가제는?

① 소포제
② 방청제
③ 산화방지제
④ 유동점강하제

소포제 : 유해한 기포 제거, 실리콘유, 실리콘의 유기화합물
② 방청제 : 녹 방지, 유기산 에스테르, 유기인 화합물, 지방산염

08 반사식 광전스위치로 감지할 수 없는 물체는?

① 금속용기
② 나무제품
③ 종이상자
④ 투명 유리

해설

투명 유리는 반사되지 않고 투과하여 반사식은 감지가 어렵다.
광전 스위치 : 빛을 발생하는 광원과 빛을 받아들이는 포토 다이오
드나 포토 트랜지스터를 한 조로 하여, 물체가 광선을 지나갈 때
광로의 변화나 광량의 변화를 이용하여 접점을 개폐하여 물체를
검출하는 센서이다. 광전 스위치는 움직이는 물품의 개수나 기계
적 동작의 제한 등에 사용하며, 빛의 전달 속도가 빠르므로 무접점
회로의 경우 분당 수만 번의 검출도 가능하다. 광전 스위치는 빛의
활용방법에 따라 투과형, 반사형, 복사형이 있다.

09 유연성 생산시스템 형태 중에서 다축 헤드 교환방
식 등의 유연한 기능을 가진 공작기계군을 고정 루
트인 자동반송장치와 연결한 것은?

① FTL(Flexible Transfer Line)
② LCA(Low Cost Automation)
③ FMC(Flexible Manufacturing Cell)
④ 전형적 FMS(Flexible Manufacturing System)

해설

FTL(Flexible Transfer Line) : 다축 헤드 교환방식 등의 유연한
기능을 가진 공작기계군을 고정 루트인 자동반송장치로 연결한
것이다.
FMS 시스템의 형태
• FMC(Flexible Manufacturing Cell) : 1대의 NC(수치제어) 공작
기계를 핵심으로 하여 자동공구교환장치(ATC), 자동팰릿교환
장치(APC) 그리고 팰릿 매거진을 배치한 것이다.
• 전형적 FMS(Flexible Manufacturing System) : 복수의 NC 공
작기계가 가변 루트인 자동반송시스템으로 연결되어 유기적으
로 제어된다.
• FTL(Flexible Transfer Line): 다축 헤드 교환방식 등의 유연한
기능을 가진 공작기계군을 고정 루트인 자동반송장치로 연결한
것이다.

10 신호가 입력되어 출력신호가 발생한 후에는 입력
신호가 없어져도 그때의 출력 상태를 유지하는 제
어방법은?

① 메모리 제어
② 시퀀스서 제어
③ 파일럿 제어
④ 타임 스케줄 제어

해설

메모리 제어(Memory Control) : 어떤 신호가 입력되어 출력신호
가 발생한 후에는 입력신호가 없어져도 그때의 출력 상태를 유지하
는 제어방법을 의미한다. 즉, 이 제어계에서는 출력에 영향을 미칠
반대되는 입력신호가 들어올 때까지 한 번 출력된 신호는 기억된다.
제어과정에 따른 분류
• 파일럿 제어(Pilot Control) : 요구되는 입력조건이 만족되면 그
에 상응하는 출력신호가 발생되는 형태를 의미한다. 즉, 입력과
출력이 1:1 대응관계에 있는 시스템을 말한다. 일명 논리제어라
고도 하며 메모리 기능은 없고 이의 해결에 불리언(Boolean)
논리 방정식이 이용된다.
• 시간에 따른 제어(Time Schedule Control) : 제어가 시간의 변화
에 따라서 이루어진다. 기계적으로 캠축이나 프로그램 벨트 등이
모터에 의해 회전하며 일정한 시간 경과 후 그에 따른 제어신호가
출력되도록 하는 장치가 있으며, 전기나 전자적인 방법에는 옥외
광고와 같은 것이 대표적이다. 이 제어시스템에서 전 단계와
다음 단계의 작업 사이에는 아무런 관계도 없다.
• 조합제어(Coordinated Motion Control) : 목표치가 캠축이나
프로그램 벨트 또는 프로그래머에 의하여 주어지나 그에 상응하
는 출력변수는 제어계의 작동요소에 의하여 영향을 받는다. 즉,
제어 명령은 시간에 따른 제어와 같은 방법으로 주어지나 이의
수행은 시퀀스 제어에서와 마찬가지 방법으로 감시된다.
• 시퀀스 제어(Sequence Control) : 전 단계의 작업 완료 여부를
리밋 스위치나 센서를 이용하여 확인한 후 다음 단계의 작업을
수행하는 것으로 공장자동화에 가장 많이 이용되는 제어방법
이다.

11 수직 밀링머신의 주요 구조로 거리가 먼 것은?

① 새 들
② 칼 럼
③ 테이블
④ 오버 암

해설
• 오버 암(Over Arm)은 수평 밀링머신(Horizontal Milling Machine)의 구조이다.
• 수직 밀링머신(Vertical Milling Machine)의 주요 구조 : 칼럼(Column), 새들(Saddle), 테이블(Table), 니(Knee)

수직 밀링머신 : 주축 헤드가 테이블면에 수직으로 되어 있으며, 주로 정밀 밀링커터와 엔드밀 등을 사용하여 평면가공이나 홈가공, T홈가공, 더브테일 등을 주로 가공한다.
수평 밀링머신 : 주축을 기둥 상부에 수평으로 설치하고, 주축에 아버를 고정하고 회전시켜 가공물을 절삭한다.

12 ϕ80mm의 환봉을 선반 주축회전수 500rpm으로 절삭하였을 경우, 주분력을 100kg으로 하면 절삭동력(kW)은 약 얼마인가?

① 1.05
② 2.05
③ 3.05
④ 4.05

해설

절삭속도(V)$= \dfrac{\pi DN}{1,000} = \dfrac{\pi \times 80\text{mm} \times 500\text{rpm}}{1,000}$

$\fallingdotseq 125.66\text{m/min}$

절삭동력(H)$= \dfrac{P \times V}{102 \times 60}(\text{kW}) = \dfrac{100\text{kg} \times 125.66\text{m/min}}{102 \times 60}$

$\fallingdotseq 2.05\text{kW}$

$\therefore$ 절삭동력(H) = 2.05kW

여기서, N : 주축회전수(rpm)
　　　　D : 환봉지름(mm)
　　　　P : 주분력(kg)
　　　　V : 절삭속도(m/min)

13 선반가공에서 테이퍼(Taper)를 절삭하는 방법이 아닌 것은?

① 인덱스를 이용하는 방법
② 심압대를 편위시키는 방법
③ 복식공구대를 경사시키는 방법
④ 테이퍼 절삭장치를 이용하는 방법

해설
인덱스를 이용하는 방법은 선반가공에서 테이퍼(Taper)를 절삭하는 방법이 아니다.
선반에서 테이퍼(Taper)를 가공하는 방법
• 복식공구대를 경사시키는 방법(테이퍼 각이 크고 길이가 짧은 가공물)
• 심압대를 편위시키는 방법(테이퍼가 작고 길이가 길 경우 사용)
• 테이퍼 절삭장치를 이용하는 방법(넓은 범위의 테이퍼를 가공)
• 총형 바이트를 이용하는 방법

14 정지센터로 가공물을 지지하고 단면을 가공하면 바이트와 가공물의 간섭으로 가공이 불가능하게 된다. 이때 보통센터의 선단 일부를 가공하여 단면가공이 가능하도록 제작한 센터는?

① 센터드릴(Center Drill)
② 하프센터(Half Center)
③ 파이프 센터(Pipe Center)
④ 베어링 센터(Bearing Center)

해설
하프센터(Half Center) : 정지센터로 가공물을 지지하고 단면을 가공하면 바이트와 가공물의 간섭으로 가공이 불가능하게 된다. 이때 보통센터의 선단 일부를 가공하여 단면가공이 가능하도록 제작한 센터
④ 베어링 센터(Bearing Center) : 선단 일부가 가공물의 회전에 의하여 함께 회전하도록 설계된 센터
센터의 종류

(a) 정지센터	(b) 평센터
(c) 회전센터	(d) 파이프 센터
(e) 세공센터	(f) 하프센터

15 브라운 샤프형 분할대를 이용하여 원주를 9등분하고자 할 때 분할판 크랭크는 몇 회전시켜야 하는가?

① 18회전

② 9회전

③ 8회전

④ 4회전

해설

· 단식분할법 : 분할 크랭크와 분할판을 사용하여 분할하는 방법으로 분할 크랭크를 40회전시키면 주축은 1회전하므로 주축을 회전시키려면 분할 크랭크를 $40/N$회전시키면 된다.

· $\dfrac{40}{N} = \dfrac{h}{H}$ → N : 가공물의 등분수, H : 분할판의 구멍수,

h : 1회 분할에 필요한 분할판의 구멍수

문제에서 원주를 9등분하므로 N은 9이다.

$\dfrac{40}{9} = \dfrac{h}{H} = \dfrac{40 \times 2}{9 \times 2} = \dfrac{80}{18} = 4\dfrac{8}{18}$

∴ 4회전

따라서 브라운샤프형 No 1판의 18구멍열에서 분할 크랭크를 4회전시키고, 8구멍씩 전진하면서 가공한다. 분자와 분모에 2를 곱하는 이유는 H, 즉 분할판의 구멍의 종류에 맞추기 위한 것이며, 가분수는 대분수로 바꾸어 분할 크랭크의 회전수와 구멍수로 분리하여야 한다.

분할판 구멍수의 종류

종 류	분할판	구멍수의 종류				
브라운 샤프형	No 1	15	16	17	18	19	20
	No 2	21	23	27	29	31	33
	No 3	37	39	41	43	47	49

16 선반작업에서 절삭속도가 Vm/min, 주축의 회전수가 Nr/min(=rpm)일 때 공작물의 지름이 32mm이면 V와 N의 옳은 관계식은?

① $V \fallingdotseq 0.1N$

② $V \fallingdotseq N$

③ $V \fallingdotseq 10N$

④ $V \fallingdotseq 32N$

해설

$V = \dfrac{\pi DN}{1,000}(\text{m/min}) \rightarrow V = \dfrac{\pi \times 32\text{mm}}{1,000} \times N \fallingdotseq 0.1N$

∴ $V = 0.1N$

여기서, V : 절삭속도(m/min), D : 공작물 지름(mm),

N : 주축회전수(rpm)

17 초음파 가공의 특징과 가장 관계가 없는 것은?

① 공구의 재료는 피아노선, 황동 등이 있다.

② 소성변형이 되지 않아 취성이 큰 재료를 가공할 수 있다.

③ 부도체는 가공할 수 없다.

④ 원형 또는 이형 단면가공이 가능하다.

해설

· 초음파 가공은 부도체도 가공할 수 있다.

· 초음파 가공은 소성변형이 되지 않고 취성이 큰 유리, 세라믹, 다이아몬드, 수정, 천연이나 인조 보석, 반도체 등에 눈금, 무늬, 문자, 구멍, 절단 등의 가공에 효율적이다.

초음파 가공 : 기계적 에너지로 진동을 하는 공구와 공작물 사이에 연삭입자와 가공액을 주입하고서 작은 압력으로 공구에 초음파 진동을 주어 유리, 세라믹, 다이아몬드, 수정 등 소성변형되지 않고 취성이 큰 재료를 가공할 수 있는 가공방법

18 선반의 크기 표시방법으로 쓰이지 않는 것은?

① 베드, 왕복대 위의 스윙

② 양 센터 사이의 최대 거리

③ 심압대 위의 스윙

④ 가공할 수 있는 공작물의 최대 지름

해설

심압대 위의 스윙(Swing)은 선반의 크기를 나타내는 방법이 아니다.

보통선반의 크기를 나타내는 방법

· 베드상의 최대 스윙(Swing) : 베드 위에 공작물이 닿지 않고 가공할 수 있는 공작물 최대 직경

· 양 센터 간에 최대 거리 : 가공할 수 있는 공작물의 최대 길이

· 왕복대 위의 스윙(Swing) : 왕복대 위에 공작물이 닿지 않고 가공할 수 있는 공작물 최대직경

19 공작기계의 구비조건 및 특성에 대한 설명이 옳지 않은 것은?

① 공작물의 잔류 응력은 공작 전에 충분히 제거해야 한다.

② 정밀도가 높은 공작기계는 고속 생산이 어려워 바람직하지 않다.

③ 정확한 기준면이 없는 공작방법은 정밀공작에 적합하지 않다.

④ 강성의 결핍과 진동은 정밀공작에 좋지 않다.

해설
정밀도가 높은 공작기계는 고속 생산이 가능하다.
공작기계의 구비조건
• 높은 정밀도를 가질 것
• 가공능력이 클 것
• 내구력이 크며 사용이 간편할 것
• 고장이 적고, 기계효율이 좋을 것
• 가격이 싸고 운전비용이 저렴할 것

20 기계의 부품을 조립할 때 볼트의 머리 부분이 돌출되면 곤란한 부분이 있다. 이러한 경우에 볼트 또는 너트의 머리 부분이 가공물 안으로 묻히도록 드릴과 동심원의 2단 구멍을 절삭하는 방법은?

① 카운터 보링(Counter Boring)

② 카운터 싱킹(Counter Sinking)

③ 스폿 페이싱(Spot Facing)

④ 리밍(Reaming)

해설
카운터 보링 : 볼트 또는 너트의 머리 부분이 가공물 안으로 묻히도록 드릴과 동심원의 2단 구멍을 절삭하는 방법
• 리밍 : 뚫려 있는 구멍을 정밀도가 높고, 가공 표면의 표면거칠기를 좋게 하기 위한 가공
• 카운터 싱킹 : 나사머리의 모양이 접시 모양일 때 테이퍼 원통형으로 절삭하는 가공
• 보링 : 이미 뚫려 있는 구멍을 필요한 크기로 넓히거나 정밀도를 높이기 위하여 보링 바이트를 이용하여 가공하는 방법
• 탭가공 : 드릴로 뚫은 구멍에 탭을 이용하여 암나사를 가공하는 방법
• 스폿 페이싱 : 볼트나 너트가 닿는 구멍 주위의 부분만 평탄하게 가공하여 체결이 잘되도록 하는 가공방법

21 공작물 중 비가공 부분을 감광성 내식피막으로 피복하는 가공법은?

① 화학연삭

② 화학절단

③ 화학연마

④ 화학블랭킹

해설
화학블랭킹(화학밀링) : 일명 화학절삭으로 가공물 표면에서 가공이 필요하지 않은 부분(비가공)은 내식성 피막을 하고, 가공할 부분만을 가공한다. 대량 생산, 넓은 면의 가공, 복잡한 형상, 얇은 가공물 등을 편리하게 가공할 수 있다.
① 화학연삭 : 용삭과 유사한 방법으로 가공물의 표면에 요철 부분의 볼록부를 가공할 때 기계적 마찰로서 용삭보다 더욱 능률적으로 가공하는 방법이다.
② 화학절단 : 인선이 없는 메탈 소(Metal Saw)를 절단할 부분에 마찰시키면서 가공액을 공급하면, 용삭이 진행되어 절단이 되는 가공방법이다.
③ 화학연마 : 열에너지를 이용하여 가공물의 전면을 균일하게 용해하며, 두께를 얇게 하거나 가공 표면의 오목 부분은 가공하지 않고 볼록 부분만 신속하게 가공하여 평활한 표면으로 가공하는 방법이다.

22 일반적으로 공구선반에서 릴리빙 장치를 이용하여 가공하지 않는 것은?

① 밀링커터　　　　② 탭

③ 호 브　　　　　④ 바이트

해설
• 바이트는 릴리빙 장치를 이용하여 가공하지 않는다.
• 릴리빙 장치(Relieving Attachment) : 가로 이송대에 캠(Cam)을 설치하여, 가공물이 1회전하는 동안에 바이트가 일정한 거리를 전진·후퇴하도록 장치하여 드릴, 탭, 호브 등의 날 여유면을 절삭하는 장치이다.

23 밀링머신에서 절삭속도가 100m/min, 날수가 10개, 지름이 10mm인 커터로 1날당 이송을 0.4mm로 하여 공작물을 가공할 경우 테이블의 이송속도는 약 몇 mm/min인가?

① 1,020
② 1,273
③ 1,421
④ 1,635

해설

회전수$(n) = \dfrac{1,000v}{\pi d} = \dfrac{1,000 \times 100\text{m/min}}{\pi \times 10\text{mm}} = 3.183\text{rpm}$

테이블 이송속도$(f) = f_z \times z \times n = 0.4\text{mm} \times 10 \times 3.183\text{rpm}$

$\qquad\qquad\qquad = 1.273\text{mm/min}$

∴ 테이블 이송속도$(f) = 1.273\text{mm/min}$

여기서, f : 테이블 이송속도(mm/min)

$\qquad\quad f_z$: 1날당 이송량(mm)

$\qquad\quad n$: 회전수(rpm)

$\qquad\quad z$: 커터의 날수

24 가공물의 재질에 따른 드릴의 날 끝각의 범위가 적절하지 못한 것은?

① 일반재료 : 118°
② 주철 : 90~118°
③ 스테인리스강 : 60~70°
④ 구리, 구리합금 : 110~130°

해설

스테인리스강 : 150°

가공물의 재질과 드릴의 각도

금속재료	드릴의 선단각도(θ)	여유각(α)
크랭크축 및 심공작업	120~170°	9°
레일 및 경강	150°	10°
열처리강 및 단조강	125°	12°
주 철	90°	12°
동 및 동합금	100~120°	12°
목재 및 파이프	60°	12°

25 밀링가공에서 래크절삭장치를 사용하는 것은?

① 수평 밀링머신
② 수직 밀링머신
③ 생산형 밀링머신
④ 만능 밀링머신

해설

래크절삭장치(Rack Cutting Attachment)는 만능 밀링머신의 칼럼에 부착하여 사용하며, 래크기어(Rack Gear)를 절삭할 때 사용한다. 가공물의 고정은 특수 바이스로 하며, 테이블에 고정된 래크장치에는 각종 피치의 절삭이 가능하도록 기어변환장치가 있다. 기술의 발달로 근래에는 사용 빈도가 매우 적다.

26 밀링에서 지름 20mm의 4날 엔드밀을 사용하여 절삭속도 60m/min, 이송 0.05mm/tooth로 절삭할 때 분당 이송량은 약 몇 mm/min인가?

① 121
② 152
③ 191
④ 253

해설

회전수$(n) = \dfrac{1,000v}{\pi d} = \dfrac{1,000 \times 60\text{m/min}}{\pi \times 20\text{mm}} = 955\text{rpm}$

테이블 이송속도$(f) = f_z \times z \times n = 0.05\text{mm} \times 4 \times 955\text{rpm}$

$\qquad\qquad\qquad = 191\text{mm/min}$

∴ 테이블 이송속도$(f) = 191\text{mm/min}$

여기서, f : 테이블 이송속도(mm/min)

$\qquad\quad f_z$: 1날당 이송량(mm)

$\qquad\quad n$: 회전수(rpm)

$\qquad\quad z$: 커터의 날수

27 지그보링기의 작업조건을 설명한 것 중 가장 거리가 먼 것은?

① 작업장 내의 온도는 상온의 ±1° 이내로 유지시키는 것이 좋다.

② 외부로부터의 진동이 전달되지 않도록 방진처리한다.

③ 햇빛이 닿는 밝은 쪽이 좋다.

④ 공기필터를 통하여 바깥 공기를 빨아들이는 환기방식이 좋다.

해설

지그보링머신(Jig Boring Machine)은 높은 정밀도를 요구하는 가공물 가공에 사용되는 보링머신으로 온도 변화에 따른 영향을 받지 않도록 햇빛이 닿는 쪽은 작업조건으로 적합하지 않다.

28 절삭유의 구비조건 중 잘못된 것은?

① 인화점, 발화점이 낮을 것

② 냉각성이 우수할 것

③ 장시간 사용 후에도 변질되지 않을 것

④ 방청 및 방식성이 좋을 것

해설

절삭유의 구비조건
• 냉각성, 방청성, 방식성이 우수해야 한다.
• 감마성, 윤활성이 좋아야 한다.
• 유동성이 좋고, 적하가 쉬워야 한다.
• 인화점, 발화점이 높아야 한다.
• 인체에 무해하며, 변질되지 않아야 한다.
• 마찰계수, 표면장력이 작아야 한다.
절삭유의 작용
• 냉각작용, 윤활작용, 세척작용
• 절삭공구와 칩 사이의 마찰 감소
• 절삭 시 열을 감소시켜 공구 수명을 연장
• 절삭성능을 높여줌
• 칩을 유동형 칩으로 변화시킴
• 구성인선의 발생을 억제
• 표면거칠기를 향상

29 레이저(Laser) 가공에 대한 설명으로 틀린 것은?

① 레이저의 종류는 기체 레이저, 액체 레이저, 고체 레이저, 반도체 레이저 등이 있다.

② 레이저 가공에 주로 이용되는 것은 고체 레이저와 기체 레이저이다.

③ 난삭재 미세가공에 적합하여 시계의 베어링, 보석, 다이아몬드, IC 저항의 트리밍 등에 사용된다.

④ 레이저의 광은 전자계의 영향을 받으므로 이를 주의해서 가공해야 한다.

해설

레이저의 광(光)은 전자계의 영향을 받지 않고 진공이 불필요하며, 거리에 따른 손실이 없으므로 발광부와 가공부 사이가 떨어져도 문제가 되지 않는다.

레이저 가공 : 가공물에 빛을 쏘이면 순간적으로 일부분이 가열되어 용해되거나 증발되는 원리를 이용하여 대기 중에서 비접촉으로 필요한 형상으로 가공하는 방법

30 공작기계의 운전시험 항목에 해당하지 않는 것은?

① 기능시험

② 부하 운전시험

③ 백래시 시험

④ 회전축의 흔들림 시험

31 절삭속도 140m/min, 절삭깊이 6mm, 이송 0.25mm /rev으로 75mm 직경의 원형 단면봉을 선삭한다. 300mm의 길이만큼 1회 선삭하는 데 필요한 가공시간은?

① 약 2분   ② 약 4분
③ 약 6분   ⑤ 약 8분

해설

선반의 가공시간

$$회전수(n) = \frac{1,000v}{\pi d} = \frac{1,000 \times 140\text{m/min}}{\pi \times 75\text{mm}} ≒ 594\text{rpm}$$

$$T = \frac{L}{ns} \times i = \frac{300\text{mm}}{594\text{rpm} \times 0.25\text{mm/rev}} \times 1회 ≒ 2\text{min}$$

∴ 가공시간(T) = 약 2분

여기서, T : 가공시간(min)
　　　　L : 절삭가공 길이(가공물 길이)
　　　　n : 회전수(rpm)
　　　　s : 이송(mm/rev)

33 그림은 주철에 있어서 Si와 C양에 따른 조직의 변화를 나타낸 마우러의 조직도이다. 여기서 II영역 ($E'{\sim}H'$사이의 영역) 조직으로 옳은 것은?

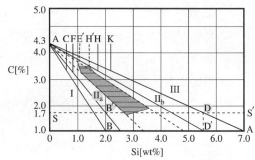

① 백주철
② 회주철
③ 페라이트 주철
④ 펄라이트 주철

해설

II영역($E'{\sim}H'$사이의 영역) 조직 : 펄라이트 주철(강력 주철)

주철의 조직과 종류

영 역	조 직	주철의 종류
I	펄라이트+시멘타이트	백주철(극경 주철)
II$_a$	펄라이트+시멘타이트+흑연	반주철(경질 주철)
II	펄라이트+흑연	펄라이트 주철 (강력 주철)
II$_b$	펄라이트+페라이트+흑연	회주철(주철)
III	페라이트+흑연	페라이트 주철 (연질 주철)

마우러 조직도 : 주철의 조직에 영향을 끼치는 주요한 요소는 탄소 (C) 및 규소(Si)의 양과 냉각속도이다. 마우러 조직도는 탄소(C)와 규소(Si)량에 따른 주철의 조직관계를 표시한 것이다.

32 절삭 시 발생되는 절삭열이 분산되는 비율이 가장 큰 것은?(단, 가공물의 절삭속도는 140m/min인 경우이다)

① 칩   ② 가공물
③ 절삭공구   ④ 공작기계

해설

칩(Chip)이 절삭 시 발생되는 절삭열이 분산되는 비율이 가장 크다.

34 다음 탄소강의 기본조직 중 공석강으로 페라이트와 시멘타이트의 층상으로 나타나는 조직은?

① 펄라이트
② 마텐자이트
③ 오스테나이트
④ 레데부라이트

펄라이트(페라이트+시멘타이트) : 페라이트와 시멘타이트가 한 겹씩 서로 층을 이루는 조직이다.

철-탄소계 평형 상태도에 존재하는 강의 조직과 특성

강의 조직	강의 특성
페라이트	• 순철 α철에 탄소가 매우 적은 양으로 고용된 α고용체이다. • 768℃까지 강자성체이며, 체심입방격자(BCC) 구조이다. • 연하고 인장 강도는 낮은 편이다.
오스테나이트	• 순철 γ철에 탄소가 고용된 γ고용체이다. • 소성변형성이 우수한 면심입방격자(FCC) 구조이다. • 상온에서 안정하게 존재할 수 없다.
시멘타이트	• 시멘타이트는 철과 탄소의 화합물(Fe_3C)이다. • 0.8%의 탄소강으로부터 6.67%의 주철까지의 주성분을 이룬다. • 매우 단단하고 충격에 취약하다.
펄라이트 (페라이트+ 시멘타이트)	• 페라이트와 시멘타이트가 한 겹씩 서로 층을 이루는 조직이다. • 경도가 작고 안정된 공석조직이다.

35 WC, TiC, TaC의 탄화물 분말과 Co 결합제로 고온 소결(Sintering)시켜 만든 공구재료는?

① 고속도강
② 세라믹
③ 초경합금
④ 다이아몬드

초경합금 : 탄화텅스텐(WC), 타이타늄(Ti), 탄탈(Ta) 등의 분말을 코발트(Co) 또는 니켈(Ni) 분말과 혼합하여 프레스로 성형한 다음 약 1,400℃ 이상의 고온으로 가열하면서 소결한 것으로 고온·고속절삭에서도 높은 경도를 유지하지만 진동이나 충격을 받으면 부서지기 쉬운 절삭공구 재료이다.
• 세라믹(Ceramic) : 산화알루미늄(Al_2O_3) 분말을 주성분으로 마그네슘, 규소 등의 산화물과 소량의 다른 원소를 첨가하여 소결한 절삭공구이다. 고온에서 경도가 높고, 내마모성이 좋아 초경합금보다 빠른 절삭속도로 절삭이 가능하다. 백색·분홍색·회색·흑색 등의 색이 있으며, 초경합금보다 가볍다.
• 고속도강(High Speed Steel) : W, Cr, V, Co 등의 합금강으로서 담금질 및 뜨임처리하면 600℃ 정도까지 경도를 유지하며 고온 경도가 높고 내마모성이 우수하다. 절삭속도가 탄소공구강에 비해 2배 이상이다.
• 표준 고속도강 조성 : 18% W - 4% Cr - 1% V

36 주철을 고온으로 가열하였다가 냉각하는 과정을 반복하면 주철의 부피는 팽창하게 되는데 이를 주철의 성장이라 한다. 주철의 성장에 대한 원인으로 틀린 것은?

① 페라이트 조직 중의 Si의 산화
② 펄라이트 조직 중의 Mn, Cr 등의 원소에 의한 Fe_3C 분해 촉진 및 흑연화
③ A_1 변태의 반복과정에서 오는 체적 변화에 기인되는 미세한 균열의 발생
④ 흡수된 가스의 팽창에 따른 부피 증가

시멘타이트(Fe_3C)의 흑연화에 의한 팽창
주철의 성장원인
• 시멘타이트(Fe_3C)의 흑연화에 의한 팽창
• 페라이트 중에 고용되어 있는 규소(Si)의 산화에 의한 팽창
• A_1 변태점(723℃) 이상의 온도에서 부피 변화로 인한 팽창
• 불균일한 가열로 생기는 균열에 의한 팽창
• 흡수한 가스에 의한 팽창

37 탄소 함유량에 따른 탄소강의 일반적인 물리적 성질 중 탄소량이 증가하면 증가하는 성질은?

① 열팽창계수
② 열전도도
③ 전기저항
④ 내식성

해설

탄소강은 탄소량이 증가하면 비열, 전기저항, 보자력은 증가한다.
탄소량 증가에 따른 물리적 성질과 기계적 성질 변화

	탄소량 증가	
	증 가	감 소
물리적 성질	비열, 전기저항, 보자력	비중, 선팽창계수, 내식성
기계적 성질	강도, 경도	인성, 충격값

38 WC, TiC, TaC 등의 금속 탄화물을 미세한 분말상에서 결합제인 Co 분말과 결합하여 프레스로 성형·압축하고 용융점 이하로 가열하여 소결시켜 만든 합금강은?

① 주철공구강
② 고속도강
③ 초경합금
④ 다이스강

해설

초경합금 : 탄화텅스텐(WC), 타이타늄(Ti), 탄탈(Ta) 등의 분말을 코발트(Co) 또는 니켈(Ni) 분말과 혼합하여 프레스로 성형한 다음 약 1,400℃ 이상의 고온으로 가열하면서 소결한 것으로 고온·고속절삭에서도 높은 경도를 유지하지만 진동이나 충격을 받으면 부서지기 쉬운 절삭공구 재료이다.
고속도강(High Speed Steel) : W, Cr, V, Co 등의 합금강으로서 담금질 및 뜨임처리하면 600℃ 정도까지 경도를 유지하며 고온경도가 높고 내마모성이 우수하다. 절삭속도가 탄소공구강에 비해 2배 이상이다.

39 담금질 온도에서 Ms점보다 높은 온도의 염욕 중에 넣어 항온 변태를 끝낸 후에 상온까지 냉각하는 담금질 방법으로 점성이 큰 베이나이트 조직을 얻을 수 있어 뜨임할 필요가 없는 열처리 방법은?

① 오스템퍼링(Austempering)
② 마템퍼링(Martempering)
③ 시간담금질(Time Quenching)
④ 마퀜칭(Marquenching)

해설

오스템퍼링 : 하부 베이나이트, 뜨임할 필요가 없고 강인성이 크며, 담금질 변형 및 균열 방지
② 마템퍼링 : 베이나이트와 마텐자이트의 혼합조직
④ 마퀜칭 : 마텐자이트, 복잡한 물건의 담금질(고속도강, 베어링, 게이지), 퀜칭 후 뜨임하여 사용

40 기하공차와 그 기호가 잘못 짝지어진 것은?

① 면의 윤곽도 : ⌒ ② 경사도 : ∠
③ 대칭도 : ═ ④ 진원도 : ○

해설

기하공차의 종류와 기호

적용하는 형체	공차의 종류		기 호
단독 형체	모양 공차	전직도 공차	─
		평면도 공차	▱
		원통도 공차	⌀
단독 형체 또는 관련 형체		선의 윤곽도 공차	⌒
		면의 윤곽도 공차	⌓
관련 형체	자세 공차	평행도 공차	∥
		직각도 공차	⊥
	위치 공차	경사도 공차	∠
		위치도 공차	⊕
		동축도 공차 또는 동심도 공차	◎
		대칭도	═
	흔들림 공차	원주 흔들림 공차	↗
		온 흔들림 공차	↗↗

41 게이지 블록과 같이 밀착이 가능하므로 홀더가 필요 없으며, 각도의 가산·감산에 의해서 필요한 각도를 조절할 수 있고 조합 후 정도는 2~3″인 것은?

① 오토콜리메이터
② NPL식 각도게이지
③ 기계식 각도 정규
④ 수준기

해설
NPL식 각도게이지 : 길이 약 90mm, 폭 약 15mm의 측정면을 가진 쐐기형의 열처리된 블록으로 각각 6초, 18초, 30초, 1분, 9분, 27분, 1°, 3°, 9°, 27°, 41°의 각도를 가진 12개의 게이지를 한 조로 한다. 이들 게이지를 2개 이상 조합해서 6초부터 81° 사이를 임의로 6초 간격으로 만들 수 있다. 측정면이 요한슨식 각도게이지보다 크고 몇 개의 블록을 조합하여 임의의 각도를 만들 수 있고, 그 위에 밀착이 가능하여 현장에서도 많이 쓰인다.

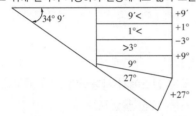

[NPL식 각도게이지 조합의 예]
오토콜리메이터(Auto Collimator) : 시준기와 망원경을 조합한 것으로 미소각도를 측정하는 광학적 측정기이다.

42 기어의 측정에서 볼 또는 핀 등의 측정자를 전체 원둘레에 따라 이 홈의 양측 치면에 접하도록 삽입하여 측정자의 반지름 방향 위치의 변동을 측미기로 읽었다. 이때 이 눈금값의 최댓값과 최솟값의 차이를 무엇이라 하는가?

① 치형 오차   ② 피치 오차
③ 이(齒) 홈의 흔들림   ④ 이 두께 오차

해설
이(齒) 홈의 흔들림 : 볼 또는 핀 등의 측정자를 모든 원둘레에 따라 이 홈의 양측 잇면에 접하도록 삽입하여 측정자의 반지름 방향 위치의 변동을 측미기로 읽는가 또는 자동 기록한다. 이 눈금값과 최솟값과의 차를 이 홈 흔들림이라 한다.

43 $70^{+0.05}_{-0.02}$의 치수공차 표시에서 최대 허용치수는?

① 70.03   ② 70.05
③ 69.98   ④ 69.05

해설
• 최대 허용치수 : 70.05
• 최소 허용치수 : 69.98

44 표면거칠기를 측정하는 방식에 해당하지 않는 것은?

① 광절단식
② 촉침식
③ 광파간섭식
④ 광택식

해설
광택식은 표면거칠기를 측정하는 방식에 해당하지 않는다.
표면거칠기 측정방법 : 촉침식 측정, 광절단식 측정, 광파간섭식 측정

45 호칭치수 25mm의 K6급 구멍용 한계게이지의 통과 측 치수허용차로 가장 옳은 것은?(단, K6급 공차는 위 치수 허용차 +2μm, 아래 치수 허용차 −11μm이며, 게이지 제작공차는 2.5μm, 마모 여유는 2.0μm으로 한다)

① 25.002 ± 0.00125mm

② 25.0025 ± 0.001mm

③ 24.991 ± 0.00125mm

④ 24.9915 ± 0.001mm

해설
한국산업인력공단에서 발표한 정답은 ③번이다.
저자 의견
통과 측 : (구멍의 최소 치수 + 마모 여유) ± 게이지 공차/2
통과 측 치수 허용차 $= (25\text{mm} + 2.0\mu\text{m}) \pm 2.5\mu\text{m}/2$
　　　　　　　　　$= 25.002 \pm 0.00125\text{mm}$
※ 정지 측 : 구멍의 최대 치수 ± 게이지 공차/2
그러므로 저자 의견에 따르면 정답은 ①번이다.

46 치공구를 사용하는 궁극적인 목적에 대하여 옳은 것만으로 나열한 것은?

① 미숙련자의 고숙련화, 생산 원가 상승, 공정의 축소 또는 삭제

② 정밀도 향상, 생산 원가 상승, 공정의 축소 또는 삭제

③ 정밀도 향상, 생산 원가 감소, 저숙련자의 고숙련화

④ 정밀도 향상, 생산 원가 감소, 공정의 축소 또는 삭제

해설
치공구를 설계하는 주목적은 제품의 정밀도 향상, 생산 원가 감소, 공정의 축소 또는 삭제, 생산성 향상이다. 치공구는 어떤 형상의 제품을 정확한 위치에 설치하기 위한 위치결정기구와 이것을 고정하기 위한 체결기구로 구성된다.

47 드릴지그에서 부시와 가공물 사이의 간격은 주철과 같이 전단형 칩(Chip)으로 나타날 때는 어느 정도 하는 것이 가장 좋은가?

① 최대한 간격이 없도록 밀착시킨다.

② 드릴지름의 1/2 정도 부여한다.

③ 드릴지름의 1/10 정도 부여한다.

④ 드릴지름의 2배 정도 부여한다.

해설
드릴지그에서 부시와 가공물 사이의 간격은 드릴지름의 1/2 정도 부여한다.

48 좁은 장소에서 사용되며 스윙 클램프와 유사한 구조를 가진 클램프는?

① 훅 클램프

② 토글 클램프

③ 캠 클램프

④ 스트랩 클램프

해설
훅 클램프(Hook Clamp) : 스윙 클램프와 비슷하지만 그 크기가 훨씬 작으며 단일의 대형 클램프보다는 여러 개의 소형 클램프가 사용되어야 하는 좁은 공간에서 유용하다.

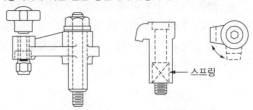

[스윙 클램프]　　　　　　[훅 클램프]

② 토글 클램프(Toggle-action Clamp) : 누름, 끌어당김, 압착 및 직선운동의 4가지 운동으로 클램핑하며 작동이 신속하면서도 작용력에 비해 훨씬 큰 클램핑력을 얻을 수 있다.

④ 스트랩 클램프(Strap Clamp) : 치공구에서 사용되는 가장 간단한 클램프로서 그 기본 작동원리는 지레의 원리와 같다. 스트랩 클램프는 지레의 원리에 따라서 3종으로 분류된다.

49 다음 중 한계게이지(Limit Gauge) 재료에 요구되는 성질로 거리가 먼 것은?

① 변형이 작을 것
② 내마모성이 높을 것
③ 가공성이 높을 것
④ 열팽창계수가 높을 것

한계게이지 재료는 열팽창계수가 낮아야 한다.

51 와이어 컷 방전가공의 가공액으로 물을 사용했을 때 장점이 아닌 것은?

① 취급이 용이하고 화재의 위험이 없다.
② 공작물과 와이어 전극을 빨리 냉각시킨다.
③ 전극에 강제 진동을 발생시켜 극간 접촉을 원활하게 도와준다.
④ 가공 시 발생되는 불순물의 배제가 용이하다.

물을 사용하면 전극에 강제 진동이 발생되더라도 극간 접촉이 일어나지 않게 도와준다.

50 다음 공구경 보정에 대한 설명 중 옳지 않은 것은?

① 공구경 보정은 지령평면에서만 유효하다.
② 공구보정 번호에 음수를 입력하면 공구경 보정 방향이 바뀐다.
③ 보정량보다 큰 원호가공 시에는 경보(Alarm)를 유발시킨다.
④ G41은 좌측 보정이고, G42는 우측 보정이다.

보정량보다 작은 원호가공 시에는 경보를 유발시킨다.

52 CNC 선반 프로그래밍에서 N30 M98 P0010 L2; 라고 지령되었을 때 L의 의미는?

① 반복 횟수
② 전개 번호
③ 보조 프로그램 번호
④ 주프로그램 번호

• N30 : 전개 번호
• M98 : 보조 프로그램 호출 보조기능
• P0010 : 보조 프로그램 번호
• L2 : 반복 횟수(생략하면 1회)

53 다음 중 솔리드 모델링의 특징이 아닌 것은?

① 은선 제거가 가능하다.
② 불리언(Boolean) 연산에 의하여 복잡한 형상
　표현이 어렵다.
③ 형상을 절단하여 단면도 작성이 용이하다.
④ 물리적 성질의 계산이 가능하다.

해설

불리언(Boolean) 연산(합·차·적)에 의하여 복잡한 형상도 표현할 수 있다.

솔리드 모델(Solid Model)의 특징
- 은선 제거가 가능하다.
- 간섭 체크가 가능하다.
- 형상을 절단하여 단면도 작성이 용이하다.
- 불리언(Boolean) 연산(합·차·적)에 의하여 복잡한 형상도 표현할 수 있다.
- 명암(Shade) 컬러 기능 및 회전, 이동을 이용하여 사용자가 좀 더 명확하게 물체를 파악할 수 있다.
- 복잡한 데이터(Data)로 서피스 모델링보다 대용량 컴퓨터가 필요하고 처리시간이 오래 걸린다.

54 다음 중 머시닝센터에서 NC 프로그램에 사용하는 좌표계가 아닌 것은?

① 공작물 좌표계
② 구역 좌표계
③ 기계 좌표계
④ 공구 좌표계

해설

공구 좌표계는 머시닝센터에서 NC 프로그램에 사용하는 좌표계가 아니다.

① 공작물 좌표계 : 도면을 보고 프로그램을 작성할 때 절대 좌표계의 기준이 되는 점으로서 프로그램 원점 또는 공작물 원점이라고도 한다.
② 구역 좌표계 : 지역 좌표계 또는 워크 좌표계라고도 하며, G54~G59를 사용하여 각각의 작업영역별로 원점을 부여하여 사용한다.
③ 기계 좌표계 : 기계원점을 기준으로 정한 좌표계이며, 기계 제작자가 파라미터에 의해 정하는 좌표계이다.

55 축의 완성지름, 철사의 인장강도, 아스피린 순도와 같은 데이터를 관리하는 가장 대표적인 관리도는?

① c 관리도
② nP 관리도
③ u 관리도
④ $\bar{x}-R$ 관리도

해설

$\bar{x}-R$ 관리도 : 축의 완성지름, 철사의 인장강도, 아스피린 순도와 같은 데이터를 관리하는 가장 대표적인 관리도(평균치와 범위 관리도)

56 로트의 크기가 시료의 크기에 비해 10배 이상 클 때, 시료의 크기와 합격 판정 개수를 일정하게 하고 로트의 크기를 증가시킬 경우 검사특성곡선의 모양 변화에 대한 설명으로 가장 적절한 것은?

① 무한대로 커진다.
② 별로 영향을 미치지 않는다.
③ 샘플링 검사의 판별능력이 매우 좋아진다.
④ 검사특성곡선의 기울기 경사가 급해진다.

해설

별로 영향을 미치지 않는다.

검사특성곡선(OC곡선) : A, B, C타입의 곡선으로 분류된다. A타입은 로트의 품질 수준에 대해 로트가 합격 판정 기준을 만족하는 확률관계를 나타낸 곡선이다. B타입은 생산된 로트가 합격되는 확률을 나타낸 곡선이다. C타입은 소정의 연속형 샘플링 검사에서 샘플링 검사 기간 동안 제품이 합격하는 백분율을 장기간의 평균값으로 나타낸 곡선이다.

57 작업시간 측정방법 중 직접측정법은?

① PTS법

② 경험견적법

③ 표준자료법

④ 스톱워치법

해설
스톱워치법 : 테일러에 의해 처음 도입된 방법으로 스톱워치를 들고 작업시간을 직접 관측하여 표준시간을 설정하는 기법이므로 직접측정법에 속한다.
① PTS법 : 모든 작업을 기본동작으로 분해하고 각 기본동작의 성질과 조건에 따라 미리 정해 놓은 시간치를 적용하여 정미시간을 산정하는 방법
② 경험견적법 : 전문가의 경험을 이용하는 방법으로 비용이 저렴하고 산정시간이 적지만 작업하는 상황 변화를 반영하지 못한다는 단점이 있다.
③ 표준자료법 : 표준시간 동안 축적된 자료를 분석하는 방법

58 준비 작업시간 100분, 개당 정미 작업시간 15분, 로트 크기 20일 때 1개당 소요 작업시간은 얼마인가?(단, 여유시간은 없다고 가정한다)

① 15분

② 20분

③ 35분

④ 45분

59 소비자가 요구하는 품질로서 설계와 판매정책에 반영되는 품질을 의미하는 것은?

① 시장 품질

② 설계 품질

③ 제조 품질

④ 규격 품질

해설
시장품질 : 소비자가 요구하는 품질로서 설계와 판매정책에 반영되는 품질을 의미하는 것

60 다음 중 샘플링 검사보다 전수검사를 실시하는 것이 유리한 것은?

① 검사항목이 많은 경우

② 파괴검사를 해야 하는 경우

③ 품질특성치가 치명적인 결점을 포함하는 경우

④ 다수 다량의 것으로 어느 정도 부적합종이 섞여도 괜찮을 경우

해설
품질특성치가 치명적인 결점을 포함하는 경우 샘플링 검사보다 전수검사를 실시하는 것이 유리하다.

01
2개의 복동 실린더가 1개의 실린더 형태로 조립되어 있고 길이 방향으로 연결된 복수 실린더를 갖고 있어 실린더의 직경이 한정되는 반면에 출력이 거의 2배로 큰 힘을 얻는 데 가장 적합한 공압 실린더는?

① 충격 실린더
② 케이블 실린더
③ 탠덤 실린더
④ 다위치형 실린더

해설
• 탠덤 실린더(Tendem-cylinder) : 2개의 복동 실린더가 서로 나란히 연결된 복수의 피스톤을 갖는 공압 실린더로, 같은 크기의 복동 실린더에 의해 2배의 힘을 낼 수 있다. 2개의 피스톤에 압축공기가 공급되기 때문에 피스톤 로드가 낼 수 있는 출력은 2배가 된다. 탠덤 실린더는 공압 실린더의 사용압력이 낮아 출력이 작기 때문에 실린더의 직경은 한정되고 큰 힘을 필요로 하는 곳에 사용된다.
• 충격 실린더 : 빠른 속도(7~10m/sec)를 얻을 때 사용된다.
• 다위치형 실린더 : 정확한 위치를 제어할 수 있다.
• 양로드형 실린더 : 양방향 같은 힘을 낼 수 있다.

02
다음과 같은 구조의 AGV(무인 운반차) 지상 컨트롤러가 수행하는 기능으로 적합하지 않은 것은?

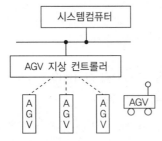

① 경로 최적화
② 생산계획 수립
③ 현재 위치 확인
④ AGV에 FROM/TO 정보의 통신

해설
AGV(무인 운반차) 지상 컨트롤러의 수행기능은 생산계획 수립과는 거리가 멀다.

03
다음 중 광센서의 특징이 아닌 것은?

① 비접촉식센서
② 고속 응답
③ 색상 판별
④ 열전효과

해설
열전효과는 온도센서의 특징이다.

04
다음 그림과 같이 실린더의 속도를 제어하기 위한 회로로서 유량제어밸브를 실린더의 입구측에 설치한 회로는?

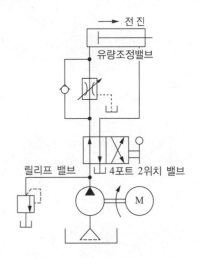

① 무부하 회로
② 블리드 오프 회로
③ 미터 아웃 회로
④ 미터 인 회로

해설
문제의 회로도는 미터 인 방식의 속도제어회로도이다. 유압 실린더나 유압모터의 속도는 액추에이터에 공급하는 유량으로 제어한다. 액추에이터의 속도를 제어하기 위해서는 유량제어밸브가 사용되며, 유량제어방식에는 미터 인 방식, 미터 아웃 방식, 블리드 오프 방식이 있다. 미터 인 방식 회로도는 액추에이터 입구쪽 관로에 유량제어밸브를 직렬로 부착하고, 액추에이터로 공급하는 유량을 제어하여 속도를 제어한다.

05 다음 그림은 무엇을 나타내는 기호인가?

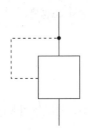

① 외부 파일럿 조작
② 단동 솔레노이드 조작
③ 내부 파일럿 조작
④ 유압 파일럿 조작

해설
문제의 그림은 외부 파일럿 조작으로 조작유로는 기기의 외부에 있다.

명 칭	외부 파일럿 조작	단동 솔레노이드 조작	내부 파일럿 조작	유압 파일럿 조작
기 호			45°	
비 고	조작유로는 기기의 외부에 있음	1방향 조작	조작유로는 기기의 내부에 있음	외부 파일럿 1차 조작 없음

06 핸들링의 종류 중 부품이 회전을 통하여 이송되면서 작업이 이루어지는 핸들링은?

① 리니어 인덱싱 핸들링
② 로터리 인덱싱 핸들링
③ 선반의 이송장치
④ 래칫 구동 핸들링

해설
로터리 인덱싱 핸들링 : 부품이 회전을 통하여 이송되며 작업이 이루어지는 핸들링

07 선반에서 맨드릴을 사용하는 주된 목적은?

① 돌기가 있어 센터 작업이 곤란하기 때문에
② 가늘고 긴 가공물의 작업을 위하여
③ 내·외경과 내경이 동심이 되도록 가공하기 위하여
④ 척킹이 곤란하기 때문에

해설
선반에서 내·외경과 내경이 동심이 되도록 가공하기 위하여 맨드릴을 사용한다.
맨드릴(Mandrel) : 기어, 벨트 풀리 등과 같이 구멍과 외경이 동심원이고, 직각이 필요한 경우에 구멍을 먼저 가공하고 구멍에 맨드릴을 끼워 양 센터로 지지하여, 외경과 측면을 가공하여 부품을 완성하는 선반의 부속장치

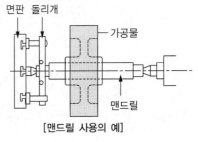

[맨드릴 사용의 예]

08 다음 유압기호는 무엇을 나타내는 기호인가?

① 원동기
② 전동기
③ 공압모터
④ 유압모터

해설
문제의 유압기호는 원동기이다.
동력원

유압모터	공압모터	전동기	원동기
▶	▷	Ⓜ	M

09 다음 중 PLC 제어회로의 입력부로 사용되는 기기는?

① 공압 실린더
② 램프
③ 전자밸브
④ 리밋 스위치

해설
PLC 제어회로의 입력부로 리밋 스위치가 사용된다.

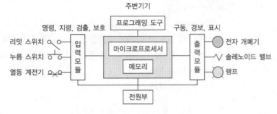

[PLC의 구성]

PLC 제어 외부기기의 종류

I/O	기 능	부착 장소	종 류
입 력	조작 (누름 스위치)	• 제어반 • 조작반	• 푸시 버튼 스위치 • 선택 스위치 • 토글 스위치
	검출 (감지기)	기계 공정	• 리밋 스위치 • 광전 스위치 • 근접 스위치 • 레벨 스위치
출 력	표시 및 경보 (표시기, 경보기)	• 제어반 • 조작반	• 파일럿 램프 • 버저
	구동 (액추에이터)	기계 공정	• 전동기 • 솔레노이드 • 전자밸브 • 전자 클러치 • 전자 브레이크 • 전자 개폐기

10 금속이 탄성한계를 초과한 힘을 받고도 파괴되지 않고 늘어나서 소성변형이 되는 성질은?

① 연 성
② 취 성
③ 경 도
④ 강 도

해설
① 연성 : 잡아당기면 외력에 의해서 파괴됨이 없이 가늘게 늘어나는 성질
② 취성 : 잘 부서지고 깨지는 성질(인성과 반대)
③ 경도 : 재료의 표면이 외력에 저항하는 성질
④ 강도 : 작용힘에 대하여 파괴되지 않고 어느 정도 견디어 낼 수 있는 정도

11 공압시스템에서의 고장원인에 속하지 않는 것은?

① 공급 유량 부족으로 인한 고장
② 수분으로 인한 고장
③ 솔레노이드 소음으로 인한 고장
④ 이물질로 인한 고장

해설
솔레노이드 소음은 공압시스템의 고장원인으로 보기 힘들고 솔레노이드 밸브 고장은 공압시스템의 고장원인에 속한다.
공압시스템의 고장원인
• 공급 유량 부족으로 인한 고장
• 수분으로 인한 고장
• 이물질로 인한 고장
• 공압 타이어의 고장
• 솔레노이드 밸브에서의 고장
• 공압밸브에서의 고장
• 슬라이드 밸브에서의 고장
• 실린더에서의 고장

12 호닝(Honing)에 대한 설명으로 틀린 것은?

① 숫돌의 길이는 가공 구멍의 길이와 같은 것을 사용한다.

② 냉각액은 등유 또는 경우에 라드(Lard)유를 혼합해 사용한다.

③ 공작물 재질이 강과 주강인 경우는 WA입자의 숫돌재료를 쓴다.

④ 왕복운동과 회전운동에 의한 교차각이 40~50° 일 때 다듬질 양이 가장 크다.

호닝숫돌의 길이는 가공 구멍 길이의 $\frac{1}{2}$ 이하로 하고, 숫돌의

왕복운동 방향은 구멍의 양끝에서 숫돌 길이의 $\frac{1}{4}$ 정도가 나왔을

때 바꾸도록 한다.

혼의 운동 궤적

혼의 왕복운동과 회전운동의 합성에 의해 숫돌은 다음 그림과 같이 나선운동을 하게 되고, 공작물 내면에 일정한 각도로 교차하는 궤적이 나타난다. 이 궤적을 이루는 각 a를 교차각이라고 하며, 40~50° 일 때 다듬질량이 가장 크다. 따라서 교차각값을 이 정도로 유지하기 위해 혼의 왕복속도는 회전 원주속도의 $\frac{1}{2} \sim \frac{1}{3}$ 정도로 한다.

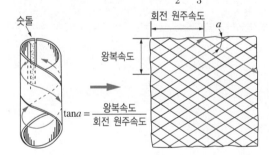

$$\tan a = \frac{\text{왕복속도}}{\text{회전 원주속도}}$$

13 다음 중 청동의 합금원소는?

① Cu + Fe ② Cu + Sn

③ Cu + Zn ④ Cu + Mg

• 청동 : 구리 + 주석(Cu + Sn)

• 황동 : 구리 + 아연(Cu + Zn)

• 7-3황동 : Cu(70%) + Zn(30%), 연신율이 가장 크다.

• 6-4황동 : Cu(60%) + Zn(40%), 아연(Zn)이 많을수록 인장강도가 증가한다.

※ 아연(Zn)이 45%일 때 인장강도가 가장 크다.

14 강의 절삭성을 향상시키기 위하여 인(P)이나 황(S)을 첨가한 특수강은?

① 쾌삭강

② 내식강

③ 내열강

④ 내마모강

쾌삭강 : 가공재료의 피삭성을 높이고, 절삭공구의 수명을 길게 하기 위하여 요구되는 성질을 개선한 구조용 강

• 칩(Chip)의 처리 능률을 높인다.

• 가공면의 정밀도와 표면거칠기가 향상된다.

• 강에 황(S)과 납(Pb)을 첨가하여 절삭성을 향상시킨다.

15 다음 설명과 그림이 나타내는 볼트의 종류는 무엇인가?

┤설명├

관통시킬 수 없는 경우 한쪽에만 구멍을 뚫고 다른 한쪽에는 중간 정도까지만 구멍을 뚫은 후 탭으로 나사산을 파고 볼트를 끼우는 것

┤그림├

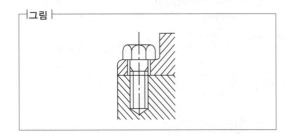

① 기초 볼트 ② 관통 볼트
③ 탭 볼트 ④ 스터드 볼트

해설

볼트의 종류	내 용	비 고
관통 볼트 (Through Bolt)	관통 볼트는 연결할 두 부분에 구멍을 뚫고 볼트를 끼운 후 반대쪽을 너트로 조이는 것이다.	
탭 볼트 (Tap Bolt)	탭 볼트는 죄려는 부분이 두꺼워 관통시킬 수 없는 경우 한쪽에만 구멍을 뚫고 다른 한쪽에는 중간 정도까지만 구멍을 뚫은 후 탭으로 나사산을 파고 볼트를 끼우는 것이다.	
스터드 볼트 (Stud Bolt)	스터드 볼트는 봉의 양끝에 나사가 절삭되어 있는 형태의 볼트이다. 분해 조립하는 부분에 자주 사용하며, 양끝에 나사산을 파고 나사 구멍에 끼우고 연결할 부품을 관통시켜 합친 후 너트로 조인 것이다. 자동차 엔진 등에서 한쪽은 실린더 블록의 나사 구멍에 끼우고 반대쪽에는 실린더 헤드를 너트로 체결하여 사용하는 경우도 있다.	

16 선반작업에서 가공물의 형상과 같은 모형이나 형판에 의해 자동으로 절삭하는 장치는?

① 정면절삭장치 ② 기어절삭장치
③ 모방절삭장치 ④ 외경절삭장치

해설

모방절삭장치 : 가공물의 형상과 같은 모형이나 형판(Template)에 의해 자동으로 절삭하는 장치로 유압식, 전기식, 전기 유압식, 기계식 등이 있다.

• 모방선반(Copy Lathe) : 자동모방장치를 이용하여 모형이나 형판(Template) 외형에 트레이서(Tracer)가 설치되고 트레이서가 움직이면, 바이트가 함께 움직여 모형이나 형판의 외형과 동일한 형상의 부품을 자동으로 가공하는 선반
• 터릿선반 : 보통선반 심압대 대신에 터릿이라는 회전공구대를 설치하여 여러 가지 절삭공구를 공정에 맞게 설치하여 작은 부품을 대량 생산하는 선반
• 보통선반 : 각종 선반 중에서 기본이 되고, 가장 많이 사용하는 선반

17 다음 연삭숫돌입자 중 천연입자가 아닌 것은?

① 에머리 ② 커런덤
③ 다이아몬드 ④ 지르코늄옥사이드

해설

• 천연입자 : 사암이나 석영, 에머리, 커런덤, 다이아몬드 등
• 인조입자 : 탄화규소, 산화알루미나, 탄화붕소, 지르코늄옥사이드 등

18 방전가공에 사용되는 전극재질의 조건이 아닌 것은?

① 가공속도가 클 것
② 가공전극의 소모가 클 것
③ 가공정밀도가 높을 것
④ 방전이 안전할 것

방전가공 전극재료의 조건
• 방전이 안전하고 가공속도가 클 것
• 가공정밀도가 높을 것
• 기계가공이 쉬울 것
• 가공전극의 소모가 적을 것
• 구하기 쉽고 값이 저렴할 것
방전가공(Electric Discharge Machining) : 전극과 가공물 사이에 전기를 통전시켜 방전현상의 열에너지를 이용하여, 가공물을 용융·증발시켜 가공을 진행하는 비접촉식 가공방법이다.

20 액체호닝(Liquid Honing)의 일반적인 특징으로 틀린 것은?

① 피닝(Peening)효과가 있다.
② 형상이 복잡한 것도 쉽게 가공할 수 있다.
③ 다듬질면의 진직도가 매우 우수하다.
④ 공작물 표면의 산화막을 제거하기 쉽다.

액체호닝(Liquid Honing)
연마제를 가공액과 혼합하여 가공물 표면에 압축공기를 고압과 고속으로 분사시켜 가공물 표면과 충돌시켜 표면을 가공하는 방법이다.

장 점	단 점
• 피닝효과가 있다. • 가공시간이 짧다. • 가공물의 피로강도를 10% 정도 향상시킨다. • 형상이 복잡한 것도 쉽게 가공한다. • 가공물 표면에 산화막이나 거스러미를 제거하기 쉽다.	• 호닝입자가 가공물에 부착되어 내마모성을 저하시킬 우려가 있다. • 다듬질면의 진원도, 진직도가 좋지 않다.

19 선반의 절삭속도가 10mm/sec, 절삭깊이가 2mm, 이송량이 1mm/rev일 때 이 선반의 가공절삭률은?

① 600mm³/min
② 1,000mm³/min
③ 1,200mm³/min
④ 1,500mm³/min

가공절삭률(Q, [cm³/min]) $= v \times s \times t$

$$= \frac{0.01\text{m}}{\frac{1}{60}\text{min}} \times 1\text{mm/rev} \times 2\text{mm}$$

$$= 1.2\text{cm}^3/\text{min}$$

$$= 1,200\text{mm}^3/\text{min}$$

여기서, v : 절삭속도(m/min), s : 이송량(mm/rev),
t : 절삭깊이(mm)

※ 2012년 52회 20번 문제와 해설에 오류가 있어 위의 문제와 해설로 풀어야 함.

21 밀링에서 지름 20mm의 4날 엔드밀을 사용하여 절삭속도 60m/min, 이송 0.05mm/tooth로 절삭할 때 분당 이송량은 약 몇 mm/min인가?

① 121
② 152
③ 191
④ 253

회전수(n) $= \frac{1,000v}{\pi d} = \frac{1,000 \times 60\text{m/min}}{\pi \times 20\text{mm}} ≒ 955\text{rpm}$

∴ 테이블 이송속도(f) $= f_z \times z \times n = 0.05\text{mm} \times 4 \times 955\text{rpm}$

$$≒ 191\text{mm/min}$$

여기서, f : 테이블 이송속도(mm/min)
f_z : 1날당 이송량(mm/tooth)
n : 회전수(rpm)
z : 커터의 날수

22 센터리스 연삭기 통과이송법에서 이송속도 F(mm/min)를 구하는 식은?(단, D : 조정숫돌의 지름(mm), N : 조정숫돌의 회전수(rpm), α : 경사각(°)이다)

① $F = \pi D N \times \sin\alpha$

② $F = D N \times \sin\alpha$

③ $F = \pi D N \times \tan\alpha$

④ $F = \pi D N \times \cos\alpha$

해설

가공물의 이송속도 $F = \pi D N \times \sin\alpha$(mm/min)

여기서, D : 조정숫돌의 지름(mm)

N : 조정숫돌의 회전수(rpm)

α : 경사각(°)

센터리스 연삭기 이송방법

• 통과이송법 : 지름이 동일한 가공물을 연삭숫돌과 조정숫돌 사이로 자동적으로 이송하여 통과시키면서 연삭하는 방법으로, 조정숫돌은 가공물에 회전과 이송을 준다.

• 전후이송법 : 연삭숫돌의 폭보다 짧은 가공물의 연삭, 턱 붙이, 끝면 플랜지 붙이, 테이퍼, 곡선, 윤곽이 있는 형태의 가공물 등은 이송이 곤란하다. 가공물의 받침판 위에 올려놓고 조정숫돌바퀴를 접근시키거나 수평으로 이송하여 연삭하는 방법으로, 가공물을 한쪽으로 밀어주기 위하여 0.5~1.5° 정도 경사시킨다.

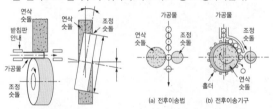

[통과이송법의 원리]   [전후이송법의 원리]

23 일반적으로 공작기계를 구성하는 공작기계의 구비조건과 거리가 가장 먼 것은?

① 높은 정밀도를 가질 것

② 가공능력이 클 것

③ 운전비용 및 가격이 고가일 것

④ 내구력이 크며 사용이 간편할 것

해설

공작기계의 구비조건

• 높은 정밀도를 가질 것

• 가공능력이 클 것

• 내구력이 크며 사용이 간편할 것

• 고장이 적고, 기계효율이 좋을 것

• 가격이 싸고 운전비용이 저렴할 것

24 파이프와 같은 구멍이 큰 가공물을 지지할 수 있도록 제작한 센터는?

① 베어링 센터

② 하프센터

③ 평센터

④ 파이프 센터

해설

④ 파이프 센터 : 큰 지름의 구멍이 있는 가공물을 지지할 때 사용한다.

① 베어링 센터 : 선단 일부가 가공물의 회전에 의하여 함께 회전하도록 설계된 센터이다.

② 하프센터 : 정지센터로 가공물을 지지하고 단면을 가공하면 바이트와 가공물의 간섭으로 가공이 불가능하게 된다. 이때 보통센터의 선단 일부를 가공하여 단면가공이 가능하도록 제작한 센터이다.

③ 평센터 : 가공물에 센터구멍을 가공해서는 안 될 경우에 가공물의 단면을 평면으로 지지할 수 있도록 제작한 센터로 지지력이 다소 약하다.

센터의 종류

(a) 보통센터	(b) 평센터
(c) 베어링 센터	(d) 파이프 센터
(e) 세공센터	(f) 하프센터

25 축과 보스 사이에 2~3곳을 축 방향으로 쪼갠 원뿔을 때려 박아 축과 보스를 헐거움 없이 고정할 수 있는 키는?

① 안장키

② 접선키

③ 둥근키

④ 원뿔키

해설
④ 원뿔키 : 축과 보스와의 사이에 2~3곳을 축 방향으로 쪼갠 원뿔을 때려 박아 축과 보스를 헐거움 없이 고정할 수 있고 축과 보스의 편심이 작다.

② 접선키 : 축의 접선 방향으로 끼우는 키로서 $\frac{1}{100}$ 의 기울기를 가진 2개의 키를 한쌍으로 하여 사용한다.

③ 둥근키 : 축과 보스 사이에 구멍을 가공하여 원형 단면의 평행 핀 또는 테이퍼핀으로 때려 박은 키로서 사용법이 간단하다.

키(Key)의 종류

키(Key)	정 의	그 림	비 고
새들키 (안장키)	축에는 키홈을 가 공하지 않고 보스 만 테어퍼진 키홈 을 만들어 때려 박 는다.		축의 강도 저하가 없다.
원뿔키	축과 보스의 사이 에 2~3곳을 축 방 향으로 쪼갠 원뿔 을 때려 박아 고정 시킨다.		
반달키	축에 반달모양의 홈을 만들어 반달 모양으로 가공된 키를 끼운다.		축의 강도가 약하다.
스플라인	축에 여러 개의 같 은 키홈을 파서 여 기에 맞는 한 짝의 보스 부분을 만들 어 서로 잘 미끄러 져 운동할 수 있도 록 한 것이다.		키보다 큰 토크를 전달한다.

※ 묻힘(Sunk)키 : 축과 보스의 양쪽에 모두 키홈을 가공시킨다.

26 볼 베어링에서 볼을 적당한 간격으로 유지시켜 주는 베어링 부품은?

① 리테이너

② 레이스

③ 하우징

④ 부 시

해설
리테이너 : 베어링의 볼의 간격을 일정하게 유지해 주는 부품
볼 베어링의 구조와 명칭

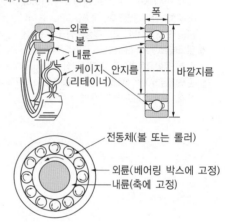

27 황(S)이 적은 선철을 용해하여 주입 전에 Mg, Ce, Ca 등을 첨가하여 제조한 주철은?

① 펄라이트주철

② 구상흑연주철

③ 가단주철

④ 강력주철

해설
• 구상흑연주철 : 강도와 연성 등을 개선하기 위하여 용융 상태의 주철 중에 마그네슘(Mg), 세륨(Ce) 또는 칼슘(Ca) 등을 첨가하여 편상흑연을 구상화한 것으로 노듈러 주철, 덕타일 주철 등으로 불린다.

• 가단주철 : 주철의 결점인 여리고 약한 인성을 개선하기 위하여 열처리에 의하여 편상흑연을 괴상화하여 강도와 연성을 향상시킨 것이다. 먼저 백주철의 주물을 만들고, 이것을 장시간 열처리하여 탄소를 분해시켜 탈탄 또는 흑연화하여 인성 또는 연성을 증가시킨 주철로 단조가 가능하다.

28 구리에 아연을 8~20% 첨가한 합금으로 α 고용체만으로 구성되어 있으므로 냉간가공이 쉽게 되어 단추, 금박, 금 모조품 등으로 사용되는 재료는?

① 톰백(Tombac)

② 델타메탈(Delta Metal)

③ 니켈실버(Nickel Silver)

④ 문쯔메탈(Muntz Metal)

해설
① 톰백(Tombac) : 구리와 아연의 합금이다. 구리에 아연을 8~20% 첨가하였으며, 금빛을 띠고 늘어나는 성질이 있다. 금의 모조품이나 금박 대용품을 만드는 데 쓴다.
② 델타메탈(Delta Metal) : 6-4황동에 Fe를 1~2% 첨가한 합금으로 철황동이라고도 한다. 광산, 선박 등에 사용한다.
④ 문쯔메탈(Muntz Metal) : 6-4황동으로 $\alpha+\beta$ 조직이며, 판재, 선재, 볼트, 너트, 탄피 등에 사용한다.

29 다음 중 절삭공구의 수명공식은?(단, V : 절삭속도(m/min), T : 공구수명(min), n : 절삭공구와 가공물에 의해 변하는 지수, C : 공구수명 상수이다)

① $(VT/n) = C$ ② $VT^n = C$

③ $CT^n = C$ ④ $TV^n = C$

해설
• 절삭공구의 수명식 : $VT^n = C$
• Taylor는 1907년도에 공구수명과 절삭속도 사이의 관계를 식으로 표시하였다.
• 지수(n)는 절삭공구와 가공물에 의하여 변화하는 지수이다.

절삭공구 재료	지 수
고속도강	0.05~0.2
초경합금	0.125~0.25
세라믹	0.4~0.55

30 보통선반에서 바이트 중심이 공작물의 회전중심과 일치하지 않았을 때의 설명으로 틀린 것은?

① 바이트의 중심이 공작물 회전중심보다 낮으면 전방 여유각이 커진다.

② 바이트의 중심이 공작물 회전중심보다 높으면 상면 경사각이 커진다.

③ 바이트의 중심이 공작물 회전중심보다 높으면 가공하려는 치수보다 가공 후 측정치수가 크다.

④ 바이트의 중심이 공작물 회전중심보다 낮으면 가공하려는 치수보다 가공 후 측정치수가 작다.

해설
바이트의 중심이 공작물 회전중심보다 낮거나 높으면 가공하려는 치수보다 가공 후 측정치수가 크다.

31 다음 그림은 동일한 담금질을 했을 때 탄소강과 Cr-V강의 담금질한 경도 분포를 나타낸 것이다. 이에 대한 설명으로 틀린 것은?(단, 담금질 전 두 재료의 경도는 HV200 수준으로 동일하다고 가정한다)

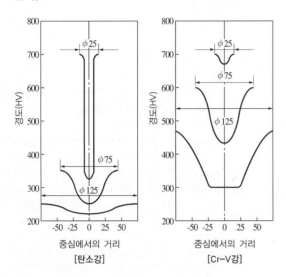

[탄소강]

[Cr-V강]

① 탄소강에서 비교적 가는 봉은 중심부와 표면의 경도차가 매우 크다.

② 탄소강에서 지름이 큰 경우 내·외부 경도차가 거의 없거나 작은 편이며 전체적으로 경도가 낮다.

③ ϕ25 Cr-V강의 경우 동일 지름의 탄소강에 비하여 경도의 분포가 고르고 질량효과가 작다.

④ Cr-V강에 비하여 탄소강이 전체적으로 담금질이 잘된다.

해설
Cr-V강에 비하여 탄소강이 전체적으로 질량효과가 크다. 즉, 같은 조건에서 담금질 시 Cr-V강이 경도의 분포가 보다 고르고 질량효과가 작다는 것을 알 수 있다.
질량효과(Mass Effect) : 강재의 크기, 즉 질량의 크기에 따라 담금질의 효과에 미치는 영향으로, 같은 질량의 재료를 같은 조건에서 담금질하여도 조성이 다르면 담금질 깊이가 다르다. 이때 담금질의 난이성을 강의 담금질성이라고 한다.

32 다음은 어떤 경도시험을 설명한 것인가?

- 처음에는 일정한 기준 하중을 주어 시험편을 압입한다.
- 기준 하중과 시험 하중의 압입 자국의 깊이 차로 경도값을 얻는다.
- 일반적으로 B스케일과 C스케일을 가장 많이 사용한다.

① 브리넬 경도시험   ② 로크웰 경도시험
③ 쇼어 경도시험   ④ 비커스 경도시험

해설
로크웰 경도(HRB/HRC)시험 : 처음에 일정한 기준 하중을 주어 시험편을 압입하고, 여기에 다시 시험 하중을 가하면 시험편이 압입자의 모양으로 변형을 일으킨다. 이때 시험 하중을 제거하여 처음의 기준 하중으로 하였을 때, 기준 하중과 시험 하중으로 인하여 생긴 자국의 깊이차로부터 얻은 수치값으로 경도를 나타낸다.

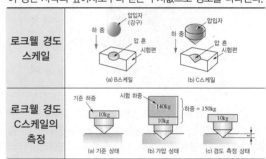

로크웰 경도 스케일	
로크웰 경도 C스케일의 측정	

33 밀링머신에서 절삭속도 100m/min, 커터의 지름 100mm, 매 분당이송 300mm/min, 절삭저항(P)이 1,200N, 이송분력(P_2)이 30N일 때, 절삭동력 [PS]은 얼마인가?(단, 효율은 100%로 계산한다)

① 약 1.50   ② 약 2.72
③ 약 3.70   ④ 약 4.22

해설
절삭동력(N_c)

$$= \frac{P[\text{N}] \times V[\text{m/min}]}{75 \times 9.81 \times 60}[\text{PS}] = \frac{P[\text{N}] \times V[\text{m/min}]}{1,000 \times 60}[\text{kW}]$$

$$= \frac{1,200 \times 100}{75 \times 9.81 \times 60} \fallingdotseq 2.72[\text{PS}]$$

34 시멘타이트는 표준조직에서 펄라이트 속에 페라이트와 함께 층상으로 존재하거나 과공석강에서는 결정입계에 망상으로 나타나는데, 이 경우 경도가 매우 높아져서 가공성이 나쁘고 균열이 쉽게 발생한다. 이를 개선하기 위해 시멘타이트가 구상 또는 입상으로 되게 하는 풀림을 무엇이라고 하는가?

① 구상화 풀림
② 연화 풀림
③ 응력 제거 풀림
④ 확산 풀림

해설
① 구상화 풀림 : 소성가공이나 절삭가공을 쉽게 하거나 기계적 성질을 개선할 목적으로 망상 시멘타이트 또는 층상 펄라이트 중의 시멘타이트를 가열에 의해 일정한 구상 시멘타이트화시키는 열처리를 구상화 풀림이라고 한다.

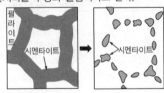

풀림 전   구상화 진행

② 연화 풀림 : 가공 경화된 재료를 공정 도중에 재결정온도 이상으로 가열하여, 회복 또는 재결정에 의해 연화시키는 열처리 조작을 연화 풀림 또는 중간 풀림이라고 한다.
③ 응력 제거 풀림 : 단조, 주조, 기계 가공 및 용접 등에 의해서 생긴 잔류응력을 제거시키기 위해서 A_1선 이하의 적당한 온도에서 가열하는 열처리를 응력 제거 풀림이라고 한다.
④ 확산 풀림 : 주괴 편석이나 섬유상 편석을 없애고 강을 균질화시키기 위해서 고온에서 장시간 가열하는 열처리를 확산 풀림이라고 한다.

35 표준조성이 4% Cu, 0.5% Mg, 0.5% Mn 등으로 구성된 알루미늄 합금으로 시효경화처리한 대표적인 고강도 합금은?

① 두랄루민
② 알 민
③ 하이드로날륨
④ Y합금

해설
① 두랄루민 : 단조용 알루미늄 합금으로 Al+Cu+Mg+Mn의 합금, 가벼워서 항공기나 자동차 등에 사용되는 고강도 Al합금이다.
   암기팁 : 알-구-마-망(조성)
② 알민(Al-Mn계 합금) : Al에 1~1.5% Mn을 함유하여 가공성, 용접성이 좋으므로 저장 탱크, 기름 탱크 등에 쓰인다.
③ 하이드로날륨(Hydronalium) : 내식성 Al합금으로 6% Mg 이하가 일반적이고, 특수 목적에는 10% Mg의 것도 사용된다. 이 합금은 바닷물과 알칼리성에 대한 내식성이 강하고 용접성이 매우 우수하므로, 주로 선박용, 조리용, 화학장치용 부품 등에 쓰인다.
④ Y합금 : Al+4% Cu+2% Ni+1.5% Mg의 합금으로 내열성이 좋아 자동차, 항공기용 엔진의 공랭 실린더 헤드와 피스톤에 사용한다. 암기팁 : 알-구-니-마(조성)

36 황동의 연신율이 가장 클 때 아연(Zn)의 함유량은 몇 % 정도인가?

① 30   ② 40
③ 50   ④ 60

해설
• 7-3황동 : 연신율이 가장 크다(Cu-70%, Zn-30%).
• 6-4황동 : 아연(Zn)이 많을수록 인장강도가 증가한다.
※ 아연(Zn) 45%일 때 인장강도가 가장 크다.
황동의 기계적 성질

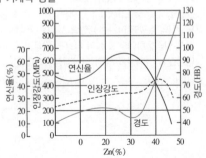

37 불꽃시험을 통하여 일반적으로 알 수 있는 것은?

① 금속의 내부 균열

② 파단면의 상태

③ 금속재료의 종류

④ 결정입자의 크기

해설

불꽃시험방법은 강재에서 발생하는 불꽃의 색깔과 모양에 의하여 금속재료의 종류를 판정하는 방법이다. 생산현장에서 철강재를 감별할 때 많이 사용하고 있으며, 그라인더 불꽃시험방법과 분말 불꽃시험방법이 있다.

탄소강의 불꽃 명칭

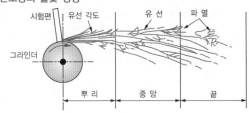

38 길이가 50mm인 표준시험편으로 인장시험하여 늘어난 길이가 65mm이었다. 이 시험편의 연신율은?

① 20%　　　　② 25%

③ 30%　　　　④ 35%

해설

$$연신율(\varepsilon) = \frac{L_1 - L_0}{L_0} \times 100(\%) = \frac{65 - 50}{50} \times 100(\%) = 30\%$$

$\therefore$ 연신율$(\varepsilon) = 30\%$

여기서, L_1 : 늘어난 길이, L_0 : 표준길이

39 분할 핀의 호칭법으로 알맞은 것은?

① 분할 핀 KS B ISO 1234-등급-형식

② 분할 핀 KS B ISO 1234-호칭지름×길이, 지정 사항

③ 분할 핀 KS B ISO 1234-호칭지름×길이-재료

④ 분할 핀 KS B ISO 1234-길이-재료

해설

핀의 종류	핀의 모양	핀의 용도	핀의 호칭방법
평행 핀 (KS B ISO 2338)		기계 부품 조립, 고정 및 위치결정용으로 사용되며 끝면의 모양에 따라 A형과 B형이 있다.	표준 명칭 또는 표준번호, 호칭지름, 공차, 호칭길이, 재료 예 평행핀(또는 KS B ISO 2338)-6 m6×30-St
테이퍼 핀 (KS B ISO 2339)		축에 보스를 고정 시킬 때 주로 사용되며 테이퍼의 허용차에 따라 1급, 2급이 있다.	표준 명칭, 표준번호, 등급, 호칭지름 × 호칭길이, 재료 예 호칭지름 6mm 및 호칭길이 30mm 인 A형 비경화 테이퍼 핀 테이퍼 핀 KS B ISO 2339-A- 6×30-St
분할 테이퍼 핀 (KS B 1323)		축에 보스를 고정시 킬 때 사용되며 한 쪽 끝이 갈라진 테이퍼 핀을 말한다.	표준번호 또는 표준 명칭, 호칭지름 × 호칭길이, 재료 및 지정사항 예 KS B 1323 6 × 70 St 분할 테이퍼 핀 10×80-STS 303 분할 깊이 25
분할 핀 (KS B ISO 1234)		너트의 풀림 방지나 핀이 빠지는 것을 방지하는 데 사용된다.	표준 명칭, 표준번호, 호칭지름 × 호칭길이, 재료 예 강으로 제조한 분할 핀 호칭지름 5mm, 호칭길이 50mm →분할 핀 KS B ISO1234-5× 50-ST

40 다음 보기와 같은 표면의 결 도시기호 해독으로 틀린 것은?

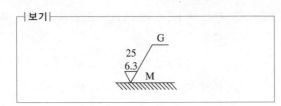

① G는 연삭가공을 의미한다.
② M은 커터의 줄무늬 방향기호이다.
③ 최대높이거칠기 값은 25μm이다.
④ 표면거칠기 구분값의 하한은 6.3μm이다.

해설
문제의 표면 결 도시기호는 상한 및 하한을 지시하는 경우이다. 지시기호의 위쪽이나 아래쪽에, 상한을 위에 하한을 아래에 나열하여 기입한다. 따라서 문제에서 표면거칠기 구분값의 상한은 25μm이고, 하한은 6.3μm이다.
각 지시기호의 기입 위치

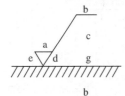

a : 산술평균거칠기의 값
b : 가공방법의 문자 또는 기호
c : 컷 오프값
c′ : 기준 길이
d : 줄무늬 방향의 기호
e : 다듬질 여유
f : 산술평균거칠기 이외의 표면거칠기값
g : 표면 파상도

41 철강재 스프링 재료가 갖추어야 할 조건이 아닌 것은?

① 가공하기 쉬운 재료이어야 한다.
② 높은 응력에 견딜 수 있고, 영구변형이 작아야 한다.
③ 피로강도와 파괴인성치가 낮아야 한다.
④ 부식에 강해야 한다.

해설
철강재 스프링 재료가 갖추어야 할 조건
• 가공하기 쉬운 재료이어야 한다.
• 높은 응력에 견딜 수 있고, 영구변형이 없어야 한다.
• 피로강도와 파괴인성치가 높아야 한다.
• 열처리가 쉬워야 한다.
• 표면 상태가 양호해야 한다.
• 부식에 강해야 한다.

42 선의 종류에 따른 용도 중 기술 또는 기호 등을 표시하기 위하여 끌어내는 데 쓰이는 선은?

① 치수선
② 치수보조선
③ 지시선
④ 가상선

해설
선의 종류에 의한 용도(KS B 0001)

용도에 의한 명칭	선의 종류	선의 용도
외형선	굵은 실선	대상물이 보이는 부분의 모양을 표시하는 데 사용한다.
치수선	가는 실선	치수를 기입하기 위하여 사용한다.
치수보조선		치수를 기입하기 위하여 도형으로부터 끌어내는 데 사용한다.
지시선		기술, 기호 등을 표시하기 위하여 끌어내는 데 사용한다.
숨은선	가는 파선	대상물의 보이지 않는 부분의 모양을 표시하는 데 사용한다.
중심선	가는 1점 쇄선	도형의 중심과 중심이 이동한 중심 궤적을 표시하는 데 사용한다.
특수지정선	굵은 1점 쇄선	특수한 가공을 하는 부분 등 특별한 요구사항을 적용할 수 있는 범위를 표시하는 데 사용한다.

43 구멍의 지름 치수가 $50^{+0.035}_{-0.012}$일 때 공차는?

① 0.023mm

② 0.035mm

③ 0.047mm

④ −0.012mm

해설

$0.035 + 0.012 = 0.047$

44 물체의 모서리를 비스듬히 잘라내는 것을 모따기 라고 한다. 모따기의 각도가 45°일 때 치수 앞에 넣는 모따기 기호는?

① D

② C

③ R

④ ϕ

해설

C : 45° 모따기

치수 보조기호

기 호	설 명	기 호	설 명
ϕ	지 름	Sϕ	구의 지름
R	반지름	SR	구의 반지름
C	45° 모따기	□	정사각형
P	피 치	t	두 께

45 다음은 연삭숫돌의 표시법이다. 각 항에 대한 설명 중 틀린 것은?

WA 46 H 8 V

① WA : 연삭숫돌입자

② 46 : 조직

③ H : 결합도

④ V : 결합제

해설

• 46 : 입도
• 8 : 조직

일반적인 연삭숫돌 표시방법

WA · 46 · H · 8 · V → 연삭숫돌입자 · 입도 · 결합도 · 조직 · 결합제

• 연삭숫돌 입자(WA : 백색 알루미나)
• 입도(46 : 중간 눈)
• 결합도(H : 연)
• 조직(8 : 거친 조직)
• 결합제(V : 비트리파이드)

46 기하공차의 종류 중 선의 윤곽도를 나타내는 기호는?

① ⌒

② ⌀

③ ▱

④ ⌓

기하공차의 종류와 기호

적용하는 형체	공차의 종류		기 호
단독 형체	모양 공차	전직도 공차	——
		평면도 공차	▱
		원통도 공차	⌀
단독 형체 또는 관련 형체		선의 윤곽도 공차	⌒
		면의 윤곽도 공차	⌓
관련 형체	자세 공차	평행도 공차	//
		직각도 공차	⊥
	위치 공차	경사도 공차	∠
		위치도 공차	⊕
		동축도 공차 또는 동심도 공차	◎
		대칭도	=
	흔들림 공차	원주 흔들림 공차	↗
		온 흔들림 공차	↗↗

47 구름 볼 베어링의 호칭번호 6305의 안지름은 몇 mm인가?

① 5

② 10

③ 20

④ 25

• 63 : 베어링 계열번호
  – 6 : 형식번호(단열 홈형)
  – 3 : 치수번호(중간 하중형)
• 05 : 안지름 번호(5 × 5 = 25mm) 베어링 안지름은 25mm이다.

베어링 안지름 번호 부여방법

안지름 범위 (mm)	안지름 치수	안지름 기호	예
10mm 미만	안지름이 정수인 경우	안지름	2mm이면 2
	안지름이 정수가 아닌 경우	/안지름	2.5mm이면 /2.5
10mm 이상 20mm 미만	10mm	00	
	12mm	01	
	15mm	02	
	17mm	03	
20mm 이상 500mm 미만	5의 배수인 경우	안지름을 5로 나눈 수	40mm이면 08
	5의 배수가 아닌 경우	/안지름	28mm이면 /28
500mm 이상		/안지름	560mm이면 /560

48 도면의 표제란에 제3각법 투상을 나타내는 기호로 옳은 것은?

①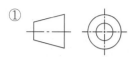

②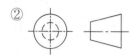

③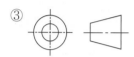

④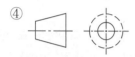

투상법의 기호

제3각법	제1각법

49 다음 마이크로미터 구조의 명칭으로 올바른 것은?

① 앤 빌   ② 래칫스톱
③ 프레임   ④ 스핀들

마이크로미터의 구조

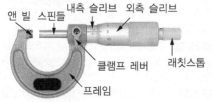

50 일반적으로 연성재료를 저속절삭으로 절삭할 때, 절삭깊이가 클 때 많이 발생하며 칩의 두께가 수시로 변하게 되어 진동이 발생하기 쉽고 표면거칠기도 나빠지는 칩의 형태는?

① 전단형 칩
② 경작형 칩
③ 유동형 칩
④ 균열형 칩

연성재료를 저속절삭으로 절삭할 때, 절삭깊이가 클 때, 많이 발생하는 칩은 전단형 칩이다.

칩의 종류

칩의 종류	유동형 칩	전단형 칩	경작형 칩	균일형 칩
정 의	칩이 경사면 위를 연속적으로 원활하게 흘러나가는 모양의 연속형 칩	칩이 경사면 위를 연속적으로 원활하게 흐르지 못할 때 발생하는 칩	가공물이 경사면에 점착되어 원활하게 흘러 나가지 못하여 가공재료 일부에 터짐이 일어나는 현상이 발생함	균열이 발생하는 진동으로 인하여 절삭공구인선에 치핑이 발생함
재 료	연성재료(연강, 구리, 알루미늄) 가공	연성재료(연강, 구리, 알루미늄) 가공	점성이 큰 가공물	주철과 같이 메진재료
절삭 깊이	작을 때	클 때	클 때	
절삭 속도	빠를 때	작을 때		작을 때
경사각	클 때	작을 때	작을 때	
비 고	가장 이상적인 칩	진동이 발생함 표면거칠기가 나빠짐		순간적으로 공구날 끝에 균열이 발생함

51 다음 나사가공 프로그램에서 [   ] 안에 알맞은 것은?

```
G 76 P010060 Q50 R30;
G 76 X13.62 Z−32.5 P1190 Q350 F[      ];
```

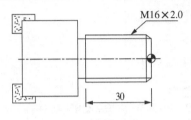

① 1.0　　　　　　② 1.5

③ 2.0　　　　　　④ 2.5

- 나사가공에서 F로 지령된 값은 나사의 리드이다.
- L(리드) $= n$(줄수) $\times P$(피치) $= 1 \times 2 = 2.0$　　F2.0

52 CNC 선반의 프로그램에서 공구의 현재 위치가 시작점일 경우 공작물 좌표계 설정으로 올바른 것은?

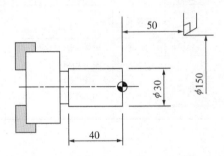

① G50 X75. Z100.;

② G50 X150. Z50.;

③ G50 X30. Z40.;

④ G50 X75. Z−50.;

- CNC 선반에서 X축을 지름으로 지령하므로 G50 X150. Z50.;이다.
- G50 : 공작물 좌표계 설정, 주축 최고 회전수 설정

53 여유시간이 5분, 정미시간이 40분일 경우 내경법으로 여유율을 구하면 약 몇 %인가?

① 6.33%　　　　　② 9.05%

③ 11.11%　　　　　④ 12.50%

내경법의 여유율 $= \dfrac{여유시간}{기본작업시간(정미 + 여유)} \times 100\%$

$= \dfrac{5분}{40분 + 5분} \times 100\%$

$= 11.11\%$

54 관리 사이클의 순서를 가장 적절하게 표시한 것은?(단, A는 조치(Act), C는 체크(Check), D는 실시(Do), P는 계획(Plan)이다)

① P → D → C → A　　② A → D → C → P

③ P → A → C → D　　④ P → C → A → D

관리 사이클의 순서

P		D		C		A
계획 (Plan)	=	실시 (Do)	=	체크 (Check)	=	조치 (Act)

55 작업시간 측정방법 중 직접 측정법은?

① PTS법　　　　　② 경험견적법

③ 표준자료법　　　④ 스톱워치법

④ 스톱워치법 : 테일러에 의해 처음 도입된 방법으로 스톱워치를 들고 작업시간을 직접 관측하여 표준시간을 설정하는 기법이므로 직접측정법에 속한다.

① PTS법 : 모든 작업을 기본동작으로 분해하고 각 기본동작의 성질과 조건에 따라 미리 정해 놓은 시간치를 적용하여 정미시간을 산정하는 방법이다.

② 경험견적법 : 전문가의 경험을 이용하는 방법으로, 비용이 저렴하고 산정시간이 작지만 작업하는 상황 변화를 반영하지 못한다는 단점이 있다.

③ 표준자료법 : 표준시간 동안 축적된 자료를 분석하는 방법이다.

56 최근의 시제품을 만드는 방법으로 모델링 데이터를 한층, 한층 쌓아서 만드는 공정방식은?

① 리버스 엔지니어링　② 쾌속조형
③ FMS 시스템　④ 리모델링 시스템

해설
쾌속조형 : 설계단계에 있는 3차원 모델을 실용적이고 현실적인 모형이나 시제품(Prototype)을 만드는 방법

57 공정 중에 발생하는 모든 작업, 검사, 운반, 저장, 정체 등이 도식화된 것이며, 분석에 필요하다고 생각되는 소요시간, 운반거리 등의 정보가 기재된 것은?

① 작업분석(Operation Analysis)
② 다중활동분석표(Multiple Activity Chart)
③ 사무공정분석(Form Process Chart)
④ 유통공정도(Flow Process Chart)

해설
유통공정도(Flow Process Chart) : 공정 중에 발생하는 모든 작업, 검사, 운반, 저장, 정체 등이 도식화된 것이며, 분석에 필요하다고 생각되는 소요시간, 운반거리 등의 정보가 기재된 것

58 CNC 선반가공 시 공작물을 1.2초간 일시정지 기능을 사용할 때 적합한 NC 코드가 아닌 것은?

① G04 X1.2　② G04 Z1.2
③ G04 U1.2　④ G04 P1200

해설
• G04 : 휴지(Dwell, 일시정지)기능, 어드레스 X, U 또는 P와 정지하려는 시간을 수치로 입력한다. P는 소수점을 사용할 수 없으며, X, U는 소수점 이하 세 자리까지 유효하다.
• 1.2초 동안 정지시키기 위한 프로그램
 − G04 X1.2;　G04 U1.2;　G04 P1200.;
• 휴지(Dwell) : 지령한 시간 동안 이송이 정지되는 기능이다. 이 기능은 홈 가공이나 드릴작업 등에서 간헐이송으로 칩을 절단하거나 목표점에 도달한 후 즉시 후퇴할 때 생기는 이송량만큼의 단차를 제거함으로써 진원도의 향상 및 깨끗한 표면을 얻기 위하여 사용한다.
• 정지시간(초) $= \dfrac{60 \times 공회전수(회)}{스핀들\ 회전수(rpm)} = \dfrac{60 \times n(회)}{N(rpm)}$

59 모집단으로부터 공간적, 시간적으로 간격을 일정하게 하여 샘플링하는 방식은?

① 단순 랜덤샘플링(Simple Random Sampling)
② 2단계 샘플링(Two-stage Sampling)
③ 취락샘플링(Cluster Sampling)
④ 계통샘플링(Systematic Sampling)

해설
④ 계통샘플링(Systematic Sampling) : 모집단으로부터 공간적 또는 시간적으로 일정 간격을 두고 샘플링하는 방법으로, 모집단에 주기적인 변동이 있는 것이 예상될 경우에는 사용하지 않는 것이 좋다.
① 단순 랜덤샘플링(Simple Random Sampling) : 난수표, 주사위, 숫자를 써넣은 룰렛, 제비뽑기식 칩 등을 써서 크기 N의 모집 단위로부터 크기 n의 시료는 변동이 있을 것이 예상될 경우에는 사용하지 않는 것이 좋다.
② 2단계 샘플링(Two-stage Sampling) : 모집단을 몇 개의 서브로트(1차 샘플링 단위)로 나누고, 먼저 제1단계로 그중에서 몇 개의 부분을 시료(1차 시료)로 뽑고, 다음에 2단계로 그 부분 중에서 몇 개의 단위체 또는 단위량(2차 시료)을 뽑는 방법이다.

60 다음 표를 참조하여 5개월 단순이동평균법으로 7월의 수요를 예측하면 몇 개인가?

월	1	2	3	4	5	6
실 적	48	50	53	60	64	68

① 55개　② 57개
③ 58개　④ 59개

해설
이동평균법 : 평균의 계산기간을 순차로 한 개씩 이동시켜 가면서 기간별 평균을 계산하여 경향치를 구하는 방법이다. 가장 오래된 데이터는 제거하고 가장 최초의 데이터로부터 평균에 대입하여 값을 구한다.
만일, 1~5월의 생산량을 바탕으로 6월 예상 생산량을 구하면 다음과 같다.
$$M_7 = \frac{1}{5}(M_2 + M_3 + M_4 + M_5 + M_6)$$
$$= \frac{1}{5}(50 + 53 + 60 + 64 + 68)$$
$$= 59$$

01 유압모터에서 가장 효율이 높고 최대 압력이 높은 유압펌프는?

① 피스톤 펌프

② 기어펌프

③ 베인펌프

④ 나사펌프

해설

• 피스톤 펌프 : 피스톤 펌프는 다른 유압펌프에 비해 효율이 가장 좋다. 피스톤을 구동축에 대해 동일한 원주상에 축 방향으로 평행하게 배열한 액시얼형과 구동축에 대하여 배열한 레이디얼형 펌프가 있으며 특징은 다음과 같다.

– 고속 및 고압의 유압장치에 적합하다.

– 가변용량형 펌프로 많이 사용된다.

– 다른 유압펌프에 비해 효율이 가장 좋다.

– 구조가 복잡하고 가격이 고가이다.

– 흡입능력이 가장 낮다.

• 기어펌프 : 구조가 간단하고 값이 저렴하여 차량, 건설기계, 운반기계 등에 널리 사용된다.

• 베인펌프 : 공작기계, 프레스기계, 사출성형기 등의 산업기계장치, 차량용에 많이 사용되는 유압펌프로서, 정토출량형과 가변토출량형이 있다.

02 스트로크 종단 부근에서 유체의 유출을 자동적으로 죄는 것에 의하여 피스톤 로드의 운동을 감속시키는 작용은?

① 실린더 쿠션

② 강압작용

③ 스틱슬립작용

④ 에어 리턴

해설

• 실린더 쿠션 : 공기 또는 기름의 유출을 스트로크 종단 부근에서 자동으로 조절함으로써 피스톤 로드의 운동을 감속시키는 작용

• 스틱슬립작용 : 피스톤의 속도가 일정하게 움직이지 않는 현상

03 유압회로에서 어떤 부분 회로의 압력을 주회로의 압력보다 저압으로 해서 사용하고자 할 때 사용하는 밸브는?

① 감압밸브(Pressure Reducing Valve)

② 시퀀스 밸브(Sequence Valve)

③ 무부하밸브(Unloading Valve)

④ 카운터 밸런스 밸브(Counter Balance Valve)

해설

① 감압밸브(Pressure Reducing Valve) : 주회로의 압력보다 저압으로 감압시켜 사용할 때 사용하는 밸브로, 고압의 압축유체를 감압시켜 사용조건이 변동되어도 설정공급압력을 일정하게 유지시키며 출구압력을 일정하게 유지한다.

② 시퀀스 밸브(Sequence Valve) : 분기회로의 일부가 작동하더라도 주회로의 압력을 일정하게 유지하면서 조작의 순서를 제어할 때 사용하는 밸브로, 응답성이 좋아 저압용으로 많이 사용한다.

③ 무부하밸브(Unloading Valve) : 펌프를 무부하로 하여 동력 절감과 발열 방지를 목적으로 하고, 펌프의 무부하운전을 시키는 밸브이다.

④ 카운터 밸런스 밸브(Counter Balance Valve) : 회로의 일부에 배압을 발생시키고자 할 때 사용하는 밸브로서, 배압밸브라고도 하며 부하가 급격히 제거되어 관성에 의한 제어가 곤란할 때 사용한다. 수직형 실린더의 자중낙하를 방지하는 역할을 한다.

04 다음 그림과 같은 기호로 표현되며, 조작 후에 손을 떼면 접점은 그대로 유지되지만 조작 부분은 본래의 상태로 복귀되는 스위치는?

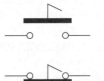

① 복귀형 스위치

② 근접스위치

③ 잔류형 스위치

④ 리밋스위치

05 다음 보기와 같은 기능을 하는 공기압장치는?

┌─보기─────────────────────────────────┐
│ • 공기압력의 맥동을 표준화한다.
│ • 일시적으로 다량의 공기가 소비되어도 급격한 압
│   력강하를 방지한다.
│ • 정진이 일어난 비상시에 일정 시간 공기를 공급
│   한다.
│ • 주위의 외기에 의한 냉각효과로 응축수를 분리
│   한다.
└──────────────────────────────────┘

① 공기압축기   ② 공기여과기
③ 에어 드라이어   ④ 공기탱크

해설
• 공기탱크 : 공기압축기로부터 발생되는 맥동을 감소시켜 공기
  공급을 안정되게 하기 위해 꼭 필요한 장치이다.
• 공기압축기 : 공압시스템은 압축공기를 에너지원으로 이용하기
  때문에 공기를 압축시키기 위한 압축기가 필요하다.
• 공기여과기 : 공기 중의 먼지나 수분을 제거하는 장치이다.

06 다음 공유압기호가 나타내는 밸브의 명칭은?

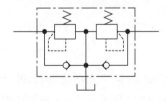

① 파일럿 작동형 시퀀스 밸브
② 카운터 밸런스 밸브
③ 브레이크 밸브
④ 무부하 릴리프 밸브

해설
문제의 공유압 기호는 브레이크 밸브이다.

파일럿 작동형 시퀀스 밸브	카운터 밸런스 밸브	무부하 릴리프 밸브

07 광센서의 특징이 아닌 것은?

① 비접촉식 센서
② 고속 응답
③ 색상 판별
④ 열전효과

해설
열전효과는 온도센서의 특징이다.

08 전계 중에 존재하는 물체의 전하 이동, 분리에 따른
정전용량의 변화를 검출하는 센서로 플라스틱, 유
리, 도자기, 목재와 같은 절연물과 액체도 검출이
가능한 센서로 맞는 것은?

① 용량형 근접센서
② 유도형 근접센서
③ 광전형 근접센서
④ 초음파형 근접센서

09 핸들링의 종류 중 부품이 회전을 통하여 이송되며 작업이 이루어지는 핸들링은?

① 리니어 인덱싱 핸들링
② 로터리 인덱싱 핸들링
③ 선반의 이송장치
④ 래칫 구동 핸들링

10 자동화시스템에서 센서의 선택기준으로 고려해야 할 사항으로 가장 거리가 먼 것은?

① 정확성
② 감지거리
③ 신뢰성과 내구성
④ 감지 방향

해설
센서(Sensor) 선정 시 고려사항
• 정확성
• 감지거리
• 신뢰성과 내구성
• 단위시간당 스위칭 사이클
• 반응속도
• 선명도

11 초경합금 바이트의 노즈 반지름이 0.5mm인 것으로 이송을 0.4mm/rev로 주면서 다듬질하려고 한다. 이때 가공면의 표면거칠기 이론값(mm)은?

① 0.06
② 0.04
③ 0.25
④ 0.15

해설
가공면의 표면거칠기 이론값

$$H_{\max} = \frac{f^2}{8R} = \frac{0.4^2}{8 \times 0.5} = 0.04\text{mm}$$

∴ 표면거칠기 이론값 : 0.04mm
여기서, $H_{\max}$: 이론적인 표면거칠기값
　　　　f : 이송
　　　　R : 노즈 반지름
※ 표면거칠기를 양호하게 하려면 노즈 반지름(R)은 크게, 이송(f)은 느리게 하는 것이 좋다. 그러나 노즈 반지름(R)이 너무 커지면 절삭저항이 증대되고, 바이트와 가공물 사이에 떨림이 발생하여 가공 표면이 더 거칠어지므로 주의하는 것이 좋다.

12 선반의 가로 이송대에 8mm의 리드로서 원주를 100등분하여 만든 칼라 눈금의 핸들이 달려 있을 때 지름 34mm의 둥근 막대를 지름 30mm로 절삭하려면 핸들의 눈금을 몇 눈금 돌리면 되는가?

① 25
② 30
③ 50
④ 60

해설
선반의 가로 이송 핸들 마이크로 칼라의 한 눈금은 리드 8mm를 100등분한 0.08mm가 된다. 문제에서 직경 34mm의 공작물을 직경 30mm로 가공하려면 2mm만 전진하면 되므로 핸들의 눈금은 25눈금만 돌리면 된다(0.08mm × 25눈금 = 2mm).
※ 선반에서는 공작물이 회전을 하며 절삭되므로 절삭 깊이의 2배가 가공된다. 직경 34mm의 공작물을 직경 30mm로 가공하려면 2mm만 전진하면 된다.

13 래핑의 특징이 아닌 것은?

① 정밀도가 높은 제품을 가공할 수 있다.

② 가공면의 내마모성이 증대된다.

③ 가공이 복잡하여 대량 생산이 불가능하다.

④ 가공면은 윤활성이 좋다.

해설

래핑 : 가공물과 랩(Lap) 사이에 랩제를 넣고 가공물에 압력을 가하면서 표면거칠기가 우수한 가공면을 얻는 가공방법으로, 가공이 간단하고 대량 생산이 가능하다.

래핑가공의 장단점

장 점	단 점
• 가공면이 매끈한 거울면을 얻을 수 있다. • 정밀도가 높은 제품을 가공할 수 있다. • 가공면은 윤활성 및 내마모성이 좋다. • 가공이 간단하고 대량 생산이 가능하다. • 평면도, 진원도, 직선도 등의 이상적인 기하학적 형상을 얻을 수 있다.	• 가공면에 랩제가 잔류하기 쉽고, 제품을 사용할 때 잔류한 랩제가 마모를 촉진시킨다. • 고도의 정밀가공은 숙련이 필요하다. • 작업이 지저분하고 먼지가 많다. • 비산하는 랩제는 다른 기계나 가공물을 마모시킨다.

14 선반에서 맨드릴을 사용하는 주된 목적은?

① 돌기가 있어 센터작업이 곤란하기 때문에

② 가늘고 긴 가공물의 작업을 위하여

③ 내·외경과 내경이 동심이 되도록 가공하기 위하여

④ 척킹이 곤란하기 때문에

해설

선반에서 내·외경과 내경이 동심이 되도록 가공하기 위하여 맨드릴을 사용한다.

맨드릴(Mandrel) : 기어, 벨트 풀리 등과 같이 구멍과 외경이 동심원이고, 직각이 필요한 경우에 구멍을 먼저 가공하고 구멍에 맨드릴을 끼워 양 센터로 지지하여 외경과 측면을 가공하여 부품을 완성하는 선반의 부속장치

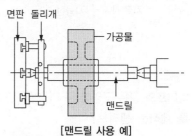

[맨드릴 사용 예]

맨드릴의 종류

종 류	비 고
팽창식 맨드릴	맨드릴 슬리브
테이퍼 맨드릴	테이퍼자루 가공물(너트)
조립식 맨드릴	원 추 가공물(관)
나사 맨드릴	가공물 고정부
갱 맨드릴	와 셔 가공물

방진구(Work Rest) : 선반에서 가늘고 긴 가공물의 휨이나 떨림을 방지하기 위해 선반 베드 위에 고정하여 사용하는 고정식 방진구, 왕복대의 새들에 고정하여 사용하는 이동식 방진구가 있다.

15 드릴의 절삭도를 증가시키기 위해 선단의 일부를 갈아내는 작업은?

① Dressing   ② Thinning

③ Truing   ④ Grinding

해설

시닝(Thinning)
• 드릴의 선단부 치즐의 길이를 줄여 스러스트 저항을 줄이는 것
• 중심을 얇게 만든다는 의미
• 시닝의 종류 : R형, X형, N형, S형, R+W형

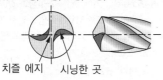

치즐 에지   시닝한 곳

16 파이프와 같은 구멍이 큰 가공물을 지지할 수 있도록 제작한 센터는?

① 베어링 센터   ② 하프센터

③ 평센터   ④ 파이프 센터

해설

④ 파이프 센터 : 큰 지름의 구멍이 있는 가공물을 지지할 때 사용하는 센터이다.
① 베어링 센터 : 선단 일부가 가공물의 회전에 의하여 함께 회전하도록 설계된 센터이다.
② 하프센터 : 정지센터로 가공물을 지지하고 단면을 가공하면 바이트와 가공물의 간섭으로 가공이 불가능해진다. 이때 보통 센터의 선단 일부를 가공하여 단면가공이 가능하도록 제작한 센터이다.
③ 평센터 : 가공물에 센터구멍을 가공해서는 안 될 경우에 가공물의 단면을 평면으로 지지할 수 있도록 제작한 센터로 지지력이 다소 약하다.

센터의 종류

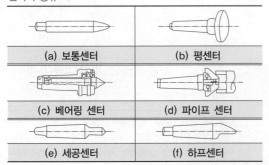

(a) 보통센터	(b) 평센터
(c) 베어링 센터	(d) 파이프 센터
(e) 세공센터	(f) 하프센터

17 센터리스 연삭기 통과이송법에서 이송속도 F(mm/min)를 구하는 식은?(단, D : 조정숫돌의 지름(mm), N : 조정숫돌의 회전수(rpm), α : 경사각(°)이다)

① $F = \pi DN \times \sin\alpha$

② $F = DN \times \sin\alpha$

③ $F = \pi DN \times \tan\alpha$

④ $F = \pi DN \times \cos\alpha$

해설

가공물의 이송속도
$F = \pi DN \times \sin\alpha \, (\text{mm/min})$
여기서, D : 조정숫돌의 지름(mm), N : 조정숫돌의 회전수(rpm),
     α : 경사각(°)

센터리스 연삭기 이송방법
• 통과이송법 : 지름이 동일한 가공물을 연삭숫돌과 조정숫돌 사이로 자동적으로 이송하여 통과시키면서 연삭하는 방법이다. 조정숫돌은 가공물에 회전과 이송을 준다.
• 전후이송법 : 연삭숫돌의 폭보다 짧은 가공물의 연삭, 턱 붙이, 끝면 플랜지 붙이, 테이퍼, 곡선, 윤곽이 있는 형태의 가공물 등은 이송이 곤란하다. 가공물의 받침판 위에 올려놓고 조정숫돌 바퀴를 접근시키거나 수평으로 이송하여 연삭하는 방법으로, 가공물을 한쪽으로 밀어 주기 위해 0.5~1.5° 정도 경사시킨다.

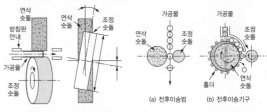

[통과이송법의 원리]   [전후이송법의 원리]

18 밀링머신의 크기를 나타낼 때 테이블의 좌우 이송이 850mm, 새들의 전후 이송이 300mm, 니(Knee)의 상하 이송이 450mm일 경우 밀링의 호칭번호는?

① No.0   ② No.1

③ No.2   ④ No.3

해설

밀링머신의 크기는 여러 가지가 있으나, 니형 밀링머신의 크기는 일반적으로 Y축의 테이블 이동거리(mm)를 기준으로 호칭번호로 표시한다.

밀링머신의 크기

호칭번호		0호	1호	2호	3호	4호	5호
테이블의 이동거리 (mm)	전 후	150	200	250	300	350	400
	좌 우	450	550	700	850	1,050	1,250
	상 하	300	400	450	450	450	500

19 공작기계의 구비조건 및 특성에 대한 설명이 옳지 않은 것은?

① 공작물의 잔류응력은 공작 전에 충분히 제거해야 한다.

② 정밀도가 높은 공작기계는 고속 생산이 어려워 바람직하지 않다.

③ 정확한 기준면이 없는 공작방법은 정밀공작에 적합하지 않다.

④ 강성의 결핍과 진동은 정밀공작에 좋지 않다.

해설

정밀도가 높은 공작기계는 고속 생산이 가능하다.

공작기계의 구비조건

• 높은 정밀도를 가질 것
• 가공능력이 클 것
• 내구력이 크며 사용이 간편할 것
• 고장이 적고, 기계효율이 좋을 것
• 가격이 싸고 운전비용이 저렴할 것

20 다음 중 절삭공구의 수명공식은?(단, V : 절삭속도 (m/min), T : 공구수명(min), n : 절삭공구와 가공물에 의해 변하는 지수, C : 공구수명 상수이다)

① $(VT/n) = C$ ② $VT^n = C$

③ $CT^n = C$ ④ $TV^n = C$

해설

• 절삭공구의 수명식 : $VT^n = C$
• Taylor는 1907년도에 공구수명과 절삭속도 사이의 관계를 식으로 표시하였다.
• 지수(n)는 절삭공구와 가공물에 의하여 변화하는 지수

결합도	지 수
고속도강	0.05~0.2
초경합금	0.125~0.25
세라믹	0.4~0.55

21 연삭숫돌의 결합도가 가장 높은 것은?

① L   ② O

③ P   ④ T

해설

연삭숫돌 결합도에 따른 분류

결합도	E, F, G	H, I, J, K	L, M, N, O	P, Q, R, S	T, U, V, W, X, Y, Z
호 칭	극연 (Very Soft)	연(Soft)	중 (Medium)	경 (Hard)	극경 (Very Hard)
	매우 연한 것	연한 것	중간 것	단단한 것	매우 단단한 것

※ 알파벳이 클수록 결합도가 높다.

결합도에 따른 경도의 선정 기준

결합도가 높은 숫돌 (단단한 숫돌)	결합도가 낮은 숫돌 (연한 숫돌)
• 연질 가공물의 연삭	• 경도가 큰 가공물의 연삭
• 숫돌차의 원주속도가 느릴 때	• 숫돌차의 원주속도가 빠를 때
• 연삭 깊이가 작을 때	• 연삭 깊이가 클 때
• 접촉 면적이 작을 때	• 접촉면이 클 때
• 가공면의 표면이 거칠 때	• 가공물의 표면이 치밀할 때

22 구성인선 방지대책의 설명으로 틀린 것은?

① 절삭 깊이를 작게 한다.

② 경사각을 크게 한다.

③ 윤활성이 좋은 절삭제를 사용한다.

④ 절삭속도를 작게 한다.

해설

빌트업 에지(구성인선) : 연성 가공물을 절삭할 때 절삭공구에 절삭력과 절삭열에 의한 고온·고압이 작용하여 절삭공구 인선에 대단히 경하고 미소한 입자가 압착 또는 융착되어 나타나는 현상이다.

빌트업 에지(Built-up Edge, 구성인선)의 방지대책

🌈 반드시 암기(자주 출제)

• 절삭 깊이를 작게 할 것
• 경사각을 크게 할 것
• 절삭공구의 인선을 예리하게(날카롭게) 할 것
• 윤활성이 좋은 절삭유제를 사용할 것
• 절삭속도를 크게 할 것

빌트업 에지 발생과정

발생 → 성장 → 최대 성장 → 분열 → 탈락

23 가공물이 대형이거나 무거운 제품에 드릴가공을 할 때 가공물은 고정시키고 드릴이 가공 위치로 이동할 수 있도록 제작된 것은?

① 탁상 드릴링머신

② 레이디얼 드릴링머신

③ 직립 드릴링머신

④ 다축 드릴링머신

해설

레이디얼 드릴링머신 : 대형 제품이나 무거운 제품에 구멍가공을 하기 위해 가공물은 고정시키고, 드릴링 헤드를 수평 방향으로 이동하여 가공할 수 있는 머신(드릴을 필요한 위치로 이동 가능)

드릴링머신의 종류

드릴링 머신	설 명	용 도
탁상 드릴링 머신	드릴머신을 작업대 위에 설치하여 사용하는 소형 드릴링머신	• 소형 부품 가공 • ϕ13mm 이하 작은 구멍
직립 드릴링 머신	탁상 드릴링머신과 유사하나, 비교적 대형 가공물의 구멍 뚫기 가공에 사용된다.	• 대형 가공물 • 역회전 가능(탭 가공)
레이디얼 드릴링 머신	대형 제품이나 무거운 제품에 구멍가공을 하기 위해 가공물은 고정시키고, 드릴링 헤드를 수평 방향으로 이동하여 가공할 수 있는 머신(드릴을 필요한 위치로 이동 가능)	• 대형 가공물 • 무거운 제품 • 크기 표시(드릴가공이 가능한 최대 지름 또는 기둥의 표면에서 주축 중심까지의 최대 거리)
다축 드릴링 머신	1대의 드릴링머신에 다수의 스핀들을 설치하고 여러 개의 구멍을 동시에 가공	• 대량 생산에 적합

[탁상 드릴링머신]

[직립 드릴링머신]

[레이디얼 드릴링머신]

[다축 드릴링머신]

24 연성의 재료를 저속 절삭이나 절삭 깊이가 클 때 많이 발생하는 칩(Chip)의 형태는?

① 전단형 칩
② 열단형 칩
③ 유동형 칩
④ 균열형 칩

해설

칩의 종류

칩의 종류	유동형 칩	전단형 칩	경작형 칩	균일형 칩
정 의	칩이 경사면 위를 연속적으로 원활하게 흘러 나가는 모양의 연속형 칩	경사면 위를 원활하게 흐르지 못할 때 발생하는 칩	가공물이 경사면에 점착되어 원활하게 흘러 나가지 못하여 가공재료 일부에 터짐이 일어나는 현상	균열이 발생하는 진동으로 인하여 절삭공구 인선에 치핑 발생
재 료	연성재료(연강, 구리, 알루미늄) 가공	연성재료(연강, 구리, 알루미늄) 가공	점성이 큰 가공물	주철과 같이 메진재료
절삭 깊이	작을 때	클 때	클 때	
절삭속도	빠를 때	작을 때		작을 때
경사각	클 때	작을 때	작을 때	
비 고	가장 이상적인 칩	진동이 발생하고 표면 거칠기가 나빠짐		순간적으로 공구날 끝에 균열이 발생

[유동형 칩]

[전단형 칩]

[경작형(열단형) 칩]

[균열형 칩]

25 표준 고속도강의 구성 성분비가 옳은 것은?

① W 18%, Cr 4%, V 4%
② W 4%, Cr 18%, V 1%
③ W 1%, Cr 18%, V 4%
④ W 18%, Cr 4%, V 1%

해설

표준 고속도강 조성 🔔 반드시 암기(자주 출제됨)

18% W - 4% Cr - 1% V

※ 고속도강(High Speed Steel) : W, Cr, V, Co 등의 합금강으로서 담금질 및 뜨임처리하면 600℃ 정도까지 경도를 유지하며 고온 경도가 높고 내마모성이 우수하다. 절삭속도가 탄소공구강에 비해 2배 이상이다.

26 슈퍼피니싱 가공에서 숫돌의 운동은 초기 가공에서 약 몇 mm의 진폭으로 하는가?

① 0.5~1mm
② 2~3mm
③ 5~10mm
④ 15~30mm

해설

숫돌의 운동은 초기 가공에서 약 2~3mm의 진폭에 진동수는 10~550cycle/sec, 다듬질 가공에서는 진폭을 3~5mm, 진동수 600~2,500cycle/sec 정도이다. 일반적으로 소형 가공물에서는 1,000~1,200cycle/sec, 대형 가공물은 500~600cycle/sec 정도이다.

※ 슈퍼피니싱(Super Finishing) : 연한 숫돌에 작은 압력으로 가압하면서 가공물에 이송을 주고 동시에 숫돌에 진동을 주어 표면 거칠기를 높이는 가공방법(작은 압력+이송+진동)

27 연삭하려는 부품의 형상으로 연삭숫돌의 모양을 만드는 것은?

① 로 딩 ② 글레이징
③ 트루잉 ④ 채터링

- 트루잉(Truing) : 연삭숫돌을 성형하거나 성형연삭으로 인하여 숫돌 형상이 변화된 것을 부품의 형상으로 바르게 고치는 가공
- 눈메움(로딩/Loading) : 결합도가 높은 숫돌에서 알루미늄이나 구리 같이 연한 금속을 연삭하면 연삭숫돌 표면의 기공이 메워져서 칩을 처리하지 못해 연삭 성능이 떨어지는 현상
- 무딤(글레이징/Glazing) : 연삭숫돌의 결합도가 필요 이상으로 높으면 숫돌입자가 마모되어 예리하지 못할 때 탈락하지 않고 둔화되는 현상
- 채터링(Chattering) : 연삭 중 떨림이 발생하는 현상

28 액체호닝에서 분사기구의 노즐과 공작물 표면에 대한 효율적인 분사각도는?

① 20~30° ② 30~40°
③ 40~50° ④ 50~60°

액체호닝의 원리

29 브라운 샤프형 분할대를 이용하여 원주를 9등분하고자 할 때 분할판 크랭크는 몇 회전시켜야 하는가?

① 18회전
② 9회전
③ 8회전
④ 4회전

단식분할법
분할 크랭크와 분할판을 사용하여 분할하는 방법이다. 분할 크랭크를 40회전시키면 주축은 1회전하므로 주축을 회전시키려면 분할 크랭크를 40/N회전을 시키면 된다.

$$\frac{40}{N} = \frac{h}{H}$$

여기서, N : 가공물의 등분수
H : 분할판의 구멍수
h : 1회 분할에 필요한 분할판의 구멍수
문제에서 9등분하므로, N은 9이다.

$$\frac{40}{9} = \frac{h}{H} = \frac{40 \times 2}{9 \times 2} = \frac{80}{18} = 4\frac{8}{18}$$

∴ 4회전
따라서 브라운 샤프형 No 1판의 18구멍열에서 분할 크랭크를 4회전시키고, 8구멍씩 전진하면서 가공한다. 분자와 분모에 2를 곱하는 이유는 H, 즉 분할판의 구멍 종류에 맞추기 위한 것이며, 가분수는 대분수로 바꾸어 분할 크랭크의 회전수와 구멍수로 분리해야 한다.
분할판 구멍수의 종류

종 류	분할판	구멍수의 종류					
브라운 샤프형	No 1	15	16	17	18	19	20
	No 2	21	23	27	29	31	33
	No 3	37	39	41	43	47	49

30 직경 $D = 120$mm, 날수 $Z = 2$인 평면커터로 절삭속도 $V = 30$m/min, 절삭 깊이 $d = 2$mm, 이송속도 $f = 200$mm/min으로 절삭할 때, 칩의 평균 두께 t_m(mm)는?

① 0.16mm   ② 1.6mm

③ 0.36mm   ④ 3.6mm

> **해설**
>
> 칩의 평균 두께$(t_m) = \dfrac{f}{nZ}\sqrt{\dfrac{d}{D}}$
>
> 회전수$(n) = \dfrac{1,000\,V}{\pi D} = \dfrac{1,000 \times 30\text{m/min}}{\pi \times 120\text{mm}} ≒ 79.6\text{rpm}$
>
> $t_m = \dfrac{f}{nZ}\sqrt{\dfrac{d}{D}} = \dfrac{200\text{mm/min}}{79.6\text{rpm} \times 2} \times \sqrt{\dfrac{2\text{mm}}{120\text{mm}}} ≒ 0.16\text{mm}$
>
> ∴ 칩의 평균 두께$(t_m) = 0.16$mm

31 절삭저항의 3분력 중 주분력에 대한 내용으로 틀린 것은?

① 축 방향으로 작용한다.

② 경사각이 클수록 감소한다.

③ 절삭동력의 계산에 이용된다.

④ 경도가 높은 소재일수록 크게 작용한다.

> **해설**
>
> 주분력은 절삭 방향에 평행한 분력, 즉 축 방향 직각으로 작용한다.
>
>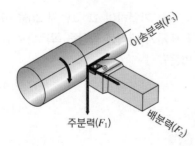
>
> 선반가공에서 발생하는 절삭저항의 3분력
> • 주분력(F_1) : 절삭 진행 방향에서 작용하는 절삭저항
> • 배분력(F_2) : 절삭 깊이 방향에서 작용하는 절삭저항
> • 이송분력(F_3) : 이송 방향에서 작용하는 절삭저항
> ※ 절삭저항의 크기 비교 : 주분력 > 배분력 > 이송분력

32 다음 그림과 같이 테이퍼를 선삭하는 데 심압대를 편위시켜 가공한다고 하면, 심압대의 편위거리는 몇 mm인가?

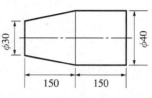

① 5   ② 10

③ 16   ④ 20

> **해설**
>
> • 심압대를 편위시키는 방법(테이퍼가 작고 길이가 길 경우에 사용하는 방법)
> • 심압대 편위량 구하는 계산식
>
> $e = \dfrac{(D-d) \times L}{2l} = \dfrac{(40-30) \times 300}{2 \times 150} = 10\text{mm}$
>
> ∴ $e = 10$mm
>
> 여기서, L : 가공물의 전체 길이, e : 심압대의 편위량
> D : 테이퍼의 큰지름, d : 테이퍼의 작은 지름
> l : 테이퍼의 길이
>
> 선반에서 테이퍼를 가공하는 방법
> • 복식 공구대를 경사시키는 방법
> • 심압대를 편위시키는 방법
> • 테이퍼 절삭장치를 이용하는 방법
> • 총형 바이트를 이용하는 방법

33 선반작업에서 외경 60mm, 길이 100mm의 연강 환봉을 초경 바이트로 1회 절삭할 때 걸리는 가공시간은 약 얼마인가?(단, 절삭속도 60m/min, 이송량은 0.2mm/rev이다)

① 0.5분   ② 1.6분

③ 3.2분   ④ 5.5분

> **해설**
>
> 선반의 가공시간
>
> 회전수$(n) = \dfrac{1,000v}{\pi d} = \dfrac{1,000 \times 60\text{m/min}}{\pi \times 60\text{mm}} = 318.3\text{rpm}$
>
> $T = \dfrac{L}{ns} \times i = \dfrac{100\text{mm}}{318.3\text{rpm} \times 0.2\text{mm/rev}} \times 1회 = 1.57분$
>
> ∴ 가공시간$(T) = 약 1.6분$
>
> 여기서, T : 가공시간(min), v : 절삭속도(m/min),
> d : 공작물 지름(mm), L : 절삭가공 길이(가공물 길이),
> n : 회전수(rpm), s : 이송(mm/rev)

34 다음 그림에 대한 설명으로 틀린 것은?

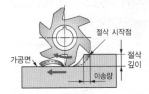

① 그림의 절삭방법은 하향절삭이다.
② 그림의 절삭방법은 가공면이 깨끗하다.
③ 그림의 절삭방법은 기계에 무리를 주지 않는다.
④ 그림의 절삭방법은 백래시가 발생한다.

해설
문제 그림의 절삭방법은 하향절삭으로 기계에 무리를 줄 수 있다.
상향절삭과 하향절삭의 특징

구 분	상향절삭	하향절삭
특 징	• 공작물을 들어 올리는 가공으로 기계에 무리를 주지 않는다. • 칩의 두께는 얇게 시작하여 점점 두꺼워진다. • 칩이 커터날의 절삭을 방해하지 않고, 가공면에 쌓이지 않는다. • 절삭력과 이송력이 반대로 작용하므로 백래시가 제거된다.	• 칩은 두껍게 시작하여 점점 얇게 발생한다. • 절삭된 칩이 가공면에 쌓이므로 가공할 면이 잘 보인다. • 칩이 커터날을 방해하지 않는다. • 절삭력과 이송력이 같은 방향으로 작용하여 백래시가 발생한다.
장 점	• 칩이 절삭을 방해하지 않는다. • 백래시가 제거된다. • 날이 부러질 염려가 작다. • 기계에 무리를 주지 않는다.	• 공작물 고정이 간단하다. • 커터의 마모와 동력 소비가 작다. • 가공면이 깨끗하다. • 가공할 면을 잘 볼 수 있다.
단 점	• 공작물을 견고하게 고정시켜야 한다. • 커터의 마모와 동력 소비가 크다. • 가공면이 매끈하지 못하다. • 가공할 면의 시야 확보가 좋지 않다.	• 칩이 절삭을 방해한다. • 백래시 제거장치가 없으면 가공이 어렵다. • 커터날이 부러질 염려가 있다. • 기계에 무리를 줄 수 있다.
그 림	절삭 깊이 / 이송량 / 절삭 시작점 / 가공면	절삭 시작점 / 가공면 / 이송량 / 절삭 깊이

35 α황동을 냉간가공하여 재결정온도 이하의 저온으로 풀림하면 가공 상태보다 경화하는 현상은?

① 경년변화
② 탈아연 부식
③ 자연 균열
④ 저온풀림경화

해설
④ 저온풀림경화(Low Temperature Anneal Hardening) : α황동을 냉간가공하여 재결정온도 이하의 낮은 온도로 풀림하면 가공 상태보다 오히려 단단해지는 현상이다. 이 경화현상을 이용하여 Cu 합금 스프링재를 열처리하여 얻은 제품은 냉간가공만 하여 얻은 재료보다 경도가 높아 스프링의 특성을 향상시킬 수 있다.
① 경년변화 : 상온 가공한 황동 스프링이 사용기간의 경과와 더불어 스프링 특성을 잃는 현상
② 탈아연 부식 : 황동 표면 또는 깊은 곳까지 탈아연되는 현상
③ 자연 균열 : 황동이 관, 봉 등의 잔류응력에 의해 균열을 일으키는 현상

36 강재를 가열하여 그 표면에 Zn을 고온에서 확산 침투시켜 내식성 향상을 목적으로 하는 금속침투법은?

① 크로마이징
② 칼로라이징
③ 보로나이징
④ 세라다이징

해설
금속침투법
• 세라다이징(Sheradizing) : 아연(Zn) 침투
• 칼로라이징(Calorizing) : 알루미늄(Al) 침투
• 크로마이징(Chromizing) : 크롬(Cr) 침투
• 실리코나이징 – 규소(Si) 침투
🔎 암기팁 : 아-세, 알-칼, 크-크, 실-규

37 Al-Si계 합금을 더욱 강력하게 하기 위하여 Mg을 첨가한 것으로 기계적 성질이 좋은 합금은?

① γ-실루민

② 마그날륨

③ 두랄루민

④ 알코아

해설
- 실루민 : Al-Si의 합금으로, 주조성은 좋으나 절삭성은 나쁘다.
- 두랄루민 : 단조용 알루미늄 합금으로, Al + Cu + Mg + Mn의 합금이다. 가벼워서 항공기나 자동차 등에 사용되는 고강도 Al합금이다.

38 구리의 화학적 성질에 대한 설명으로 틀린 것은?

① 건조한 공기 중에서는 산화하지 않는다.

② CO_2 또는 습기가 있으면 염기성 탄산구리 등의 구리 녹이 생긴다.

③ 환원성의 수소가스 중에서 가열하면 수소취성이 발생될 수 있다.

④ 수소취성이 생기는 온도는 약 950℃ 정도이다.

해설
구리(Cu) 안의 산소는 산화구리(Cu_2O)로 되어 있다. 환원성 H_2 가스 중에서 가열하면 $Cu_2O + H_2 \rightarrow 2Cu + H_2O$로 반응하여 구리(Cu)와 수증기로 되어 650~850℃에서 수소취성이 생기나 950℃ 이상이 되면 수증기에 의하여 생성된 기공 또는 균열이 자연 소멸되어 수소취성이 없어진다.

39 재료의 경도시험법 중 반발저항을 이용하는 방법은?

① 브리넬 경도시험

② 로크웰 경도시험

③ 비커스 경도시험

④ 쇼어 경도시험

해설
경도시험

경도시험	방 법	공 식
브리넬 경도 (HB)	구형의 압입자를 일정한 하중으로 시험편에 압입하여 경도값 측정	$HB = \dfrac{P}{A} = \dfrac{P}{\pi Dh}$ $= \dfrac{2P}{\pi D(D - \sqrt{D^2 - d^2})}$
로크웰 경도 (HRB/HRC)	기준하중과 시험하중으로 생긴 자국의 깊이 차로부터 경도값 측정	• B스케일 : 연한 금속, 1/16강구 사용, 시험하중(100kgf) • C스케일 : 강재나 담금질강, 꼭지각이 120°인 원뿔형 다이아몬드, 시험하중(150kgf)
비커스 경도 (HV)	시험편에 작용한 하중을 압입 자국의 대각선 길이로부터 얻은 표면적으로 나눈 값으로 경도값 측정	$HV = \dfrac{P}{A}$ $= 1.854 \dfrac{P}{d^2} (\text{N/mm}^2)$
쇼어 경도 (HS)	다이아몬드를 부착한 해머를 일정한 높이 h_0(mm)에서 시험편 위에 낙하시켜 반발하여 올라간 높이 h(mm)에 비례하는 값을 경도값으로 나타낸 것	$HS = \dfrac{10,000}{65} \times \dfrac{h}{h_0}$

40 시멘타이트는 표준 조직에서 펄라이트 속에 페라이트와 함께 층상으로 존재하거나 과공석강에서는 결정립계에 망상으로 나타나는데, 이 경우 경도가 매우 높아져서 가공성이 나쁘고 균열이 쉽게 발생한다. 이를 개선하기 위해 시멘타이트가 구상 또는 입상으로 되게 하는 풀림은?

① 구상화 풀림
② 연화 풀림
③ 응력제거 풀림
④ 확산 풀림

해설

① 구상화 풀림 : 소성가공이나 절삭가공을 쉽게 하거나 기계적 성질을 개선할 목적으로 망상 시멘타이트 또는 층상 펄라이트 중의 시멘타이트를 가열에 의해 일정한 구상 시멘타이트화시키는 열처리를 구상화 풀림이라고 한다.

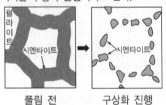

풀림 전   구상화 진행

② 연화 풀림 : 가공경화된 재료를 공정 도중에 재결정온도 이상으로 가열하여 회복 또는 재결정에 의해 연화시키는 열처리 조작을 연화 풀림 또는 중간 풀림이라고 한다.

③ 응력제거 풀림 : 단조, 주조, 기계가공 및 용접 등에 의해서 생긴 잔류응력을 제거시키기 위해서 A_1선 이하의 적당한 온도에서 가열하는 열처리를 응력제거 풀림이라고 한다.

④ 확산 풀림 : 주괴 편석이나 섬유상 편석을 없애고 강을 균질화시키기 위하여 고온에서 장시간 가열하는 열처리를 확산 풀림이라고 한다.

41 철강의 등온변태곡선의 만곡점(Knee) 또는 곡선에서의 코(Nose)와 M_s 점 사이의 적당한 온도로 유지한 염욕 또는 연욕 중에 담금질한 후 공랭하여 베이나이트 조직으로 만드는 열처리는?

① 심랭처리   ② 마퀜칭
③ 마템퍼링   ④ 오스템퍼링

해설

오스템퍼링(Austempering) : 오스테나이트 상태로부터 M_s 이상인 적당한 온도(약 250~450℃)의 염욕으로 담금질하여 과랭 오스테나이트가 염욕 중에서 항온변태가 종료할 때까지 항온을 유지하고, 공기 중으로 냉각하는 과정이다. 이때 얻어지는 베이나이트 조직은 인성이 강하다. 오스템퍼링 방법에 의하면 담금질 변형과 균열을 방지할 수 있고, HRC 40~50 정도에서는 같은 경도의 열처리 제품에 비해 충격값, 인성 및 피로 강도가 커서 절삭용 공구와 특수 기계 부품의 열처리에 이용된다.

열처리	그림	비고
오스템퍼링	온도 / 표면 / 중심 / A_e / TTT 곡선 / B_s / B_r / M_e / M_f / 공랭 / 시간(대수 눈금)	베이나이트
마템퍼링	온도 / 표면 / 중심 / A_e / TTT 곡선 / M_s / M_f / 공랭 / 시간(대수 눈금)	마텐자이트 + 베이나이트 혼합조직
마퀜칭	온도 / 표면 / 중심 / A_e / TTT 곡선 / 소요경도로 뜨임 / M_s / M_f / 공랭 / 보통 담금질 / 뜨임 / 시간(대수 눈금)	

42

게이지 블록과 같이 밀착이 가능하므로 홀더가 필요 없으며 각도의 가산, 감산에 의해서 필요한 각도를 조절할 수 있고 조합 후 정도는 2~3″인 것은?

① 오토콜리메이터　　② NPL식 각도게이지

③ 기계식 각도 정규　　④ 수준기

• NPL식 각도게이지 : 길이 약 90mm, 폭 약 15mm의 측정면을 가진 쐐기형의 열처리된 블록으로 각각 6초, 18초, 30초, 1분, 9분, 27분, 1°, 3°, 9°, 27°, 41°의 각도를 가진 12개의 게이지를 한 조로 한다. 이들 게이지를 2개 이상 조합해서 6초부터 81° 사이를 임의로 6초 간격으로 만들 수 있다. 측정면이 요한슨식 각도게이지보다 크고 몇 개의 블록을 조합하여 임의의 각도를 만들 수 있고 그 위에 밀착이 가능하여 현장에서도 많이 쓰인다.

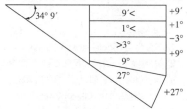

[NPL식 각도게이지 조합의 예]

• 오토 콜리메이터(Auto Collimator) : 시준기와 망원경을 조합한 것으로 미소 각도를 측정하는 광학적 측정기이다.

43

다음 측정기 중 아베의 원리(Abbe's Principle)에 맞는 구조를 갖고 있는 측정기는?

① 버니어 캘리퍼스

② 외측 마이크로미터

③ 하이트 게이지

④ 지렛대식 다이얼 테스트 인디케이터

아베(Abbe)의 원리 : 측정하려는 길이를 표준자로 사용되는 눈금의 연장선상에 놓아야 한다는 원리이다. 이는 피측정물과 표준자는 측정 방향에 있어서 동일 직선상에 배치해야 한다.
• 외측 마이크로미터는 아베의 원리(Abbe's Principle)를 만족시키는 측정기이다.
• 아베의 원리 만족 : 외측 마이크로미터, 측장기
• 아베의 원리 불만족 : 버니어 캘리퍼스, 내경 마이크로미터

44

0~25mm 범위를 갖는 외측 마이크로미터의 측정력 범위로 가장 옳은 것은?

① 1~2N　　　　② 2~5N

③ 5~15N　　　④ 20~30N

외측 마이크로 미터의 성능(KS B 5202)

측정범위 [mm]	측정면의 평면도 (μm)	측정면의 평행도 (μm)	기차 (μm)	스핀들의 이송오차 (μm)	측정력 (N)	측정력의 산포 (N)	프레임의 휨하중 10[N] (μm)
0~25							2
25~50		2	±2				
50~75							3
75~100							
100~125		3	±3				4
125~150	0.6						5
150~175							6
175~200			±4				
200~225							7
225~250		4					
250~275			±5	3	5~15	3	8
275~300							9
300~325							10
325~350		5	±6				
350~375							11
375~400							12
400~425	1		±7				
425~450		6					13
450~475			±8				14
475~500		7					15

45

나사의 정밀도에 대한 주요 점검 대상이 아닌 것은?

① 피 치

② 리드각

③ 유효지름

④ 산의 반각

나사의 측정요소 : 바깥지름, 골지름, 유효지름, 피치, 산의 각도

46 촉침 회전식 진원도 측정기의 특징을 설명한 것으로 가장 옳은 것은?

① 비교적 구조가 간단하고 조작성이 좋다.
② 회전 정밀도가 좋지 않으나 가격이 저렴하다.
③ 복잡한 제품의 측정에 적합하나 가격이 저가이다.
④ 조작이 복잡하나 대형 제품 측정에 적합하다.

해설
진원도 측정 특징

촉침 회전식	테이블 회전식
• 대형 물체를 측정하는 데 적합하다.	• 비교적 규모가 간단하고 조작성이 좋으며 가격이 저렴하다.
• 스핀들의 회전 정밀도가 좋다.	• 진직도 및 평행도의 측정이 가능하다.
• 조작이 복잡하다.	• 복잡한 물체의 측정에 적합하다.
• 대형으로 가격이 비싸다.	• 피측정물을 적재한 테이블이 회전하기 때문에 회전 정도가 좋지 않다.
• 촉침 회전식 진원도 측정기 : 측정물을 테이블에 고정시키고 검출기(측정자)가 피측정물의 주위를 회전하면서 측정 단면의 윤곽을 측정한다.	• 테이블 회전식 측정기 : 피측정물을 고정시킨 테이블이 회전하면서 피측정물에 접촉한 촉침에 의해 측정단면의 윤곽을 측정하여 기록지에 윤곽을 그린다.

47 공작물을 클램핑할 때 힌지, 핀을 사용하여 공작물을 장·탈착하여 불규칙하고 복잡한 형태의 소형 공작물에 적합한 지그는?

① 박스형 지그
② 바이스형 지그
③ 리프형 지그
④ 분할형 지그

해설
리프지그(Leaf Jig) : 쉽게 조작이 가능한 잠금 캠을 이용하여 장착과 탈착을 쉽게 할 수 있도록 한 구조이며, 클램핑력이 약해 소형 가공물 가공에 적합한 구조이다.

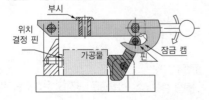

48 좁은 장소에서 사용되며 스윙 클램프와 유사한 구조를 가진 클램프는?

① 훅 클램프
② 토글 클램프
③ 캠 클램프
④ 스트랩 클램프

해설
① 훅 클램프(Hook Clamp) : 스윙 클램프와 비슷하지만 그 크기가 훨씬 작다. 단일의 대형 클램프보다는 여러 개의 소형 클램프가 사용되어야 하는 좁은 공간에서 유용하다.

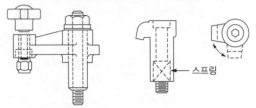

[스윙 클램프]　　　　　　　[훅 클램프]
② 토글 클램프(Toggle-action Clamp) : 누름, 끌어당김, 압착 및 직선운동의 4가지 운동으로 클램핑하며 작동이 신속하면서도 작용력에 비해 훨씬 큰 클램핑력을 얻을 수 있다.
④ 스트랩 클램프(Strap Clamp) : 치공구에서 사용되는 가장 간단한 클램프로서, 그 기본 작동원리는 지레의 원리와 같다. 스트랩 클램프는 지레의 원리에 따라서 3종으로 분류된다.

49 일반적으로 치공구 제작공차는 제품공차에 대하여 몇 % 정도가 가장 적절한가?

① 2~5%
② 8~15%
③ 20~50%
④ 60~80%

해설
일반적으로 지그나 고정구의 공차는 가공물 공차의 20~50%로 정한다. 지나치게 높은 정밀도를 치공구에 부여하면 치공구의 가치를 높이지 못하면서 가격만 높아지는 경제적 손실이 발생한다.

50 CNC 선반 프로그래밍에서 'N30 M98 P0010 L2;' 라고 지령되었을 때 L의 의미는?

① 반복 횟수

② 전개번호

③ 보조프로그램 번호

④ 주프로그램 번호

해설
• L : 반복 횟수
• N30 : 전개번호
• M98 : 보조프로그램 호출 보조기능
• P0010 : 보조프로그램 번호
• L2 : 반복 횟수(생략하면 1회)

51 다음과 같은 CNC 선반 프로그램에서 직경이 50mm일 때 주축의 회전수는 몇 rpm인가?

```
G50 S1500;
G96 S150;
```

① 150　　　　　　② 955

③ 1,500　　　　　④ 9,550

해설
• G96 S150; → 절삭속도 150m/min으로 일정제어
• 공작물 지름 → ϕ50mm
• 주축 회전수

$$N = \frac{1,000\,V}{\pi D} = \frac{1,000 \times 150\text{m/min}}{\pi \times 50\text{mm}} = 954.92\text{rpm}$$

$$\therefore\ N = 955\text{rpm}$$

• G50 S1500; → G50 주축 최고 회전수를 1,500rpm으로 제한하였다. 만약 계산된 주축 회전수의 값이 1,500rpm 이상이면 주축 회전수는 1,500rpm으로 제한된다.
• G97 : 주축 회전수 일정제어로 S는 회전수를 의미하며 주속의 단위는 rpm이다.

52 서보모터의 엔코더에서 나오는 펄스열의 주파수로부터 속도를 제어하고 기계의 테이블에 위치 검출 스케일을 부착하여 위치 정보를 피드백시키는 제어방법은?

① 복합회로서보방식(Hybrid Servo System)

② 개방회로방식(Open Loop System)

③ 반폐쇄회로방식(Semi-closed Loop System)

④ 폐쇄회로방식(Closed Loop System)

해설
폐쇄회로방식(Closed Loop System) : 모터에 내장된 태코제너레이터에서 속도를 검출하고, 기계의 테이블에 부착한 스케일에서 위치를 검출(로터리 엔코더)하여 피드백시키는 방식이다.
CNC 공작기계 서보기구방식

구 분	내 용
개방회로 방식	피드백 장치 없이 스테핑 모터를 사용한 방식으로 실용화되었으나, 피드백 장치가 없기 때문에 가공 정밀도에 문제가 있어 현재는 거의 사용되지 않는다.
폐쇄회로 방식	모터에 내장된 태코제너레이터에서 속도를 검출하고, 기계의 테이블에 부착한 스케일(Scale)에서 위치를 검출(로터리 엔코더)하여 피드백시키는 방식이다.
반폐쇄회로방식	모터에 내장된 태코제너레이터(펄스제너레이터)에서 속도를 검출하고, 엔코더에서 위치를 검출하여 피드백하는 제어방식이다.
복합회로 방식	반폐쇄회로방식과 폐쇄회로방식을 결합하여 고정밀도로 제어하는 방식으로, 가격이 고가이므로 고정밀도를 요구하는 기계에 사용된다.

※ 서보기구 방식은 자주 출제되니 그림과 내용을 반드시 암기한다.

53 머시닝센터 프로그램 작업 시 한 블록 내에서 다음과 같이 같은 내용의 워드를 두 개 이상 지령하면 어떻게 실행되는가?

> N01 G00 X10. M08 M09

① M08과 M09가 모두 실행된다.
② M08과 M09가 모두 무시된다.
③ M08은 무시되고, M09가 실행된다.
④ M08과 실행되고, M09는 무시된다.

해설
보조기능(M: Miscellaneous Function) : 보조기능은 스핀들 모터를 비롯한 기계의 각종 기능을 수행하는 데 필요한 보조장치(각종 스위치)의 ON/OFF를 수행하는 기능으로, 영문자 'M'과 2자리의 숫자를 사용한다. 보조기능은 종전에는 한 블록에 하나만 사용할 수 있었는데 만일 한 블록에 하나 이상 사용하면 뒤에 지령한 M코드만 유효하였다. 그러나 최근의 제어장치에는 한 블록에 복수의 M코드 사용이 가능하다.

54 다음 형상 모델링 방법 중 질량 등 물리적 성질의 계산이 가능한 것은?

① 직선 모델링
② 솔리드 모델링
③ 서피드 모델링
④ 와이어프레이 모델링

해설
솔리드 모델(Solid Model)의 특징
• 은선 제거가 가능하다.
• 간섭 체크가 가능하다.
• 형상을 절단하여 단면도 작성이 용이하다.
• 불리언(Boolean) 연산(합, 차, 적)에 의하여 복잡한 형상도 표현할 수 있다.
• 명암(Shade) 컬러 기능 및 회전, 이동을 이용하여 사용자가 좀 더 명확하게 물체를 파악할 수 있다.
• 복잡한 데이터(Data)로 서피스 모델링보다 대용량의 컴퓨터가 필요하고 처리시간이 오래 걸린다.
• 공학적인 해석(물리적 성질 : Weight, Center of Gravity, Moment)이 가능하다.
※ 3차원 형상 모델링
  • 와이어 프레임 모델(Wire-frame Model)
  • 서피스 모델(Surface Model)
  • 솔리드 모델(Solid Model)

55 입력된 전기적인 펄스신호에 따라 일정한 각도만 회전하는 모터는?

① 스테핑 모터
② 브러시리스 모터
③ 공압모터
④ 유압모터

해설
• 스테핑 모터(Stepping Motor) : 스텝(Step) 상태의 펄스(Pulse)에 순서를 부여함으로써 주어진 펄스수에 비례한 각도만큼 회전하는 모터이다.
• 브러시리스 모터(Brushless Motor) : 자기센서를 모터에 내장하여 회전자가 만드는 회전자계를 검출하고, 이 전기신호를 고정자의 코일에 전하여 모터의 회전을 제어한다.

56 여유시간이 5분, 정미시간이 40분일 경우 내경법으로 여유율을 구하면 약 몇 %인가?

① 6.33%
② 9.05%
③ 11.11%
④ 12.50%

해설

$$내경법의 \ 여유율 = \frac{여유시간}{기본 \ 작업시간(정미 + 여유)}$$

$$= \frac{5분}{40분 + 5분} \times 100\%$$

$$= 11.11\%$$

57 다음 중 브레인스토밍(Brainstorming)과 가장 관계가 깊은 것은?

① 파레토도

② 히스토그램

③ 회귀분석

④ 특성요인도

59 200개 들이 상자가 15개 있을 때 각 상자로부터 제품을 랜덤으로 10개씩 샘플링할 경우, 이러한 샘플링 방법을 무엇이라고 하는가?

① 층별샘플링

② 계통샘플링

③ 취락샘플링

④ 2단계 샘플링

해설

층별샘플링 : 모집단인 Lot를 몇 개의 층(서브 Lot)으로 나누어 각 층으로부터 하나 이상의 샘플링 시료를 취하는 방법이다. 예를 들어 200개 들이 상자가 15개 있을 때 각 상자로부터 제품을 랜덤하게 10개씩 샘플링할 경우에 층별샘플링 방법을 사용한다.

58 다음 표를 참조하여 5개월 단순이동평균법으로 7월의 수요를 예측하면 몇 개인가?

(단위 : 개)

월	1	2	3	4	5	6
실 적	48	50	53	60	64	68

① 55개

② 57개

③ 58개

④ 59개

해설

$$\bullet\ M_7 = \frac{1}{5}(M_2 + M_3 + M_4 + M_5 + M_6)$$

$$= \frac{1}{5}(50 + 53 + 60 + 64 + 68)$$

$$= 59$$

• 이동평균법 : 평균의 계산기간을 순차로 한 개씩 이동시켜 가면서 기간별 평균을 계산하여 경향치를 구하는 방법이다. 가장 오래된 데이터는 제거하고, 가장 최초의 데이터로부터 평균에 대입하여 값을 구한다. 만약 1∼5월의 생산량을 바탕으로 6월 예상 생산량을 구하는 식은 다음과 같다.

$$M_6 = \frac{1}{5}(M_1 + M_2 + M_3 + M_4 + M_5)$$

60 작업 측정의 목적 중 틀린 것은?

① 작업 개선

② 표준시간 설정

③ 과업관리

④ 요소작업 분할

해설

작업 측정의 목적 : 작업 개선, 표준시간 설정, 과업관리

01 다음 그림이 나타내는 유압기호는?

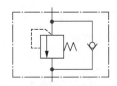

① 체크밸브 붙이 유량제어밸브
② 파일럿 작동형 릴리프 밸브
③ 파일럿 작동형 시퀀스 밸브
④ 카운터 밸런스 밸브

해설
유압기호

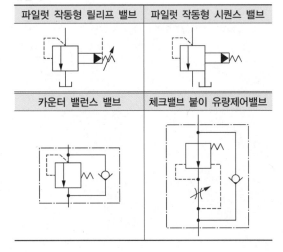

파일럿 작동형 릴리프 밸브	파일럿 작동형 시퀀스 밸브
카운터 밸런스 밸브	체크밸브 붙이 유량제어밸브

02 공압시스템의 고장원인이 아닌 것은?

① 이물질로 인한 고장 ② 수분으로 인한 고장
③ 공압밸브의 고장   ④ 유압유의 변질

해설
유압유의 변질은 유압시스템의 고장원인이다.
공압시스템의 고장원인
• 공급 유량 부족으로 인한 고장
• 수분으로 인한 고장
• 이물질로 인한 고장
• 공압 타이어의 고장
• 솔레노이드 밸브에서의 고장
• 공압밸브에서의 고장
• 슬라이드 밸브에서의 고장
• 실린더에서의 고장

03 다음 그림이 나타내는 기호는?

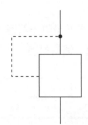

① 외부 파일럿 조작   ② 단동 솔레노이드 조작
③ 내부 파일럿 조작   ④ 유압 파일럿 조작

해설

명 칭	외부 파일럿 조작	단동 솔레노이드 조작	내부 파일럿 조작	유압 파일럿 조작
기 호			45°	
비 고	조작유로는 기기의 외부에 있음	1방향 조작	조작유로는 기기의 내부에 있음	외부 파일럿 1차 조작 없음

04 베인펌프의 특징에 관한 설명으로 틀린 것은?

① 먼지나 이물질에 의한 영향을 작게 받는다.

② 베인의 마모에 의한 압력 저하가 발생하지 않는다.

③ 카트리지 방식과 함께 호환성이 좋고 보수가 용이하다.

④ 펌프의 출력에 비해 형상 치수가 작다.

해설

베인펌프는 먼지나 이물질에 의한 영향을 많이 받는다.
베인펌프의 장단점

베인펌프의 장점	베인펌프의 단점
• 기어펌프나 피스톤 펌프에 비해 토출압력의 맥동이 작다. • 베인의 마모에 의한 압력 저하가 발생되지 않는다. • 비교적 고장이 적고 수리 및 관리가 용이하다. • 펌프 출력에 비해 형상 치수가 작다. • 수명이 길고 장시간 안정된 성능을 발휘할 수 있다.	• 제작 시 높은 정도가 요구된다. • 작동유의 점도가 제한이 있다. • 기름의 오염에 주의하고 흡입 진공도가 허용한도 이하이어야 한다.

05 고도로 정제된 기유에 방청제, 산화방지제, 소포제가 첨가되며, 수명이 길고 방청성이 뛰어나며 항유화성도 우수한 유압작동유는?

① 순광유

② R&O형 유압작동유

③ 고VI형 작동유

④ 물-글리콜형 작동유

해설

② R&O형 유압작동유 : 일반 작동유라고도 하며, 방청제 및 산화방지제를 첨가한 것이다. 마모방지제가 함유되어 있지 않기 때문에 압력이 많이 걸리지 않는 유압장치에 사용한다. 수명이 길고 방청성이 뛰어나며 항유화성도 우수한 유압작동유이다.

① 순광유 : 원유에서 얻어지는 윤활유 유분 자체이며 산화방지제, 방청제, 마모방지제 등의 첨가제를 혼합하지 않은 광유이다.

③ 고VI형 작동유 : 점도지수향상제를 첨가하여 온도에 의한 점도 변화를 최소화하려는 용도에 사용한다.

06 절대압력과 게이지압력의 관계를 나타낸 것 중 옳은 것은?

① 절대압력 = 대기압력 + 게이지압력

② 절대압력 = 대기압력 × 게이지압력

③ 절대압력 = 대기압력 − 게이지압력

④ 절대압력 = (대기압력 × 게이지압력) / 2

07 가공공정 변환이 용이하여 제품 수요의 다양한 요구에 대처할 수 있는 자동화시스템은?

① CAM   ② FMS

③ CAE   ④ CAD

해설

유연생산시스템(FMS : Flexible Manufacturing System) : 공작기계, 반송장치, 검사장치 등의 구성요소 및 자동화 수준에 따라 다양한 형태가 있다. 여러 제품을 동시에 처리할 수 있어 수요 변화에 유연하게 대처할 수 있다.

08 물체의 위치와 속도, 가속도 등 방향 및 자세 등의 기계적인 변위를 제어량으로 하고 시간에 따라 변화하는 제어량이 목표값에 정확히 추종하도록 설계한 제어계로서 공작기계의 제어 등에 이용되는 제어는?

① 시퀀스제어   ② 서보제어

③ 자동조정   ④ 공정제어

해설

서보제어 : 물체의 위치와 속도, 가속도 등 방향 및 자세 등의 기계적인 변위를 제어량으로 하고 시간에 따라 변화하는 제어량이 목표값에 정확히 추종하도록 설계한 제어로, 주로 공작기계의 제어에 이용된다.

09 PLC 제어회로의 입력부로 사용되는 기기는?

① 공압실린더
② 램 프
③ 전자밸브
④ 리밋 스위치

해설

PLC 제어회로의 입력부로 리밋 스위치가 사용된다.

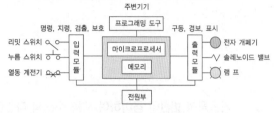

[PLC의 구성]

PLC 제어 외부기기의 종류

I/O	기 능	부착 장소	종 류
입 력	조작 (누름 스위치)	• 제어반 • 조작반	• 푸시 버튼 스위치 • 선택 스위치 • 토글 스위치
	검출 (감지기)	기계 공정	• 리밋 스위치 • 광전 스위치 • 근접 스위치 • 레벨 스위치
출 력	표시 및 경보 (표시기, 경보기)	• 제어반 • 조작반	• 파일럿 램프 • 버 저
	구동 (액추에이터)	기계 공정	• 전동기 • 솔레노이드 • 전자밸브 • 전자 클러치 • 전자 브레이크 • 전자 개폐기

10 감지 대상 물체와 형상, 색깔, 재질이나 연기, 증기, 먼지 등의 환경에 영향을 받지 않고 검출할 수 있는 센서는?

① 유도형 센서
② 초음파 센서
③ 변위센서
④ 압력센서

해설

초음파 센서의 특징

• 초음파 센서는 물체와 형상, 색깔, 재질이나 연기, 증기, 먼지 등의 환경에 영향을 받지 않는다.
• 초음파의 발생과 검출을 겸용하는 가역형식이 많다.
• 초음파압의 절댓값보다는 초음파의 존재 유무 또는 초음파 펄스 파면의 상대적 크기를 이용하는 경우가 많다.
• 전기음향 변환효율을 높이기 위하여 보통 공진 상태이므로 센서로 사용할 경우 감도가 주파수에 의존한다.
• 비교적 검출거리가 길고, 검출거리의 조절이 가능하다.
• 검출체의 형상, 재질, 색깔과 무관하며 투명체도 검출할 수 있다.
• 옥외에 설치가 가능하고 검출체의 배경에 무관하다.
• 스위칭 주파수가 낮다.
• 광센서에 비해 고가이다.

11 선반작업에서 가공물의 형상과 같은 모형이나 형판에 의해 자동으로 절삭하는 장치는?

① 정면절삭장치
② 기어절삭장치
③ 모방절삭장치
④ 외경절삭장치

해설

모방절삭장치 : 가공물의 형상과 같은 모형이나 형판(Template)에 의해 자동으로 절삭하는 장치로 유압식, 전기식, 전기유압식, 기계식 등이 있다.

• 모방선반(Copy Lathe) : 자동모방장치를 이용하여 모형이나 형판 외형에 트레이서(Tracer)가 설치되고 트레이서가 움직이면, 바이트가 함께 움직여 모형이나 형판의 외형과 동일한 형상의 부품을 자동으로 가공하는 선반
• 터릿선반 : 보통선반 심압대 대신에 터릿으로 불리는 회전 공구대를 설치하여 여러 가지 절삭공구를 공정에 맞게 설치하여 작은 부품을 대량 생산하는 선반
• 보통선반 : 각종 선반 중에서 기본이 되고, 가장 많이 사용하는 선반

12 밀링작업의 안전사항에 대한 설명으로 틀린 것은?

① 일감은 기계가 정지한 상태에서 고정한다.

② 커터에 옷이 감기지 않도록 한다.

③ 보안경을 착용한다.

④ 절삭 중 측정기로 측정한다.

해설

밀링작업 시 안전사항
- 절삭공구나 가공물을 설치할 때는 반드시 전원을 끈다.
- 밀링작업에서 제품을 바이스에서 풀어낼 때나 측정할 때는 반드시 운전을 정지시킨다.
- 커터 날 끝과 같은 높이에서 절삭 상태를 관찰하지 않는다.
- 주축속도를 변속시킬 때는 반드시 주축이 정지한 후에 변환한다.
- 장갑이나 반지, 팔찌, 목걸이 등은 착용하지 않는다.
- 칩이 비산하므로 반드시 보안경을 착용한다.

14 외경이 150mm인 연삭숫돌을 이용하여 1,500m/min의 속도로 연삭하고자 한다. 연삭숫돌의 회전수는 약 몇 rpm인가?

① 2,000rpm

② 2,600rpm

③ 3,200rpm

④ 4,000rpm

해설

연삭숫돌의 회전수(rpm)

$$n = \frac{1,000v}{\pi d} = \frac{1,000 \times 1,500\text{m/min}}{\pi \times 150\text{mm}} ≒ 3,183.10\text{rpm}$$

∴ 연삭숫돌 회전수(n) ≒ 3,200rpm

여기서, n : 연삭속도 회전수(rpm), v : 절삭속도(m/min), d : 연삭숫돌 지름(mm)

13 연강의 절삭가공에서 회전수가 일정하다고 가정할 때 가공물의 지름과 절삭속도의 관계로 옳은 것은?

① 가공물의 지름이 크면 절삭속도는 빨라진다.

② 가공물의 지름이 크면 절삭속도는 느려진다.

③ 가공물의 지름이 작으면 절삭속도는 빨라진다.

④ 가공물의 지름과 관계없이 절삭속도는 일정하다.

해설

절삭속도

$$V = \frac{\pi D N}{1,000}$$

여기서, V : 절삭속도(m/min), D : 공작물 지름(mm), N : 회전수(rpm)

- 동일한 회전수에서 지름이 커질수록 절삭속도는 빨라지고, 지름이 작아지면 느려진다.
- 절삭속도와 회전수는 비례관계에 있다.

15 경도시험의 원리와 그에 따른 경도시험법으로 옳은 것은?

① 압입자 이용 : 브리넬 경도시험

② 스크래치 이용 : 비커스 경도시험

③ 진자장치 이용 : 쇼어 경도시험

④ 반발 이용 : 로크웰 경도시험

해설

- 브리넬(Brinell) 경도시험 : 강구 또는 초경합금 압입자
- 로크웰(Rockwell) 경도시험 : 다이아몬드 압입자, 강구 이용
- 쇼어(Shore) 경도시험 : 반발 높이 이용
- 비커스(Vickers) 경도시험 : 압입자 이용

16 방전가공에 사용되는 전극 재질의 조건이 아닌 것은?

① 가공속도가 클 것

② 가공전극의 소모가 클 것

③ 가공 정밀도가 높을 것

④ 방전이 안전할 것

> **해설**
>
> 방전가공(Electric Discharge Machining) : 전극과 가공물 사이에 전기를 통전시켜 방전현상의 열에너지를 이용하여 가공물을 용융 증발시켜 가공을 진행하는 비접촉식 가공방법이다.
>
> 방전가공 전극재료의 조건
> • 방전이 안전하고 가공속도가 클 것
> • 가공 정밀도가 높을 것
> • 기계가공이 쉬울 것
> • 가공전극의 소모가 적을 것
> • 구하기 쉽고 값이 저렴할 것

17 선반의 절삭속도가 10mm/sec, 절삭깊이가 2mm, 이송량이 1mm/rev일 때 이 선반의 가공절삭률은?

① $600\text{mm}^3/\text{min}$

② $1{,}000\text{mm}^3/\text{min}$

③ $1{,}200\text{mm}^3/\text{min}$

④ $1{,}500\text{mm}^3/\text{min}$

> **해설**
>
> 가공절삭률(Q, $[\text{cm}^3/\text{min}]$)$= v \times s \times t$
> $$= \frac{0.01\text{m}}{\frac{1}{60}\text{min}} \times 1\text{mm/rev} \times 2\text{mm}$$
> $$= 1.2\text{cm}^3/\text{min}$$
> $$= 1{,}200\text{mm}^3/\text{min}$$
>
> 여기서, v : 절삭속도(m/min), s : 이송량(mm/rev),
> t : 절삭깊이(mm)

18 가공물의 재질에 따른 드릴의 날 끝 각의 범위가 적절하지 못한 것은?

① 일반재료 : 118°

② 주철 : 90~118°

③ 스테인리스강 : 60~70°

④ 구리, 구리 합금 : 110~130°

> **해설**
>
> 스테인리스강 : 150°
>
> 가공물의 재질과 드릴의 각도
>
> | 금속재료 | 드릴의 선단각도(θ) | 여유각(α) |
> |---|---|---|
> | 크랭크축 및 심공작업 | 120~170° | 9° |
> | 레일 및 경강 | 150° | 10° |
> | 열처리강 및 단조강 | 125° | 12° |
> | 주 철 | 90° | 12° |
> | 동 및 동합금 | 100~120° | 12° |
> | 목재 및 파이프 | 60° | 12° |

19 연삭숫돌의 파손 방지를 위하여 숫돌을 검사하는 방법이 아닌 것은?

① 음향검사   ② 회전검사

③ X-ray 검사   ④ 균형검사

> **해설**
>
> 연삭숫돌의 검사
> • 음향검사 : 나무해머나 고무해머 등으로 연삭숫돌의 상태를 검사하는 방법으로 가장 쉽고, 많이 사용하는 검사방법이다.
>   – 정상 : 음향이 맑고, 울림이 있는 숫돌
>   – 균열 : 음향이 둔탁하고 울림이 없는 숫돌
> • 회전검사 : 사용할 원주속도의 1.5~2배의 원주속도로 원심력에 의한 파손 여부를 검사하여야 한다. 연삭 전에 3분 이상 공회전시켜 연삭숫돌의 이상 여부를 검사한 후 연삭을 진행한다.
> • 균형검사 : 연삭숫돌이 두께나 조직 형상의 불균일로 인하여 회전 중 떨림이 발생하는 경우가 있는데, 작업자의 안전과 연삭한 부품의 정밀도와 우수한 표면거칠기를 얻기 위해 진행하는 검사이다.

20 세라믹공구(Ceramic Tool)에 대한 설명 중 틀린 것은?

① 산화알루미늄의 미분말을 소결한 재료이다.

② 고속절삭이 가능하다.

③ 충격에 약하다.

④ 연성, 인성이 높다.

해설

세라믹(Ceramic)

• 산화알루미늄(Al_2O_3) 분말이 주성분이며 마그네슘, 규소 등의 산화물과 소량의 다른 원소를 첨가하여 소결한 절삭공구이다. 고온에서 경도가 높고, 내마모성이 좋아 초경합금보다 빠른 절삭 속도로 절삭이 가능하다. 백색, 분홍색, 회색, 흑색 등의 색이 있으며, 초경합금보다 가볍다.

• 세라믹공구의 결점은 초경합금보다 인성이 작고 취성이 커서 충격이나 진동에 매우 약하다는 점이다. 세라믹은 용접이 곤란하여 고정용 홀더를 사용하며, 고속 다듬질에서는 우수한 성능을 나타내지만 중절삭에는 적합하지 않다.

21 슈퍼피니싱에서 숫돌의 길이는 일반적으로 어느 정도가 적당한가?

① 가공물 길이의 1/2 정도로 한다.

② 가공물 길이와 같게 한다.

③ 가공물 지름과 같게 한다.

④ 가공물 지름의 1/2 정도로 한다.

해설

슈퍼피니싱(Superfinishing)의 숫돌 폭은 가공물 지름의 60~70% 정도로 하며, 숫돌의 길이는 가공물의 길이와 동일하게 하는 것이 일반적이다.

22 초경합금의 연삭에 가장 적합한 숫돌은?

① A숫돌

② WA숫돌

③ C숫돌

④ GC숫돌

해설

인조 숫돌입자의 종류 및 적용범위

종 류	기 호	적용범위
갈색 알루미나	A	보통 탄소강, 합금강, 스테인리스강 등
백색 알루미나	WA	인장강도가 큰 강 계통의 연삭에 적합하다. 특히, 접촉 면적이 큰 연삭이나 발열을 피해야 하는 연삭에 사용한다.
탄화규소	C	알루미나보다 단단하나 취성이 커서 인장강도가 낮은 재료 연삭에 적합하다.
녹색 탄화규소	GC	주철, 황동, 경합금, 초경합금 등을 연삭하는 데 적합하다.

23 레이저(Laser) 가공에 대한 설명으로 틀린 것은?

① 레이저의 종류에는 기체 레이저, 액체 레이저, 고체 레이저, 반도체 레이저 등이 있다.

② 레이저 가공에 주로 이용되는 것은 고체 레이저와 기체 레이저이다.

③ 난삭재 미세가공에 적합하여 시계의 베어링, 보석, 다이아몬드, IC 저항의 트리밍 등에 사용된다.

④ 레이저의 광은 전자계의 영향을 받으므로 이를 주의해서 가공해야 한다.

해설

레이저의 광(光)은 전자계의 영향을 받지 않고 진공이 불필요하며, 거리에 따른 손실이 없으므로 발광부와 가공부 사이가 떨어져도 문제가 되지 않는다.

레이저 가공 : 가공물에 빛을 쏘이면 순간적으로 일부분이 가열되어, 용해되거나 증발되는 원리를 이용하여 대기 중에서 비접촉으로 필요한 형상으로 가공하는 방법

24 절삭공구의 성분 중 합금성분이 W(18%) – Cr(4%) – V(1%)인 절삭공구는?

① 초경합금강
② 고속도강
③ 주조합금강
④ 세라믹강

표준 고속도강 조성 : 18% W – 4% Cr – 1% V

⛰ 반드시 암기(자주 출제)

※ 고속도강(High Speed Steel) : W, Cr, V, Co 등의 합금강으로서, 담금질 및 뜨임처리하면 600℃ 정도까지 경도를 유지한다. 고온 경도가 높고 내마모성이 우수하다. 절삭속도가 탄소공구강에 비해 2배 이상이다.

25 같은 종류 제품의 대량 생산에는 적합하지만 모양과 치수가 다른 공작물의 가공에는 융통성이 없는 공작기계는?

① 범용 공작기계
② 전용 공작기계
③ 단능 공작기계
④ 만능 공작기계

가공능률에 따른 공작기계 분류
• 단능 공작기계 : 단순한 기능의 공작기계로서 한 가지 공정만 가능하여 생산성과 능률은 매우 높으나 융통성이 작다.
• 범용 공작기계 : 가공할 수 있는 기능이 다양하고, 절삭 및 이송속도의 범위도 크기 때문에 제품에 맞추어 절삭조건을 선정하여 가공할 수 있다. 부속장치를 사용하면 가공범위를 더욱 넓게 사용할 수 있다.
• 전용 공작기계 : 특정한 제품을 대량 생산할 때 적합한 공작기계이다. 소량 생산에는 적합하지 않고, 사용범위가 한정되고, 기계의 크기도 가공물에 적합한 크기로 되어 있다. 구조가 간단하고, 조작이 편리하다.
• 만능 공작기계 : 여러 가지 종류의 공작기계에서 할 수 있는 가공을 한 대의 공작기계에서 가능하도록 제작한 공작기계이다.

26 일반적으로 공작기계를 구성하는 공작기계의 구비조건과 거리가 가장 먼 것은?

① 높은 정밀도를 가질 것
② 가공능력이 클 것
③ 운전비용 및 가격이 고가일 것
④ 내구력이 크며 사용이 간편할 것

공작기계의 구비조건
• 높은 정밀도를 가질 것
• 가공능력이 클 것
• 내구력이 크며, 사용이 간편할 것
• 고장이 적고, 기계효율이 좋을 것
• 가격이 싸고 운전비용이 저렴할 것

27 선반의 주축대에서 주축을 중공축으로 하는 이유가 아닌 것은?

① 긴 가공물 고정이 편리하다.
② 센터를 쉽게 분리할 수 있다.
③ 내경작업을 쉽게 하기 위해서이다.
④ 중량이 감소되어 베어링에 작용하는 하중을 줄여 준다.

선반 주축을 중공축(中空軸)으로 하는 이유
• 굽힘과 비틀림 응력에 강하다.
• 중량이 감소되어 베어링에 작용하는 하중을 줄여 준다.
• 긴 가공물 고정이 편리하다.
※ 중공축(中空軸) : 속이 빈 축
　중실축(中實軸) : 속이 찬 축

24 ② 25 ③ 26 ③ 27 ③ **정답**

28 기계의 부품을 조립할 때 볼트의 머리 부분이 돌출되면 곤란한 부분이 있다. 이러한 경우에 볼트 또는 너트의 머리 부분이 가공물 안으로 묻히도록 드릴과 동심원의 2단 구멍을 절삭하는 방법은?

① 카운터 보링(Counter Boring)

② 카운터 싱킹(Counter Sinking)

③ 스폿 페이싱(Spot Facing)

④ 리밍(Reaming)

• 리밍(Reaming) : 뚫려 있는 구멍을 정밀도가 높고, 가공 표면의 표면거칠기를 좋게 하기 위한 가공

• 카운터 싱킹(Counter Sinking) : 나사머리가 접시 모양일 때 테이퍼 원통형으로 절삭하는 가공

• 보링 : 이미 뚫려 있는 구멍을 필요한 크기로 넓히거나 정밀도를 높이기 위하여 보링 바이트를 이용하여 가공하는 방법

• 탭 가공 : 드릴로 뚫은 구멍에 탭을 이용하여 암나사를 가공하는 방법

• 스폿 페이싱(Spot Facing) : 볼트나 너트가 닿는 구멍 주위의 부분만 평탄하게 가공하여 체결이 잘되도록 하는 가공방법

드릴링	리밍	태핑
스폿 페이싱	카운터 보링	카운터 싱킹

29 다음 그림은 절삭 중에 공구와 공작물 및 칩에 발생하는 절삭온도의 분포이다. 절삭온도가 가장 높은 부분은?

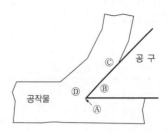

① A

② B

③ C

④ D

D : 전단면에서 전단 변형이 일어날 때 생기는 열로 가장 높다.
절삭열의 발생

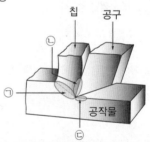

㉠ 전단면에서 전단 변형이 일어날 때 생기는 열 : 60%(가장 높다)

㉡ 공구 경사면에서 칩과 마찰할 때 생기는 열 : 30%

㉢ 공구 여유면과 공작물 표면이 마찰할 때 생기는 열 : 10%

30 주철을 초경합금 팁을 사용하여 선반가공할 때 공구홀더의 윗면 경사각은?

① 0~6° ② 7~10°
③ 11~12° ④ 13~15°

바이트의 실용 표준 각도(단위 : 도)

가공물 재질		고속도강 바이트				초경합금 바이트			
		r	r'	α	α'	r	r'	α	α'
주 철	경	8	10	5	12	4~6	4~6	0~6	0~10
	연	8	10	5	12	4~10	4~10	0~6	0~12
탄소강	경	8	10	8~12	12~14	5~10	5~10	0~10	4~12
	연	8	12	12~16	14~22	6~12	6~12	0~15	8~15
쾌삭강		8	12	12~161	8~22	6~12	6~12	0~15	8~15
알루미늄		8	12	35	15	6~10	6~10	5~15	8~15

여기서, r : 앞면 절삭각
r' : 옆면 절삭각
α : 윗면 경사각
α' : 옆면 경사각

31 절삭 면적의 표시방법 중 옳은 것은?

① 절삭 깊이×이송
② 절삭속도×이송
③ 절삭저항×이송
④ 절삭 폭×이송

절삭 면적 : $F = s$(이송량)$\times t$(절삭 깊이)

32 연성재료를 가공할 때 공구의 각도에 따라 유동형, 전단형, 열단형 등의 서로 다른 형태의 칩이 발생한다. 이때 각도의 정확한 명칭은?

① 윗면 경사각 ② 측면 경사각
③ 전면 여유각 ④ 측면 여유각

공구의 윗면 경사각의 각도에 따라 유동형, 전단형, 연단형 칩이 발생한다.

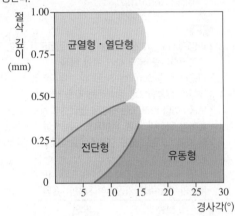

[절삭조건과 칩의 형태]

33 표점거리가 50mm, 두께가 2mm, 평행부 너비가 25mm인 강판을 인장시험하였을 때 최대 하중은 25kN이었고, 파단 직전의 표점거리는 60mm가 되었다. 이 재료에 작용한 인장강도(N/mm²)는?

① 300
② 400
③ 500
④ 600

인장강도$(\sigma) = \dfrac{P(\text{하중})}{A(\text{단면적})} = \dfrac{25\times10^3\text{N}}{2\text{mm}\times25\text{mm}} = 500\text{N/mm}^2$

$\therefore$ 인장강도$(\sigma) = 500\text{N/mm}^2$

34 절삭성이 우수한 황동 합금으로 정밀절삭가공이 필요하지만 강도는 크게 필요하지 않는 시계나 계기용 기어, 나사, 볼트, 너트, 카메라 부품 등에 주로 사용되는 황동 합금은?

① Al 황동
② Pb 황동
③ Si 황동
④ 델타메탈

해설
쾌삭황동(Pb 황동) : 황동에 Pb(납)을 첨가하여 절삭성을 향상시킨 금속

35 다음 그림은 주철에 있어서 Si와 C의 양에 따른 조직의 변화를 나타낸 마우러의 조직도이다. 여기서 Ⅱ 영역(E′ ~ H′ 사이의 영역) 조직으로 옳은 것은?

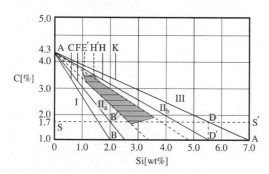

① 백주철
② 회주철
③ 페라이트 주철
④ 펄라이트 주철

해설
Ⅱ영역(E′ ~ H′ 사이의 영역) 조직 : 펄라이트 주철(강력 주철)
주철의 조직과 종류

영 역	조 직	주철의 종류
Ⅰ	펄라이트 + 시멘타이트	백주철(극경 주철)
Ⅱa	펄라이트 + 시멘타이트 + 흑연	반주철(경질 주철)
Ⅱ	펄라이트 + 흑연	펄라이트 주철(강력 주철)
Ⅱb	펄라이트 + 페라이트 + 흑연	회주철(주철)
Ⅲ	페라이트 + 흑연	페라이트 주철(연질 주철)

마우러 조직도 : 주철의 조직에 영향을 끼치는 주요한 요소는 탄소(C) 및 규소(Si)의 양과 냉각속도이다. 마우러 조직도는 탄소(C)와 규소(Si)의 양에 따른 주철의 조직관계를 표시한 것이다.

36 탄소강의 기본조직 중 공석강으로 페라이트와 시멘타이트의 층상으로 나타나는 조직은?

① 펄라이트
② 마텐자이트
③ 오스테나이트
④ 레데부라이트

해설
철-탄소계 평형상태도에 존재하는 강의 조직과 특성

강의 조직	강의 특성
페라이트	• 순철 α철에 탄소가 매우 적은 양으로 고용된 α고용체이다. • 768℃까지 강자성체이며, 체심입방격자(BCC) 구조이다. • 연하고 인장강도는 낮은 편이다.
오스테나이트	• 순철 γ철에 탄소가 고용된 γ고용체이다. • 소성변형성이 우수한 면심입방격자(FCC) 구조이다. • 상온에서 안정하게 존재할 수 없다.
시멘타이트	• 시멘타이트는 철과 탄소의 화합물(Fe_3C)이다. • 0.8%의 탄소강으로부터 6.67%의 주철까지의 주성분을 이룬다. • 매우 단단하고 충격에 취약하다.
펄라이트 (페라이트+시멘타이트)	• 페라이트와 시멘타이트가 한 겹씩 서로 층을 이루는 조직이다. • 경도가 작고 안정된 공석조직이다.

37 알루미늄 합금 중 내열용 합금에 속하며 고온경도가 커서 내연기관의 실린더, 피스톤 등에 사용되는 것은?

① 두랄루민
② 라우탈
③ 실루민
④ Y합금

해설
• Y합금 : Al + 4% Cu + 2% Ni + 1.5% Mg의 합금으로 내열성이 좋아 자동차, 항공기용 엔진의 공랭 실린더 헤드와 피스톤에 사용한다.
• 두랄루민 : 단조용 알루미늄 합금으로 Al+Cu+Mg+Mn의 합금, 가벼워서 항공기나 자동차 등에 사용되는 고강도 Al합금
알루미늄 합금의 종류
• 내열용 알루미늄 합금 : Y합금, 로엑스합금, 코비탈륨
• 단조용 알루미늄 합금 : 두랄루민
• 내식성 알루미늄 합금 : 하이드로날륨, 알민, 알드리, 알클래드

38 구리(Cu)의 성질에 해당되지 않는 것은?

① 비중이 8.96 정도이다.
② 자성체로서 전기전도율이 우수한 편이다.
③ 철강에 비해 내식성이 우수하다.
④ 항복강도가 낮아 상온에서 가공이 쉽다.

해설
구리(Cu)의 성질
• 비중 : 8.96
• 용융점 : 1,083℃
• 비자성체이고, 내식성이 철강보다 우수하다.
• 전기 및 열의 양도체이다(전기전도율과 열전도율은 금속 중 Ag 다음).
• 전연성이 좋아 가공이 용이하다.
• 결정격자 : 면심입방격자

39 탄소강의 연화 및 내부응력 제거를 목적으로 적당한 온도까지 가열하고 그 온도를 어느 정도 유지한 다음 서서히 냉각시키는 열처리방법은?

① 불림   ② 풀림
③ 담금질   ④ 뜨임

해설
② 풀림 : 재료를 연하게 하거나 내부응력을 제거하고 조직을 균일화, 미세화, 표준화하기 위해 강을 오스테나이트 조직으로 될 때까지 가열한 후 노나 재 속에서 서서히 냉각시키는 조작
① 불림 : 재료의 내부응력 제거 및 균일한 결정조직을 얻기 위해 높은 온도로 가열하여 균일한 오스테나이트 조직으로 한 후 공기 중에서 냉각시키는 조작
③ 담금질 : 재료를 단단하게 할 목적으로 강을 오스테나이트 조직으로 될 때까지 가열한 후 물이나 기름에 급랭하는 조작
④ 뜨임 : 재질에 적당한 인성을 부여하기 위해 담금질 온도보다 낮은 온도에서 일정 시간 유지한 후 냉각시키는 조작

40 프레스용 금형재료의 구비조건으로 틀린 것은?

① 인성이 클 것
② 내마모성이 클 것
③ 기계가공성이 좋을 것
④ 열처리 시 치수 변화가 많을 것

해설
프레스용 금형재료는 열처리 시 치수 변화가 작아야 한다.

41 참값이 1.732mm인 부품을 측정하였더니 1.7mm였다. 오차율은 약 몇 %인가?

① 0.1
② 0.2
③ 1
④ 2

해설

$$오차율 = \frac{참값 - 측정값}{참값} \times 100\%$$

$$= \frac{1.732\text{mm} - 1.7\text{mm}}{1.732\text{mm}} \times 100\%$$

$$= 1.85\%$$

∴ 오차율 ≒ 2%

42 기어호브(Gear Hob)의 측정요소가 아닌 것은?

① 외경의 떨림

② 웨브(Web)의 두께

③ 호브의 분할오차

④ 보스(Boss)의 외경 및 측면의 떨림

해설
웨브(Web)의 두께는 드릴의 측정요소이다.
기어호브(Gear Hob)의 측정요소 : 치형 이 두께 오차, 치형오차,
단일 피치오차, 분할오차, 치선의 흔들림, 호브 바깥둘레의 흔들림
및 면의 흔들림 등

43 다음 측정기 중에서 선반 베드의 진직도 측정 시 가장 고정밀도로 측정이 가능한 것은?

① 정밀수준기

② 오토콜리메이터

③ 레이저 간섭계

④ 광선정반

해설
가장 고정밀도로 진직도를 측정하는 것은 레이저 간섭계이다.
진직도 측정 : 정밀수준기, 오토콜리메이터, 나이프에지

44 중간 끼워맞춤에 해당하는 것은?

① $50\dfrac{H7}{js7}$

② $50\dfrac{H7}{r6}$

③ $50\dfrac{H7}{e7}$

④ $50\dfrac{H7}{x7}$

해설
① $\varnothing 50\dfrac{H7}{js7}$

- 구멍기준식 중간 끼워맞춤이다.
- 축과 구멍의 호칭 치수가 모두 $\varnothing 50$인 $\varnothing 50H7$의 구멍과 $\varnothing 50js7$ 축의 끼워맞춤이다.

② $50\dfrac{H7}{r6}$, ④ $50\dfrac{H7}{x7}$: 억지 끼워맞춤

③ $50\dfrac{H7}{e7}$: 헐거운 끼워맞춤

자주 사용하는 구멍기준 끼워맞춤

기준 구멍	축의 공차범위 클래스																			
	헐거운 끼워맞춤						중간 끼워맞춤			억지 끼워맞춤										
H6					g5	h5	js5	k5	m5											
			f6	g6	h6		js6	k6	m6	n6	p6									
H7			f6	g6	h6		js6	k6	m6	n6	p6	r6	s6	t6	u6	x6				
		e7	f7		h7		js7													

45 축 경사용 한계게이지(링게이지) 설계 시 마모 여유를 주는 방법에 대한 설명으로 옳은 것은?

① 통과 측 치수에 부여하며 '+'값으로 준다.

② 정지 측 치수에 부여하며 '+'값으로 준다.

③ 통과 측 치수에 부여하며 '-'값으로 준다.

④ 정지 측 치수에 부여하며 '-'값으로 준다.

해설
통과 측 치수에 부여하며 '-'값으로 준다.

46 미터나사 유효지름 측정에서 삼침을 넣고 측정하였더니 외측거리가 20.246mm이고, 나사 피치가 2.000mm일 때 나사의 유효지름은 약 몇 mm인가?(단, 삼침의 지름은 최적 선지름을 적용한다)

① 15.556   ② 16.664

③ 17.846   ④ 18.514

삼침법
- 나사의 골에 3개의 침을 끼우고 침의 외측을 외측 마이크로미터 등으로 측정하여 수나사의 유효지름을 계산하는 방법
- 삼침법에 의한 측정법

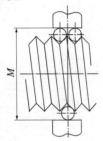

- 삼침법에서 나사의 유효지름

$d_2 = M - 3d + 0.866025 \times p$

$= 20.246\text{mm} - (3 \times 1.1547\text{mm}) + 0.866025 \times 2.0\text{mm}$

$≒ 18.514\text{mm}$

∴ 수나사의 유효지름(d_2) = 18.514mm

여기서, M : 외측 측정값(mm), d : 삼침의 지름(mm),
　　　　p : 나사의 피치

※ 최적 선지름 : 유효지름 측정오차의 영향이 가장 작은 삼침을 최적 선지름이라고 하며, 미터나사, 유니파이나사에서는 α = 60°이므로

최적 선지름 $d_w = 0.57735 \times p$

→ $d_w = 0.57735 \times 2.0\text{mm} ≒ 1.1547\text{mm}$

※ 나사의 유효지름 측정
- 나사 마이크로미터에 의한 방법
- 삼침법
- 광학적인 방법(공구 현미경, 투영기 등)

47 밀링고정구를 설계할 때 검토해야 할 주요 항목으로 가장 거리가 먼 것은?

① 밀링머신의 종류

② 테이블 치수

③ 작업자의 숙련도

④ 가공능력

밀링고정구 설계 시 작업자의 숙련도는 검토해야 할 주요 항목과 거리가 멀다. 작업자의 숙련도는 정밀도에 영향을 주는 요인이다.

48 치공구 본체에 있어서 주조형 본체가 가지는 장점에 속하는 것은?

① 표준 부품의 재사용이 가능하다.

② 진동 흡수능력이 우수하다.

③ 제작에 소요되는 기간이 짧다.

④ 용접성이 우수하다.

주조형 본체는 진동 흡수능력이 우수하다.

49 봉재와 같은 원형 부품의 위치결정 시 수직(상하 방향) 중심의 정도가 가장 중요할 때 사용되는 V블록의 각도로 가장 적합한 것은?

① 60°

② 90°

③ 115°

④ 120°

50 CNC 선반에서 절삭유 ON에 해당하는 M코드는?

① M08   ② M09

③ M05   ④ M03

해설

M코드

M코드	기 능	M코드	기 능
M00	프로그램 정지	M08	절삭유 ON
M01	프로그램 선택 정지	M09	절삭유 OFF
M02	프로그램 끝	M30	프로그램 끝 & 리셋
M03	주축 정회전	M98	보조 프로그램 호출
M04	주축 역회전	M99	보조 프로그램 종료
M05	주축 정지		

51 CAD 작업을 할 때의 입력장치가 아닌 것은?

① 마우스

② 트랙볼(Track Ball)

③ 라이트 펜(Light Pen)

④ CRT(Cathode Ray Tube)

해설

• 입력장치 : 조이스틱, 라이트 펜, 마우스, 스캐너, 디지타이저 등

• 출력장치 : 프린터, 플로터, 모니터, 그래픽 디스플레이(CRT, PDP, LCD) 등

52 머시닝센터에서 NC 프로그램에 사용하는 좌표계가 아닌 것은?

① 공작물좌표계

② 구역좌표계

③ 기계좌표계

④ 공구좌표계

해설

공구좌표계는 머시닝센터에서 NC 프로그램에서 사용하는 좌표계가 아니다.

① 공작물좌표계 : 도면을 보고 프로그램을 작성할 때 절대좌표계의 기준이 되는 점으로서 프로그램 원점 또는 공작물 원점이라고도 한다.

② 구역좌표계 : 지역좌표계 또는 워크좌표계라고도 하며, G54~G59를 사용하여 각각의 작업영역별로 원점을 부여하여 사용한다.

③ 기계좌표계 : 기계 원점을 기준으로 정한 좌표계이며, 기계 제작자가 파라미터에 의해 정하는 좌표계

53 CNC 선반에서 1,000rpm으로 회전하는 스핀들에 4회전 휴지를 주려고 한다. 정지시간은 약 얼마인가?

① 0.1초
② 0.24초
③ 1초
④ 1.5초

$$정지시간(초) = \frac{60 \times 공회전수(회)}{스핀들\ 회전수(rpm)} = \frac{60 \times n(회)}{N(rpm)}$$

$$= \frac{60 \times 4회}{1,000rpm} = 0.24초$$

∴ 정지시간 : 0.24초

※ 휴지(Dwell) : 지령한 시간 동안 이송이 정지되는 기능이다. 이 기능은 홈가공이나 드릴작업 등에서 간헐이송으로 칩을 절단하거나 목표점에 도달한 후 즉시 후퇴할 때 생기는 이송량만큼의 단차를 제거함으로써 진원도의 향상 및 깨끗한 표면을 얻기 위하여 사용한다.

54 다른 조건이 일정할 때 머시닝센터에서 볼 엔드밀로 NC 가공 시 커습의 높이에 가장 영향을 적게 주는 것은?

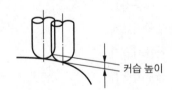

커습 높이

① 공구경로 간격
② 공구의 반경
③ 피삭재의 경사도
④ 공구경로점 간의 길이

커습 높이(Cusp Height)에 가장 영향을 적게 주는 것은 공구경로점 간의 길이이다.

※ 커습 높이(Cusp Height) : 형상가공 시 공구경로 사이 간격(피치)에 의해 생기는 조개껍질 형상의 최고점과 최저점의 높이차

55 검사의 분류방법 중 검사가 행해지는 공정에 의한 분류에 속하는 것은?

① 관리 샘플링검사
② 로트별 샘플링검사
③ 전수검사
④ 출하검사

56 단계여유(Slack)의 표시로 옳은 것은?(단, TE는 가장 이른 예정일, TL은 가장 늦은 예정일, TF는 총여유시간, FF는 자유 여유시간이다)

① TE – TL
② TL – TE
③ FF – TF
④ TE – TF

단계여유(Slack) : TL(가장 늦은 예정일) – TE(가장 이른 예정일)

57 c 관리도에서 k = 20인 군의 총부적합수 합계는 58이었다. 이 관리도의 UCL, LCL을 계산하면 약 얼마인가?

① UCL = 2.90, LCL = 고려하지 않음

② UCL = 5.90, LCL = 고려하지 않음

③ UCL = 6.92, LCL = 고려하지 않음

④ UCL = 8.01, LCL = 고려하지 않음

58 테일러(F.W. Taylor)에 의해 처음 도입된 방법으로 작업시간을 직접 관측하여 표준시간을 설정하는 표준시간 설정기법은?

① PTS법

② 실적자료법

③ 표준자료법

④ 스톱워치법

해설
④ 스톱워치법 : 테일러에 의해 처음 도입된 방법으로 스톱워치를 들고 작업시간을 직접 관측하여 표준시간을 설정하는 기법이므로 직접측정법에 속한다.
① PTS법 : 모든 작업을 기본동작으로 분해하고 각 기본동작의 성질과 조건에 따라 미리 정해 놓은 시간치를 적용하여 정미시간을 산정하는 방법이다.
② 실적자료법 : 기존 데이터 자료를 기반으로 시간을 추정하는 방법이다.
③ 표준자료법 : 표준시간 동안 축적된 자료를 분석하는 방법이다.

59 공정 중에 발생하는 모든 작업, 검사, 운반, 저장, 정체 등이 도식화된 것으로, 분석에 필요하다고 생각되는 소요시간, 운반거리 등의 정보가 기재된 것은?

① 작업분석(Operation Analysis)

② 다중활동분석표(Multiple Activity Chart)

③ 사무공정분석(Form Process Chart)

④ 유통공정도(Flow Process Chart)

해설
유통공정도(Flow Process Chart) : 공정 중에 발생하는 모든 작업, 검사, 운반, 저장, 정체 등이 도식화된 것으로, 분석에 필요하다고 생각되는 소요시간, 운반거리 등의 정보가 기재된 것

60 이항분포(Binomial Distribution)의 특징에 대한 설명으로 옳은 것은?

① $P = 0.01$일 때는 평균치에 대하여 좌우 대칭이다.

② $P \leq 0.1$이고, $nP = 0.1 \sim 10$일 때는 푸아송 분포에 근사한다.

③ 부적합품의 출현 개수에 대한 표준편차는 $D(x) = nP$이다.

④ $P \leq 0.5$이고, $nP \leq 5$일 때는 정규분포에 근사한다.

해설
이항분포는 $P \leq 0.10$이고, $nP = 0.1 \sim 10$일 때 푸아송 분포에 근사한다.

01 구성인선이 공작물에 미치는 영향이 잘못된 것은?

① 절삭되는 정도를 나쁘게 한다.

② 다듬질 치수를 나쁘게 한다.

③ 표면조도를 나쁘게 한다.

④ 공구의 마모가 작고, 공구각을 일정하게 유지시 킨다.

해설

구성인선은 절삭공구 마모를 크게 하고 공구각을 변화시켜 가공면의 표면거칠기를 나쁘게 한다.

빌트업 에지(구성인선)의 방지대책 🐢 반드시 암기(자주 출제)

• 절삭 깊이를 작게 할 것

• 경사각을 크게 할 것

• 절삭공구의 인선을 예리하게(날카롭게) 할 것

• 윤활성이 좋은 절삭유제를 사용할 것

• 절삭속도를 크게 할 것

빌트업 에지(구성인선) : 연성 가공물을 절삭할 때 절삭공구에 절삭력과 절삭열에 의한 고온·고압이 작용하여, 절삭공구인선에 매우 경하고 미소한 입자가 압착 또는 융착되어 나타나는 현상이다.

빌트업 에지(Built-up Edge) 발생과정

발생 → 성장 → 최대 성장 → 분열 → 탈락

02 공구를 재연삭하거나 새로운 공구로 교체하기 위한 공구의 일반적 수명 판정방법으로 옳은 것은?

① 공구인선의 마모가 일정량에 달했을 때

② 윤활제의 온도가 일정 온도에 달했을 때

③ 가공물의 온도가 일정 온도에 달했을 때

④ 가공 시 경작형 칩 형태에서 유동형 칩 형태로 변경되었을 때

해설

문제 보기 중 가장 일반적인 판정 기준은 '공구인선의 마모가 일정량에 달했을 때'이다.

가장 일반적인 공구수명 판정 기준

• 가공면에 광택이 있는 색조 또는 반점이 생길 때

• 공구인선의 마모가 일정량에 달했을 때

• 절삭저항의 주분력에는 변화가 작아도 이송분력이나 배분력이 급격히 증가할 때

• 완성 치수의 변화량이 일정량에 달했을 때

03 칩이 공구의 경사면을 연속적으로 흘러 나가는 모양으로 가장 바람직한 형태의 칩은?

① 유동형 칩
② 경작형 칩
③ 균열형 칩
④ 전단형 칩

칩의 종류
- 유동형 칩 : 칩이 경사면 위를 연속적으로 원활하게 흘러 나가는 모양으로 연속형 칩이다. 가장 이상적인 칩이다.
- 전단형 칩 : 칩이 경사면 위를 원활하게 흐르지 못해 절삭공구가 칩을 밀어내는 압축력이 커지면서 발생한다. 칩이 연속적으로 가공되기는 하지만 분자 사이에 전단이 일어나는 형태의 칩이다.
- 경작형(열단형) 칩 : 점성이 큰 가공물을 경사각이 작은 절삭공구로 가공할 때, 절삭 깊이가 클 때 발생하기 쉬운 칩의 형태이다.
- 균열형 칩 : 주철과 같이 메진재료를 저속으로 절삭할 때 발생하는 칩의 형태로서 순간적인 균열이 발생하여 생기는 칩이다.

유동형 칩	전단형 칩
경작형(열단형) 칩	균열형 칩

04 공구 마멸의 형태가 잘못 표현된 것은?

① 크레이터 마멸
② 플랭크 마멸
③ 씽크 마멸
④ 치 핑

공구 마멸의 종류
- 크레이터 마모(Crater Wear) : 칩이 처음으로 바이트 경사면에 접촉하는 접촉점은 절삭공구의 인선에서 약간 떨어져서 나타나며, 이 접촉점에서 마찰력이 작용하여 절삭공구의 상면 경사면이 오목하게 파이는 현상

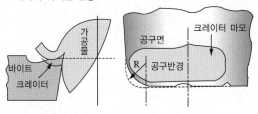

[크레이터 마모]　　　　[크레이터 현상]

- 플랭크 마모(Flank Wear) : 절삭공구의 절삭면에 평행하게 마모되는 것을 의미하며, 측면과 절삭면과의 마찰에 의하여 발생한다.

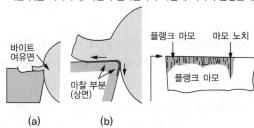

(a)　　　　(b)

- 치핑(Chipping) : 절삭공구인선의 일부가 미세하게 탈락되는 현상

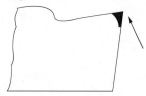

05 다음 중 절삭유제의 작용이 아닌 것은?

① 마찰을 줄여 준다.

② 절삭성능을 높여 준다.

③ 공구수명을 연장시킨다.

④ 절삭열을 상승시킨다.

절삭유의 작용

- 냉각작용, 윤활작용, 세척작용을 한다.
- 절삭공구와 칩 사이에 마찰을 감소시킨다.
- 절삭 시 열을 감소시켜 공구수명을 연장시킨다.
- 절삭성능을 높여 준다.
- 칩을 유동형 칩으로 변화시킨다.
- 구성인선의 발생을 억제한다.
- 표면거칠기를 향상시킨다.

06 밀링절삭에 있어서의 커터수명을 계산하는 방정식은?(단, V : 절삭속도(m/min), T : 공구수명(min), n, C : 정수이다)

① $VT^n = C$

② $\dfrac{T^n}{V} = C$

③ $V \cdot T \cdot n = C$

④ $\dfrac{V}{T^n} = C$

- 절삭공구의 수명식 : $VT^n = C \rightarrow T^n = \dfrac{C}{V}$
- 테일러(F. W. Taylor)는 1907년도에 공구수명과 절삭속도 사이의 관계를 식으로 표시하였다.
- 지수(n) : 절삭공구와 가공물에 의하여 변화하는 지수

절삭공구 재료	지 수
고속도강	0.05~0.2
초경합금	0.125~0.25
세라믹	0.4~0.55

07 초경합금 바이트의 노즈 반지름이 0.5mm인 것으로 이송을 0.4mm/rev로 주면서 다듬질하려고 한다. 이때 가공면의 표면거칠기 이론값(mm)은?

① 0.06
② 0.04
③ 0.25
④ 0.15

가공면의 표면거칠기 이론값

$$H_{\max} = \frac{f^2}{8R} = \frac{0.4^2}{8 \times 0.5} = 0.04\text{mm}$$

∴ 표면거칠기 이론값 : 0.04mm

여기서, $H_{\max}$: 이론적인 표면거칠기값

　　　　f : 이송

　　　　R : 노즈 반지름

※ 표면거칠기를 양호하게 하려면 노즈 반지름(R)은 크게, 이송(f)은 느리게 하는 것이 좋다. 그러나 노즈 반지름(R)이 너무 커지면 절삭저항이 증대되고, 바이트와 가공물 사이에 떨림이 발생하여 가공 표면이 더 거칠어지므로 주의해야 한다.

08 절삭유제에 대한 설명으로 틀린 것은?

① 식물성유는 동물성유에 비해 점도가 낮다.

② 식물성유는 윤활성은 좋으나 냉각성은 좋지 않다.

③ 동물성유는 점도가 높아 고속절삭에 사용된다.

④ 광유는 지방유 등을 혼합해서 윤활성능을 높인다.

동물성유는 식물성유보다는 점성이 높아 저속절삭과 다듬질 가공에 사용된다.

절삭제의 종류

- 수용성 절삭유 : 알칼리성 수용액이나 광물유를 화학적으로 처리하여 물에 용해한 유화제 등으로 다량의 물을 포함하기 때문에 냉각효과가 크고 고속절삭 연삭용 등에 적합하며 점성이 낮고 비열이 높으며 냉각작용이 우수하다.
- 광유 : 경유, 머신오일, 스핀들 오일, 석유 및 기타의 광유 또는 혼합유로 윤활성은 좋으나 냉각성이 작아 경절삭에 주로 사용한다.
- 식물성유 : 종자유, 콩기름, 올리브유, 면실유와 피마자유 등이 있으며 모두 점도가 높고 양호한 유막을 형성한다. 윤활성은 좋지만 냉각성은 좋지 않다.

09 고속가공의 특징으로 틀린 것은?

① 절삭력 감소

② 단위 시간당 절삭량 증가

③ 가공변질층의 두께 증대

④ 가공면의 표면거칠기 향상

해설
고속가공의 특징
• 가공변질층의 두께가 감소한다.
• 가공시간을 단축시켜 가공능률을 향상시킨다.
• 특히 엔드밀의 경우, 절삭력이 감소되어 박판의 가공물도 변형 없이 정밀도를 유지하면서 가공할 수 있다.
• 표면거칠기 및 표면 품질을 향상시킨다.
• 버(Burr) 생성이 감소한다.
• 칩처리가 용이하다.
• 난삭재를 가공할 수 있다.
• 경면가공을 할 때는 연삭가공을 최소화할 수 있다.

10 지름 50mm의 강봉을 회전수 1,200rpm, 절입 2.5mm, 이송 0.3mm/rev으로 가공할 때 주분력이 900N이었다면 소요동력은 약 몇 kW인가?(단, 기계의 효율은 85%이다)

① 4.75   ② 3.92

③ 3.32   ④ 2.64

해설
• 절삭에 필요한 동력은 절삭저항의 크기로 계산할 수 있다.
• 유효 절삭동력은 주분력 P_1(N), 절삭속도 V(m/min), 기계적 효율 η, 회전수를 n(rpm)이라 하면

절삭속도$(V) = \dfrac{\pi DN}{1,000}$

$\qquad = \dfrac{\pi \times 50\text{mm} \times 1,200\text{rpm}}{1,000}$

$\qquad \fallingdotseq 188.5\text{m/min}$

소요동력$(N_e) = \dfrac{P_1 \times V}{102 \times 9.81 \times 60 \times \eta}\,(\text{kW})$

$\qquad = \dfrac{900N \times 188.5\text{m/min}}{102 \times 9.81 \times 60 \times 0.85}$

$\qquad \fallingdotseq 3.32\,\text{kW}$

∴ 소요동력$(N_e) = 3.32\text{kW}$

11 선반의 정적 정밀도 검사에서 검사사항이 아닌 것은?

① 척의 흔들림

② 주축대 센터의 심압대 센터와의 높이차

③ 가로 이송대의 운동과 주축 중심선과의 직각도

④ 심압대 운동과 왕복대 운동과의 평행도

해설
척의 흔들림은 선반의 정적 정밀도 검사사항이 아니라 회전축의 흔들림이다.
• 정적 정밀도 : 공작기계를 구성하는 중요 부분의 모양 및 운동의 기하학적 정밀도와 유닛 또는 각 부품의 조립 정밀도 중에 공작 정밀도에 영향을 미치는 것에 대하여 시험하는 것을 목적으로 한다.
• 정적 정밀도 시험방법 : 진직도, 평행도, 평면도, 직각도, 회전축의 흔들림, 회전 중 축 방향의 움직임, 동심도, 분할 정밀도, 나사의 리드 정밀도 및 교차도
• 공작 정밀도 시험방법 : 공작물을 가공하여 그 가공물의 정밀도를 시험하는 것을 목적으로 하며 진원도, 원통도, 평면도, 직각도, 동심도, 분할 정밀도, 상호차의 7항목에 대하여 시행한다.

12 절삭저항의 3분력에 포함되지 않는 것은?

① 표면분력   ② 주분력

③ 이송분력   ④ 배분력

해설

절삭저항 3분력

절삭저항 3분력	설 명	3분력의 크기
주분력 (F_1)	칩이 발생하면서 바이트 윗면을 누르는 힘에 의해 받는 저항으로, 가장 크게 나타난다.	10
배분력 (F_2)	바이트의 앞면이 받는 저항으로 공작물과 여유면의 마찰에 의하여 발생한다.	2~4
이송분력 (F_3)	바이트의 옆면이 받는 저항으로 공작물과 여유면의 마찰에 의해 발생한다.	1~2

선반가공에서 발생하는 절삭저항의 3분력

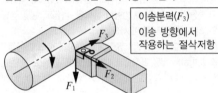

이송분력(F_3)
이송 방향에서
작용하는 절삭저항

주분력(F_1) 절삭 진행 방향에서 작용하는 절삭저항	배분력(F_2) 절삭 깊이 방향에서 작용하는 절삭저항

13 선반의 가로 이송대에 8mm의 리드로서 원주를 100등분하여 만든 칼라 눈금의 핸들이 달려 있을 때, 지름 34mm의 둥근 막대를 지름 30mm로 절삭하려면 핸들의 눈금을 몇 눈금 돌리면 되는가?

① 25   ② 30

③ 50   ④ 60

해설

선반의 가로 이송 핸들 마이크로칼라 한 눈금의 리드는 8mm를 100등분한 0.08mm가 된다. 문제에서 직경 34mm의 공작물을 직경 30mm로 가공하려면 2mm만 전진하면 되므로 핸들의 눈금은 25눈금만 돌리면 된다(0.08mm × 25눈금 = 2mm).

※ 선반은 회전체를 절삭하므로 가로 이송대로 절삭 깊이 2mm를 전진하면 공작물은 4mm가 절삭된다.

14 8개의 날을 가진 정면 밀링커터로 외경이 100mm이고, 길이가 245mm인 연강을 절삭하려고 한다. 날 1개마다의 이송을 0.04mm로 하고 절삭속도를 120m/min로 할 때 커터 선단의 공작물을 1회 절삭 이송하는 데 소요되는 시간은?

① 약 1분 30초

② 약 1분 45초

③ 약 2분

④ 약 2분 15초

해설

회전수(n)$= \dfrac{1,000 \times v}{\pi \times D}$ 식에서 절삭속도가 120m/min이므로

$n = \dfrac{1,000 \times 120\text{m/min}}{\pi \times 100\text{mm}} ≒ 382\text{rpm}$

테이블의 이송 및 테이블의 이송 길이

$f = f_z \times z \times n = 0.04\text{mm} \times 8 \times 382\text{rpm} ≒ 122\text{mm/min}$

$L = l + D = 245\text{mm} + 100\text{mm} = 345\text{mm}$

$T = \dfrac{L}{f} = \dfrac{345\text{mm}}{122\text{mm/min}} ≒ 2.82786$

∴ $T =$ 약 2분 50초

※ $T = 2.82786$을 정리하면

• 정수는 그대로 분(min)으로 적용된다. 따라서 2분

• 소수 0.82786은 1분 = 60초로 적용하기 위하여
 0.82786 × 60 = 49.6716 따라서 약 50초로 계산된다.

여기서, v : 절삭속도(m/min)

     D : 커터의 지름(mm)

     f : 테이블 이송(mm/min)

     f_z : 1개 날당 이송(mm)

     z : 커터의 날수

     n : 커터 회전수(rpm)

     L : 테이블 이송거리(mm)

     l : 가공물의 거리(mm)

15 밀링작업에서 절삭속도에 따라 공구수명, 다듬질 상태 등이 달라진다. 절삭속도의 선정방법에 대한 설명으로 잘못된 것은?

① 가공물의 경도·강도·인성 등의 기계적 성질을 고려한다.
② 커터수명을 길게 하려면 추천 절삭속도보다 절삭속도를 약간 높게 설정한다.
③ 거친 가공은 이송을 빠르게 하고 절삭속도는 느리게 한다.
④ 다듬질 가공은 이송을 느리게, 절삭속도를 빠르게 한다.

해설
커터의 수명을 연장하기 위해서는 추천 절삭속도보다 절삭속도를 약간 낮게 설정하여 절삭하는 것이 좋다.
생산성을 향상시키기 위한 절삭속도 선정방법
• 가공물의 경도·강도·인성 등의 기계적 성질을 고려한다.
• 커터의 날이 빠르게 마모되거나 손상되는 현상이 발생하면, 절삭속도를 좀 더 낮추어 절삭한다.

구 분	절삭속도	이 송	절삭 깊이
거친 절삭	느리게	빠르게	크게
다듬질 절삭	빠르게	느리게	작게

16 밀링머신에 대한 설명으로 틀린 것은?

① 다수의 절삭 날을 가진 커터를 회전하여 가공을 하는 공작기계이다.
② 공구를 고정하고 공작물을 회전시켜 가공하는 공작기계이다.
③ 불규칙하고 복잡한 면부터 더브테일, 총형가공 등을 할 수 있다.
④ 부속장치를 사용하여 다양한 가공을 할 수 있다.

해설
밀링머신 : 주축에 고정된 밀링커터 및 엔드밀을 회전시키고, 테이블에 고정한 가공물에 절삭 깊이와 이송을 주어 가공물을 필요한 형상으로 절삭하는 공작기계로, 주로 평면을 가공한다. 홈가공, 각도가공, T홈가공, 더브테일 가공, 나사가공 등의 복잡한 가공을 할 수 있으며 부속장치를 사용하여 다양한 가공을 할 수 있다.
※ 선반 : 주축 끝단에 부착된 척(Chuck)에 가공물(공작물)을 고정하여 회전시키고, 공구대에 설치된 바이트로 절삭 깊이와 이송을 주어 가공물을 주로 원통형으로 절삭하는 공작기계이다.

17 초경합금의 연삭에 가장 적합한 숫돌은?

① A숫돌　　　　② WA숫돌
③ C숫돌　　　　④ GC숫돌

해설
인조 숫돌입자의 종류 및 적용범위

종 류	기 호	적용범위
갈색 알루미나	A	보통 탄소강, 합금강, 스테인리스강 등
백색 알루미나	WA	인장강도가 큰 강 계통의 연삭에 적합하며 특히, 접촉 면적이 큰 연삭이나 발열을 피해야 하는 연삭에 사용한다.
탄화규소	C	알루미나보다 단단하나 취성이 커서 인장강도가 낮은 재료 연삭에 적합하다.
녹색 탄화규소	GC	주철, 황동, 경합금, 초경합금 등을 연삭하는 데 적합하다.

18 센터리스 연삭기 통과이송법에서 이송속도 F(mm/min)를 구하는 식은?(단, D : 조정숫돌의 지름 (mm), N : 조정숫돌의 회전수(rpm), α : 경사각 (°)이다)

① $F = \pi DN \times \sin\alpha$

② $F = DN \times \sin\alpha$

③ $F = \pi DN \times \tan\alpha$

④ $F = \pi DN \times \cos\alpha$

해설

가공물의 이송속도 $F = \pi DN \times \sin\alpha$(mm/min)

여기서, d : 조정숫돌의 지름(mm), n : 조정숫돌의 회전수(rpm),
α : 경사각(°)

센터리스 연삭기 이송방법

• 통과이송법 : 지름이 동일한 가공물을 연삭숫돌과 조정숫돌 사이로 자동적으로 이송하여 통과시키면서 연삭하는 방법이다. 조정숫돌은 가공물에 회전과 이송을 준다.

• 전후이송법 : 연삭숫돌의 폭보다 짧은 가공물의 연삭, 턱 붙이, 끝면 플랜지 붙이, 테이퍼, 곡선, 윤곽이 있는 형태의 가공물 등은 이송이 곤란하다. 가공물의 받침판 위에 올려놓고 조정숫돌바퀴를 접근시키거나 수평으로 이송하여 연삭하는 방법으로, 가공물을 한쪽으로 밀어주기 위하여 0.5~1.5° 정도 경사시킨다.

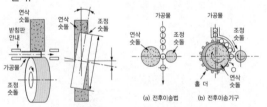

[통과이송법의 원리]　　　[전후이송법의 원리]

19 지그보링기의 작업조건을 설명한 것 중 가장 거리가 먼 것은?

① 작업장 내의 온도는 상온의 ±1° 이내로 유지시키는 것이 좋다.

② 외부로부터의 진동이 전달되지 않도록 방진처리한다.

③ 햇빛이 닿는 밝은 쪽이 좋다.

④ 공기 필터를 통하여 바깥 공기를 빨아들이는 환기방식이 좋다.

해설

지그보링머신(Jig Boring Machine)은 높은 정밀도를 요구하는 가공물 가공에 사용되는 보링머신으로, 온도 변화에 따른 영향을 받지 않도록 햇빛이 닿는 쪽은 작업조건으로 적합하지 않다.

20 다음 중 브로칭가공법에 대한 설명 중 틀린 것은?

① 키 홈, 스플라인 홈을 가공할 수 있다.

② 내면 또는 외면을 브로칭가공할 수 있다.

③ 브로치의 비용이 저가이므로 소량 생산에 적합하다.

④ 제품의 형상, 모양, 크기, 재질에 따라 각각의 브로치가 필요하다.

해설

브로칭은 가공물의 재질과 치수가 같을 경우에만 사용이 가능하다. 제품의 형상과 모양, 크기, 재질에 따라 각각의 브로치가 필요하므로, 브로치의 설계나 제작에 시간이 오래 걸리고 비용이 많아 일정 수량 이상의 대량 생산에만 적용할 수 있다.

브로칭(Broaching) : 가늘고 긴 일정한 단면 모양을 가진 공구에 많은 날을 가진 브로치(Broach)라는 절삭공구를 사용하여 가공물의 내면이나 외경에 필요한 형상의 부품을 가공하는 절삭방법

21 래핑의 특징이 아닌 것은?

① 정밀도가 높은 제품을 가공할 수 있다.
② 가공면의 내마모성이 증대된다.
③ 가공이 복잡하여 대량 생산이 불가능하다.
④ 가공면은 윤활성이 좋다.

해설

래핑 : 가공물과 랩(Lap) 사이에 랩제를 넣고 가공물에 압력을 가하면서 표면거칠기가 우수한 가공면을 얻는 가공방법으로, 가공이 간단하고 대량 생산이 가능하다.

래핑가공의 장단점

장 점	단 점
• 가공면이 매끈한 거울면을 얻을 수 있다.	• 가공면에 랩제가 잔류하기 쉽고, 제품을 사용할 때 잔류한 랩제가 마모를 촉진시킨다.
• 정밀도가 높은 제품을 가공할 수 있다.	• 고도의 정밀가공은 숙련이 필요하다.
• 가공면은 윤활성 및 내마모성이 좋다.	• 작업이 지저분하고 먼지가 많다.
• 가공이 간단하고 대량 생산이 가능하다.	• 비산하는 랩제는 다른 기계나 가공물을 마모시킨다.
• 평면도, 진원도, 직선도 등의 이상적인 기하학적 형상을 얻을 수 있다.	

22 회전하는 통 속에 가공물, 숫돌입자, 가공액, 콤파운드 등을 함께 넣고 회전시켜 서로 부딪치며 가공되어 매끈한 가공면을 얻는 가공법은?

① 쇼트피닝(Shot Peening)
② 액체호닝(Liquid Honing)
③ 배럴(Barrel)가공
④ 버핑(Buffing)

해설

① 쇼트피닝 : 표면을 타격하는 일종의 냉간가공으로 철강의 작은 볼(Shot)을 공작물 표면에 분사하여 강재의 화학 조성을 변화시키지 않고 표면을 매끈하게 하여 피로강도 및 기계적 성질을 향상시킨다.
② 액체호닝 : 연마제를 가공액과 혼합하여 가공물 표면에 압축공기를 이용하여 고압과 고속으로 분사시켜 가공물 표면과 충돌시켜 표면을 가공하는 방법이다.
④ 버핑 : 모(毛), 직물 등으로 원반을 만들고 이것을 여러 장 붙이거나 재봉으로 누벼 버핑바퀴를 만들고, 바퀴에 윤활제를 섞은 미세한 연삭입자의 연삭작용으로 가공물 표면을 매끈하게 광택 내는 가공방법이다.

23 슈퍼피니싱에서 숫돌의 길이는 일반적으로 어느 정도가 적당한가?

① 가공물 길이의 1/2 정도로 한다.
② 가공물 길이와 같게 한다.
③ 가공물 지름과 같게 한다.
④ 가공물 지름의 1/2 정도로 한다.

해설

슈퍼피니싱(Super Finishing)의 숫돌 폭은 가공물 지름의 60~70% 정도로 하며, 숫돌의 길이는 가공물의 길이와 동일하게 하는 것이 일반적이다.

24 액체호닝(Liquid Honing)의 일반적인 특징으로 틀린 것은?

① 피닝(Peening)효과가 있다.
② 형상이 복잡한 것도 쉽게 가공할 수 있다.
③ 다듬질면의 진직도가 매우 우수하다.
④ 공작물 표면의 산화막을 제거하기 쉽다.

해설

액체호닝 : 연마제를 가공액과 혼합하여 가공물 표면에 압축공기를 이용하여 고압과 고속으로 분사시켜 가공물 표면과 충돌시켜 표면을 가공하는 방법

장 점	단 점
• 피닝효과가 있다.	• 호닝입자가 가공물에 부착되어 내마모성을 저하시킬 우려가 있다.
• 가공시간이 짧다.	• 다듬질면의 진원도, 진직도가 좋지 않다.
• 가공물의 피로강도를 10% 정도 향상시킨다.	
• 형상이 복잡한 것도 쉽게 가공한다.	
• 가공물 표면에 산화막이나 거스러미를 제거하기 쉽다.	

25 쇼트피닝(Shot Peening)이 일감의 가공에 효과적인 것이 아닌 것은?

① 기어의 치면
② 압연가공한 공작물
③ 열처리 전의 합금강
④ 스프링의 표면

해설

쇼트피닝의 용도
• 열처리 후 변형이 생기는 복잡한 공작물
• 압연이나 인발가공한 공작물
• 열간 압연에 의한 탈탄층 및 침탄 부분
• 모서리 부분의 응력하중을 받는 곳
쇼트피닝(Shot Peening) : 표면을 타격하는 일종의 냉간가공으로 철강의 작은 볼(Shot)을 공작물 표면에 분사하여 강재의 화학조성을 변화시키지 않고 표면을 매끈하게 하여 피로강도 및 기계적 성질을 향상시킨다.

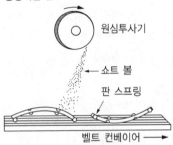

원심투사기
쇼트 볼
판 스프링
벨트 컨베이어 →

압축공기 쇼트
코일 스프링

26 1차로 가공된 가공물의 안지름보다 다소 큰 강철볼(Ball)을 압입하여 통과시켜서 가공물의 표면을 소성변형시켜 가공하는 방법은?

① 버니싱
② 폴리싱
③ 쇼트피닝
④ 롤러가공

해설

① 버니싱(Burnishing) : 원통형 내면에 강철 볼형의 공구를 압입해 통과시켜 매끈하고 정도가 높은 면을 얻는 가공법이다.
② 폴리싱(Polishing) : 목재·피혁·직물 등 탄성이 있는 재료로 된 바퀴 표면에 부착시킨 미세한 연삭입자로 연삭작용을 하게 하여 가공물 표면을 버핑하기 전에 다듬질하는 방법이다.
③ 쇼트피닝(Shot-peening) : 표면을 타격하는 일종의 냉간가공으로 철강의 작은 볼(Shot)을 공작물 표면에 분사하여 강재의 화학 조성을 변화시키지 않고 표면을 매끈하게 하여 피로강도 및 기계적 성질을 향상시킨다.
④ 롤러(Roller)가공 : 가공한 표면에 절삭공구의 이송 자국, 뜯긴 자국 등이 나타나게 되는데 이러한 표면을 롤러를 이용하여 매끈하게 가공하는 방법이다.

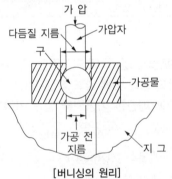

가 압
다듬질 지름 가압자
구
가공물
가공 전 지름
지 그
[버니싱의 원리]

27 모델을 음극에, 전착시킬 금속을 양극에 설치하고 전해액 속에서 전기를 통전하여 적당한 두께로 금속을 입히는 가공방법은?

① 전주가공 　　　　② 전해연삭
③ 전해연마 　　　　④ 초음파 가공

① 전주가공 : 도금을 응용한 방법으로 모델을 음극에, 전착시킬 금속을 양극에 설치하고 전해액 속에서 전기를 통전하여 적당한 두께로 금속을 입히는 가공방법이다.
② 전해연삭 : 전해연삭은 연삭숫돌에 의한 접촉방식으로, 전해작용과 기계적인 연삭가공을 복합시킨 가공방법이다. 열에 민감한 가공물, 연질 가공물, 두께가 얇은 판 등을 변형 없이 가공하는 데 적합하다(전해가공 : 비접촉식, 전해연삭 : 접촉방식).
③ 전해연마 : 전기도금의 반대 현상으로 가공물을 양극(+), 전기저항이 적은 구리·아연을 음극(−)에 연결하고, 전해액 속에서 $1A/cm^2$ 정도의 전기를 통하면 전기에 의한 화학적인 작용으로 가공물의 표면이 용출되어 필요한 형상으로 가공하는 방법이다. 알루미늄 소재 등 거울과 같이 광택 있는 가공면을 비교적 쉽게 가공할 수 있다.
④ 초음파 가공 : 기계적 에너지로 진동을 하는 공구와 공작물 사이에 연삭입자와 가공액을 주입하고서 작은 압력으로 공구에 초음파 진동을 주어 유리, 세라믹, 다이아몬드, 수정 등 소성변형되지 않고 취성이 큰 재료를 가공할 수 있는 가공방법이다.

28 다음 중 전해액 중에 공작물은 양극, 구리 또는 아연을 음극으로 하고 전류를 통과시킬 때 공작물 표면이 용해되어 매끈한 광택이 얻어지는 것은?

① 전기도금 　　　　② 전해연마
③ 방전가공 　　　　④ 화학연마

② 전해연마 : 전기도금의 반대 현상으로 가공물을 양극(+), 전기저항이 적은 구리·아연을 음극(−)으로 연결하고, 전해액 속에서 $1A/cm^2$ 정도의 전기가 통하면 전기에 의한 화학적인 작용으로, 가공물의 표면이 용출되어 필요한 형상으로 가공하는 방법이다. 알루미늄 소재 등 거울과 같이 광택 있는 가공면을 비교적 쉽게 가공할 수 있다.
③ 방전가공 : 전극과 가공물 사이에 전기를 통전시켜 방전현상의 열에너지를 이용하여 가공물을 용융·증발시켜 가공을 진행하는 비접촉식 가공방법이다. 전극과 재료는 모두 도체이어야 한다.
④ 화학연마 : 열에너지를 이용하여 가공물의 전면을 균일하게 용해하여 두께를 얇게 하거나 가공 표면의 오목한 부분은 가공하지 않고 볼록 부분만 신속하게 가공하여 평활한 표면으로 가공하는 방법이다.

29 레이저(Laser) 가공에 대한 설명으로 틀린 것은?

① 레이저의 종류는 기체 레이저, 액체 레이저, 고체 레이저, 반도체 레이저 등이 있다.
② 레이저 가공에 주로 이용되는 것은 고체 레이저와 기체 레이저이다.
③ 난삭재 미세가공에 적합하여 시계의 베어링, 보석, 다이아몬드, IC 저항의 트리밍 등에 사용된다.
④ 레이저의 광은 전자계의 영향을 받으므로 이를 주의해서 가공해야 한다.

• 레이저 광(光)은 전자계의 영향을 받지 않고 진공이 불필요하며, 거리에 따른 손실이 없으므로 발광부와 가공부 사이가 떨어져도 문제가 되지 않는다.
• 레이저 가공 : 가공물에 빛을 쏘이면 순간적으로 일부분이 가열되어 용해되거나 증발되는 원리를 이용하여 대기 중에서 비접촉으로 필요한 형상으로 가공하는 방법이다.
• 레이저의 종류에는 기체 레이저, 액체 레이저, 고체 레이저, 반도체 레이저 등이 있으며, 가장 많이 이용되는 것은 고체 레이저와 기체 레이저이다. 레이저 가공은 난삭재 미세가공에 적합하다.
• 레이저 가공원리

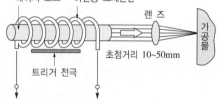

레이저 로드　여진용 크세논관　렌즈　가공물
초점거리 10~50mm
트리거 전극

− 크세논관의 발광은 콘덴서의 방전을 사용한다.
− 직류 전원과 콘덴서에 접속한다.
• 레이저의 종류

종　류		모　체	활성입자
고체 레이저	루 비	Al_2O_3	Cr^{3+}
	YAG	$Y_3Al_2O_{12}$	Nd^{3+}
	유 리	유 리	Nd^{2+}
	$CaWO_4$	$CaWO_4$	Nd^{3+}
기체 레이저	He−Ne	He−Ne	He−Ne
	A	A	A^+
	CO_2	CO_2−He−N_2	CO_2

30 용삭과 유사한 방법으로 가공물 표면에 요철 부분의 볼록부를 가공할 때 기계적 마찰로 용삭보다 더 능률적인 가공을 하는 화학가공은?

① 화학연삭 ② 화학절단
③ 화학밀링 ④ 화학절삭

화학연삭 : 용삭과 유사한 방법으로 가공물의 표면에 요철 부분의 볼록부를 가공할 때 기계적 마찰로서 용삭보다 더욱 능률적으로 가공하는 방법
• 화학절단 : 인선이 없는 메탈 소(Metal Saw)를 절단할 부분에 마찰시키면서 가공액을 공급하면 용삭이 진행되어 절단되는 가공방법
• 화학밀링 : 일명 화학절삭으로 가공물 표면에서 가공이 필요하지 않은 부분은 내식성 피막을 하고, 가공할 부분만 가공하는 방법
• 화학연마 : 열에너지를 이용하여 가공물의 전면을 균일하게 용해하여 두께를 얇게 하거나 가공 표면의 오목한 부분은 가공하지 않고 볼록한 부분만 신속하게 가공하여 평활한 표면으로 가공하는 방법

31 탄소 함유량에 따른 탄소강의 일반적인 물리적 성질 중 탄소량이 증가하면 증가하는 성질은?

① 열팽창계수 ② 열전도도
③ 전기저항 ④ 내식성

탄소강은 탄소량이 증가하면 비열, 전기저항, 보자력이 증가한다.
탄소량 증가에 따른 물리적 성질과 기계적 성질 변화

	탄소량 증가	
	증 가	감 소
물리적 성질	비열, 전기저항, 보자력	비중, 선팽창계수, 내식성
기계적 성질	강도, 경도	인성, 충격값

32 담금질 온도에서 Ms점보다 높은 온도의 염욕 중에 넣어 항온 변태를 끝낸 후에 상온까지 냉각하는 담금질 방법으로, 점성이 큰 베이나이트 조직을 얻을 수 있어 뜨임할 필요가 없는 열처리방법은?

① 오스템퍼링(Austempering)
② 마템퍼링(Martempering)
③ 시간담금질(Time Quenching)
④ 마퀜칭(Marquenching)

오스템퍼링 : 하부 베이나이트, 뜨임할 필요가 없고 강인성이 크며, 담금질 변형 및 균열 방지
② 마템퍼링 : 베이나이트와 마텐자이트의 혼합조직
④ 마퀜칭 : 마텐자이트, 복잡한 물건의 담금질(고속도강, 베어링, 게이지), 퀜칭 후 뜨임하여 사용

33 온도가 변화해도 열팽창계수, 탄성계수 등이 거의 변하지 않는 불변강에 포함되지 않는 것은?

① 인 바 ② 엘린바
③ 인코넬 ④ 플래티나이트

• 인코넬은 내열성이 좋은 내열합금이다.
• 불변강 종류 : 인바(Invar), 슈퍼 인바(Superinvar), 엘린바, 코엘린바(Coelinvar), 플레티나이트(Platinite), 퍼멀로이 등
※ 불변강 : 온도 변화에 따라 열팽창계수, 탄성계수 등이 변하지 않는 강종

34 강재를 가열하여 그 표면에 Zn을 고온에서 확산 침투시켜 내식성 향상을 목적으로 하는 금속침투법은?

① 크로마이징 ② 칼로라이징
③ 보로나이징 ④ 세라다이징

금속침투법
• 세라다이징(Sheradizing) : 아연(Zn) 침투
• 칼로라이징(Calorizing) : 알루미늄(Al) 침투
• 크로마이징(Chromizing) : 크롬(Cr) 침투
• 실리코나이징 : 규소(Si) 침투
암기팁 : 아-세, 알-칼, 크-크, 실-규

35 1976년 E. R. Evans가 개발한 주철로서 구상흑연과 편상흑연의 중간 형태의 흑연으로 형성된 조직의 주철은?

① CV 주철

② 칠드주철

③ 가단주철

④ 미하나이트 주철

해설

① CV 주철 : 구상흑연주철과 편상흑연주철의 중간적인 성질을 나타내는 주철이다.

② 칠드(Chilled)주철 : 보통주철보다 규소(Si) 함유량을 적게 하고, 적당량의 망간을 첨가한 쇳물을 금형 또는 칠 메탈이 붙어 있는 모래형에 주입하여 필요한 부분만 급랭시켜 표면만 단단하게 되고 내부는 회주철이 되므로 강인한 성질을 갖는 주철이다.

③ 가단(Malleable)주철 : 주철의 결점인 여리고 약한 인성을 개선하기 위하여 열처리에 의하여 편상흑연을 고상화하여 강도와 연성을 향상시킨 주철이다.

④ 미하나이트(Meehanite) 주철 : 약 3% C, 1.5% Si의 쇳물에 칼슘 실리케이트(Ca-Si)나 페로실리콘(Fe-Si)을 접종시켜 미세한 흑연을 균일하게 분포시킨 펄라이트 주철이다. 이 주철은 주물의 두께 차나 내외에 상관없이 균일한 조직을 얻을 수 있고, 강인하다.

36 Al-Si계 합금을 더욱 강력하게 하기 위하여 Mg을 첨가한 것으로 기계적 성질이 좋은 합금은?

① γ-실루민

② 마그날륨

③ 두랄루민

④ 알코아

해설

• 실루민 : Al-Si의 합금으로 주조성은 좋으나 절삭성이 나쁘다.

• 두랄루민 : 단조용 알루미늄 합금으로 Al + Cu + Mg + Mn의 합금이다. 가벼워서 항공기나 자동차 등에 사용되는 고강도 Al합금이다.

37 현미간섭식 표면거칠기 측정법을 사용하여 표면거칠기를 측정하려고 한다. 파장을 λ라 하고, 간섭무늬의 폭을 a, 간섭무늬의 휨량을 b라 하면 표면거칠기(F) 값은?

① $F = a \times b \times \lambda$

② $F = (a \times b) - \lambda$

③ $F = \dfrac{b}{a} \times \lambda$

④ $F = \dfrac{b}{a} \times \dfrac{\lambda}{2}$

해설

현미간섭식 표면거칠기 값 $F = \dfrac{b}{a} \times \dfrac{\lambda}{2}$

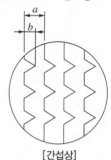

[간섭상]

38 순철의 동소체 중 910~1,400℃ 구간에서 존재하는 것은?

① α철

② β철

③ γ철

④ δ철

해설

γ철 : 910~1,400℃

※ 순철은 용융 상태에서 냉각시키면 1,538℃에서 응고되기 시작하여 그 후 실온까지 냉각되는 동안에 원자 배열이 변화하여 α-Fe, γ-Fe, δ-Fe의 동소체가 존재한다. 911℃에서 α-Fe이 γ-Fe로 되는 변태를 A_3 동소변태, 1,394℃에서 γ-Fe이 δ-Fe로 되는 변태를 A_4 동소변태라고 한다.

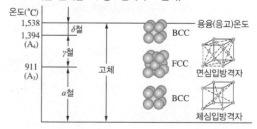

39 다음 그림은 동일한 담금질을 했을 때 탄소강과 Cr-V강의 담금질한 경도분포를 나타낸 것이다. 이에 대한 설명 중 틀린 것은?(단, 담금질 전 두 재료의 경도는 HV200 수준으로 동일하다고 가정한다)

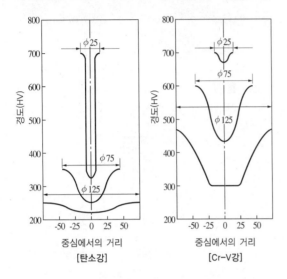

[탄소강] [Cr-V강]

① 탄소강에서 비교적 가는 봉은 중심부와 표면의 경도차가 매우 크다.

② 탄소강에서 지름이 큰 경우 내외부 경도차가 거의 없거나 작은 편이며 전체적으로 경도가 낮다.

③ $\phi 25$ Cr-V강의 경우 동일 지름의 탄소강에 비하여 경도의 분포가 고르고 질량효과가 작다.

④ Cr-V강에 비하여 탄소강이 전체적으로 담금질이 잘된다.

해설

Cr-V강에 비하여 탄소강이 전체적으로 질량효과가 크다. 즉, 같은 조건에서 담금질 시 Cr-V강이 경도의 분포가 보다 고르고 질량효과가 작다.

질량효과(Mass Effect) : 강재의 크기, 즉 질량의 크기에 따라 담금질의 효과에 미치는 영향, 또 같은 질량의 재료를 같은 조건에서 담금질하여도 조성이 다르면 담금질 깊이가 다르다. 이때 담금질의 난이성을 강의 담금질성이라 한다.

40 시멘타이트는 표준조직에서 펄라이트 속에 페라이트와 함께 층상으로 존재하거나 과공석강에서는 결정립계에 망상으로 나타나는데 이 경우 경도가 매우 높아져서 가공성이 나쁘고 균열이 쉽게 발생한다. 이를 개선하기 위해 시멘타이트가 구상 또는 입상으로 되게 하는 풀림을 무엇이라고 하는가?

① 구상화 풀림 ② 연화 풀림
③ 응력 제거 풀림 ④ 확산 풀림

해설

① 구상화 풀림 : 소성가공이나 절삭가공을 쉽게 하거나 기계적 성질을 개선할 목적으로 망상 시멘타이트 또는 층상 펄라이트 중의 시멘타이트를 가열에 의해 일정한 구상 시멘타이트화시키는 열처리를 구상화 풀림이라고 한다.

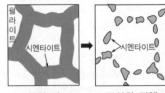

풀림 전   구상화 진행

② 연화 풀림 : 가공 경화된 재료를 공정 도중에 재결정온도 이상으로 가열하여 회복 또는 재결정에 의해 연화시키는 열처리 조작을 연화 풀림 또는 중간 풀림이라 한다.

③ 응력 제거 풀림 : 단조, 주조, 기계가공 및 용접 등에 의해서 생긴 잔류 응력을 제거시키기 위해서 A_1선 이하의 적당한 온도에서 가열하는 열처리를 응력 제거 풀림이라고 한다.

④ 확산 풀림 : 주괴 편석이나 섬유상 편석을 없애고 강을 균질화시키기 위해서 고온에서 장시간 가열하는 열처리를 확산 풀림이라고 한다.

41 시퀀스제어와 비교하여 자동제어의 장점에 해당되는 것은?

① 온도 특성이 양호하다.
② 동작 상태의 확인이 쉽다.
③ 소형이 가볍다.
④ 소형화에 한계가 있다.

42 다음 그림과 같은 회로처럼 스위치(S)를 ON/OFF 후 동작이 이루어지는 회로는?

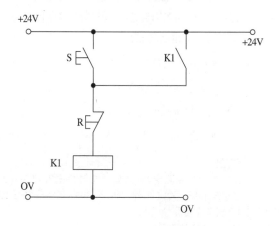

① 자기유지회로 ② 병렬회로
③ OFF 회로 ④ ON 회로

해설
문제의 회로도는 자기유지회로로, 입력 버튼 스위치를 한 번만 눌렀다 떼도 출력신호가 계속 유지된다.

43 유압회로에서 어떤 부분회로의 압력을 주회로의 압력보다 저압으로 해서 사용하고자 할 때 사용하는 밸브는?

① 감압밸브(Pressure Reducing Valve)
② 시퀀스 밸브(Sequence Valve)
③ 무부하밸브(Unloading Valve)
④ 카운터밸런스 밸브(Counter Balance Valve)

해설
① 감압밸브 : 주회로의 압력보다 저압으로 감압시켜 사용할 때 사용하는 밸브로, 고압의 압축유체를 감압시켜 사용조건이 변동되어도 설정 공급압력을 일정하게 유지시키며 출구압력을 일정하게 유지한다.
② 시퀀스 밸브 : 분기회로의 일부가 작동하더라도 주회로의 압력을 일정하게 유지하면서 조작 순서를 제어할 때 사용하는 밸브로 응답성이 좋아 저압용으로 많이 사용한다.
③ 무부하밸브 : 펌프를 무부하로 하여 동력 절감과 발열 방지를 목적으로 하고 펌프의 무부하 운전을 시키는 밸브이다.
④ 카운터밸런스 밸브 : 회로의 일부에 배압을 발생시키고자 할 때 사용하는 밸브로서, 배압밸브라고도 하며 부하가 급격히 제거되어 관성에 의한 제어가 곤란할 때 사용한다. 수직형 실린더의 자중낙하를 방지하는 역할을 한다.

44 다음 중 유도형 센서에 대한 설명으로 틀린 것은?

① 전력 소비가 적다.
② 자석효과가 없다.
③ 분극현상을 이용하므로 비금속물질도 검출이 가능하다.
④ 감지 물체 안에 온도 상승이 없다.

해설
유도형 센서는 금속체에만 반응하는 것으로 대체로 100~1,000[KHz]의 고주파 전자계를 센서 표면에서 방출하여 검출헤드(발진코일) 가까이에 금속체가 없으면 변화가 없고, 도체인 금속성 물체가 감지거리 이내에 들어오면 발진코일로부터 전자계의 영향을 받아 유도에 의한 와전류가 금속체 내부에 발생하여 에너지를 빼앗아 발진 진폭의 감쇄를 가져온다.
유도형 센서의 장점
• 적은 소모 전력(수)
• 자석효과는 없다.
• HF 필드이므로 간섭이 없다.
• 감지 물체 안에 온도 상승이 없다.

45 유압모터의 마력을 구하는 식으로 옳은 것은?(단, L : 유압모터의 마력(PS), N : 유압모터의 회전수 (rpm), T : 유압모터의 출력토크(kgf · m)이다)

① $L = \dfrac{2\pi TN}{60 \times 100 \times 10}$

② $L = \dfrac{2\pi TN}{60 \times 100 \times 25}$

③ $L = \dfrac{2\pi TN}{60 \times 100 \times 50}$

④ $L = \dfrac{2\pi TN}{60 \times 100 \times 75}$

해설
$L = \dfrac{2\pi TN}{60 \times 100 \times 75}$ (PS)

46 좁은 장소에서 사용되며 스윙 클램프와 유사한 구조를 가진 클램프는?

① 훅 클램프
② 토글 클램프
③ 캠 클램프
④ 스트랩 클램프

해설

① 훅 클램프(Hook Clamp) : 스윙 클램프와 비슷하지만 그 크기가 훨씬 작으며 단일의 대형 클램프보다는 여러 개의 소형 클램프가 사용되어야 하는 좁은 공간에서 유용하다.

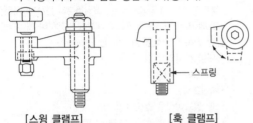

[스윙 클램프]   [훅 클램프]

② 토글 클램프(Toggle-action Clamp) : 누름, 끌어당김, 압착 및 직선운동의 4가지 운동으로 클램핑하며 작동이 신속하면서도 작용력에 비해 훨씬 큰 클램핑력을 얻을 수 있다.
④ 스트랩 클램프(Strap Clamp) : 치공구에서 사용되는 가장 간단한 클램프로서 그 기본 작동원리는 지레의 원리와 같다. 스트랩 클램프는 지레의 원리에 따라서 3종으로 분류된다.

47 일반적으로 치공구 제작공차는 제품공차에 대하여 몇 % 정도가 가장 적절한가?

① 2~5%   ② 8~15%
③ 20~50%   ④ 60~80%

해설

일반적으로 지그나 고정구의 공차는 가공물 공차의 20~50%로 정한다. 지나치게 높은 정밀도를 치공구에 부여하면 치공구의 가치를 높이지 못하면서 가격만 높아지는 경제적 손실이 발생한다.

48 작은 하중이 걸리는 작업은 주로 스프링에 의한 링크에 의해 작동되며 4가지(하향 잠김형, 압착형, 당기기형, 직선이동형) 기본적인 클램핑 작용으로 되어 있는 클램프는?

① 캠(Cam) 클램프
② 토글(Toggle) 클램프
③ 스트랩(Strap) 클램프
④ 쐐기(Wedge) 클램프

해설

토글 클램프 : 누름, 끌어당김, 압착 및 직선운동의 4가지 운동으로 클램핑하여 작동이 신속하면서도 작용력에 비해 훨씬 큰 클램핑(고정)력을 얻을 수 있다.

토글 클램프의 작용

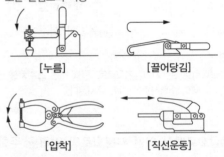

[누름]   [끌어당김]

[압착]   [직선운동]

① 캠 클램프 : 캠 클램프를 적절하게 선정하여 사용하면 공작물을 신속하고 간단하게 능률적으로 클램핑할 수 있지만, 강한 진동이 있는 경우에는 공작물을 직접 가압하는 캠 클램프보다는 간접 가압식 캠 클램프를 사용한다.
③ 스트랩 클램프 : 치공구에서 사용되는 가장 간단한 클램프로서 그 기본 작동원리는 지레의 원리와 같다. 스트랩 클램프는 지레의 원리에 따라서 3종으로 분류된다.
④ 쐐기 클램프 : 판형 캠(Flat Cam)이라고도 하며 클램프와 공구 본체 사이에서 쐐기가 공작물을 조이는 힘을 이용한 것이다.

49 자동화 라인에서 물건 및 부품을 공급해 주는 방식 중 어느 정도 거리가 있고 유연성 있게 부품을 일정한 장소까지 이동시키는 장치로 잔용궤도식과 무궤도식이 있는 것은?

① 컨베이어   ② 크레인

③ 무인반송차   ④ ATC

무인반송차(ACV) : 어느 정도 거리가 있고 유연성 있게 부품을 일정한 장소까지 이동시키는 장치

※ 자동공구교환장치(ATC) : 머시닝센터에서 여러 가지 가공을 순차적으로 할 수 있도록 자동으로 공구를 교환해 주는 장치로, 공구를 교환하는 ATC 암과 많은 공구가 격납되어 있는 공구 매거진으로 구성되어 있다.

50 머시닝센터에서 드릴가공 사이클을 사용할 때 구멍가공이 끝난 후 R점으로 복귀하기 위하여 사용되는 G코드는?

① G96   ② G97

③ G98   ④ G99

④ G99 : 고정 사이클 R점 복귀
① G96 : 주축 속도 일정 제어
② G97 : 주축 회전수 일정 제어
③ G98 : 고정 사이클 초기점 복귀

51 다음은 CAM 가공 작업과정을 나타낸 것이다. ( ) 안에 들어갈 작업과정이 순서대로 나열된 것은?

㉠ 도면 분석
㉡ 단면 좌표계 설정
㉢ (   )
㉣ (   )
㉤ (   )
㉥ (   )

① 곡선 정의 → 도형 정의 → 곡면 정의 → 가공조건 설정

② 가공조건 설정 → 곡선 정의 → 곡면 정의 → 도형 정의

③ 곡면 정의 → 가공조건 설정 → 곡선 정의 → 도형 정의

④ 도형 정의 → 곡선 정의 → 곡면 정의 → 가공조건 설정

CAM 가공 작업과정
도면 분석 → 단면 좌표계 설정 → 도형 정의 → 곡선 정의 → 곡면 정의 → 가공조건 설정

52 머시닝센터에서 그림과 같이 공구의 가공경로가 화살표로 지정되어 있을 때 공구지름 보정이 바르게 짝지어진 것은?(단, 빗금 친 부분은 가공 형상이다)

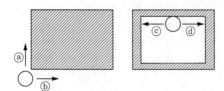

① G41 : ⓑⓓ, G42 : ⓐⓒ
② G41 : ⓐⓓ, G42 : ⓑⓒ
③ G41 : ⓑⓒ, G42 : ⓐⓓ
④ G41 : ⓐⓒ, G42 : ⓑⓓ

해설

G41 : ⓐⓒ, G42 : ⓑⓓ
공구지름 보정 : 공구의 측면 날을 이용하여 형상을 절삭하는 경우 공구 중심과 프로그램 경로가 일치할 때 공구 반지름만큼 발생하는 편차를 보정하는 기능으로, 좌측 보정과 우측 보정이 있다.

G-코드	의 미		공구경로 방법
G40	공구지름 보정 취소	프로그램 경로 / 공구경로	공구 중심과 프로그램 경로가 같다.
G41	공구지름 좌측 보정	공구경로 / 프로그램 경로	공구 진행 방향으로 볼 때 프로그램 경로보다 공구 중심이 반지름값만큼 왼쪽으로 떨어진 상태에서 절삭하게 하는 기능
G42	공구지름 우측 보정	프로그램 경로 / 공구경로	공구 진행 방향으로 볼 때 프로그램 경로보다 공구 중심이 반지름값만큼 오른쪽으로 떨어진 상태에서 절삭하게 하는 기능

53 머시닝센터 프로그램 작업 시 한 블록 내에서 다음과 같이 같은 내용의 워드를 두 개 이상 지령하면 어떻게 실행되는가?

N01 G00 X10. M08 M09

① M08과 M09가 모두 실행된다.
② M08과 M09가 모두 무시된다.
③ M08은 무시되고 M09가 실행된다.
④ M08과 실행되고 M09는 무시된다.

해설

M08은 무시되고 M09가 실행된다.
보조기능(M : Miscellaneous function) : 보조기능은 스핀들 모터를 비롯한 기계의 각종 기능을 수행하는 데 필요한 보조장치(각종 스위치)의 ON/OFF를 수행하는 기능으로, 영문자 'M'과 2자리의 숫자를 사용한다. 보조기능은 종전에는 한 블록에 하나만 사용할 수 있고, 만일 한 블록에 하나 이상 사용하면 뒤에 지령한 M코드만 유효하였다. 그러나 최근의 제어장치에는 한 블록에 복수의 M코드 사용이 가능하게 되었다.

54 자동화시스템에서 센서의 선택기준으로 고려해야 할 사항으로 가장 거리가 먼 것은?

① 정확성
② 감지거리
③ 신뢰성과 내구성
④ 감지 방향

해설

센서(Sensor) 선정 시 고려사항
• 정확성
• 감지거리
• 신뢰성과 내구성
• 단위시간당 스위칭 사이클
• 반응속도
• 선명도

55 다음 회로와 같이 입력되는 복수의 조건 중 어느 한 개라도 입력조건이 충족되면 출력(ON)이 나오는 회로는?

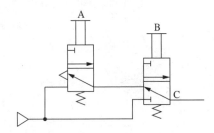

① NOR 회로
② NOT 회로
③ OR 회로
④ AND 회로

③ OR 회로 : 복수의 입력조건 중 어느 한 개라도 입력조건이 충족되면 출력되는 회로를 OR 회로라 한다. 이러한 OR 회로를 논리합회로라 하며 공압회로에서 많이 사용한다.
① NOR 회로 : 입력신호 A와 B가 모두 '0'일 때만 C가 '1'이 되며, 그 외의 신호 입력조건에는 출력 C가 '0'의 상태가 되는 회로를 NOR 회로라 한다.
② NOT 회로 : 입력신호가 '1'이면 출력은 '0'이 되고, 입력신호가 '0'이면 출력은 '1'이 되는 부정의 논리를 갖는 회로를 NOT 회로라 한다. 회로도에서 입력신호 A와 출력신호 B는 부정의 상태이므로 인버터(Inverter)라고도 한다.
④ AND 회로 : 복수의 입력조건을 동시에 충족하였을 때에만 출력되는 회로를 AND 회로라 한다. 이 회로의 기능은 진리값표의 '0'을 OFF로, '1'을 ON으로 읽어서 2개의 입력신호 A와 B에 대한 출력 C의 ON–OFF 상태를 진리값표로부터 읽을 수 있다.

56 다음 CNC 선반 프로그램에서 N40 블록에서의 절삭속도는?

```
N10 G50 X150. Z150. S1000 T0100;
N20 G96 S100 MO3;
N30 G00 X80. Z5. T0101;
N40 GO1 Z-150. FO. 1 M08;
```

① 100m/min
② 398m/min
③ 100rpm
④ 398rpm

• N20 블록의 G96은 절삭속도(m/min) 일정제어 모달 G코드로 동일 그룹 내 다른 G코드가 나올 때까지 유효하므로 절삭속도 100m/min은 N40 블록까지 유효하다. 그러므로 N40 블록의 절삭속도는 100m/min이다.
• G코드에는 원숏(One Shot) G코드와 모달(Modal) G코드의 두 종류가 있다.

구 분	의 미	그 룹	G코드
원숏 G코드	명령된 블록에 한해서 유효	00그룹	G04, G27, G28, G50 등
모달 G코드	동일 그룹의 다른 G코드가 나올 때까지 유효	00 이외의 그룹	G00, G01, G41, G96 등

57 다음과 같은 그림에서 A점에서 B점까지 이동하는 CNC 선반가공 프로그램에서 ( ) 안에 알맞은 준비기능은?

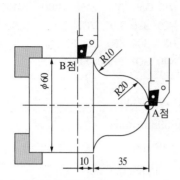

```
G03 X40.0 Z-20.0 R20.0 F0.25;
G01 Z-25.0;
( ) X60.0 Z-35.0 R10.0;
G01 Z-45.0;
```

① G00
② G01
③ G02
④ G03

해설
- ( )은 원호보간 시계 방향으로 G02을 지령한다.
- A → B : 원호보간 반시계 방향(G03) → 직선보간(G01) → 원호보간 시계 방향(G02) → 직선보간(G01)

58 다음 마이크로미터 측정값은 얼마인가?(외측 슬리브의 눈금선과 눈금선의 간격은 0.01mm이다)

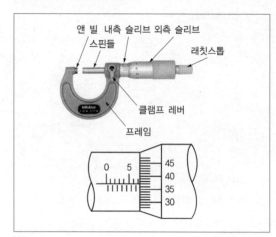

① 7.87mm
② 7.37mm
③ 7.36mm
④ 7.88mm

해설
내측 슬리브의 눈금 7, 외측 슬리브의 눈금 0.37 → 7 + 0.37 = 7.37mm

59 다음 중 계량값 관리도만으로 짝지어진 것은?

① c 관리도, u 관리도

② x-Rs 관리도, P 관리도

③ $\bar{x}$-R 관리도, nP 관리도

④ Me-R 관리도, $\bar{x}$-R 관리도

해설

계량값 관리도 : Me-R 관리도, $\bar{x}$-R 관리도
관리도의 분류에 따른 종류

구 분	관리도의 종류	
계량형 관리도 (계량값)	x 관리도	개별치 관리도
	$\bar{x}$ 관리도	평균 관리도
	$\bar{x}-R$ 관리도	평균치와 범위 관리도
	$Me-R$ 관리도	중위수와 범위 관리도
	Me 관리도	중위수 관리도
	R 관리도	범위 관리도
	S 관리도	표준편차 관리도
계수형 관리도 (계수치)	C 관리도	부적합수 관리도
	P 관리도	부적합품률 관리도
	NP 관리도	부적합품수 관리도
	U 관리도	단위당 부적합수 관리도

60 다음 중 모집단의 중심적 경향을 나타낸 측도에 해당하는 것은?

① 범위(Range)

② 최빈값(Mode)

③ 분산(Variance)

④ 변동계수(Coefficient of Variation)

해설

② 최빈값 : 주어진 자료 중 가장 많이 나타는 값으로 모집단의 중심적 경향을 나타내는 척도이다. 평균이나 중앙값을 구하기 어려운 경우에 사용한다.

① 범위 : 자료의 흩어진 정도를 측정하는 방법 중 하나로, 최곳값에서 최솟값을 뺀 것을 R로 표시한다.

③ 분산 : 변수의 흩어진 정도를 나타내는 지표

$$분산 = 부분군의\ 크기 \times 1단위당\ 평균\ 부적합품수$$
$$= 부분군의\ 크기 \times \frac{부적합수}{부분군의\ 크기}$$

④ 변동계수 : 표준편차를 평균값으로 나눈 값으로, 측정단위가 서로 다른 자료를 비교하고자 할 때 사용한다.

01 공압시스템 고장의 원인이 아닌 것은?

① 이물질로 인한 고장

② 수분으로 인한 고장

③ 공압밸브의 고장

④ 유압유의 변질

해설

유압유의 변질은 유압시스템 고장의 원인이다.

공압시스템 고장의 원인

• 공급 유량 부족으로 인한 고장

• 수분으로 인한 고장

• 이물질로 인한 고장

• 공압 타이어의 고장

• 솔레노이드 밸브에서의 고장

• 공압밸브에서의 고장

• 슬라이드 밸브에서의 고장

• 실린더에서의 고장

02 다음 그림과 같이 실린더의 속도를 제어하기 위한 회로로서 유량제어밸브를 실린더의 입구측에 설치한 회로는?

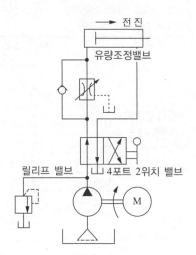

① 무부하 회로

② 블리드 오프 회로

③ 미터 아웃 회로

④ 미터 인 회로

해설

문제의 회로도는 미터 인 방식의 속도제어회로도이다. 유압 실린더나 유압모터의 속도는 액추에이터에 공급하는 유량으로 제어하므로 액추에이터의 속도를 제어하기 위해서는 유량제어밸브가 사용된다. 유량제어방식에는 미터 인 방식, 미터 아웃 방식, 블리드 오프 방식이 있다. 미터 인 방식 회로도에서 액추에이터 입구쪽 관로에 유량제어밸브를 직렬로 부착하고, 액추에이터로 공급하는 유량을 제어하여 속도를 제어한다.

유량제어방식

• 미터 인 방식

• 미터 아웃 방식

• 블리드 오프 방식

03 다음 유압기호가 나타내는 것은?

① 원동기
② 전동기
③ 공압모터
④ 유압모터

해설
동력원

유압모터	공압모터	전동기	원동기
▶	▷	Ⓜ	M

04 밸브의 복귀방법 중 내부의 파일럿 신호로 복귀시키는 방식은?

① 스프링 복귀방식
② 공압신호 복귀방식
③ 디텐드 방식
④ 푸시버튼 복귀방식

05 동기회로에서 동기를 방해하는 요인이 아닌 것은?

① 내부 누설
② 마찰의 차이
③ 실린더 행정의 길이
④ 실린더 내 안지름의 차이

06 다음 조작방식기호의 명칭은?

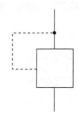

① 내부 파일럿 조작
② 외부 파일럿 조작
③ 유압 파일럿 조작
④ 단동 솔레노이드 조작

해설

내부 파일럿 조작	유압 파일럿 조작	단동 솔레노이드 조작
45°		

07 제어용 서보모터의 특징으로 옳지 않은 것은?

① 피드백 장치가 있다.
② 넓은 속도제어범위를 갖는다.
③ 모터 자체의 관성모멘트가 크다.
④ 큰 가감속 토크를 얻을 수 있다.

해설
제어용 서보모터는 모터 자체의 관성모멘트가 작다.

08 신호가 입력되어 출력신호가 발생한 후에는 입력 신호가 없어져도 그때의 출력 상태를 유지하는 제어방법은?

① 메모리 제어(Memory Control)

② 시퀀서 제어(Sequence Control)

③ 파일럿 제어(Pilot Control)

④ 타임 스케줄 제어(Time Schedule Control)

메모리 제어(Memory Control) : 어떤 신호가 입력되어 출력신호가 발생한 후에는 입력신호가 없어져도 그때의 출력 상태를 유지하는 제어방법이다. 즉, 이 제어계에서는 출력에 영향을 미칠 반대되는 입력신호가 들어올 때까지 한 번 출력된 신호는 기억된다.
제어과정에 따른 분류

제어과정	설 명
파일럿 제어 (Pilot Control)	요구되는 입력조건이 만족하면 그에 상응하는 출력신호가 발생되는 형태를 의미한다. 즉, 입력과 출력이 1 : 1 대응관계에 있는 시스템으로 논리제어라고도 하며 메모리 기능은 없고, 이의 해결에 불리언(Boolean) 논리 방정식이 이용된다.
시간에 따른 제어 (Time Schedule Control)	제어가 시간의 변화에 따라서 이루어진다. 기계적으로 캠축이나 프로그램 벨트 등이 모터에 의해 회전하며 일정한 시간 경과 후 그에 따른 제어신호가 출력되도록 하는 장치가 있으며, 전기나 전자적인 방법에는 옥외광고와 같은 것이 대표적이다. 이 제어시스템에서 전 단계와 다음 단계의 작업 사이에는 아무런 관계도 없다.
조합 제어 (Coordinated Motion Control)	목표치가 캠축이나 프로그램 벨트 또는 프로그래머에 의하여 주어지지만, 그에 상응하는 출력변수는 제어계의 작동요소에 의하여 영향을 받는다. 즉, 제어 명령은 시간에 따른 제어와 같은 방법으로 주어지지만, 이의 수행은 시퀀스 제어와 같은 방법으로 감시된다.
시퀀스 제어 (Sequence Control)	전 단계의 작업 완료 여부를 리밋 스위치나 센서를 이용하여 확인한 후 다음 단계의 작업을 수행하는 것으로 공장자동화에 가장 많이 이용되는 제어방법이다.

09 유압유가 거품을 일으킬 때 거품을 제거하기 위해 거품을 빨리 유면으로 떠오르게 하는 첨가제는?

① 소포제

② 방청제

③ 산화방지제

④ 유동점강하제

소포제 : 유해한 기포 제거, 실리콘유, 실리콘의 유기화합물
※ 방청제 : 녹 방지, 유기산에스테르, 유기인 화합물, 지방산염

10 전계 중에 존재하는 물체의 전하 이동, 분리에 따른 정전용량의 변화를 검출하는 센서로 플라스틱, 유리, 도자기, 목재와 같은 절연물과 액체도 검출이 가능한 센서는?

① 용량형 근접센서

② 유도형 근접센서

③ 광전형 근접센서

④ 초음파형 근접센서

11 다음 연삭숫돌입자 중 천연입자가 아닌 것은?

① 에머리

② 코런덤

③ 다이아몬드

④ 지르코늄옥사이드

• 천연입자 : 사암이나 석영, 에머리, 커런덤, 다이아몬드 등
• 인조입자 : 탄화규소, 산화알루미나, 탄화붕소, 지르코늄옥사이드 등

12 나사결합부에 진동하중이 작용하거나 심한 하중의 변화가 있으면 너트가 풀리기 쉽다. 너트의 풀림방지법으로 사용하지 않는 것은?

① 나비 너트
② 분할핀
③ 로크 너트
④ 스프링 와셔

볼트, 너트의 풀림방지법
• 로크 너트에 의한 방법
• 자동 죔 너트에 의한 방법
• 분할핀에 의한 방법
• 와셔에 의한 방법
• 멈춤 나사에 의한 방법
• 철사를 이용하는 방법

(a) 이붙이 와셔   (b) 로크 너트   (c) 멈춤 나사

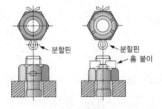

(d) 분할핀

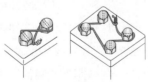

(e) 철사 이용

13 선반의 베드를 주조한 후 수행하는 시즈닝의 목적은?

① 내부응력 제거
② 내열성 부여
③ 내식성 향상
④ 표면경도 향상

주물재료를 시즈닝하는 목적은 주조 시 발생한 내부응력을 제거하기 위함이다.

14 다음 그림에서 ㉠은 선반의 부속장치 중 무엇인가?

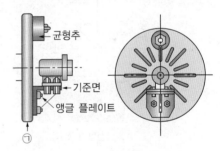

균형추
기준면
앵글 플레이트
㉠

① 면 판   ② 센 터
③ 맨드릴   ④ 분할대

㉠은 면판이다. 척으로 고정할 수 없는 대형 공작물이나 복잡한 형상의 공작물을 T볼트나 클램프 또는 앵글 플레이트 등을 사용하여 고정한다. 공작물이 중심에서 무게 균형이 맞지 않을 때에는 균형추를 설치하여 사용한다.
선반과 밀링의 부속품

선반의 부속품	밀링의 부속품
방진구, 맨드릴, 센터, 면판, 돌림판과 돌리개, 척 등	분할대, 바이스, 회전 테이블, 슬로팅 장치 등

15 선반의 크기를 나타내는 방법으로 옳지 않은 것은?

① 베드 위의 스윙

② 왕복대 위의 스윙

③ 양 센터 사이의 최대 거리

④ 공작물을 물릴 수 있는 척의 크기

해설

보통선반의 크기를 나타내는 방법

• 베드상의 최대 스윙(Swing) : 베드 위에 공작물이 닿지 않고 가공할 수 있는 공작물 최대 직경

• 양 센터 간에 최대 거리 : 가공할 수 있는 공작물의 최대 길이

• 왕복대 위의 스윙(Swing) : 왕복대 위에 공작물이 닿지 않고 가공할 수 있는 공작물의 최대 직경

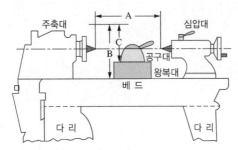

[선반의 크기]

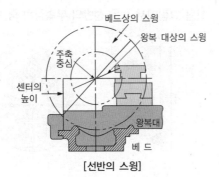

[선반의 스윙]

16 밀링작업의 안전사항에 대한 설명으로 옳지 않은 것은?

① 일감은 기계가 정지한 상태에서 고정한다.

② 커터에 옷이 감기지 않도록 한다.

③ 보안경을 착용한다.

④ 절삭 중 측정기로 측정한다.

해설

밀링작업 시 안전사항   반드시 암기(자주 출제)

• 커터 날 끝과 같은 높이에서 절삭 상태를 관찰하지 않는다.

• 절삭공구나 가공물을 설치할 때는 반드시 전원을 끈다.

• 주축속도를 변속시킬 때는 반드시 주축이 정지한 후에 변환한다.

• 제품을 바이스에서 풀어낼 때나 측정할 때는 반드시 운전을 정지시킨다.

• 장갑이나 반지, 팔찌, 목걸이 등은 착용하지 않는다.

• 칩이 비산하므로 반드시 보안경을 착용한다.

17 연강의 절삭가공에서 회전수가 일정하다고 가정할 때 가공물의 지름과 절삭속도의 관계로 옳은 것은?

① 가공물의 지름이 크면 절삭속도는 빨라진다.

② 가공물의 지름이 크면 절삭속도는 느려진다.

③ 가공물의 지름이 작으면 절삭속도는 빨라진다.

④ 가공물의 지름과 관계없이 절삭속도는 일정하다.

해설

절삭속도

$$V = \frac{\pi DN}{1,000}$$

여기서, V : 절삭속도(m/min), D : 공작물 지름(mm), N : 회전수(rpm)

• 동일한 회전수에서 지름이 커질수록 절삭속도는 빨라지고, 지름이 작아지면 느려진다.

• 절삭속도와 회전수는 비례관계에 있다.

18 선반에서 맨드릴(Mandrel)을 사용하는 주된 목적은?

① 돌기가 있어 센터작업이 곤란하기 때문에
② 가늘고 긴 가공물의 작업을 위하여
③ 내·외경과 내경이 동심이 되도록 가공하기 위하여
④ 척킹이 곤란하기 때문에

해설
맨드릴(Mandrel) : 선반에서 내·외경과 내경이 동심이 되도록 가공하기 위하여 사용한다. 기어, 벨트 풀리 등과 같이 구멍과 외경이 동심원이고, 직각이 필요한 경우에 구멍을 먼저 가공하고 구멍에 맨드릴을 끼워 양 센터로 지지하여 외경과 측면을 가공하여 부품을 완성하는 선반의 부속장치이다.

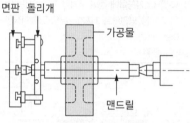

[맨드릴의 사용의 예]

방진구(Work Rest) : 선반에서 가늘고 긴 가공물의 휨이나 떨림을 방지하기 위해 선반 베드 위에 고정시켜 사용하는 고정식 방진구, 왕복대의 새들에 고정시켜 사용하는 이동식 방진구가 있다.
돌림판과 돌리개 : 주축의 회전을 공작물에 전달하기 위해 사용하는 선반의 부속품이다.

19 연삭작업 시 테리모션이란?

① 일감의 이송을 양 끝에서는 빨리하고 중간에서는 늦게 하는 것
② 거친 일감의 연삭 시 원주속도를 크게 하는 것
③ 최종 다듬질 연삭 시 불꽃이 없어질 때까지 연삭하는 것
④ 세로 이송을 잠시 동안 정지시킨 후 역전시켜 연삭하는 것

해설
테리모션(Tarry Motion) : 연삭작업 시 세로 이송을 잠시 동안 정지시킨 후 역전시켜 연삭하는 것이다. 테이블 행정의 밑단에서 역전으로 작용하기까지의 여유시간, 트래버스(Traverse Cut) 연삭에서 잠시 테이블을 양 끝의 반환점에서 정지시킨다.

20 와이어 컷 방전가공의 특성이 아닌 것은?

① 초경재료 가공이 가능하다.
② 소비전력 및 전극 소모가 작다.
③ 와이어 재료는 Cu, Pt, Zn 등을 사용한다.
④ 가공액으로는 물 등의 이온수를 사용한다.

해설
와이어 컷 방전가공에서 전극용 와이어 재질은 Cu, Bs, W 등이 사용되며, 방전으로 인한 와이어의 소모가 있어도 가공면은 깨끗하다.
와이어 컷 방전가공의 특성
• 담금질한 강이나 초경합금의 가공도 가능하다.
• 가공물의 형상이 복잡해도 가공속도가 변하지 않는다.
• 전극을 별도로 제작할 필요가 없다.
• 복잡한 가공물도 높은 정밀도의 가공이 가능하다.
• 소비전력이 작고, 전극의 소모가 무시된다.
• 가공 여유가 되고, 전(前) 가공이 필요 없다.
• 표면거칠기가 양호하다.

21 가공물의 재질에 따른 드릴의 날 끝각의 범위가 적절하지 못한 것은?

① 일반재료 : 118°
② 주철 : 90~118°
③ 스테인리스강 : 60~70°
④ 구리, 구리합금 : 110~130°

해설
스테인리스강 : 150°
가공물의 재질과 드릴의 각도

금속재료	드릴의 선단각도(θ)	여유각(α)
크랭크축 및 심공작업	120~170°	9°
레일 및 경강	150°	10°
열처리강 및 단조강	125°	12°
주 철	90°	12°
구리 및 구리합금	100~120°	12°
목재 및 파이프	60°	12°

22 공작기계의 운전시험 항목에 해당하지 않는 것은?

① 기능시험

② 부하운전시험

③ 백래시 시험

④ 회전축의 흔들림 시험

해설

공작기계의 운전시험 항목

항 목	내 용
기능시험	공작기계의 각부를 조작하여 그 작동의 원활성 및 기능의 확실성을 시험한다.
무부하운전시험	공작기계를 소정의 무부하 상태로 운전하고, 운전 상태의 온도 변화 및 소요 전력을 시험한다.
부하운전시험	공작기계를 부하 상태로 운전하여, 그 운전 상태와 가공 능력을 시험한다.
백래시 시험	공작기계의 조작 또는 공작 정밀도에 현저한 영향을 미치는 것에 대하여 시험한다.
강성시험	강성시험은 공작 정밀도에 현저한 영향을 미치게 하는 부분에 하중을 가하여 변형 상태를 시험한다.

정적 정밀도 시험방법 : 진직도, 평행도, 평면도, 직각도, 회전축의 흔들림, 회전 중 축방향의 움직임, 동심도, 분할 정밀도, 나사의 리드 정밀도 및 교차도 등

23 파이프와 같은 구멍이 큰 가공물을 지지할 수 있도록 제작한 센터는?

① 베어링 센터

② 하프센터

③ 평센터

④ 파이프 센터

해설

④ 파이프 센터 : 큰 지름의 구멍이 있는 가공물을 지지할 때 사용한다.

① 베어링 센터 : 선단 일부가 가공물의 회전에 의하여 함께 회전하도록 설계된 센터이다.

② 하프센터 : 정지센터로 가공물을 지지하고 단면을 가공하면 바이트와 가공물의 간섭으로 가공이 불가능하게 된다. 이때 보통센터의 선단 일부를 가공하여 단면가공이 가능하도록 제작한 센터이다.

③ 평센터 : 가공물에 센터 구멍을 가공해서는 안 될 경우에 가공물의 단면을 평면으로 지지할 수 있도록 제작한 센터로, 지지력이 다소 약하다.

센터의 종류

(a) 보통센터	(b) 평센터
(c) 베어링 센터	(d) 파이프 센터
(e) 세공센터	(f) 하프센터

24 밀링머신의 크기를 나타낼 때 테이블의 좌우 이송이 850mm, 새들의 전후 이송이 300mm, 니(Knee)의 상하 이송이 450mm일 경우 밀링의 호칭번호는?

① No.0

② No.1

③ No.2

④ No.3

해설

밀링머신의 크기는 여러 가지가 있으나 니형 밀링머신의 크기는 일반적으로 Y축의 테이블 이동거리(mm)를 기준으로 호칭번호를 표시한다.

밀링머신의 크기

호칭번호		0호	1호	2호	3호	4호	5호
테이블의 이동거리 (mm)	전 후	150	200	250	300	350	400
	좌 우	450	550	700	850	1050	1250
	상 하	300	400	450	450	450	500

25 공작물의 회전수가 1,000rpm이고 이송을 4mm/rev로 절삭할 때 절삭면적이 10mm²라면 절삭깊이는 몇 mm인가?

① 2.5mm

② 5mm

③ 7.5mm

④ 10mm

절삭면적(Cutting Area) : 절삭깊이와 이송의 곱으로 표시하며, 절삭면적이 동일하여도 이송과 절삭깊이의 변화에 따라 절삭저항은 변한다.

절삭면적$(F) = s \times t$

→ 절삭깊이$(t) = \dfrac{F}{s} = \dfrac{10\text{mm}^2}{4\text{mm/rev}} = 2.5\text{mm}$

∴ 절삭깊이$(t) = 2.5\text{mm}$

여기서, F : 절삭면적(mm²), s : 이송(mm/rev),
 t : 절삭깊이(mm)

※ 이송(Feed)에 따라 칩의 두께가 변하고, 절삭깊이에 따라 칩의 폭이 변화한다.

26 선반작업에서 절삭속도가 Vm/min, 주축의 회전수가 Nr/min(=rpm)일 때 공작물의 지름이 32mm이면 V와 N의 관계식으로 옳은 것은?

① $V \fallingdotseq 0.1N$

② $V \fallingdotseq N$

③ $V \fallingdotseq 10N$

④ $V \fallingdotseq 32N$

$V = \dfrac{\pi DN}{1,000}(\text{m/min}) \rightarrow V = \dfrac{\pi \times 32\text{mm}}{1,000} \times N \fallingdotseq 0.1N$

∴ $V = 0.1N$

여기서, V : 절삭속도(m/min), D : 공작물 지름(mm),
 N : 주축 회전수(rpm)

27 초음파 가공의 특징과 가장 관계가 없는 것은?

① 공구의 재료는 피아노선, 황동 등이 있다.

② 소성변형이 되지 않아 취성이 큰 재료를 가공할 수 있다.

③ 부도체는 가공할 수 없다.

④ 원형 또는 이형단면 가공이 가능하다.

초음파 가공

• 기계적 에너지로 진동을 하는 공구와 공작물 사이에 연삭입자와 가공액을 주입하고 작은 압력으로 공구에 초음파 진동을 주어 소성변형이 되지 않고 취성이 큰 유리, 세라믹, 다이아몬드, 수정, 천연이나 인조 보석, 반도체 등에 눈금, 무늬, 문자, 구멍, 절단 등의 가공에 효율적이다.

• 부도체도 가공할 수 있다.

28 주로 일감의 평면을 가공하며, 기둥의 수에 따라 쌍주식과 단주식으로 구분하는 공작기계는?

① 셰이퍼 ② 슬로터

③ 플레이너 ④ 브로칭 머신

③ 플레이너 : 테이블 수평 길이 방향 왕복운동과 공구는 테이블의 가로 방향으로 이송하며, 주로 평면을 가공하는 공작기계이다. 선반의 베드, 대형 정반 등의 대형물 가공에 적합하다. 플레이너의 크기는 테이블의 크기(길이×폭), 공구대의 이송거리, 테이블의 윗면에서 공구대 사이의 최대 높이로 표시한다. 플레이너의 종류에는 쌍주식, 단주식, 피트 플레이너 등이 있다.

① 셰이퍼(Shaper) : 구조가 간단하고, 사용이 편리하여 평면을 가공하는 공작기계이다. 절삭능률이 나빠 최근에는 많이 사용하지 않는다. 크기는 일반적으로 램의 최대 행정으로 표시한다.

② 슬로터(Slotter) : 테이블은 수평면에서 직선운동과 회전운동을 하여 키홈, 스플라인, 세레이션 등의 내경가공을 주로 하는 공작기계이다.

④ 브로칭 머신(Broaching Machine) : 가늘고 긴 일정한 단면 모양을 가진 공구에 많은 날을 가진 브로치(Broach)라는 절삭공구를 사용하여 가공물의 내면이나 외경에 필요한 형상의 부품을 가공하는 공작기계이다.

29 기계의 부품을 조립할 때 볼트의 머리 부분이 돌출되면 곤란한 부분이 있다. 이 경우에 볼트 또는 너트의 머리 부분이 가공물 안으로 묻히도록 드릴과 동심원의 2단 구멍을 절삭하는 방법은?

① 카운터 보링(Counter Boring)
② 카운터 싱킹(Counter Sinking)
③ 스폿 페이싱(Spot Facing)
④ 리밍(Reaming)

해설
드릴가공의 종류

드릴가공의 종류	내 용	비 고
드릴링	드릴에 회전을 주고 축 방향으로 이송하면서 구멍을 뚫는 절삭방법	
리 밍	구멍의 정밀도를 높이기 위해 구멍을 다듬는 작업	
태 핑	공작물 내부에 암나사 가공, 태핑을 위한 드릴가공은 나사의 외경 −피치로 한다.	
보 링	뚫린 구멍을 다시 절삭하여 구멍을 넓히고 다듬질하는 것	
스폿 페이싱	볼트나 너트를 체결하기 곤란한 경우에 볼트나 너트가 닿는 구멍 주위에 부분만을 평탄하게 가공하여 체결이 잘되도록 하는 가공방법	
카운터 보링	볼트의 머리 부분이 돌출되면 곤란한 부분에 볼트 또는 너트의 머리 부분이 가공물 안으로 묻히도록 드릴과 동심원의 2단 구멍을 절삭하는 방법	
카운터 싱킹	나사 머리의 모양이 접시 모양일 때 테이퍼 원통형으로 절삭하는 가공	

30 호닝(Honing)에 대한 설명으로 옳지 않은 것은?

① 숫돌의 길이는 가공 구멍의 길이와 같은 것을 사용한다.
② 냉각액은 등유 또는 경우에 라드(Lard)유를 혼합해 사용한다.
③ 공작물 재질이 강과 주강인 경우는 WA입자의 숫돌재료를 쓴다.
④ 왕복운동과 회전운동에 의한 교차각이 $40\sim50°$일 때 다듬질 양이 가장 크다.

해설
호닝숫돌의 길이는 가공 구멍 길이의 $\frac{1}{2}$ 이하로 하고, 숫돌의 왕복운동 방향은 구멍의 양끝에서 숫돌 길이의 $\frac{1}{4}$ 정도가 나왔을 때 바꾼다.

혼의 운동 궤적
혼의 왕복운동과 회전운동의 합성에 의해 숫돌은 다음 그림과 같이 나선운동을 하게 되고, 공작물 내면에 일정한 각도로 교차하는 궤적이 나타난다. 이 궤적을 이루는 각 α를 교차각이라고 하며, $40\sim50°$일 때 다듬질 양이 가장 크다. 따라서 교차각값을 이 정도로 유지하기 위해 혼의 왕복속도는 회전 원주속도의 $\frac{1}{2}\sim\frac{1}{3}$ 정도로 한다.

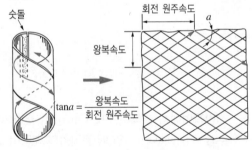

$$\tan a = \frac{왕복속도}{회전\ 원주속도}$$

31 공작물의 재질이 연하여 숫돌입자의 표면이나 기공에 연삭칩이 메우는 현상은?

① 드레싱(Dressing)

② 트루잉(Truing)

③ 로딩(Loading)

④ 글레이징(Glazing)

해설
③ 로딩(Loading, 눈메움) : 결합도가 높은 숫돌에서 알루미늄이나 구리 같이 연한 금속을 연삭하면 연삭숫돌 표면에 기공이 메워져서 칩을 처리하지 못해 연삭 성능이 떨어지는 현상

① 드레싱(Dressing) : 숫돌 표면에 무디어진 입자나 기공을 메우고 있는 칩을 제거하여 본래의 형태로 숫돌을 수정하는 방법

② 트루잉(Truing) : 연삭숫돌을 성형하거나 성형연삭으로 인하여 숫돌 형상이 변화된 것을 부품의 형상으로 바르게 고치는 가공

④ 글레이징(Glazing, 무딤) : 연삭숫돌의 결합도가 필요 이상으로 높으면 숫돌입자가 마모되어 예리하지 못할 때 탈락하지 않고 둔화되는 현상

32 선반에서 공작물의 편심가공과 불규칙한 모양의 공작물을 고정하는 데 편리한 척(Chuck)은?

① 단동척

② 연동척

③ 콜릿척

④ 유압척

해설
① 단동척 : 4개의 조가 90° 간격으로 구성 배치되어 있으며, 단독적으로 이동하여 공작물을 고정한다. 공작물의 바깥지름이 불규칙하거나 중심을 편심시켜 가공할 때 편리하다.

② 연동척 : 3개의 조가 120° 간격으로 구성 배치되어 있다. 한 개의 조를 척 핸들로 이동시키면 다른 조들도 동시에 같은 거리를 방사상으로 움직이므로 원형, 정삼각형, 정육각형 등의 단면을 가진 공작물을 고정하는 데 편리하다.

③ 콜릿척 : 지름이 작은 가공물이나 각 봉재를 가공할 때 편리하다.

④ 유압척 : 유압의 힘으로 조가 움직이는 척으로, 별도의 유압장치가 필요하다. 유압척은 소프트 조를 사용하기 때문에 가공 정밀도를 높일 수 있으며, 주로 수치제어 선반용으로 사용한다.

33 절삭공구 재료 중 주조 경질합금의 대표적인 공구이며, 주성분이 W, Cr, Co, Fe인 것은?

① 스텔라이트

② 세라믹

③ 초경합금

④ 서 멧

해설
주조 경질합금(Cast Alloyed Hard Metal) : 대표적인 것으로 스텔라이트가 있다. 주성분은 W, Cr, Co, Fe이며 주조합금이다.

② 세라믹(Ceramic) : 산화알루미늄(Al_2O_3) 분말을 주성분으로 마그네슘, 규소 등의 산화물과 소량의 다른 원소를 첨가하여 소결한 절삭공구이다. 고온에서 경도가 높고 내마모성이 좋아 초경합금보다 빠른 절삭속도로 절삭이 가능하다. 백색, 분홍색, 회색, 흑색 등의 색이 있으며, 초경합금보다 가볍다.

③ 초경합금 : 탄화텅스텐(WC), 타이타늄(Ti), 탄탈(Ta) 등의 분말을 코발트(Co) 또는 니켈(Ni) 분말과 혼합하여 프레스로 성형한 다음 약 1,400℃ 이상의 고온으로 가열하면서 소결한 것이다. 고온·고속절삭에서도 높은 경도를 유지하지만 진동이나 충격을 받으면 부서지기 쉬운 절삭공구 재료이다.

④ 서멧(Cermet) : 세라믹과 메탈의 복합어로 세라믹의 취성을 보완하기 위하여 개발된 내화물과 금속 복합체의 총칭이다. Al_2O_3 분말 약 70%에 TiC 또는 TiN 분말을 30% 정도 혼합하여 수소 분위기 속에서 소결하여 제작한다. 고속절삭에서 저속절삭까지 사용범위가 넓고 크레이터 마모, 플랭크 마모 등이 적고 구성인선이 거의 발생하지 않아 공구 수명이 길다.

34 표면경도 및 내마모성을 높이기 위하여 선반의 베드에 주로 사용하는 표면경화법은?

① 가스침탄법

② 질화법

③ 청화법

④ 화염경화법

해설
④ 화염경화법 : 0.35~0.7%의 탄소를 함유한 탄소강이나 합금강을 산소 아세틸렌가스 등의 화염을 이용해서 부분적으로 가열한 후 공기 제트나 물로 냉각하여 담금질 효과를 얻는 방법이다. 기어의 잇면, 캠(Cam), 나사, 크랭크축, 선반의 베드, 자동차 및 기계 부품의 부분 경화에 이용된다.

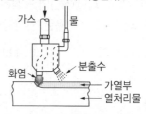

① 침탄법 : 금속 표면에 탄소(C)를 침입 고용시키는 방법이다.

② 질화법 : 암모니아가스를 침투시켜 질화층을 만들어 강의 표면을 경화하는 방법이다.

35 WC, TiC, TaC의 탄화물 분말과 Co 결합제로 고온 소결(Sintering)시켜 만든 공구재료는?

① 고속도강

② 세라믹

③ 초경합금

④ 다이아몬드

③ 초경합금 : 탄화텅스텐(WC), 타이타늄(Ti), 탄탈(Ta) 등의 분말을 코발트(Co) 또는 니켈(Ni) 분말과 혼합하여 프레스로 성형한 다음 약 1,400℃ 이상의 고온으로 가열하면서 소결한 것으로 고온·고속절삭에서도 높은 경도를 유지하지만 진동이나 충격을 받으면 부서지기 쉬운 절삭공구 재료이다.

② 세라믹(Cceramic) : 산화알루미늄(Al_2O_3) 분말을 주성분으로 마그네슘, 규소 등의 산화물과 소량의 다른 원소를 첨가하여 소결한 절삭공구이다. 고온에서 경도가 높고 내마모성이 좋아 초경합금보다 빠른 절삭속도로 절삭이 가능하다. 백색, 분홍색, 회색, 흑색 등의 색이 있으며, 초경합금보다 가볍다.

① 고속도강(High Speed Steel) : W, Cr, V, Co 등의 합금강으로서 담금질 및 뜨임 처리하면 600℃ 정도까지 경도를 유지하며 고온경도가 높고 내마모성이 우수하다. 절삭속도가 탄소공구강에 비해 2배 이상이다.

※ 표준 고속도강 조성 : W1 8%-Cr 4%-V 1%

36 표점거리가 50mm, 두께가 2mm, 평행부 너비가 25mm인 강판을 인장시험하였을 때 최대하중은 25kN이었고, 파단 직전의 표점거리는 60mm가 되었다. 이 재료에 작용한 인장강도(N/mm²)는?

① 300 ② 400

③ 500 ④ 600

인장강도$(\sigma) = \dfrac{P(\text{하중})}{A(\text{단면적})} = \dfrac{25 \times 10^3 \text{N}}{2\text{mm} \times 25\text{mm}} = 500\text{N/mm}^2$

$\therefore$ 인장강도$(\sigma) = 500\text{N/mm}^2$

37 Fe-C 상태도의 조직과 결정구조에 대한 설명으로 옳지 않은 것은?

① δ-Fe는 체심입방구조이다.

② 펄라이트(Pearlite)는 공석반응에서 얻을 수 있다.

③ 시멘타이트(Cementite)는 육방정(Hexagonal) 구조이다.

④ 레데부라이트(Ledeburite)는 오스테나이트 + 시멘타이트의 혼합물이다.

• 시멘타이트(Cementite)는 사방정 결정구조이다.
• α-Fe과 δ-Fe는 체심입방구조이다.

38 주철이 고온에서 가열과 냉각을 반복하면 부피가 커져서 주철의 치수가 달라지고, 강도나 수명이 감소되는 현상은?

① 주철의 성장

② 주철의 청열취성

③ 주철의 자연시효

④ 주철의 적열취성

철의 성장 : 주철을 600℃ 이상의 온도에서 가열과 냉각을 반복하면 부피가 증가하여 파열된다.
주철의 성장원인
• 시멘타이트(Fe_3C)의 흑연화에 의한 팽창
• 페라이트 중에 고용되어 있는 규소(Si)의 산화에 의한 팽창
• A_1 변태점(723℃) 이상의 온도에서 부피 변화로 인한 팽창
• 불균일한 가열로 생기는 균열에 의한 팽창
• 흡수한 가스에 의한 팽창

39 알루미늄에 관한 설명으로 옳지 않은 것은?

① 전연성이 풍부하다.

② 열, 전기의 양도체이다.

③ 용융점은 660℃ 정도이다.

④ 실용금속 중 가장 무거운 금속이다.

해설

알루미늄(Al)

• 비중 2.7, 용용점 660℃, 면심입방격자(FCC)이다.

• 전연성이 우수하고 전기, 열의 양도체이며 내식성이 강하다.

• 표면에 생기는 산화알루미늄(Al₂O₃)의 얇은 보호피막으로 내식성이 좋다.

• 경금속으로 가벼운 금속이다.

• 항공기, 차량, 송전선 등에 이용된다.

41 게이지 블록의 부속품 중 내측 및 외측을 측정할 때 홀더에 끼워 사용하는 부속품은?

① 둥근형 조

② 센터 포인트

③ 베이스 블록

④ 나이프 에지

해설

① 둥근형 조 : 게이지 블록의 부속품 중 내측 및 외측을 측정할 때 홀더에 끼워 사용하는 부속품이다.

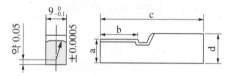

② 센터 포인트 : 원을 그릴 때 중심을 지지하며, 끝이 60°로 되어 있어 나사산을 검사할 때 사용한다.

③ 베이스 블록 : 금긋기 작업이나 높이 측정을 할 때 홀더와 함께 사용한다.

④ 나이프 에지 : 측정하려는 면에 대고 반대쪽에서 새어 나오는 빛으로 틈새를 판단하여 면의 직각도, 평면도를 검사하는 데 사용한다.

40 탄소강에 탄소 함유량을 증가시킬수록 감소되는 기계적 성질은?

① 경 도

② 항복점

③ 연신율

④ 인장강도

해설

탄소 함유량이 증가할수록 강도, 경도, 항복점은 증가하고 연신율, 충격값은 감소한다.

42 표면거칠기 측정기가 아닌 것은?

① 촉침식 측정기

② 광절단식 측정기

③ 기초원판식 측정기

④ 광파간섭식 측정기

해설

표면거칠기 측정방법

• 촉침식 측정

• 광절단식 측정

• 광파간섭식 측정

43 기포의 위치에 의하여 수평면에서 기울기를 측정하는 데 사용하는 액체식 각도 측정기는?

① 사인바
② 수준기
③ NPL식 각도기
④ 콤비네이션 세트

[해설]
수준기 : 기포관 내 기포의 위치에 의하여 수평면에서 기울기를 측정하는 데 사용되는 액체식 각도 측정기로서 기계의 조립, 설치 등의 수평, 수직을 조사할 때 사용한다.

44 측정오차의 종류에 해당하지 않는 것은?

① 측정기의 오차
② 자동오차
③ 개인오차
④ 우연오차

[해설]
측정 오차의 종류

측정오차의 종류	내 용
측정기의 오차 (계기오차)	측정기의 구조, 측정 압력, 측정 온도, 측정기의 마모 등에 따른 오차
시차 (개인오차)	측정기가 정확하게 치수를 지시해도 측정자의 부주의 때문에 생기는 오차로, 측정자의 눈의 위치에 따라 눈금의 읽음값에 오차가 생기는 경우
우연오차	기계에서 발생하는 소음이나 진동 등과 같은 주위 환경에서 오는 오차 또는 자연현상의 급변 등으로 생기는 오차

45 중간 끼워맞춤에 해당하는 것은?

① $50\dfrac{\text{H7}}{\text{js7}}$
② $50\dfrac{\text{H7}}{\text{r6}}$
③ $50\dfrac{\text{H7}}{\text{e7}}$
④ $50\dfrac{\text{H7}}{\text{x7}}$

[해설]
① $\varnothing 50\dfrac{\text{H7}}{\text{js7}}$
- 구멍 기준식 중간 끼워맞춤이다.
- 축과 구멍의 호칭 치수가 모두 550인 $\varnothing$50H7의 구멍과 $\varnothing$50js7 축의 끼워맞춤이다.

② $50\dfrac{\text{H7}}{\text{r6}}$

④ $50\dfrac{\text{H7}}{\text{x7}}$: 억지 끼워맞춤

③ $50\dfrac{\text{H7}}{\text{e7}}$: 헐거운 끼워맞춤

자주 사용하는 구멍기준 끼워맞춤

기준 구멍		H6		H7	
축의 공차 범위 클래스	헐거운 끼워 맞춤				
					e7
			f6	f6	f7
		g5	g6	g6	
		h5	h6	h6	h7
	중간 끼워 맞춤	js5	js6	js6	js7
		k5	k6	k6	
		m5	m6	m6	
	억지 끼워 맞춤		n6	n6	
			p6	p6	
				r6	
				s6	
				t6	
				u6	
				x6	

46 기능 게이지의 일종으로, 원형 이외에 여러 가지 단면형의 내측면을 갖는 게이지를 총칭하는 것은?

① 캘리퍼 게이지

② 리시버 게이지

③ 판형 게이지

④ 플러그 게이지

해설

② 리시버 게이지(Receiver Gage) : 원형 이외의 여러 가지 단면형의 내측면을 갖는 게이지를 총칭한 것으로서, 구면 게이지나 스플라인 링 게이지 경우와 같이 대상이 되는 명칭을 붙이는 경우가 많다.

① 캘리퍼 게이지(Caliper Gage) : 스냅 게이지와 같은 형상이나 플러그 게이지와 같은 외측을 함께 갖는 게이지이다.

③ 판형 게이지(Template Gage) : 제품의 형상에 대응하여 여러 가지 측정면을 가진 게이지이다.

47 치공구 설계의 기본원칙에 해당되지 않는 것은?

① 치공구의 제작비와 손익분기점을 고려할 것

② 손으로 조작하는 치공구는 충분한 강도를 가지면서 가볍게 설계할 것

③ 클램핑 요소에서는 되도록 스패너, 핀, 쐐기, 해머와 같이 여러 가지 부품을 같이 사용할 수 있도록 설계할 것

④ 정밀도가 요구되지 않거나 조립되지 않는 불필요한 부분에 대해서는 기계가공 작업은 하지 않도록 할 것

해설

치공구는 가능한 한 기본적이고 간단하며, 시간을 절약할 수 있어야 한다. 클램핑 요소에서는 되도록 스패너, 핀, 쐐기, 해머와 같이 여러 가지 부품을 사용하지 않도록 설계해야 한다.

48 공작물의 위아래를 보호한 상태에서 가공할 수 있는 형태의 지그로, 휘거나 비틀리기 쉬운 얇은 공작물 가공에 적합한 지그는?

① 샌드위치 지그

② 리프지그

③ 박스지그

④ 템플레이트 지그

해설

① 샌드위치 지그(Sandwich Jig) : 상하 플레이트를 이용하여 가공물을 고정시키는 구조이다. 특히 가공물의 형태가 얇아서 비틀리기 쉬운 연한 가공물 또는 가공물을 고정할 때 상하 플레이트에 위치결정 핀을 설치하여 고정되는 구조일 경우에 사용한다.

② 리프지그(Leaf Jig) : 쉽게 조작이 가능한 잠금 캠을 이용하여 장·탈착을 쉽게 할 수 있도록 한 구조이며, 클램핑력이 약하여 소형 가공물 가공에 적합한 구조이다.

③ 박스지그(Box Jig) : 가공물을 지그 중앙에 클램핑시키고 지그를 회전시켜 가면서 가공물의 위치를 다시 결정하지 않고 전면을 가공 완성할 수 있다.

④ 템플레이트 지그(Template Jig) : 가공물의 내면과 외면을 사용하여 클램핑시키지 않고 할 수 있는 구조이다. 가공물의 형태는 단순한 모양이어야 하고 정밀도보다는 생산속도를 증가시키려고 할 때 사용된다.

49 드릴부시의 설계 순서 중 가장 먼저 결정해야 할 사항은?

① 부시의 내·외경 결정

② 부시의 길이와 지그판 두께 결정

③ 드릴지름 결정

④ 부시의 위치 결정

50 머시닝센터에서 다음 그림과 같이 공구의 가공경로가 화살표로 지정되어 있을 때 공구지름 보정이 옳게 짝지어진 것은?(단, 빗금친 부분은 가공 형상이다)

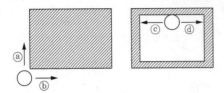

① G41 : ⓑⓓ, G42 : ⓐⓒ
② G41 : ⓐⓒ, G42 : ⓑⓓ
③ G41 : ⓐⓓ, G42 : ⓑⓒ
④ G41 : ⓑⓒ, G42 : ⓐⓓ

해설
G41 : ⓐⓒ, G42 : ⓑⓓ
공구지름 보정 : 공구의 측면 날을 이용하여 형상을 절삭하는 경우 공구 중심과 프로그램 경로가 일치할 때 공구 반지름만큼 발생하는 편차를 보정하는 기능으로, 좌측 보정과 우측 보정이 있다.

G-코드	의 미	공구경로 방법
G40	공구지름 보정 취소	공구 중심과 프로그램 경로가 같다.
G41	공구지름 좌측 보정	공구 진행 방향으로 볼 때 프로그램 경로보다 공구 중심이 반지름값만큼 왼쪽으로 떨어진 상태에서 절삭하게 하는 기능이다.
G42	공구지름 우측 보정	공구 진행 방향으로 볼 때 프로그램 경로보다 공구 중심이 반지름값만큼 오른쪽으로 떨어진 상태에서 절삭하게 하는 기능이다.

51 CNC 선반에서 절삭유 ON에 해당하는 M코드는?

① MO8　　　② MO9
③ MO5　　　④ MO3

해설
M코드

M코드	기 능	M코드	기 능
M00	프로그램 정지	M08	절삭유 ON
M01	프로그램 선택 정지	M09	절삭유 OFF
M02	프로그램 끝	M30	프로그램 끝 & 리셋
M03	주축 정회전	M98	보조 프로그램 호출
M04	주축 역회전	M99	보조 프로그램 종료
M05	주축 정지		

52 최근 고속가공기에서 회전하는 공구를 고정하기 위해 사용되는 방식은?

① BT 방식　　　② NT 방식
③ AFC 방식　　　④ HSK 방식

해설
원주속도 30~40m/s 이상에서는 원심력에 의해 위치 안전성이 나빠지고, 정밀도가 낮아지기 때문에 고속가공에서는 HSK(Hollow Shank) 방식을 적용한다. HSK 방식은 축 방향의 강성이 높고 정밀도가 좋으며, 진동의 발생이 적다. 이면 구속형으로 안전성이 높고 반경 방향의 변위가 작아 정밀도 높은 특성을 가지고 있다.

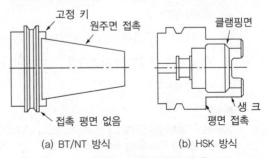

(a) BT/NT 방식　　　(b) HSK 방식
[BT/NT 방식과 HSK 방식]

53 다음 중 CAD 작업을 할 때의 입력장치가 아닌 것은?

① 마우스

② 트랙볼(Track Ball)

③ 라이트 펜(Light Pen)

④ CRT(Cathode Ray Tube)

- 입력장치 : 조이스틱, 라이트 펜, 마우스, 스캐너, 디지타이저 등
- 출력장치 : 프린터, 플로터, 모니터, 그래픽 디스플레이(CRT, PDP, LCD) 등

54 1,800rpm으로 회전하는 스핀들에서 2회전 드릴을 주려고 할 때 정지시간은?

① 0.05초

② 0.07초

③ 1.2초

④ 1.5초

휴지(Dwell) : 지령한 시간 동안 이송이 정지되는 기능이다. 이 기능은 홈가공이나 드릴작업 등에서 간헐이송으로 칩을 절단하거나, 목푯점에 도달한 후 즉시 후퇴할 때 생기는 이송량만큼의 단차를 제거함으로써 진원도의 향상 및 깨끗한 표면을 얻기 위하여 사용한다.

$$정지시간(초) = \frac{60 \times 공회전수(회)}{스핀들\ 회전수(rpm)}$$

$$= \frac{60 \times n(회)}{N(rpm)} = \frac{60 \times 2(회)}{1,800rpm} ≒ 0.06666초$$

∴ 정지시간(초) = 0.07초

예) 1.5초 동안 정지시키려면 G04 X1.5; , G04 U1.5; , G04 P1500;

55 CNC 선반 프로그래밍에서 N30 M98 P0010 L2; 라고 지령되었을 때 L의 의미는?

① 반복 횟수

② 전개번호

③ 보조 프로그램 번호

④ 주프로그램 번호

- N30 : 전개번호
- M98 : 보조 프로그램 호출 보조기능
- P0010 : 보조 프로그램 번호
- L2 : 반복 횟수(생략하면 1회)

56 다음과 같은 데이터에서 5개월 이동평균법에 의하여 8월의 수요를 예측한 값은 얼마인가?

월	1	2	3	4	5	6	7
판매 실적	100	90	110	100	115	110	100

① 103   ② 105

③ 107   ④ 109

- $M_8 = \frac{1}{5}(M_3 + M_4 + M_5 + M_6 + M_7)$

  $= \frac{1}{5}(110 + 100 + 115 + 110 + 100)$

  $= 107$

- 이동평균법 : 평균의 계산기간을 순차로 한 개씩 이동시켜 가면서 기간별 평균을 계산하여 경향치를 구하는 방법이다. 가장 오래된 데이터는 제거하고 가장 최초의 데이터부터 평균에 대입하여 값을 구한다.

  만일, 1~5월의 생산량을 바탕으로 6월의 예상 생산량을 구하는 식은 다음과 같다.

  $M_6 = \frac{1}{5}(M_1 + M_2 + M_3 + M_4 + M_5)$

57 관리 사이클의 순서를 가장 적절하게 표시한 것은?(단, A는 조치(Act), C는 체크(Check), D는 실시(Do), P는 계획(Plan)이다)

① P → D → C → A
② A → D → C → P
③ P → A → C → D
④ P → C → A → D

해설

관리 사이클의 순서

P		D		C		A
계획 (Plan)	⇒	실시 (Do)	⇒	체크 (Check)	⇒	조치 (Act)

58 축의 완성지름, 철사의 인장강도, 아스피린 순도와 같은 데이터를 관리하는 가장 대표적인 관리도는?

① c 관리도
② nP 관리도
③ u 관리도
④ $\bar{x}$-R 관리도

해설

$\bar{x}$-R 관리도 : 축의 완성지름, 철사의 인장강도, 아스피린 순도와 같은 데이터를 관리하는 가장 대표적인 관리도이다(평균치와 범위 관리도).

59 로트의 크기가 시료의 크기에 비해 10배 이상 클 때, 시료의 크기와 합격 판정 개수를 일정하게 하고 로트의 크기를 증가시킬 경우 검사특성곡선의 모양 변화에 대한 설명으로 가장 옳은 것은?

① 무한대로 커진다.
② 별로 영향을 미치지 않는다.
③ 샘플링 검사의 판별능력이 매우 좋아진다.
④ 검사특성곡선의 기울기 경사가 급해진다.

해설

검사특성곡선(OC곡선) : A, B, C타입의 곡선으로 분류된다. A타입은 Lot의 품질 수준에 대해 Lot가 합격 판정 기준을 만족하는 확률관계를 나타낸 곡선이다. B타입은 생산된 Lot가 합격되는 확률을 나타낸 곡선이다. C타입은 소정의 연속형 샘플링 검사에서 샘플링 검사기간 동안 제품이 합격하는 백분율을 장기간의 평균값으로 나타낸 곡선이다.

60 소비자가 요구하는 품질로서 설계와 판매정책에 반영되는 품질을 의미하는 것은?

① 시장 품질
② 설계 품질
③ 제조 품질
④ 규격 품질

참 / 고 / 문 / 헌

• 송요풍, 기계요소설계, 한국산업인력공단, 2010

• 홍장표, 기계설계 이론과 실제, 교보문고, 2008

• 이영식, CNC공작법, 한국산업인력공단, 2006

• 이수용, 기계공작법, 한국산업인력공단, 2005

• 기계제도, 교육부

• 기계공작법, 교육부

• 재료일반, 강원도교육청

• 유체기기, 교육부

얼마나 많은 사람들이
책 한 권을 읽음으로써
인생에 새로운 전기를 맞이했던가.

훌륭한 가정만한 학교가 없고,
덕이 있는 부모만한 스승은 없다.

-마하트마 간디-

Win-Q 기계가공기능장 필기

개정5판1쇄 발행	2024년 01월 05일 (인쇄 2023년 10월 06일)
초 판 발 행	2018년 10월 10일 (인쇄 2018년 06월 21일)
발 행 인	박영일
책 임 편 집	이해욱
편 저	박병욱
편 집 진 행	윤진영 · 최 영
표지디자인	권은경 · 길전홍선
편집디자인	정경일 · 심혜림
발 행 처	(주)시대고시기획
출 판 등 록	제10-1521호
주 소	서울시 마포구 큰우물로 75 [도화동 538 성지 B/D] 9F
전 화	1600-3600
팩 스	02-701-8823
홈 페 이 지	www.sdedu.co.kr

I S B N	979-11-383-6227-6(13550)
정 가	31,000원